基因工程

——动物细胞制药关键技术

王天云　贾岩龙　杨赟　等 著

化学工业出版社

·北京·

内容简介

《基因工程——动物细胞制药关键技术》围绕动物细胞表达系统生产重组蛋白质药物的关键技术，从动物细胞培养、动物细胞载体、目的基因导入、重组稳定细胞株筛选和评估、重组蛋白分离纯化、重组蛋白药物鉴定与分析、重组蛋白药物新技术等方面，详细介绍了该领域的关键技术及新技术。

本书涵盖了动物细胞制药基因工程近年来最新的关键技术及相关进展，可作为从事生物制药、基因工程等领域相关工作的科研人员、专业技术人员及相关专业的教师和学生的参考用书。

图书在版编目（CIP）数据

基因工程：动物细胞制药关键技术 / 王天云等著. —北京：化学工业出版社，2023.7

ISBN 978-7-122-43323-7

Ⅰ.①基… Ⅱ.①王… Ⅲ.①动物-细胞-生物制品-药物-制造 Ⅳ.①TQ464

中国国家版本馆 CIP 数据核字（2023）第 068568 号

责任编辑：赵玉清　李建丽　　文字编辑：刘洋洋

责任校对：李露洁　　装帧设计：王晓宇

出版发行：化学工业出版社（北京市东城区青年湖南街 13 号　邮政编码 100011）

印　　装：三河市延风印装有限公司

787mm×1092mm　1/16　印张 24¼　字数 572 千字　2024 年 1 月北京第 1 版第 1 次印刷

购书咨询：010-64518888　　售后服务：010-64518899

网　　址：http://www.cip.com.cn

凡购买本书，如有缺损质量问题，本社销售中心负责调换。

定　　价：128.00 元

版权所有　违者必究

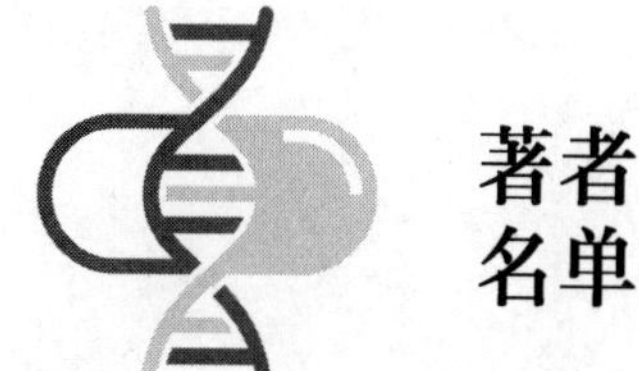

著者名单

（按姓氏笔画排序）

王　芳　王　斌　王小引　王天云

毕利利　米春柳　李　琴　杨　赟

张　玺　苗馨之　林　艳　贾岩龙

徐永涛　郭　潇　郭怀祖　董卫华

韩　迪　韩　涛

序

FOREWORD

21 世纪是生物技术产业发展最迅速的时期，生物技术制药已经逐渐超越传统的化学制药，成为制药行业的新亮点。在经历了以大肠杆菌（*E. coli*）生产的重组细胞因子为代表的第一波产业发展后，目前迎来了以动物细胞生产重组抗体等药物为主流的第二波产业热潮。通过动物细胞培养系统基因工程技术生产的重组蛋白药物已经占据生物制药的重要组成部分。

自从动物细胞培养系统被广泛应用于基因工程生产重组蛋白药物以来，研究人员围绕该领域做了大量的研究工作，克服了重组蛋白表达量低、表达不稳定以及纯化困难等许多不足和缺点。近年来，随着对动物细胞培养基、细胞系改造以及动物细胞培养方式的优化，重组蛋白药物的表达量提高了上百倍，且更易纯化、活性更高、活性更佳。

“十四五”时期将是生物医药产业迅猛发展的重要时期，更是重组蛋白药物产业蓬勃发展之机。重组蛋白产品的研发和生产正处于蓬勃发展时期，新技术、新方法不断出现。目前国内尚无动物细胞基因工程生产重组蛋白药物的学术专著，该领域的研究和生产人员迫切需要一本动物细胞基因工程制药关键技术方面的论著。王天云教授团队所著《基因工程——动物细胞制药关键技术》一书从动物细胞培养、动物细胞载体、目的基因导入、重组稳定细胞株筛选和评估、重组蛋白分离纯化、重组蛋白药物鉴定与分析、重组蛋白药物新技术等方面详细介绍了该领域所需要的前沿和关键技术。

本书参考了大量国内外近期的科研成果，同时结合作者自身的研究实践和经验，涉及很多新方法和技术，涵盖了动物细胞基因工程制药中各环节所需的关键技术，是一部内容广泛、资料详实、通俗易懂和可操作性强的实用技术专著。

本书的出版能使生物制药领域的相关科研工作者更系统、更全面地了解国内外最新的动物细胞基因工程制药技术，对于引导促进国内动物细胞重组蛋白药物产业的发展具有重要的意义。

华子春
南京大学教授
2023 年 1 月

前言

PREFACE

1972 年首次成功在体外完成 DNA 分子的重组改造，标志着基因工程技术的诞生。目前，基因工程技术已广泛应用在药物研发和生产领域，尤其是利用动物细胞生产重组蛋白药物已成为现代生物制药中最常用的技术手段之一。

相比细菌、酵母等表达系统，动物细胞表达系统的优势在于能够指导蛋白质正确折叠，提供复杂的糖基化修饰等翻译后加工等。目前批准上市的近 80%的重组蛋白药物来源于动物细胞表达系统。近 30 年来特别是近 10 年来，科研工作者围绕动物细胞表达系统做了大量卓有成效的工作，重组蛋白药物的产量和质量都有很大提高。国内的企业和科研机构主要参考国外相关实验指导及自己建立的重组蛋白药物研发流程进行实验设计和实施，尚无一本动物细胞基因工程生产重组蛋白药物技术方面的专著。

鉴于以上原因，在长期的科研活动中，我们不断总结经验，交流学习，在查阅国内外大量相关文献的基础上，结合自己的实践，编著了这本《基因工程——动物细胞制药关键技术》。全书共分七个章节，包括动物细胞培养、动物细胞载体、目的基因导入、重组稳定细胞株筛选和评估、重组蛋白分离纯化、重组蛋白药物鉴定与分析、重组蛋白药物新技术等内容。

本书可作为从事生物制药方向的研究人员及研究生的指导用书，也可以作为药学等相关专业本科生的实验指导教材。参加本书撰写的人员主要来自河南省重组药物蛋白表达系统国际联合实验室、新乡医学院、抗体药物与靶向治疗国家重点实验室、国家药品监督管理局治疗类单抗质量控制重点实验室及华兰基因工程有限公司的科研及生产工作一线人员。他们具有多年丰富的重组蛋白药物研发、药物质量控制等方面经验，为本书的编写投入了大量的精力。另外，化学工业出版社编辑在本书的编辑加工中做了大量细致的工作，在此对他们表示衷心的感谢！

因著者水平有限，加之日常繁重的教学、科研等各种工作，尽管每位著者都付出了辛勤的劳动，仍不免出现疏漏和不足，敬请各位读者提出宝贵意见，以便再版时改正！

著者

2023 年 1 月

目录

第一章
动物细胞培养

动物细胞是指来自动物体的细胞，目前已成为基因工程常用的表达宿主细胞，如昆虫细胞、哺乳动物细胞。哺乳动物细胞具有类似人类细胞的翻译后修饰（post-translational modification, PTM）方式，PTM 对重组蛋白的活性、疗效都有影响，因此哺乳动物细胞表达系统是目前重组蛋白药物的主要生产平台。常用的哺乳动物细胞主要包括中国仓鼠卵巢（Chinese hamster ovary, CHO）细胞和人胚肾细胞 293（human embryonic kidney 293, HEK293），近 80%批准上市的重组蛋白药物是通过 CHO 和 HEK293 细胞生产的。此外，常用的还有仓鼠幼肾（baby hamster kidney, BHK）细胞、小鼠胸腺瘤 NS0 细胞、小鼠骨髓瘤 Sp2/0 细胞、纤维肉瘤细胞系 HT-1080（fibrosarcoma HT-1080）、PER.C6、HKB-11、CAP 及 HuH-7 细胞系等。

用于基因工程的动物细胞培养和其他动物细胞培养方法类似，不同的是这些细胞为了满足工业化大规模、高表达的需要，需要进行高密度悬浮培养。此外，为了避免血清带来的病毒风险、血清批次差异及下游纯化困难等问题，用于生产重组蛋白药物的动物细胞培养需要在无血清培养基条件下进行。

第一节 动物细胞培养基础知识

一、基本概念

动物细胞培养是指对动物组织采用酶或机械方法进行解离，取出细胞，然后置于适合的环境中使其生长，也可以用已经建立的动物细胞株或细胞系。动物细胞从动物组织中分离后，使其在合适的条件下增殖，直到占据所有可用基质（即达到汇合状态）的培养阶段，即为原代培养。原代培养后，动物细胞转移到新的容器中并更换新鲜培养基，从而对细胞进行传代培养。首次传代后，原代培养物即被称为动物细胞系或亚克隆。正常动物细胞系通常只能分裂有限的次数，随后就会丧失增殖的能力，这种细胞系称为有限细胞系。有些动物细胞系通过转化的过程能转变为永生细胞系，这一过程可以自然发生，也可以经过化学或病毒诱导发生，有限细胞系发生转化后获得无限分裂能力，就成为无限细胞系。

根据动物细胞的形态，可将培养的动物细胞分为三类：成纤维细胞为双极或多极细胞，呈细长形，贴附在基质上生长；上皮样细胞呈多角形，尺寸更为规则，贴附在基质上呈散在斑片状生长；淋巴母细胞样细胞呈球形，通常悬浮生长，不贴附在基质表面。

二、动物细胞培养条件

1．贴壁培养和悬浮培养

各种动物细胞培养条件相差较大，但动物细胞培养的人工环境必须包括合适的容器，容器中含有一定的营养成分，并且具有合适的物理化学环境（pH、渗透压、温度）。大多数动物细胞均具有贴壁依赖性，必须吸附在固体或半固体基质上培养（贴壁或者单层培养），而另一些动物细胞则可在培养基中悬浮培养。为了使用于基因工程的哺乳动物细胞达到高密度生长，往往将动物细胞进行驯化，使动物细胞适应悬浮环境下培养。贴壁和悬浮培养的比较见表 1.1。

表 1.1　动物细胞贴壁和悬浮培养比较

特性	贴壁培养	悬浮培养
适合的动物细胞	原代动物细胞在内的大多数细胞	已适应悬浮培养的动物细胞及一些无贴附性的动物细胞（如造血细胞）
传代	需要定期传代，需要机械或酶法解离动物细胞	易传代，不需要动物细胞解离，需要每天进行细胞计数和存活率测定，以监测生长模式；可将培养物稀释以刺激生长
动物细胞产量	受表面积限制，产量有限	产量高
特殊处理容器	需要经过组织培养处理的容器	不需要，但需要搅动以便进行充分的气体交换
产物收获	可连续收获产物	可批量收获产物，用于蛋白质大量生产

2．培养基和培养条件

培养基提供动物细胞生长所必需的营养元素、生长因子和激素，并且能调节培养体系的 pH 值和渗透压。早期的培养基是天然培养基，后期经过大量的实验，开发出了化学成分确定的培养基。目前根据是否需要添加血清以及需要血清的量多少，培养基可以分为三类：基础培养基、减血清培养基和无血清培养基。

基础培养基含有氨基酸、维生素、无机盐和碳源等营养物质，但这种培养基需要添加血清才能满足动物细胞正常生长、增殖需要。常用的血清主要是胎牛血清（fetal bovine serum, FBS），能提供动物细胞生长需要的生长和黏附因子、激素、脂质和矿物质，此外还能调节动物细胞膜通透性，并可作为向动物细胞内运送脂质、酶、微量营养素和微量元素的载体。但血清也存在一些缺点，如潜在的病毒风险，成本高，批次不一致，存在标准化、特异性和变异性问题，具有一些不良反应。减血清培养基含有一些蛋白质和其他细胞因子，可以在降低血清浓度的同时维持动物细胞正常的生长和增殖。无血清培养基（serum free medium, SFM）通过用适当的营养物质和激素替代血清，避免了使用血清带来的问题。目前无血清培养基已经有多种类型，适合于多种原代细胞和细胞系，如用于重组蛋白生产的 CHO 细胞、NS0、HT-1080、PER.C6、BHK 细胞、Sf9 和 Sf21 昆虫细胞以及已经用于病毒生产的宿主细胞系（如 HEK293、Vero、MDCK、MDBK）等。

昆虫细胞培养适合的 pH 为 6.0～6.3。大多数正常的哺乳动物细胞系都能在 pH 为 7.4 的环境中生长良好，而且不同细胞株间差异极小。目前发现有些转化动物细胞系在轻度偏酸性环境（pH7.0～7.4）中生长较好，而有些正常的成纤维细胞系更适合轻度偏碱性的环境（pH7.4～7.7）。通过培养基添加有机缓冲盐（如 HEPES）或者二氧化碳-碳酸氢盐缓冲液可以控制培养体系的 pH 值。培养基的 pH 值取决于溶解态二氧化碳（CO_2）与碳酸氢盐（HCO_3^-）间的精密平衡，因此空气中二氧化碳含量的变化会改变培养基的 pH 值。因此，使用二氧化碳-碳酸氢盐缓冲液培养基时必须使用外源性二氧化碳，特别是使用开放式培养皿培养动物细胞或者进行高浓度的转化动物细胞系培养时。使用 4%～10%浓度的二氧化碳适合大多数动物细胞培养实验，但每种培养基均具有推荐的二氧化碳压力和碳酸氢盐浓度。常用于基因工程的动物细胞系及培养基见表 1.2。

表 1.2　常用于基因工程的动物细胞系及培养基

动物细胞系	细胞类型	种属	动物组织	培养基
HEK293	成纤维细胞	人	胚肾	MEM、10%FBS
CHO-K1	上皮细胞	仓鼠	卵巢	F12、10%FBS
COS	成纤维细胞	猴	肾	DMEM、10%FBS
HT-1080	上皮细胞	人	纤维肉瘤	MEM、10%FBS 和 NEAA
PER.C6	上皮细胞	人	胚胎视网膜	AEM（12582011）
HuH-7	上皮细胞	人	肝癌	DMEM、10%FBS
BHK	成纤维细胞	仓鼠	肾	GMEM、10%FBS 或 MEM、10%FBS 和 NEAA
SP20-AG14	淋巴母细胞样	小鼠	骨髓瘤	DMEM+10%FBS
Sf9	颗粒球形	昆虫	卵巢组织	Graces+10%FBS

三、动物细胞培养实验室

（一）实验室安全要求

美国疾病控制与预防中心和国家卫生研究院（National Institutes of Health，NIH）等，将生物安全性按照逐级升高的控制等级分成 4 个等级，依次称为生物安全 1 级至 4 级。我国《生物安全实验室建筑技术规范》GB 50346—2011，将微生物生物安全实验室（biosafety laboratory）危险度等级从低到高依次分为 BSL-1、BSL-2、BSL-3、BSL-4 级。有部分国家或机构采用 P1～P4 表示，仅仅是称谓的不同，内容与 BSL 相应级别一致。大多数动物细胞培养实验室至少应该达到 BSL-2 等级，但是具体要求还要视所用动物细胞系及开展的工作类型确定。

动物细胞培养实验室安全要求如下：①必须始终穿戴适当的个人防护装备。手套污染时应更换，将用过的手套与其他污染的实验室废物一起处置。②操作可能具有危害的物质后以及离开实验室前应洗手。③在实验室内不得进食、饮水、吸烟、处理隐形眼镜、涂抹化妆品或者存放食物。④小心操作，尽量避免形成气体挥发和/或泼溅。⑤实验开始前、结束后以及可能具有传染性的物质发生泼溅，应立即使用适当的去污剂对工作台面进行去污。无论实验室设备是否被污染，均应定期进行清洁。⑥在对可能具有传染性的物质进行处置前应先去除污染。⑦发生事故可能导致感染性物质暴露时，应向相应人员报告。

（二）实验室设备

1．动物细胞培养通风橱

动物细胞培养实验室要求需要维持动物细胞培养工作区域处于无菌状态。获得无菌条件最为简单、经济的方式就是使用动物细胞培养通风橱。动物细胞培养通风橱可提供无菌工作环境，同时限制多种微生物学操作产生的感染性泼溅或气体挥发。目前已经开发出Ⅰ级、Ⅱ级和Ⅲ级三种动物细胞培养通风橱，以适应不同的研究和临床需要。Ⅰ级动物细胞培养通风橱配合良好的微生物学技术，可为实验室工作人员和环境提供相对高水平的防护，但此类通风橱无法防止培养物污染，其在设计和空气流动性上均与化学通风橱类似。Ⅱ级动物细胞培养通风橱用于涉及 BSL-1、BSL-2 和 BSL-3 级物质的工作，同样可为动物细胞培养实验提供必需的无菌环境。Ⅱ级生物通风橱适用于操作可能具有危害的物质，如被病毒感染的培养物、放射性同位素、致癌性或毒性试剂。Ⅲ级生物通风橱为气密性设备，适用于涉及已知人类致病原及其他 BSL-4 级物质的工作。

动物细胞培养通风橱通过维持工作区域上方稳定、单向的高效空气过滤器（high efficiency particulate air filter，HEPA）过滤空气，保护工作环境免受灰尘及其他空气污染物污染。气流可以呈水平方向，与工作台面平行吹过，或者可呈垂直方向，从通风橱上方吹向工作台面。水平层流或垂直横流“超净工作台”不属于生物安全柜，该设备可将 HEPA 过滤的空气由工作台后方经工作台面吹向使用者，导致使用者可能接触到有潜在危害的物质。此设备只能为产品提供保护。超净工作台可用于某些洁净操作，如无菌或电子设备的无尘组装，不得用于操作动物细胞培养物质或药物配方以及可能具有传染性的物质。

动物细胞培养通风橱大小应足够一人使用，内部和外部均易于清洁，照明充足，使用舒适，不会导致体位不便。保持动物细胞培养通风橱内工作空间整洁有序，将所有物品置于直视范围内。向放入动物细胞培养通风橱内的所有物品喷洒 75%酒精，擦拭清洁，进行消毒。动物细胞培养通风橱物品的摆放一般遵循右手使用习惯，并可根据特殊实验中增加的物品进行相应的改动。在通风橱中部开阔区域放置动物细胞培养容器；移液器置于右前方易于取用的地方；试剂和培养基置于右后方、便于吸取；试管架置于中后部，用于固定其他试剂；小型容器置于左后部，用于盛放废液（图 1.1）。

2．培养箱

培养箱的作用是为动物细胞生长提供合适的环境。培养箱大小应足够满足实验室需要，具有强制空气循环系统，并且具有温度控制系统，可将温度波动控制在±0.2℃范围内。培养箱有两种基本类型：干式培养箱和湿式二氧化碳培养箱。干式培养箱较为经济，但是需要将动物细胞在密封的培养瓶中培养，以防止培养基蒸发。可以放置一只水盘增加湿度，但是无法精确控制培养箱内的空气条件。湿式二氧化碳培养箱较为昂贵，但能够准确控制培养条件。

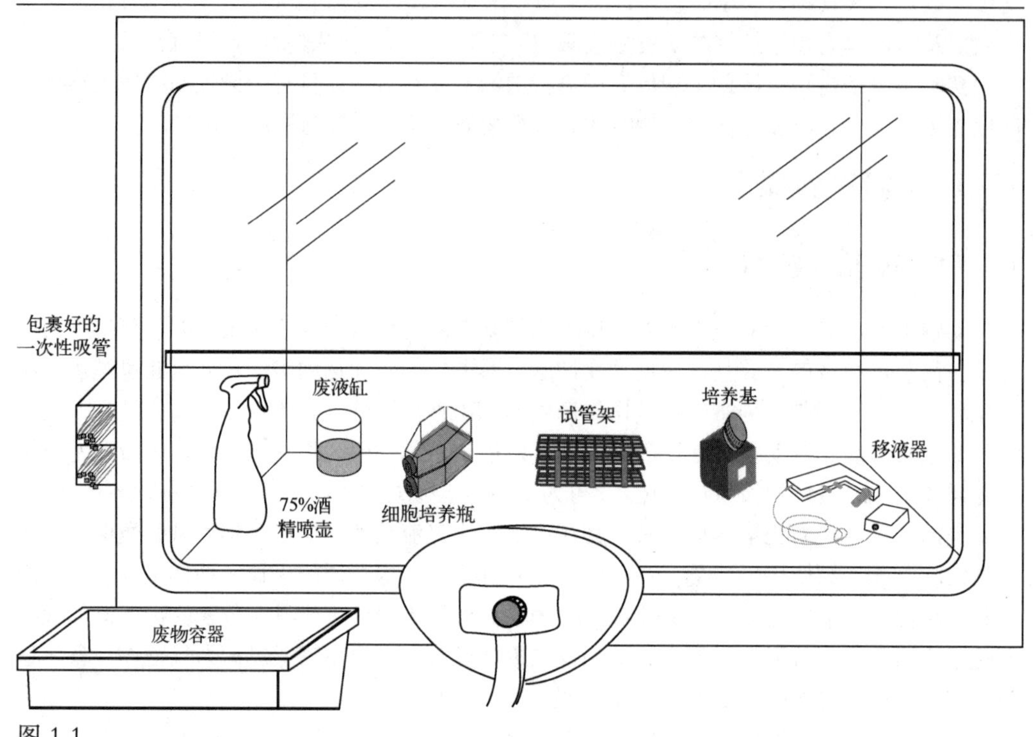

图 1.1
动物细胞培养通风橱的基本布局（适合惯用右手）

3. 其他设备

冰箱、冰柜、水浴锅、离心机、细胞计数器、液氮罐、高压灭菌器、倒置显微镜、吸管和移液器、细胞培养容器（如培养瓶、培养皿、滚瓶、多孔板）、注射器和针头、废物容器、pH 计。

个人防护用品：手套、实验室工作服和隔离衣、鞋套、靴子、呼吸器、面罩、防护镜或护目镜。

四、无菌技术

动物细胞培养的关键技术在于无菌技术，即保护动物细胞免受细菌、真菌和病毒等微生物的污染。带菌物品、培养基和试剂、空气中的微生物、不干净的培养箱和污染的工作台面，均可能导致微生物污染。无菌技术的作用是在环境微生物和无菌的动物细胞培养物之间形成一道屏障，其组成要素包括：无菌工作区域、良好的个人卫生、无菌试剂和培养基以及无菌操作。

无菌工作区域：最为简单、经济的就是采用动物细胞培养通风橱。动物细胞培养通风橱应正确设置，放置于专门用于动物细胞培养的区域，同时要避免来自门、窗及其他设备的气流，不能有直接的来往通道。容器、培养瓶、培养板和培养皿必须用 75%酒精擦拭其外部才能放入动物细胞培养通风橱。不要从试剂瓶或培养瓶中直接倾倒培养基和试剂。使用无菌玻璃吸管或一次性塑料吸管和移液器吸取液体，每支吸管只能使用一次，以免交叉污染。使用时方可打开无菌吸管的包装，吸管应始终位于工作区域内。试剂瓶和培养瓶用后必须盖上，用胶带将多孔板密封起来或者将其放入重复密封袋中，以免微生物和空气污染物进入，污染培养物。无菌培养瓶、试剂瓶、培养皿等物品使用时方可打开盖子，不得将其开放暴露于环境中。操作完成后尽快盖上盖子，取下盖子时应将盖子开口朝下放在工作台面上。进行无菌操作时不要说话、唱歌或者吹口哨。尽快完成实验，以尽量避免污染。

第二节 动物细胞培养技术

一、动物细胞冻存与复苏

（一）原理

体外培养的动物细胞随着传代次数的增加和体外环境条件的改变，各种生物学特性都将逐渐发生变化，因此及时进行动物细胞冻存是非常有必要和关键的一步。动物细胞冻存是将动物细胞放在低温环境下，由于动物细胞的酶在低温−70℃以下时，已基本没有活性，代谢已经完全停止，因此动物细胞可以长期保存。此外，−20～0℃的阶段低温处理对动物细胞的低温保存非常关键，因为在这个温度范围内，冰晶呈针状，极易对动物细胞造成严重的损伤。在不加保护剂直接冻存动物细胞时，动物细胞内和外环境中的水都会形成冰晶，导致细胞内发生机械损伤、电解质升高、渗透压改变、脱水、pH 改变、蛋白质变性等，引起细胞死亡。目前常用的保护剂为二甲基亚砜（dimethyl sulfoxide, DMSO）和甘油，它们对动物细胞无毒性，分子量小，溶解度大，易穿透动物细胞。

（二）主要材料和仪器

液氮罐、冻存管（塑料螺口专用冻存管或安瓿瓶）、离心管、吸管、离心机、细胞计数器等。CHO 细胞、0.25%胰蛋白酶、培养基、DMSO、平衡盐溶液等。

（三）方法

1．CHO 细胞冻存

（1）动物细胞冻存液配制。准备一支洁净、无菌的 EP 管，加入 900μL 的 FBS 或培养基，然后缓慢滴入 100μL DMSO，轻轻混合均匀，放入 2～8℃冰箱，待用。

（2）冻存贴壁 CHO 细胞时，用 0.25%胰蛋白酶轻柔地将 CHO 细胞从组织培养容器中脱离下来，用该细胞所需完全培养基重新悬浮 CHO 细胞。

（3）收集 CHO 细胞，300*g* 离心 5min，收集到离心管中。按照 1×10^7 个/mL 密度将 CHO 细胞悬浮到冻存液，确保细胞分散成单个细胞，移入冻存管中。

（4）按照以下三种方法进行 CHO 细胞冻存。

① 将冻存管依次于 4℃放置 30min、−20℃放置 2h、−80℃放置 12h 或者过夜。第二天将冻存管放到液氮罐口上悬吊 20min 左右，然后直接浸入液氮罐中，进行长期冻存。

② 将冻存管置于已设定程序或程序降温机中，每分钟降低约 1℃，降至−80℃以下，再放入液氮长期储存。−20℃不可超过 1h，以防止冰晶过大，造成细胞大量死亡。也可跳过此步骤直接放入−80℃冰箱中，但存活率稍微降低一些。

③ 利用动物细胞冻存盒，将待冻存的动物细胞放在盛有异丙醇的细胞冻存盒，可以直接放在−80℃冰箱中，过夜后储存在液氮里。

2．CHO 细胞复苏

（1）将保存的 CHO 细胞快速从液氮罐中取出，立即放入提前调好温度的 37℃水浴锅中（动作一定要迅速）。不停地进行晃动，要在短时间内（1min）融化。

（2）等冻存液完全融化，将冻存管取出，用 75%酒精进行消毒，将冻存管打开，将已融化的 CHO 细胞悬液移入新的无菌离心管中，200*g* 离心约 5～10min，离心后检查上清液是否清澈，有无完整的细胞沉淀。在无菌条件下倒掉上清液，不要搅动 CHO 细胞沉淀。

（3）离心管中加入含 10% FBS 的 DMEM/F12 完全培养基，小心吹打细胞，待 CHO 细胞被吹散后，将 CHO 细胞转移到细胞培养瓶，加入新鲜培养基。

（4）显微镜下观察 CHO 细胞的形态，并进行细胞计数。将正常的 CHO 细胞放入 5% CO_2 的 CHO 细胞培养箱，37℃进行培养。最好在 24h 后更换一次培养液。

（5）每 2～3d 换液一次，观察 CHO 细胞生长情况及培养液颜色。

（四）注意事项

（1）冻存 CHO 细胞前，应检查 CHO 细胞是否污染，如果发生污染，CHO 细胞不宜进行冻存。

（2）CHO 细胞冻存前，一定要观察 CHO 细胞的状态，在 CHO 细胞状态不好的情况下，不宜冻存；确保冻存前活 CHO 细胞比例至少为 90%。

（3）CHO 细胞冻存管必须拧紧确保密封。

（4）冻存管上应写明 CHO 细胞的名称、冻存时间等信息。装入冻存盒的同时做好记录。

（5）建议未被冻存过的 CHO 细胞在首次冻存后要在短期内（24h 后）复苏一次，观察 CHO 细胞对冻存的适应性，已建立的细胞最好每年复苏一次，再继续冻存。

（6）CHO 细胞复苏操作中切忌冻存管口碰到水，否则可能会发生 CHO 细胞污染。

（7）CHO 细胞复苏后无活细胞，往往与 CHO 细胞冻存不当，复苏操作不规范，CHO 细胞密度低，以及处理 CHO 细胞时动作不够轻柔，冻存培养基所用甘油储存过程中未避光有关。

二、动物细胞传代

（一）原理

动物细胞培养是生物学和医学研究最常用的手段之一，可分为原代培养和传代培养两种。传代培养是指去除原培养基并将动物细胞从原培养体系移到新鲜培养基中，可使动物细胞系或细胞株进一步增殖。动物细胞的生长最常见的是贴壁培养和悬浮培养。动物细胞在培养瓶长成致密单层后，已基本上饱和，为使细胞能继续生长，同时也将细胞数量扩大，就必须进行传代（再培养）。悬浮型动物细胞直接分瓶就可以，而贴壁型动物细胞需经胰蛋白酶消化后才能分瓶。相对于贴壁型动物细胞而言，悬浮型动物细胞传代稍微简单一些，无需酶消化，对 CHO 细胞损伤也较小。分批（batch）悬浮型动物细胞培养不需要更换培养基，补料分批（fed-batch）培养每 2～3d 加料一次。可以直接在培养瓶中稀释动物细胞，然后继续培养扩增，或者也可以从培养瓶中取出一部分动物细胞，将余下的动物细胞稀释到该动物细胞系适宜的接种密度。

（二）主要材料和仪器

离心机、细胞培养箱、细胞培养瓶、细胞培养板或培养皿、无菌吸管和离心管（建议使用一次性的）、细胞计数仪或血细胞计数器、不带折流板的摇瓶或者转瓶、磁力搅拌盘（如果使用转瓶）、滚架（如果使用滚瓶）或者摇床（如果使用传统培养瓶或者培养皿）。CHO 细胞、0.25%胰蛋白酶、37℃预热完全培养基、平衡盐溶液等。

（三）方法

1．贴壁型动物细胞传代

（1）以 CHO 细胞为例，从培养容器中吸出用过的细胞培养基并丢弃。

（2）用不含钙和镁的平衡盐溶液冲洗细胞（每 $10cm^2$ 培养表面积需要 2mL 溶液）。从与贴壁 CHO 细胞层相对的容器一侧轻轻加入冲洗液，避免搅动细胞层，前后摇晃容器数次。

（3）吸出冲洗液并丢弃。

（4）向培养瓶加入预热的解离剂（如 0.25%胰蛋白酶），试剂量应足以覆盖细胞层（每 $10cm^2$ 培养表面积需要 0.5mL 溶液）。轻轻摇晃容器，使试剂完全覆盖细胞层。

（5）将培养容器在室温下孵育约 2min，孵育时间因动物细胞系有所不同。

（6）显微镜下观察细胞解离情况，如未达到 90%，延长孵育时间，每 30s 检查解离情况，也可轻轻拍打培养容器以加快细胞解离。

（7）细胞解离程度≥90%，倾斜培养容器，使 CHO 细胞上液体尽快流尽，加入所用解离剂 2 倍体积的预热完全生长培养基。吹打 CHO 细胞层表面数次，使培养基分散。

（8）将 CHO 细胞转移到 15mL 锥形管中，300*g* 离心 5min。

（9）用最小体积的预热完全生长培养基重新悬浮细胞沉淀，取出少量样品进行计数。

（10）利用血细胞计数器，或者 CHO 细胞计数仪按照台盼蓝拒染法或者使用 Countess

Ⅱ自动细胞计数仪测定总细胞数和活细胞百分比。如果 CHO 细胞浓度偏高，可以加入 CHO 细胞培养基进行稀释，进行 CHO 细胞计数。

（11）将 CHO 细胞悬液稀释到 0.15×10^6～0.3×10^6 个/mL，然后转移到新的 CHO 细胞培养容器，把 CHO 细胞放回培养箱。

2．悬浮型动物细胞传代

1）利用振荡培养箱和摇瓶进行哺乳动物细胞悬浮培养时传代

（1）以 CHO 细胞为例，当细胞适合传代（即：处于对数生长期未达到汇合状态）时，从培养箱取出培养瓶，使用无菌吸管从培养瓶中取出少量细胞样品。如果吸取样品前细胞已经沉淀，应转动培养瓶，使细胞在培养基中均匀分布。

（2）采用 CountessⅡ自动细胞计数仪或者血细胞计数器按照台盼蓝拒染法测定总细胞数和活细胞百分比。

（3）计算将细胞稀释到推荐接种密度时需要加入的培养基体积。

（4）在无菌状态下将适量预热的生长培养基加入到培养瓶中。必要时可将培养的细胞分到多个培养瓶中。

（5）将培养瓶的瓶盖旋开一圈，以便进行充分的气体交换（或者使用透气性瓶盖），并将培养瓶放回振荡培养箱。轨道式摇床摇晃速度参考如下：（125±5）r/min（19-mm shaker throw），（120±5）r/min（25-mm shaker throw），（95±5）r/min（50-mm shaker throw）。

2）使用转瓶进行悬浮型动物细胞培养

（1）转瓶有 2 种，一种是悬垂搅拌棒，培养基由悬挂的搅拌棒搅动；另外一种是垂直叶轮，培养基由垂直的叶轮搅动（图 1.2）。转瓶的培养基装载体积不能超过转瓶标识体积的 1/2，保证换气充分（如 1000mL 转瓶培养液体积不能超过 500mL）。

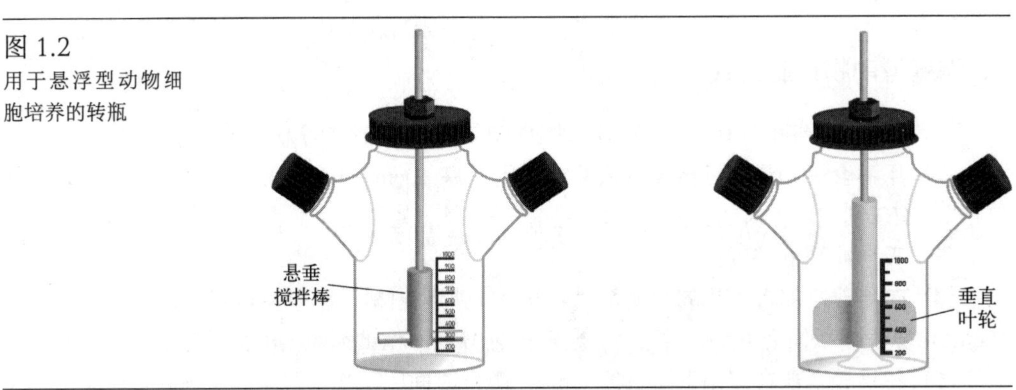

图 1.2
用于悬浮型动物细胞培养的转瓶

表 1.3 列出了不同尺寸转瓶所需的最小培养基体积。

表 1.3　转瓶尺寸和最小培养基体积

转瓶尺寸/mL	最小培养基体积/mL
100	30
250	80
500	200

（2）调节转动装置，使叶片不会触碰容器和底部。

（3）建议开始旋转培养时转瓶容积不要超过 500mL。建议从方法成熟、体积较小的转瓶开始逐步扩大培养规模。

（4）以 CHO 细胞为例，当细胞适合传代（即：处于对数生长期而未达到汇合状态）时，从培养箱中取出培养瓶，使用无菌吸管从培养瓶中取出少量细胞样品。如果吸取样品前细胞已经沉淀，应转动培养瓶，使细胞在培养基中均匀分布。

（5）采用 Countess Ⅱ自动细胞计数仪或血细胞计数器计数，按照台盼蓝拒染法测定总细胞和活细胞百分比。细胞密度达到 4×10^6～6×10^6 个/mL，活性达到 90%以上适宜传代。

（6）计算将细胞稀释到推荐 0.15×10^6～0.3×10^6 个/mL 密度时需要加入的培养基体积。

（7）在无菌状态下将适量预热的生长培养基加入到培养瓶中。必要时可将培养的细胞分到多个培养瓶中。

（8）将培养瓶的瓶盖旋开一圈，以便进行充分的气体交换，并将培养瓶放回培养箱。

转速取决于所用细胞系和叶轮类型。应确保转速始终在推荐值范围内，以免剪切应力导致细胞损伤。

（四）注意事项

（1）所有与动物细胞接触的溶液和设备均应为无菌状态。必须采用正确的无菌技术，并且在层流通风橱内进行。

（2）动物细胞解离时，酶消化的时间需要进行优化，以便获得最佳效果。

（3）传代应在动物细胞处于对数期、未达到汇合状态时进行。达到汇合状态时，悬浮培养的细胞会聚集成团块，转动培养瓶时培养基会变得浑浊。

（4）应确保摇瓶中无折流板（即：位于培养瓶底部用于搅动的齿形板），因为折流板会破坏摇动节奏。

（5）动物细胞对物理剪切作用很敏感。应确保叶轮可自由转动，不会触碰到容器壁或底部。叶片顶部应稍微高于培养基。以确保培养系统换气充分。

（6）为了尽量减少动物细胞碎片和无用的代谢副产物在振荡培养体系中蓄积，每三周（或者必要时）应将细胞悬液轻轻离心一次，离心力为 100g，时间为 5～10min，然后用新鲜的生长培养基重新悬浮动物细胞沉淀。

三、动物细胞悬浮驯化及无血清培养

（一）原理

传统的动物细胞培养方式是在含有血清的培养基中贴壁生长，细胞贴壁培养依赖于固相表面，受细胞接触抑制的限制，细胞为单层培养，难以满足大规模工业化生产的需要，而动物细胞悬浮培养则能达到细胞高密度生长。此外动物细胞通常是在含 10% FBS 的培养基中培养。血清成分复杂，不同产地、批次之间存在质量差异，并且对动物细胞产物的下游分离纯化带来困难，因此在工业化大规模生产中，动物细胞在无血清培养基中悬浮培养。

因此需要对贴壁培养的动物细胞进行驯化，适应悬浮无血清培养环境。动物细胞的无血清驯化过程按照动物细胞对无血清培养基的适应性，可将培养方法分为直接适应法、次序适应法、血清浓度降低驯化和连续适应法。

（二）主要材料和仪器

生物安全柜、摇床、摇瓶或者转瓶、离心机、细胞培养箱、细胞培养瓶、细胞培养板或培养皿、无菌吸管和离心管、细胞计数仪或血细胞计数器、倒置显微镜、液氮罐等。用于无血清培养基悬浮培养的贴壁动物细胞如 CHO-K1 细胞株（ATCC CCL-61）、HEK293 细胞。适合各类动物细胞的培养基（如 F12 培养基、无血清培养基）、FBS、不含 Ca^{2+}/Mg^{2+}的磷酸盐缓冲液（PBS）、胰蛋白酶、0.4%的台盼蓝溶液、大豆胰蛋白酶抑制剂。

（三）方法

建议驯化的动物细胞处于对数中期，存活率高于 90%。

1．直接适应法

（1）以 1×10^5～2×10^5 个/mL 初始细胞密度用含血清培养基于 37℃、5%CO_2 培养箱进行培养。

（2）3～5d 后，细胞达到 80%～90%融合，取出并丢弃含血清培养基。

（3）用约 4mL PBS（或有足够的体积覆盖细胞单层）清洗培养容器，因为血清可以灭活细胞解离剂。

（4）胰蛋白酶消化细胞，将 2mL 的胰蛋白酶滴入培养容器，并保证覆盖所有的单层细胞。37℃下孵育 2～10min。每毫升用于解离的胰蛋白酶溶液加入 1mL 胰蛋白酶抑制剂溶液（使用无血清培养基为 1mg/mL）停止反应。取样本进行细胞计数和存活率计算，存活率应在 80%以上。

（5）细胞 150～300g 离心 5min，弃去上清液，再悬浮于无血清培养基（如 Freestyle™293 表达培养基）中，初始浓度为 1×10^5～2×10^5 个/mL，孵育 3～5d。

（6）在无血清培养基中重复步骤（2）～（4）至少三代，并检查细胞是否可持续生长和增殖。理想情况下，适应后的倍增时间应与适应前的正常值相似，理想的细胞存活率应>90%。

2．次序适应法

（1）使用动物细胞培养容器和含 10%FBS 的培养基，以 1×10^5～2×10^5 个/mL 的浓度培养动物细胞。

（2）3～5d 后，细胞应达到 80%～90%融合，取出细胞培养容器并弃去所有含血清培养基。

（3）按照直接适应法步骤（3）和（4）所述对细胞进行胰蛋白酶处理。

（4）将细胞悬浮于 25%（体积比）无血清培养基和 75%（体积比）含血清培养基中，细胞密度为 1×10^5～2×10^5 个/mL，最终体积为 4mL。培养 3～5d，直到细胞融合。

(5) 按照直接适应法步骤（3）和（4）分离细胞单层，将培养基转移到聚丙烯管中，并将胰蛋白酶处理的细胞混合到其中。然后，按照直接适应法步骤（5）进行操作。

(6) 将细胞悬浮于50%无血清培养基和50%含血清培养基中，细胞密度为1×10^5～2×10^5个/mL，最终体积为4mL。培养3～5d或直到细胞融合。从这步开始，在以前的混合中保留一个备份培养物，以避免重新开始。

(7) 将75%无血清培养基和25%含血清培养基混合至最终体积为4mL，细胞密度为1×10^5～2×10^5个/mL。孵育3～5d或直至细胞融合。建议从这一步开始对已适应的细胞进行低温保存，以避免丢失已适应的细胞。

(8) 如果细胞存活率高于80%，用无血清培养基重新悬浮细胞。为了确保细胞适应无血清条件，建议在无血清培养基中检查细胞生长速率和细胞密度至少三次，保证细胞存活率达90%以上。如果细胞能够持续生长及增殖，并且生长参数恢复到原始值，则证明驯化过程是成功的。

3．血清浓度降低驯化

(1) 用动物细胞培养容器和含10% FBS的培养基正常培养动物细胞，浓度为1×10^5～2×10^5个/mL。

(2) 培养3～5d后，细胞应达到80%～90%融合。从装有单层细胞的培养瓶中取出并丢弃所有含血清培养基。

(3) 胰蛋白酶消化细胞，按照直接适应法步骤（3）和（4）所述对细胞进行胰蛋白酶处理。

(4) 将细胞以1×10^5～2×10^5个/mL的浓度接种在添加10% FBS的无血清培养基中。培养3～5d，当细胞达到融合时传代培养。重复此步骤2或3次。

(5) 检查细胞是否可持续生长和增殖，存活率是否在90%以上。重复步骤（2）和（3），以1×10^5～2×10^5个/mL的浓度接种于添加7.5%FBS（最终体积为4mL）的无血清培养基中。培养3～5d或直到细胞融合。

(6) 检查细胞是否生长良好，存活率是否在90%以上。将条件培养基转移到聚丙烯管中，一些细胞可能已经开始脱离。重复步骤（2）和（3）。以1×10^5～2×10^5个/mL的浓度接种于添加5.0% FBS（最终体积为4mL）的无血清培养基中。培养3～5d，当细胞达到融合时进行传代培养。

(7) 重复上述步骤，在添加2.5% FBS的无血清培养基中以1×10^5～2×10^5个/mL的浓度接种细胞，孵育3～5d。这一步细胞活力可能会下降。

(8) 重复步骤（2），将细胞重新悬浮在无血清培养基中。为确保细胞适应无血清条件，建议在无血清培养基中检查至少三代细胞的生长率和细胞密度。细胞存活率在90%以上是理想的。如果细胞可持续生长及增殖，并且生长参数已恢复到其原始值，则适应过程是成功的。

4．连续适应法

一些动物细胞系需要单独的无血清和悬浮适应步骤。贴壁依赖性动物细胞在血清去除过程中可能会分离，因此在血清完全去除之前，在培养物中常观察到漂浮动物细胞。

因此建议在连续适应之前先进行无血清适应。但如果先从连续适应开始，建议按照下列策略操作。

（1）按照直接适应法步骤（3）和（4）所述对动物细胞进行胰蛋白酶处理，150～300g离心5min收集细胞沉淀。

（2）用添加FBS的培养液重新悬浮细胞沉淀，细胞密度约为0.5×10^6个/mL。

（3）将悬浮细胞转移到125mL的摇瓶中，工作体积为20mL。

（4）将摇瓶放入细胞培养箱内的轨道振荡器上。转速应该根据经验来确定。通常转速为80～120g。

（5）每天检测细胞密度和活性。当细胞密度达到1×10^6～3×10^6个/mL，或接种后2～3d，以0.5×10^6个/mL细胞初始浓度进行传代。

（6）如果细胞在无血清培养基中培养3代以上（达到1×10^6～3×10^6个/mL，细胞存活率在90%以上），则认为细胞适合悬浮培养。此时，初始细胞接种量可降至0.2×10^6～0.3×10^6个/mL。

（四）注意事项

（1）无血清悬浮适应没有通用方案，因为每个动物细胞系对这一过程都有独特的反应。因此，建议测试不同的方案和无血清培养基，及时监测细胞系在生长和活力方面的反应。

（2）建议在含血清和无血清培养基中不使用抗生素，因为它可能掩盖细菌污染的存在。

（3）目前市场上大约有50家供应商出售动物细胞系特异性的无血清培养基。要依靠供应商的建议或通过筛选多种不同的培养基来找到适合目的动物细胞系的培养基。

（4）无血清培养基与有血清培养基相比含有较少的蛋白质，因此适应的动物细胞对pH、温度、渗透性、机械力和酶处理更敏感。因此，在某些情况下，建议使用较高的细胞密度。

（5）不同的动物细胞系有不同的表面糖蛋白，需要不同的孵育时间。HKB-11细胞可以在37℃，处理2～3min后被分离，HuH-7细胞的分离时间约为10min。

（6）如果没有胰蛋白酶抑制剂，建议使用PBS以2∶1的比例稀释含有胰蛋白酶的溶液。如有必要，离心并重复此过程，以去除任何残余的胰蛋白酶。

（7）完全无血清适应前的传代培养数量根据动物细胞系的不同而变化。例如，在SK-Hep1和HKB-11无血清适应过程中，细胞在传代过程中表现出不同的行为。如果动物细胞生长率在适应过程中的任何一点下降，建议恢复到之前的血清浓度，使细胞生长稳定下来，然后再继续适应。当动物细胞很好地适应无血清条件时，培养参数如细胞密度和存活率往往增加，而倍增时间往往减少。如果动物细胞表现出低活力或高倍增表明可能它们还没有适应。

（8）CHO-K1细胞在悬浮驯化中出现细胞呈拉长状态、细胞生长减缓的现象，可能是低血清导致细胞代谢转换的原因。

（9）在悬浮培养过程中，易出现动物细胞死亡和结团现象。如果聚团严重，可以吸取单个细胞进行培养，让结团的细胞沉到细胞瓶底部，确定细胞数量。

几种细胞无血清悬浮驯化方法见图 1.3。

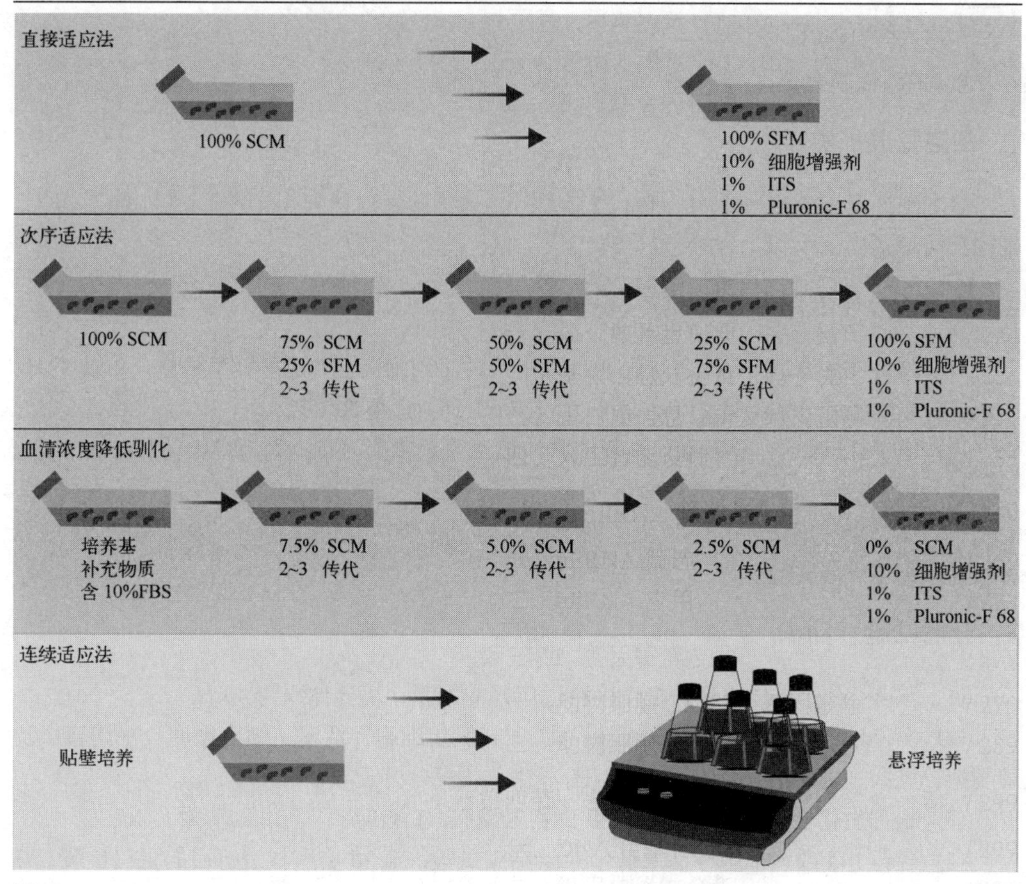

图 1.3
无血清悬浮驯化方法

四、动物细胞分批培养

（一）原理

分批培养是培养基一次加入，不予补充，不再更换，一次性收获产品的操作。培养方式操作简单，易于操作控制，产品质量稳定；培养浓度较高，易于产品分离，是一种最为广泛的培养方式。但由于营养消耗，代谢产物积累，对数生长期不能长期维持。

（二）主要材料和仪器

生物安全柜、水浴锅、恒温 CO_2 振荡器、冰箱、细胞自动分析仪、离心机、自动生化分析仪、细胞培养瓶（125mL 摇瓶）、培养基、重组蛋白 CHO 细胞株等。

（三）方法

以 CHO 细胞为例。

1．细胞复苏扩增

复苏细胞至 125mL 摇瓶中，传代 3 次以上，当细胞密度达到 3×10^6 个/mL×30mL 以上，细胞存活率达到 90%以上开始进行实验。

2．细胞适应性传代实验（9d）

（1）选取生长稳定、存活率达到 90%以上的种子细胞离心，用培养基重悬，并以 5×10^5 个/mL 的起始密度分别接种细胞，培养体积 30mL，为适应性传代-1。

（2）培养 3d 以后，分别取样进行细胞计数，重复步骤（1），为适应性传代-2。

（3）重复步骤（2），为适应性传代-3。

（4）细胞存活率达到 90%以上，细胞密度达到 3×10^6 个/mL×30mL 以上，进行细胞冻存，并进行下一步实验。

3．分批试验（14d）

（1）以 4×10^5 个/mL 的起始密度接种适应好的细胞，培养体积为 40mL。

（2）第 0d 取样计数，从第 2d 开始每天取样测定细胞存活率、细胞密度、平均直径及葡萄糖、乳酸、谷氨酸、谷氨酰胺、NH_3 等生化指标，并记录。

（3）根据生化检测结果进行补糖和 L-谷氨酰胺（L-GL）。

（4）培养 14d 或者细胞存活率低于 60%结束试验，第 3d 要取样进行目的蛋白检测，并从第 5d 开始，每天取样进行目的蛋白检测。

五、动物细胞补料分批培养

（一）原理

哺乳动物 CHO 细胞培养中的抗体生产过程包括上游生产、下游加工和产品分析。补料分批培养是当今工业中最常用的 CHO 细胞生产重组抗体的上游工艺。开发与优化实验室中的这些步骤对于建立这个工艺至关重要。补料分批 CHO 细胞培养过程可在操作简单条件下实现高体积生产率。在补料分批过程中，基础培养基支持初始细胞生长，而补料培养基防止养分耗尽，同时延长生产生长阶段。温度、pH、pO_2 和搅拌速率等工艺参数决定了物理环境，而培养基、进料和进料策略的选择决定了适合蛋白质生产的化学环境。营养控制通常是手动进行的，使用离线营养分析和每隔 24h 补料一次。为了增加过程控制并减少批次间的差异，采用传感器技术，如质量和拉曼光谱，这使得能够在线测量细胞特征以及营养物和副产品浓度。这种质量设计（quality-by-design，QbD）方法的实施促进了复杂控制系统的发展，提高了工艺水平。通常，实验设计（design-of-experiment，DoE）方法（例如，Plackett-Burman 设计和响应面方法论）用于确定最佳营养浓度或工艺参数，以最大限度地提高产品效价和质量。

（二）主要材料和仪器

细胞计数仪、pH 与 pO_2 传感生物反应器（0.5L、1L 工作体积）、多泵式模块、质流气体控制系统、温度与搅拌控制单元、生物反应器、控制计算机、真空吸液器、细胞培养自动分析系统、生物大分子相互作用分析仪、CO_2 培养器、层流净化罩、1×10^7 个/mL 的冻存细胞系、CHO 细胞无血清培养基与补料、无菌 NaOH 及 $NaHCO_3$ 或 Na_2CO_3 溶液、45% D-（+）葡萄糖溶液、15mL 及 50mL 离心管、摇瓶、10×PBS、1～25mL 一次性移液管和自动移液管、250mL 圆锥形离心管、50mL 注射器、100mL 烧杯、pH 校准缓冲液、3mol/L KCl 溶液、70%乙醇、2mL 离心管、0.22μm 低蛋白过滤器、Milli-Q 超纯水、锡纸、CHO 细胞。

（三）方法

以 CHO 细胞为例。

1．细胞复苏和预培养

（1）从液氮罐取出一小瓶细胞，在 37℃水浴锅中复苏。

（2）将细胞用 10mL 预热的 37℃培养基重悬于 15mL 管中，200*g* 离心弃上清液，除去培养基中的二甲基亚砜。

（3）用 5mL 预热的培养基重悬细胞，并转移至 125mL 摇瓶中。再另外向其中添加 15mL 预热培养基，使总体积达到 20mL。

（4）在 37℃、5%CO_2、120*g* 的加湿培养箱中培养细胞。

（5）1h 后进行细胞计数和活性测定。

（6）在生物反应器中接种细胞前，将细胞在摇瓶中培养一周（2～3d 传代）。每次传代前进行细胞计数和活性测定。根据所需的实验规模，每次传代后，将种子细胞以 0.3×10^6 个/ mL 的比例在更大的摇瓶中摇动，以获得足够接种生物反应器的细胞。

2．生物反应器准备

生物反应器系统构造见图 1.4。按照制造商的说明进行组装和消毒。对于 DASGIP 系统（Eppendorf）中的细胞培养，建议采用以下工作流程。

（1）使用 DASGIP 控制软件校准 pH 探头。

（2）使用彩色编码电缆将 pH 探头连接到控制箱。

（3）准备一个带有 pH 缓冲液（pH=7.0）的烧杯，将 pH 探头和控制盒温度探头插入缓冲液中 15min 或直到读数稳定。探头应浸入缓冲液中 4cm。

（4）信号稳定后，点击电脑屏幕控制面板上的“校准偏移量”。待黄灯变绿后再继续操作。

（5）用水冲洗探针。

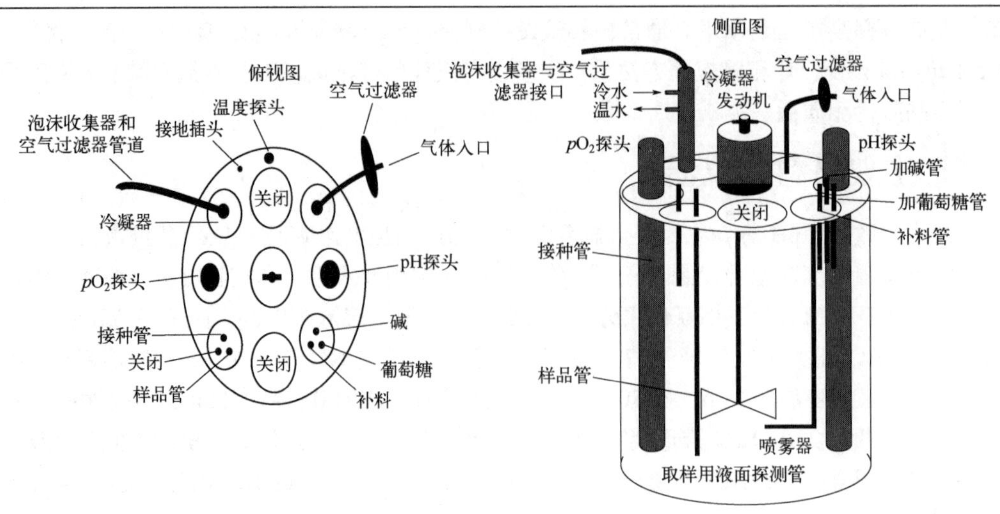

图 1.4
生物反应器系统构造示意图

（6）准备一个装有酸碱度缓冲液（pH=4.0）的烧杯，将 pH 探针和控制箱温度探针插入缓冲液中使信号稳定。

（7）读数稳定后，点击电脑屏幕控制面板上的“校准斜率”。等待黄灯变绿后再继续操作。

（8）点击停止。控制软件将提示 pO_2 校准。不要单击“是”，请等待，然后再继续。

（9）组装生物反应器：将 pH 探针、pO_2 探针和冷凝器插入相应的槽中，并将其轻轻滑动到位。

（10）确保将管插入正确位置，并将垫圈紧密闭合。将夹子安装到汲取管上，并检查空气过滤器是否牢固安装。

（11）往碱、补料和葡萄糖瓶中加入 5mL 水。盖上盖子，但不要太紧。使用碱、补料和葡萄糖管将其连接到生物反应器。

（12）拧开生物反应器的盖子，加入 200mL 的 1×PBS。再次盖上盖子，但不要太紧。

（13）用双层锡纸包裹下列挤压部件：空气过滤器、电极和取样阀。

（14）对生物反应器进行高压灭菌。

（15）高压灭菌后，迅速封闭所有盖子。检查所有管子是否完好无损，并取下锡箔纸。

（16）在无菌环境（层流罩）中，小心地取下碱、补料和葡萄糖瓶的盖子，并使用连接至真空抽吸装置的 1mL 移液器除去液体。向碱瓶中加入 100mL 碱液，并盖紧盖子。向补料瓶中添加足够量的补料，并盖紧盖子。向葡萄糖瓶中加入 50mL 葡萄糖溶液，并盖紧盖子。

（17）在无菌环境中，小心地取下生物反应器的盖子，并用连接到真空抽吸装置的 1mL 移液器从灭菌的生物反应器中除去液体。向生物反应器中加入 400mL 无菌培养基，并盖紧盖子。

（18）将生物反应器插入生物块模块，然后将其轻轻滑入相应位置。

（19）将电缆连接到 pH 和 pO_2 探针。

（20）将进气源连接到空气过滤器上。

（21）将温度探头插入相应的管中。

（22）附加并连接架空驱动器，然后连接电缆接地。

（23）启动控制计算机上的 pO_2 校准。

（24）首先以200r/min的速度开始搅拌，然后在37℃下加热，并向空气中添加100%的空气（21% O_2）。如果细胞培养是在其他搅拌速度或温度下进行的，请更改设置。

（25）将生物块上的红色和蓝色冷却管连接到冷凝器单元，然后打开冷凝器。

（26）等待控制计算机上的氧气压力和信号稳定。这一步骤可能需要几小时，也可以过夜完成。

（27）氧饱和度读数稳定后，在控制计算机上按开始键，以将探头校准到100%溶解氧（dissolved oxygen，DO）。

（28）对于第二个校准点0%，断开电缆与 pO_2 探针的连接，并等待氧饱和度读数稳定在零，这可能只需要几秒钟。

（29）读数稳定后，点击控制计算机上的“开始”，将探头校准到0% O_2。等待计算机再次显示“就绪”。

（30）将电缆重新连接到 pO_2 探针，并检查测量值是否稳定在100%。如果没有，重复步骤（26）和（27）。

（31）单击“完成”结束校准程序。

（32）可选校准泵。

（33）设置工艺参数如下：

搅拌速度设置为200r/min，温度设置为37℃，送风风量设置为0.6L/h，DO控制设定点为50%，pH控制设定点为7.1，死区（dead band）为0.2。

（34）手动通过管道泵入碱、补料和葡萄糖，直到管子装满液体。

（35）等待搅拌速度、温度、空气流量、DO和pH的设定点达到并稳定下来。通常需要1～2h。

3．接种生物反应器

（1）在摇瓶中进行预培养，确定活细胞数和活性。

（2）计算以所需接种密度（3×10^5～5×10^5 个/mL）来接种生物反应器所需的细胞总量。

（3）吸取与步骤（2）中计算的细胞数量相对应的培养基体积。在250mL锥形离心管中200*g*离心5min。

（4）留10mL上清液并重新悬浮细胞。

（5）在无菌环境中，用50mL注射器抽吸细胞悬浮液，吸入约10mL空气。

（6）用70%乙醇清洗手套进行表面消毒，并用拇指堵住注射器口。在用拇指堵住注射器打开的同时，用70%乙醇对接种阀进行消毒。

（7）将拇指快速地从注射器口移开，并将其连接到接种阀。竖直转动注射器，活塞朝上，缓慢地将细胞悬液向下注入生物反应器中。通过吹入空气来清空细胞管。

（8）按下控制计算机软件上的“接种”按钮。

4．生物反应器采样和分析

为了监测细胞的生长和代谢，通常需要在补料分批培养过程中进行每日采样。有些样品如需要检测单克隆抗体的滴度和单克隆质量（例如 *N*-糖基化），可以在补料分批过程结束时采样或与所需频率的过程一起进行。建议采取以下步骤。

（1）准备足够的 2mL 微量离心管用于取样。

（2）打开生物反应器上的采样阀，并用 70%的乙醇清洗瓶盖和阀门。

（3）用 6mL 注射器从生物反应器中取出 2mL 培养物，将培养液与注射器一起丢弃。

（4）取一个新的 6mL 注射器，再次从生物反应器中取出 2mL 培养物。将 2mL 培养物加入准备好的微量离心管中。该样品将用于进一步分析，例如，分析活细胞计数和活力测量、培养物中的细胞外代谢物和产物滴度分析。如果需要更多的分析，相应地增加样品量和注射器尺寸。通常，每次分析需要下列样本量。

① 活细胞计数和活力测量：细胞计数和活力测量需要 0.5mL 培养样品，使用自动细胞计数器进行测量。

② 代谢分析：需要 1.5mL 细胞培养上清液，使用自动化学分析仪测量细胞培养物中的细胞外代谢物（例如，葡萄糖、谷氨酰胺、谷氨酸盐、乳酸盐和 NH_4^+）。

③ 抗体滴度分析：需要 100～500μL 细胞培养上清液，使用配备有蛋白 A 生物传感器的设备来测量免疫球蛋白滴度。

④ 单克隆抗体质量分析：取样量通常为 10～15mL，培养过程中不建议频繁取样。

5．细胞培养物补料

通常在细胞培养过程中加入碱、葡萄糖和培养基。当生物反应器系统调节细胞培养物的酸碱度时，通常会自动连续加入碱。在进行细胞计数和代谢分析后，通常每天或每隔一天人工添加一次葡萄糖和补料培养基。

（1）添加葡萄糖：根据细胞培养物的体积和代谢分析得到的细胞培养物中剩余的葡萄糖浓度，计算出需要添加的体积。当细胞培养物中的葡萄糖浓度降低到低于 4g/L 时，向生物反应器中添加葡萄糖，达到 8g/L。

（2）用补料培养基培养：当使用不同的细胞系、基础培养基和补料时，培养策略可能有很大不同。表 1.4 推荐了三种类型的补料培养基及其相应的添加策略。

（3）向生物反应器中添加葡萄糖和培养基：手动打开相应的泵，如果泵已经校准，计算泵入生物反应器所需的时间。为了控制泵入生物反应器的葡萄糖或补料培养基的体积，在添加补料前后用天平称量葡萄糖或培养基。1g 补料培养基通常相当于 1mL 补料培养基。1.187g 45% D-（+）-葡萄糖溶液相当于 1mL 45% D-（+）-葡萄糖。

表 1.4　补料培养基和补料策略

基础培养基	补料培养基和补料策略	
ActiCHO P	ActiCHO A：从第 3 天开始每天添加；每次添加初始培养量的 2%	ActiCHO B：从第 3 天开始每天添加；每次添加量为初始培养物的 0.2%
CD CHO	高效补料 A：在第 4、6、8、10、12 天添加；每次添加量为初始培养量的 10%	FunctionMax：在第 4、6、8、10、12 天添加；每次添加量为初始培养量的 3.3%的补料量
PowerCHO-2 CD	Cell Boost 6：在第 4、6、8、10、12 天添加；补料量每次占初始培养量的 10%	

6．生物反应器的收集、关闭和清洗

建议在存活率<60%之前进行收获。根据细胞系、培养基、补料和选择的工艺参数，分批补料培养的持续时间通常约为12～16d。收集时可遵循以下步骤。

（1）单击生物反应器控制屏幕右上角的“完成”，结束数据记录、搅拌、泵送和供气。

（2）关闭生物组块上的冷凝器，取下蓝色和红色试管。

（3）从生物反应器上断开酸碱度和氧分压电极、温度探针、供气管、基管、补料管、接地线和电机。

（4）将生物反应器中的40mL细胞悬浮液倒入50mL离心管中。如果下游加工过程中需要大量培养物，使用一个或多个更大的离心管代替。

（5）1000*g*离心10min。收集上清液。

（6）0.22μm过滤器过滤上清液。

（7）过滤后的上清液储存在−20℃，直到进一步处理。

（8）将底座和进料管从底座和进料瓶上断开。将这些进料管的一端放入装有约300mL蒸馏水的烧杯中。将另一端放入空烧杯中，通过手动启动控制单元来开始通过管子抽水，让泵冲洗管子1h。

（9）将生物反应器中剩余的细胞培养物倒入生物废液瓶中。

（10）用70%乙醇清洗酸碱度电极。将乙醇收集到生物废液瓶中，用纸巾轻轻擦干。

（11）用蒸馏水重复一次步骤（8）。

（12）将盖子放回酸碱度电极上，用3mol/L盐酸缓冲液完全填充盖子。

（13）用70%的乙醇清洗氧分压电极。将乙醇收集到生物废液瓶中。用纸巾轻轻擦干，请勿触摸电极底部。

（14）用蒸馏水重复一次步骤（8）。

（15）将盖子盖在氧分压电极上。

（16）用70%乙醇冲洗生物反应器内部两次，并将乙醇收集到生物废液瓶中。

（17）用蒸馏水重复一次步骤（8）。

（18）用蒸馏水冲洗底瓶和连接的试管。放在纸巾上晾干。

（19）通过插入塞子，关闭生物反应器上的基础注入阀。

（20）将基管冲洗1h后，将其取下。将末端浸入干净的水中，然后将其转移到含有70%乙醇的烧杯中。关闭泵，然后从泵管上卸下泵。将试管放在纸巾上晾干。

（四）注意事项

（1）无血清培养基及补料的选择可以根据生产细胞系的适应性和所需的培养过程而有所不同。如果培养基中不含L-谷氨酰胺，则可能需要补充L-谷氨酰胺（4～8mmol/L）。如果观察到细胞聚团，则可以向培养基中添加抗结团剂（0.1%～0.5%）。

（2）根据制造商的说明，pO_2探头内的电解液需要每月更换一次。为了达到最佳性能，在每个生物反应器运行之前更换电解质溶液。建议每隔1～2个月进行Milli-Q纯水系统的pO_2探针离线校准，以确保其正常的功能。在Milli-Q纯水系统，用100%空气饱和水中的氧气，以进行100%校准。用N_2除去Milli-Q水中的所有溶解氧，进行0%溶解氧校准。

（3）泵的校准可以根据传递质量的时间常数测量值，通过多个泵速设置来确定泵的流量。用于泵校准的流量设置取决于泵管的直径。通过调整流量设定点，可以修改流量以适应较大或较小规模的实验。对于低流速设定点，要小心蒸发。

（4）工艺参数通常以依赖于细胞的方式进行优化，以获得较高的产品效价和可接受的产品质量。物理参数（如温度、气体流速和搅拌速度）、化学参数（如溶解氧和二氧化碳、pH、渗透压、副产物浓度和代谢物水平）和生物参数（如接种密度、活细胞数和活性）都是优化补料分批培养过程时要考虑的基本过程参数。工艺优化的关键是了解工艺参数与重复性之间的关系，以及培养性能与产品质量属性之间的关系。DoE 方法通常用于最小化要执行的实验次数，并确定各种工艺参数的最佳可能操作窗口。在进行工艺优化实验时，建议使用以下工艺参数操作窗口:

① 搅拌速度从 80～200*g* 是 CHO 细胞培养的典型范围。

② 接种后 2～7d，温度从 37℃降低到 30～35℃，可以认为是保持细胞处于 G1 期、延缓细胞凋亡的一种方式。

③ pH 值通常通过 CO_2 喷雾和碱添加的组合来控制。通常，pH 首选设定点在 7.0～7.3 之间。

④ DO 通常设置在空气饱和度的 20%～50%。限制溶解氧可能会增加细胞培养中乳酸的积累，而高浓度的溶解氧可能会导致细胞毒性。

⑤ 接种密度一般在 3×10^5～5×10^5 个/mL 之间。根据用途的不同，在此操作窗口之外的接种密度也可能先于此操作窗口。较高的接种密度可缩短指数生长期，提高最大细胞密度，缩短培养时间。但较低的接种密度可能会提高该过程的稳定性。

⑥ 单克隆抗体（monoclonal antibody，mAb）质量分析可包括完整质量分析、离子交换分析、大小排除分析和糖基化分析。

⑦ 在不同的细胞系和不同的生长阶段，葡萄糖的补给量和频率可能会有所不同。DoE 方法通常是定义最佳添加标准和策略所必需的。

⑧ 改变培养基成分、补料补充培养基和添加策略（如添加量和频率）会对细胞培养产生很大的影响。有几种方法可以与 DoE 设置结合使用，以进行培养基优化，例如组分滴定、废培养基分析。

六、动物细胞灌流技术培养

（一）原理

动物细胞大规模培养技术除了分批补料培养之外，另外一个最常用的动物细胞培养方式是灌流（perfusion）技术。目前灌流培养已经作为一种获得高产量的重组产物的有效手段，在生物技术产业中得到了广泛的应用。灌流培养有一个恒定的进出流，动物细胞和培养基一起加入反应器，在细胞增长和产物形成过程中，不断地将部分条件培养基取出，同时又连续不断地灌注新的培养基。目前有关连续灌流培养的方式主要有两种，即切向流过滤（tangential flow filtration，TFF）和交替切向流过滤（alternative tangential filtration，ATF），如 XCell™ATF 系统由一个隔膜泵、一个不锈钢柱体和一个中空纤维柱组成。另外声频灌流系统，如 Applikon 10L Biosep 灌流系统是基于温和的声频引起松的细胞积聚，然后再沉淀。BioSep 内的声频能量网构成一个“虚拟网”，因而是一种无接触、无污染、不移动的过滤模式。近年来，灌流培养得到了广泛的研究和应用，并衍生出一些新技术，如先进行灌流培养再进行流加培养，细胞密度可达到一个高密度（可达 40×10^6～100×10^6 个/mL）及 10g/L 的抗体浓度。

常用哺乳动物细胞培养工艺示意图和工艺特点见图 1.5 和表 1.5。

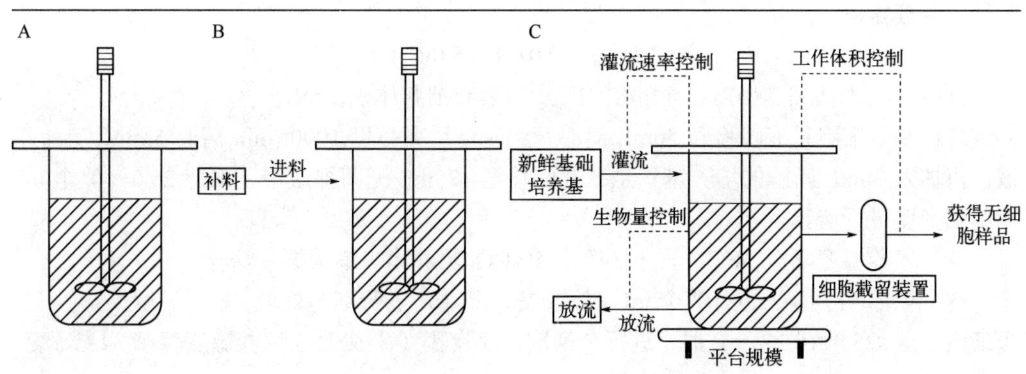

图 1.5
常用哺乳动物细胞培养工艺示意图

表 1.5　常用哺乳动物细胞培养工艺特点

培养模式	特点	优点	缺点
分批	不流加，培养结束一次收获	操作简单、污染少	细胞密度低、培养时间短、产量低
补料分批	流加，培养结束一次收获	操作简单、培养时间长、产量高	细胞密度低、培养时间短、产量低
灌流	恒定工作体积，连续流加、连续收获	培养时间长、成本低、产量高、质量高	操作复杂、要求特殊设备

（二）主要材料和仪器

生物反应器、倾斜式截留装置、蠕动泵、细胞计数仪、CO_2 培养箱、倒置显微镜、离心机、细胞培养自动分析系统等。冻存 CHO 细胞系、CHO 细胞无血清培养基等。

（三）方法

以 CHO 细胞为例。

1．细胞复苏和传代培养

参考动物细胞补料分批培养（三）方法 1，传代细胞密度控制在 0.5×10^6～2.0×10^6 个/mL。

2．细胞模拟灌流培养

（1）取传代处于对数期的种子细胞，以 0.5×10^6～1.0×10^6 个/mL 活细胞密度，30mL 体系接种到 125mL 无菌瓶中。

（2）37℃，5%CO_2 培养箱中，110g 进行连续摇床培养。

（3）每天取样 1mL 进行细胞计数及代谢物浓度测定。

（4）当培养上清液葡萄糖浓度首次<2.0g/L 时（细胞密度$<25.0\times10^6$ 个/mL），转移至 50mL

无菌离心管中，1000r/min 离心 5min，弃上清液。

（5）加入新鲜的 30mL 培养基重悬细胞，并转移至 125mL 无菌摇瓶中，再次置于 37℃，5% CO_2 培养箱中进行振荡培养。

（6）连续培养细胞直至活细胞密度>25.0×10^6 个/mL，按照下列公示计算摇瓶中应丢弃的细胞悬液体积，并弃之。

$$V_{purge}=30.0\times(1-25.0/C_x)$$

其中，C_x 为活细胞密度，个/mL；V_{purge} 为丢弃细胞体积，mL。

（7）剩余细胞悬液转移到 50mL 离心管中，然后离心机 1000r/min 离心 5min，弃上清液，再加入 30mL 新鲜的培养基重悬，并转移至 125mL 无菌摇瓶中，维持 25.0×10^6 个/mL 活细胞密度进行培养。

（8）培养温度降至 34℃，置于 34℃、5%CO_2 培养箱中继续振荡培养。

（9）当细胞密度>25.0×10^6 个/mL 时，重复步骤（6）进行细胞处理，培养温度保持 34℃。当细胞密度<25.0×10^6 个/mL 时，进行全换液，同步骤（4）处理，培养温度保持 34℃不变。培养达到设定天数后，进行后续处理。

3．反应器两阶段灌流

（1）取处于对数期的种子细胞进行细胞计数，根据所需接种反应器的细胞总量，依据下列公式计算出所需种子细胞的体积。

$$V_{cell}=\frac{V_B \bullet C_{x_0}}{C_{x_1}}$$

式中，V_{cell} 为种子细胞体积，mL；V_B 为反应接种体积，L；C_{x_0} 为接种密度，个/mL；C_{x_1} 为种子细胞密度，个/mL。

（2）取该体积的对数期的种子细胞于接种瓶中，以约 0.5×10^6 个/mL 的活细胞密度接种至反应器，培养体积为 12L。分别设定温度为 37℃、pH=7.5、DO=50%、转速 120r/min。

（3）反应器中培养第四天开始启动灌流，灌流速率即每立方米生物反应器每天灌流培养基的体积（volumes of media per bioreactor volume per day），由 0.40L/（m^3·d）逐步增加到 1.00L/（m^3·d），第五天 0.60L/（m^3·d），第六天 0.80L/（m^3·d），第七天及以后 1.00L/（m^3·d）。分别设定温度 37℃、pH=7.5、DO=50%、转速 120r/min。

（4）反应器中培养第 9 天开始（活细胞密度约 25.0×10^6 个/mL），培养温度降至 34.0℃，同时反应器 pH 由 7.5 调整为 6.85 或保持不变。分别设定温度 37℃、DO=50%，转速 120r/min、pH=6.85 或 7.15、灌流速率 1.00L/(m^3·d)。

（5）反应器连续灌流培养到设定时间停止运行。

（6）反应器培养过程中每天取样 30mL，细胞悬液直接进行细胞计数。剩余细胞悬液 5000r/min 离心 1min，一部分上清液直接用于测定葡萄糖、乳酸等；另一部分上清液放于 −20℃保存，用于测定目的蛋白浓度、电荷异质性、蛋白聚体等质量属性。

（四）注意事项

（1）灌流培养的效率不高，可以通过改变动物细胞的培养环境，实施阶段培养，调控代谢来进行调整。

(2) 乳酸含量过高，可以通过灌注葡萄糖来控制乳酸的产生。氨的含量过高，要限制培养基中的谷氨酰胺浓度。

(3) 温度阶段培养，细胞最适宜的生长温度是 37℃。温度过高，细胞的死亡率会升高，温度降低，细胞的生长速率会下降。

(4) 对于包括 CHO 细胞在内的多种动物细胞，其在培养基中最合适的 pH 范围在 7.2～7.4 之间。当培养基的 pH 低于 6.8 或者高于 7.6 都会影响细胞的存活。由于细胞内 pH 难以检测，可以通过其他易检测的参数进行间接的控制。

(5) 不同细胞或同种细胞的不同生长时期对于氧的需求量不同。CHO 细胞生长最适合的溶氧值在 60%～65%之间。溶氧影响细胞的增殖，从而间接影响产品的产量。

(6) 代谢产生的副产物主要是乳酸与氨，会抑制细胞的生长。在分批和补料分批培养时这个问题更加明显。灌流培养过程虽可以去除代谢副产物，但由于细胞的浓度较高，代谢副产物生成的速度会加快。另外，灌注速率提高细胞的比生长速率也提高，但是产物的比生产率降低。所以应考虑通过其他的办法来减少代谢过程中的副产物，从而提高产物生产率。

(7) 葡萄糖的代谢副产物乳酸会抑制细胞的生长。当在培养液中的乳酸超过 55mmol/L 时，细胞的比生长率就会降低 50%以上，可把部分葡萄糖更换为果糖或者半乳糖以减少乳酸的产生，培养初期葡萄糖浓度应该较低，在培养的过程中再添加。在用控制葡萄糖浓度法进行生产时，可以提高对数期葡萄糖浓度促进细胞生长；在产物合成期，可以降低其浓度，减少乳酸的产生，降低对细胞的毒性，使得活细胞数维持在一个较高的水平，还可以降低比生长速率，增加目的蛋白质的产生速率。对于一些乳酸耐受力比较强的细胞，这种方法比较适合。

(8) 由于谷氨酰胺代谢会产生氨，氨对细胞的毒性比乳酸大，降低谷氨酰胺的浓度能够降低 CHO 细胞中氨的产生。通常情况下，葡萄糖与谷氨酰胺的消耗速度和其浓度成正比。在对数生长期，增加葡萄糖和谷氨酰胺的浓度，为细胞提供充足的养分，促进细胞生长；在产物合成期，降低两者的浓度，可以增加产物的产率。通常使用透析膜、吸附剂或超滤膜等去除乳酸、氨等，也可加入钾盐等化学试剂消除氨的影响。

第三节 动物细胞生物特性分析

一、动物细胞生长曲线和倍增时间分析

（一）原理

动物细胞生长和存活能力的准确测定是监测生物过程的关键。测定生物过程中细胞生

长和/或活力的直接方法包括显微镜计数、电子粒子计数、图像分析、原位生物量监测等。手工显微镜计数费劲，但它的优点是可以测定细胞活力。电子粒子计数是一种用于复制样品的快速细胞总数计数方法，但如果样品中含有大量细胞碎片或细胞聚集物，则可能会发生一些数据失真。在图像分析的基础上，通过显微镜使用数码相机获取图像已取得了迅速发展，并且商业软件已经能取代手动显微镜进行细胞计数和活性测定。生物量探针通过细胞的介电性质或NADH的内部浓度来检测动物细胞，可以用作培养过程的连续监测。虽然动物细胞生长和活力的监测是生物过程的一个组成部分，但是凋亡诱导的监测在生物过程控制中也变得越来越重要，可通过延长生物过程的持续时间来提高体积生产率。不同的荧光分析可用来检测动物细胞样本中的凋亡特征。

（二）主要材料和仪器

血细胞计数器、离心机、显微镜、超净工作台、CO_2培养箱、24孔培养板、移液器、离心管、培养皿、半对数坐标纸、盖玻片、酒精棉球、酒精灯。CHO细胞、台盼蓝、培养基、血清、0.25%胰蛋白酶消化液。

（三）方法

以CHO细胞为例。

1．利用血细胞计数器进行细胞计数

（1）用酒精擦拭计数器和盖玻片，待干燥后，将盖玻片放置在预定位置。

（2）收集细胞制成单细胞悬液，取 10μL 细胞悬液上样至血细胞计数器，注意上样时不要产生气泡或使细胞溢出。

（3）将血细胞计数器置于倒置显微镜的10×物镜下，使用相差模式进行细胞计数。

（4）计数板四角的大方格（圈出部分）分别包括16个中格，计数每个大方格的细胞数乘以10^4即为每毫升细胞悬液所含的细胞数。建议分别记录4个大方格的细胞数再取平均值，计数时需遵循“数上线不数下线，数左线不数右线”的原则，避免重复计数，以减少误差（图1.6）。

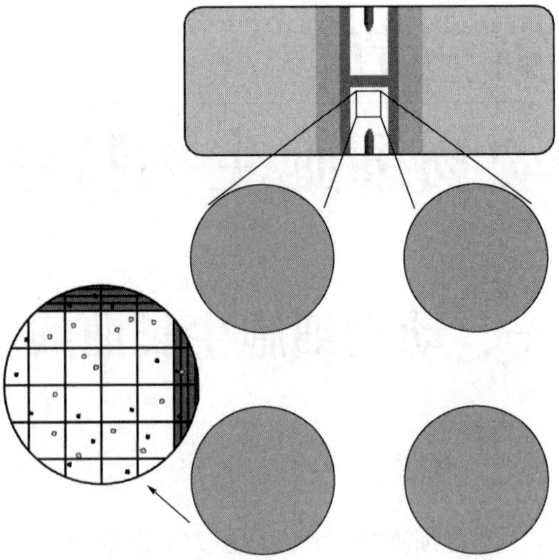

图 1.6
利用血细胞计数器进行细胞计数

2．细胞活力（存活率）测定（台盼蓝拒染法）

（1）用血细胞计数器测定细胞系悬液的细胞密度。

（2）用等渗缓冲盐溶液（即磷酸盐缓冲液）配制浓度为 0.4%、pH 值为 7.2～7.3 的台盼蓝溶液）。

（3）向 1mL 细胞中加入 0.1mL 台盼蓝储存溶液。

（4）取适量细胞样品加到血细胞计数器上，立即在低倍显微镜下观察。

（5）计数蓝染细胞数和总细胞数，计算细胞存活率（%）＝［1.00−（蓝染细胞数÷总细胞数）］×100%。每 1mL 培养物活细胞的数量=活细胞数×10^4×1.0×稀释倍数。

3．细胞浓缩

（1）将细胞悬液转移到大小合适的无菌离心管中，以 800g 的离心力离心 10min。

（2）小心倒掉上清液，不要搅动细胞沉淀。

（3）沿离心管内壁轻轻加入适量新鲜培养基，缓慢上下吹打 2～3 次，使细胞沉淀重新悬浮。

（4）将细胞转移到合适的无菌容器中。

4．生长曲线的绘制

以培养天数（d）作为横坐标、活细胞数为纵坐标，在半对数坐标纸上，将各点连成曲线，即可获得细胞的生长曲线。

5．细胞倍增时间

（1）作图法：在已经得到细胞生长曲线的基础上，取细胞数增加一倍的时间为细胞倍增时间。需要特别注意的是，该时间区间的首尾时间点需要处于细胞的对数生长期。

（2）公式法：倍增时间=培养时间×lg2/(lg 培养终末时间的细胞数−lg 培养起始时间的细胞数)。

（四）注意事项

（1）血细胞计数器法是最常用的细胞活性检测方法。该方法简单、有效，但对多个样品的检测费时费力。为保证统计结果的有效性，应至少对 100 个细胞进行计数。

（2）培养细胞的生长曲线在正常情况下通常呈 S 形，培养初期（1～2d）的细胞数约呈下降趋势，这段时期即为细胞潜伏期。之后 3～5d 呈对数增长的趋势，进入对数生长期。当对数生长期细胞数达到高峰，细胞生长逐渐停止，细胞数量进入稳定状态，此时即为平台期。

（3）进行生长曲线的测定时，接种到培养板孔中的细胞数量应保持每孔一致。接种量应适当，不能过少或过多，过少将使细胞生长周期延长，过多将导致细胞在实验未完成前即需传代，这两种情况下所得到的生长曲线均不能较准确地反映细胞的生长状况。

二、动物细胞增殖测定

细胞增殖是指动物细胞在多种细胞周期调控因子的作用下，通过 DNA 复制、RNA 转录及蛋白质合成等复杂反应而完成的生物过程，是个体形成及组织生长的基础。细胞增殖检测一般是检测处于分裂中的细胞数量或者细胞群体发生的变化，其中细胞核 DNA 的复制是细胞增殖的重要特征。动物细胞增殖的检测方法主要包括 MTT 检测法、XTT 法、MTS 法、CCK-8 法、[^{3}H]-TdR 掺入法、BrdU 掺入法及 Ki67 法等。

（一）四唑盐（MTT）比色法

1．原理

四唑盐比色法是一种检测动物细胞活力的方法，实验中所用的四唑盐是一种能接受氢原子的显色剂，化学名为 3-(4,5-二甲基噻唑-2)-2,5-二苯基四氮唑溴盐，简称为 MTT。MTT 在不含酚红的培养液或 0.01mol/L PBS 中溶解后为黄色，活细胞线粒体中的琥珀酸脱氢酶能使外源性的黄色 MTT 还原为难溶性的蓝紫色结晶物——甲臜（formazane），而死细胞则无此功能。DMSO 能溶解细胞中的蓝紫色结晶物，用酶联免疫检测仪在 490nm 波长处测定光吸收值（OD 值），在一定细胞数范围内，蓝紫色结晶物形成的量与活细胞的数量成正比，可间接反映活细胞的数量。MTT 比色法可用于一些生物活性因子的活性测定、大规模的抗肿瘤药物筛选及细胞毒性实验等，其特点为灵敏度高、重复性好、操作简便，经济、快速且无放射性污染。

2．主要材料和仪器

显微镜、CO_2 培养箱、振荡混合仪、酶联免疫检测仪、磁力搅拌器、96 孔培养板、可调移液器、离心管、移液管、血细胞计数器。CHO 细胞、5mg/mL MTT 溶液、0.25%胰蛋白酶、DMSO。

3．方法

以 CHO 细胞为例。

（1）制备单细胞悬液，以每孔 10^3～10^4 个细胞接种于 96 孔培养板中（体积 200μL/孔）；将 96 孔培养板置入 CO_2 培养箱，37℃、5% CO_2 及饱和湿度条件下培养，根据实验目的和要求确定培养所需时间。

（2）培养一定时间后，每孔加入 20μL 的 5mg/mL MTT 溶液（10%培养液量），37℃继续孵育 4h，结束培养，小心吸取弃去孔内的上清液（对于悬浮生长的细胞，需 1000r/min×5min 离心，弃去上清液），每孔加入 150μL DMSO，振荡 10min，使结晶物充分溶解。

（3）在酶联免疫检测仪上，选择 490nm 波长，测定各孔的光吸收值，记录结果。

（4）以时间为横坐标，光吸收值为纵坐标绘制细胞生长曲线。

细胞存活率=实验组光吸收值/对照组光吸收值×100%。

4．注意事项

（1）设置调零孔，与实验孔平行设不加细胞只加培养液的调零孔，其余实验步骤保持一致，最后比色时，以调零孔调零。

（2）选择适当的细胞接种密度，使培养终止时细胞不至于过满，以保证 MTT 结晶形成的量与细胞数呈良好的线性关系。

（3）避免血清干扰，高浓度的血清可影响光吸收值，常使用含 10% FBS 的培养液，在加入 DMSO 前应尽量吸净培养孔内残余的培养液，但动作要慢，以免吸取形成的蓝紫色结晶，影响实验结果。

（二）CCK-8 法

1．原理

Cell Counting Kit-8（简称 CCK-8）试剂可用于简便而准确地进行细胞增殖和毒性分析。其基本原理为：该试剂中含有 WST-8[化学名：2-(2-甲氧基-4-硝基苯基)-3-(4-硝基苯基)-5-(2,4-二磺酸苯)-2*H*-四唑单钠盐]，它在电子载体 1-甲氧基-5-甲基吩嗪硫酸甲酯盐（1-methoxy PMS）的作用下被细胞中的脱氢酶还原为具有高度水溶性的蓝紫色（结晶物）甲臜产物。生成的甲臜的数量与活细胞的数量成正比。因此可利用这一特性直接进行细胞增殖和毒性分析。CCK-8 法使用方便，不需要放射性同位素和有机溶剂，检测快速、灵敏度高、对细胞毒性小、重复性优于 MTT 法。

2．材料

CHO 细胞、移液器、酶标仪（带有 450nm 滤光片）、96 孔培养板、CO_2 培养箱、CCK-8 试剂盒。

3．方法

以 CHO 细胞为例。

（1）制备细胞悬液：进行细胞计数。

（2）接种到 96 孔板中：根据合适的铺板细胞数（约 1×10^4～2×10^4 个），每孔约 100μL 细胞悬液，同样的样本可做 4～6 个重复。

（3）37℃培养箱中培养：细胞接种后贴壁大约需要培养 4h，如果不需要贴壁，此步可以省去。

（4）加入 10μL CCK-8：由于每孔加入 CCK-8 量比较少，有可能因试剂沾在孔壁上而带来误差，建议将枪头浸入培养液中加入且在加完试剂后轻轻敲击培养板以帮助混匀。或者直接配制含 10% CCK-8 的培养基（现用现配），以换液的形式加入。

（5）培养 0.5～4h：细胞种类不同，形成的甲臜的量也不一样。如果显色不够的话，可以继续培养，以确认最佳条件（建议预实验先摸清楚时间点）。特别是血液细胞形成的甲臜很少，需要较长的显色时间（5～6h）。

（6）测定 450nm 吸光度：建议采用双波长进行测定，检测波长 450～490nm，参比波长 600～650nm。

4．注意事项

⑴ 若暂时不测定 OD 值，可以向每孔中加入 10μL 0.1mol/L 的 HCL 溶液或者 1% SDS 溶液，并遮盖培养板避光保存在室温条件下。24h 内测定，吸光度不会发生变化。

⑵ 如果待测物质有氧化性或还原性的话，可在加入 CCK-8 之前更换新鲜培养基，去掉药物影响。当然药物影响比较小的情况下，可以不更换培养基，直接扣除培养基中加入药物后的空白吸收即可。

⑶ 当使用标准 96 孔板时，贴壁细胞的最小接种量至少为 1000 个/mL（100μL 培养基）。检测白细胞时的灵敏度相对较低，因此推荐接种量不低于 2500 个/mL（100μL 培养基）。

⑷ 酚红和血清对 CCK-8 法的检测不会造成干扰，可以通过减去空白孔中本底的吸光度而消去。

⑸ CCK-8 可以检测大肠杆菌，但不能检测酵母细胞。在细胞增殖实验每次测定的过程中需要避免细菌污染，以免影响结果。

⑹ CCK-8 在 0～5℃下能够保存至少 6 个月，在−20℃下避光可以保存 1 年。

⑺ 当在培养箱内培养时，培养板最外面一圈的孔最容易干燥挥发，由于体积不准确而增加误差。一般情况下，最外面一圈的孔加培养基或者 PBS，不作为测定孔用。

⑻ 在培养基中加入 CCK-8，培养一定的时间，测定 450nm 的吸光度即为空白对照。在做加药实验时，还应考虑药物的吸收，可在加入药物的培养基中加入 CCK-8，培养一定的时间，测定 450nm 的吸光度作为空白对照。

⑼ 金属对 CCK-8 显色有影响。终浓度为 1mmol/L 的氯化亚铅、氯化铁、硫酸铜会分别抑制 5%、15%、90%的显色反应，使灵敏度降级。如果终浓度是 10mmol/L 的话，将会 100%抑制。

⑽ 悬浮细胞由于染色比较困难，一般需要增加细胞数量和延长培养时间。

⑾ 加入 CCK-8 时，如果细胞培养时间较长，培养基颜色或 pH 值已变化，建议换用新鲜的培养基。

⑿ 用酶标仪检测前需确保每个孔内没有气泡，否则会干扰测定，且要擦拭干净样品板。

（三）$[^3H]$-TdR 掺入法

1．原理

DNA 是细胞的遗传物质，其结构中包含 4 种碱基（A、T、G、C），其中胸腺嘧啶核苷（TdR）是 DNA 特有的碱基，也是 DNA 合成的必需物质，因此用同位素 ^3H 标记 TdR 即$[^3H]$-TdR 作为 DNA 合成的前体能掺入 DNA 的合成过程中，通过测定细胞的放射性强度，可以反映细胞 DNA 的代谢及细胞增殖情况。$[^3H]$-TdR 掺入法具有敏感性高、客观性强且重复性好等特点，但是需在专门的放射性实验室内进行，同时还存在放射性核素污染的问题。

2．主要材料和仪器

液体闪烁计数仪、血细胞计数器、显微镜、CO_2 培养箱、24 孔培养板、可调移液器、离心管、移液管。CHO 细胞、0.25%胰蛋白酶、3.7×10^8Bq/mL 的[^{3}H]-TdR（用 HBSS 配制，过滤除菌）、HBSS 缓冲液、10%三氯乙酸（TCA）、甲醇、0.3mol/L NaOH（用 1% SDS 配制）、闪烁液。

3．方法

以 CHO 细胞为例。

（1）将处于对数生长期的细胞制成细胞密度为 3×10^5 个/mL（根据具体情况而定）的单细胞悬液，接种于 24 孔培养板中，每孔 lmL；然后将培养板置于 CO_2 培养箱中，在 37℃、5% CO_2 及饱和湿度条件下培养一定时间。

（2）在细胞处于对数生长期时每孔加 100μL 配制的[^{3}H]-TdR 液体，使其终浓度为 3.7×10^8Bq/mL；根据实验要求继续培养 1～24h。

（3）小心吸弃各培养孔中的培养上清液，终止培养；用 HBSS 洗涤细胞 2 次，然后加 2mL 预冷的 10% TCA，放置 10min（如果细胞松散，应先用甲醇固定细胞 10min）。

（4）用 10% TCA 重复洗涤 2 次，5min/次。

（5）加 500μL 0.3mol/L NaOH 至各培养孔，60℃ 处理 30min，然后使之冷却至室温。

（6）收集上述各培养孔内的裂解液，移入闪烁瓶中，加 5mL 闪烁液，用液体闪烁计数仪测定每分钟脉冲数（cpm），结果以 cpm/10^6 表示。

（7）被标记的细胞是处于细胞周期 S 期的细胞，[^{3}H]-TdR 掺入量可反映细胞中 DNA 合成的快慢，从而可测定细胞的增殖情况。

4．注意事项

^{3}H 为放射性核素，实验必须在专门的放射性实验室内按放射性实验的操作规程进行，严防吞入或吸入放射性核素，务必妥善处理放射性核素用品及污染物。

三、动物细胞凋亡检测

细胞凋亡是动物细胞受基因调控的一种自然死亡过程，同生长分化一样是多细胞生物生命活动中不可缺少的过程，根据死亡细胞在形态学、生物化学和分子生物学上的差别，可以将二者区别开来。动物细胞凋亡的检测方法有很多，下面介绍几种常用的测定方法。

（一）动物细胞凋亡的形态学检测

动物细胞凋亡具有固有的形态特征，根据这一原理可以通过形态学指标进行动物细胞凋亡检测。

1．光学显微镜和倒置显微镜观察

未染色动物细胞：凋亡细胞的体积变小、变形，细胞膜完整但出现发泡现象，细胞凋亡晚期可见凋亡小体。贴壁细胞出现皱缩、变圆、脱落。

染色动物细胞：常用吉姆萨染色、瑞氏染色等。凋亡细胞的染色质浓缩、边缘化，核膜裂解，染色质分割成块状，形成凋亡小体等典型的凋亡形态。

2．荧光显微镜和共聚焦激光扫描显微镜观察

一般以细胞核染色质的形态学改变为指标来评判细胞凋亡的进展情况。常用的 DNA 特异性染料有：HO 33342（Hoechst 33342）、HO 33258（Hoechst 33258）和 DAPI。三种染料与 DNA 的结合是非嵌入式的，主要结合在 DNA 的 A-T 碱基区。紫外光激发时发射明亮的蓝色荧光。

Hoechst 是与 DNA 特异结合的活性染料，储存液用蒸馏水配成 1mg/mL 的浓度，使用时用 PBS 稀释成终浓度为 2～5mg/mL。DAPI 为半通透性，用于常规固定细胞的染色。储存液用蒸馏水配成 1mg/mL 的浓度，使用终浓度一般为 0.5～1mg/mL。

结果评判：动物细胞凋亡的变化是多阶段的，从形态学上把细胞凋亡分为 3 个阶段。第一个阶段是凋亡的开始。此阶段只是进行数分钟，细胞中所表现的特征是：微绒毛消失，细胞间接触消失，但是质膜保持完整性，线粒体大体完整，核糖体逐渐与内质网脱离，内质网囊腔膨胀，并与质膜发生融合，染色质固缩等。第二阶段是形成凋亡小体。核染色质发生断裂，形成许多的片段，与一些细胞器聚集在一起，然后被细胞质膜包围，形成凋亡小体。第三阶段是凋亡小体被吞噬细胞所吞噬，而其残留物质被消化后重新使用。细胞凋亡是一个主动性自杀过程，所以它是一个耗能的过程，需要 ATP 提供能量。其次此过程中质膜保持完整，内含物也不发生外泄。

3．透射电子显微镜观察

结果评判：凋亡细胞体积变小，细胞质浓缩。凋亡Ⅰ期（pro-apoptosis nuclei）的细胞核内染色质高度盘绕，出现许多空泡结构；Ⅱ期细胞核的染色质高度凝聚、边缘化；细胞凋亡的晚期，细胞核裂解为碎块，产生凋亡小体。

（二）磷脂酰丝氨酸外翻分析（Annexin-V 法）

1．原理

磷脂酰丝氨酸（phosphatidylserine，PS）正常位于细胞膜的内侧，但在动物细胞凋亡的早期，PS 可从细胞膜的内侧翻转到细胞膜的表面，暴露在细胞外环境中。膜联蛋白 V（Annexin-V）是一种分子质量为 35～36kDa 的 Ca^{2+}依赖性磷脂结合蛋白，能与 PS 高亲和力特异性结合。将 Annexin-V 用荧光素［异硫氰酸荧光素（FITC）、藻红蛋白（PE）］或生物素（biotin）标记，以标记了的 Annexin-V 作为荧光探针，利用流式细胞仪或荧光显微镜可检测细胞凋亡的发生。碘化丙啶（propidine iodide，PI）是一种核酸染料，它不能透过完整的细胞膜，但在凋亡中晚期的细胞和死细胞中，PI 能够透过细胞膜而使细胞核染红。因此将 Annexin-V 与 PI 配合使用，就可以将凋亡早晚期的细胞以及死细胞区分开来。

2．主要材料和仪器

CHO 细胞、流式细胞仪、离心机、Annexin V-异硫氰酸荧光素（FITC）（BD Biosciences）、

碘化丙啶（PI）溶液（1mg/mL 溶解在 PBS）、结合缓冲液［10mmol/L 羟乙基哌嗪乙烷磺酸盐/NaOH、140mmol/L NaCl、2.5mmol/L $CaCl_2$（pH7.4）］。

3．方法

以 CHO 细胞为例。

（1）细胞样品（1×10^5 个细胞）180*g* 离心 5min。

（2）去除上清液后，将细胞结团悬浮在 100mL 结合缓冲液中。

（3）加入 5μL 的 Annexin V-FITC（1～3mg/mL）和 10μL 的 PI（50μg/mL）。

（4）轻轻旋转样品，室温黑暗中孵育 15min。

（5）添加 400μL 的结合缓冲液。

（6）在 1h 内用 515～545nm［FITC 探测（detection）］和 620～640nm［PI 放射（emission）］流式细胞仪分析样品。

4．注意事项

（1）整个操作过程动作要尽量轻柔，勿用力吹打细胞。

（2）操作时注意避光，反应完毕后尽快在 1h 内检测。

（三）线粒体膜势能的检测

1．原理

线粒体在动物细胞凋亡的过程中起着枢纽作用，多种细胞凋亡刺激因子均可诱导不同的细胞发生凋亡，而线粒体跨膜电位 DYmt 的下降，被认为是细胞凋亡级联反应过程中最早发生的事件，它发生在细胞核凋亡特征（染色质浓缩、DNA 断裂）出现之前，一旦线粒体跨膜电位崩溃，则细胞凋亡不可逆转。

线粒体跨膜电位的存在，使一些亲脂性阳离子荧光染料如罗丹明 123（Rhodamine 123）、3,3-二己基氧羰基花青碘化物（3,3-dihexyloxacarbocyanine iodide）、四氯四乙基苯并咪唑碘化碳菁（tetrechloro-tetraethylbenzimidazol carbocyanine iodide，JC-1）、四甲基罗丹明甲酯（tetramethyl rhodamine methyl ester，TMRM）等可结合到线粒体基质，其荧光的增强或减弱说明线粒体内膜电负性的增高或降低。

2．方法

将正常培养和诱导凋亡的动物细胞加入终浓度为 1mmol/L 的 Rhodamine 123 或终浓度为 25nmol/L 的 DiOC6、1nmol/L 的 JC-1、100nmol/L 的 TMRM，37℃平衡 30min，流式细胞仪检测细胞的荧光强度。

3．注意事项

（1）始终保持平衡染液中 pH 值的一致性，因为 pH 值的变化将影响膜电位。

（2）与染料达到平衡的细胞悬液中如果含有蛋白质，将与部分染料结合，降低染料的浓度，引起假去极化。

（四）TUNEL 法

1．原理

动物细胞凋亡中，染色体 DNA 双链断裂或单链断裂而产生大量的黏性 3'—OH 末端，可在脱氧核糖核苷酸末端转移酶（TdT）的作用下，将脱氧核糖核苷酸和荧光素、过氧化物酶、碱性磷酸酶或生物素形成的衍生物标记到 DNA 的 3'—OH 末端，从而可进行凋亡细胞的检测，这类方法称为脱氧核糖核苷酸末端转移酶介导的缺口末端标记法（terminal-deoxynucleotidyl transferase mediated nick end labeling, TUNEL）。由于正常的或正在增殖的动物细胞几乎没有 DNA 的断裂，因而没有 3'—OH 形成，很少能够被染色。该法可检测出极少量的凋亡细胞，因而在细胞凋亡的研究中被广泛采用。

2．主要材料和仪器

CHO 细胞、光学显微镜及其成像系统、小型染色缸、湿盒（塑料饭盒与纱布）、塑料盖玻片或封口膜、吸管、各种规格的加样器及枪头等；试剂盒含 TdT 10×、荧光素标记的 dUTP 1×、标记荧光素抗体的 HRP（converter-POD）；PBS、双蒸水、二甲苯、梯度乙醇（100%、95%、90%、80%、70%）、DAB 工作液（临用前配制，5μL 20×DAB+1μL 30%H_2O_2+94μL PBS）、proteinase K 工作液（10～20μg/mL，pH7.4～8.0）或细胞通透液（0.1% Triton X-100，临用前配制）、苏木素或甲基绿、DNase Ⅰ（3～3000U/mL，pH7.5）、10mmol/L $MgCl_2$、1mg/mL BSA。

3．方法（参考 Roche 公司）

以 CHO 细胞为例。

（1）用二甲苯浸洗 2 次，每次 5min。

（2）用梯度乙醇（100%、95%、90%、80%、70%）各浸洗一次，每次 3min。

（3）PBS 漂洗 2 次。

（4）用 proteinase K 工作液处理组织 15～30min，或者在 21～37℃加细胞通透液 8min。

（5）PBS 漂洗 2 次。

（6）制备 TUNEL 反应混合液，处理组用 50μLTdT + 450μL 荧光素标记的 dUTP 液混匀；而阴性对照组仅加 50μL 荧光素标记的 dUTP 液，阳性对照组先加入 100μL DNase Ⅰ，在约 37℃反应 10～30min，后面步骤同处理组。

（7）玻片干后，加 50μL TUNEL 反应混合液（阴性对照组仅加 50μL 荧光素标记的 dUTP 液）于标本上，加盖玻片或封口膜在大约 37℃暗湿盒中反应 60min。

（8）PBS 漂洗 3 次。

（9）可以加 1 滴 PBS 在荧光显微镜下计数凋亡细胞（激发光波长为 450～500nm，检测波长为 515～565nm）。

（10）玻片干后加 50μL converter-POD 于标本上，加盖玻片或封口膜在约 37℃暗湿盒中反应 30min。

（11）PBS 漂洗 3 次。

(12) 在组织处加 50～100μL DAB 底物，15～25℃下反应 10min。

(13) PBS 漂洗 3 次。

(14) 拍照后再用苏木素或甲基绿复染，几秒后立即用自来水冲洗。梯度酒精脱水，二甲苯透明，中性树胶封片。

(15) 加一滴 PBS 或甘油在视野下，用光学显微镜进行计数（200～500 个细胞）并拍照。

4. 注意事项

(1) PBS 清洗时，每次清洗 5min。PBS 清洗后，为了各种反应的有效进行，请尽量除去 PBS 溶液后再进行下一步反应。

(2) 在载玻片上的样本上加上实验用反应液后，请盖上盖玻片或保鲜膜，或在湿盒中进行，这样可以使反应液均匀分布于样本整体，又可以防止反应液干燥造成实验失败。

(3) TUNEL 反应液临用前配制，短时间在冰上保存。不宜长期保存，长期保存会导致酶活性的丧失。

(4) 如果 20×DAB 溶液颜色变深成为紫色，则不可使用，需重新配制。

(5) 用甲基绿染液（3%～5%甲基绿溶于 0.1mol/L 醋酸巴比妥 pH4.0）染色后，用灭菌蒸馏水清洗多余的甲基绿，然后进行洗净（100%乙醇）、脱水（二甲苯）透明、封片后通过光学显微镜观察操作。如果此时使用 80%～90%的乙醇洗净时，甲基绿比较容易脱色，注意快速进行脱水操作。

(6) 荧光素标记的 dUTP 液含甲次砷酸盐和二氯化钴等致癌物，可通过吸入、口服等途径进入机体，注意防护。

(7) 未打开的试剂盒贮存在−20℃（−15～25℃）；converter-POD 液一旦解冻，保存在 2～8℃，避免再次冻存；TUNEL 反应液临用前配好后，放至冰上直至使用。

(8) 结果分析时注意：在细胞坏死的晚期阶段或在高度增殖/代谢的组织细胞中可产生大量 DNA 片段，从而引起假阳性结果；而有些类型的凋亡性细胞死亡缺乏 DNA 断裂或 DNA 裂解不完全，以及细胞外的矩阵成分阻止 TdT 进入胞内反应，进而产生假阴性结果。

（五）caspase-3 活性的检测

1. 原理

caspase 家族在介导动物细胞凋亡的过程中起着非常重要的作用，其中 caspase-3 为关键的执行分子，它在凋亡信号转导的许多途径中发挥功能。caspase-3 正常以酶原（32kDa）的形式存在于细胞质中，在凋亡的早期阶段，它被激活，活化的 caspase-3 由两个大亚基（17kDa）和两个小亚基（12kDa）组成，裂解相应的细胞质和细胞核底物，最终导致细胞凋亡。但在细胞凋亡的晚期和死亡细胞中，caspase-3 的活性明显下降。

活化的 caspase-3 再次被水解，活化其他 caspase 酶和多种细胞质内成分（如 D4-GDI、Bcl-2）和核内成分（如 PARP）。caspase-3 抗体与 caspase-3 藻红蛋白或抗-caspase-3 FITC

抗体结合，识别 caspase-3 活化形式，通过流式分析就可以检测细胞凋亡。

2．主要材料和仪器

CHO 细胞、流式细胞仪、离心机、PBS 磷酸盐缓冲液（不含 Ca^{2+}和 Mg^{2+}，pH7.2）、Cytofix/Cytoperm™ 溶液或 4%多聚甲醛储备溶液、10% Perm/洗脱缓冲液（BD Biosciences）在蒸馏水中的最终浓度为 1%、抗 caspase-3-藻红蛋白或抗-caspase-3 FITC 抗体。Caspase-3 Activity Assay 试剂盒（Fluorometric）（ab252897）。

3．方法

以 CHO 细胞为例。

1）荧光分光光度计分析

（1）收获细胞正常或凋亡细胞 PBS 洗涤制备细胞裂解液。

（2）加 Ac-DEVD-AMC（caspase-3 四肽荧光底物）37℃反应 1h。

（3）荧光分光光度计分析荧光强度（激发光波长 380nm，发射光波长为 430～460nm）。

2）流式细胞术分析法

（1）取 1×10^6 个细胞，180*g* 离心 5min。

（2）去除上清液，将细胞结团重悬于 PBS 中。

（3）180*g* 离心 5min。

（4）用冷的 500μL Cytofix/Cytoperm™ 固定细胞 20min。

（5）如需立即分析，请进行此步骤。此时细胞可保存在 4℃ 500μL 溶液（含 2%FBS 和 0.09%叠氮钠的磷酸盐缓冲液）中，以便以后分析。

（6）180*g* 离心 5min。

（7）准备 1×Perm/洗脱缓冲液，冰上保存。

（8）将细胞结团重悬于 500μLPerm/洗脱缓冲液中，4℃离心。

（9）将细胞结团重悬于 500μL 的 Perm/洗脱缓冲液中，然后加入 20μL 的抗半胱氨酸蛋白酶-3-藻红蛋白（PE）或异硫氰酸荧光素（FITC）的抗体。

（10）在 4℃黑暗环境中孵育 30min。

（11）使用流式细胞仪于 670nm（PE）或 515～540nm（FITC）下分析。

4．注意事项

（1）整个操作过程中动作要尽量轻柔，勿用力吹打细胞。

（2）反应完毕后尽快在 1h 内检测。

四、动物细胞周期检测

1．原理

细胞周期（cell cycle）是指动物细胞从上一次分裂完成到下一次分裂结束所经历的全

部过程，包括分裂间期和分裂期（M 期），其中分裂间期又可分为 DNA 合成前期（G1 期）、DNA 合成期（S 期）、DNA 合成后期（G2 期）。在细胞周期的不同时期，DNA 含量存在差异，通过流式细胞仪对细胞内 DNA 的相对含量进行测定，可分析细胞周期各阶段的百分比。常用于测定 DNA 含量的染料有碘化丙啶（PI）、4,6-二脒基-2-苯基吲哚（DAPI）、7-氨基放线菌素（7-AAD）、Hoechst 33342、Hoechst 33258 等。

2．主要材料和仪器

CHO 细胞、旋涡振荡器、水平离心机、光学显微镜、流式细胞仪、15mL 离心管、5mL 流式管、200 目细胞过滤膜、Hoechst33342、NaCl、Na_2HPO_4、KCl、KH_2PO_4、70%乙醇、碘化丙啶（PI）、磷酸缓冲液（1×PBS）、RNase 溶液。

3．方法

以 CHO 细胞为例。

1）固定细胞 PI 染色法

（1）收集 2×10^5 个细胞，200*g* 离心 2min，去除上清液，并用 1mL 1×PBS（不含 Ca^{2+}、Mg^{2+}）清洗一次。

（2）用 0.5mL 预冷的 70%乙醇重悬固定细胞，在旋涡振荡器上一滴一滴地加入乙醇，4℃固定 30min 以上。在醇类固定剂中−20℃下可以存放几周。

（3）200*g* 离心 2min，去除乙醇，并用 1mL 1×PBS 清洗三次。

（4）用含 50μg/mL PI 和 200μg/mL RNase 的 0.5mL 1×PBS 重悬细胞，37℃孵育 30min。

（5）无须洗涤，样品过 200 目细胞过滤膜后转移至流式管。

（6）上机检测，用 561nm 的激光激发 PI，收集 610～620nm 波段的发射光，低速上样，总共记录 20000 个目的细胞。

2）活细胞 Hoechst33342 染色法

（1）收集 2×10^5 个细胞，200g 离心 2min，去除上清液，用 1mL 1×PBS（不含 Ca^{2+}、Mg^{2+}）清洗一次。

（2）用含 10μg/mL Hoechst33342 的 PBS 重悬细胞，37℃孵育 30min。

注： Hoechst 最佳浓度和染色时间需要根据具体的每种细胞来确定，一般浓度在 5～20μg/mL，孵育时间为 30～120min。

（3）无须洗涤，样品过 200 目细胞过滤膜后转移至流式管，放置冰上。

（4）上机检测，用 355nm 的激光激发 Hoechst33342，收集 450/50nm 波段的发射光，低速上样，总共记录 20000 个目的细胞。

4．注意事项

（1）一定要做细胞计数，确保细胞数与固定剂量和染料的浓度相匹配。一般来说细胞浓度控制在 2×10^5～2×10^6 个/mL。

（2）贴壁细胞的消化时间要控制好，消化时间过长，细胞易成团。可边消化边观察。

（3）如果细胞标记荧光蛋白或需要做表面标记，不能使用醇类固定剂，可以使用醛类固定剂。使用醛类固定剂时可以加 0.1% Triton X-100。

（4）醇类固定后的样品可以在−20℃存放几周，若短时间可置于 4℃避光保存。

（5）上样速度不宜过快，细胞浓度不宜过高，一般低流速、200 个/s 为佳。

参考文献

王天云，贾岩龙，王小引，等，2020. 哺乳动物细胞重组蛋白工程.化学工业出版社.

王天云，张俊河，林艳，等，2022. 动物细胞培养及培养基制备.化学工业出版社.

杨细飞，贺春娥，汤瑞华，等，2014. Hoechst33342/PI 双染法和 TUNEL 染色技术检测神经细胞凋亡的对比研究. 癌变畸变突变，26:180-184.

张琼琼，方明月，栗军杰，等，2020. 哺乳动物细胞灌流培养工艺开发与优化. 生物工程学报，36:1041-1050.

张祺，南建军，宋兰兰，等，2021. 表达重组抗 CD52 单克隆抗体 CHO 细胞灌流培养基的筛选.微生物学免疫学进展，49:43-47.

郑琛，2018.表达抗 CD52 单克隆抗体 CHO 细胞灌流培养工艺研究. 上海：上海交通大学.

Caron A L, Biaggio R T, Swiech K, 2018. Strategies to suspension serum-free adaptation of mammalian cell lines for recombinant glycoprotein production. Methods Mol Biol, 1674:75-85.

Müller A, Reiter M, Mantlik K, et al, 2016. Development of a serum-free liquid medium for *Bartonella* species.Folia Microbiol (Praha), 61: 393-398.

Arumugam P, Arunkumar K, Sivakumar L, et al, 2019. Anticancer effect of fucoidan on cell proliferation, cell cycle progression, genetic damage and apoptotic cell death in HepG2 cancer cells. Toxicology reports, 6:556-563.

Bielser J M, Wolf M, Souquet J, et al, 2018. Perfusion mammalian cell culture for recombinant protein manufacturing - A critical review. Biotechnol Adv, 36: 1328-1340.

Butler M, Spearman M, Braasch K, 2014. Monitoring cell growth, viability, and apoptosis. Methods Mol Biol, 1104:169-192.

Crowley L C,Chojnowski G,Waterhouse N J, 2016.Cold Spring Harb.Protoc, 10:905-910.

Darzynkiewicz Z, Huang X, Zhao H, 2017. Analysis of cellular DNA content by flow cytometry. Curr Protoc Cytom, 82: 751-752.

Fan Y, Ley D, Andersen M R, 2018. Fed-Batch CHO cell culture for lab-scale antibody production. Methods Mol Biol,1674:147-161.

Tossolini I , Fernando J López-Díaz F J, Kratje R, 2018. Characterization of cellular states of CHO-K1 suspension cell culture through cell cycle and RNA-sequencing profiling. J Biotechnol, 286: 56-67.

Lebon C, Rodriguez G V, Zaoui I E, et al, 2015. On the use of an appropriate TdT-mediated dUTP-biotin nick end labeling assay to identify apoptotic cells. Anal Biochem, 480: 37-41.

Lee J H, Berger J M, 2019. Cell cycle-dependent control and roles of DNA topoisomerase Ⅱ. Genes, 10:859.

Li W, Fan Z, Lin Y, et al, 2021. Serum-free medium for recombinant protein expression in Chinese Hamster Ovary cells. Front Bioeng Biotechnol, 3:1-11.

Li W, Fan Z, Wang X Y, et al, 2022.Combination of sodium butyrate and decitabine promotes transgene expression in CHO cells via apoptosis inhibition. N Biotechnol, 69:8-17.

Luo Y, Fu X, Ru R,et al, 2020. CpG oligodeoxynucleotides induces apoptosis of human bladder cancer cells via Caspase-3-Bax/Bcl-2-p53 Axis. Arch Med Res, 51:233-244.

Luchese M D, Santos M L, Garbuio A, et al, 2018. A new CHO (Chinese hamster ovary)-derived cell line expressing anti-TNFα monoclonal antibody with biosimilar potential. Immunol Res, 66:392-405.

Opdenbosch N V, Mohamed Lamkanfi M, 2019. Caspases in cell death, inflammation, and disease. Immunity,50: 1352-1364.

Nolan J P, Duggan E, 2018. Analysis of individual extracellular vesicles by flow cytometry. Methods Mol Biol,

1678:79-92.
Nolan J P, Jones J C, 2017. Detection of platelet vesicles by flow cytometry. Platelets, 28:256-262.
Wang L, Hoffman R A, 2017. Standardization, calibration, and control in flow cytometry. Curr Proto Cytom, 79: 131-137.
Villiger-Oberbek A, Yang Y, Zhou W, et al, 2015. Development and application of a high-throughput platform for perfusion-based cell culture processes .J Biotechnol, 212:21-29.

（王天云、郭潇）

第二章

动物细胞载体

基因工程载体是能够携带分离或合成的目的基因，并导入到宿主细胞进行复制或表达的 DNA 分子。基因表达载体的构建是基因工程的核心步骤，其构建目的是使目的基因能在受体细胞中稳定存在，并且可以遗传给下一代。同时，使目的基因能够表达出相应的目的蛋白质并发挥其生物学功能。表达载体的构建是将目的基因与载体结合的过程，实际上是不同来源的DNA 重新组合的过程。同时把目的基因 DNA 片段克隆至载体上，还可以实现长期稳定的保存。

第一节 质粒载体构建

质粒（plasmid）是细菌染色质以外的环状 DNA，是能自主复制的，与细菌共生的遗传成分。质粒对宿主的生存并不是必需的，但可以赋予宿主某些抵御不利外界环境因素影响的能力（如抗性基因等）。质粒载体是哺乳动物基因工程常用的载体。质粒载体的构建基本流程包括：目的基因的获取、载体线性化（酶切）、目的基因和载体的连接、转化到细菌细胞、阳性克隆的筛选和鉴定等步骤。最近发展起来的无缝克隆技术是一种无需限制性内切酶的新型载体构建技术。除常用的 *E. coli* 质粒载体外，近年来发展了许多人工构建的用于微生物、酵母、植物等的质粒载体。

一、目的基因获取

基因工程流程的第一步就是获得目的 DNA 片段，根据所需目的基因的来源不同，获取方法主要有分离自然存在的基因或人工合成基因。目前较为常用的获得目的基因的克隆的方法有聚合酶链反应（polymerase chain reaction, PCR）法、化学合成法、酶切法等方法。其中 PCR 扩增是实验室最常用的获取目的基因的方法。

（一）原理

PCR 是二十世纪八十年代中期发展起来的一种基因操作技术，是一种用于放大扩增特定的 DNA 片段，短时间实现生物体外 DNA 复制的有效方法。PCR 技术能在一个试管内于数小时内将所要研究的目的基因或某一 DNA 片段扩增十万乃至百万倍，肉眼能直接观察和判断。PCR 技术具有高特异、高灵敏、高产率、快速、简便、重复性好、易自动化等优点。

（二）主要材料和仪器

PCR 仪、微量加样枪、枪头、DNA 模板（含有目的基因的基因组、质粒或 DNA 回收片段等)、引物、10×PCR 缓冲液、2mmol dNTP 混合液（含 dATP、dCTP、dGTP、dTTP 各 2mmol)、*Taq* DNA 聚合酶。

(三) 方法

1. 获取目的基因的完整基因序列

以绿色荧光蛋白（green fluorescent protein, GFP）基因为例（Gene Bank 编号: 25339618），如需扩增该基因，需要先得到完整基因序列。登录 NCBI 网站（https://www.ncbi.nlm.nih.gov/）输入基因的完整英文名字，选取基因（Gene）选项［如需要扩增的序列不是基因，而是调控序列，则选取核苷酸（Nucleotide）选项］如图 2.1。

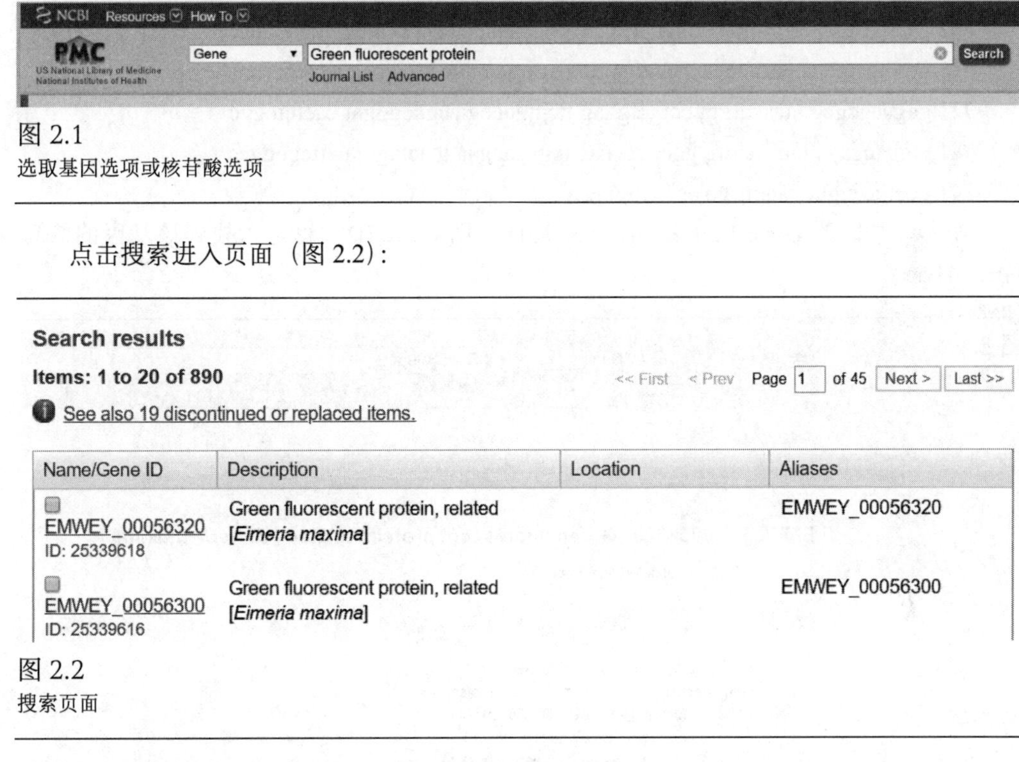

图 2.1
选取基因选项或核苷酸选项

点击搜索进入页面（图 2.2）:

图 2.2
搜索页面

选取适合的物种。点击进入页面，结果如图 2.3 所示:

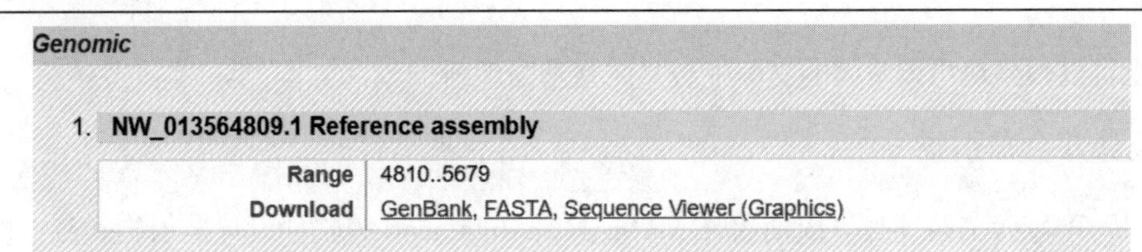

图 2.3
结果显示页面

选取适合的网址下载所需的序列。序列如下:

1 atggctcgtc tttcttttgt ttctcttctt tctctgtcac tgctcttcgg gcagcaagca

61 gtcagagctc agaattacac catggtgagc aagggcgagg agctgttcac cggggtggtg

121 cccatcctgg tcgagctgga cggcgacgta aacggccaca agttcagcgt gtccggcgag

181 ggcgagggcg atgccaccta cggcaaggac tgcctgaagt tcatctgcac caccggcaag

241 ctgcccgtgc cctggcccac cctcgtgacc accttcggct acggcctgat gtgcttcgcc

301 cgctaccccg accacatgaa gcagcacgac ttcttcaagt ccgccatgcc cgaaggctac

361 gtccaggagc gcaccatctt cttcaaggac gacggcaact acaagacccg cgccgaggtg

421 aagttcgagg gcgacaccct ggtgaaccgc atcgagctga agggcatcga cttcaaggag

481 gacggcaaca tcctggggca caagctggag tacaactaca acagccacaa cgtctatatc

541 atggccgaca agcagaagaa cggcatcaag gtgaacttca agatccgcca caacatcgag

601 gacggcagcg tgcagctcgc cgaccactac cagcagaaca cccccatcgg cgacggcccc

661 gtgctgctgc ccgacaacca ctacctgagc taccagtccg ccctgagcaa agaccccaac

721 gagaagcgcg atcacatggt cctgctggag ttcgtgaccg ccgccgggat cactctcggc

781 atggacgagc tatacaagtg ggcgcgccac tcgagacgaa tcactagtga attcgcggcc

841 gcctgcaggt cgaggtttgc agcagagtag

输入该基因的 GeneBank 编号: 25339618，即 Gene ID，也可以找到该基因的信息(图 2.4)。

图 2.4
基因信息查询

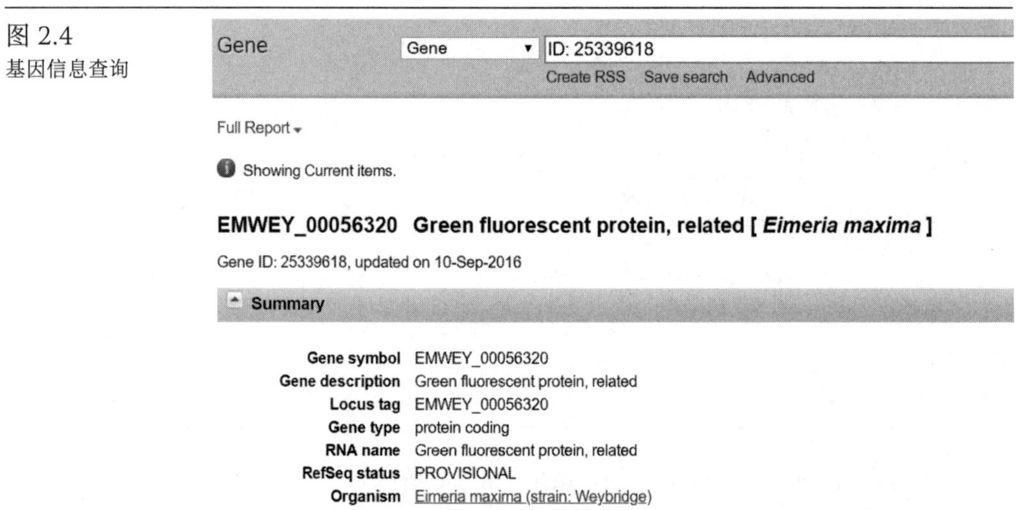

也可以找到使用该基因的文献下载其完整基因序列。

2. 设计并合成引物

引物可以人工设计也可以使用 DNAMAN、Alignment 等软件设计。引物长度一般是15～30bp，常用 18～27bp。特殊情况也可适当延长，但是一般不超过 40bp。引物应在核酸序列保守区设计并具有特异性。引物中 G+C 含量不能太高，一般在 40%～60%之间，45%～55%为最佳。引物不能形成二级结构。

引物序列 5'端根据需要可以引入限制性内切酶酶切位点，方便后续的酶切以及与载体片段连接。一般酶切位点之前需要引入 3～4 个保护碱基。

3．配制反应液

在冰浴上，按以下次序将各成分加入无菌 0.5mL 或 0.2mL PCR 管中。

10×PCR 缓冲液	5μL
dNTP 混合液（200μmol/L）	4μL
引物 1（10pmol/L）	2μl
引物 2（10pmol/L）	2μL
Taq 酶（2U/μL）	1μL
DNA 模板（50～100ng /μL）	1μL
加 ddH_2O 至	50μL

可以根据实际情况酌情减小体系，20μL 和 10μL 体系也比较常用。如果酶的活性不高或是特异性不强，也可适当增加酶的用量。现在很多公司有 PCR 混合液产品，可以减少操作产生的误差和产品不同批次之间的误差。

4．PCR 扩增

将上述混合液稍加离心，使各成分离心至管底。立即放置于 PCR 仪上，进行扩增。设置 PCR 反应程序：在 93℃预变性 3～5min，进入循环扩增阶段 93℃ 40s，55℃ 30s，72℃ 40～60s，循环 30 次，最后 72℃保温 5min。该程序为 PCR 的一般使用程序，实际操作中可适当调整退火温度和延伸时间。降低退火温度可以提高引物和模板的结合，但是容易产生较多的非特异性条带，合理的退火温度一般在 55～70℃之间。如单一的退火温度不易扩增出目的条带，也可设置几个退火的温度梯度进行扩增。

5．PCR 产物的检测和保存

反应结束后，PCR 产物可以直接用琼脂糖凝胶电泳检测扩增的结果。如暂时不能检测，则可放置于 4℃冰箱短时间保存，也可放置于−20℃冰箱长期保存。

（四）注意事项

（1）模板要求完整、纯度高，如果模板的完整性较差，不易扩增出来完整的目的条带。分离 DNA 时，尽量减少对 DNA 的切割，可以通过琼脂糖凝胶电泳检测 DNA 分子的完整性。可以将 DNA 分子保存于 TE（Tris-EDTA）缓冲液中，防止核酸酶降解模板 DNA。模板 DNA 纯度要高，否则扩增结果易出现非特异条带。模板越复杂，目的条带扩增越困难，非特异条带越多，所以有简单模板不用复杂模板，如：优先选用回收条带模板，质粒模板次之，最后选基因组模板。

（2）使用 70%的乙醇再纯化或沉淀和洗涤 DNA，可以去除可能抑制 DNA 聚合酶的残留盐分子或离子（如 K^+、Na^+等）。

（3）对于复杂的目的片段，选择具有高合成能力的 DNA 聚合酶，提高酶和模板的亲和力。可以适当提高模板的用量和 PCR 循环数。适当增加变性时间和温度，从而高效解离双链 DNA 模板。可以使用 PCR 添加剂或辅助溶剂来提高扩增的效率。

（4）引物加入要适量，过多容易形成引物二聚体。

（5）PCR 反应应该在一个没有 DNA 污染的干净环境中进行。环境污染容易造成非特异性扩增。

（6）所有试剂都应该没有核酸和核酸酶的污染，操作过程中均应戴手套。

（7）PCR 试剂配制应使用最高质量的新鲜双蒸水，采用 0.22μm 滤膜过滤除菌或高压灭菌。

二、限制性内切酶酶切

（一）原理

构建载体时，需要把目的基因连接至表达载体，构建新的目标载体。限制性内切酶是一类能识别双链 DNA 分子特异性核酸序列的 DNA 水解酶，限制性内切酶是体外剪切基因片段的重要工具。

环状载体要想和目的基因相连接，必须先进行线性化处理，即酶切。双酶切后能够出现两个能够和目的基因连接的末端。目的基因两端也需要有和线性母载体相对应的末端才能和母载体连接。如果目的基因是 PCR 扩增得到或是人工合成，都需要进行酶切以产生与表达载体相对应的末端。如果是从已有载体上酶切得到的目的基因，则不需要再进行酶切。实验室保存有含目的基因的载体或甘油菌，可以通过载体双酶切获得目的基因。甘油菌需要先接种摇菌，提质粒，再进行酶切。

（二）主要材料和仪器

质粒载体 pHEK293A（载体图谱如图 2.5 所示）或 PCR 产物、限制性内切酶 *Kpn* Ⅰ和 *Hin*dⅢ、M 缓冲液、恒温水浴箱、电泳仪、电泳槽、DNA 标记、凝胶回收试剂盒。

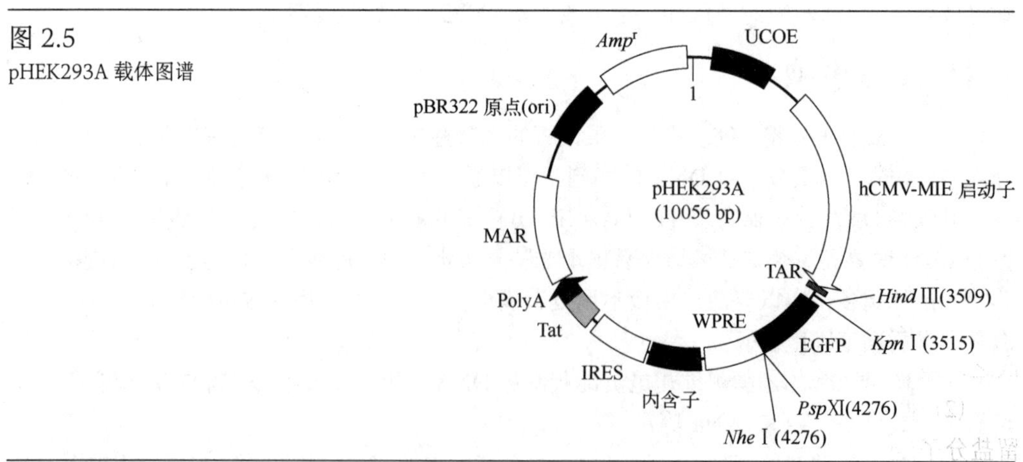

图 2.5
pHEK293A 载体图谱

（三）方法

1．质粒 DNA 的酶切体系

内切酶 *Hin*dⅢ（10U）	1μL
内切酶 *Kpn*Ⅰ（10U）	1μL
10×M 缓冲液	2μL
待酶切 DNA（1mg/mL）	10～12μL
无菌水	6～4μL

总体积 20μL（无菌水补至总体积）

2．酶切

配制好的酶切体系，放入 37℃水浴，酶切 1～3h。如果样品较多或酶活性不强，可以适当延长酶切时间。

3．酶切效果的检测

琼脂糖凝胶电泳检测酶切结果。观察电泳结果，参考 DNA 标记，找到与目的基因大小一致的 DNA 片段，进行凝胶回收。

4．目的 DNA 片段的回收

（1）将单一目的 DNA 条带从琼脂糖凝胶中切下（尽量切除多余部分），放入干净的离心管中，称量计算凝胶质量（提前记录离心管质量）。

注意：若胶块的体积过大，可将胶块切成碎块。

（2）向胶块中加入 1 倍体积缓冲液 PG（如凝胶重为 100mg，其体积可视为 100μL，依此类推）。

（3）50℃水浴温育，其间每隔 2～3min 温和地上下颠倒离心管，待溶胶液为黄色，以确保胶块充分溶解。如果还有未溶的胶块，可再补加一些溶胶液或继续放置 3～5min 直至胶块完全溶解。

（4）当回收片段<300bp 时，应加入 1/2 胶体积的异丙醇，上下颠倒混匀（如凝胶重 100mg，则加入 50μL 的异丙醇）。

（5）柱平衡：向已装入收集管中的吸附柱（Spin Columns DM）中加入 200μL 缓冲液 PS，13000r/min 离心 1min，倒掉收集管中的废液，将吸附柱重新放回收集管中。

（6）将步骤（3）或（4）所得溶液加入到已装入收集管的吸附柱中，室温放置 2min，13000r/min 离心 1min，倒掉收集管中的废液，将吸附柱放回收集管中。

注意：吸附柱容积为 750μL，若样品体积大于 750μL，可分批加入。

（7）向吸附柱中加入 450μL 缓冲液 PW（使用前请先检查是否已加入无水乙醇），13000r/min 离心 1min，倒掉收集管中的废液，将吸附柱放回收集管中。

注意：如果纯化的 DNA 用于盐敏感的实验（例如平末端连接或直接测序），建议加入缓冲液 PW，静置 2～5min 再离心。

（8）重复步骤（7）。

（9）13000r/min 离心 1min，倒掉收集管中的废液。

注意：这一步的目的是将吸附柱中残余的乙醇去除，乙醇的残留会影响后续的酶促反应（酶切、PCR 等）。

（10）将吸附柱放到一个新的 1.5mL 离心管（自备）中，向吸附膜中间位置悬空滴加 50μL 缓冲液 EB，室温放置 2min。13000r/min 离心 1min，收集 DNA 溶液。−20℃保存。

（四）注意事项

（1）酶切不成功可能是因为内切酶不匹配，体系、酶量以及 DNA 存在问题。可以通过选择合适的酶、调整酶体系、增加酶量以及制备高质量 DNA 等进行解决。

（2）DNA 纯化回收后，电泳检测应为单一的条带。如果切胶过程中不慎污染杂带，回收后电泳结果可能会出现两条以上的带，需要进行重复纯化回收。

（3）DNA 纯化回收时，为了提高回收 DNA 量，可以适当加大电泳的上样量。

三、目的片段和载体连接

（一）连接

1．原理

酶切后的表达载体和目的基因片段（需要用共同的限制性内切酶进行酶切，并回收酶切片段）有共同的黏性末端，在 T4 DNA 连接酶的作用下，连接成为一个重组的环状质粒 DNA 分子。

2．主要材料和仪器

表达载体、目的 DNA、T4 DNA 连接酶、缓冲液、恒温水浴箱。

3．方法

（1）取一个灭菌的 0.2mL 微量离心管，按以下体系加入：

4μL 目的基因片段（1mg/mL）

1μL 线性化载体（1mg/mL）

0.5μL T4 DNA 连接酶（TaKaRa, 350U/μL）

1μL 连接酶缓冲液

3.5μL ddH_2O

总量 10μL 体系。

设置阴性对照，阴性对照连接体系：

4μL ddH_2O

1μL 线性化载体（1mg/mL）

0.5μL T4 DNA 连接酶（TaKaRa, 350U/μL）

1μL 连接酶缓冲液

3.5μL ddH_2O

总量 10μL 体系。

(2) 上述混合液轻轻振荡后再短暂离心，然后置于 16℃水中保温过夜。

(3) 连接后的产物可以立即用来转化感受态细胞，或置于 4℃冰箱备用。

(4) 连接中载体和插入片段的用量（需要先测定载体和插入片段的浓度）如下。

载体总量：一般来说，载体浓度在 20～100ng/μL 较好，太低碰撞概率低，太高又会产生很多非目的克隆，总量从 50～100ng，太低失败概率很高，太高克隆太多，挑克隆会很麻烦。反应总体积太大载体和目的片段碰撞概率太低，而且对感受态细胞也是个挑战，通常使用 10～15μL。

载体和插入片段比例：载体和插入片段比例一般是 1∶7，如果很难连接，例如平端连接，要适当提高片段浓度，同时加大比例至 1∶10。

4．注意事项

(1) 连接体系中目的基因片段和载体片段的比例要合适，合适的比例能提高连接效率。

(2) 连接酶的活性决定连接效率，尽量使用高质量的连接酶。

(3) 连接完成后尽快转化，避免放置时间过长，以免影响连接效率。

(4) 有些 T4 DNA 连接酶的缓冲液里有 ATP，反复冻融 ATP 失活很快，拿到缓冲液后进行分装，10μL/管，一次性使用。

（二）无缝克隆技术

1．原理

无缝克隆（seamless cloning/in-fusion cloning）技术（图 2.6），与传统 PCR 克隆的区别之处在于载体末端和引物末端应具有 15～20 个同源碱基，由此得到的 PCR 产物两端便分别带上了 15～20 个与载体序列具同源性的碱基，T5 外切酶酶切后，依靠碱基间作用力互补配对成环，无需酶连即可直接用于转化宿主菌，进入宿主菌中的线性质粒（环状）依靠自身酶系将缺口修复。

2．主要材料和仪器

PCR 仪、DNA 模板（含有目的基因的基因组或质粒）、引物、10×PCR 缓冲液、2mmol/L dNTP 混合液（含 dATP、dCTP、dGTP、dTTP 各 2mmol/L）、*Taq* DNA 聚合酶、缓冲液-酶混合液。

3．方法

(1) 采用酶切或者 PCR 扩增方法将载体线性化。

(2) 使用设计好的引物进行目的 DNA 片段的 PCR 扩增，引物 5'端需要加入 15～20 个与载体序列具有同源性的碱基。

图 2.6
无缝克隆技术示意图

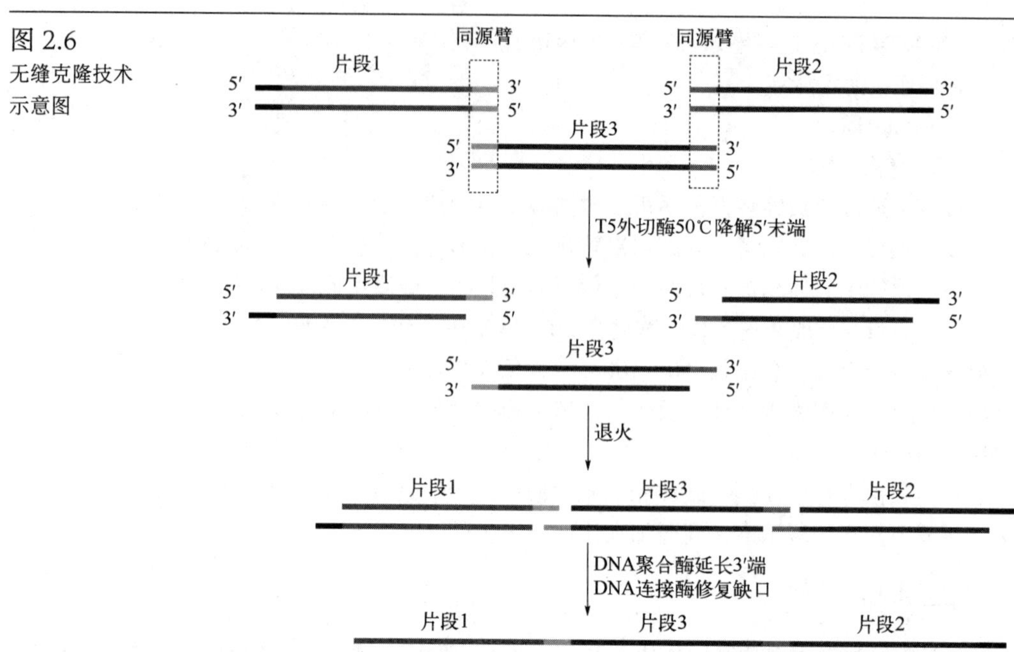

（3）将目的 DNA 片段和线性化载体以摩尔比 2∶1 加到试管中进行重组反应：

缓冲液-酶混合液	12μL
线性化载体（1mg/mL）	4μL
PCR 片段（1mg/mL）	2μL
ddH_2O	2μL
总体积	20μL

（4）混匀后在 PCR 仪中适当温度孵育 30～60min，然后转移至冰上（50℃反应 20min 后直接转化 *E. coli* 也可）。

（5）克隆产物直接转化宿主菌，涂平板挑选出阳性克隆子。

4．注意事项

（1）优化 PCR 扩增体系，避免扩增非特异性条带。

（2）重组反应液的转化体积不应超过转化细胞体积的 1/10。

（3）确认引物序列含有 15bp 与载体插入区域完全一致的同源序列。

四、重组子转化

（一）感受态细胞制备

1．原理

感受态细胞制备常用冰预冷的 $CaCl_2$ 处理细菌的方法，即用低渗 $CaCl_2$ 溶液在低温（0℃）

时处理快速生长的细菌，从而获得感受态细胞。此时细菌膨胀成球形，外源 DNA 分子在此条件下易形成抗 DNA 酶的羟基-钙磷酸复合物黏附在细菌表面，通过热激作用促进细胞对 DNA 的吸收。

2．主要材料和仪器

LB 培养基、*E. coli*、$CaCl_2$、离心机、恒温细菌培养摇床。

3．方法

（1）从 *E. coli* 平板上挑取一个单菌落于盛有 3mL LB 培养基的试管中，37℃振荡培养过夜。

（2）取 0.4mL 菌液转接到 40mL LB 液体培养基中，37℃振荡培养 2～3h。

（3）菌液转移到 50mL 离心管中，冰上放置 10min。

（4）4℃离心 10min（4000r/min）。

（5）倒出培养液，将管口倒置以便培养液流尽。

（6）用冰浴的 0.1mol/L $CaCl_2$ 10mL 悬浮细胞沉淀，立即冰浴 30min。

（7）4℃离心 10min（4000r/min）。

（8）倒出上清液，用冰浴的 0.1mol/L $CaCl_2$ 2mL 悬浮细胞（冰上放置）。

（9）分装细胞，200μL 一份，4℃保存。

4．注意事项

（1）$CaCl_2$ 必须预冷。

（2）制备感受态细胞需要选用处于对数生长期的 *E. coli* 细胞。

（3）制备好的感受态细胞长期保存需放于−80℃。

（二）质粒 DNA 转化

1．原理

转化是将外源 DNA 分子导入受体细胞，使之获得新的遗传性状的方法。利用 $CaCl_2$ 处理感受态细胞，然后通过热休克处理，即置于 42℃高温热激 90s，热休克后，需要使受体细胞在不含有抗生素的培养液中生长至少 30min，使其表达足够的蛋白质，以便能在含有抗生素的平板上生长成菌落。

2．主要材料和仪器

感受态细胞、质粒 DNA、LB 液体培养基、抗性固体培养板、恒温水浴箱、恒温摇床。

3．方法

（1）取 200μL 新鲜制备的感受态细胞，加入 2μL 质粒 DNA 混匀，冰浴 30min。

（2）离心管放到 42℃保温 90s。

（3）冰浴 2min。

（4）每管加 800μL LB 液体培养基，37℃培养 1h（150r/min）。

4．注意事项

（1）感受态细胞质量影响转化效率。

（2）冰上操作。

五、重组载体筛选

（一）原理

重组的质粒 DNA 中含有抗性基因，能够在抗性培养基上长出菌落。而没被转化进重组质粒 DNA 的 *E. coli* 则无法在抗性培养基上生长。能够在抗性培养基上生长的菌落即为含有重组质粒 DNA 的阳性克隆。

（二）主要材料和仪器

LA 液体培养基（含有氨苄西林的 LB 培养基）、抗性固体培养板、恒温培养箱、恒温摇床。

（三）方法

（1）将经过转化的质粒 DNA，取适当体积涂布于含有选择抗生素（如氨苄西林等）的固体培养基上。放置 30min。

（2）倒置培养皿放置于 37℃培养 12～16h，出现单克隆菌落。能在含抗生素培养基上生长的菌落即为成功转入重组质粒 DNA 的菌落。

（3）挑选大小合适的菌落，摇菌扩大培养，并提取 DNA 进行阳性克隆的鉴定。

（四）注意事项

（1）转化质粒 DNA 混合液涂布前要混合均匀。

（2）挑选大小合适的菌落，过大和过小的菌落均会影响后续实验结果。

六、重组载体鉴定

（一）原理

提取的重组质粒 DNA，可以采用酶切、测序、PCR 等方法鉴定质粒中是否含有目的基因，以消除假阳性对后续实验的影响。

酶切即采用两个限制性酶对重组质粒进行酶切，能够酶切出与目的基因大小一致的 DNA 片段即判断为重组质粒构建成功（图 2.7）。

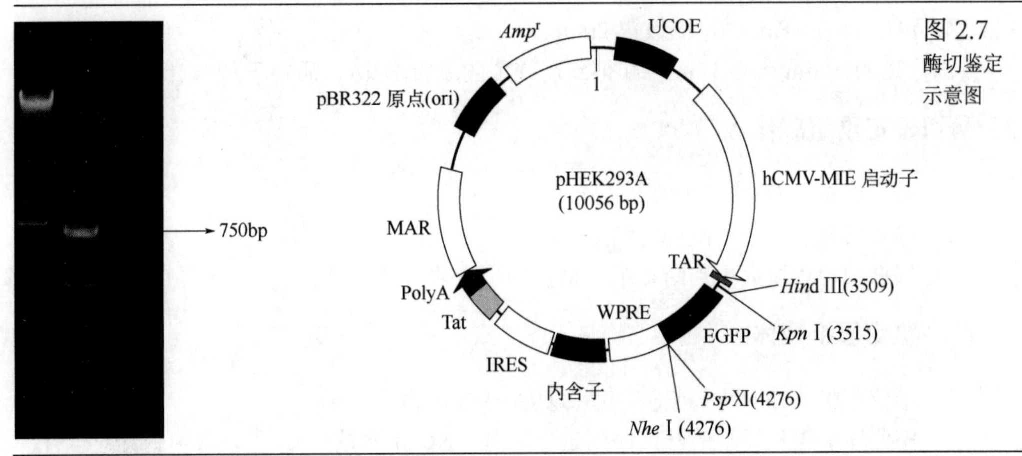

图 2.7 酶切鉴定示意图

PCR 鉴定法即以重组质粒为模板，设计两端引物，采用 PCR 方法进行扩增。如能扩增出与目的基因大小一致的 DNA 片段即判断为重组质粒构建成功。建议用菌液 PCR，注意菌液 PCR 引物必须分别在载体和插入片段上。也可以进行菌落 PCR。PCR 方法具体的操作步骤前面已有介绍，在此不再赘述。

（二）主要材料和仪器

LA 培养基、质粒提取试剂盒、台式离心机、限制性内切酶、电泳仪、旋涡振荡器等。

（三）方法

1．阳性克隆质粒 DNA 的提取

（1）挑出平板上出现的单克隆菌落，加入 LA 培养基 5mL 培养过夜。

（2）取 1～4mL 在 LA 培养基中培养过夜的菌液，12000r/min 离心 1min，弃上清液。

（3）加 250μL 溶液Ⅰ/RNase A（溶液Ⅰ为细胞悬浮液）混合液，涡旋剧烈振荡直至菌体完全重新悬浮，室温静置 1～2min。

（4）加入 250μL 溶液Ⅱ（细胞裂解液），轻柔地反复颠倒混匀 5～6 次。室温放置 1～2min，使菌体充分裂解，直至形成澄清的裂解溶液。

（5）加入 350μL 溶液Ⅲ（中和液），立刻轻柔地反复颠倒混匀 5～6 次，此时会出现白色絮状沉淀。

（6）12000r/min 室温离心 10min，收集上清液。

（7）将上清液置于 DNA 纯化柱中，静置 1～2min。

（8）12000r/min 离心 1min，弃滤液。

（9）加入 500μL 溶液 PB（洗涤液），12000r/min 离心 1min，弃滤液，目的是将硅胶膜上吸附的蛋白质、盐等杂质洗脱，以获得高质量质粒 DNA。

（10）加入 500μL 溶液 W（去盐液），12000r/min 离心 1min，弃滤液，重复一次。

（11）12000r/min 离心 3min，以彻底去除纯化柱中残留的液体。

（12）将 DNA 纯化柱置于新的离心管中，悬浮滴加 50～100μL 溶液 Eluent（为无菌的

双蒸水，pH 为 8.0～8.5），室温放置 2min。

（13）12000r/min 离心 1min，即得到高纯度的质粒 DNA，质粒于−20℃保存备用。

2．酶切鉴定重组载体

（1）对重组质粒 DNA 进行双酶切。

（2）琼脂糖凝胶电泳检测酶切结果。

（3）根据酶切片段大小判断重组子是否构建成功（图 2.7）。

3．测序鉴定重组载体

（1）提取重组质粒 DNA，并将重组 DNA 送公司测序。

（2）将测序结果和已知的基因序列进行比对，NCBI 网站 blast 是较常用的比对软件。登录 blast 主页 http://blast.ncbi.nlm.nih.gov/Blast.cgi。图 2.8 是 blast 使用示意图。输入需要比对的序列，选取适合的物种和序列种类进行比对。

图 2.8
blast 使用示意图

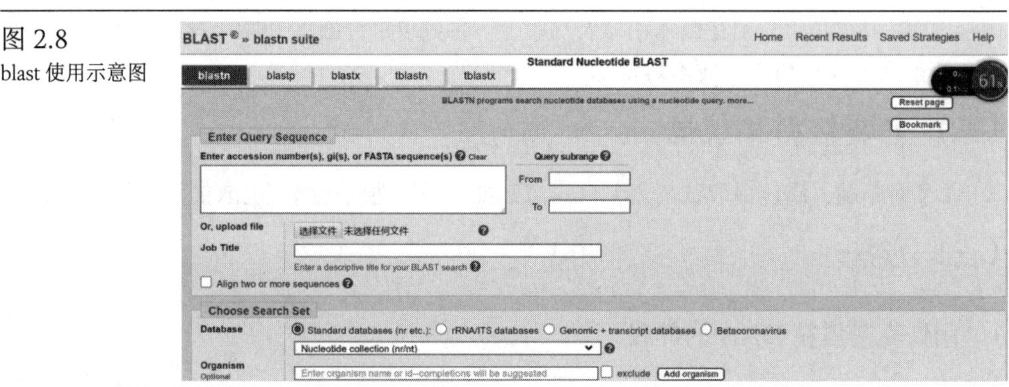

blast 结果的描述区域，如图 2.9，Max Score：匹配片段越长、相似性越高则 Score 值越大。

图 2.9
blast 结果描述区域

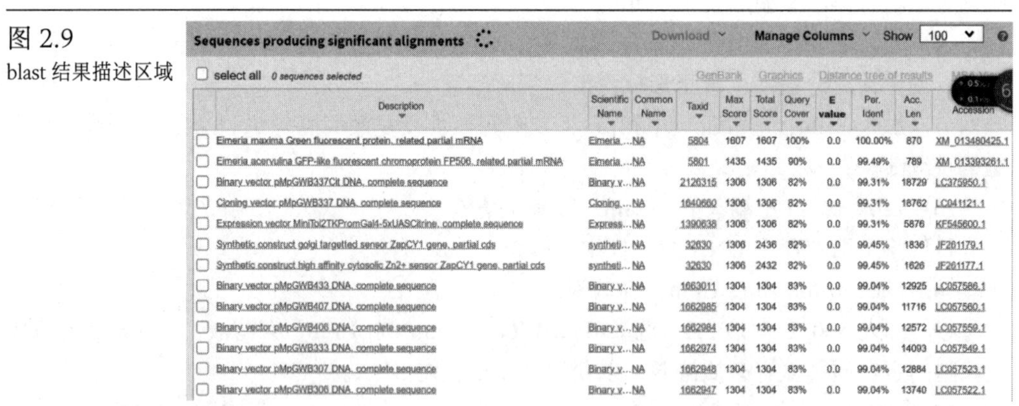

Description	Scientific Name	Common Name	Taxid	Max Score	Total Score	Query Cover	E value	Per. Ident	Acc. Len	Accession
Eimeria maxima Green fluorescent protein, related partial mRNA	Eimeria...	NA	5804	1607	1607	100%	0.0	100.00%	870	XM_013480425.1
Eimeria acervulina GFP-like fluorescent chromoprotein FP506, related partial mRNA	Eimeria...	NA	5801	1435	1435	90%	0.0	99.49%	789	XM_013393261.1
Binary vector pMpGWB337Cit DNA, complete sequence	Binary v...	NA	2126315	1306	1306	82%	0.0	99.31%	18729	LC375950.1
Cloning vector pMpGWB337 DNA, complete sequence	Cloning...	NA	1640660	1306	1306	82%	0.0	99.31%	18762	LC041121.1
Expression vector MiniTol2TKPromGal4-5xUASCitrine, complete sequence	Express...	NA	1390638	1306	1306	82%	0.0	99.31%	5876	KF545600.1
Synthetic construct golgi targetted sensor ZapCY1 gene, partial cds	syntheti...	NA	32630	1306	2436	82%	0.0	99.45%	1836	JF261179.1
Synthetic construct high affinity cytosolic Zn2+ sensor ZapCY1 gene, partial cds	syntheti...	NA	32630	1306	2432	82%	0.0	99.45%	1626	JF261177.1
Binary vector pMpGWB433 DNA, complete sequence	Binary v...	NA	1663011	1304	1304	83%	0.0	99.04%	12925	LC057586.1
Binary vector pMpGWB407 DNA, complete sequence	Binary v...	NA	1662985	1304	1304	83%	0.0	99.04%	11716	LC057560.1
Binary vector pMpGWB406 DNA, complete sequence	Binary v...	NA	1662984	1304	1304	83%	0.0	99.04%	12572	LC057559.1
Binary vector pMpGWB333 DNA, complete sequence	Binary v...	NA	1662974	1304	1304	83%	0.0	99.04%	14093	LC057549.1
Binary vector pMpGWB307 DNA, complete sequence	Binary v...	NA	1662948	1304	1304	83%	0.0	99.04%	12884	LC057523.1
Binary vector pMpGWB306 DNA, complete sequence	Binary v...	NA	1662947	1304	1304	83%	0.0	99.04%	13740	LC057522.1

blast 的结果显示图：颜色比例尺，可以简单地理解为红色的线表示匹配率较高，如图 2.10。

Distribution of the top 143 Blast Hits on 100 subject sequences

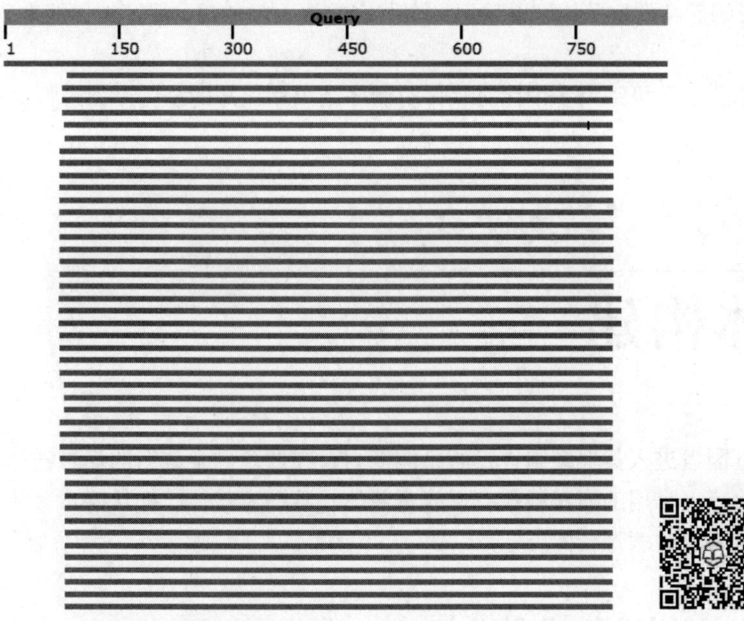

图 2.10
blast 结果显示图

Eimeria maxima Green fluorescent protein, related partial mRNA

Sequence ID: XM_013480425.1 **Length: 870** **Number of Matches: 1**

Range 1: 1 to 870 GenBank Graphics ▼ Next Mat

Score	Expect	Identities	Gaps	Strand
1607 bits(870)	0.0	870/870(100%)	0/870(0%)	Plus/Plus

```
Query  1    ATGGCTCGTCTTTCTTTTGTTTCTCTTCTTTCTCTGTCACTGCTCTTCGGGCAGCAAGCA  60
            ||||||||||||||||||||||||||||||||||||||||||||||||||||||||||||
Sbjct  1    ATGGCTCGTCTTTCTTTTGTTTCTCTTCTTTCTCTGTCACTGCTCTTCGGGCAGCAAGCA  60

Query  61   GTCAGAGCTCAGAATTACACCATGGTGAGCAAGGGCGAGGAGCTGTTCACCGGGGTGGTG  120
            ||||||||||||||||||||||||||||||||||||||||||||||||||||||||||||
Sbjct  61   GTCAGAGCTCAGAATTACACCATGGTGAGCAAGGGCGAGGAGCTGTTCACCGGGGTGGTG  120

Query  121  CCCATCCTGGTCGAGCTGGACGGCGACGTAAACGGCCACAAGTTCAGCGTGTCCGGCGAG  180
            ||||||||||||||||||||||||||||||||||||||||||||||||||||||||||||
Sbjct  121  CCCATCCTGGTCGAGCTGGACGGCGACGTAAACGGCCACAAGTTCAGCGTGTCCGGCGAG  180

Query  181  GGCGAGGGCGATGCCACCTACGGCAAGGACTGCCTGAAGTTCATCTGCACCACCGGCAAG  240
            ||||||||||||||||||||||||||||||||||||||||||||||||||||||||||||
Sbjct  181  GGCGAGGGCGATGCCACCTACGGCAAGGACTGCCTGAAGTTCATCTGCACCACCGGCAAG  240

Query  241  CTGCCCGTGCCCTGGCCCACCCTCGTGACCACCTTCGGCTACGGCCTGATGTGCTTCGCC  300
            ||||||||||||||||||||||||||||||||||||||||||||||||||||||||||||
Sbjct  241  CTGCCCGTGCCCTGGCCCACCCTCGTGACCACCTTCGGCTACGGCCTGATGTGCTTCGCC  300

Query  301  CGCTACCCCGACCACATGAAGCAGCACGACTTCTTCAAGTCCGCCATGCCCGAAGGCTAC  360
            ||||||||||||||||||||||||||||||||||||||||||||||||||||||||||||
Sbjct  301  CGCTACCCCGACCACATGAAGCAGCACGACTTCTTCAAGTCCGCCATGCCCGAAGGCTAC  360

Query  361  GTCCAGGAGCGCACCATCTTCTTCAAGGACGACGGCAACTACAAGACCCGCGCCGAGGTG  420
```

根据比对结果确定重组质粒中是否含有目的基因序列，基因序列是否正确。还要重点检查“接头”的地方，因为引物会偶尔出错，如缺少个别碱基，有时候酶切之后连接也会丢一两个碱基。

（3）选取正确的阳性克隆进行后续实验。

（四）注意事项

（1）鉴定结果影响后续的实验，可以采用多个鉴定方法一起使用。保证结果的准确性，避免假阳性。

（2）测序结果拿到后，可采用多个比对软件对测序结果和已知的基因序列进行比对。

第二节 病毒载体构建

病毒具有传送基因组进入其他细胞进行感染的能力，在此基础上改造的病毒载体可用于基因工程和基因治疗。常用的病毒载体有慢病毒载体、腺病毒载体、杆状病毒载体等，根据不同的目的选择不同的病毒载体。

一、杆状病毒表达载体

（一）原理

杆状病毒表达载体是利用杆状病毒作为外源基因的载体，通过感染昆虫细胞或者昆虫幼虫来表达外源蛋白的系统。杆状病毒表达载体是以 Sf9 和 Sf21 细胞系以及家蚕为表达宿主，将外源基因克隆于转移载体上，与病毒 DNA 共转染细胞后，经同源重组和筛选而得到重组病毒。杆状病毒将外源基因导入哺乳动物细胞中，外源基因必须在哺乳动物 CMV、RSV 等启动子启动下才能表达，表达的外源蛋白只有少部分是分泌性，大部分为非分泌性，而杆状病毒基因组能被转导进入哺乳动物细胞中但不能在哺乳动物的细胞中进行复制。杆状病毒表达载体系统主要应用于蛋白质的结构和功能的研究、制备生物杀虫剂、重组蛋白的表达、基因治疗和生产医用蛋白及疫苗等方面。

（二）主要材料和仪器

逆转录试剂盒、内切酶、质粒载体、DNA 标准参照物、克隆试剂盒、去内毒素质粒抽提试剂盒、琼脂糖、电泳仪、Sf9 或 Sf21 细胞系、离心管等。

（三）方法

1．供体质粒载体构建

构建具有嵌合基因的细菌转移质粒，该嵌合基因具有来源于病毒基因组多角体区域的侧翼序列。构建方法参照本书第二章第一节。

2．重组质粒的去内毒素提取

（1）收集 3mL 菌液的沉淀于 1.5mL 离心管中，加入 100μL 葡萄糖缓冲液，振荡悬浮。

（2）加入 200μL NaOH-SDS 溶液，立即轻柔颠倒离心管数次，使菌体充分裂解，裂解后的菌体变得清亮。随后将离心管放置于冰上 1～2min。

（3）加 150μL 乙酸钾-冰醋酸溶液，立即温和颠倒离心管数次，室温放置 5min，12000r/min 离心 10min。

（4）转移上清液至另一 EP 管中，加入等体积的饱和酚混匀，室温下 12000r/min 离心 5min。

（5）小心吸取上清液并转移至另一 EP 管中，勿将蛋白质吸出。加入 300μL 去内毒素缓冲液抽提两次，12000r/min 离心 5min。

（6）加入等体积的氯仿∶异戊醇（体积比 24∶1）抽提两次，12000r/min 离心 5min。

（7）转移上清液至另一离心管中，加入 1/10 体积的 3mol/L 醋酸钠（pH5.2）和 2.5 倍体积的无水乙醇，混匀，−20℃静置 30min。

（8）12000r/min 离心 15min，弃上清液，70%乙醇清洗一次，自然干燥。

（9）加 TE 30μL，溶解沉淀。加 RNaseA 3.5μL，混匀。

（10）紫外分光光度计检测质粒浓度。−20℃保存。

3．获得重组病毒

（1）重组质粒转染昆虫细胞（转染方法见本书第三章）。

（2）转染后细胞形态发生变化：细胞变大，增殖变慢或不增殖，脱落或融合，裂解。

（3）收集病毒，短时间 4℃避光保存，长时间分装后−80℃冰箱保存。

（四）注意事项

（1）载体构建需要昆虫来源的 DNA 元件，不能使用哺乳动物细胞启动子、增强子等元件。

（2）病毒滴度测定的两种方法，即空斑实验法和免疫染色法，经比较，免疫染色法用时更短。

（3）稀释要准，不同浓度之间换枪头，是保证不同稀释孔浓度成十倍的关键。

二、慢病毒载体

（一）原理

慢病毒（lentivirus）载体具有感染谱广泛、可以有效感染分裂期和静止期细胞、长期稳定表达外源基因等优点，因此成为导入外源基因的有力工具。现在慢病毒系统已经被广泛应用到各种细胞系的基因过表达、RNA 干扰、microRNA 研究以及活体动物实验中。

慢病毒载体的包装系统一般由两部分组成，即包装成分和载体成分。包装成分由 HIV-1 基因组去除了包装、逆转录和整合所需的顺式作用序列而构建，能够反式提供产生病毒颗粒所必需的蛋白质；载体成分则与包装成分互补，即含有包装、逆转录和整合所需的顺式作用序列，同时具有异源启动子控制下的多克隆位点及在此位点插入的目的基因。将包装成分与载体成分的多个质粒共转染包装细胞，即可在细胞上清液中收获携带目的基因的复制缺陷型慢病毒载体颗粒。

（二）主要材料和仪器

慢病毒载体、包装细胞和菌株。该病毒包装系统为三质粒系统，组成为 psPAX2、pMD2G、pLVX-IRES-ZsGreen1/pLVX-shRNA2。其中质粒上的 ZsGreen1 表达框能表达 EGFP。HEK293T 细胞株、DMEM 培养基（含 10% FBS）、脂质体 2000、荧光倒置显微镜、离心机。

（三）方法

1．慢病毒过表达质粒载体的构建

设计目的基因特异性扩增引物，引入酶切位点，从模板中（cDNA 质粒或文库）PCR 扩增目的基因，连入 T 载体。将目的基因从 T 载体上切下，克隆至慢病毒过表达质粒载体。

2．质粒 DNA 和其他包装质粒共转染 HEK293T 细胞产生病毒（即病毒包装）

1）第一天

用无抗生素 DMEM+10%FBS 铺板 HEK293T 细胞，2mL/孔。确保第二天细胞密度达到 80%～90%融合度。

2）第二天

（1）2μg 表达质粒+1.5μg psPAX2+1.5μg pMD2G 中加入 500μL 无血清培养基进行稀释。

（2）500μL 无血清培养基稀释 15μL 脂质体 2000。

（3）5min 后，将 DNA 溶液和脂质体溶液混合，室温静置 20min。

（4）从 6 孔板中吸出 1mL 无血清培养基，然后滴加入 1mL 质粒和脂质体混合物。

（5）6～10h 后，移除含有 DNA-脂质体复合物的培养基，代之以正常培养液 DMED+10%FBS。

3）第三天

转染 24h 后，荧光显微镜下观察，转染效率应达到 70%以上。

4）第四天

（1）转染后 48h 和 72h 分别收获含病毒的上清液。

（2）3000r/min 离心 20min，0.45μm 滤膜过滤，去除细胞沉淀。

（3）12000r/min 离心浓缩细胞，分装，−80℃贮存。

（四）注意事项

（1）对慢病毒的操作过程中需要佩戴口罩、手套，穿实验服，尽量不要裸露皮肤。

（2）病毒应避免反复冻融，反复冻融降低病毒滴度。

（3）可以用 PBS 或无血清的培养基稀释病毒。

（4）包装细胞系的质量对高效包装病毒非常关键。转染时，细胞密度在 40%～60%之间比较合适，密度过低或者过高都可能会降低病毒包装效率。细胞开始出现汇合时，需要及时更换或者添加新鲜培养基以保持细胞健康状态。

（5）病毒浓度要适宜。病毒浓度太低细胞被感染的也少，浓度太高则对细胞有伤害。

（6）感染病毒时培养基量要少，以保证病毒的浓度，在培养 10h 左右可根据培养基颜色加培养基。

（7）加病毒后一般 24h 左右可换液，48h 即可看荧光，具体时间根据细胞状态来定。

三、腺病毒载体

（一）原理

腺病毒（adenovirus，Ad）是一种大分子（36kb）双链无包膜 DNA 病毒。它通过受体介导的内吞作用进入细胞内，然后腺病毒基因组转移至细胞核内，保持在染色体外，不整合进入宿主细胞基因组中。

腺病毒是一种无包膜的线状双链 DNA 病毒，其复制不依赖于宿主细胞的分裂。有近 50 个血清型，大多数 Ad 载体都是基于血清型 2 和 5，通过转基因的方式取代 *E*1 和 *E*3 基因，降低病毒的复制能力。这些重组病毒仅在高水平表达 *E*1 和 *E*3 基因的细胞中复制，因此是一种适用于治疗的高效控制系统。

（二）主要材料和仪器

穿梭载体 pGV314、质粒载体、DNA 标准参照物、质粒抽提试剂盒、PCR 仪。

（三）方法

1．*EGFP*基因质粒的构建

根据基因库中登录的 *EGFP* 基因序列，经化学合成得到含酶切位点的 *EGFP* 基因全长 DNA，将其连接于质粒载体中，酶切此质粒，将酶切混合的反应物置于 37℃ 2h。

2．重组穿梭质粒 pGV314-EGFP 的构建

利用酶切后的目的基因产物交换线性化表达载体构建重组穿梭质粒。将穿梭载体 pGV314 进行酶切线性化，酶切产物电泳回收后与双酶切后的目的基因产物片段进行交换。

反应体系：线性化载体 DNA 2μL，目的基因产物 2μL，交换酶 0.5μL，10×交换酶缓冲液 2μL，双蒸水 13.5μL。于 25℃反应 30min，42℃反应 15min。其产物转化细菌感受态细胞，将已转化的感受态细胞转移到氨苄西林抗性的 LB 琼脂平板上，倒置放于 37℃培养 16h，对长出的克隆进行菌落 PCR 鉴定。

（四）注意事项

（1）病毒质粒必须要进行线性化，*Pac* Ⅰ酶切线性化载体要完全。

（2）*Pac* Ⅰ消化后用凝胶纯化质粒或使质粒去磷酸化。

四、逆转录病毒载体

（一）原理

逆转录病毒为单链 RNA 病毒，当它感染细胞时，随着细胞的分裂将目的基因整合到宿主细胞染色体的 DNA 上，因此，逆转录病毒能稳定介导目的基因的转移，在宿主细胞内长期持续表达目的基因。逆转录病毒载体感染靶细胞后，在反转录酶作用下，可将 RNA 基因组转变成双链 DNA，整合酶可介导双链 DNA 整合到靶细胞基因组中，保留以前病毒的形式，并在细胞分裂后传递给子代细胞。利用逆转录病毒载体的这种特性，以外源基因代替病毒结构基因，保留负责病毒整合的长末端重复序列（long terminal repeat sequence, LTR）和包装信号等顺式元件，构建成含外源基因的逆转录病毒。利用包装细胞系制备具有复制缺陷、仅具有一次感染能力的病毒。

（二）材料

逆转录病毒载体 PEpLXRN、包装质粒 pVSV-G、含有 *EGFP* 基因的质粒、磷酸钙、$CaCl_2$、醋酸纤维素膜、DMEM 培养基、PBS、2×HBS 等。

（三）方法

1．重组逆转录病毒载体的构建（参考本章第一节）

2．逆转录病毒的包装

1）重组质粒的去内毒素提取（操作方法见本章第二节第一部分杆状病毒表达载体）

2）逆转录病毒的包装与收集

采用磷酸钙共沉淀法转染包装细胞，具体方法如下。

（1）转染前 24h，消化以便收获对数期生长的细胞，以 1×10^5～2×10^5 个/mL 的密度重新接种于培养瓶中。在设定为 37℃、5% CO_2 的培养箱中培养 24h。

（2）每转染一个培养瓶中细胞，需制备如下磷酸钙-DNA 共沉淀物：将 220μL DNA 与 250μL 2×HBS 混于 5mL 离心管中，缓慢加入 31μL 2mol/L $CaCl_2$，温和混合 30s。于室温温育 30min，其间将形成细小沉淀。温育结束后，用吸液管将混合液吹打一次，使沉淀物复悬。

（3）吸出培养 24h 的 DMEM 培养液，将磷酸钙-DNA 悬液加至细胞单层上，轻轻左右晃动培养瓶，并于室温下温育 15min，然后加入 DMEM 培养液。于 37℃、5%CO_2 培养箱中继续培养 24h。

（4）弃掉培养液，PBS 清洗一次，加入 5mL 预加温的新鲜培养液。放入培养箱中继续培养 48h。

（5）收集培养液上清液，醋酸纤维素膜过滤，−80℃保存备用。

（四）注意事项

（1）对于大多数细胞的感染效率<30%，而且依赖细胞的分裂。

（2）逆转录病毒会整合到宿主细胞的基因组上，有引起基因突变的风险，使用的时候要评估潜在风险。

参考文献

Brown A J, Sweeney B, Mainwaring D O, et al, 2014. Synthetic promoters for CHO cell engineering. Biotechnol Bioeng, 111(8):1638-1647.

Butler M, Spearman M, 2014. The choice of mammalian cell host and possibilities for glycosylation engineering. Curr Opin Biotechnol, 30: 107-112.

Fischer S, Handrick R, Otte K, 2015. The art of CHO cell engineering: A comprehensive retrospect and future perspectives. Biotechnol Adv, 33(8):1878-1896.

Fratz-Berilla E J, Angart P, Graham R J, et al, 2020. Impacts on product quality attributes of monoclonal antibodies produced in CHO cell bioreactor cultures during intentional mycoplasma contamination events. Biotechnol Bioeng, 117(9):2802-2815.

Grav L M, Lee J S, Gerling S, et al, 2015. One-step generation of triple knockout CHO cell lines using CRISPR/Cas9 and fluorescent enrichment. Biotechnol J, 10(9):1446-1456.

Heffner K M, Wang Q, Hizal D B, et al, 2021. Glycoengineering of Mammalian Expression Systems on a Cellular Level. Adv Biochem Eng Biotechnol, 175: 37-69.

Jia Y L, Guo X, Lu J T, et al, 2018. CRISPR/Cas9-mediated gene knockout for DNA methyltransferase Dnmt3a in CHO cells displays enhanced transgenic expression and long-term stability. J Cell Mol Med, 22(9):4106-4116.

Kuo C C, Chiang A W, Shamie I, et al, 2018. The emerging role of systems biology for engineering protein production in CHO cells. Curr Opin Biotechnol, 51:64-69.

Lee J S, Grav L M, Lewis N E, et al, 2015. CRISPR/Cas9-mediated genome engineering of CHO cell factories: Application and perspectives. Biotechnol J, 10(7):979-994.

Lee J S, Grav L M, Pedersen L E, et al, 2016. Accelerated homology-directed targeted integration of transgenes in Chinese hamster ovary cells via CRISPR/Cas9 and fluorescent enrichment. Biotechnol Bioeng, 113(11):2518-2523.

Lin P C, Liu R, Alvin K, et al, 2021. Improving Antibody Production in Stably Transfected CHO Cells by CRISPR-Cas9-Mediated Inactivation of Genes Identified in a Large-Scale Screen with Chinese Hamster-Specific siRNAs. Biotechnol J, 16(3): e2000267.

Louie S, Heidersbach A, Blanco N, et al, 2020. Endothelial intercellular cell adhesion molecule 1 contributes to cell aggregate formation in CHO cells cultured in serum-free media. Biotechnol Prog, 36(3): e2951.

Mariati, Koh E Y, Yeo J H, et al, 2014. Toward stable gene expression in CHO cells. Bioengineered, 5(5):340-345.

Mariati, Yeo J H, Koh E Y, et al, 2014. Insertion of core CpG island element into human CMV promoter for enhancing recombinant protein expression stability in CHO cells. Biotechnol Prog, 30(3):523-534.

Moritz B, Becker P B, Göpfert U, 2015. CMV promoter mutants with a reduced propensity to productivity loss in CHO cells. Sci Rep, 5: 16952.

Neville J J, Orlando J, Mann K, et al, 2017. Ubiquitous Chromatin-opening Elements (UCOEs): Applications in biomanufacturing and gene therapy. Biotechnol Adv, 35(5):557-564.

Rocha-Pizaña M D R, Ascencio-Favela G, Soto-García B M, et al, 2017. Evaluation of changes in promoters use of UCOES and chain order to improve the antibody production in CHO cells. Pro Expr Purif, 132:108-115.

Saunders F, Sweeney B, Antoniou M N, et al, 2015. Chromatin function modifying elements in an industrial antibody production platform—comparison of UCOE, MAR, STAR and cHS4 elements. PLoS One, 10(4): e0120096.

Tian Z W, Xu D H, Wang T Y, et al, 2018. Identification of a potent MAR element from the human genome and assessment of its activity in stably transfected CHO cells. J Cell Mol Med, 22:1095-1102.

Veith N, Ziehr H, MacLeod R A, et al, 2016. Mechanisms underlying epigenetic and transcriptional heterogeneity in Chinese hamster ovary (CHO) cell lines. BMC Biotechnol, 16:6.

Wells E, Robinson A S, 2017. Cellular engineering for therapeutic protein production: product quality, host modification, and process improvement. Biotechnol J, 12(1):10.1002/ biot.201600105.

Wippermann A, Rupp O, Brinkrolf K, et al, 2015. The DNA methylation landscape of Chinese hamster ovary (CHO) DP-12 cells. J Biotechnol, 199: 38-46.

Wurm M J, Wurm F M, 2021. Naming CHO cells for bio-manufacturing: Genome plasticity and variant phenotypes of cell populations in bioreactors question the relevance of old names. Biotechnol J, 16(7): e2100165.

Zhang F, Santilli G, Thrasher A J, 2017. Characterization of a core region in the A2UCOE that confers effective anti-silencing activity. Sci Rep, 7(1):10213.

Zhao C P, Guo X, Chen S J, et al, 2017. Matrix attachment region combinations increase transgene expression in transfected Chinese hamster ovary cells. Sci Rep, 7:42805.

（董卫华）

第三章

目的基因导入

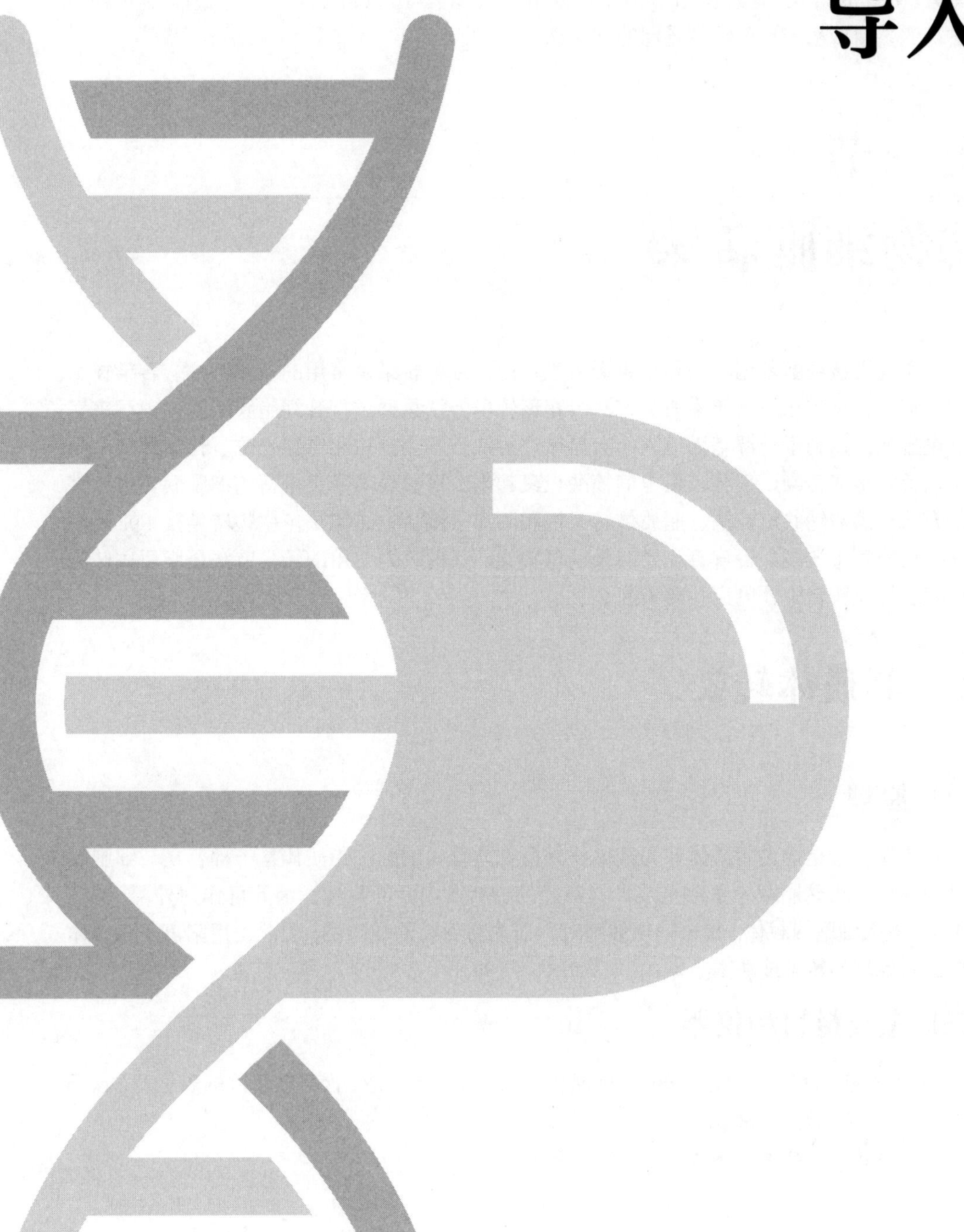

目的基因导入是动物细胞基因工程的重要步骤，按照其导入原理可以分为物理、化学和生物转染，其导入效率直接影响目的基因的表达。重组蛋白的生产主要有瞬时表达和稳定表达两种方式。瞬时表达外源基因不整合到宿主 DNA 中，不产生稳定克隆细胞株，虽然可以达到高水平的表达，但通常只持续几天；稳定表达外源基因整合到宿主细胞 DNA 上，可长期表达目的基因。建立稳定重组细胞株，基本原理是将外源 DNA 克隆到具有某种抗性的表达载体上，表达载体转染到宿主细胞并整合到宿主 DNA 中，用表达载体所含的抗性标记进行筛选以获得稳定转染细胞株。最常用的真核表达载体的抗性筛选标记物有新霉素（neomycin）、潮霉素（hygromycin）和嘌呤霉素（puromycin）等，筛选得到可稳定表达目的蛋白或稳定沉默特定基因的细胞株。

第一节 动物细胞转染

在研究真核细胞基因功能和重组蛋白生产中，细胞转染是常用的基本方法。转染技术可分为物理、化学和生物转染三类方法。物理转染方法是通过打开细胞膜瞬时孔或洞来克服静电排斥，以利于外源基因进入，有显微注射法、基因枪法和电穿孔法。化学转染法则是利用带正电的转染试剂将带负电的核酸包裹起来，可被表面带负电荷的细胞膜吸附；常用的方法有磷酸钙共沉淀法、脂质体转染法和阳离子聚合物转染法。生物转染技术常用的方法包括腺病毒转染、慢病毒和逆转录病毒转染。目前较为常用的转染方法是脂质体转染法、聚乙烯亚胺转染、电穿孔转染等。

一、脂质体转染

（一）原理

脂质体转染是通过脂质体作为载体将外源物质导入细胞。脂质体是一种容易与细胞膜融合的囊泡，由磷脂双分子层构成，具有膜的融合及内吞的特性，因此可作为外源 DNA 或 RNA 进入细胞的载体。真核动物细胞对脂质体有更高的敏感性，因此使用阳离子脂质体更能有效地增加转染成功率。

（二）主要材料和仪器

CHO 细胞、DMEM/F12 培养基、脂质体转染试剂、稀释液、含目的基因的表达载体（无内毒素）、0.25%胰蛋白酶。

细胞培养箱、细胞培养瓶、培养板、离心机。

（三）方法

(1) 选择新鲜培养或解冻恢复后可以稳定生长的 CHO 细胞进行细胞转染，传代 3～4 次，融合率达到 90%之前对细胞进行传代。传代次数高（>30～40）时，细胞的生长速度和形态会发生改变。

(2) 提前 1 天将细胞接种到细胞培养板，细胞融合度在 50%～70%左右，使用不含有青霉素和链霉素的完全培养基培养。

(3) 复合物制备：先将转染试剂加入到稀释液中，用加样枪轻轻混匀，避免用力吹打，室温静置 5min，然后将转染试剂稀释液缓慢均匀地加入到含有目的基因表达载体的稀释液中，用加样枪轻轻吹打混匀，室温静置 20min。

(4) 转染时细胞融合度在 70%～90%，将复合物加入细胞培养板并轻轻混匀，放入培养箱中继续培养。可在转染 6h 后对细胞进行正常换液。

（四）注意事项

(1) 使用高纯度 DNA 或 RNA 有助于获得较高的转染效率，同时 DNA 不应含有蛋白质和酚。

(2) 使用脂质体转染最重要的就是降低其对细胞的毒性，因此脂质体与质粒的比例、细胞密度以及转染的时间长短和培养基中血清的含量均能影响转染效率。

二、聚乙烯亚胺转染

（一）原理

聚乙烯亚胺（polyethylenimine，PEI）是由胺基和两个脂肪族碳的重复单元组成的一种聚合物分子。PEI 包括线型 PEI（line PEI，LPEI）和分支状 PEI（branched PEI，BPEI）。BPEI 具有所有类型的 1 级、2 级和 3 级胺基，而 LPEI 仅含有 1 级和 2 级胺基；LPEI 在室温下是固体，熔点是 73～75℃，而 BPEI 无论分子量是多大，在室温下均是液体。研究表明 BPEI 的分枝度高有利于形成小的转染复合物，从而提高转染效率，但同时细胞毒性也增大，可在靶细胞中引发细胞凋亡。

（二）主要材料和仪器

PEI、HEK293F 细胞、含目的基因的表达载体（无内毒素）、0.25%胰蛋白酶、PBS；细胞培养箱、1L 摇瓶、细胞培养板、离心机、0.22μm 滤膜。

（三）方法

(1) 按照 0.5×10^6 个/mL 的接种量在 1L 的摇瓶（含 300mL 培养基）中接种细胞。1L 摇瓶可装培养基的体积是 150～300mL。于 37℃，120r/min，5% CO_2 摇床培养箱中孵育 24h，细胞密度达到 1×10^6 个/mL，细胞密度每 24h 需增加 1 倍，细胞密度不得高于 2.5×10^6 个/mL。

（2）取 300μg 已经过滤除菌的 DNA 加到 300mL 的 PBS 中，涡旋混匀 3s，充分混匀。将 0.6mL 同样过滤除菌的 PEI 溶液（1mg/mL）加入到 PBS/DNA 的混合液中。PEI-DNA 混合液在室温静置 20min。

（3）将 DNA-PEI 混合液加到摇瓶中，细胞密度必须达到 1×10^6 个/mL 以上。37℃、120r/min、5% CO_2 摇床培养箱中孵育 48h。

（4）12000r/min、5min 离心收获蛋白质，放在−80℃保存。

（四）注意事项

由于各实验操作细节可能不同，建议转染前做优化实验，确定转染试剂与 DNA 的最佳比例。

三、电穿孔转染

（一）原理

电穿孔不仅能将核苷酸、DNA 和 RNA，还能将抗体、酶、糖类及其他生物活性分子导入原核和真核细胞内。与脂质体转染相比，电穿孔有其独特的优势，脉冲不仅能在外膜上开孔，也能在核膜上产生缺口。细胞暴露在强电场中（场强=1kV/cm）时可在细胞膜上形成短暂的穿孔而允许核酸进入细胞。转染效率（即转染细胞数占细胞总数的比例）通常为 30%，也可高达 80%。用于转染细胞的外源 DNA 均在无内毒素缓冲液中制备。

（二）主要材料和仪器

Giemsa 染液（100g/L）、甲醇、磷酸盐缓冲液、线状或环状质粒 DNA（无内毒素，用灭菌去离子水配成 1μg/μL）、HEK293F 细胞、OPM-293 CD05 培养基、DMEM 高糖培养基；Sorvall H1000B 转子或类似设备、电穿孔设备与电转化池、基因脉冲器Ⅱ（Bio-Rad，USA）、细胞培养箱。

（三）方法

（1）细胞生长至对数中期或晚期时收集细胞，用胰酶消化贴壁细胞。4℃、1500r/min 离心 5min。用 0.5 倍体积的初始培养基重悬细胞，用细胞计数器计算细胞数目。

（2）离心［同步骤（1）］收集细胞，室温下用培养基或磷酸盐缓冲液重悬细胞至 2.5×10^6～2.5×10^7 个/mL。将 400μL 的各等份细胞悬液（1.0×10^6～1.0×10^7 个细胞）加入标记好的电转化池中，冰浴。

（3）设置电转化参数：一般电容量为 1050μF，电压在 200～250V，不同细胞系所需电压不同，平均为 260V，内部阻抗设为无穷大。进行电穿孔前先用一个装有 PBS 的电转化池放电至少两次。

（4）每一个含有细胞的电转化池内加入 10～30μg、体积最大可至 40μL 的质粒 DNA［亦有加入载体 DNA（如鲑精 DNA）使 DNA 总量至 120μg］。用吸管将 DNA 与细胞轻轻混匀，混匀时不要产生气泡。

（5）立即将电转化池移至电极间放电，1～2min 后，取出电转化池，冰浴，立即进行下一步操作。

（6）用带有高压灭菌吸头的微量移液器将电穿孔的细胞转移至 35mm 培养皿中。用等体积的培养基洗涤电转化池，洗液加入培养皿。培养皿置于含 5%～7% CO_2 的 37℃孵箱。

（7）重复第（4）～（6）步，电转化所有 DNA 与细胞样品。记录每一电转化池的实际脉冲时间以便于比较。

（8）如要获得稳定转染细胞，直接进行下一步。如果是瞬时表达，则于电穿孔 24～96h 后检测细胞。

（9）分离稳定转染细胞：用完全培养基培养 48～72h 后，用胰蛋白酶消化细胞，用适当的选择性培养基重铺细胞。每 2～4d 换液一次，持续 2～3 周，目的是去除死细胞残骸，并允许抗性细胞克隆生长。此后，繁殖单细胞克隆以用于检测。

（10）用预冷的甲醇固定细胞 15min，然后室温下用 10% Giemsa 染色 15min，流水冲洗，这样可以记录细胞克隆数目。Giemsa 染液应在使用前用磷酸盐缓冲液或水新配制，用 Whatman 1 号滤纸过滤。如果使用其他基因产物，则通过体内代谢标志物进行放射免疫、免疫印迹、免疫沉淀或测定细胞提取物的酶活性来分析新合成蛋白质。

（四）注意事项

（1）为减少不同培养皿之间转染效率的差异，最好采取下列措施：①使用同一批次提取的表达载体质粒或 DNA 转染数个培养皿；②孵育 24h 后用胰酶消化细胞；③将细胞汇集起来；④重铺细胞于数个培养皿上。

（2）转染后尽快将细胞置于培养箱中进行培养，越早放回，细胞状态和细胞活力越好。

（3）如经过系列优化和调整，表达目的蛋白质的细胞数量仍达不到要求，那么可以尝试 RNA 转染。它不须要进入细胞核就可以表达，因此，当 DNA 转染失败时，mRNA 或 siRNA 转染有时却能成功。

四、影响细胞转染的因素

一种理想的细胞转染方法，应该具有转染效率高、细胞毒性小等优点。无论采用哪一种转染技术，要想获得最佳的转染结果，可能都需要对转染条件进行优化。影响转染效率的因素很多，需要考虑细胞类型、细胞生长状态和细胞培养条件，还有转染方法的操作细节。无论用什么方法将 DNA 导入细胞，瞬时或稳定的转染率很大程度取决于细胞的类型。不同的细胞系对获取外源性 DNA 以及表达的能力相差几个数量级。此外，一种转染方法对一种培养细胞有效，但对另一种培养细胞可能无效。

（一）血清

一般细胞对无血清培养可以耐受几个小时，转染时用的培养基可以含血清也可以不含。

曾认为转染时血清的存在会降低转染效率，转染培养基中加入血清时需要对条件进行优化。对于血清缺乏比较敏感的细胞，可以在转染培养基中使用血清，或者是使用营养丰富的无血清培养基。有条件的话，可以用无血清培养基代替 PBS 清洗细胞，清洗时动作要轻柔，靠着培养板的边缘缓缓加入液体，上下轻微转动培养板使液体在细胞表面流动。如果清洗太过剧烈，细胞会损失一部分，加入转染试剂后，细胞所受影响就会更大，死亡细胞会增多。

（二）抗生素

抗生素如青霉素和链霉素，作为培养基添加物可影响转染效果。对于正常状态下的真核细胞，抗生素是无毒的。转染时，由于转染试剂能够增加细胞膜的通透性，抗生素进入细胞内，这会降低细胞的活性，从而导致转染效率降低。所以，在转染培养基中不能使用抗生素，甚至在准备转染前 24h 进行细胞铺板时也要避免使用抗生素。这样，在转染前就不必润洗细胞。目前一些转染试剂在使用时，对抗生素的要求已经不再那么严格，转染时的培养基可以含抗生素也可以不含抗生素。

（三）细胞状态

一定要让细胞处于最佳的生长状态，即细胞处于对数生长期时再做转染，这点非常重要。细胞复苏后传代到第 3 代时细胞状态最好，不要使用传了很多代的细胞进行转染，细胞的状态会变差，形态也会发生改变。

（四）细胞铺板密度

根据不同的细胞类型或转染试剂，用于转染的最佳细胞密度是不同的。由于转染试剂对细胞有毒性，细胞太少，容易死亡，转染效率降低；细胞太多，营养不够，也会影响转染的效率。一般转染时，贴壁细胞融合度为 70%～90%，悬浮细胞密度为 1×10^6～2×10^6 个/mL。

高质量的 DNA 对于进行高效转染至关重要。用于转染的质粒 DNA 一定要纯度高、无内毒素，浓度不低于 0.35μg/μL。重组蛋白表达，48h mRNA 表达最高；72h 蛋白质表达最高。

第二节 细胞转染效率检测

细胞转染效率是影响目的基因表达的关键因素，细胞转染效率和细胞状态、载体种类及结构、转染方法都相关。细胞转染后，要进行细胞转染效率的检测，以便对目的基因是否转入以及转入效率进行判断。可以通过流式细胞仪检测和荧光显微镜观察转染后细胞内表达的荧光蛋白情况，检测细胞转染效率。

一、流式细胞仪检测

（一）原理

流式细胞仪（flow cytometer）是一种能够探测和计数以单细胞液体流形式穿过激光束的细胞的检测装置。由于在检测中使用的细胞标志示踪物质为荧光标记物，用来分离、鉴定细胞的流式细胞仪又被称为荧光激活细胞分类仪，是分离和鉴定细胞群及亚群的一种强而有力的应用工具。

（二）主要材料和仪器

转染荧光蛋白的CHO细胞、DMEM/F12培养基、0.25%胰蛋白酶、PBS；流式细胞仪。

（三）方法

（1）培养细胞用0.25%的胰酶消化。PBS或生理盐水洗涤细胞2～3次，再用PBS或生理盐水悬浮细胞。

（2）每份取500μL单细胞悬液（细胞密度约1×10^6个），即可上机检测。

（3）使用流式细胞仪检测细胞荧光强度及大小。

二、荧光显微镜检测

（一）原理

荧光显微镜（fluorescence microscope）是以紫外线为光源，用以照射被检细胞，使之发出荧光，然后在显微镜下观察是否有荧光及荧光的强度。

（二）主要材料和仪器

转染荧光蛋白的CHO细胞、DMEM/F12培养基、荧光显微镜。

（三）方法

（1）按照荧光显微镜正确的开机顺序，依次打开显微镜开关，汞灯开关。

（2）首先将细胞放在白光源下，对焦，在镜下可以清楚地看到细胞。

（3）更换光源，镜下观察细胞有无荧光及荧光强度。

（四）注意事项

（1）严格按照荧光显微镜说明书要求进行操作，不要随意改变程序。

（2）检查时间每次以1～2h为宜，超过90min，超高压汞灯发光强度逐渐下降，荧光减弱；标本受紫外线照射 3～5min 后，荧光也明显减弱；所以观察时间最多不超过 3h。

（3）荧光亮度的判断标准：一般分为四级，即“−”表示无或可见微弱荧光；“+”表示仅能见明确可见的荧光；“++”表示可见有明亮的荧光；“+++”表示可见耀眼的荧光。

参考文献

王天云，贾岩龙，王小引，2020. 哺乳动物细胞重组蛋白工程. 北京：化学工业出版，1-357.

Dai Z, Gjetting T, Mattebjerg M A, et al, 2011. Elucidating the interplay between DNA～condensing and free polycations in gene transfection through a mechanistic study of linear and branched PEI. Biomaterials, 32(33):8626-8634.

Sambrook J, Russell D W, 2017. 分子克隆实验指南. 4 版. 北京：科学出版社.

Kafil V, Omidi Y, 2011. Cytotoxic impacts of linear and branched polyethylenimine nanostructures in a431 cells. Bioimpacts, 1(1):23-30.

Lungu C N, Diudea M V, Putz M V, et al, 2016. Linear and Branched PEIs (Polyethylenimines) and Their Property Space. Int J Mol Sci, 17(4):555.

Nolan J P, Duggan E, 2018. Analysis of Individual Extracellular Vesicles by Flow Cytometry. Methods Mol Biol, 1678: 79-92.

Shaw D, Yim M, Tsukuda J, 2018.Development and characterization of an automated imaging workflow to generate clonallyderived cell lines for therapeutic proteins. Biotechnol Prog, 34: 584-592.

（王芳）

第四章

重组稳定细胞株筛选和评估

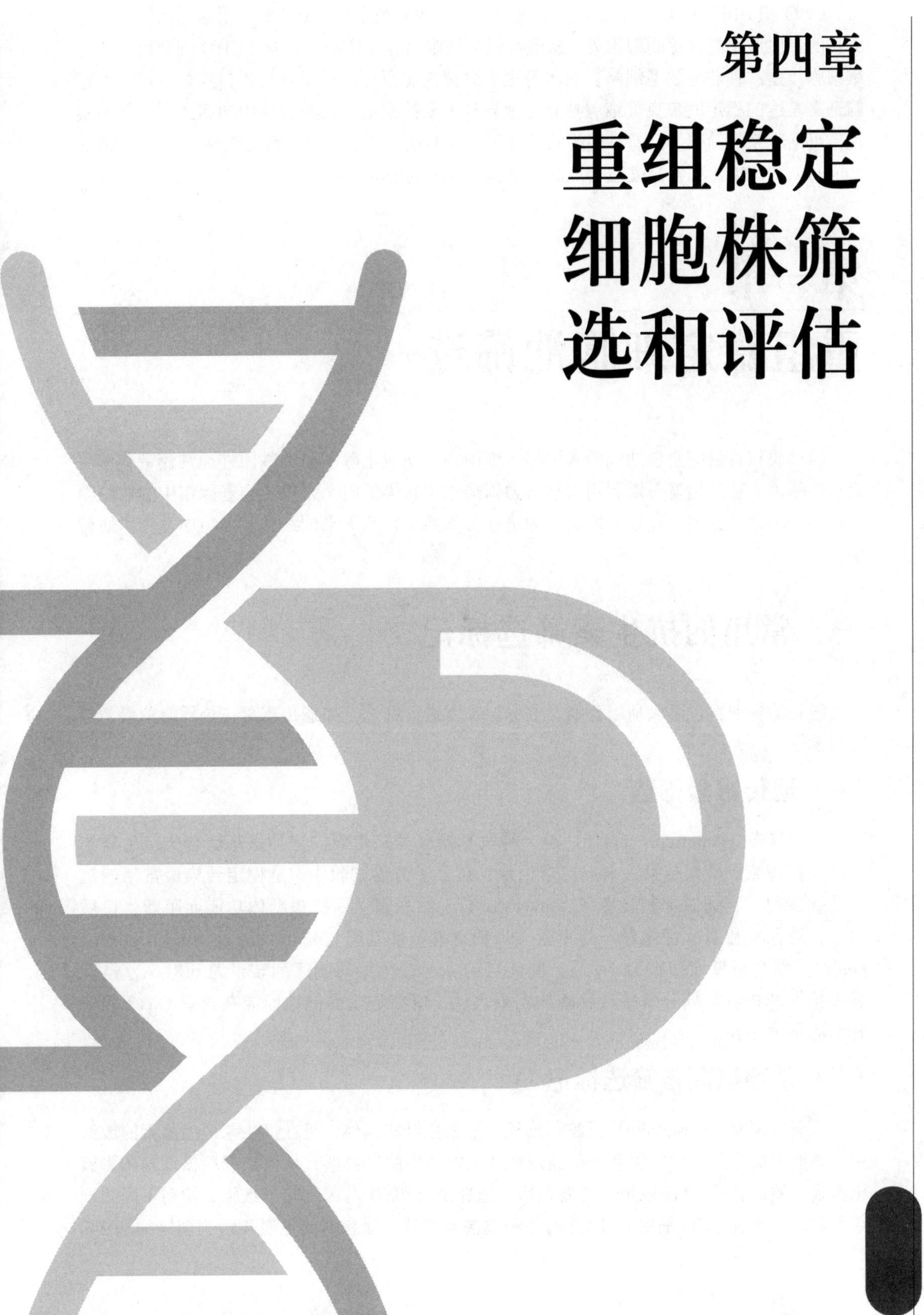

CHO 和 HEK293 是构建稳定细胞株最常用的两种宿主细胞。基本上用这两类细胞生产的目的蛋白质都能分泌到细胞外，从而可以从细胞培养基中收获产物。CHO 细胞属于成纤维细胞，是一种非分泌型细胞，它本身很少分泌内源蛋白。对于重组蛋白药物生产，构建筛选高表达的稳定的单克隆细胞株是工业界最主要的挑战。质粒载体中的筛选标记能够实现重组细胞系的筛选。目前常用的筛选标记主要有抗生素、二氢叶酸还原酶（dihydrofolate reductase, DHFR）和谷氨酰胺合成酶（glutamine synthetase, GS）。

第一节 重组稳定细胞池筛选

通过质粒将目的蛋白的编码基因导入细胞内，质粒上除了目的基因外通常还带有抗生素抗性基因。转染后就可以利用选择压力筛选稳定转染细胞。未整合到基因组中的质粒随着细胞分裂逐渐丢失，经过一段时间的选择筛选后，存活下来的细胞基因组中发生了质粒整合。

一、常用的抗生素筛选标记

哺乳动物细胞系可以利用药物筛选标记基因进行筛选，如遗传霉素、杀稻瘟菌素、嘌呤霉素等。

（一）遗传霉素筛选

遗传霉素（geneticin，G418）是一种氨基糖苷类抗生素，这种氨基糖苷类抗生素的结构和新霉素、庆大霉素、卡那霉素相似，在分子遗传试验中，是稳定转染最常用的抗性筛选试剂。它通过抑制转座子 Tn601 和 Tn5 的基因，干扰核糖体功能而阻断蛋白质合成，对原核和真核细胞等产生毒素，当新霉素抗性基因（neomycin resistance gene，*neo*^{r}）被整合进真核细胞 DNA 后，则能启动 *neo*^{r} 基因编码的序列转录为 mRNA，从而获得抗性产物氨基糖苷磷酸转移酶的高效表达，使细胞获得抗性而能在含有 G418 的选择培养基中生长。

（二）杀稻瘟菌素筛选标记

杀稻瘟菌素（blasticidin）又称稻瘟散，为白色针状晶体，是在产生杀稻瘟菌素的放线菌发酵液中提取的一种抗生素，可通过抑制核糖体中肽结合形式从而抑制原核细胞和真核细胞蛋白质的合成。blasticidin 主要是用于选择携带 *BSD* 基因的转染细胞。使用不同浓度杀稻瘟菌素筛选 CHO 细胞阳性克隆。杀稻瘟菌素筛选浓度和时间见表 4.1。当转染细胞 24h

后开始用杀稻瘟菌素高浓度药物筛选，当未转染细胞全部杀死后，降低药物浓度到10μg/mL，低浓度维持。

表 4.1　杀稻瘟菌素筛选浓度及时间

杀稻瘟菌素/（μg/mL）	筛选时间/d
10	10
15	8
20	5

（三）嘌呤霉素筛选标记

嘌呤霉素（puromycin）是一种由白黑链霉菌产生的氨基糖苷类抗生素。其可以打乱核糖体上的肽转运，造成翻译过程中不成熟链终止，从而抑制蛋白质合成。在原核和真核细胞中，嘌呤霉素都是强效翻译抑制剂。链霉菌中的嘌呤霉素 *N*-乙酰转移酶基因（*pac*）可使机体对嘌呤霉素耐药。嘌呤霉素作用迅速，在低浓度下即可快速导致细胞死亡。贴壁哺乳动物细胞对浓度为 1～10μg/mL 的嘌呤霉素较为敏感，而 HEK293 悬浮细胞对浓度 5μg/mL 的嘌呤霉素已经很敏感。对嘌呤霉素稳定耐药的哺乳动物细胞可在一周内筛选成功。

（四）博来霉素筛选标记

博来霉素（zeocin）在多种生物细胞中非常有效，包括哺乳动物和昆虫细胞系，以及酵母、细菌和植物。博来霉素通过插入和切割 DNA 导致细胞死亡。对博来霉素的抗性是由 *Sh ble* 基因产物赋予的，它与抗生素结合并阻止其与 DNA 结合。这种选择标记对多种细胞类型都有效，因此真核表达载体只需要携带这一种药物选择标记即可。这减小了载体的整体大小并使亚克隆和转染更容易和更有效。筛选浓度范围为 200～500μg/mL。

（五）潮霉素 B 筛选标记

潮霉素 B 是一种氨基糖苷类抗生素，通过破坏易位和促进 80S 核糖体的错误翻译来抑制蛋白质合成。因为它使用与遗传霉素（geneticin）、杀稻瘟菌素（blasticidin）或博来霉素不同的作用模式，所以当与另一种选择剂结合使用时，它非常适合双选择实验。对潮霉素 B 的抗性由大肠杆菌潮霉素抗性基因（*hyg* 或 *hph*）赋予。选择的浓度范围为 100～1000μg/mL（通常为 200μg/mL），使用时应针对每个细胞系进行优化。真核细胞常用的选择性抗生素及工作浓度见表 4.2。

表 4.2　真核细胞常用选择性抗生素及工作浓度

选择性抗生素	最常见的选择用法	常用的工作浓度/（μg/mL）
遗传霉素（G418）	真核生物	800～1200
杀稻瘟菌素（blasticidin）	真核生物和细菌	10～20
嘌呤霉素（puromycin）	真核生物和细菌	1～10
博来霉素（zeocin）	哺乳动物、昆虫、酵母、细菌和植物	200～500
潮霉素 B	双重选择实验和真核生物	100～1000

二、遗传霉素筛选

（一）主要材料和仪器

G418、CHO 细胞、DMEM/F12 培养基、0.25%胰蛋白酶、无血清培养基（普诺易）、含 G418 抗性基因的质粒；细胞培养箱、24 孔板和 6 孔板。

（二）方法

（1）将 CHO 细胞消化、计数后，均匀铺在 24 孔板中，放入细胞培养箱培养。次日，加入 0～100μg/mL 不同浓度的 G418，加入完全培养基。在培养的过程中，用对应浓度的培养基换液，观察并记录 CHO 细胞在含不同终浓度 G418 的 DMEM/F12 完全培养基中的形态变化及死亡时间，同时观察对照组细胞的生长状况来确定杀死 CHO 细胞的最佳浓度。本实验确定 G418 最佳浓度是 800μg/mL。当转染细胞 24h 后开始用 G418 高浓度药物筛选，当未转染细胞全部杀死（一般 10～15d），降低 G418 药物浓度到 400μg/mL 的低维持浓度。

（2）质粒转染 24h 后，将孔中培养基更换为终浓度为 800μg/mL 的 G418 DMEM/F12 完全培养基，视细胞生长情况进行换液，培养直至对照孔细胞全部死亡，约 5～7d。

（3）将 G418 培养基改为维持浓度 400μg/mL，持续筛选 2 周，其间不断观察，并用含 G418（浓度 400μg/mL）的 DMEM/F12 完全培养基换液，直至观察到细胞转染组形成阳性细胞克隆。

（4）待观察到细胞转染组形成阳性多克隆后，消化每组转染的细胞，转入 6 孔板扩大培养，培养基仍用含 G418（浓度 400μg/mL）的 DMEM/F12 完全培养基。待细胞长满，用 PBS 轻轻洗涤细胞，使用胰蛋白酶将细胞消化，转入 125mL 细胞培养摇瓶中悬浮培养，加入无血清悬浮培养基，总体积为 30mL。于 37℃，120r/min，5% CO_2 摇床培养箱中孵育 6d，在第 7～16d 获取蛋白。

（5）1000r/min，10min 第一次离心，取上清液；12000r/min，6min 第二次离心，收获蛋白，−80℃保存。

（三）注意事项

1．抗生素筛选的时间

加药时间一般为转染后 24h。加药筛选时，最好设置空白对照，即未转染细胞同时给药，待空白对照中细胞全部死亡，转染组中不具有抗药性的细胞基本全部死亡，但还需继续加药维持。

2．换液

如果加药后，细胞死亡较多，须及时换液，以防死细胞释放有害物质导致具有抗药性的细胞死亡。另外，随着细胞的代谢，抗生素的活性会降低，因此，每隔 2～3d 应更换一次抗生素筛选培养基。

3．克隆筛选

若转染的质粒带有荧光标记，不管是哪种筛选克隆的方法，都应该选择带有荧光较强的细胞克隆，因为加药筛选时，可能会产生耐药性细胞，因此最好选择带有荧光较强的细胞。若是转染的质粒不带荧光标记，那么只能盲挑。不管有无荧光筛选标记，都应该挑出克隆后验证，验证存在不成功的概率。因此，挑克隆时应尽量多挑几个克隆，至少 15～20 个。

三、DHFR 筛选

（一）原理

DHFR 和 GS 系统是哺乳动物细胞中最常用的两种基因扩增系统。DHFR 是催化二氢叶酸还原成四氢叶酸的酶，四氢叶酸是甘氨酸、胸苷一磷酸和嘌呤生物合成所必需的。氨甲蝶呤（methotrexate，MTX）是叶酸的类似物，可以与 DHFR 结合并抑制其活性，从而使细胞在缺乏胸苷和嘌呤的培养基中死亡。当细胞在 MTX 压力下生长时，只有 *dhfr* 基因扩增并高效表达的群体才能存活下来。*dhfr* 基因扩增可以带动插入位点附近 100～10000kb 的 DNA 序列一起扩增，因此与 *dhfr* 邻近的外源基因也随之扩增。扩增可以一步完成也可以分几步完成。随着 MTX 浓度的升高，存活下来的细胞 *dhfr* 扩增程度越高。能耐受高浓度 MTX 压力的细胞，可能含有几千个拷贝的 *dhfr* 基因。

DHFR 缺陷型 CHO 细胞是指不含二氢叶酸还原酶基因，不能合成核酸，必须在含有次黄嘌呤（hypoxanthine，H）和胸腺嘧啶（thymine，T）的培养基里生长的细胞。当转染的目的基因连有 *dhfr* 基因时，阳性细胞也就获得了 *dhfr* 基因。MTX 是二氢叶酸还原酶的抑制剂，可阻碍其作用。当细胞培养基内含有 MTX 时，二氢叶酸还原酶被抑制，通过反馈调节，使得该基因自我扩增，连带其上下 100～1000kb 的基因都会扩增。如此目的基因也得到扩增，即可提高目的蛋白质的表达量。

（二）主要材料和仪器

MTX、CHO DHFR$^{-/-}$、携带 *dhfr* 基因的表达载体、DMEM/F12 培养基、0.15mol/L NaCl；细胞培养箱、细胞培养摇瓶。

（三）方法

（1）克隆培养亲代细胞形成生长旺盛、基因型一致的细胞群体，用于筛选。

（2）用无菌 NaCl 0.15mol/L（0.89%）稀释 MTX。

（3）在几个相同的培养瓶中分别接种 2.5×10^5 个细胞，每个培养瓶中加入不含 MTX 或含 0.01μg/mL、0.02μg/mL、0.05μg/mL 和 0.1μg/mL MTX 的完全培养基，将培养基的 pH 调至7.4，37℃培养5～7d。

（4）在倒置显微镜下观察细胞，如果培养瓶中出现有一小部分细胞克隆生长，其余的一些细胞是变大的，附着在基质层上的是要死亡的细胞，选择这种培养瓶的细胞，换含有相同浓度的MTX的新鲜培养基继续培养。

（5）如果需要，可以更换新鲜培养基，再培养5～7d，但是细胞必须始终处于MTX环境中。当细胞密度达到2×10^6～10×10^6个/瓶，将细胞以每瓶2.5×10^5个传入新培养瓶，传代之后分别加入原浓度的MTX和2～10倍原浓度的MTX。

（6）5～7d后观察新传代的和原来加入较高浓度MTX的细胞，更换培养基，选择可用细胞，方法同前。

（7）每步传代的细胞用逐步增高的药物浓度持续筛选，直至获得要求的耐药水平。获得低到中等水平耐药、DHFR活性增加和（或）转运能力改变的CHO细胞需要2～3个月。

（8）定期在液氮中冻存筛选中的细胞。

四、GS筛选

（一）原理

GS筛选系统基于细胞中的谷氨酰胺合成酶可以利用谷氨酸和氨合成谷氨酰胺。绝大多数哺乳动物细胞内源的谷氨酰胺合成酶活性很低，需要在培养基中额外添加谷氨酰胺才能生长。GS筛选系统的载体含有谷氨酰胺合成酶基因和目的基因，因此可以在不含谷氨酰胺的培养基中进行筛选。通常用比较弱的启动子，如SV40启动子来启动GS基因。在高浓度的谷氨酰胺合成酶抑制剂蛋氨酸亚氨基代砜（methionine imidosulfone, MSX）的作用下，可以筛选得到基因高度扩增的细胞。

（二）主要材料和仪器

MSX、CHO $GS^{-/-}$、携带GS基因的表达载体、DMEM/F12培养基、L-谷氨酰胺、细胞培养箱。

（三）方法

（1）当表达载体被转染到CHO $GS^{-/-}$细胞24h后，1500r/min离心5min，更换培养基，培养基中加入25～100μmol/L的MSX加压筛选。

（2）待细胞活力>95%后即为细胞池。

（3）融合后，在单独的96孔板中制备一式两份的克隆。然后在添加或不添加L-谷氨酰胺的10% FBS的DMEM/F12培养基中比较细胞生长情况。在存在谷氨酰胺的情况下，野生型和突变型细胞都生长良好。

（4）与野生型细胞不同，没有谷氨酰胺，突变细胞会收缩并死亡。然后选择显示谷氨酰胺依赖性的克隆并按比例放大以进行进一步表征。

（四）注意事项

一般来说，在同样的培养环境下，低表达细胞株将营养成分更多用在细胞生长上，故生长较快，而高表达细胞株生长较慢。因此，以上提到的两种活力>95%的细胞池在细胞活力逐渐恢复的过程中，大多数高表达细胞株越长越慢，以至于丧失，而低表达细胞株越长越快，最终导致细胞池的高表达细胞株含量低，低表达的细胞株含量高。

第二节 重组单克隆细胞株分离

获得了整合目的基因的稳定细胞后，需要从中筛选出表达量高且稳定的重组单细胞克隆。目前最常用的方法包括有限稀释法、流式细胞荧光分选技术（fluorescence activated cell sorting, FACS）、ClonePix 和克隆环法。近年来，发展起来的高通量自动化筛选技术也备受关注。

一、有限稀释法

（一）原理

有限稀释法是一种常用的筛选方法，是指将需要再克隆的细胞株自培养板内吸出并做细胞计数，计数出 1mL 的细胞数，并按照细胞密度进行稀释获得单细胞克隆的方法。

（二）主要材料和仪器

6 孔板、24 孔板、96 孔板；CHO 细胞、DMEM/F12 培养基。

（三）方法

（1）药筛后的细胞，一般长满 6 孔板即可，若细胞生长很快药筛时可以在 10cm 的培养皿中进行，用胰酶消化下来。

（2）对消化后的细胞悬液进行计数，如果细胞量过大，可先连续倍数稀释后计数。

（3）计算后，用移液器吸取大约 200 个细胞（其中有部分为死细胞）到 10mL 培养基中充分混匀。

（4）然后将以上 10mL 细胞悬液加到 96 孔板中，每孔 100μL，这样有的孔可能只有一个细胞，操作过程中注意不时用移液器吹打混匀细胞悬液。

（5）待细胞贴壁后，在显微镜下观察，孔内没有细胞或者超过一个细胞的，划×；孔内只有一个细胞的，划√，做好标记。如果只有一个细胞的孔数量太少，可将一个孔内两个细胞的孔也划√，但这样克隆就可能不纯。

（6）等孔内细胞长满之后，从 96 孔板转移到 24 孔板，再到 6 孔板逐渐扩大培养。

（7）细胞用 6 孔板养起来后，可分出部分细胞提取蛋白质，用 Western 印迹验证是否为所需要的克隆，也可以用 qRT-PCR 进行验证，保留验证成功的克隆并大量培养。

（8）首次验证成功的克隆培养两周后再次验证，若仍能保持特性，表示筛选出的克隆比较稳定，这样较为稳定的克隆即可大量培养保种，并进行后续实验。

（四）注意事项

如果 1 个 96 孔板得到的单克隆数目较少，可以用同样的方法筛选 2～3 个 96 孔板。

二、流式细胞荧光分选技术

流式细胞仪（flow cytometer）是一种能够探测和计数以单细胞液体流形式穿过激光束的细胞的检测装置，在检测中使用的细胞标志示踪物质为荧光标记物，因此，用来分离、鉴定细胞的流式细胞仪又被称为荧光激活细胞分类仪，是分离和鉴定细胞群及亚群的一种强有力的工具。

（一）原理

流式细胞荧光分选技术（FACS）技术的出现使得开发显著简化克隆过程的方法成为可能。FACS 是一种强大的技术，可以快速对异质群体中单个细胞进行高通量分析。首先分析每个细胞的生产力并确定每个特定细胞是否可以被克隆。只有达到预定义阈值的细胞才会被克隆到 96 孔板中，显著减少不必要的分类后测试生产力较低的细胞。

（二）主要材料和仪器

CHO 细胞、DMEM/F12 培养基、PBS、0.25%胰蛋白酶、FITC 或 PE 标记的荧光单抗和二抗；流式细胞仪。

（三）方法

1．培养细胞

（1）用 0.25%的胰蛋白酶消化培养细胞。

（2）PBS 或生理盐水洗涤细胞 2 次，再用 PBS 或生理盐水悬浮细胞。

2．直接免疫荧光标记的样品制备

用标有荧光素的特异抗体对细胞进行直接染色，然后用流式细胞仪检测，阳性者即表示有相应抗原存在。实验步骤如下。

（1）每份取 100μL 单细胞悬液（约 1×10^6 个细胞）。

（2）一份加入相应量的 FITC 或 PE 标记的特异性荧光直标单抗，另一份加入荧光标记

的无关单抗，作为同型对照样品。

(3) 室温下避光反应一定时间（时间长短根据试剂说明书要求进行），一般在室温下反应 15～30min 即可。

(4) 加入 500μL PBS 重悬成单细胞悬液即可上机检测。

3．间接免疫荧光标记的样品制备

(1) 取 1×10^6 个/100μL，先加入一抗混匀，置室温下避光反应 30min。

(2) 用 PBS 洗涤细胞 2 次，800～1000r/min 离心 5min，弃掉上清液。

(3) 用 100μL PBS 重悬细胞，再加入 FITC 或 PE 标记的荧光二抗（用量均按说明书要求）混匀，室温下反应 30min。

(4) 用 PBS 再洗涤细胞 2 次，加入 500μL PBS 重悬成单细胞悬液，上机检测。

注意：以上两种染色方法的抗体加入量和反应时间，一般根据试剂使用说明书的要求进行。若说明书上未说明，应先进行预实验，掌握好剂量与最佳反应时间后，再进行流式样品的制备。

（四）注意事项

(1) 单细胞悬液的制备是流式细胞术分析的关键。如遇有细胞团块应先用 300～500 目的细胞筛网过滤后，再上机检测，保证上机样品为单细胞悬液。

(2) 大部分流式分选仪的上样器均没有冷却系统，要想分选后获得比较好的细胞活性，应尽量减少细胞在室温的暴露时间。

(3) 样本较多的时候可以分成小份体积上样，每次 1mL 或者 2mL，其余的样本放在冰箱 4℃冷藏。

(4) 建议分选上样管中的缓冲液使用含 2% FBS 的 PBS，普通培养基中的酚红可能会干扰分选；若用培养基的话，颜色不能太深，血清浓度不能超过 2%，否则黏性太大影响分选。保证样本的无菌状态，因为分选得到的细胞还要继续培养。

(5) 如细胞分选后需再次培养，请准备含血清的收集管，在分选前交操作员。建议在 5mL 离心管中加入 1～2mL 血清及其他必需组分，保证分选完毕时血清浓度大于 5%（建议使用含 20%FBS 的 DMEM）。

(6) 如要分选 GFP 等转染的样品，请提供未经转染的相同细胞为阴性对照。

(7) 快速简便的样本处理有利于分选：处理好的样本尽快上机，分选好的细胞尽快进行下一步实验，如果要分选多个样本，建议一次处理一个，估计可能的上机时间后，再处理第二个样本。

三、ClonePix

细胞克隆筛选系统 ClonePix 是新一代细胞克隆筛选和挑取技术。在更短时间内，自动化筛选并挑取更高水平表达的细胞克隆。ClonePix 可避免有限稀释，快速高效筛选挑取杂交瘤克隆、干细胞及特殊表面标记细胞和昆虫细胞，建立稳定细胞株。

（一）原理

ClonePix 系统的技术可以替代有限稀释法或细胞分选，在更短时间内挑选出高表达分泌蛋白的细胞。其原理是借助荧光偶联抗体，通过荧光成像和精密的机械设计筛选并挑取分泌表达单体蛋白的 CHO 细胞和 HEK293 细胞，可以显著提升工作效率，精简工作流程，最终获得高表达目的蛋白的优质细胞株。

悬浮或贴壁细胞在半固体培养基中生长成分离的克隆后，ClonePix 系统通过荧光染料标记的特异性抗体（抗蛋白质本身或抗蛋白标签）对其成像。系统通过分析这些图片筛选出高表达目的蛋白的细胞克隆。ClonePix 系统具有 5 个荧光通道，还有白光成像用于克隆识别。至多可以叠加 3 个荧光通道，因此可以在单次挑取中采用多种荧光探针。

（二）主要材料和仪器

半固体培养基、CHO 细胞、DMEM/F12 培养基；ClonePix、细胞培养板。

（三）方法

（1）将目的蛋白基因（如果需要，带上两个蛋白质标签）转入细胞，在标准的筛选条件下培养细胞，随后接种至半固体培养基：采用 CloneMatrix（K8500）和 2 倍浓缩培养基配制，半固体培养基接种密度在 $2\times10^2\sim1\times10^3$ 个/mL。含血清培养基和化学成分限定培养基都可以使用。

（2）重组蛋白的检测可以用抗目的蛋白的多抗（荧光标记），或者是两种抗标签的抗体（荧光标记），这些检测抗体可以在准备半固体培养基时添加，也可以在成像挑取前至少 24h 以喷雾的方式添加。不管采用何种方式，最终的抗体浓度应该在 7～10μg/mL。当然有时可能需要降低抗体浓度，或者提高抗体浓度以增加信号强度，但上述实验结果证明这个浓度范围比较理想。当采用两种抗标签抗体时两者的物质的量浓度比值应该是 1∶1，其中至少有一个标记荧光染料，也可以两者都标记。

（3）细胞可以生长为贴壁克隆，也可以是悬浮克隆。如果可能尽量选择悬浮细胞克隆的形式，因为这有助于提升图像质量和挑取效率。一些典型的贴壁细胞，如 CHO-K1 和 HEK-293，也可以在半固体培养基中形成悬浮克隆。

（4）待细胞在半固体培养基中形成悬浮或贴壁细胞克隆后（一般需要 7～12d，含 100 个左右的细胞），将孔板放入 ClonePix 进行白光和荧光成像。软件自动分析荧光强度（对应蛋白质的表达量）并挑取表达量最高的细胞至 96 孔板（预先加入液体培养基），细胞克隆在其中继续生长，这样就获得了单克隆的高表达细胞株。

四、克隆环法

（一）原理

克隆环是比较简单易行的克隆挑取方法。用无菌硅脂或甘油密封克隆环，将选取的克隆密封在培养皿和克隆环底部，加入胰蛋白酶消化，最后将克隆转移至新的培养容器中。克隆环适用于实验室规模的贴壁细胞的单克隆挑取。

(二) 主要材料和仪器

镊子、巴氏吸管或200μL移液器及吸头（Sorenson 15720）、1mL移液管、6孔板或T25培养瓶、6cm玻璃细菌培养皿、克隆环；CHO细胞、DMEM/F12培养基、无菌硅脂（可以用无菌甘油替代）、不含钙镁的磷酸缓冲液（CMF-PBS）、0.25%胰蛋白酶、DMEM/F12培养基。

(三) 方法

(1) 用倒置显微镜或解剖显微镜检查包含好分离的克隆的培养皿，通过调整光照强度和角度，挑选可看到的活细胞克隆是完全可能的。

(2) 一旦找到满意的克隆，用记号笔在培养皿底部相应位置画一个圆圈圈住该克隆。选择大小比较平均的克隆（太大的克隆不要选，来源可能是一簇细胞而不是单个），另外要选择比较好分离的克隆。

(3) 移除培养基，用CMF-PBS冲洗板两次，并移除悬浮的细胞。

(4) 用无菌镊子夹起一个克隆环，轻轻地将克隆环底部粘上无菌硅脂，然后快速垂直拿起。如果操作得当，无菌硅脂将均匀分布在克隆环底部。轻轻地将克隆环放在一个选定的克隆之上，并用镊子稍用力均匀按压，压力不均匀会导致克隆环底部不密封而漏液。操作过程要小心，不要滑动碰到或滑过细胞克隆，以免硅脂覆盖细胞，而导致胰蛋白酶无法接触细胞并消化细胞。

(5) 在显微镜下确认克隆环位置在选定的克隆之上，保证在克隆环密闭的区域内没有其他克隆。

(6) 加0.2mL胰蛋白酶（0.25%）到克隆环里。

(7) 将培养皿在37℃孵育5min。每隔两三分钟在显微镜下观察一次细胞，当细胞开始变圆并脱离培养皿底部，加一两滴培养基到克隆环中，并轻轻用巴氏吸管或移液器吸出细胞。

(8) 将细胞转移至合适的培养器皿中并加适量的培养基。大一点的克隆可以选择用T25的培养瓶或6孔板，对于小一点的克隆可以用12孔或者24孔板。细胞过度稀释可能会导致细胞生长缓慢或不生长，所以在第一次转移之后用培养基反复冲洗克隆环以转移剩余的细胞是非常有必要的。

(9) 培养细胞。

五、其他筛选方法

新一代测序（next-generation sequencing, NGS）、细胞成像技术等新技术也逐渐应用于细胞克隆化或者用于鉴定单克隆，为研究者提供了更高效稳定的筛选手段。

NGS可同时检测几十到几百个克隆，并通过测序读数（reads）定量检测克隆突变率以及突变的类型，可在短时间内筛选出阳性的克隆。对于采用自动高通量成像技术辅助有限稀释法鉴定单克隆，需要关注第 0 天时成像系统的检测敏感度、边缘效应以及是否可对整个孔成像。应提供整个孔和单细胞位置放大的图片作为支持数据；同时应关注成像系统发生假阴性的概率，即成像系统判断孔中为 0 或 1 个细胞，实际有 1 个或多于 1 个细胞，其中第二种情形导致单克隆性判断错误。可采用克隆化分离分别表达两种不同的荧光蛋白的混合细胞群来确认克隆过程和成像系统的灵敏度。

第三节 重组稳定细胞系评估

重组细胞系是通过 DNA 重组技术获得的含有特定基因序列的细胞系，因此重组细胞系的评估应包括以下各种情况，如细胞融合、转染、筛选、集落分离、克隆，基因扩增及培养条件或培养基的适应性，细胞污染检测，细胞系的鉴定和重组细胞的遗传稳定性（如插入基因拷贝数、插入染色体的位点、插入基因的序列等），目的基因表达稳定性，目的蛋白质持续生产的稳定性，以及一定条件下保存时细胞生产目的蛋白质的能力。

一、细胞污染检测

（一）原理

取混合瓶细胞样品，接种至少 6 个细胞培养瓶或培养皿，待细胞长成单层或至一定数量后更换培养基，持续培养两周。如有必要，可以适当换液。每天在显微镜下观察细胞，细胞应保持正常形态特征。

取混合细胞培养上清液或冻存细胞管样品，进行细胞的细菌、真菌和支原体检查。对于培养物，至少取混合细胞培养上清液 10mL。对于冻存细胞，至少取冻存细胞总支数的 1%或至少 2 支冻存细胞管（取量大者），可采用直接接种。用薄膜过滤法检测，该方法可以富集待检测样品中可能污染的细菌或/和真菌，增加检测的灵敏度。

（二）主要材料和仪器

显微镜、薄膜过滤器、硫乙醇酸盐流体培养基、胰酪大豆胨液体培养基。

（三）方法

1．通过显微镜直接对细菌、真菌和支原体污染物进行观察和鉴定

（1）细菌在普通倒置显微镜下为黑色细沙状，根据感染细菌的不同，可有不同的外形，培养基一般会浑浊变黄，对细胞生长影响明显，细胞大多在24h内死亡。

(2) 霉菌污染培养基是清亮的，倒置显微镜下无杂质，37℃培养箱培养 2～3d，细胞仍可生长，但出现絮状杂质，镜下可见呈细丝状的团状漂浮物和明显的菌丝，长时间培养之后，细胞的活力状态变差。

(3) 支原体在倒置显微镜下不可见。早期污染，培养基也不浑浊。后期污染会出现培养基变色、细胞生长受抑、细胞成团、镜下有小颗粒甚至细胞死亡。

2．薄膜过滤法检测

(1) 通常取细胞培养上清液至少 10mL。

(2) 将薄膜过滤器直接浸入培养基或在产品中加入培养基，然后进行培养。

(3) 硫乙醇酸盐流体培养基的培养单位置于 30～35℃培养 14d；胰酪大豆胨液体培养基的培养单位置于 20～25℃培养 14d。培养期间应每日观察并记录是否有菌生长。在培养过程中，通过对培养基的感官检验来观察微生物的生长迹象，如出现浑浊、气味、变色、菌膜、沉淀和絮凝。14d 后，不能从外观上判断有无微生物生长，可取该培养基适量转种至同种新鲜培养基中，至少培养 4d，观察接种的同种新鲜培养基是否再出现浑浊，或取培养基涂片、染色、镜检，判断是否有菌。

3．分离培养法检测支原体

这种方法是从可疑的细胞培养体系中取样，并接种到最适宜支原体生长的琼脂平板上。如果样本中含有支原体，它们就会在这种琼脂平板上过度生长，最终形成明显可见的特征性菌落。分离培养法基本不会出现假阴性结果，因此被誉为支原体检测金标准。不过分离培养法也存在两个弊端，一是检测时间太长，支原体要长出明显克隆至少需要 4 周时间；二是尽管可以检测绝大多数支原体种类，分离培养法也有力所不及的时候，例如对支原体 *Mycoplasma hyorhinis* 的检测。

二、细胞系鉴定

确保用于生产用（重组蛋白、疫苗等生物制品生产）细胞基质、治疗性细胞产品，在体外培养过程中无不同种属间细胞交叉污染，是细胞质量控制中的重要内容之一。近年来国内干细胞及组织工程细胞在基础研究及临床应用研究中快速发展，进一步强调了对细胞间交叉污染检测的重要性。目前《中国药典》(2020 年版）对于细胞种属鉴定及排除细胞间交叉污染的方法，主要是采用 STR 图谱和同工酶图谱分析法。

（一）STR 图谱分析法

1．原理

短串联重复序列（short tandem repeat, STR）由于具有高度特异性及多态性，使得 STR 图谱检测方法能够成功应用于人源细胞的鉴别工作，它可以赋予每一种人源细胞特定的身份证明，因此为科研及生产用细胞的准确性提供了有力保障。STR-PCR 法操作简单、特异性强、灵敏度高，是进行细胞鉴别和有无交叉污染判断的最简便有效的方法之一。

2．主要材料和仪器

毛细管电泳仪、STR mix、HEK293 细胞、DMEM 高糖培养基。

3．方法

1）DNA 制备

观察细胞生长密度达 80%～90%时，从培养箱中取出细胞，消化，离心去上清液后，取适量沉淀用 Chelex100 法提取 DNA（≥20μL，浓度≥50ng/μL）。

2）STR 基因分型检测

使用 Microreader ™21 ID System 复合扩增试剂盒对 20 个 STR 位点和性别鉴定位点进行扩增，在 ABI 3130xl 型遗传分析仪上对 STR 位点和性别基因 amelogenin 进行检测，用 Gene Mapper v3.2 软件对各 STR 位点进行数据分析。

（二）同工酶图谱分析法

1．原理

同工酶是具有同一催化作用，但组成、结构及理化性质不同的一组酶，广泛地存在于高等生物细胞内。同工酶是基因编码的产物，能较好地反映物种间的遗传差异，常被用于物种的分类、鉴定和亲缘关系研究。不同种属来源的细胞具有不同的同工酶分布，通过电泳分离可得到它们特异性的同工酶图谱，因此同工酶检测可作为种属鉴别的依据。在动物细胞鉴定上，选用乳酸脱氢酶（lactate dehydrogenase，LD）、葡萄糖-6-磷酸脱氢酶（glucose-6-phosphate dehydrogenase, G6PD）和苹果酸脱氢酶（malate dehydrogenase, NP）这三种同工酶可将动物细胞完全鉴定区分开。

2．主要材料和仪器

CHO 细胞、DMEM/F12 培养基、PBS、0.25%胰蛋白酶、琼脂糖凝胶、显色液，电泳装置。

3．方法

1）细胞同工酶的提取

将细胞系在 T25 培养瓶中培养，当生长至铺满瓶底时，吸出培养基。PBS 洗细胞单层，加入 1mL 胰蛋白酶置 37℃培养箱消化，待细胞脱壁，加 2mL 含 10%胎牛血清的 DMEM/F12 培养基中和胰蛋白酶的作用，并将其转移至无菌离心管，1000r/min，离心 10min，弃去上清，加 1mL PBS 液吹打均匀，快速离心，吸干残留 PBS。估算细胞的体积，加等体积的细胞裂解液置室温反应 2～3min，冰上反应 30min，4℃ 12000r/min 离心 5min，吸出上清液移至新的 EP 管，−20℃保存。

2）琼脂糖凝胶制备

将 2 片 0.175mm 厚的市售透明胶片夹在两块胶槽中间，用文件夹将胶槽和胶片固定在一起。将琼脂糖凝胶用注射器缓缓从胶槽上的小孔注入胶槽与胶片之间，注入凝胶时注意避免气泡的产生，并使凝胶均匀分布在胶片上，待凝固后放4℃预冷后使用。

3）电泳

小心将凝胶剥离胶板，将载有凝胶的胶片放入电泳槽内，然后将细胞裂解上清液用移液枪加到点样孔中，每孔上样1～3μL，静置30s，使样品完全被凝胶吸收后，注入电泳液。LD电泳电压为95V，电泳时间为1.5h；G6PD电泳电压为90V，电泳时间为1h；NP电泳电压为85V，电泳时间为1h。为保证同工酶的活性，电泳过程均在冰浴上进行。

4）显色

停止电泳后，取出凝胶胶片，放置在暗盒内，注入3～5mL对应底物的显色液，37℃反应20～25min，酶谱出现后，在清水中清洗胶片2～3次，用滤纸吸去胶片上的残留水分即可拍照。

5）结果判定

显色后，内参细胞同工酶谱带与已发表文献一致，说明电泳条件成立。样品细胞与标准参考细胞三种同工酶条带数目均相同，且每一条带中心位置与上样孔距离（迁移距离）相同，说明为同一种属细胞，若无其他杂带，说明细胞无交叉污染。

三、外源基因整合分析

治疗性蛋白需要适当折叠和翻译后修饰才能有效并具有生物活性。CHO细胞是目前最常见的用于商业化生产治疗性蛋白的宿主。然而，在扩大生产的过程中，蛋白质生产力的不可预测的下降会降低产品的产量、浪费时间和资金，使监管批准延期。因此，在整个长期培养过程中，评估细胞系的生产力和各种参数（包括质粒和mRNA拷贝数以及质粒在宿主细胞染色体上的位置）是非常重要的。这些方法常用来分析重组CHO细胞在长期培养过程中的稳定性，方法包括：Southern印迹分析、实时定量PCR分析质粒和mRNA拷贝数、荧光原位杂交（fluorescent in situ hybridization, FISH）检测插入的质粒在宿主细胞染色体上的位置。

（一）Southern印迹

1．原理

Southern印迹分析揭示了有关DNA大小和丰度的信息。这是一种经典技术，包括通过电泳根据大小分离DNA片段，将它们转移到膜上，与标记的序列特异性探针杂交，洗涤，最后检测标记的DNA条带。

2．主要材料

CHO细胞、DMEM/F12培养基、0.25%胰蛋白酶、PBS、1%浓度琼脂糖凝胶、TBE缓冲液、10mg/mL EB、醋酸钠等。

3．方法

1）DNA 的提取

人和哺乳动物细胞基因组 DNA 的分离通常是在有 EDTA、Sarkosye 等去污剂存在下，用蛋白酶 K 消化细胞，随后用苯酚、氯仿抽提，经 RNase 处理和纯化来提取 DNA。

（1）取单层细胞，无钙、镁 PBS 洗涤一次，用 0.25%胰蛋白酶消化，细胞悬液使用 PBS 洗 2 次，弃上清液，保留细胞沉淀。

（2）加入 2mL 细胞裂解液充分混匀，加入蛋白酶 K 至终浓度为 0.5～1g/L，加入 Sarkosye 至终浓度为 0.5%，混匀裂解蛋白呈糊状。

（3）50℃水浴 2h，转入 37℃水浴过夜，次日加入等体积饱和酚，轻轻颠倒混匀，以防止 DNA 断裂，约 3min。12000r/min 离心 15min（室温）。

（4）取水相，再加入等体积苯酚/氯仿（1∶1），同样颠倒混匀，去除蛋白质。12000r/min 离心 15min（室温）。

（5）重复步骤（4），再用等体积苯酚/氯仿（1∶1）抽提一次。

（6）取水相，再加入等体积氯仿，去除苯酚及蛋白质，颠倒混匀，12000r/min 离心 15min（室温）。

（7）取水相，加入 2 倍体积的预冷无水乙醇，沉淀 DNA，混匀−20℃放置 1h，12000r/min 离心 15min（室温）。

（8）70%乙醇洗涤一次，12000r/min 离心 15min，真空干燥沉淀 10min。

（9）加入 RNase A 至终浓度 100mg/L，37℃水浴 1h 消化污染的 RNA。

（10）加入蛋白酶 K 至终浓度 0.4g/L、Sarkosye 至终浓度 0.5%，混匀，50℃水浴 2h，加入醋酸钠至终浓度 10mmol/L。

（11）用等体积酚/氯仿（1∶1）再抽提一次，重复步骤（4）。

（12）吸取上清液，加入氯仿/异戊醇（24∶1），再抽提一次。

（13）取水相，加入 2 倍体积预冷无水乙醇，−20℃放置 1h。

（14）取沉淀用 70%乙醇洗涤一次，真空干燥 10min 后溶于少量 TE 中，4℃贮存。Southern 印迹对 DNA 的质量要求比较高。一般来说，高质量 DNA 样品需具备以下几点：DNA 完整性好、纯度高；DNA 浓度不低于 0.7μg/μL，每次杂交需模板 DNA 约 20μg/泳道。

2）引物设计

使用 Primer Blast 设计 DNA 引物。

3）DNA 检测

（1）DNA 浓度的测定。DNA 浓度用紫外分光光度计测定，核酸的最大光吸收值位于波长 260nm 处，蛋白质则位于 280nm，分别测定后，其 OD_{260}/OD_{280} 的比值应大于 1.8。如果比值低于 1.8，说明 DNA 中仍残留较多的蛋白质，此时可用酚、氯仿继续抽提纯化；若比值大于 1.9，表明 DNA 双链已断裂成小分子，因此操作应轻柔。取少许 DNA 溶液，经紫外线扫描，吸收峰值位于波长 260nm 处，其纯度应为 OD_{260}/OD_{280}=1.8，OD_{260} 值为 1 相当于 DNA 浓度为 50μg/mL，故 DNA 的浓度（μg/mL）=OD_{260}×50μg/mL×稀释倍数。DNA 总量（μg）=DNA 浓度（μg/mL）×总体积（mL）。

(2) DNA 分子量的测定。DNA 分子量大小测定，可用含溴化乙锭的 1%琼脂糖凝胶电泳法测定，根据加入标准品片段的电泳迁移距离计算样品分子量大小，此技术还可用于分离基因组 DNA，进一步进行 Southern 印迹分析。

4）探针制备（以 PCR 标记方法为例）

（1）标记原理。Dig-dUTP 在 *Taq* DNA 聚合酶的作用下，经基因特异的引物 PCR 指数扩增，可加入到新合成的 DNA 分子中，从而完成 DNA 探针的标记。在延伸反应中，每 20～25 个核苷有一个 Dig-dUTP 分子加入到新合成的 DNA 链中。

（2）操作步骤如下。

① 探针标记。在探针标记前，必须用普通 PCR 优化反应条件（试剂盒中提供了过量的 *Taq* DNA 聚合酶及其缓冲液，建议用于条件优化)，包括引物、退火温度、延伸时间、模板量等，优化好最佳反应条件。任何非特异扩增可能导致高的杂交背景甚至假阳性。在标记反应的同时，用普通 dNTP 做一个相同体系的非标记 PCR 扩增。扩增体系：95℃ 5min；30 个循环（95℃ 30s，60℃ 35s，72℃ 30s)；72℃ 5min。

② 标记探针检测。取标记产物和普通 PCR 扩增产物各 1μL，1.0%的琼脂糖凝胶电泳。因为大分子量的 DIG 掺入，标记产物电泳速度比普通 PCR 产物要慢。所以根据电泳图就可以判断是否标记上和有没有非特异标记。其余标记产物−20℃保存。

如果要准确检测标记效率，取标记产物 1μL 和 Dig 标记的对照 DNA，用 DNA 稀释液按 10 倍系列稀释后点样于带正电荷尼龙膜上。用紫外交联仪或真空烘烤固定 DNA 探针，按杂交检测方法进行信号检测，然后与膜条上的 Dig 标记的对照 DNA 信号强度对比，推算出标记的探针浓度。如初始模板量较大，可取 1μL 标记产物稀释 10～100 倍后定量。

5）基因组 DNA 酶切

限制性内切酶（restriction endonuclease, RE）可裂解双链 DNA，每种酶的特点是具有高度特异性的 DNA 裂解点和不同离子强度的特殊反应条件。不同产品其反应条件不同，应根据说明书操作。单位（U）RE 活性是在 37℃ 1h 内能将 1μg DNA 所有特异性位点切断的酶用量。若用两种以上不同的内切酶，要注意 RE 的最适盐浓度，要由低向高逐级添加适量盐逐个进行 DNA 切割。通常，10 个单位的内切酶可以切割 1μg 不同来源和纯度的 DNA。在正式酶切之前先用 20μL 小体系预酶切看酶切是否充分，然后在 37℃大体系酶切过夜。

（1）酶切体系：每一种酶都有其相应的最佳缓冲液，以保证最佳酶活性，使用时的缓冲液浓度应为 1 倍。有的酶要求添加 100μg/mL 的 BSA 以实现最佳活性。不需要 BSA 的酶如果加了 BSA 也不会受太大影响。酶切后，取 5μL 酶切 DNA 样品于 1%的琼脂糖凝胶上检测酶切是否充分。如果酶切充分，配制 1%的琼脂糖凝胶，加入上样缓冲液后，在 25～30V 稳压电泳 12～24h（包括 DNA 标记)。

（2）电泳。

6）转膜

（1）将胶裁成 9.8cm×8.0cm 大小，于平皿中用蒸馏水冲洗一次；记好胶的大小，后面裁纸/膜以及杂交液体积的选择都要用到。

(2) 加入 100mL 0.25mol/L 的盐酸脱嘌呤，室温振荡 15～30min，至溴酚蓝完全变成黄色。(如果限制性片段 > 10kb，酸处理时间可适当延长；若限制性片段很小，此步可省略。)

(3) 用蒸馏水冲洗 2 次，加入变性液室温振荡 20～30min，至溴酚蓝完全恢复到原来的蓝色。

（4）用蒸馏水冲洗 2 次，加入中和液室温振荡 2×15min。

（5）用蒸馏水冲洗 2 次，加入 2×SSC 平衡凝胶和尼龙膜 5min。

（6）虹吸印迹法转膜 26h。

在方盘上放置一平板，上面放一张滤纸，滤纸两端搭入盘内浸入 2×SSC 中，用玻璃棒赶走滤纸和平板之间的气泡。

将凝胶倒置于平台上，正面朝下，切掉右下角，并用保鲜膜封闭四周以防止吸水纸接触凝胶的边缘从而接触平板造成短路。

将尼龙膜放于胶上，赶走气泡。

膜上放两张滤纸，其上再放 20 层吸水纸。

吸水纸上放一平板，其上放 500g 左右的重物，目的是建立液体从液池经凝胶向尼龙膜的上行通路，以洗脱凝胶中的 DNA 并使其聚集到尼龙膜上。

室温下过夜转膜，持续 16h 以上，其间换纸 2～3 次。

完成转膜后，胶染色，观察转膜效果。并标记好序号、加样孔位置和对应分子量标准的位置，尼龙膜和凝胶直接接触的一面为正面。

用 2×SSC 漂洗尼龙膜一次，滤纸吸干，紫外交联仪下照射固定 DNA（5000μJ/cm^2）5min。

7）杂交

（1）预杂交：取 8.0mL 65℃预热的 Hyb 高效杂交液（Hyb-100），加入杂交管中，排尽气泡，65℃杂交炉中预杂交 2h（8～15r/min）。（此步中高效杂交液的用量根据 9.8cm×8.0cm 计算所得，每 10cm^2 胶需 1mL 高效杂交液。）

（2）探针变性：将已标记好的探针于沸水浴中变性 10min，立即放冰水浴冷却 10min（探针一经变性，立即使用）。

（3）杂交：排尽预杂交液，在 8.0mL 新 Hyb 高效杂交液（Hyb-100）加入 4.0μL 新变性好的探针（1～3μL/膜，5～20ng/mL），混匀。65℃杂交仪中杂交过夜（8～15r/min）。

（4）杂交完成后，将杂交液回收置于一可耐低温又可耐沸水浴的管中，贮存于−70℃以备重复使用。重复使用时，解冻并在 65℃下变性 10min。

8）洗膜、信号检测（化学显色法）

（1）杂交后室温下，20mL 2×SSC/0.1% SDS 洗膜 2×5min。

（2）50℃，20mL 0.1×SSC/0.1%SDS 洗涤 2×15min（洗液需要先预热到 50℃）。

（3）再将膜置于 20mL 洗涤缓冲液中平衡 2～5min。

（4）将膜在 10mL 阻断液中阻断 30min（在摇床上轻轻摇动）。

（5）封闭完成后倒出阻断液，加入稀释好的 10mL 抗体溶液，浸膜至少 30min。[Anti-Dig-AP 在 10000r/min 离心 5min。离心后将 Anti-Dig-AP 用阻断液稀释（1∶5000），2.0μL Anti-Dig-AP 加入 10mL 封闭液混匀]。

（6）去除抗体溶液，用 20mL 洗涤缓冲液缓慢洗膜 2 次，每次 15min。

（7）去除洗涤缓冲液，在 20mL 检测液中平衡膜 2 次，每次 2min。

（8）用检测缓冲液稀释 300μL NBT/BCIP 化学显色底物，在约 15mL 新鲜制备的显色液中反应显色，在显色过程中勿摇动。在几分钟内即有颜色开始沉淀，并在 16h 后完成反应。为检测显色程度，膜可以短时间暴露于光线下。

（9）当达到所需的点或带强度后，用 50mL 双蒸水或 TE 缓冲液洗涤 5min 终止反应，照相记录结果。

4．注意事项

若是杂交结果令人不满意，尼龙膜可经过处理进行重杂交。膜重杂交前的处理如下。

1）NBT/BCIP 化学显色法

（1）烧杯中盛装适量的二甲基甲酰胺（*N*, *N*-dimethylformamide, DMF），通风橱内 50～60℃水浴。

注：DMF 是挥发性的，且大约 67℃时能够燃烧。

（2）将膜置于烧杯内，温育至褪色。

（3）用双蒸水彻底淋洗膜。

（4）用 20～30mL 0.2mol/L NaOH，1g/L SDS 37℃振荡洗涤 2×20min。

（5）2×SSC 平衡数分钟。

（6）空气干燥或立即用于杂交。

2）CDP-Star 化学发光法

（1）若欲再杂交，在塑料袋中密封保存，任何时候膜都不能干。

注：欲保持颜色，可用 TE 缓冲液保存。

（2）不再杂交，15～25℃干膜，存放。

注：干膜过程中颜色会减淡，为再生颜色，可在 TE 缓冲液中湿润。

① 用双蒸水彻底淋洗膜。

② 用 20～30mL 0.2mol/L NaOH，1g/L SDS 37℃振荡洗涤 2×20min。

③ 2×SSC 平衡数分钟。

④ 空气干燥或立即用于杂交。

（二）通过实时荧光定量 PCR 分析质粒和 RNA 拷贝数

1．原理

实时荧光定量聚合酶链式反应（real-time quantitative polymerase chain reaction, qRT-PCR）是一种在 PCR 发生时实时监测其进程的方法。因此，数据是在整个 PCR 过程中收集的，而不是在 PCR 结束时收集的。在 qRT-PCR 中，反应的特征在于循环期间首次检测到目标扩增时的时间点，而不是固定循环次数后累积的目标量。核酸靶标的起始拷贝数越高，越早观察到荧光显著增加。相反，终点检测（也称为读板检测）测量 PCR 循环结束时累积的 PCR 产物的量。

2．主要材料和仪器

CHO 细胞、DMEM/F12 培养基、0.25%胰蛋白酶、PBS 等；StepOne™实时荧光定量 PCR 系统（Applied Biosystem, USA）。

3．方法

1）基因组 DNA 提取（所有步骤在室温下进行，除非特殊说明）

（1）贴壁细胞的收集，弃去培养基，用 5mL PBS 洗涤细胞，加入 3mL 胰蛋白酶用手晃动直到细胞分离。加入等量的培养基终止消化。将细胞移入 50mL 离心管中，1000r/min 离心 5min。对于悬浮细胞，只需 1000r/min 离心 5min。弃去上清液，将细胞重悬于 10mL PBS，计数。

（2）使用大约 2×10^7 个细胞。将细胞沉淀在 1×PBS 中洗涤 3 次，每次洗涤之间以 1000r/min 离心 10min。

（3）将最终的沉淀重悬于 100μL 的 1×PBS 中，然后在连续轻柔搅拌下逐滴加入 3mL EDTA-肌氨酸溶液。

（4）加入 60μL 蛋白酶 K（10mg/mL）和 10μL 的核糖核酸酶（10mg/mL）。

（5）55℃孵育 2h，每 15min 翻转一次进行混合。

（6）加入等体积的（3mL）苯酚/氯仿/异戊醇（25∶24∶1），上下颠倒混合溶液 5min。

（7）在室温下将混合物以 13000r/min 离心 10min，将上面的水相移至新的离心管中。重复萃取三次。

（8）在最终水相中加入 4 倍体积的 ddH_2O 和 0.5 倍体积的 3mol/L 醋酸钠盐溶液（pH5.2）。

（9）加入 3 倍体积的 100%乙醇沉淀 DNA，上下颠倒混合溶液，以 13000r/min 离心 10min。除去上清液。

（10）用 70%乙醇洗涤沉淀，然后如上所述再次离心。风干 5～10min 最后得到 DNA 沉淀，然后重悬于 300μL ddH_2O（或 TE 缓冲）中。

（11）用紫外分光光度计测定 DNA 浓度。用 260nm 和 280nm 两处读数的比值评估纯度，比值在 1.8 和 2.0 之间被认为是纯净的。

2）标准曲线和 DNA 样本的准备

（1）计算目的基因的分子质量。

（2）稀释亲本基因组 DNA（来自未转染的细胞）至 10ng/μL 的浓度。用于质粒 DNA 的系列稀释，以确保所有样品的 PCR 反应效率均相同。

（3）将质粒 DNA 稀释至每个反应的最终浓度为 1000000 拷贝（因为每个反应为 5μL，最终稀释为 200000 拷贝/μL）。为了达到这一浓度，使用稀释后的亲本 DNA 对最后的两次稀释液进行 1∶10 连续稀释。

（4）准备质粒 DNA 的系列稀释液（使用亲本 DNA 作为稀释剂），使每 5μL 反应 1000000 个拷贝。使用 1∶3 七个连续稀释来达到这个目的（将 100μL 质粒 DNA 最终稀释为 200μL）。

（5）将这些母液制成 20μL 等分试样，存储在−80℃。制备标准母液可提高在不同时间测定时标准曲线的重复性。

（6）将一个基因组 DNA 样本作为“检查”样本，并将该样品稀释至 20ng/μL。用 ddH_2O 将检验样品进一步稀释为 10ng/μL 和 5ng/μL，做成等分试样保存在−80℃，以备将来使用。

（7）用 ddH_2O 将所有其他待测样品稀释为 10ng/μL。

3）实时 PCR 反应

（1）每孔加入以下试剂：5μL 适当的样品稀释液，2.5μL 正向引物（10μmol/L），2.5μL 反向引物（10μmol/L），2×10μL SYBR®绿色实时 PCR 预混液。

（2）密封孔并以 1000r/min 离心。

(3) 一式三份分析样品和标准品。此外，准备一式三份 5μL ddH_2O 和不可逆转录酶处理过的样品作为阴性对照。

(4) 用 β-actin 引物或其他内参基因作上样对照。

(5) 根据引物以及热循环仪设置扩增参数。可能需要针对单个引物优化体系。

4) 数据分析

(1) 循环完成后，通过适当的软件可以显示每个样品的 SYBR 绿色荧光。在一次成功实时 PCR 实验之后，利用各个循环的 SYBR 绿色荧光积累作图，从而产生初始延迟、指数增长和平稳期。在指数阶段开始时设置阈值，并确定每个样本的 Ct 值（采样线越过阈值处的循环值）。通过标准曲线计算出每个样本的扩增效率和目的序列的相对数量。

(2) 为了提高准确性，可以将每个目标序列的丰度值标准化为内参基因的丰度。

(3) 评估熔解曲线以检查扩增产物的质量，在 80～90℃之间的单峰表明产物纯净。

5) RNA 提取

所有的离心管、枪头和溶液都应该是无 RNase 的。

(1) 对于贴壁细胞，除去培养基，每 $10cm^2$ 加入 1mL 的裂解液，用移液枪反复吹打数次。

(2) 对于悬浮细胞，通过离心沉淀细胞。测定活细胞数量，每 1×10^7 个细胞沉淀中加入 1mL 裂解液。用一次性的 1mL 移液器枪头反复吹打至少 10 次。

(3) 将细胞裂解液平均分到 4mL 聚丙烯管中。

(4) 1mL 的裂解液中加入 0.1mL 2mol/L 的乙酸钠，上下颠倒充分混合。

(5) 加入 1mL 水饱和苯酚，再次上下颠倒混合。

(6) 加入 0.2mL 氯仿/异戊醇（49∶1），剧烈振荡约 10s。

(7) 将样品放在冰上冷却 15min。

(8) 2～8℃，12000r/min 离心 20min。这将把混合物分离成下层红色的苯酚-氯仿相、白色中间相和一个无色的上水相，RNA 在水相。小心地将上面的水相转移到新的离心管中。

(9) 加入 1mL 异丙醇沉淀 RNA，混合，在−20℃孵育 1h。

(10) 2～8℃，12000r/min 离心 20min。RNA 沉淀在离心之前是不可见的，离心后在离心管的底部和侧面形成凝胶状沉淀。

(11) 小心地弃去上清液而保留沉淀。用 0.5～1mL 75%乙醇（用 DEPC 水配制）洗涤 RNA 沉淀。通过涡旋混合样品。

(12) 在室温下孵育样品 10～15min 以溶解可能残留的胍盐。

(13) 在 2～8℃下以 10000r/min 离心 5min，小心弃去上清液。

(14) 风干 5～10min，但不要过度干燥，因为这会降低 RNA 的溶解度。轻轻混合，将 RNA 溶解在 30μL DEPC 水中。样品在 55～60℃下孵育 10～15min，以确保完全溶解。样品可以保存在−80℃备用。

(15) 使用紫外分光光度计在 260nm 和 280nm 的波长下测定样品的纯度和浓度。高纯度 RNA 的 A_{260}/A_{280} 比值在 1.8～2.0 之间。

6) DNase Ⅰ 处理 RNA

（1）在 0.5mL 微离心管中加入下列试剂：

1μg 的 RNA 溶于 8μL DEPC 水，1μL 10×反应缓冲液，1μL DNase Ⅰ 酶（1U/μL）。

（2）在室温下孵育 15min，孵育后加 1μL 终止液。

（3）在 70℃的温度下加热 10min 使 DNase Ⅰ 和 RNA 变性，在冰上冷却。

7）合成 cDNA

（1）将 1μL 寡核苷酸（dT）18 和 1μL 10mmol/L dNTP 加入 DNase Ⅰ 处理的样品中（在冰上），在 65℃孵育 10min。在冰上放置 2min。

（2）在冰上加入以下反应混合物：

4μL 5×RT 缓冲液，1μL 核糖核酸酶抑制剂，0.25μL 逆转录酶（200U/μL），DEPC 处理过的 ddH_2O 补齐至 10μL。

（3）将 10μL 反应混合物加到装有样品的试管中。混合反应物，42℃孵育 1h，70℃加热 15min 终止反应。

（4）产物储存在−20℃备用。

8）标准曲线和 RNA 样本的准备

（1）以一个样品作为“标准”样品，并在所有的板上运行，以允许比较样品中 mRNA 的含量。

（2）用 ddH_2O 将标准样品的 cDNA 反应物按 1∶5 的比例进行稀释，得到 100%标准品。将 100%标准品进行系列稀释，得到 10%和 1%的最终浓度。

（3）其他样品按 1∶7 比例用 ddH_2O 稀释，进行实时 PCR 反应和数据分析。

（三）FISH 检测定位目的基因

1．原理

FISH 是用已知的标记单链核酸为探针，按照碱基互补的原则，与待检材料中未知的单链核酸进行特异性结合，形成可被检测的杂交双链核酸。DNA 分子在染色体上是沿着染色体纵轴呈线性排列，因而可以使用探针直接与染色体进行杂交从而将特定的基因在染色体上定位。与传统的放射性标记原位杂交相比，荧光原位杂交具有快速、检测信号强、杂交特异性高和可以多重染色等优点。

2．主要材料和仪器

CHO 细胞、DMEM/F12 培养基、0.25%胰蛋白酶、PBS、130ng/mL 秋水仙碱、75mmol/L KCl、冰甲醇、乙酸等。

3．方法

1）中期染色体涂片的制备

（1）培养细胞至约 50%融合，然后加入终浓度为 130ng/mL 的秋水仙碱溶液。在 5% CO_2 下于 37℃孵育 16～20h。

（2）弃去培养基，加入足够的胰蛋白酶/EDTA 溶液覆盖细胞表面。孵育约 5min 后，加入培养基或血清使胰蛋白酶失活。以 1000r/min 离心 5min 收集细胞。轻轻敲击离心管底部，将细胞沉淀重悬于约 100μL 新鲜生长培养基中。

(3) 向重悬的细胞中滴加 10mL 低渗溶液（75mmol/L KCl），温和混匀。

(4) 将细胞在低渗溶液中室温孵育 10min，然后以 1000r/min 离心 5min。

(5) 除去上清液，并将细胞沉淀重悬于约 100μL 新的低渗溶液中。

(6) 向细胞悬液中加入 5mL 冰甲醇∶乙酸（体积比 3∶1），准备新鲜的固定液。

(7) 1000r/min 离心 5min，弃去上清液。

(8) 重复步骤（6）和（7）三次。

(9) 之后，将细胞重悬于 100μL 冰冷的甲醇∶乙酸（体积比 3∶1）中进行固定。

(10) 将约 10μL 的细胞悬液添加到预先清洁（用乙酸擦拭并蒸发）的载玻片上。

(11) 立即将载玻片面朝上暴露于热水蒸气（90℃）中 30s，使细胞破碎。

(12) 在相差显微镜下观察染色体分散程度，检查浓度和细胞内分布是否良好。

(13) 实验前室温过夜老化（至少一晚，最多 4 周）。

2) 制备用于 FISH 分析的探针

(1) 通过缺口平移将修饰的 dUTPs 与质粒 DNA 结合制备 FISH 探针。

(2) 对于每个反应，将 1μg 质粒 DNA 重悬于 16μL ddH_2O 中。

(3) 加上 4μL 洋地黄毒苷缺口翻译混合反应混合物，于 15℃孵化整个混合物大约 3h。向反应混合物中加入 4μL 异羟基洋地黄毒苷（digoxigenin，DIG），缺口平移混合物，并在 15℃下孵育整个混合物约 3h。

(4) 通过将反应管转移到冰上来停止切口平移反应。

(5) 在 2%琼脂糖凝胶上分离 5μL 反应产物，以确认质粒 DNA 的大小已降至 300bp 以下。如果质粒大小超过 300bp，可通过在 15℃下孵育反应混合物直至质粒达到最佳大小。

(6) 当达到正确的探针长度时，每 20μL 反应产物加入 1μL 0.5mol/L EDTA（pH8.0）终止反应，并加热至 65℃持续 10min。

(7) 缺口平移的探针可在−20℃保存备用。

3) 琼脂糖凝胶电泳

(1) 将琼脂糖溶解在 TBE 缓冲液中（终浓度 20g/L），在微波炉中煮沸制备琼脂糖凝胶。

(2) 凝胶冷却至低于 55℃后，添加溴化乙锭至终浓度为 0.25μg/mL。

(3) 将凝胶放置在水平电泳槽中，以 TBE 为缓冲液跑胶。

(4) 将样品与缓冲液按 5∶1 的比例混合，上样至孔中。加入 5μL DNA Hyperladder Ⅰ 作为参考。

(5) 70V 电泳 45min～1h 分离 DNA 片段，并通过紫外光观察。

4) 杂交说明

(1) 载玻片依次于 70%、90%和 100%（体积比）的梯度乙醇中脱水，每次 3min。

(2) 将载玻片风干，在 0.5g/L 胃蛋白酶（溶解在 0.01%HCl）的溶液中于 37℃孵育 20min。

(3) 如步骤（1）所述，将载玻片浸泡在 10% FBS/PBS（体积比）溶液中以终止胃蛋白酶的消化，然后再次脱水。

(4) 对于每个杂交反应，将 25μL 缺口平移探针与 5μL 鲱鱼精 DNA 混合，并用乙醇沉淀。

(5) 用 70%乙醇（体积比）洗涤所得的 DNA 沉淀，重悬于 30μL FISH 探针杂交缓冲液中。

(6) 在每个载玻片上涂抹 15μL 杂交溶液，然后用 22mm×22mm 盖玻片覆盖杂交区域。用指甲油封片。

(7) 将载玻片在 70℃的加热块上孵育 2min，使其变性，然后在 37℃的湿盒中孵育 16h。

(8) 杂交后，取下盖玻片，并在 37℃下于 50%甲酰胺/2×SSC（体积比）中将玻片洗涤 3 次，每次 3min。

(9) 再次用 2×SSC 洗涤 3 次，每次 3min，室温干燥。

5）抗体检测

此后步骤应注意避光操作。

(1) 以 1∶10 的比例，用 1%（体积比）FBS/PBS 稀释与罗丹明缀合的 Fab 片段。

(2) 每个玻片滴加 25μL 稀释的抗体。

(3) 盖上盖玻片，在 37℃的湿盒中孵育 30min。

(4) 37℃，2×SSC 洗涤 3 次，每次 3min。

(5) 将载玻片迅速浸入 ddH_2O 中，避光风干。

(6) 用 DAPI 染色，并盖上 22mm×22mm 盖玻片。

(7) 室温孵育过夜，用指甲油封片。

(8) 用荧光显微镜观察并采集图像。

四、重组蛋白表达分析

CHO 和 HEK293 细胞是常用的哺乳动物表达工程细胞。外源基因整合至细胞染色体后，在大规模蛋白质生产过程中，由于没有相关压力，外源基因存在丢失的可能，因此有必要对其整合稳定性进行检测。常用来分析和评估重组蛋白表达的方法包括：蛋白质免疫印迹、ELISA 等。

（一）蛋白质免疫印迹

1．原理

蛋白质免疫印迹（western blot, WB）是一种用于检测、表征和定量蛋白质的技术。该过程首先涉及在聚丙烯酰胺凝胶上电泳分离蛋白质混合物，包括目的蛋白质，并将分离后的蛋白质转移或吸附到硝化纤维素或 PVDF 膜上，以固定蛋白质；然后，使用合适的抗体，通过简单的抗原-抗体反应来检测目的蛋白质，使用一级抗体结合特异性目的蛋白，然后使用二级抗体检测抗原-抗体复合物。目的蛋白质显示为膜上的谱带。

2．主要材料和仪器

CHO 细胞、PBS、SDS-聚丙烯酰胺凝胶等；mini-PROTEAN Tetra Vertical Electrophoresis

Cell（Bio-Rad，USA）。

3．方法

1）蛋白质提取

(1) 细胞的收集。将细胞移入 50mL 离心管中，1000r/min 离心 5min。弃去上清液，将细胞重悬于 10mL PBS，计数。

(2) 用 5mL 1×PBS 洗涤细胞，1000r/min 离心 5min。

(3) 将细胞重悬于 RIPA 裂解液（1×10^7 个细胞加入 300μL 裂解液）。

(4) 加入蛋白酶抑制剂、PMSF（10mg/mL 母液）、抑肽酶（1mg/mL 母液）和亮抑酶肽（1mg/mL 母液）。每 1mL 裂解液中添加 10μL 蛋白酶抑制剂。

(5) 用 21G 注射器针头反复吹打提取细胞。然后每 1×10^7 个细胞添加 3.5μL PMSF（10mg/mL 母液），将细胞裂解液置于冰上孵育 30min，12000r/min，4℃离心 30min。

(6) 上层清液转移到新的离心管，每管 100μL，在−80℃保存。

2）Bradford 法测定蛋白质含量

(1) 准备 BSA 标准溶液（100μg/mL）并将细胞裂解液稀释至适当浓度进行检测。

(2) 制作标准曲线，添加 5～60μL BSA 标准液，添加水使总体积为 60μL。

(3) 每孔加 1μL 细胞裂解液和 59μL 水。一式两份分析细胞裂解液和标准液。

(4) 1∶3 稀释 Bio Rad 蛋白质检测试剂，每孔添加 60μL 该稀释液。

(5) 10～15min 后，用酶标仪检测 570nm 处吸光度。

(6) 通过标准曲线计算细胞裂解液中的蛋白质浓度。

3）SDS-聚丙烯酰胺凝胶电泳

该体系由 125g/L 的分离胶和 40g/L 浓缩胶组成。

(1) 制备分离胶，将 6.2mL 原凝胶溶液（300g/L 丙烯酰胺）、3.75mL 分离胶缓冲液、5.05mL ddH_2O 置于 50mL 离心管中并混匀。

(2) 制备浓缩胶，将 1.6mL 原凝胶溶液、2.5mL 浓缩胶缓冲液、6mLddH_2O 置于 50mL 离心管中并混匀。

(3) 准备好凝胶夹，在浇铸之前加入 150ng/μL 过硫酸铵（100mg/mL）和 15μL TEMED 使凝胶发生聚合反应。上下颠倒离心管使凝胶混匀。

(4) 立即灌注分离胶。为浓缩胶留出一些空间，将凝胶静置 10min。

(5) 分离凝胶凝固后，倒出多余的水，在浓缩胶混合液中加入 100μL 过硫酸铵（100mg/mL）和 15μL TEMED，用倒置法混合凝胶。将浓缩胶倒在分离胶上，直到灌满。立即插入凝胶梳但不能有气泡。让凝胶凝固。

(6) 将凝胶板放入电泳槽中，在电泳槽中注满跑胶缓冲液。

(7) 准备蛋白样品：计算包含 20μg 蛋白质的样品量，并使总体积为 15μL。加入 15μL 2×上样缓冲液。在使用前，将体积分数为 1.75%的 *β*-巯基乙醇添加到上样缓冲液中。

(8) 将样品在 100℃下煮沸 5min，并快速离心使冷凝水沉降。

(9) 将蛋白质标记加入第一个和最后一个泳道，并将待检样本加入其余的泳道。

(10) 60V 电泳，直到溴酚蓝染料到达分离凝胶，然后再用 200V 电压电泳，直到染料到达凝胶底部。

4）蛋白质转移和蛋白质免疫印迹

（1）电泳结束后，将凝胶从支架上拿下来浸泡在转移缓冲液中 20min。

（2）将硝化纤维素膜裁剪成近似凝胶大小，使用前 10min 将膜和两个转移垫放入转移缓冲液中。

（3）将浸湿的转移垫放在下板上。把硝化纤维素膜放在转移垫上，并小心地把凝胶放在膜上。最后，将第二片转移垫放在凝胶上。

（4）盖好盖子，以 15V 的电压转移凝胶 45～60min。

（5）评估蛋白质转移是否成功，可将膜用丽春红染色。为了去除染色，加入少量 TBS-Tween 摇晃 5～10min。

（6）在 30g/L 奶粉的 PBS 中封闭过夜，在 4℃摇晃。

（7）用封闭缓冲液稀释一抗，用一抗孵育膜，室温 30min 或 4℃过夜并摇晃。

（8）膜用 PBS 洗 2 次，用含 30g/L 吐温-20 的 PBS 洗 2 次，再用 PBS 洗 2 次，每次 5min。

（9）将膜与相应二抗一起孵育 30～60min，在室温下摇晃。重复如上所述清洗步骤。

（10）最后一次洗膜后，蛋白质条带可通过增强的化学发光（enhanced chemiluminescence, ECL）液检测。

（11）将膜暴露在柯达 X 射线胶片下，并使用 ImageJ 软件分析条带。

（12）当膜显影后，用 TBS 洗膜，在室温下摇晃 15min，然后用温和膜再生液，在室温下摇晃 30min。之后用 PBS 简单冲洗膜，封闭后，用另一种抗体孵育。

（二）ELISA

1. 原理

酶联免疫吸附实验（enzyme-linked immunosorbent assay, ELISA），其基本原理是将一定浓度的抗原或者抗体通过物理吸附的方法固定于聚苯乙烯微孔板表面，加入待检标本，通过酶标物显色的深浅间接反映被检抗原或者抗体的存在与否或者量的多少。

2. 主要材料

CHO 细胞、PBS、ELISA 试剂盒。

3. 方法

1）标准曲线的制作和样本的准备

（1）配制一系列浓度梯度的标准溶液。用稀释缓冲液稀释，最终浓度为 0～8000pg/mL。

（2）预实验时将样本与样本缓冲液以 1∶1000 到 1∶50000 比例进行稀释。将样本浓度控制在标准曲线范围内。一旦确定了合适的稀释度，稀释样品和标准品做三个复孔，取平均值作为目的蛋白的含量。

2）ELISA

（1）用终浓度为 1～10μg/mL 的目的蛋白质特异性抗体包被聚苯乙烯板的反应孔。每孔 100μL。

（2）盖上培养皿，4℃孵育过夜。

(3) 第二天弃去包被液，用 250μL 洗涤缓冲液填充每个孔来洗涤板 3 次。弃去洗涤液，在纸巾上轻拍孔板，除去剩余的液体。

(4) 每孔添加 220μL 封闭液并在室温下孵育 1h，封闭其余的蛋白质结合位点。

(5) 弃去封闭液，并向每个孔中添加 100μL 稀释的标准液和样品。在 37℃下孵育平板 2h。

(6) 弃去标准品/样品，并用洗涤缓冲液洗涤孔 3 次。

(7) 向每个孔中加入 100μL 稀释的检测抗体。

(8) 室温下孵育 2h。孵育后，用洗涤缓冲液洗涤 3 次并吸干。

(9) 加入 100μL 用封闭缓冲液稀释的偶联二抗，并在室温下孵育 90min。

(10) 用洗涤缓冲液洗涤孔板 3 次。

(11) 配制 ELISA 显影液，并向每个孔中加入 100μL 显影液，在室温下孵育 20～30min。

(12) 向每个孔中添加 100μL 0.2mol/L 的硫酸终止反应。测量 450nm 处的 OD 值。

(13) 用系列稀释液制备标准曲线，通过标准曲线计算样品的浓度。

参考文献

齐连权，赵靖，韦薇，等，2019. 关于重组药物生产用细胞库单克隆性的审评思考. 药学学报，54 (7)：1325-1329.

张文丽，孔凡虹，贺文艳，等，2017. 细胞培养实验中细胞系鉴定及质量控制重要性探讨. 标记免疫分析与临床，24 (1)：84-87.

张敏，陈小云，蒋桃珍，等, 2015. 同工酶分析法鉴定 ST 细胞系的研究. 中国兽药杂志，49 (12)：6-9.

生物制品生产检定用动物细胞基质制备及质量控制, 2022. 中国药典（三部）.

王天云，贾岩龙，王小引, 2020. 哺乳动物细胞重组蛋白工程. 北京：化学工业出版，1-357.

Chin C L, Chin H K, Chin C S H, et al, 2015. Engineering selection stringency on expression vector for the production of recombinant human alpha1-antitrypsin using Chinese hamster ovary cells. BMC Biotechnol, 15: 44.

Fan L, Kadura I, Krebs L E, et al, 2013. Development of a highlyefficient CHO cell line generation system with engineered SV40E promoter. J Biotechnol, 168: 652-658.

Hausmann R, Chudobová I, Spiegel H, et al, 2018. Proteomic analysis of CHO cell lines producing high and low quantities of a recombinant antibody before and after selection with methotrexate. J Biotechnol, 265: 65-69.

Sambrook J, Russell D W, 2017. 分子克隆实验指南. 第 4 版. 北京:科学出版社.

Jossé L, Zhang L, Smales C M, 2018, Application of microRNA targeted 3'UTRs to repress DHFR selection marker expression for development of recombinant antibody expressing CHO cell pools. Biotechnol J, 13(10): e1800129.

Lin P C, Chan K F, Kiess I A, et al, 2019. Attenuated glutamine synthetase as selection marker in CHO cells to efficiently isolate highly productive stable cells for production of antibodies and other biologics. MAbs, 11: 965-976.

Ng S K, Wang D I, Yap M G, 2007. Application of destabilizing sequences on selection marker for improved recombinant protein productivity in CHO-DG44. Metab Eng, 9: 304-316.

Nolan J P, Duggan E, 2018. Analysis of Individual Extracellular Vesicles by Flow Cytometry. Methods Mol Biol, 1678: 79-92.

Shaw D, Yim M, Tsukuda J, et al, 2018. Development and characterization of an automated imaging workflow to generate clonallyderived cell lines for therapeutic proteins. Biotechnol Prog, 34: 584-592.

Rajendra Y, Hougland M D, Alam R, et al, 2015. A high cell density transient transfection system for therapeutic protein expression based on a CHO GS～knockout cell line: process development and product quality assessment. Biotechnol Bioeng, 112(5): 977-986.

（王芳）

第五章

重组蛋白分离纯化

重组抗体、细胞因子及部分疫苗等重组蛋白类生物制品是采用重组 DNA 技术表达纯化制备得到的蛋白质，其具有获取方便、均一性好、经济性高及可大规模生产等优点，已被广泛应用于各类疾病的诊断和治疗。利用动物细胞进行大规模发酵制备重组蛋白是目前最常用的一项工业化技术，其中重组蛋白表达后的后续分离纯化环节至关重要。在发酵生产目的蛋白的过程中会产生一些宿主自身蛋白及核酸等，这些杂质的存在可能影响蛋白质的功能，因此分离纯化的效果直接影响了重组蛋白制品的质量。对不同性质和来源的重组蛋白采取适宜的分离纯化方法和策略，将是获得高纯度和高质量产品的关键。在实际的科研和生产环节，经常是通过将不同的分离纯化方法进行组合以达到最优效果。

第一节
重组蛋白纯化策略及设备

在进行重组蛋白纯化前，应该充分了解目的蛋白质的特性、主要杂质以及蛋白质的用途，明确纯化的目标（活性、纯度、需求量等）和相应的检测技术，预先进行详细的设计并运用纯化策略及各种分离纯化技术合理选择纯化方法实现目的蛋白质分离纯化的目的。若重组蛋白作为治疗性或预防性生物制品进行开发，还要遵循相应的法规要求及理念，如质量源于设计理念（quality-by-design, QbD）。目前重组蛋白的分离纯化设备常具有较高的自动化水平，国产和进口纯化设备均具有较好的应用体验，本节以研发中较为广泛应用的 AKTA 纯化系统为例进行设备介绍。

一、重组蛋白纯化策略

重组蛋白的纯化过程包括经典的“纯化三部曲”策略，即纯化过程一般可归纳成三个不同的目标阶段：捕获、中间纯化和精纯阶段。在捕获阶段，主要是对目的蛋白质进行分离、浓缩及稳定化处理；中间纯化阶段，主要目标为去除主要杂质，例如多种杂蛋白、核酸、内毒素和病毒等；在样品精纯阶段，通过去除任何残留的痕量杂质或者结构变异体来达到最终的纯度要求。选择优化、组合纯化技术对于重组蛋白的捕获、中间纯化和精纯都至关重要，可以达到在更短的时间里完成目的蛋白质的纯化并且实现经济性目标。一般情况下可以通过亲和或离子性等特性进行目的蛋白质的捕获，然后根据蛋白质疏水性、分子大小、离子性等性质利用色谱技术进行中度纯化和精纯（表 5.1）。整个纯化过程，各色谱技术合理衔接，减少不必要的纯化步骤或衔接步骤，充分提高纯化效率。

表 5.1 常见色谱技术的适用性

色谱技术	特点	使用频率			目的蛋白质状态
		捕获	中间纯化	精纯	
亲和色谱	高分辨率 高载量 高流速	高	高	中	根据结合解离条件而异
离子交换色谱	高分辨率 高载量 高流速	高	高	高	上样：低离子强度或特定 pH 状态 洗脱：高离子强度或特定 pH
疏水色谱	中分辨率 中载量 高流速	中	高	高	上样：高离子强度 洗脱：低离子强度
凝胶过滤色谱	中分辨率 低体积载量 低流速	低	低	高	上样体积一般 < 柱体积的 5%，适度 pH 及离子强度
反相色谱	高分辨率 高载量 高流速	中	高	高	上样：低有机溶剂 洗脱：高有机溶剂
混合机制色谱（如离子/疏水）	高分辨率 高载量 高流速	高	高	高	上样：可耐受一定离子强度 洗脱：pH、离子强度变化

重组蛋白纯化前，首先应对待纯化的目的蛋白质进行全面、充分地了解。在设计分离纯化方法之前要充分了解目的蛋白质的理化特性及其表达方式，明确目的蛋白质的特性和主要杂质。这些性质一般包括目的蛋白质的等电点、分子量、热稳定性等，目的蛋白质表达方式是胞内表达还是分泌表达，是否存在于细胞器内等，从而进一步明确主要杂质的特点。根据这些性质和蛋白质的用途来选择合适的分离技术及方法。

其次，在充分明确纯化目标纯化蛋白质之前，根据重组蛋白的用途，还要明确目的蛋白质的纯化目标（如活性、纯度、需求量等）和相应的检测技术。同时也要考虑分离纯化工艺的特性，如耐用性、可放大性、经济性等。

接下来要根据目的蛋白质特性和主要杂质的差异，选择不同的色谱技术，例如：目的蛋白质与杂蛋白之间存在等电点的较大差异，应考虑离子交换色谱；如存在分子量的较大差异，可考虑凝胶过滤色谱；如带有特定的标签序列，可考虑亲和色谱；如存在较大的极性差异，应考虑反相色谱；如具有疏水的氨基酸序列，可以考虑疏水色谱，并合理安排纯化步骤。

最后，要谨记在纯化过程中，步骤越少，损失越少，得率越高。尽量缩短分离纯化的时间以防止因长时间操作而影响目的蛋白质的稳定性从而影响蛋白质活性。应合理衔接和组合不同的色谱技术。纯化时，可以将分离机理互补的技术进行组合，交替运用不同的色谱方法，如离子交换色谱（ion-exchange chromatography, IEC）和疏水色谱（hydrophobic interaction chromatography, HIC）交替进行。因为离子交换色谱是低盐结合高盐洗脱，而疏水色谱是高盐结合低盐洗脱，它们具有衔接的互补性（不需通过脱盐或浓缩就可以进行），可在一定程度上提升纯化步骤衔接的便利性并充分提高纯化效率。

下面以亲和色谱纯化为例介绍基本的单步骤纯化流程。

（一）装柱

1．聚合物色谱柱

（1）将色谱柱固定在铁架台或色谱架上，封闭色谱柱下端出口，向柱内充入纯水，排开色谱柱内空气，先将垫片完全浸没于水面下方，在保持水平的状态下，小心推向底部，避免垫片下方滞留气泡。

（2）打开色谱柱下端出口，排出柱中纯化水；在液面低至距垫片1～1.5cm高度时封闭下端出口，用定量容器按需取匀浆后的填料，或用玻璃棒紧靠柱子内壁引流，将填料加入到色谱柱中；静置30min，填料自然沉降。

（3）从上端管口将另一垫片缓慢推至填料沉降平面，使填料表面保持水平状态，注意避免垫片与填料接触面滞留气泡。

（4）在使用一段时间后，如果色谱柱流速减慢，可先用小镊子沿边缘将垫片推翻，夹出垫片，倒出填料，清洗或更换新的垫片后，重复（2）、（3）步骤所述操作。

2．玻璃色谱柱

（1）将色谱柱洗净后垂直固定到铁架台上；向柱中加入纯化水，排出柱子中的空气，在纯化水排尽以前，关闭柱子出口，在柱内保留5～8cm高度的纯化水。

（2）先将填料混匀，用定量容器按需取匀浆后填料，或用玻璃棒紧靠柱子内壁引流，将填料加入到色谱柱中；静置30min，让填料自然沉降。

（3）从上端管口将转换杆出液端缓慢推至填料沉降平面，使填料表面保持水平状态，注意避免转换杆与填料接触面间滞留气泡。

（4）在使用一段时间后，如果流速减慢，可先卸下上转换杆，将填料倒出，再取出下转换接头中滤网，清洗或更换后重新装柱。

（二）柱色谱

（1）预平衡：用约10倍于填料体积的平衡缓冲液过柱，平衡填料。

（2）上样：将样品经0.22μm滤膜过滤后上样到色谱柱上。

（3）平衡：用5倍于填料体积的平衡缓冲液过柱，洗去色谱柱中剩余上样液及相关非特异性杂质，并重新平衡填料。

（4）洗脱：用5倍于填料体积的洗脱缓冲液洗脱，收集洗脱液。

（5）再平衡：用5倍于填料体积的平衡缓冲液重新平衡填料。

需要注意的是，为保证较高的载量及得率，纯化过程流速不宜过快，对于1mL介质，流速保持在0.5mL/min为宜。

（三）填料清洗

如果在使用一段时间后，填料因表面沉积过多杂质导致蛋白结合能力下降，需对介质进行清洗。步骤如下。

（1）沉淀或变性物质的清洗：用2倍填料体积的6mol/L盐酸胍清洗，然后用5倍填料体积的平衡缓冲液平衡填料。

（2）疏水缔合物质的清洗：用 2 倍填料体积的 70%乙醇（或 2 倍填料体积的 1% Triton X-100）清洗填料，然后用 5 倍填料体积的平衡缓冲液平衡填料。

（3）若填料具有较好的耐碱性，可采用 0.1～1.0mol/L 的 NaOH 进行清洗。

（四）填料再生

每次色谱前，为达到最佳纯化效果，需对介质进行再生，步骤如下。

（1）2 倍填料体积的高 pH 缓冲液（0.1mol/L Tris-HCl, 0.5mol/L NaCl, pH8.5）和低 pH 缓冲液（0.1mol/L CH_3COONa, 0.5mol/L NaCl, pH4.5）交替洗脱三次。

（2）使用 10 倍填料体积的平衡缓冲液平衡填料。

二、重组蛋白纯化设备

经过多年的研究，色谱系统已经有了长足的发展，技术较为成熟，国产及进口仪器均具有良好的性能及应用体验。较为成熟的色谱系统硬件常由泵系统（包括梯度生成）、管路、检测/传感器（UV、pH、电导、压力、pH 等）、馏分收集器等组成。Cytiva 公司生产的 AKTA 是业界使用较为广泛的蛋白质自动纯化色谱系统（图 5.1），可用于进行离子交换色谱、疏水性相互作用色谱及亲和色谱等常规纯化操作，快速纯化从微克级到克级水平的蛋白质、肽和核酸等目标产物。以下操作以此为例说明自动纯化的操作步骤。

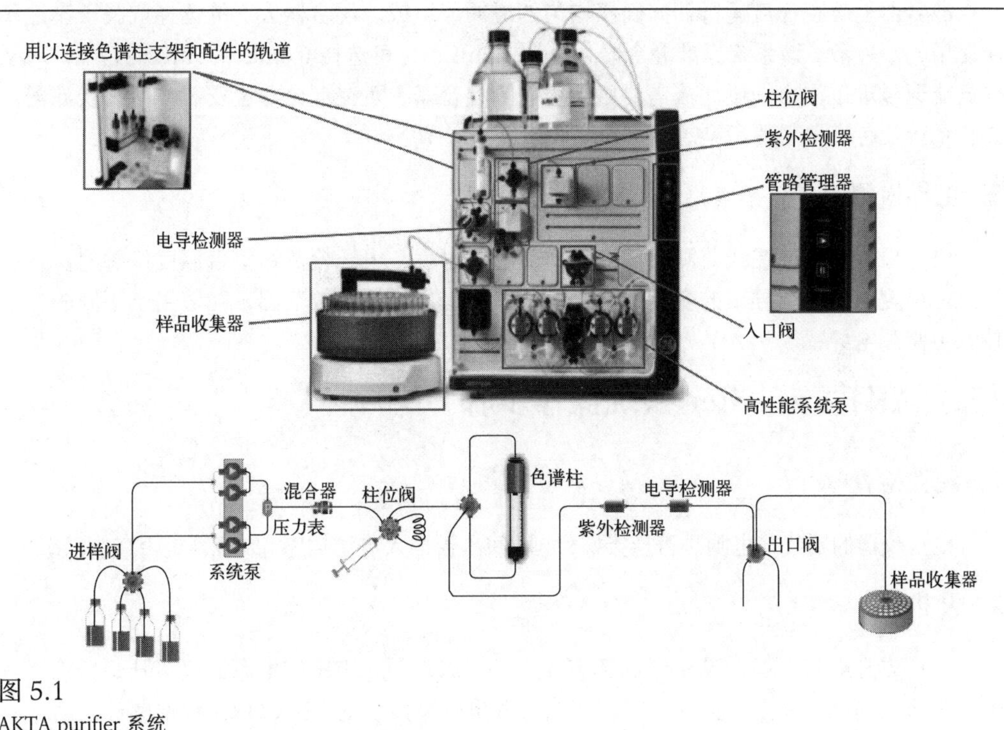

图 5.1
AKTA purifier 系统

（一）AKTA purifier 系统的标准组件

1．系统泵

AKTA purifier 系统中有两个系统泵，可以在低反压和高反压的条件下提供可重现的流速。每个泵都由一对泵头组成为混合器提供低脉冲流速，进行可重现的线性或梯度洗脱。系统泵的操作压力最高为 20MPa，可提供的最大流速为 25mL/min（装柱时可达 50mL/min）。系统压力传感器连接在系统泵上，连续测量系统压力，并能够自动调整流速以避免达到设定的压力上限。

2．进样阀

进样阀支持使用包括毛细管环在内的多种上样方式。在各种不同进样技术之间变化时，阀门设计无须更换管路。毛细管环可以经过注射器或利用进样泵进行手动填充，相同的进样选项同样适用于其他大体积上样环。

3．紫外检测器

AKTA purifier 系统有固定波长的紫外检测器或可变的多波长紫外和可见光检测器。固定波长（280nm）紫外检测器结合 LED 技术，无需预热，开机即可使用。

4．混合器

混合器能够在梯度运行期间确保均匀的缓冲液组成。混合器大小的选择取决于流速和所使用的缓冲液。该系统标准混合器大小为 1.4mL，也可选择 0.6mL 和 5mL 混合器。对于更高流速或难以混合的缓冲液需要更大容量的混合器。可在混合器上安装一个在线滤器，防止系统及色谱填料的污染。

5．电导检测器

电导检测器用于在线监测缓冲液和样品的电导率。电导检测器整合温度传感器，可以校正由温度引起的电导率的变化。电导检测器具有广泛的读数范围，能够用于不同的色谱技术中监测电导率。

（二）AKTA purifier 系统操作步骤

1．硬件检查

检查仪器的网线与电脑是否连接好，电源线是否插入电源插座，废液管是否在废液缸中。

2．开机

（1）先开电脑，进入 Windows 系统后打开 AKTA purifier 的电源，仪器开始自检，待控制面板上的 Power 灯不再闪烁时，双击打开电脑桌面上的 UNICORN 软件图标。

（2）选择用户，输入密码（如果设置了密码），点击 OK 进入软件。

（3）在任务栏中将出现四个软件窗口（如图 5.2），单击系统控制（System Control）。

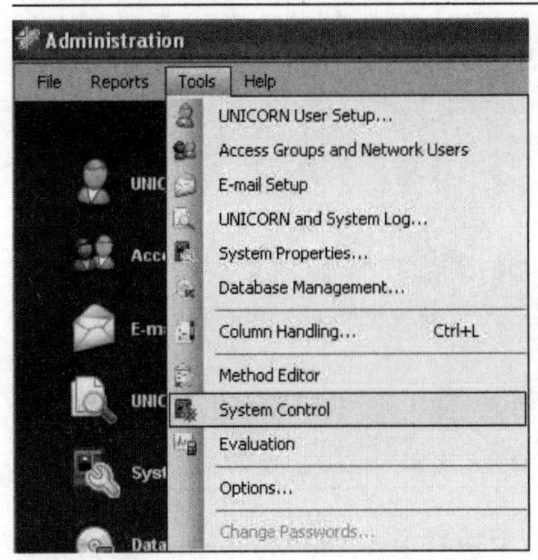

图 5.2
软件窗口页面

（4）进入 System Control 窗口，点击 Connect to Systems，在弹出的对话框中选中已连接的系统名称，点击 OK 确认连接。

3．实验前准备

1）缓冲液准备

色谱用的缓冲液及样品一般需要用 0.22μm 或 0.45μm 的滤膜进行过滤，并需要对缓冲液进行脱气处理（如超声波脱气或者负压脱气）。

2）泵头抽气

如果缓冲液进口管是空的或者有太多气泡，此时需要手动排气。在泵头上方的抽气螺母上连接一个注射器，拧松螺母并抽气。泵头内的气泡也是导致压力和流速不稳定的主要原因，也需要采用这种方式来排除泵头内的气泡，如图 5.3 所示。

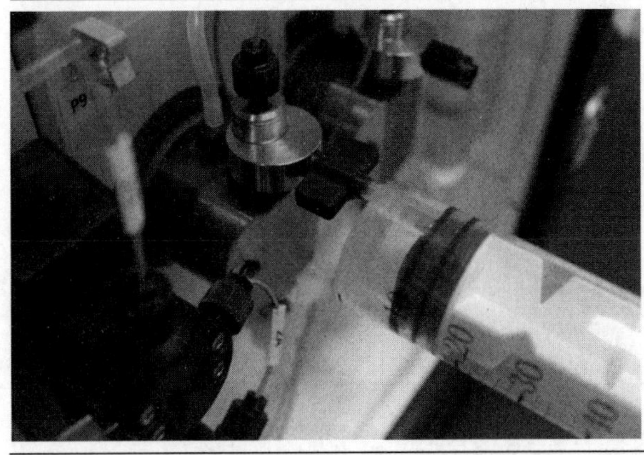

图 5.3
泵头抽气装置示意图

3）泵冲洗

首先，将进口管转移到缓冲液中：将缓冲液进口管从 20%乙醇保护液中转移到相应的缓冲液瓶中。如果缓冲液含高盐，建议先将进口管转移到去离子水中进行泵冲洗，然后再转移到相应缓冲液瓶中进行泵冲洗，图 5.4 所示为泵冲洗缓冲液。

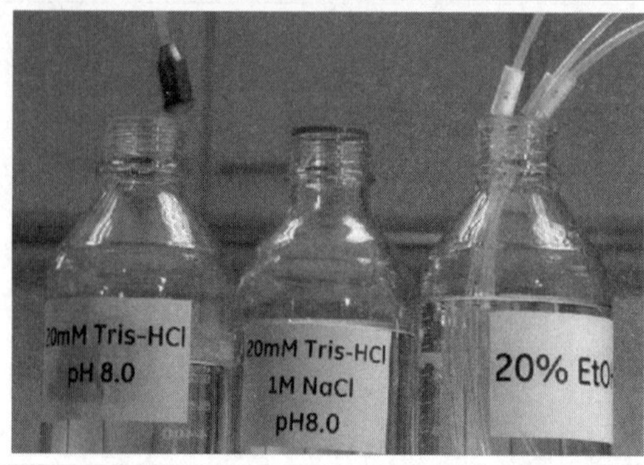

图 5.4
泵冲洗缓冲液

接下来，在 System Control 界面的 Manual 下拉菜单中选择 Execute Manual Instructions。在跳出的 Manual instructions 窗口中，选择 Pumps > Pump A wash，选择需要冲洗的缓冲液入口，点击 Execute，进行泵的自动冲洗（如图 5.5）。

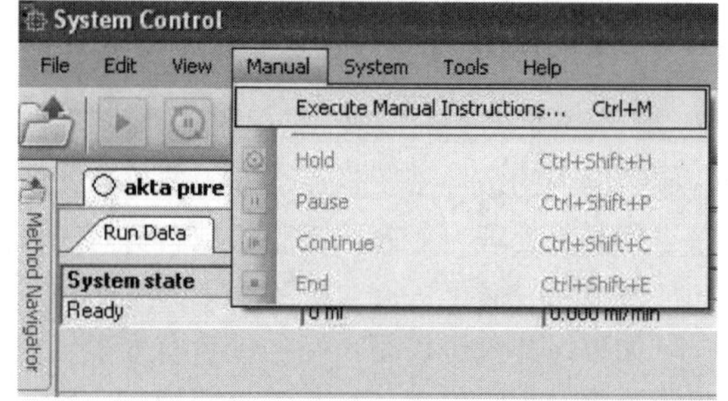

图 5.5
泵自动冲洗设置页面

4．装柱

（1）首先，在 Pumps 命令组中选择 System flow（如图 5.6），在 Flow rate 一栏中输入一个较小的流速如 0.5～1mL/min，点击 Insert。

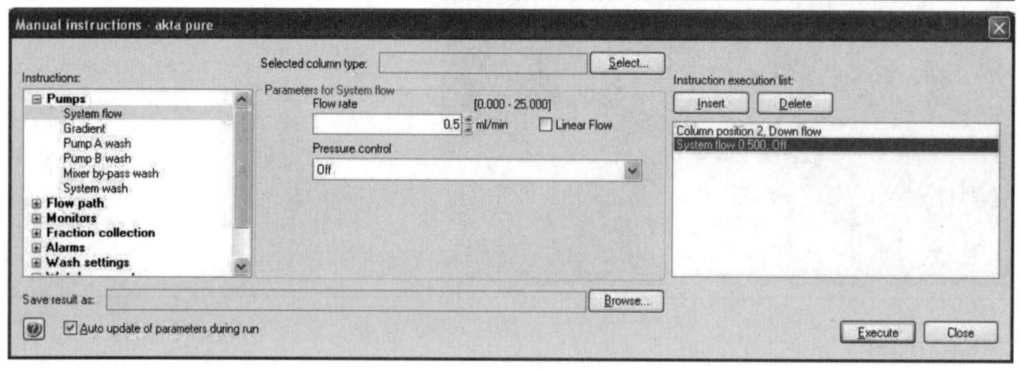

图 5.6
System flow 选择与后续操作

（2）接下来，在 Alarms 命令组中选择 Alarm pre column pressure，根据所使用柱子的耐受压设置 High alarm，如 0.3MPa，点击 Insert。点击 Execute 后将执行插入的所有命令。

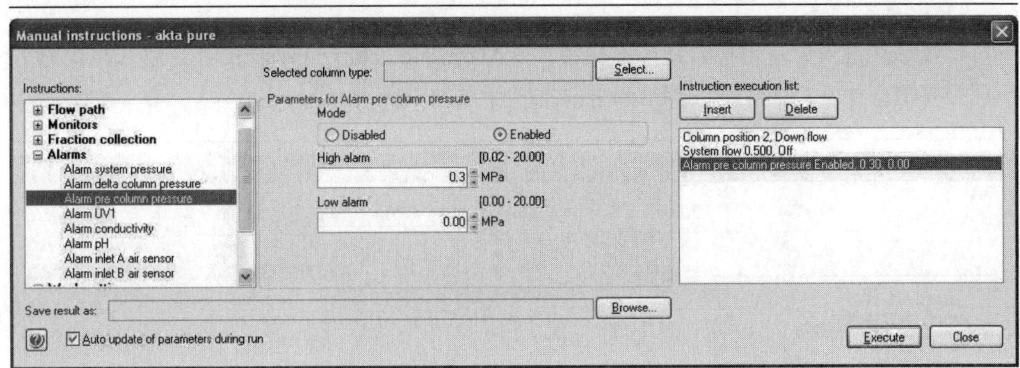

图 5.7
设置 High alarm，执行插入所有命令

（3）然后，在柱位阀的相应位置上连接一根 PEEK 管，待 PEEK 管的出口有持续液体流出时，除去色谱柱的上堵头，将色谱柱柱头与连接管出口相连（图 5.8）。

图 5.8
色谱柱柱头与连接管相连

（4）接着，除去色谱柱下堵头，将色谱柱出口连接到柱位阀的相应位置上（如图 5.9），然后拧紧上接头。

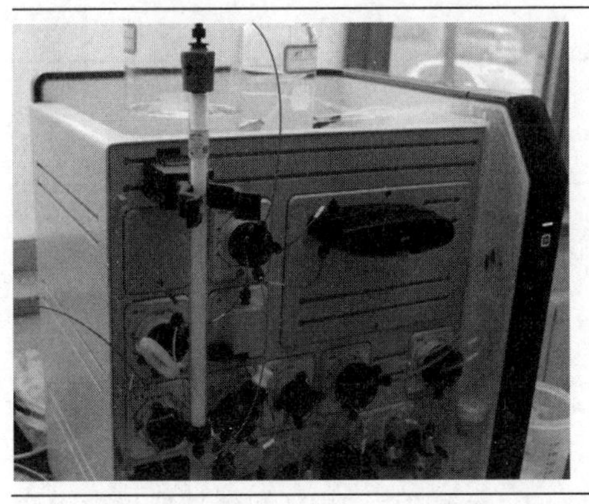

图 5.9
色谱柱出口与柱位阀相连

（5）最后，点击 End，完成前期准备工作。

5．采用手动命令进行色谱实验操作

1）平衡

检查缓冲液入口是否在合适的溶液中，在 Alarm pre column pressure 命令输入框中输入高压报警值，如 0.3MPa，点击 Insert 插入命令（图 5.10）。

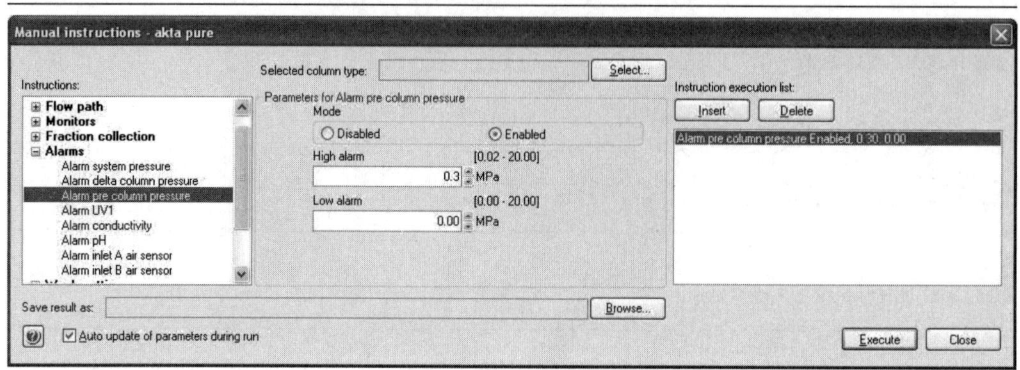

图 5.10
输入高压报警值，点击插入命令

在 Pumps 命令组中的 System flow 命令的输入框中输入色谱柱的平衡流速，点击 Insert（图 5.11）。

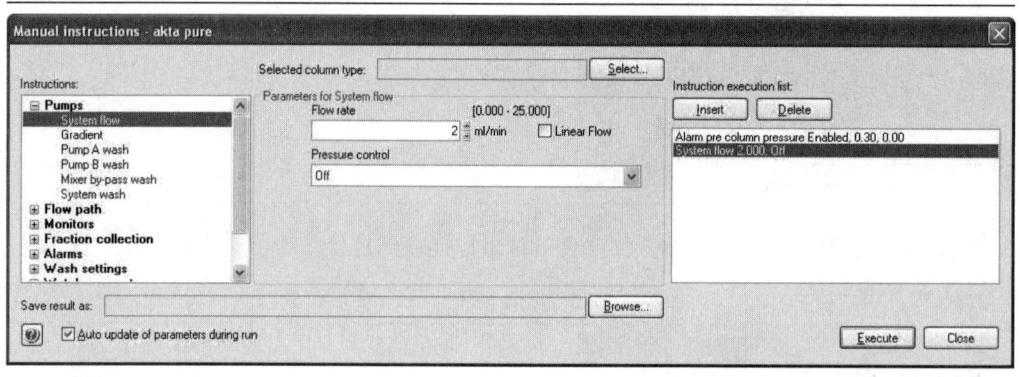

图 5.11
输入色谱柱的平衡流速，点击 Insert

点击 Execute 执行所有插入的命令，系统开始对色谱柱进行平衡，一般平衡 5～10 个柱床体积（图 5.12）。

在色谱柱平衡完成时，上样前通常还会做一个紫外校零的动作。在 Monitors 命令组中选择 Auto zero UV，点击 Execute 执行（图 5.13）。

2）上样

首先，将合适的样品环连接于上样阀的 LoopF 与 LoopE 口上，用注射器抽取平衡缓冲液，从 Syr 上样口推入，冲洗样品环（图 5.14）。

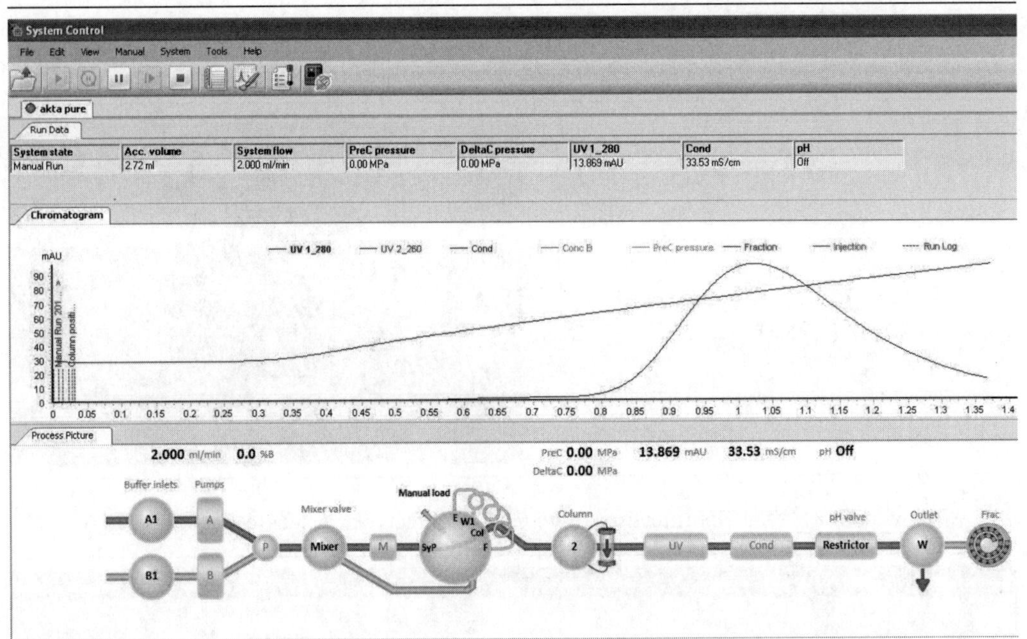

图 5.12
执行所有插入的命令

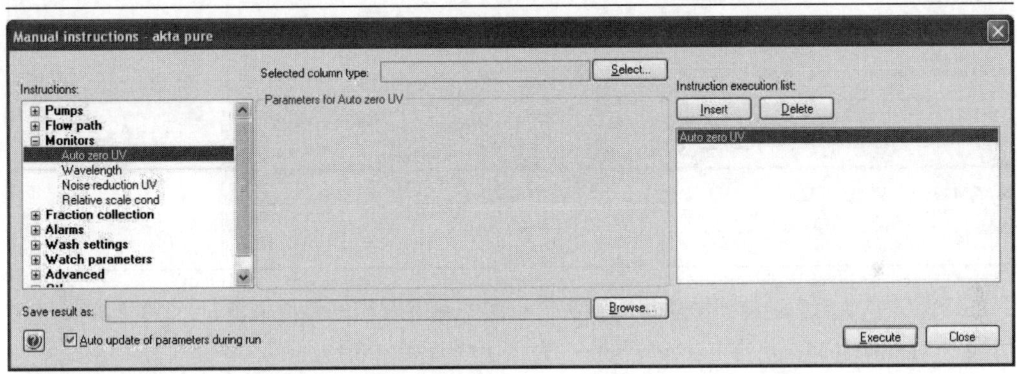

图 5.13
紫外校零动作

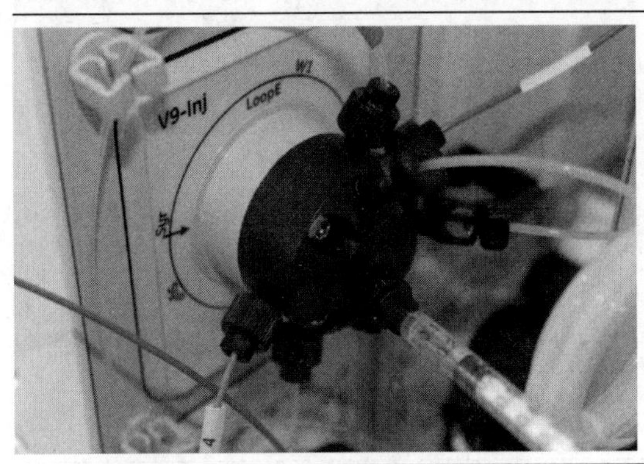

图 5.14
冲洗样品环

接下来，用注射器吸取稍大于样品环体积的样品，将注射器内的样品从 Syr 口推入，注意不要将气泡推入样品环（图 5.15）。

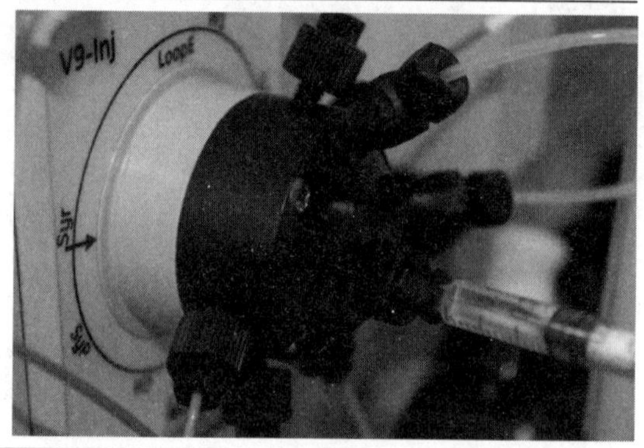

图 5.15
推入样品

在 Flow path 命令组中的 Injection valve 中选择 Inject，按 Execute 执行（图 5.16）。

图 5.16
选择 Inject

待上样完成后（完全上样通常需要 2 倍以上样品环容积的缓冲液流过），将上样阀状态切换为 Manual load，点击 Execute 执行，完成上样（如图 5.17）。

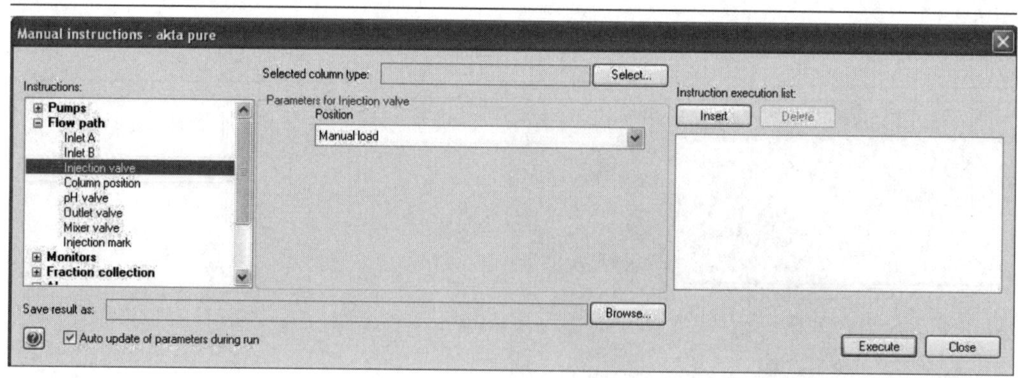

图 5.17
切换上样阀状态

上样完成后继续使用平衡缓冲液冲洗 1～2 个柱体积，以洗掉不结合或非特异结合的杂质（如果是凝胶过滤色谱，忽略此步）。

3）洗脱

对于吸附性色谱往往需要改变洗脱液的洗脱强度来实现分离，这就需要在洗脱时 A、B 泵相互配合来实现。在 Pumps 命令组中的 Gradient 中输入目标洗脱缓冲液的比例，如果是阶段梯度洗脱在 Length 中输入 0 min，B 的比例立即达到设定值；如果需要线性梯度洗脱，在 Length 中输入时间，洗脱液将会在设定的时间内逐渐达到设定的比例（图 5.18）。

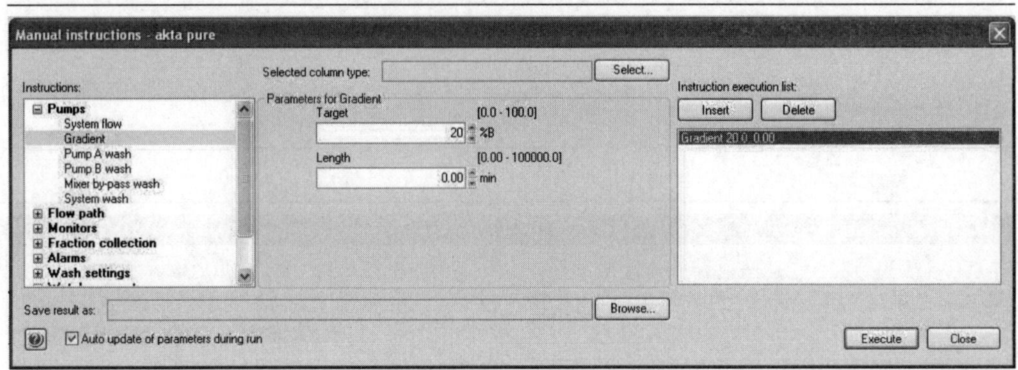

图 5.18

洗脱程序

4）收集

在 Flow path 命令组中将出口阀 Outlet valve 的位置由 Waste 改为 Frac（图 5.19）。

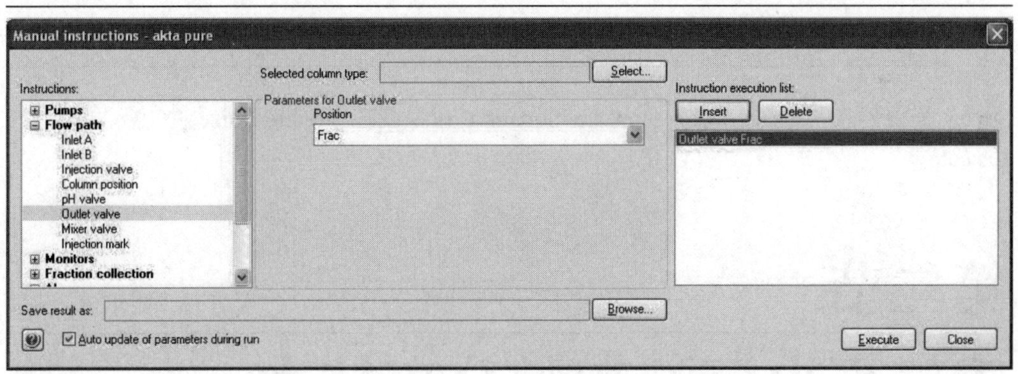

图 5.19

设置收集程序

在 Fraction collection 命令组中的手动收集命令 Fractionation 中设置每管收集的体积（或时间）Fraction size，点击 Execute 执行（图 5.20）。

当收集的样品还没有达到设定的体积，而需要换到下一管时，可以执行 Feed tube 命令进行跳管（图 5.21）。

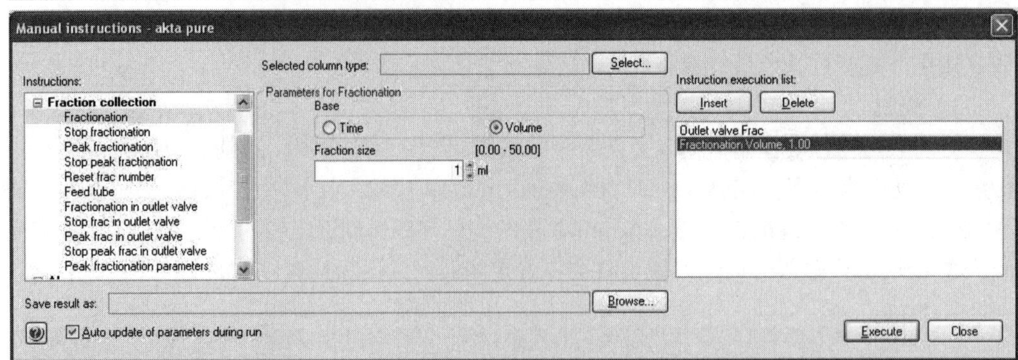

图 5.20
设置每管收集体积

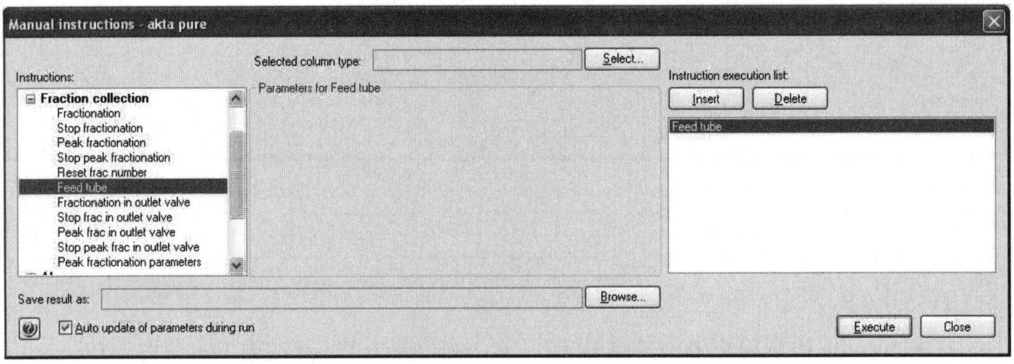

图 5.21
跳管设置

当需要停止收集时，执行 Stop fractionation 命令或在 Fraction size 中输入 0，点击 Execute。

第二节 重组蛋白沉淀和膜分离技术

对重组蛋白的分离纯化而言，第一步是在其表达后进行前期处理，将重组蛋白与细胞或碎片分离开来，然后依据所要纯化的蛋白质的性质选择适当的分离和纯化方法，比如依据蛋白质的等电点及在不同盐溶液的溶解度等性质可采用沉淀分离法，依据蛋白质的分子量可以采用膜分离技术等。

一、蛋白质沉淀法

（一）原理

蛋白质沉淀（protein precipitation）是通过破坏蛋白质分子的水化作用或者减弱分子间同性相斥作用的因子，使蛋白质在水中的溶解度降低而沉降下来转化为固相的分离方法，简单地说即是溶液中的溶质由液相变成固相析出的过程，一般具有纯化和浓缩的双重作用。实验室常用的蛋白质沉淀方法有盐析法（如硫酸铵沉淀法）、有机溶剂沉淀法、等电点沉淀法、高分子聚合物沉淀法（如葡聚糖沉淀法）等。

一般来说，所有固体溶质都可以在溶液中加入中性盐而沉淀析出，高浓度的盐离子在蛋白质溶液中可与蛋白质竞争水分子，从而破坏蛋白质表面的水化膜，降低其溶解度，使之从溶液中沉淀出来，这一过程称为盐析。各种蛋白质的溶解度不同，可利用不同浓度的盐溶液来沉淀不同的蛋白质。在利用生物化学手段纯化重组蛋白时，许多物质都可以用盐析法进行沉淀分离，其中硫酸铵沉淀法是一种的经典盐析沉淀方法，可用于从大量粗制剂中浓缩和部分纯化蛋白质。此法的原理主要是利用高浓度的盐离子在蛋白质溶液中可与蛋白质竞争水分子，从而破坏蛋白质表面的水化膜，降低其溶解度，使之从溶液中沉淀出来。不同饱和度的硫酸铵溶液配制如表 5.2 所示。需要注意的是：①硫酸铵饱和溶液配制的时候需要加热让它达到饱和状态之后，回到室温条件让它过饱和，最后用滤纸把硫酸铵结晶去除。②由于在硫酸铵沉淀过程中一些参数变化可能对实验结果有较大的影响，操作时须严格控制沉淀条件。

表 5.2　需要加入的硫酸铵质量及达到的饱和度（20℃）

	最终的饱和溶液百分比																
	20	25	30	35	40	45	50	55	60	65	70	75	80	85	90	95	100
起始的饱和百分比	每升溶液中需要加入的总硫酸铵/g																
0	113	144	176	208	242	277	314	351	390	430	472	516	561	608	657	708	761
5	85	115	146	179	212	246	282	319	358	397	439	481	526	572	621	671	723
10	57	86	117	149	182	216	251	287	325	364	405	447	491	537	584	634	685
15	28	58	88	119	151	185	219	255	293	331	371	413	456	501	548	596	647
20	0	29	59	89	121	154	188	223	260	298	337	378	421	465	511	559	609
25		0	29	60	91	123	157	191	228	265	304	344	386	429	475	522	571
30			0	30	61	92	125	160	195	232	270	309	351	393	438	485	533
35				0	30	62	94	128	163	199	236	275	316	358	402	447	495
40					0	31	63	96	130	166	202	241	281	322	365	410	457
45						0	31	64	98	132	169	206	245	286	329	373	419
50							0	32	65	99	135	172	210	250	292	335	381
55								0	33	66	101	138	175	215	256	298	343
60									0	33	67	103	140	179	219	261	305
65										0	34	69	105	143	183	224	267
70											0	34	70	107	146	186	228
75												0	35	72	110	149	190
80													0	36	73	112	152
85														0	37	75	114
90															0	37	76
95																0	38

下面将以利用硫酸铵沉淀法纯化表皮生长因子（epidermal growth factor, EGF）为例进行阐述。

（二）主要材料

CHO 细胞重组表达的 EGF（CHO 细胞表达系统）、饱和硫酸铵溶液、透析袋、1mol/L Tris-HCl（pH8.0）、0.05mol/L TBS 缓冲液（pH8.0）。

（三）方法

（1）以 10%为单位，分别配制不同饱和度（40%、50%、60%及 70%）的硫酸铵溶液，调 pH 至 7.5。

（2）取 20mL 不同饱和度的硫酸铵溶液放入烧杯中，将重组表达的蛋白质分别加入不同饱和度的硫酸铵溶液中至终浓度为 5mg/mL。

（3）在冰上搅拌 30min，充分沉淀后，4℃、10000r/min 离心 30min，收集沉淀，用硫酸铵溶液重悬洗涤两次后溶解于 TBS 溶液中。

（4）取少量样品，利用 12%的 SDS-PAGE 电泳确定不同饱和硫酸铵浓度中重组 EGF 的沉淀量，确定硫酸铵的最佳沉淀浓度。

（5）将沉淀转移至透析袋中，于纯化水中透析 24h，硫酸铵沉淀经透析后的溶液在 His-Tap 亲和色谱柱上进一步分离纯化。

（四）注意事项

（1）由于在硫酸铵沉淀过程中一些参数变化可能对实验结果有较大的影响，操作时须严格控制沉淀条件，以保证实验结果良好。

（2）在获取沉淀时，应用相应饱和度的硫酸铵溶液对沉淀进行洗涤，有助于有效去除沉淀表面残留的上清液，对沉淀中的蛋白质有很好的净化效果。

二、膜分离技术

（一）原理

膜分离技术是以高分子分离膜为代表的流体分离单元操作技术，是用半透膜作为选择障碍层，在膜的两侧存在一定的能量差作为动力，允许某些组分透过而保留混合物中其他组分，因各组分透过膜的迁移率不同，从而达到分离目的的技术。膜是具有选择性分离功能的材料，利用膜的选择性分离实现料液的不同组分的分离、纯化、浓缩的过程可以称作膜分离。它与传统过滤的不同在于，膜可以在一定分子范围内进行分离，一般为微米及纳米级。依据其孔径的不同（或称为截留分子质量），可将膜分为微滤膜、超滤膜、纳滤膜和反渗透膜；根据材料的不同，可分为无机膜和有机膜，无机膜主要是陶瓷膜和金属膜，其过滤精度较低，选择性较小。有机膜是由高分子材料做成的，如醋酸纤维素、芳香族聚酰胺、聚醚砜、氟聚合物等。切向流膜工艺中各种膜的分离与截留性能以膜的孔径和截留分子质量来加以区别。

下面将以利用超滤膜分离纯化抗 HER2 抗体为例，进行阐述。

（二）主要材料和仪器

抗 HER2 抗体原液，PBS 缓冲液（pH7.4，0.1mol/L），超滤浓缩管（截留分子质量 200kDa），超滤浓缩管（截留分子质量 50kDa）。

（三）方法

（1）在室温条件、压力 0.1MPa 下，取适量体积的抗体样品，用 PBS 缓冲液稀释后利用 200kDa 截留分子质量的超滤膜进行第一次超滤；收集膜透过液，保存膜截留液，记录体积并通过 Bradford 法测定总蛋白浓度、单抗浓度和单抗纯度。

（2）取适量体积第一次超滤过的抗体样品，利用 50kDa 截留分子量的超滤膜进行第二次超滤；浓缩 5 倍后收集膜截留液，保存膜透过液，记录体积并测定总蛋白浓度、单抗浓度和单抗纯度。

（3）对第一次和第二次超滤所获得的膜透过液和膜截留液进行 SDS-PAGE 分析。计算产品得率等参数。

（4）对于蛋白浓缩或去除小分子杂质，可以仅进行 50kDa 截留分子质量的超滤膜进行超滤。

（四）注意事项

（1）在实际超滤操作中，虽然流速和压力呈正相关关系，但很难单纯地提高流速来保持压力稳定，所以将压力和流速放在一起综合考虑。本实验从蛋白质回收率和蛋白质相对纯度两方面综合考虑，选取 0.184MPa 为超滤合适的压力状态。

（2）应关注超滤温度、超滤压力和样品浓缩倍数对纯化效果和得率等的影响。

第三节 重组蛋白分离色谱技术

对重组蛋白进行中间纯化和精纯的主要手段是色谱技术。常见的有亲和色谱、凝胶过滤色谱、离子交换色谱、疏水色谱和反相色谱等，还有结合两种色谱机理的混合机制色谱。在目前的科研和生产中，通过一步色谱往往很难满足重组蛋白分离和纯化的目标，需要将不同的色谱技术灵活地组合和应用，以实现对重组蛋白纯化效果的优化。

一、亲和色谱法

（一）原理

亲和色谱（affinity chromatography, AC）分离蛋白质是根据一种蛋白质（或一组蛋白质）和色谱基质上一种特定的配体间可逆的相互作用。这项技术是捕获或中度纯化步骤理想的选择，只要靶蛋白有合适的配体就可以使用该技术。亲和色谱具有高选择性、高分辨率，对于靶蛋白通常还具有高载量。靶蛋白与一种可与之发生互补结合的物质（配体）特异性可逆地结合在一起，在有利于靶蛋白与配体间产生特异性结合的条件下进行上样。未结合的物质流穿，然后选择最佳的洗脱条件使结合的靶蛋白复原。洗脱可以利用特异性的竞争性配体，或非特异性的洗脱条件，如通过改变 pH 值、离子强度或极性来进行洗脱。在结合过程中靶蛋白特异性富集，并以纯化和浓缩的形式被收集。亲和色谱法可以用于特异性结合目的蛋白，也可用于去除特定的杂质，例如：苯甲脒 Sepharose 6B 可用于去除丝氨酸蛋白酶。

亲和色谱主要包括以下三步:亲和填料的制备、结合和洗脱。目前已活化的空白填料已能从各供应厂商获取，研究人员只需将相应的配体偶联到空白填料上即可。多数活化基团是设计来与配体上的氨基偶联的，它们既可与多肽或蛋白质氨基端的 α-氨基起反应，也可与赖氨酸侧链上的 ε-氨基起反应。如经偶联位点位于配体的活性关键区域，那么偶联反应将可能会导致配体失活。为使这种可能性降至最小，偶联反应一般在 pH7.5～8.0 的条件下进行。在这样的条件下，有些 α-氨基基团以游离氨基的反应性形式存在，而赖氨酸的 ε-氨基（pK_a 10.0）则是以质子化的非反应性形式存在。亲和色谱的基本流程可以概括为：平衡-样品上样吸附-二次平衡-洗脱-再生五步，其基本流程如图 5.22 所示。

图 5.22
亲和色谱示意图

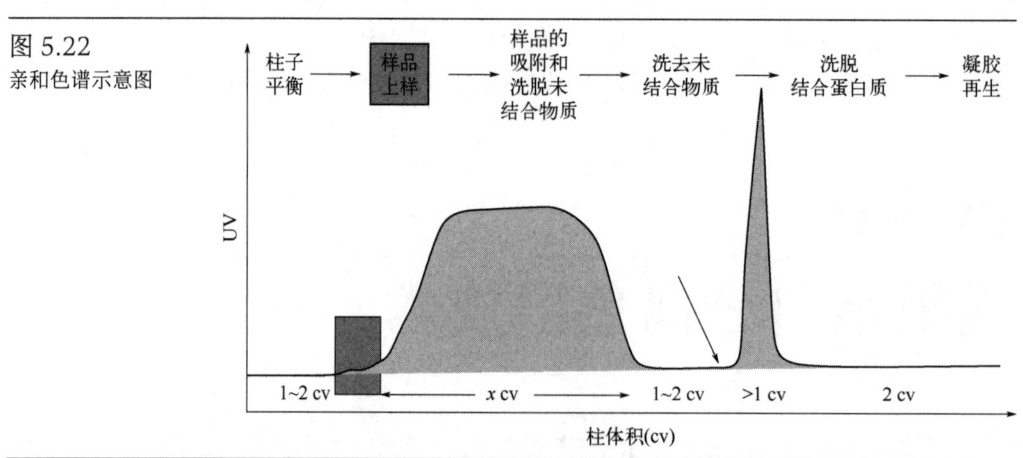

目前，70%以上的抗体生产出来后使用蛋白质 A（Protein A）等亲和色谱方式进行纯化。天然蛋白质 A 来源于金黄色葡萄球菌的株系，它含有 5 个可以和抗体 IgG 分子的 Fc 段特异性结合的结构域。重组蛋白质 A 作为亲和配基被偶联到琼脂糖基质上，可以特异性地和样品中的抗体分子结合，而使其他杂蛋白流穿。

下面将以蛋白质A色谱柱纯化抗EGFR抗体的实例为例，介绍其纯化流程。

（二）主要材料和仪器

瞬转表达EGFR抗体的细胞上清液、溶液A（20mmol/L Na_2HPO_4+250mmol/L NaCl）、溶液B（250mmol/L柠檬酸缓冲液）、蛋白质A亲和填料、一次性小型塑料柱、超滤浓缩管。

（三）方法

（1）将瞬转表达抗体的细胞上清用0.22μm滤膜进行过滤后超声除气。

（2）用40mL溶液A冲洗蛋白质A亲和填料，彻底去除其中的乙醇（保存液）。

（3）将步骤（1）所得的上清液与蛋白质A填料（每1mL上清溶液加0.5mL填料）混合，4℃孵育18h。

（4）将蛋白质A填料在室温放置1h后，将其注入一次性小型塑料柱。室温下用15mL溶液A洗柱。

（5）用10mL溶液B洗脱抗体。按每1mL组分收集到一管分别收集。

（6）每管中加入150μL 1mol/L Tris-HCl（pH9.0）中和，以免抗体在过酸环境下失活。

（7）为证实所得产物确为抗体并鉴定其纯度，用10% SDS-聚丙烯酰胺凝胶电泳测定纯化出的抗体的分子量大小和纯度。

（8）合并各管收集的目的抗体溶液，并用超滤浓缩管进行浓缩。

（四）注意事项

1．上样

亲和色谱技术是一种结合技术，因而不严格要求上样量多少，但上样体积需保证样品中蛋白质紧密结合填料，目的蛋白总量不超过色谱填料载量，防止体积及蛋白量超载。

2．选择填料

选择介质时应考虑纯化的规模和可用的商品化亲和介质等因素。为了节省时间并确保可重复性，可以使用预填柱来建立方法或进行小规模的纯化。特异性的亲和介质是根据推荐的偶联步骤，将配体偶联到选定的空白基质而制成。蛋白质A填料和上清液混合一般在4℃环境进行，避免微生物生长及上清液杂质蛋白的非特异性吸附。

3．样品制备

正确的样品制备能确保有效的结合，且延长柱子的使用寿命。关键是去除可能存在的非特异性结合到柱子上的污染物，如脂类。苛刻的冲洗过程可能会破坏亲和介质的配体，从而影响柱子的结合能力。另外样品必须去除颗粒物。

4．准备柱子

可选用预装柱确保柱效和重复性。如自行填充柱子，需掌握以下原则：柱尺寸要求短且宽；凝胶量要根据介质已知的结合能力计算（2～5倍的容纳能力）。

5．缓冲液的制备

每种亲和介质都有特定的平衡、洗脱和再生缓冲液。根据填料或色谱柱的说明使用。

6．洗脱

为了彻底将目的蛋白质洗脱下来，必须解离目的蛋白质与固定化配体之间的相互作用。可通过以下几种方法完成，例如：①通过改变 pH、离子强度或温度来改变蛋白质对配体的亲和性；②加入过量的配体，它们或是直接竞争同一结合位点，或是间接地在变构位点起反应，从而降低蛋白质对固定化配体的亲和性；③加入尿素、盐酸胍或 SDS 使蛋白质变性。利用蛋白质 A 进行亲和色谱时，洗脱缓冲液也可以换成甘氨酸缓冲液。

二、疏水色谱法

（一）原理

疏水性相互作用色谱（hydrophobic interaction chromatography, HIC）简称疏水色谱，是根据蛋白质疏水性的差异分离蛋白质，这项技术非常适合中间纯化步骤，也可以用于痕量杂质蛋白的精纯。分离的依据是蛋白质与色谱介质的疏水基团之间可逆的相互作用。这种作用在高离子强度缓冲液中增强，从而疏水性相互作用色谱成为硫酸铵沉淀或离子交换色谱过程高盐溶液洗脱后理想的“下一步”纯化方式。在高盐浓度下，一般为 1mol/L 或更高浓度的硫酸铵，即使溶解性很好的亲水蛋白质也能被迫与疏水物质结合。样品在高离子强度溶液（如 1.5mol/L 硫酸铵）中结合到色谱填料上。接下来改变条件，使结合的物质逐渐洗脱下来。洗脱通常是通过降低盐的浓度。盐浓度要逐步调整或有一个持续减少的梯度。最常见的是通过硫酸铵盐浓度递减的梯度来洗脱样品。在结合过程中结合蛋白质被富集，并以纯化和浓缩的形式被收集。其他洗脱程序包括降低洗脱液极性（乙二醇达到 50%）、使用促溶剂（尿素、盐酸胍）或使用去污剂、改变 pH 值或温度等。疏水色谱的基本流程可以概括为：柱子平衡-样品上样-梯度洗脱-再平衡四步，如图 5.23 所示。

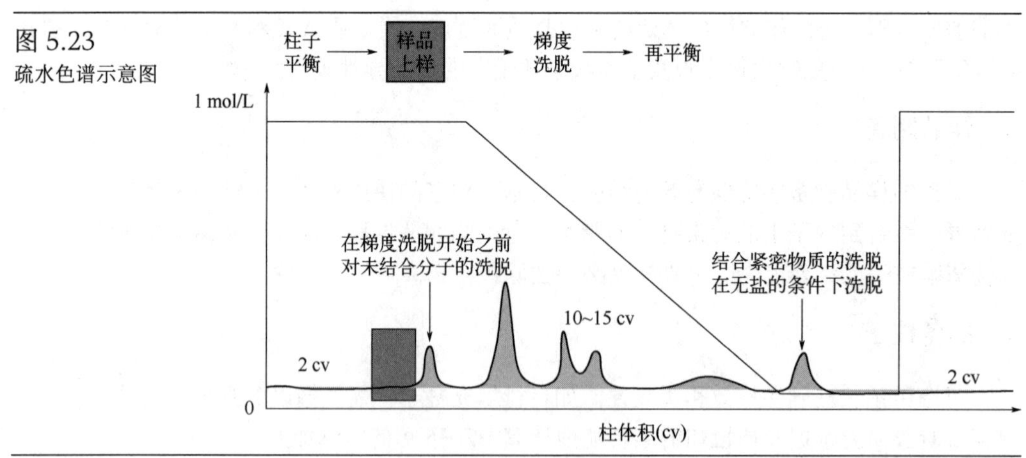

图 5.23
疏水色谱示意图

下面将以疏水色谱柱纯化曲妥珠单抗为例介绍纯化的具体流程。

（二）主要材料和仪器

5mL HiTrap Octyl FF 预装色谱柱、AKTA purifier 蛋白纯化仪、待纯化的 CHO 细胞培养上清液（表达曲妥珠单抗）、平衡缓冲液 A［含 2mol/L NaCl 的 0.02mol/L 的 PB 缓冲液（pH=7.4）］、洗脱缓冲液 B[含 0.1mol/L NaCl 的 0.02mol/L 的 PB 缓冲液（pH=7.4）]。

（三）方法

（1）柱子的平衡：用 10 倍柱体积的平衡缓冲溶液（0.02mol/L 的 PB 缓冲液，pH=7.5）平衡色谱柱，流速为 5.0mL/min。

（2）上样：预处理好的细胞培养上清液过滤除菌及超声除气后用平衡缓冲液稀释 10 倍上样，流速为 5.0mL/min。

（3）再平衡：用平衡缓冲液 A 冲洗色谱柱，使其在紫外 280nm 处吸收接近基线并走平，流速为 5.0mL/min。

（4）洗脱：用洗脱缓冲液 B 按照 0～100% B 的梯度将抗体洗脱下来，分管收集。

（5）柱再生：先用纯化水冲洗 5～10 个柱体积（column volume, cv）再生色谱柱，如果有结合力比较强的样品残留在柱子上，可再用 1mol/L 的 NaOH 清洗 5 个柱体积，如果还有样品残留在柱子上，再用 5～10 个柱体积的 70%乙醇或 30%异丙醇再生色谱柱，流速为 5.0mL/min。

（四）注意事项

1．疏水填料的选择

疏水性非常强的蛋白质与强疏水性配体紧密结合，且对于靶蛋白或者污染物，可能需要极端的洗脱条件，如促溶剂或去污剂。为了避免这个问题，建议使用不同疏水性相互作用填料试剂盒进行几种疏水填料的筛选。如果样品有强疏水性基团，则建议首先选用低疏水性填料。选择在合理的低盐浓度水平下，达到最佳分辨率和载量的填料。通常情况下，蛋白质与配体结合能力递增顺序为：醚、异丙酯、丁酯、辛酯、苯基。然而结合特性不但与疏水基团种类相关，还受疏水基团密度影响，无论是敏感度还是结合强度可能千差万别，必要时需要个别检测。常规大分子蛋白质如单克隆抗体或 Fc 融合蛋白，苯基基团具有较好的结合特性。

2．取样体积和容量

疏水性相互作用是一种结合技术，目的蛋白质载量因上样液的纯度而不同，在选定的条件能使蛋白质紧密结合到柱子上。加载和结合到柱子上的蛋白质总量不应超过柱子本身的总结合能力。梯度洗脱的最佳条件是使用柱子约五分之一的总结合能力。

3．选择介质

在疏水性相互作用中，色谱填料以及疏水基团的特点均影响介质的选择。要与如样品的溶解度、所需分辨率、纯化规模以及在预期的规模下可用的填料等参数放在一起综合考虑。

4．样品制备

样品的正确制备可以确保良好的分辨率，且延长柱子的使用寿命。为确保上样时能高效率地结合，样本开始时应该与缓冲液的 pH 值和离子强度相同并处于高离子强度的溶液中(如 1mol/L 或 1.5mol/L 硫酸铵)。样品必须通过过滤去除颗粒物,尤其是在使用粒径 34μm 或更小的色谱填料时。在进行重组抗体的纯化时，疏水色谱这一步主要用来去除多聚体形式的抗体，且一般不用作捕获步骤。

5．准备柱子

为了提高方法建立过程中的速度和效率，利用小的预填柱来筛选填料和优化方法。样品纯化中使用预装柱，也可以确保结果的可重复性和高效性。

6．缓冲液的制备

疏水相互作用色谱缓冲液中离子对的选择并不是很严格。应选择保证蛋白质稳定性和活性的 pH 值。缓冲液浓度应足以缓冲加载样品及改变盐的浓度后引起的 pH 值的变化。

7．洗脱

需要注意的是，不同重组抗体的疏水特性是难以预料的，须通过前期反复摸索仔细研究其结合条件。当样品的疏水特性不明时，可以从 0～100% B 进行梯度洗脱。对于大规模的纯化，为减少分离时间和缓冲液的消耗，在方法优化后转为阶梯洗脱。使用阶梯洗脱时可以增加样品加载量，这是大规模纯化一个额外的好处。

三、凝胶过滤色谱法

(一) 原理

凝胶过滤色谱（gel filtration, GF)，也常被称为分子大小排阻色谱，是一种根据分子的大小和形状来进行分离的方法。与其他类型的色谱技术不同，在理想的情况下，凝胶过滤不涉及蛋白质与填料（凝胶）之间的吸附或排斥作用。凝胶过滤柱系由均匀装填的多孔凝胶微粒组成，是基于不同蛋白质通过这些微孔的迁移能力的不同而达到分离效果的。这种迁移能力是蛋白质分子的大小和形状的函数。凝胶过滤填料往往会略带有负电荷，同时亦可能存在疏水相互作用。这项技术是纯化过程最终的精细纯化步骤所采用的“理想”技术，此时样品量已减少（在凝胶过滤中，样本量明显影响速度和分辨率)，样品通常在同等条件下洗脱（单一缓冲液，没有梯度)。但由于其分辨率和色谱效率较低，目前在大规模重组蛋白纯化上，已经较少使用。凝胶过滤色谱的基本流程可以概括为：平衡-样品上样-收集-再平衡四步，如图 5.24 所示。

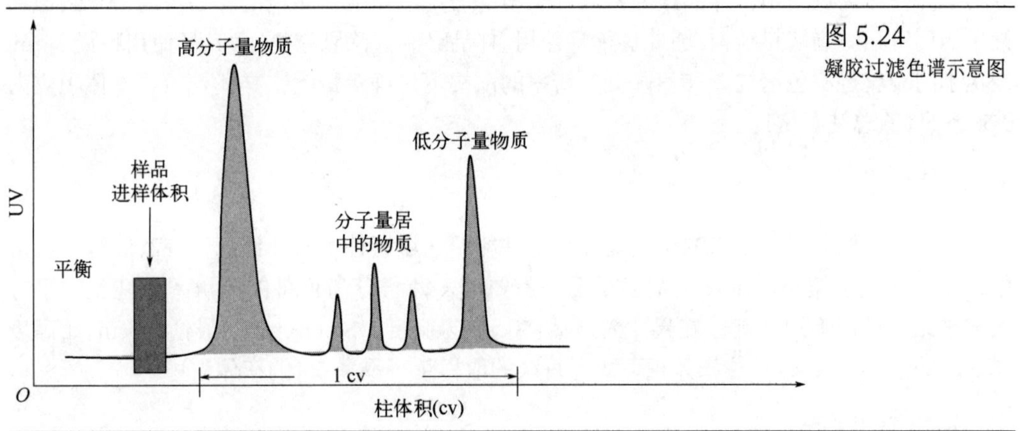

图 5.24
凝胶过滤色谱示意图

下面将以抗 VEGF 抗体的凝胶过滤色谱纯化为例介绍材料和方法。

（二）主要材料和仪器

AKTA purifier 蛋白纯化仪、重组表达的抗 VEGF 抗体（2mg/mL）、Superdex 200 预装色谱柱、50mmol/L PB 缓冲液（pH7.5～8.0）。

（三）方法

(1) 将纯化得到的重组抗 VEGF 抗体 (2mg/mL) 上样到 Superdex 200 色谱柱，留取 5μL 留作后续的测活分析用。为达到色谱的最佳效果，上样体积不能太大，最多不能超过柱体积的 5%。

(2) 对 Superdex 200 柱，采用下列柱参数：柱体积为 330mL；柱压为 0.3MPa；流速为 2.6mL/min；缓冲液为 50mmol/L 的 PB 缓冲液。

(3) 分管收集从 Superdex 200 柱洗脱获得的组分，每管留取 5μL 进行 SDS-PAGE 检测。

(4) 各组分如在 24h 之内使用，可储存于 4℃；若长期保存，可储存于−80℃。

（四）注意事项

1．上样

为了达到最高分辨率，样本量不得超过柱子总体积的 5%。凝胶过滤不限定样品浓度，但如果蛋白质浓度高于 50mg/mL，黏度的影响可能会造成“指纹效应”。

2．选择介质

选择凝胶过滤介质时应考虑下列参数，如靶蛋白和污染物的分子量、要求的分辨率、纯化规模。为了进一步提高分辨率，以串联两根柱子的方式增加柱长。

3．样品制备

正确的样品制备能确保高分辨率，且延长柱子的使用寿命。样品缓冲液并不直接影响分辨率。在分离过程中，样品缓冲液与柱子里的缓冲液交换。黏稠的样品可能会导致增加柱子的反压和影响填料结构，因此应稀释使用。样品必须去除颗粒物，尤其是使用粒径 34μm 或更小的凝胶过滤色谱柱。在不降低分辨率的前提下，确定最大上样体积（样本体积应为 0.5%～5%的总柱容量）。

4．准备柱子

使用预填柱能保证结果的可重复性和高性能。在填充柱子时要注意，在凝胶过滤色谱中，良好的柱子填充对于试验结果是至关重要的。两条分离色带的分辨率与柱长的平方根成正比。适用下列准则：柱尺寸为最低 50cm 床高度（Sephacryl）/最低 30cm 床高度（Superdex，Superose），柱床体积取决于每次的取样量（最多 5%的床体积）。

5．缓冲液的制备

缓冲液离子并不直接影响分辨率。选择收集纯化产物所需的缓冲液并能维持蛋白质稳定性和活性。缓冲液浓度应足以维持缓冲能力及稳定 pH 值。缓冲液中离子强度可达到 150mmol/L NaCl，以避免与基质间非特异性的离子作用（显示为洗脱峰值的延迟）。

6．流速控制

在维持分辨率和最小分离时间的前提下选择最高流速。对于特定的介质请查阅建议的流量。低流速有利于提高高分子量组分的分辨率，而高流速有利于提高低分子量组分的分辨率。凝胶过滤所用的凝胶颗粒是多孔的，它们对中等强度的压力可能较为敏感。在最坏的情况下，凝胶颗粒会被加缓冲液或蛋白质样品所产生的压力压紧和压碎。而后压碎的颗粒会阻止后来的缓冲液通过色谱柱，使颗粒压得更紧，更多的胶粒被破坏，并造成蛋白质丢失。因此，需要用能耐高压的凝胶过滤填料。一般说来，用孔径较大的填料时，其流速应低于孔径较小较结实的填料。此外，许多填料由交联的复合材料组成以增加它们的强度。大多数厂商会对所推荐的每种填料提供有关流速的资料。

四、离子交换色谱法

（一）原理

离子交换色谱（ion-exchange chromatography, IEC）是在进行重组蛋白包括重组抗体、重组细胞因子等提纯时最为广泛应用的方法之一。此法主要根据重组蛋白负载电荷的不同而进行蛋白质的分离，其优点是分辨率高且对样品的负载能力强。分离原理是基于带电蛋白质和带相反电荷的色谱填料之间的可逆相互作用而使蛋白质结合到柱子上，随后改变条件，使结合物逐步被洗脱。这种洗脱通常是通过增加盐的浓度或 pH 值的变化来进行，采用逐步或连续梯度进行洗脱。最常见的是使用盐（如氯化钠）溶液进行梯度洗脱。通过结合过程浓缩目的蛋白，并且以纯化、浓缩的形式进行收集。根据蛋白溶液 pH 值，使蛋白质带上不同的净表面电荷。当蛋白溶液 pH 值高于其等电点（pI）时，蛋白质结合到阴离子交换剂；低于其等电点时，蛋白质结合到阳离子交换剂。通常来说，离子交换色谱的介质是用来结合目的蛋白质分子，但也可以用来结合杂质。离子交换色谱可以在不同的 pH 值下重复进行，从而分离带有明显不同负载电荷特性的蛋白质，离子交换色谱的基本流程可以概括为：平衡-上样及再平衡-梯度洗脱-冲洗-再平衡五步，如图 5.25 所示。

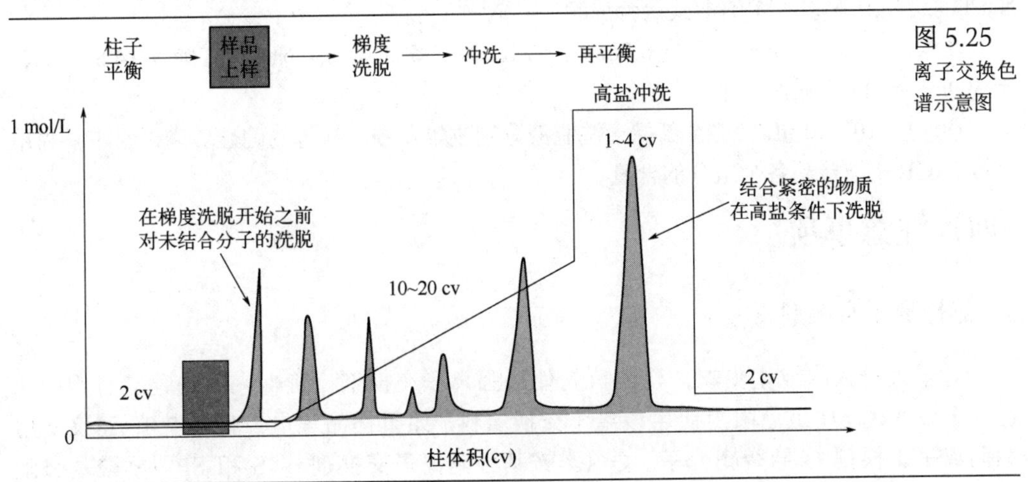

图 5.25 离子交换色谱示意图

下面将以重组钙调蛋白的阴离子交换色谱纯化为例介绍具体的操作方案。

（二）主要材料和仪器

DEAE Sephadex A-50（干粉）（Pharmacia Biotech，Inc.）、浓 NaOH（10mol/L）、重组钙调蛋白的透析存留物、高速离心机、玻璃色谱柱（直径 5cm）、色谱装置［蠕动泵、紫外（UV）检测器、分部收集器和硼硅玻璃管（16×150mm）］、上样缓冲液 A、洗脱缓冲液。

（三）方法

（1）用 1×上样缓冲液 A 溶胀 DEAE Sephadex A-50 树脂，4℃过夜或沸水浴 1h。在 pH=8.0 的条件下，树脂溶胀至约 30mL/g，所以装一根 400mL 的柱子约需 15g 干树脂。

（2）用浓 NaOH 将树脂悬浆的 pH 调至 8.0。树脂是以酸性形式供应的，因此需用几毫升的 NaOH。不要用搅拌子搅拌，否则会把颗粒搅破。用移液管或玻璃棒手动搅拌。调好 pH 后，静置让树脂沉下，去上清液。按此法用 1×上样缓冲液 A 洗涤三次，每次洗涤后重校 pH，直至 pH 为 8.0 并保持不变。

（3）小心将目的蛋白质的透析存留物从透析袋中转至烧杯，再转至 30mL 塑料离心管中，用高速离心机 4℃、20000r/min 离心 1h。

（4）将上清液倒入烧杯中。4℃下测定样品的电导率，与 4℃下 1×上样缓冲液 A 的电导率进行比较。样品的电导率应与缓冲液的电导率相近。如果太高，加纯化水稀释。尽量保持小的体积。留 1%的样品供后续分析用并记录其体积。

（5）装填柱子，安装色谱装置。如必要，更换底部的尼龙网。在柱床之上保留约 2cm 的缓冲液，以利于梯度混合。让洗脱液经 UV 检测器流出，确保记录仪上出现基线。调节分部收集器分部收集约 10～12mL 的组分。

（6）将蠕动泵的进液口放入装有样品的烧杯中，开始加样。密切注视进液口，使之不要吸入空气。之后用 1×缓冲液 A 洗柱，直至记录仪上的 UV 信号接近原来的基线。将流出液收集在一烧杯中。在梯度开始前不需要收集组分。

（7）洗脱缓冲液总体积为 1000mL，含 500mL 1×上样缓冲液 A 和 500mL 已添加 0.7mol/L NaCl 的缓冲液 A 以 1∶1 的形式混合洗脱。

注意：1×缓冲液 A 中已含有 0.2mol/L 的盐，为制备 0.7mol/L NaCl，可加入 14.62g NaCl 于 500mL 的 1×缓冲液 A 中。

（8）按 10～12mL/管将全部梯度洗脱液分别收集在顺序标号的硼硅玻璃试管中，利用 SDS-PAGE 电泳检测各个组分的含量。

（四）注意事项

1．选择离子交换剂

对于大多数的纯化步骤，建议首先使用强离子交换剂，确保在方法建立过程中，在一个较大的 pH 值范围内使用该离子交换填料。如果样品等电点低于 7.0，建议使用强阴离子交换剂 Q 结合靶分子。Q（季铵基强阴离子交换剂）、S 和 SP（磺酸基强阳离子交换剂）是在较宽 pH 值范围（pH2～12）完全负载电荷。DEAE（二乙基氨基乙基弱阴离子交换剂）和 CM（羧甲基弱阳离子交换剂）在较窄的 pH 范围内（分别为 pH2～9 和 pH6～10）完全负载电荷，可以作为一种选择性差异化的替代方案。在前期摸索的基础上，选择最佳的离子交换剂，尽量使用小柱如预装柱，从而节省时间、节约样品。

2．上样量和柱容量

离子交换色谱技术不依赖于所提供的样品体积，一般需要较低的样品离子强度，同时靶分子有较高的负载电荷。加载和结合到柱子上的蛋白质总量不应超过柱子本身的总结合能力。梯度洗脱的最佳条件是使用色谱填料约五分之一的总结合能力。

3．缓冲液选择

对于阴离子交换色谱，上样缓冲液 A 一般选择 20mmol/L 的 Tris-HCl，pH8.0；洗脱缓冲液 B 一般选择 20mmol/L Tris-HCl + 1mol/L NaCl，pH8.0。对于阳离子交换色谱，上样缓冲液 A 一般选择 20mmol/L 乙酸，pH5.0；洗脱缓冲液 B 一般选择 20mmol/L 乙酸 + 1mol/L NaCl，pH5.0。

4．选择介质

根据纯化的规模、要求的分辨率、分离的速度、样品的带电特性、样品的稳定性和填料的结合能力来考虑具体选择的色谱填料。

5．样品制备

正确的样品制备，确保良好的分辨率，且延长柱子的使用寿命。确保上样时能高效率结合，样本应该在开始时与缓冲液的 pH 值和离子强度相同。样品必须去除颗粒物，尤其是在使用粒径为 34μm 或更小的介质时。

6．准备柱子

为了提高方法建立过程中的速度和效率，利用小预填柱来筛选填料和优化纯化方法。离子交换试剂盒非常适合这种类型的工作。

7．填充柱子

考虑到柱尺寸，一般选择 5～20cm 柱床高度。在凝胶填料方面，估计结合样品所需的凝胶填料量，使用五倍的凝胶量填充柱子。

8．净化、清洗和灭菌

根据不同类型的样品和填料进行，一般情况下商品化的填料和预填充柱的包装内都附有指南。

9．介质和柱子的存储

按照商品化的填料和预填柱包装内推荐条件进行保存。

五、反相色谱法

（一）原理

反相色谱（reversed phase chromatography, RPC）分离蛋白质和多肽是根据它们与色谱填料的疏水表面间可逆的相互作用。反相色谱和疏水色谱具有相似的原理，但是其疏水基团密度及基团的疏水性一般比疏水色谱更高，加样后，蛋白质结合到柱子上，然后改变条件，使结合物逐步洗脱。根据反相色谱的性质，蛋白质结合较疏水色谱更为紧密，需要使用有机溶剂和其他添加剂（离子配对试剂）来洗脱。洗脱通常是通过增加有机溶剂的浓度进行，最常见的有机溶剂是乙腈。样本在结合和分离过程中浓缩，并以纯化和浓缩的形式收集。反相色谱技术通常用于寡核苷酸和多肽的最后精细纯化阶段，由于其出色的分辨率，同时也是用于检测分析的理想技术。如果蛋白质纯化后要求活性不变且需要重新形成正确的三级结构，则不推荐使用反相色谱技术，因为大部分的蛋白质在有机溶剂中可能会变性。反相色谱的基本流程可以概括为：平衡-样品上样-梯度洗脱-清洗-再平衡五步，如图 5.26 所示。

下面将以重组 VEGF 受体融合蛋白的反相色谱纯化为例介绍具体操作方案。

（二）主要材料和仪器

重组表达的 VEGF 受体融合蛋白（5mg/mL）、流动相 A［含 1g/L 三氟乙酸（TFA）的水溶液］、流动相 B（含 0.05% TFA 的乙腈溶液）、色谱柱为 C8 HPLC 柱。

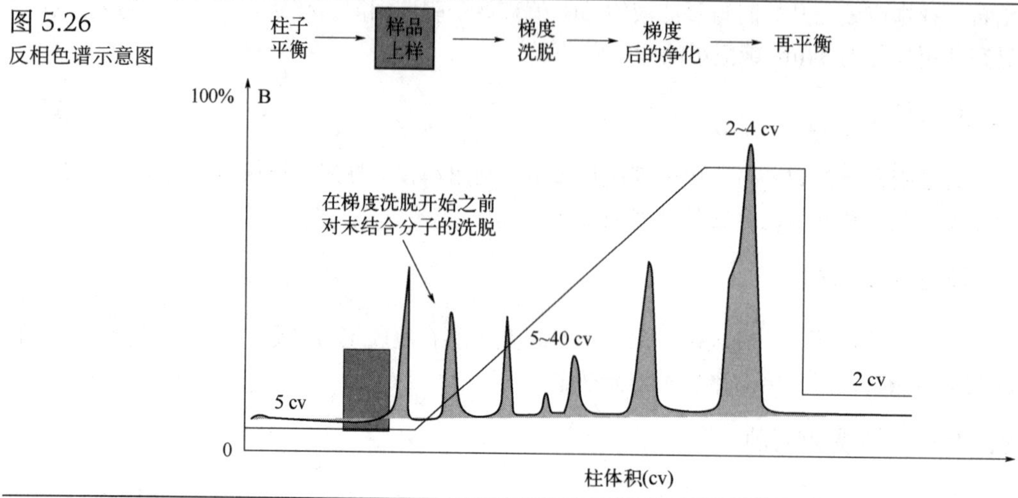

图 5.26
反相色谱示意图

（三）方法

（1）平衡：用 5～10 倍柱体积的流动相 A 平衡色谱柱，流速为 0.8mL/min。

（2）上样：将 VEGF 受体融合蛋白（5mg/mL）过滤除菌及超声除气后用流动相 A 稀释 10 倍上样，流速为 0.5mL/min。

（3）再平衡：用 10 倍体积的流动相 A 冲洗色谱柱，流速为 0.8mL/min。

（4）洗脱：用流动相 B 按照 25%～90% B 的梯度将样品洗脱下来，在低波长（如 210nm）下监测紫外吸收峰进行分管收集。

（5）柱清洗：用含 10%乙腈的水溶液对柱进行清洗。

（四）注意事项

1．疏水性配体的选择

根据疏水性的需要选择疏水性配体。高疏水性分子与高疏水性配体结合紧密，例如 C18 柱。筛选几种反相色谱介质，如果样品有强疏水性成分（通常是大分子，如蛋白质），则首先从低疏水性填料开始。选择能达到最佳分辨率和最大承载能力的填料。某些聚合物基质（SOURCE 反相色谱）比硅胶有更明显的优势，因为它可以在 pH1～14 范围内使用。这样不仅可以作为硅介质的一种替代选择，而且可以用于方法优化，在一个广泛的 pH 范围内应用。

2．取样量和容量

反相色谱是一种结合技术，不限定样本量。总容量取决于实验条件以及填料和样品的性质。在最佳条件下进行梯度洗脱，筛选不使分辨率降低的加样方法。

3．选择介质

反相色谱中色谱介质同疏水配体一样，它的影响是有选择性的。推荐筛选不同的反相色谱介质。

4．样品制备和流速控制

样品应去除颗粒物质，最好溶解在起始缓冲液中。在维持分辨率和最小分离时间的前提下应选择最高流速。

5．准备柱子

在长期储存或改变缓冲系统后，反相柱在第一次使用时应进行有机溶剂冲洗。

6．缓冲液的制备

当样品性质未知时，尝试以下条件。梯度：2%～80%洗脱液（20 个柱体积）；起始缓冲液 A：0.1% TFA（三氟乙酸）溶于水；洗脱缓冲液 B：0.05% TFA 溶于乙腈。对于未知样品，梯度可以从 0%～100% B 开始进行摸索。

7．收集

计算或测量流动池与流出口之间的滞后时间，那样就不会失去该峰所含的组分。组分可用分部收集器收集，但组分数不多时，手工收集仍是最常用的可靠方法。多数 HPLC 系统都备有能于 200～300nm 处测量紫外光吸收的检测器，应在低波长（如 210nm）下监测，在该波长处肽键和所有共轭双键系统均有吸收。如果在 280nm 下监测，其灵敏度会稍有下降。

参考文献

李德山，任桂萍，2009. 基因工程制药. 北京：化学工业出版社，52-62.

陆丽婷，石文婷，祁苏娴，等，2019. 两步超滤法纯化抗黄曲霉毒素 B1 单克隆抗体的研究. 粮食与食品工业，26: 54-61.

马歇克 D R，门永 J T，布格斯 R R，等，1999. 蛋白质纯化与鉴定实验指南. 朱厚础，等译 北京：科学出版社，39-113.

饶春明，丁丽霞，2005. 我国基因工程药物质量标准研究（上）. 中国药师，8(6)：456-458.

沈泓，林琼秋，易喻，等，2012. 应用疏水层析法纯化 hCG 单克隆抗体. 药物生物技术，19 (5) : 401-405.

王天云，贾岩龙，王小引，2020. 哺乳动物细胞重组蛋白工程. 北京：化学工业出版社，234-269.

严希康，2001. 生化分离工程. 化学工业出版社.

赵伟，李敬达，刘庆平，2018. 重组蛋白下游连续纯化技术的研究进展. 中国生物工程杂志，38（10）：74-81.

周美琪，肖欣怡，杨卓一，等，2020. 重组人骨桥蛋白在哺乳动物细胞中的表达、纯化和活性研究. 生物技术通报，36 (8)：129-135.

Arora S, Saxena V, Ayyar B V, 2017. Affinity chromatography: A versatile technique for antibody purification. Methods, 116: 84-94.

Chahar D S, Ravindran S, Pisal S S, 2020. Monoclonal antibody purification and its progression to commercial scale. Biologicals, 63: 1-13.

Doonan S, 1996. Protein purification protocols. General strategies. Methods Mol Biol, 59:1-16.

Ghorbani J, Wentzell P D, Kompany-Zareh M, et al, 2022. Coupling of multivariate curve resolution-alternating least squares and mechanistic hard models to investigate antibody purification from human plasma using ion exchange chromatography. J Chromatogr A, 1675:463168.

Guelat B, Khalaf R, Lattuada M, et al, 2016. Protein adsorption on ion exchange resins and monoclonal antibody charge variant modulation. J Chromatogr A, 1447: 82-91.

Hage D S, Bian M, Burks R, et al, 2006. Bioaffinity Chromatography. //Handbook of Affinity Immobilization: 101-126.

Harwardt J, Bogen J P, Carrara S C, et al, 2022. A generic strategy to generate bifunctional two-in-one antibodies by chicken immunization. Front Immunol, 13: 888838.

Zhao J, Jiang L, Yang H, et al, 2022. A strategy for the efficient construction of anti-PD1-based bispecific antibodies with desired IgG-like properties. MAbs, 14(1): e2044435.

Rohaim A, Slezak T, Koh Y H, et al, 2022. Engineering of a synthetic antibody fragment for structural and functional studies of K^+ channels. J Gen Physiol, 154(4): 8924934.

Shukla A A, Wolfe L S, Mostafa S S, et al, 2017. Evolving trends in mAb production processes. Bioeng Transl Med, 2(1): 58-69.

Tripathy B, Acharya R, 2017. Production of computationally designed small soluble-and membrane-proteins: cloning, expression, and purification. Methods Mol Biol, 1529: 95-106.

Wee H, Koo K, Bae E, et al, 2020. Quality by Design approaches to assessing the robustness of tangential flow filtration for MAb. Biologicals, 63: 53-61.

Yang X, Yuan R, Garcia C, et al, 2021. Development of a robust and semi-automated two-step antibody purification process. MAbs, 2021, 13 (1): 2000348.

Young C L, Britton Z T, et al, 2012. Recombinant protein expression and purification: A comprehensive review of affinity tags and microbial applications. Biotechnol J, 7:620-634.

Zhu J, 2012. Mammalian cell protein expression for biopharmaceutical production. Biotechnol Adv, 30: 1158-1170.

（杨赟、郭怀祖）

第六章

重组蛋白药物鉴定与分析

目前，由动物细胞生产的重组蛋白药物占批准上市重组蛋白药物的绝大部分，因此该领域研究已成为近年生物医药领域的热点。重组蛋白药物的整个生产过程包括细胞培养、稳定细胞系的构建、纯化、鉴定和分析等环节，其最终目标是获得符合药用要求的重组蛋白药物。重组蛋白药物的鉴定和分析非常重要，是保证重组蛋白药物质量的关键环节，以确保其纯度、均一性和结构一致性。重组蛋白药物需要通过严格的质量鉴定评价来确保其安全有效。

第一节 蛋白质理化特性

一、分子量测定

蛋白质是有机大分子，蛋白质的一级结构是氨基酸序列。蛋白质分子量测定的方法主要有 SDS-PAGE 电泳和质谱法。还原 SDS-PAGE 方法根据第四章所述，本节主要介绍超高效液相色谱-质谱（ultra performance liquid chromatography-mass spectrometry, UPLC-MS）法分析蛋白质分子量。

（一）原理

质谱一般由离子源（ion source）、质量分析器（mass analyzer）和离子检测器（detector）三部分组成。传统的质谱仅用于小分子挥发性物质的分析，各种新的离子化技术的出现，如基质辅助激光解吸电离飞行时间质谱（MALDI-TOF-MS）和电喷雾电离质谱（ESI-MS）等，为蛋白质分析提供了一种新的且准确快速的途径。蛋白质质谱鉴定的基本原理是用蛋白酶将蛋白质消化成肽段混合物，经 MAILDI 或 ESI 等软电离手段将其离子化，然后通过质量分析器将具有特定质核比的肽段离子分离开来。流程图如图 6.1 所示。通过实际谱图和理论上蛋白质经过蛋白酶消化后产生的一级质谱峰图和二级质谱峰图的比对，进行蛋白质鉴定。下面将以 CTLA4-Ig 的分子量鉴定为例进行阐述。

图 6.1
质谱分子量分析流程

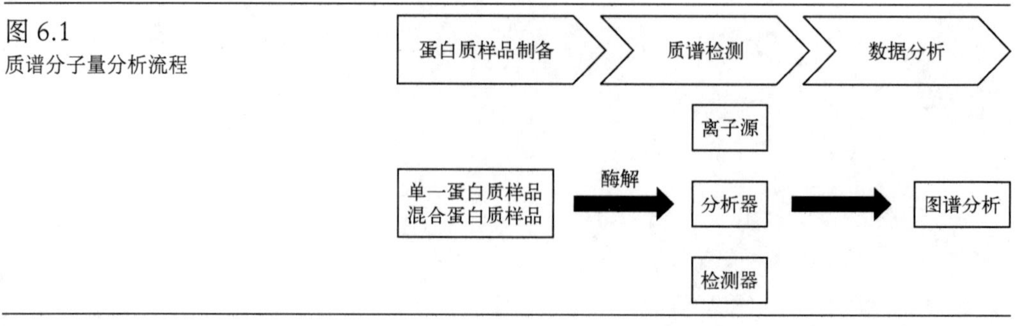

（二）主要材料和仪器

超纯水（18.2MΩ）、碳酸氢铵（NH_4HCO_3）、PVDF 针式滤器（0.22μm）、甲醇、乙腈、碘化钠、亮氨酸脑啡肽、血纤肽、甲酸、高纯氮气、高纯氩气。CTLA4-Ig 融合蛋白由抗体药物与靶向治疗国家重点实验室研制。对照品为 Abatacept（百时美施贵宝公司）。

质谱仪：Xevo G2-S Q-TOF，Waters 公司；数据分析软件：Biopharmalynx 1.3.4，Waters 公司；UPLC 系统：Acquity UPLC H-Class Bio 系统。真空浓缩冻干机、混匀器、过滤单元、聚丙烯离心管、水浴锅、计时器、超声仪、pH 计、分析天平、磁力搅拌器、量筒、超滤离心管、脱盐柱、低温冰箱等。

（三）方法

1．溶液配制

1）碳酸氢铵缓冲液（50mmol/L NH_4HCO_3, pH8.0）

配制浓度为 50mmol/L 的碳酸氢铵缓冲液，精确称碳酸氢铵 3.95g；加入 900mL 超纯水，磁力搅拌器搅拌（500r/min，10min）使其完全溶解，将 pH 调至 8.0；将上述溶液定容到 1000mL，混匀后，通过过滤系统（配备孔径为 0.22μm 的微孔滤膜）过滤，用超声仪脱气 10min，即获得碳酸氢铵缓冲液。

2）流动相 A（0.1% FA 水溶液）

在 1000mL 的水溶液中，加入 1mL 甲酸，磁力搅拌器搅拌（500r/min，10min）使其充分混匀，用超声仪脱气 10min，即获得流动相 A。

3）流动相 B（0.1% FA 乙腈溶液）

在 1000mL 的乙腈溶液中，加入 1mL 甲酸，磁力搅拌器搅拌（500r/min，10min）使其充分混匀，用超声仪脱气 10min，即获得流动相 B。

4）Purge 液（90%乙腈溶液）

在 900mL 的乙腈溶液中，加入 100mL 水，磁力搅拌器搅拌（500r/min，10min）使其充分混匀，用超声仪脱气 10min，即获得 90%乙腈溶液。

5）Wash 液（50%乙腈溶液）

在 500mL 的乙腈溶液中，加入 500mL 水，磁力搅拌器搅拌（500r/min，10min）使其充分混匀，用超声仪脱气 10min，即获得 50%乙腈溶液。

2．样品处理

用 6 倍体积的碳酸氢铵缓冲液平衡 NAP-5 脱盐柱，将 0.5mL 的样品加入脱盐柱，待溶液流完时，加入 1mL 碳酸氢铵缓冲液，并收集流出液体，调节浓度至 1mg/mL，13000r/min 离心 5min 后，保存于 4℃冰箱待用。

3．质谱参数设置

1）液相方法

液相色谱条件如表 6.1 所示。

表 6.1　液相色谱条件

液相系统	Waters Acquity UPLC H-Class Bio system
色谱柱	MassPREP-Desalting Column 2.1mm×5mm
柱温箱温度	80℃
样品室温度	6℃
流动相流速	0.4mL/min
流动相 A	0.1%甲酸水
流动相 B	0.1%甲酸乙腈
流动相 C	乙腈
流动相 D	超纯水
Purge 液	10:90 乙腈/水（体积比）
Wash 溶液	50:50 乙腈/水（体积比）
进样体积	10μL
检测器	MS

2）液相梯度表

液相梯度见表 6.2。

表 6.2　液相梯度

时间/min	流速/（mL/min）	A/%	B/%	曲线
0.00	0.400	90.0	10.0	初始期
6.00	0.400	90.0	10.0	6
7.00	0.400	10.0	90.0	6
7.20	0.400	90.0	10.0	6
7.50	0.400	10.0	90.0	6
7.70	0.400	90.0	10.0	6
8.00	0.400	10.0	90.0	6
8.20	0.400	90.0	10.0	6
8.50	0.400	10.0	90.0	6
8.70	0.400	90.0	10.0	6
9.00	0.400	10.0	90.0	6
9.20	0.400	90.0	10.0	6
9.50	0.400	10.0	90.0	6
9.70	0.400	90.0	10.0	6
10.00	0.400	10.0	90.0	6
10.20	0.400	90.0	10.0	6
10.50	0.400	10.0	90.0	6
10.70	0.400	90.0	10.0	6
12.00	0.400	90.0	10.0	6

3）质谱条件

质谱条件见表 6.3。

表 6.3　质谱条件

质谱型号	Waters Xevo G2-S Q-TOF
离子源温度	120℃
毛细管电压	3000V
样品锥孔电压	40V
源 Offset 电压	80V
脱溶剂气温度	350℃
脱溶剂气流速	600L/h
锥孔气体流速	50L/h

4）质谱方法

质谱方法见表 6.4。

表 6.4　质谱方法

采集时间	6～12min
质量轴校正范围	500～4000m/z
采集质量范围	500～3800m/z
数据类型	连续的
扫描时间	1.000s
低能量通道能量	6.0eV
实时校正物	GFP
校正物扫描时间	0.5s
校正物扫描间隔	20s

4．数据处理

应用 UPLC-MS 技术，BiopharmaLynx 1.4 软件对采集的数据进行分析。对于原研药和生物类似药，经 BiopharmaLynx 1.4 软件处理结果如图 6.2（a），为总离子流图，保留时间分别在 7.15min、7.96min 和 8.50min 左右，原研药和生物类似药的保留时间高度一致。然而，分别将这三个峰放大时［图 6.2（c）～（d）］，可以发现修饰相当复杂，以至于 BiopharmaLynx 1.4 软件无法获得进一步的信息。

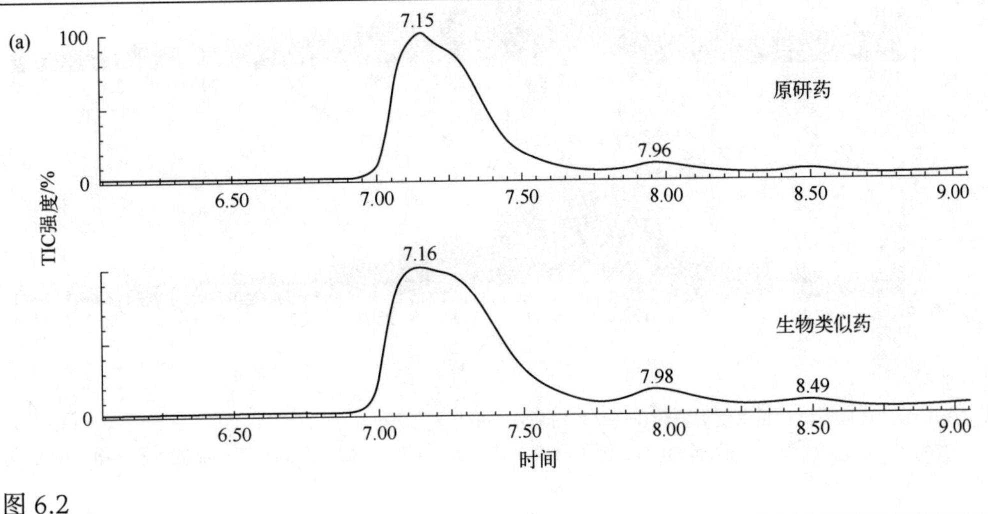

图 6.2

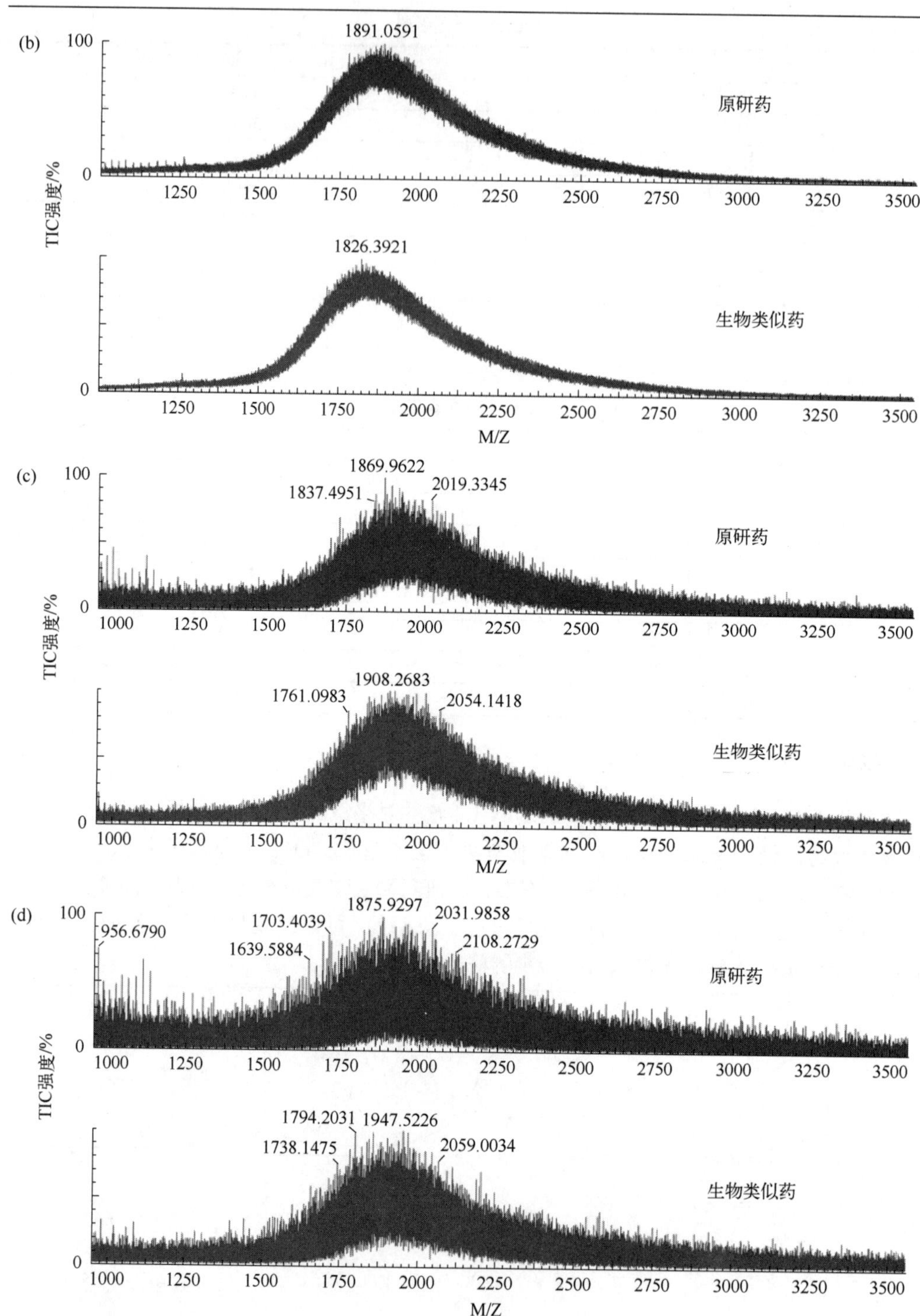

图 6.2

CTLA4-Ig 融合蛋白原研药和生物类似药在完整蛋白质水平的比对情况

(a) 为总离子流图，(b) 为 7.0 ~ 7.6min 的总离子流放大图，(c) 为 7.8 ~ 8.2min 的总离子流放大图，(d) 为 8.4 ~ 8.6min 的总离子流放大图

二、等电点与电荷异质性分析

等电点（isoelectric point, pI）反映了蛋白质药物电荷与空间构象的均一性，是蛋白质药物质量控制中必不可少的项目。电荷异质性是重组蛋白类药物的关键质量属性，对重组蛋白类药物的稳定性、溶解性、免疫原性、体内外生物学活性、药物动力学功能发挥具有重要的影响。选择一种灵敏度高、特异性强的电荷异质性检测分析方法，是控制和稳定重组蛋白药物生产质量的有效手段。

重组抗体在其复杂的生产及存储过程中能产生大量的修饰和改变，如氧化/脱酰胺、糖基化、C 末端赖氨酸截除、N 末端焦谷氨酸环化等，造成抗体在电荷分布方面的异质性。这些修饰对抗体活性、免疫原性及药代动力学均有影响，同时也是整个生产工艺的重要指征。因此电荷变异体是抗体质控中关注的重点，对其进行有效的质量控制是十分必要的。目前对于重组抗体的等电点与电荷异质性分析方法主要有等电聚焦电泳（iso electric focusing, IEF）、离子交换色谱（ion exchange chromatography，IEC）、毛细管区带电泳（capillary zone electrophoresis, CZE）、毛细管等电聚焦（capillary iso electric focusing, CIEF）和成像毛细管等电聚焦电泳（imaging CIEF, iCIEF）。pI 是蛋白质的固有属性，CIEF 和 iCIEF 由于具有快速、准确、通用性强等特点，在单抗 pI 测定中较为常用。

（一）毛细管区带电泳

1．原理

CZE 基于分析物电荷/体积的比进行分离，是毛细管电泳技术中最简单、快速的模式。单抗药物的各个变异体分子体积近乎相同，因此在 CZE 分离模式中，电荷变异体的分离取决于表面电荷的差异，与 CIEF 模式的变异体分离相一致。因此，CZE 成为快速电荷异质性分析的平台方法,被生物制药行业所使用，用于对单克隆抗体药物电荷异质性的快速分析。此外，由于 CZE 方法具有简单快速的特点，也被用于单抗药的鉴别分析中。

2．主要材料和仪器

高效毛细管电泳仪、非涂层-熔融石英毛细管、尿素、无水乙酸钠、三亚乙基四胺（TETA）、羟丙基甲基纤维素（HPMC）、盐酸、磷酸。

3．方法

1）清洗毛细管

对于一根新的或久未使用的毛细管，需用 1mol/L 的 NaOH 溶液、0.1mol/L 的 NaOH 溶液、超纯水依次清洗，一般为 2～3min。在有些情况下还需用 0.1mol/L 盐酸、甲醇或去垢剂清洗，强碱溶液可以清除吸附在毛细管内壁的油脂、蛋白质等，强酸溶液可以清除一些金属或金属离子，甲醇、去垢剂可去除疏水性强的杂质。

2）更换电泳缓冲液

清洗后，毛细管和电极从清洗液中移至电泳缓冲液，不可避免地将强碱或强酸等溶液带至其中。每分析五次后需更换一次样品盘中的缓冲液。

3）进样

毛细管插入样品溶液的深度一般要少于毛细管总长度的 1%～2%。以尽量减少样品溶液经毛细吸附进入毛细管，从而影响进样量的精确性，样品管中溶液最少需 5μL，进样体积为 1～5μL，因此每次分析所耗的样品量只约为样品管中溶液的 1/1000，样品可多次分析。进样时间以短为宜，通常进样时间为 0.5～1s。

4）检测

检测条件按照表 6.5 进行。石英毛细管可以透过 190～700nm 范围内的光，在实验时应尽量选用低波长检测以提高灵敏度。若选用生物实验中常见的 HEPES、CAPS、Tris 等缓冲液时，则检测波长不得低于 215nm。与检测器相连的记录系统（记录仪、积分仪、电脑等），除可显示分离图谱外，还可以根据峰面积积分进行定量分析。但定量分析时要注意，不同的分子在毛细管电泳中的泳动速率不一致导致泳动慢的分子积分面积大，这可以将峰面积除以迁移时间进行校正。

表 6.5　检测条件

检测器	UV 检测器	
检测波长	214nm	
样品盘温度	10℃	
毛细管温度	25℃	
毛细管参数	未涂层毛细管（内径为 50pm），总长为 30.2cm，有效长度为 21cm	
孔塞大小	2（100μm×200pm）	
检测方法（毛细管电泳运行的方法）	酸洗	在 30psi 下用 0.1mol/L HCl 冲洗 5min
	水洗	在 30psi 下用超纯水冲洗 5min
	分离缓冲液冲洗	在 30psi 下分离液冲洗 5min
	进样	在 0.5psi 下注入进样 15s
	分离	在 25kV 反压下分离 22min

注：1psi=6894.757Pa。

4．注意事项

（1）选择 Na_2HPO_4 缓冲液，有明显的主峰、酸碱性峰，有分离效果；选择 CH_3COONa 缓冲液，无明显的吸收峰，电流波动较大，因此选择 Na_2HPO_4 缓冲体系。

（2）注意尿素浓度的影响，尿素可以增加蛋白质的溶解度，避免蛋白质沉淀。

（3）HPMC 作为一种高分子物质，可以形成一种线性胶状分子起到筛分作用，同时可以增加溶液黏度，减小电渗流。HPMC 浓度为 0.05%时，主峰的峰形较差，主峰拖尾；随着 HPMC 浓度的增加，分离度相差不大，样品的吸收值逐渐降低，从方法灵敏度考虑选用最佳分离 HPMC 浓度。

（4）长期使用分离电压 30kV 会缩短仪器寿命。虽然分离电压越大分析时间越短，但是电压大小对分离度并无明显影响，因此降低分离电压至 25kV，并适度增加尿素溶液中缓冲盐浓度至 10mmol/L、12mmol/L、14mmol/L、16mmol/L，以保证分离时间。

（二）全柱成像毛细管等电聚焦电泳

1．原理

全柱成像毛细管等电聚焦电泳（capillary iso-electric focusing electrophoresis-whole column imaging detection, CIFE-WCID）是在毛细管两端加上直流电压，管内的两性电解质载体可以形成一定范围的 pH 梯度，蛋白质依据其所带电荷向阳极或阴极移动，直到净电荷为零的某个 pH 值（即 pI）时停止，最终蛋白质聚焦成很窄的区段，从而达到高效分离的目的。CMOS 成像传感器连续对蛋白质样品在整个毛细管柱内的聚焦过程进行动态成像，整个过程只需 5～10min。CIFE-WCID 是 20 世纪 90 年代 Pawliszyn 等开发出的一种新型生物大分子检测技术，采用一个动态检测器对整个毛细管分离柱内进行实时检测，不仅能对样品进行常规的分离，并且在分离的同时可提取出有关动态过程的动力学参数进行分析，从而获取多肽与蛋白质药物电荷与空间结构相关的更丰富信息。

2．材料

WCID-FC 毛细管柱；载体两性电解质 H AESlyle 3-10、H AESlyte 6-10 与 SR AESlyte 2.5～5；1%甲基纤维素（MC）；标准品（pI 4.65、5.12、5.91、6.14、6.61、7.05、7.40、7.65、7.90、8.18、8.71、9.22、9.33），尿素（AMRESCO），阴极电解液（0.1mol/L NaOH）和阳极电解液（0.08mol/L H_3PO_4）。

3．方法

（1）cIFE-WCID 为 CEInfinitc C01 型（AES）。将待测样本配制为 10mg/mL 水溶液。

（2）取 2μL 与 100μL 电泳缓冲液混合（含 4%两性电解质 3～10mol/L 尿素，0.25% MC，体积比）。

（3）加入合适的等电点标准品各 0.75μL，充分混匀。

（4）10000r/min 离心 3min 后取上清液进样。

（5）手动进样方式进样，单次进样量 3μL。根据样品特性设置适当的聚焦参数，一般为：1000V（1min）～2000V（1min）～3000V（4min）。

（6）用 CElnsight 软件采集 CMOS 全柱成像图并自动转换为色谱图，检测波长为 280nm。

4．注意事项

（1）由于高浓度蛋白样品在缓冲溶液中溶解性不好，需在样品中添加适量助溶剂尿素等。

（2）本方法的原位成像技术能实时采集样品聚焦过程的迁移情况，无须将聚焦好的样品推出分离柱直到检测器进行检测，避免扩散等问题。

（3）靠近电极附近的样品在加电后迅速在电极附近被临时聚焦，而柱中部的样品仍为近溶液状态，不能形成聚焦带（色槽峰），随着聚焦的进行，电极附近的 pH 值逐步向中部迁移直至左右重合，此时应该停止聚焦。否则，样品和柱内 pH 将继续迁移，导致过聚焦。

（4）CIEF 方法可对单克隆抗体药物的等电点和电荷异质性进行分析，针对不同 pI 范围的蛋白样品选用适当的两性电解质实现高分辨率的分析。如对于大部分单抗，其 pI 值位于 7～10 之间，可使用 pH3～10 范围的两性电解质；对于 pI 在 5～7 范围内的蛋白样品，可使用 pH5～8 的窄范围两性电解质；而对于 pI 小于 5 的酸性蛋白质，则可以使用反向聚焦和迁移模式，实现更好的分析。

三、肽图分析

（一）原理

肽图分析用于鉴定蛋白质一级结构（氨基酸序列）及其衍生物，如糖基化、氧化、脱酰胺或降解衍生物，与质谱等其他方法结合使用，是进行分析所需的最重要的分析工具之一。肽图分析是一种分析蛋白质一级结构的技术，广泛用于生物制药行业的所有阶段和验证水平。肽图分析通常涉及样品的变性、还原和烷基化，然后在反相柱上分离得到的肽，使用紫外（UV）吸光度或质谱（MS）检测中的一种或两种进行检测。生成的色谱图对样品来说是独一无二的，这使得肽图可以用作身份测试或评估可比性，用于批签发或表征。肽图分析是一种强大的技术，用于检测蛋白质一级结构的变化，例如翻译后修饰（PTM）或 N/C 末端延伸或截断。在此使用蛋白水解肽图和质谱检测进行分析。

（二）主要材料和仪器

IgG4 亚类的完全人源化 mAb（mAb1），尿素，碳酸氢铵，内蛋白酶 Lys-C，甲酸，乙腈，双电荷纤维蛋白肽酶 B 人肽，四极杆飞行时间质谱仪，BEH300 C18 1.7μm 2.1mm×150mm 色谱柱，高效液相色谱系统，MassLynx 4.1 和 BiopharmaLynx 1.3.3 软件。

（三）方法

1．样品制备

将 IgG4 亚类的完全人源化 mAb，即 mAb1，在 2mol/L 尿素和 100mmol/L 碳酸氢铵中，pH8.0 条件下，稀释至 1mg/mL，制备轻度变性样品。

2．样品酶解

加入的 0.1mg 内蛋白酶 Lys-C，在 37℃对 2mg mAb1 进行蛋白酶消化。消化过夜后，添加甲酸，至总体积 7.5μL。

3．反相高效液相色谱（RP-HPLC）

（1）RP-HPLC 使用四极杆飞行时间质谱仪耦合的色谱系统进行电喷雾电离。

（2）将消化后的 7.5μL（7.5μg 蛋白质）mAb1 注入 BEH300 C18 1.7μm 2.1mm×150mm 色谱柱，柱温箱保持在 40℃。

（3）流动相的流速为 0.20mL/min。超纯水用于流动相 A，使用含有 0.1%甲酸的乙腈用于流动相 B，如下进行色谱：B 在 70min 内从 1%增加到 36%，然后在 6min 内增加到 50%，然后在 90% B 下增加 4.5min 和 7.5min 的平衡期。

（4）使用光电二极管阵列检测器通过 214nm 处的吸光度监测柱的洗脱。四极杆飞行时间质谱仪在正离子模式下运行，毛细管电压为 3.5V，样品锥电压为 35V。采集范围为 50～2000m/z，扫描时间为 1s。

（5）使用双电荷纤维蛋白肽酶 B 人肽的单同位素峰进行锁定质量校准。使用 MassLynx 4.1 和 BiopharmaLynx 1.3.3 进行数据分析。

（四）注意事项

（1）样品酶解时，蛋白质与酶的比例为 20∶1（质量比）；消化过程中的蛋白质浓度为 1mg/mL。

（2）样品酶解中添加甲酸使最终体积分数为 5%。

（3）色谱柱的安装使用过程中避免强烈碰撞和振动。不同厂家生产的色谱柱有不同的接口尺寸。如果柱头类型与不锈钢毛细管接头不匹配，会发生泄漏或死体积过大。

（4）色谱柱的存放最好按照色谱柱说明书中的保存方法进行。在实际应用中，为方便起见，还可以将流动相留作短期维护，这样可以减少下次使用的平衡时间。

四、氨基酸组成分析

氨基酸是一种小分子的两性化合物，分子质量在 75～200Da 之间，其化学通式为 R—CH(NH_2)—COOH，在生物体内的氨基酸都是 L 型，仅在少数微生物来源的多肽中出现 D 型氨基酸。氨基酸是组成肽和蛋白质的基本单位，也是生物体维持生长所必需的营养物质。氨基酸组成分析是准确定量多肽、蛋白质、抗体等样品的黄金标准。氨基酸分析（amino acid analysis, AAA）是一种多步骤分析方法，包括：①肽或蛋白质酸水解成其组成氨基酸；②通过液相色谱或气相色谱分离氨基酸；③氨基酸衍生（可在色谱前后进行）；④分光光度检测。为了提高检测灵敏度并减少所需蛋白质材料的量，开发了无衍生化 AAA 方法，使用 MS 检测和定量色谱分离后的单个氨基酸残基。这些方法加快了分析过程并大大提高了灵敏度，将单次分析所需的初始样品量减少到几纳克。

（一）MALDI-TOF 质谱或 MALDI-TOF/TOF 串联质谱

1．原理

基质辅助激光解吸飞行时间质谱（matrix-assisted laser desorption / ionization time of flight mass spectrometry，MALDI-TOF MS）是近年来发展起来的一种新型的软电离生物质谱。MALDI-TOF 质谱主要由两部分组成：基质辅助激光解吸电离离子源（MALDI）和飞行时间质量分析器（TOF）。其原理是不同的微生物样品与过量的基质溶液点在样品板上，溶剂挥发后形成样品与基质的共结晶，利用激光作为能量来源辐射结晶体，基质从激光中吸收能量使样品吸附，基质与样品之间发生电荷转移使得样品分子电离，样品离子在加速电场下获得相同的动能，经高压加速、聚焦后进入飞行时间质谱分析器进行质量分析。MALDI-TOF MS 具有灵敏度高、准确度高及分辨率高等特点，为生命科学等领域提供了一种强有力的分析测试手段。

2．主要材料和仪器

乙腈和三氟乙酸（HPLC 梯度级质量）、氨基酸、待分析蛋白质/肽、6mol/L HCl［1% 苯酚（按体积计）］、α-氰基-4-羟基肉桂酸（α-cyano-4-hydroxycinnamic acid, CHCA）、氮气（预净化级）、甲醇、2-丙醇、微升注射器或可调微量移液管、Pico-Tag 工作站、6mm×50mm 样品管或 6mm×31mm 250μL 平底玻璃内插管、真空泵、P-100 系列或类似泵、聚四氟乙烯镊子。

1）氨基酸标准品的制备

（1）在去离子水中制备 10mmol/L 氨基酸原液（例如制备 100mL 甘氨酸溶液，称取 75mg 甘氨酸，加去离子水溶解并定容至 100mL）。

（2）对于酪氨酸储备溶液，浓度应为 3mmol/L（水溶性小）。

（3）甲基酪氨酸（定量 MALDI-TOF 分析所需的内标）储备溶液浓度应为 1mmol/L。

（4）浓度为 300μmol/L、200μmol/L、100μmol/L、80μmol/L、60μmol/L 和 20μmol/L 的 MALDI-TOF 的氨基酸标准品和 200μmol/L 的 MALDI-TOF/TOF 分析的氨基酸标准品是通过用去离子水稀释 10mmol/L 原液而制备的。

2）基质溶液的制备

（1）使用前 CHCA 重结晶。重结晶时，将 CHCA 与少量甲醇混合，回流加热至沸腾，然后缓慢添加甲醇（仍沸腾），直至 CHCA 完全溶解。过滤溶液，静置冷却至室温。

（2）用 2.47mL 水稀释 8.5mL 乙腈，并向该溶液中添加 30μL 10%的三氟乙酸。乙腈和三氟乙酸的最终浓度分别为 85%和 0.03%。

（3）将 CHCA 添加到 1mL 步骤（2）溶液中直至饱和。不使用时，基质溶液应储存在 −20℃。

3．方法

1）蛋白质和肽的水解

（1）用酸（例如 6mol/L HCl）清洁样品管后用去离子水彻底冲洗，然后用 100%乙醇在真空下干燥。在将样品管放入反应瓶中之前标记样品管，以便于识别。

（2）使用注射器或微量移液管将样品溶液放入样品管中。用镊子夹住样品管放于反应瓶中，一个反应瓶中可放置多达十个样品管。将反应瓶装入工作站，完全干燥样品。

（3）在反应瓶底部加入 200μL HCl/苯酚。注意不要将 HCl 直接引入任何管中。

（4）真空和氮气吹扫步骤循环三到四次，最后一次循环后保持真空阀打开。小心不要将 HCl 蒸干。如果真空值低于 500mTorr（1Torr=133.3224Pa），停止吹扫。

（5）将反应瓶放入水解室，标准水解条件是 110℃，20～24h。水解后，打开真空阀，用聚四氟乙烯镊子取出样品管。用 Kimwipe 无尘纸擦拭各管外部的 HCl。将样品管转移到新的反应瓶中。

（6）如果样品管未立即处理，则应在氮气干燥状态下储存于冰箱的反应瓶中。

2）样品的制备

（1）每种氨基酸原液用去离子水稀释至100μL。分析样品按1∶32、1∶49、1∶99、1∶124、1∶166和1∶199稀释，分别得到300μmol/L、200μmol/L、100μmol/L、80μmol/L、60μmol/L和20μmol/L溶液。

（2）将原液按1∶49稀释，得到200μmol/L氨基酸溶液用于MALDI-TOF/TOF-MS/MS分析。

（3）在10μL氨基酸混合物中加入2μL内标原液进行MALDI-TOF质谱分析。

（4）对于水解蛋白质/肽，向样品管中添加适当体积的0.1%TFA。

3）点样

（1）在每次实验中，将1μL的CHCA基质溶液点到基质板上的相应位置并风干，然后将1μL的氨基酸样品溶液与内标液的混合物加载在基质点上。

（2）每个样品制备4～6个斑点。

4）质谱法

（1）使用应用生物系统4700蛋白质组学分析仪或任何最新型号的TOF/TOF仪器用于MS/MS氨基酸分析。

（2）对于4700 MS/MS模式，使用以下仪器参数：2kV下的正MS-MS模式，碰撞气体为大气；打开亚稳态抑制器（具有优化的前体功能）；4500次总发射（每个亚光谱60次发射，75个亚光谱）；用于MS和MS-MS数据收集的激光强度为4500；前体质量范围为76～205。

（3）使用Data Explorer 4.5版或任何其他可用软件确定峰值强度。

（4）导出质量峰值列表并在Microsoft Excel中进行处理。然后绘制峰强度与氨基酸浓度的平均比值。

（5）测量含有所有氨基酸和内标物的混合物的质谱，建立校准曲线。

5）数据分析

所有计算摩尔分数或每个分子的残留物和/或未知样品的量化都是通过Excel电子表格进行的。

4．注意事项

（1）为提高实验质量，使用时制备新鲜基质溶液。

（2）使用的内标物为恒定浓度166.7μmol/L的甲基酪氨酸。所有蛋白源性氨基酸的氨基酸浓度与相应氨基酸与内标峰强度比呈线性关系。

（3）为了提高再结晶的产率，在CHCA结晶过滤之后，可以把溶液放在冰箱里。

（二）毛细管电泳质谱法分析

1．原理

由于大多数氨基酸的紫外吸收率很低，使用常规的毛细管电泳仪进行检测比较困难。毛细管电泳-质谱仪（CE-MS）是将这两个装置串联在一起的分析系统，采用低pH电解质对所有氨基酸进行正电荷化。所有质子化氨基酸在毛细管电泳中向阴极迁移，然后用质谱进行检测，可以同时实现 CE 的高分辨率和 MS 的高灵敏度检测。由于 CE-MS 能直接分析样品中的带电化合物，灵敏度高，特别适用于生物胺和氨基酸的分析。

2．主要材料和仪器

L-甲硫氨酸砜、HCl、NaOH、甲酸、甲醇、氯仿、细胞破碎机、Agilent CE 毛细管电泳系统、Agilent 6490 三重四极 LC/MS 系统、Agilent 1200 系列等效 HPLC 泵、G1603A Agilent CE-MS 适配套件，以及 G1607A Agilent CE-ESI-MS 喷雾器套件、Agilent ChemStation 软件系统，MassHunter 软件系统。

1）氨基酸标准品

（1）根据化合物的性质，在水、0.1mol/L HCl 或 0.1mol/L NaOH 中制备了氨基酸浓度为 10mmol/L 或 100mmol/L 的内标（L-甲硫氨酸砜)的单独储备溶液。所有储备溶液储存在 4℃。

（2）工作标准混合物是在使用前用 Milli-Q 水稀释这些储备溶液制备的。

2）CE-MS

（1）毛细管调试和运行缓冲液：1mol/L 甲酸。称取 4.6g 甲酸并转移至 100mL 容量瓶中。加水至刻度线。混合均匀，储存于 4℃直至使用。

（2）鞘液：体积分数为 50%的甲醇-水。将 25mL 甲醇和 25mL 水混合，储存于 4℃直至使用。

3．方法

1）组织样品的制备

（1）为了从组织中提取氨基酸，预先称重的深冻样品（每个约 50mg）在加入含有 20μmol/L 甲硫氨酸砜的甲醇 500μL 后，用细胞破碎机使其完全均质。

（2）然后将匀浆与 200μL 水和 500μL 氯仿混合，并在 4℃下以 9100*g* 离心 15min。

（3）300μL 水溶液通过截留值为 5kDa 的过滤器离心过滤以去除蛋白质。在 CE-MS/MS 分析之前，将滤液离心浓缩并溶解在 50μL 水中。

2）CE-MS/MS 设置

（1）首次使用前，应使用毛细管调节缓冲液冲洗新毛细管 20min。此外，每次注射前，应使用毛细管调节缓冲液冲洗，使毛细管平衡 4min。

（2）在熔融石英毛细管（内径 50μm，总长度 100cm）上进行分离。以 5kPa 的压力对样品进行流体动力注射 30s（约 30nL）。施加电压设置为 30kV，分析期间毛细管温度保持在 20℃。

（3）鞘液在 10μL/min 时使用配备 1∶100 分液器的 HPLC 泵输送。在正离子模式下进行 ESI-MS/MS，毛细管电压设置为 4000V。加热后的干氮气（加热器温度为 280℃）和雾化器气体压力分别保持在 11L/min 和 10psi。破碎机电压定为 380V，细胞加速器电压定为 7V。

（4）使用 MassHunter 软件中的 optimizer 函数优化每个氨基酸的多反应监测（MRM）参数（表 6.6）。

（5）表 6.7 显示了单个氨基酸的重现性、线性和灵敏度。

表 6.6　氨基酸 MRM 参数的优化

氨基酸	前体离子（precursor ion）（m/z）	产物离子（product ion）（m/z）	碰撞能量（collision energy）/V
Gly	76.0	30.0	8
Ala	90.1	44.0	8
Ser	106.1	60.0	8
Pro	116.1	70.0	16
Val	118.1	72.0	8
Th	120.1	74.1	8
Cys	122.0	59.0	28
Ile, Leu	132.1	86.1	8
Asn	133.1	74.0	16
Asp	134.1	74.0	12
Gln, Lys	147.1	84.0	16
Glu	148.1	84.0	12
Met	150.1	56.1	16
His	156.1	110.0	12
Phe	166.1	120.1	8
Ary	175.1	70.1	24
Tyr	182.1	91.0	28
Trp	205.1	188.1	4
甲硫氨酸砜（methionine sulfone）（IS）	182.1	56.1	16

表 6.7　氨基酸 MRM 参数的优化

氨基酸	%RSD (n=10)			线性相关性（linearity correlation）（0.1～500μmol/L）	检出限（detection limit）/（μmol/L）
	迁移时间（migration time）	峰面积（peak area）	相对峰面积（relative peak area）		
Gly	0.90	3.5	3.5	0.999	0.10
Ala	0.96	2.2	2.3	0.999	0.029
Ser	0.99	3.0	3.5	0.991	0.027
Pro	1.03	2.1	2.3	0.998	0.0080
Val	1.02	2.1	3.2	0.998	0.011
Th	1.01	2.1	2.0	0.999	0.018
Cys	1.03	39.7	38.8	0.998	0.075
Ile	1.02	2.0	2.0	0.995	0.010
Leu	1.01	2.1	3.0	0.999	0.010
Asn	1.00	1.9	2.0	0.992	0.0070
Asp	1.07	2.1	2.2	0.997	0.043
Gln	1.02	2.3	2.4	0.997	0.011
Lys	0.84	6.1	7.3	0.998	0.0028
Glu	1.01	1.5	1.8	0.980	0.010
Met	1.03	4.2	3.9	0.999	0.015

续表

氨基酸	%RSD (n=10)			线性相关性（linearity correlation）（0.1～500μmol/L）	检出限（detection limit）/（μmol/L）
	迁移时间（migration time）	峰面积（peak area）	相对峰面积（relative peak area）		
His	0.88	4.0	5.1	0.999	0.0023
Phe	1.04	2.2	2.7	0.998	0.0032
Arg	0.88	2.1	3.4	0.999	0.0017
Tyr	1.06	2.7	2.8	0.997	0.014
Trp	1.05	2.0	2.2	0.996	0.0016

4．注意事项

（1）为避免虹吸效应，CE 进样瓶的高度应与质谱仪的喷头高度相同。

（2）建议避免使用氢氧化钠进行毛细管调节，因为这会降低该应用的性能。

（3）电喷雾性能取决于毛细管切割的质量。锯齿状的边缘防止形成均匀的喷雾，也可以作为样品组分的吸附点。建议使用金刚石刀片切割器或纤维切割工具。

（4）建议使用聚丙烯样品瓶而不是玻璃瓶。

（5）如果观察到电流突然下降或峰变宽，应进一步用水稀释样品以降低其电导率，然后重新分析。

五、N 端氨基酸测序

（一）原理

使用蛋白质测序仪进行 Edman 降解是对蛋白质或肽进行测序的经典方法。氨基末端残基被标记并从肽上切割下来，而不破坏其他氨基酸残基之间的肽键。该方法用于确定抗体的 N 末端氨基酸序列与理论序列是否一致，目前已经被广泛应用，但在测序仪中的 Edman 降解也无法确定在 N 端具有封闭基团的蛋白质的 N 端氨基酸序列。在此，针对 N 末端存在封闭的情况，第一步去封闭，然后去除甲酰基、焦谷氨酰基及乙酰基，蛋白质通过 PAGE 成功分离并通过蛋白质印迹转移到 PVDF 膜上，最后再用测序仪进行 Edman 降解法测序。

（二）主要材料和仪器

以马心细胞色素 c、酵母细胞色素 c 的 5 种突变蛋白和牛红细胞超氧化物歧化酶作为具有 *N*-乙酰基的蛋白质的代表，扩增条件下产生的大肠杆菌色氨酸合成酶 α 亚基作为 *N*-甲酰化蛋白质的代表，鸡蛋核黄素结合蛋白和白地霉脂肪酶作为 N 端具有焦谷氨酸的蛋白质的代表。所用其他材料有焦谷氨酰肽酶和酰基氨基酸释放酶（AARE），*N*-甲苯磺酰-L-苯丙氨酰氯甲基酮处理的胰蛋白酶，PVDF 膜，HCl，三氟乙酸（TFA），去离子水，磷酸盐缓冲液 1（pH8.0，5mmol/L 二硫苏糖醇，10mmol/L 乙二胺四乙酸），磷酸盐缓冲液 2（pH7.2，1mmol/L 二硫苏糖醇），乙腈，甲酸，过氧化氢，吡啶，异硫氰酸苯酯，气相测序仪等。

(三) 方法

1．凝胶电泳与 Western 印迹

N 末端封闭的蛋白质通过 SDS-PAGE 在凝胶上分离。具体步骤参见第四章第三节第四部分重组蛋白表达分析中的 SDS-聚丙烯酰胺凝胶、蛋白质转移和蛋白质免疫印迹。

2．蛋白质去封闭

1）从 N 端乙酰丝氨酸和乙酰苏氨酸上去除乙酰基

(1) 通过 SDS-PAGE 分离酵母细胞色素 c 突变蛋白和在 N 末端具有乙酰基的马心细胞色素 c，并转膜到 PVDF 膜上。

(2) 将 PVDF 膜上的蛋白质条带切下并用 TFA 蒸气在 60℃下孵育 30min，然后直接进行气相测序。

2）去除甲酰基

(1) *N*-甲酰化色氨酸合酶 α 亚基（M_r=30000）通过 SDS-PAGE 分离并通过 Western 印迹转移到 PVDF 膜上。

(2) 切下蛋白质条带，并在 25℃下用 300μL 0.6mol/L HCl 处理 24h。用去离子水洗膜，干燥，用气相测序仪测序。

3）去除焦谷氨酸

(1) 鸡蛋核黄素结合蛋白（M_r=34000）和白地霉（G. candidum）脂肪酶（M_r=59000）的 N 端具有焦谷氨酸，通过 SDS-PAGE 分离并转移到 PVDF 膜上。

(2) 切除 PVDF 膜上的蛋白质条带，并用 200μL 5g/L 聚乙烯吡咯烷酮（PVP）-40（100mmol/L 乙酸中）在 37℃下预处理 30min。

(3) 将膜用 1mL 去离子水洗涤至少十次，并浸泡在 100μL 0.1mol/L 磷酸盐缓冲液 1 中。

(4) 加入 5μg 焦谷氨酰肽酶，并将反应溶液在 30℃孵育 24h。膜用去离子水洗涤，真空干燥并用气相测序仪测序。

4）去除乙酰氨基酸

将马心细胞色素 c 通过 SDS-PAGE 分离并转到 PVDF 膜上。切下蛋白质条带，并在 37℃下用 5g/L PVP-40 的 100mmol/L 乙酸预处理 30min。

(1) 用去离子水彻底洗涤，用 5～10μg 胰蛋白酶消化蛋白质，在 100μL 含有体积分数 10%的乙腈的 0.1mol/L 碳酸氢铵缓冲液（pH 8.0）中，37℃振荡 24h。

(2) 将含有胰蛋白酶肽的消化缓冲液加入离心管，用 100μL 去离子水涡旋洗涤膜，并将洗涤液与消化缓冲液混合。

(3) 将消化混合物真空蒸干，加入 100μL 体积分数 50%的吡啶和 10μL 异硫氰酸苯酯。

(4) 将氮气清除干净，将反应溶液涡旋，用 4400r/min 离心 1min，弃去含有反应副产物和过量试剂的上清液，重复洗涤 3 次，真空蒸干样品。

(5) 将 9mL 甲酸和 1mL 30% 过氧化氢混合制备过甲酸，并将混合物放在室温下 1h。将 100μL 过甲酸添加到干燥的样品中，混合后，将管置于冰上 1h，通过氧化将肽 N 端苯

硫代氨基甲酰基转化为苯基氨基甲酰基。

(6) 将样品溶液真空蒸发至干燥，重悬在去离子水中并再次真空干燥。最后将样品重悬在 100μL 的 0.2mol/L 磷酸盐缓冲液 2 中。然后加入溶解在 50μL 相同缓冲液中的 50mU AARE，并将混合物在 37℃下孵育 12h 以去除 *N*-乙酰化氨基酸。

(7) 将样品溶液加到气相测序仪反应室上部玻璃块中的聚凝胺涂层玻璃纤维过滤器中。

3．测序

根据 Applied Biosystems 提供的标准程序，在气相蛋白质测序仪（Applied Biosystems 470A、477A 和 473A）中对去封闭的蛋白质或肽进行 Edman 降解。释放的苯硫乙内酰脲-氨基酸通过在线 HPLC 系统（Applied Biosystems 120A）分离并通过保留时间进行鉴定。

（四）注意事项

(1) 纯度大于 90%的蛋白质才适用于 Edman 测序反应，样品纯度太低会导致结果不太理想。

(2) N 端封闭或糖基化的蛋白质难以进行 Edman 测序反应。

(3) 实验过程中添加酶时，酶∶底物=1∶1～1∶10。

六、C 端氨基酸测序

（一）原理

正确的氨基酸序列测定是蛋白质组学和蛋白质合成等领域的一项重要任务。长期以来，Edman 法因其可靠和简单的化学作用而成为测序的基准技术。Edman 方法的一个局限性是它只提供来自 N 端的序列，在需要选择 C 端测序的情况下，可以通过羧肽酶催化的截断进行梯度测序。在一段时间内依次从肽的羧肽酶消化物中取出等分试样，然后通过 MS 进行分析。由于该方法快速简便，已成为 C 端测序常用的手段。此外，在羧肽酶消化液中加入 2-吡啶基甲胺，2-吡啶基甲胺作为亲核试剂可以在多肽作为底物的酶降解过程中与水竞争。其目的是在部分多肽片段的 C 末端加入保护基团，从而稳定所得到的多肽梯形图。

（二）主要材料和仪器

羧肽酶 Y（CPY），肽底物为人氧化胰岛素链 B。促肾上腺皮质激素片段 7-38（ACTH 7-38），人源，≥97%；胰高血糖素，人源、牛源和猪源（≥90%）；铃蟾肽，≥97%；*N*-乙酰肾素十四肽，猪源，≥97%；促肾上腺皮质激素释放因子片段 6-33 (CRF 6-33)，≥97%。2-吡啶基甲胺，柠檬酸，三氟乙酸（TFA），*α*-氰基-4-羟基肉桂酸（本实验所用试剂和溶剂均为测序级或分析级）。AnchorChip，ReflexⅢMALDI 质谱仪。

（三）方法

1．羧肽酶消化

（1）对 ACTH 7-38、胰岛素 B（氧化）、胰高血糖素、铃蟾肽、*N*-乙酰肾素十四肽和 CRF 6-33 进行测序实验。消化缓冲液为含有 100mmol/L 2-吡啶基甲胺和 50mmol/L 柠檬酸钠（pH6.0）的胺缓冲液。

（2）将溶解在 0.1% TFA 水溶液中的 0.8μL 500mol/L 肽加入到 18μL 消化缓冲液中。通过添加溶解在 50mmol/L 柠檬酸钠（pH6.0）中的 1.4μL 0.1g/L CPY（>100U/mg，1U 表示每 1min 水解 1μmol *Z*-L-苯丙氨酰-L-丙氨酸所需酶量）开始反应。消化溶液最终有 20μmol/L 肽和超过 0.7U/mL 的 CPY 活性，2-吡啶基甲胺的浓度为 90mmol/L。

（3）将反应体系置于 37℃水浴。在反应开始后的 1min、10min、100min 和 1000min 取 3μL 等分试样，并加入 3μL 2% TFA 水溶液以停止反应。

2．基质辅助激光解吸附电离质谱技术（MALDI-MS）

（1）将从消化物中收集的样品等分，样本用带有 0.6μL C18 色谱介质床的 ZipTips 脱盐。在脱盐过程中，肽在 6μL 等比例的乙腈和 0.1% TFA 水溶液中洗脱。

（2）将该洗脱液与溶解在乙腈中的 0.2mg/mL *α*-氰基-4-羟基肉桂酸以 1∶5 的比例混合。然后将 0.5μL 样品溶液加入到 400μm 直径的 AnchorChip 的样品点上并使其结晶。

（3）质谱测量在配备 SCOUT 384 离子源的 Reflex Ⅲ MALDI 质谱仪上进行。使用正离子反射模式进行分析。质谱基于 100 个激光脉冲累积的信号，使用基于六种肽的外标进行质量校准。

（四）注意事项

（1）本实验添加 2-吡啶基甲胺，目的是在部分肽片段的 C 末端加入保护基团，从而稳定所得肽梯。

（2）分析在正离子反射器模式下进行，参数文件设定取决于目的质量范围，需要进行优化。

（3）为了保证 MALDI-MS 的检测灵敏度，需要注意防止皮肤、头发等角蛋白的污染，需要佩戴无粉手套，各项缓冲液和溶液都需要实验时新鲜制作，使用的水溶液为二次去离子水。

七、二硫键分析

（一）原理

已报道几种用于二硫键连接肽的肽质量分析的方法，可以使用传统的数据库搜索程序分析还原条件下二硫键连接肽的串联质谱数据。然而，用于分析非还原条件下二硫键连接的蛋白质和肽的串联质谱数据的高通量软件是有限的。从串联质谱数据中鉴定肽中二硫键的搜索程序也曾被报道，但是，该程序缺乏校准的经验评分模型或统计评分模型。常用的数据库搜索程序，如 SEQUEST 和 Mascot，没有选项来分析来自二硫键连接的蛋白质和肽的串联质谱数据。因此，在此报告一种用于串联质谱数据的新数据搜索算法，以识别蛋白质和肽中的二硫键。该算法包含在新开发的串联质谱数据库搜索程序 MassMatrix 中。使用这种方法，蛋白质和肽中的二硫键可以与串联质谱中的其他固定和/或可变修饰一起被识别，而无须对巯基和/或二硫键进行还原或衍生化。

（二）主要材料和仪器

干扰素 α1b，胰蛋白酶，胰凝乳蛋白酶，磷酸盐缓冲液，碳酸氢铵，碘乙酰胺，乙酸，乙腈，Thermo Finnigan LTQ 质谱仪，UltiMate Plus LC 系统及其配件（包括收集柱等），BioWorks 软件，MassMatrix 搜索引擎。

（三）方法

1．样品制备和质谱分析

（1）在 25mmol/L 碳酸氢铵溶液（pH8.0）中调整干扰素 α1b 浓度为 2mg/mL。为了最小化/阻断二硫键交换，将干扰素 α1b 在 25mmol/L 磷酸盐缓冲液（pH6.0）或 25mmol/L 碳酸氢铵和 10mmol/L 碘乙酰胺（最终浓度）中消化，消化方式为以 25∶1 的比例（底物/酶）添加使用，混合物在 37℃下孵育过夜。

（2）毛细管-液相色谱-纳米喷雾串联质谱在 Thermo Finnigan LTQ 质谱仪上进行。溶剂 A 含有 50mmol/L 乙酸的水溶液，溶剂 B 含有乙腈。将 5μL 样品注入收集柱并用溶剂 A 清洗。将进样口切换到进样模式，肽从收集柱洗脱到 5cm、75μm 内径的 ProteoPep Ⅱ C18 packed nanospray tip。使用 2%～80%溶剂 B 的梯度在 30min 内将肽洗脱到 LTQ 系统中，流速为 300nL/min，总运行时间为 58min。

（3）质谱仪的扫描序列被编程为执行全扫描，然后对谱中丰度最高的峰进行 10 次数据依赖的 MS/MS 扫描。动态排除用于排除同一肽的多个 MS/MS。

2．数据库搜索及参数设置

（1）使用 BioWorks 将从质谱仪获得的 RAW 数据文件转换为 mzData(.XML)文件。使用 MassMatrix 搜索引擎针对自定义蛋白质数据库搜索 mzData 文件。

（2）自定义 FASTA 格式的蛋白质数据库由目标蛋白质序列和诱饵蛋白质序列组成。

（3）所有未被确定为单电荷的光谱都被搜索为双电荷和三电荷离子。搜索长度为 6～50 个氨基酸残基，缺失的切割位点多达 4 个以及+1、+2 和+3 电荷的肽序列。

（4）对于具有多个匹配的光谱，使用得分最高的匹配。

（四）注意事项

（1）消化时，采取胰蛋白酶和胰凝乳蛋白酶（1∶1）组合消化效果最好。

（2）该方法不同于传统的二硫键分析，主要基于搜索引擎，该算法在 MassMatrix 中采用概率评分模型和快速数据库搜索算法，实现可靠的统计评分，高灵敏度、高选择性和高性能鉴定蛋白质和多肽中的二硫键，可注册登录申请样品测试和获取更多信息。

(3) 二硫键分析在常规检定项目中没有强制要求检测，某些产品二硫键较多，可采取多种方法结合检定，尽可能分析清楚。

八、高级结构分析

(一) 圆二色谱

1．原理

圆二色谱扫描是利用蛋白质的圆二色性及不对称分子对左右圆偏振光吸收的不同来进行结构分析。在蛋白质或多肽中主要的光活性基团是肽链骨架中的肽键、芳香氨基酸残基及二硫键等。当平面圆偏振光的吸收不相同时，产生吸收差值。这种吸收差的存在，造成了偏振光矢量的振幅差，圆偏振光变成了椭圆偏振光，这就是蛋白质的圆二色性。蛋白质浓度与使用的光径厚度和测量区域有一定关系，测量远紫外区氨基酸残留微环境的蛋白质浓度范围在 0.1～1.0mg/mL，光径选择在 0.1～0.2cm 之间；而测量近紫外区的蛋白质结构所需的浓度至少比远紫外的浓度高 10 倍方能检测到有效信号，且光径选择在 0.2～1.0cm。

2．主要材料和仪器

20mmol/L PB 缓冲液（pH7.2～7.4），HNO_3，圆二色谱仪。

3．方法

1）样品制备

根据样品蛋白质浓度值，用样品稀释液将样品分别稀释至 0.1～1.0mg/mL 和 1.0～10.0mg/mL，作为样品溶液，可以根据需要按比例调整体积，0.1～1.0mg/mL 浓度的终体积不低于 500μL，1.0～10.0mg/mL 浓度的终体积不低于 3000μL。

2）测试方法

参数如表 6.8 所示。

表 6.8　参数设置

圆二色谱（CD）条件	圆二色谱（CD）参数
波长准确度（band width）	1nm
采样频率（D.I.T.）	4s
波长范围（measurement range）	190～250nm（远紫外区扫描） 340～250nm（近紫外区扫描）
扫描速率（scanning speed）	50nm/min（远紫外区扫描） 20nm/min（近紫外区扫描）
启动模式（start mode）	即时

续表

圆二色谱（CD）条件	圆二色谱（CD）参数
噪声水平（CD scale）	20mdeg/0.05 dOD 或 200mdeg/1.0 dOD
光谱带宽（data pitch）	0.1nm
比色皿宽度（cell length）	0.1cm（远紫外区扫描） 1cm（近紫外区扫描）

3）远紫外扫描

将比色皿用 2mol/L HNO_3 浸泡过夜，去离子水冲洗干净后，加入 20mmol/L PB，按照以上参数进行 190～250nm 的远紫外扫描并采集数据。清洗比色皿后，加入浓度为 0.1～1.0mg/mL 的供试品溶液，按照上述参数进行 190～250nm 的远紫外扫描并采集数据。

4）近紫外扫描

将比色皿用 2mol/L HNO_3 浸泡过夜，去离子水冲洗干净后，加入 20mmol/L PB，按照以上参数进行 340～250nm 的近紫外扫描并采集数据。清洗比色皿后，加入浓度为 1.0～10.0mg/mL 的供试品溶液，按照上述参数进行 340～250nm 的近紫外扫描并采集数据。

5）数据分析

对扫描后的所有图谱用软件 Analysis 分析。

6）判定依据

（1）圆二色谱在远紫外区的扫描图谱，反映的是蛋白质肽键的排布信息，计算所得的是蛋白质二级结构比例，即 α-螺旋、β-折叠、转角和不规则卷曲的比例。

（2）圆二色谱在近紫外区的扫描图谱，反映的是蛋白质侧链生色基团色氨酸、苯丙氨酸、酪氨酸等残基的排布信息和二硫键微环境的变化。

4．注意事项

（1）空白样品的色谱图中，标准曲线的出峰位置不得有可见的干扰峰。

（2）处于不对称微环境的芳香氨基酸残基、二硫键也具有圆二色性，但它们的 CD 信号出现在 250～340nm 近紫外区，这些信息可以作为光谱探针研究它们不对称微环境的扰动，对肽键在远紫外区的 CD 信号并不造成干扰。

（二）冷冻电镜

1．原理

除了 X 射线晶体学（可以使用由有序 3D 晶体散射的 X 射线确定大分子的结构）和核磁共振波谱法，冷冻电镜（cryo-EM）是一种非常通用的结构测定技术。对嵌入在薄冰层中随机取向的孤立大分子的研究是冷冻电镜的一个分支，称为单粒子分析。来自不同方向的数千个样品分子图像被对齐和组合以产生高分辨率结构。单粒子分析可用于获得具有或不具有对称性的大分子复合物、病毒和大纤维状物质的结构。如果大分子排列成有序的二维阵列或二维晶体，则称为电子晶体学的冷冻电镜分支，可以用于获得重复单元的结构。此外，如果感兴趣的生物对象没有重复或规则的结构，或者是多形的，则可以采用冷冻电子断层扫描，从而使物体相对于电子束倾斜，并重建包含该物体结构信息的3D体积。

样品经过冷冻和固定，使得生物分子中的水分子以玻璃态形式存在，在透射电子显微镜成像中，电子枪产生的电子在高压电场中被加速至亚光速并在高真空的显微镜内部运动，根据高速运动的电子在磁场中发生偏转的原理，透射电子显微镜中的一系列电磁透镜对电子进行汇聚，透过样品和附近冰层，散射信号成像被探测器和透镜系统记录，形成样品放大几千倍至几十万倍的图像，利用计算机对这些放大的图像进行处理分析，即三维重构，即可获得样品的精细结构。下面以TRPV1蛋白的结构分析为例进行阐述。

2．主要材料和仪器

氯化钠，三（2-羧乙基）膦，甘油，HEPES，十二烷基-β-D-麦芽糖苷，表面活性剂Amphipols，Bio-Beads SM-2，Superdex 200柱，甲酸铀酰，液氮，液态乙烷，Tecnai T12显微镜，Tecnai TF20电子显微镜，TemF816 8K×8K cmos相机，SamViewer软件，K2 Summit相机，FREALIGN软件，ReliOn软件，UCSF Chimera。

3．方法

1）准备样品

（1）用150mmol/L氯化钠、2mmol/L三（2-羧乙基）膦、10%甘油、20mmol/L HEPES、0.5mmol/L十二烷基-β-D-麦芽糖苷、0.1mg/mL大豆脂肪和20mmol/L麦芽糖组成的缓冲液从直链淀粉树脂中洗脱TRPV1。接下来在4℃下与TEV蛋白酶孵育4h，然后将切割后的蛋白质样品与表面活性剂Amphipols以1∶3（质量比）的比例混合，轻轻搅拌4h。

（2）用Bio-Beads SM-2去除洗涤剂（4℃过夜，每1mL蛋白质/洗涤剂/Amphipols混合物用15mg Bio-Beads SM-2）。然后将生物珠从一次性polyprep柱上取出，并通过离心法清除洗脱液，然后在Superdex 200柱上进一步分离，缓冲液（pH7.4）由150mmol/L氯化钠、20mmol/L HEPES、2mmol/L三（2-羧乙基）膦组成。收集与四聚体TRPV1对应的峰，用于冷冻电镜分析。

2）蛋白质负染电镜样品制备

（1）将2.5μL纯化的TRPV1应用于覆盖有一层连续碳膜的辉光放电电镜栅格，并用7.5g/L甲酸铀酰进行染色。

（2）阴性染色的电镜网格在Tecnai T12显微镜上成像，工作电压为120kV。使用4K×4K的CCD相机以67kX的倍率记录图像，对应于样品上的像素大小为1.73Å/像素❶。手动记录50°和0°时随机锥体倾斜三维重建的倾斜对图像。

3）数据收集

（1）将浓度为0.3mg/mL的2μL纯化的TRPV1样品应用于发光放电的量子箔多孔碳网（孔径1.2μm，400目），在湿度为90%的Vitbot MarkⅢ内进行6s的印迹，然后在液氮冷却的液态乙烷中骤降冷冻。

（2）冷冻电镜图像是在液氮温度下，在Tecnai TF20电子显微镜上收集的，操作电压为200kV，使用CT3500侧进入固定器，遵循低剂量程序。在TF20显微镜上，使用基于荧光

❶ 1Å=10^{-10}m。

粉闪烁体的TemF816 8K×8K cmos相机以80kX的标称放大倍率记录图像，对应于样品上的像素大小为0.9Å/像素。图像记录的离焦范围为1.5～3.5μm。总分辨率为8.8Å，采用金标准傅立叶壳校正=0.143标准。

4）图像处理

（1）使用SamViewer对阴性染色电镜图像进行2×2的二值化处理，用于人工拾取颗粒。

（2）使用CTFFIND和CTFTILT49确定散焦。将单个颗粒切割并归一化为平均值为0，标准差为1。对于2D分类，首先使用"ctfapp"通过反转相位来校正颗粒的对比度传递函数，并使用Spider运算"CA S"、"CL KM"和"AP SH"进行10个周期的对应分析、*k*-均值分类和多参考比对。

（3）对于随机锥体倾斜三维重建，使用SamViewer从倾斜对图像中拾取粒子，并确定倾斜轴线和角度。对未分离颗粒进行2D分类后，用FREALIGN软件计算每个2D类的随机锥体倾斜三维重建图像。

（4）在TF20上收集的冷冻水合TRVP1的低剂量图像被分成2×2的二值化，得到的像素大小为1.9Å，用于图像处理。对于粒子拾取和2D分类，图像被进一步分成2×2的二进制，像素大小为3.8Å。

（5）使用K2 Summit相机收集的冷冻水合TRPV1图像的按剂量分割的超分辨率图像首先被分成2×2的二进制，得到的像素大小为1.2Å，用于运动校正和进一步的图像处理。在运动校正后，将每个图像堆栈中的所有子帧的总和用于进一步处理。粒子拾取和二维分类使用6×6二值图像（3.6Å/像素），三维分类使用4×4二值图像（2.4Å/像素）。

（6）最终的三维重建由2×2的二进制图像（1.2Å/像素）计算。使用傅立叶裁剪计算图像入库。交互挑选约2000个粒子，并使用上述相同的分类程序将其分类为约10个2D类别。然后，对于每个显微图像，整个图像被切割成一组重叠的小图像，具有64×64像素的窗口，所有窗口图像都接受MRA，对照由手动选择的粒子生成的2D类别平均（Python脚本"samautopick.py"）。然后，所有粒子都按照它们来自MRA的互相关值的顺序显示在SamViewer中，并交互地设置阈值以移除互相关值低于阈值的粒子。少量外观模糊或明显形状和大小错误的颗粒也被交互去除。

（7）从TF20上收集的300张冷冻电镜图像中选择了70585个粒子，通过无参考的2D分类进一步筛选所选颗粒。总共保留了来自TF20数据的45625个颗粒用于确定3D重建。

（8）所有的3D分类和精细化都在ReliOn上进行。从阴性染色的TRPV1进行RCT三维重建，低通滤波至60Å，并用作TF20数据的3D分类的起始模型。在对6个类别进行25次3D分类迭代后，对产生类似3D重建的类别中的粒子进行组合以进行3D自动细化。从3D分类得到的3D重建被低通滤波至60Å，并用作起始模型。使用了10357个粒子来计算最终贴图，在分别对从半数据集精炼的两个重建图像应用软球形掩模后，根据金标准fsc=0.143标准来估计分辨率。根据TF20数据进行三维重建的分辨率估计为8.8Å。

（9）继续使用相同的粒子进行细化，但从子帧3～16进行平均，将分辨率进一步提高到3.4Å。前16帧的累积剂量为21e^{-}/Å^{2}。在两个独立的重建图像上使用软球形掩模（有5个像素的脱落）来计算最终的金标准FSC曲线。ReliOn报告的旋转和平移精度分别为3.54°和1.358°。使用自动掩模和自动b因子的ReliOn后处理确定最终地图的分辨率为3.28Å，b因子为−101.228。为了建立模型和可视化，利用温度因子−100Å^{2}或通过比较实验3D密度图与从原子模型计算的理想密度图确定的频率相关比例因子，放大分辨率为 3.4Å 的最终 3D 密度图的幅度。使用 UCSF Chimera 对冷冻-电镜图进行可视化和分割，并使用 Chimera 的 Fit-in-map 函数对原子模型进行刚体拟合。

4．注意事项

（1）必须使用新鲜样品，不可使用放在冰箱里或是放置很久的样品，会使得误差极大。

（2）样品必须非常纯净，这对前期的纯化要求很高。照相之前确保样品中的水处于玻璃态,如果不是需要重新制备样品。

（3）冷冻步骤需要快速，最好使用速冻机。

（4）要纠正显微镜载物台的不稳定，否则会产生模糊图像，无法区分图像中的物体。需要反复拍摄同一个图像，以消除噪声。

第二节 蛋白质含量分析

完善的质控是重组蛋白类药物成功上市的必要条件，因此建立成熟的质量评价技术体系是保证重组蛋白质量的重要环节。蛋白质含量测定是重组蛋白质药物质量控制中的重要指标之一，准确的蛋白质含量测定对比活性计算残留杂质的限量控制以及产品的分装均具有重要意义。目前重组蛋白含量分析的主要方法包括：标准定量法（包括凯氏定氮法和氨基酸分析法)、比色分析法［包括 Folin-酚试剂（Lowry）法及考马斯亮蓝（Bradford）法、二奎啉甲酸（bicinchoninic acid，BCA）法］、紫外吸收法和 HPLC 法。

一、凯氏定氮法

（一）原理

凯氏定氮通过含氮量分析进行蛋白质含量测定，反应中消耗的盐酸滴定液可溯源至恒重无水 Na_2CO_3 的质量，以此作为含量标准品溯源的方法。通常情况下，该法中重组蛋白类药物纯度极高，无须考虑其他含氮物质的影响。但是，如果在制剂中使用到含氮添加剂，则需通过总氮量减去非蛋白氮量间接获得蛋白质含氮量。此外，凯氏定氮法通过含氮量换算出蛋白质含量，其换算系数需根据蛋白质分子式精确计算。

（二）主要材料和仪器

0.01mol/L 盐酸标准溶液、浓硫酸、体积分数 1%的硼酸吸收液、质量分数 10%的 $CuSO_4$

溶液、K_2SO_4、质量分数 25%的 NaOH 溶液、甲基红-次甲基蓝混合指示剂、30%过氧化氢、稀碱溶液、硫酸、草酸铵。凯氏定氮器、微量滴定管、容量瓶（100mL）、锥形瓶（100mL、250mL）、消化炉、漏斗、玻璃弯管、通风橱、酸度计、电炉。

（三）方法

（1）将原微量凯氏定氮法需要固定的凯氏烧瓶换成不需要固定的锥形瓶，同时在瓶口倒置一漏斗，漏斗颈顶部用玻璃弯管连接，弯管再用导管与内盛稀碱溶液的大烧杯相连。

（2）称取均匀样品，放入干燥的锥形瓶中，再加入质量分数 98%的硫酸铜和硫酸钾及浓硫酸，同时做空白对照实验。

（3）摇匀后将烧瓶放在垫有铁丝网的电炉上，放在通风橱中，打开电炉，对烧瓶直接加热，进行消化。

（4）起初用小火并随时调节火的大小，使产生的烟气被碱液完全吸收；待内容物全部炭化，泡沫完全停止后加强火力，随时转动烧瓶，使瓶壁上的内容物全部回流入消化液中，烧至溶液透明，沉淀灰白，取下待冷。

（5）将蒸馏水沿瓶壁加入锥形瓶内，转入容量瓶内，以蒸馏水冲洗数次，洗液合并入容量瓶中，待冷却后稀释至刻度，备用。

（6）煮沸蒸馏水（蒸馏水发生瓶中），在锥形瓶内加入体积分数为 1%的硼酸吸收液，置于冷凝器下，并使管口浸入硼酸内，夹紧放气口，取样品稀释液或空白液由进样口注入反应室，以蒸馏水冲洗进样口，迅速倒入进样口，并立即塞好，加水于进样口，以防氨逸出。

（7）从第 1 滴馏液滴下开始计时，蒸馏，移动吸收瓶，使硼酸液面离开冷凝管口，再蒸馏，然后用少量蒸馏水冲洗冷凝管下端，保证了游离氨被完全蒸馏。取下吸收瓶，用酸度计滴定至 7.0（取混合指示剂变色点均值），记下消耗酸的体积。

（8）继续夹紧排气口，提起进口塞，使蒸馏水流入反应室，捏紧进气橡皮管，以断绝蒸汽源。这时反应室中的废液被自动吸出，如此反复冲洗干净反应室，将排气阀打开，使反应室外层中的废液排出。

（四）注意事项

1．样品应是均匀的

固体样品应预先研细混匀，液体样品应振摇或搅拌均匀。固体样品一般取样范围为 0.2～2g；半固体试样一般取样范围为 2.0～5.0g；液体样品取样 10～25mL（约相当氮 30～40mg）。若检测液体样品，结果以 g/100mL 表示。

2．样品放入定氮瓶内时，不要黏附颈上

样品万一黏附瓶颈上，可用少量水冲下，以免被检样消化不完全，结果偏低，或者用滤纸包好一起投入消化，滤纸影响通过空白扣除。消化时应注意旋转凯氏烧瓶，将附在瓶壁上的碳粒冲下，对样品彻底消化。若样品不易消化至澄清透明，可将凯氏烧瓶中溶液冷却，加入数滴过氧化氢后，再继续加热消化至完全。

3．消化时，不要用强火

若样品含糖高或含脂较多时，注意控制加热温度，以免大量泡沫喷出凯氏烧瓶造成样品损失。可加入少量辛醇或液体石蜡。

4．硫酸要适量

如硫酸缺少，过多的硫酸钾会引起氨的损失，这样会形成硫酸氢钾，而不与氨作用。因此，当硫酸过多地被消耗或样品中脂肪含量过高时，要增加硫酸的量。

5．蒸馏时注意压力

因蒸馏时反应室的压力大于大气压力，故可将氨带出。所以，蒸馏时，蒸气发生要均匀、充足，蒸馏中不得停火断气，否则，会发生倒吸。

二、Lowry 法

（一）原理

Folin-酚试剂法是最早由 Lowry 确定的蛋白质浓度测定的基本方法。此法的显色原理与双缩脲方法是相同的，只加入了第二种试剂，即 Folin-酚试剂，以增加显色量，从而提高了检测蛋白质的灵敏度。这两种显色反应产生深蓝色的原因是：在碱性条件下，蛋白质中的肽键与铜结合生成复合物。Folin-酚试剂中的磷钼酸盐-磷钨酸盐被蛋白质中的酪氨酸和苯丙氨酸残基还原，产生深蓝色（钼兰和钨兰的混合物）。在一定的条件下，蓝色深度与蛋白质的量成正比。此法也适用于酪氨酸和色氨酸的定量测定。此法可检测的最低蛋白质量达 5g，通常测定范围是 20～250g。

（二）主要材料和仪器

吸收可见光的分光光度计和 1mL 塑料或玻璃比色杯。1%SDS 溶液、1mol/L NaOH 溶液。

铜试剂：将 20g Na_2CO_3 溶于 260mL 水中，0.4g $CuSO_4 \cdot 5H_2O$ 溶于 20mL 水中，0.2g 酒石酸钾钠溶于 20mL 水中，混匀。

2×Lowry 工作试剂：将三份铜试剂与一份 SDS 溶液和一份 NaOH 溶液混合。该试剂稳定 3 周。

0.2mol/L Folin 试剂：将 10mL Folin 试剂与 90mL 水混合。如果储存在棕色瓶中，试剂可稳定数月。

（三）方法

（1）将分光光度计的读数设置为 750nm，仪器平衡 15min。

（2）制备浓度为 1mg/mL 的牛血清白蛋白（BSA）蛋白质标准品一式两份。以 0.4mL

的体积稀释蛋白质标准品，得到 5 种浓度，范围为 10～100μg 蛋白质。对两种标准溶液进行稀释和读数，在每种蛋白质浓度下给出四个读数。

（3）向 0.4mL 蛋白质样品中加入 0.4mL Lowry 工作试剂，室温下孵育 10min。

（4）加入 0.2mL 0.2mol/L Folin 试剂，涡旋，静置 30min，在分光光度计中读取 750nm 处的吸光度值。读数可以在 650～750nm 之间进行，但在 750nm 处更灵敏。

（四）注意事项

（1）灵敏度比双缩脲试剂高 100 倍，但费时较长，要精确控制操作时间，标准曲线也不是严格的直线形式，且专一性较差，干扰物质较多。

（2）许多常见物质（K^+、Mg^{2+}、NH_4^+、EDTA、Tris、碳水化合物和还原剂）干扰该方法。如酚类、柠檬酸、硫酸铵、Tris 缓冲液、甘氨酸、糖类、甘油等均有干扰作用。浓度较低的尿素（0.5%）、硫酸钠（1%）、硝酸钠（1%）、三氯乙酸（0.5%）、乙醇（5%）、乙醚（5%）、丙酮（0.5%）等溶液对显色无影响，但这些物质浓度高时，必须作校正曲线。含硫酸铵的溶液，只需加浓碳酸钠-氢氧化钠溶液显色测定。若样品酸度较高，显色后颜色会太浅，则必须将碳酸钠-氢氧化钠溶液的浓度提高 1～2 倍。

（3）Folin 试剂在加入后仅在短时间内发生反应，故当 Folin-酚试剂加到碱性的铜-蛋白质溶液中时，必须立即混匀，以便在磷钼酸-磷钨酸试剂被破坏之前，还原反应即能发生。

（4）操作复杂，比 BCA 或 Bradford 方法需要更多的步骤和试剂。

（5）对蛋白质具有破坏性，即一旦蛋白质样品与染料发生反应，蛋白质就不能用于其他分析。

三、BCA 法

（一）原理

BCA 与含二价铜离子的硫酸铜等其他试剂组成的试剂，混合一起即成为苹果绿色，即 BCA 工作试剂。在碱性条件下，BCA 与蛋白质结合时，蛋白质将 Cu^{2+}还原为 Cu^+，一个铜离子螯合两个 BCA 分子，相互作用后由原来的苹果绿形成紫色复合物。该水溶性的复合物在 562nm 处显示强烈的吸光性，最大光吸收强度与蛋白质浓度成正比。吸光度和蛋白质浓度在广泛范围内有良好的线性关系，因此根据吸光值可以推算出蛋白质浓度。

（二）主要材料和仪器

可见光分光光度计、旋涡振荡器、秒表、试管等。按照如下配方进行试剂配制。

（1）BCA 试剂 A：分别称取 10g BCA(1%)，20g $Na_2CO_3 \cdot H_2O$(2%)，1.6g $Na_2C_4H_4O_6 \cdot 2H_2O$(0.16%)，4g NaOH(0.4%)，9.5g $NaHCO_3$(0.95%)，加水至 1L，用 NaOH 或固体 $NaHCO_3$ 调节 pH 值至 11.25。

（2）BCA 试剂 B：称取 2g $CuSO_4 \cdot 5H_2O$（4%），加蒸馏水至 50mL。

（3）BCA 试剂：取 50 份试剂 A 与 1 份试剂 B 混合均匀。此试剂可稳定一周。

（4）标准蛋白质溶液：称取0.5g牛血清白蛋白，溶于蒸馏水中并定容至100mL，制成5mg/mL的溶液。用时稀释10倍。

（三）方法

1. 绘制标准曲线

取1mL样品溶液（其中约含蛋白质20～250μg），按上述方法进行操作，取1mL蒸馏水代替样品作为空白对照。通常样品的测定也可与标准曲线的测定放在一起，同时进行。根据所测样品的吸光度值，在标准曲线上查出相应的蛋白质量，从而计算出样品溶液的蛋白质浓度。各种蛋白质含有不同量的酪氨酸和苯丙氨酸，显色的深浅往往随不同的蛋白质而变化，因而本测定法通常只适用于测定蛋白质的相对浓度（相对于标准蛋白质）。

标准品的稀释：将标准品储存液稀释至31.25～2000μg/mL，推荐使用去离子水或0.9% NaCl。取96孔酶标板，配制一组浓度分别为0.10mg/mL、0.08mg/mL、0.06mg/mL、0.04mg/mL、0.02mg/mL、0mg/mL的BSA溶液，测定这组溶液的吸光度，得到蛋白质浓度对吸光度的一条标准曲线。测定未知蛋白质浓度样品的吸光度，根据标准曲线得到蛋白质的浓度。按照表6.9加完试剂后，准确吸取20μL样品溶液于酶标孔中，加入BCA试剂200μL，轻摇，于37℃保温30～60min，冷却至室温后，以空白为对照，在酶标仪上562nm处比色。以牛血清白蛋白含量为横坐标，以吸光值为纵坐标，绘制标准曲线。以标准曲线空白为对照，根据样品的吸光值从标准曲线上查出样品的蛋白质含量。

表6.9　标准品储存液稀释液配制

管号	1	2	3	4	5	6	7	8
标准蛋白溶液/μL	0	1	2	4	8	12	16	20
蒸馏水/μL	20	19	18	16	12	8	4	0
BCA试剂/μL	200	200	200	200	200	200	200	200
蛋白质浓度/（mg/mL）	0	0.025	0.05	0.1	0.2	0.3	0.4	0.5

2. 样品的测定

配制工作液：根据标准品和样品数量，将BCA A液和B液混合（50∶1）配制适量BCA工作液，充分混匀。步骤如下。

（1）分别取25μL新鲜配制的BSA标准液和待测样品，分别添加于96孔板的微孔中。

（2）各孔加入200μL BCA工作液，充分混匀。

（3）盖上96孔板盖，37℃孵育30min（如果浓度较低，可适当提高孵育温度或延长孵育时间）。

（4）冷却到室温，用酶标仪测定A_{562}，根据标准曲线计算出蛋白浓度（样品的蛋白终浓度需乘以相应的稀释倍数）。

（5）以吸光度为纵坐标，蛋白质含量为横坐标，绘制标准曲线，计算样品的蛋白浓度。得到的吸光度对BSA浓度的关系曲线为$y=ax+b$，将样品数据代入方程。吸光度-浓度的关

系曲线中 R^2 值越接近 1，即测得的吸光度与浓度的线性越好。

（四）注意事项

（1）低温条件或长期保存出现沉淀时，可搅拌或 37℃温育或微波几十秒使 BCA 试剂溶解，如发现细菌污染则应丢弃。

（2）样品中若含有 EDTA、EGTA、DTT、硫酸铵、脂类会影响检测结果，可利用 Bradford 法进行测定。高浓度的去垢剂也影响实验结果，可用 TCA 沉淀去除干扰物质。

（3）要得到更为精确的蛋白浓度结果，每个蛋白梯度和样品均需做复孔且标准品与样品处理要尽量一样（如采用同样的溶液溶解样品和标准品），每次均应做标准曲线。

（4）当试剂 A 和 B 混合时可能会有浑浊，但混匀后就会消失。

（5）需准备 37℃水浴或温箱、酶标仪或普通分光光度计，测定波长为 540～595nm 之间，562nm 最佳。酶标仪需与 96 孔酶标板配套使用。使用分光光度计测定蛋白浓度时，试剂盒测定的样品数量会因此而减少。使用温箱孵育时，应注意防止水分蒸发影响检测结果。

（6）该方法快速，灵敏度高，试剂稳定性好，对不同种类蛋白质的检测的变异系数小，而且 BCA 法测定蛋白浓度不受绝大部分化学物质的影响，如去垢剂、尿素等对测定均无影响。

四、Bradford 法

（一）原理

考马斯亮蓝（Coomassie brilliant blue, CBB）有 G-250 和 R-250 两种。其中考马斯亮蓝 R-250 与蛋白质反应虽然比较缓慢，但可以被洗脱下去，可用来对电泳条带染色。由于考马斯亮蓝 G-250 与蛋白质的结合反应十分迅速，常用来测定蛋白质的含量。考马斯亮蓝 G-250 染料，在酸性溶液中与蛋白质结合，使染料的最大（max）吸收峰的位置由 465nm 变为 595nm，溶液的颜色也由棕黑色变为蓝色。经研究认为，染料主要是与蛋白质中的碱性氨基酸（特别是精氨酸）和芳香族氨基酸残基相结合。在 595nm 下测定的吸光度值 A_{595}，与蛋白质浓度成正比。

考马斯亮蓝 G-250 在游离状态下呈红色，最大光吸收在 465nm；当它与蛋白质结合后变为青色，蛋白质-色素结合物在 595nm 波长下有最大光吸收。考马斯亮蓝在酸性条件下和蛋白质结合，使染料最大吸收值从 465nm 变为 595nm。在一定的线性范围内，反应液 595nm 处其光吸收值与蛋白质含量成正比，因此可用于蛋白质的定量测定。蛋白质与考马斯亮蓝 G-250 结合在 2min 左右的时间内达到平衡，完成反应十分迅速；其结合物在室温下 1h 内保持稳定。

（二）主要材料和仪器

722 型可见光分光光度计、旋涡振荡混合器、试管等。

标准蛋白质溶液，用球蛋白或BSA配制成1.0mg/mL和0.1mg/mL的标准蛋白质溶液。

考马斯亮蓝G-250染料试剂：称100mg考马斯亮蓝G-250，溶于50mL 95%的乙醇后，再加入120mL 85%的磷酸，用水稀释至1L。

（三）方法

1．标准方法

（1）取16支试管，1支作空白，3支留作未知样品，其余试管分别加入标准品、水和试剂，即向试管中分别加入0mL、0.01mL、0.02mL、0.04mL、0.06mL、0.08mL、0.1mL的1.0mg/mL的标准蛋白质溶液，然后用去离子水补充到0.1mL。最后各试管中分别加入5.0mL考马斯亮蓝G-250试剂，每支试管加完后，立即在旋涡振荡混合器上混合（注意不要太剧烈，以免产生大量气泡而难于消除）。

（2）加完染料20min后，即可开始使用722型分光光度计、塑料比色皿，在595nm处测量吸光度A_{595}。空白对照为第1号试管，即0.1mL H_2O加5.0mL G-250试剂。不可使用石英比色皿（因不易洗去染色），可用塑料或玻璃比色皿，使用后立即用少量95%的乙醇荡洗，以洗去染色。塑料比色皿决不可用乙醇或丙酮长时间浸泡。

（3）以标准蛋白浓度（mg/mL）为横坐标，以A_{595}为纵坐标，进行直线拟合，得到标准曲线。每1mL溶液中0.5mg牛血清白蛋白的A_{595}约为0.50。根据测得的未知样品的A_{595}，代入公式即可求得未知样品的蛋白质含量。根据所测样品的吸光度，在标准曲线上查得相应的蛋白质含量。

2．微量法

当样品中蛋白质浓度较低时（10～100g/mL），可将取样量（包括补加的水）加大到0.5mL或1.0mL，空白对照则分别为0.5mL或1.0mL H_2O，考马斯亮蓝G-250试剂仍加5.0mL，同时作相应的标准曲线，测定595nm的光吸收值。0.05mg牛血清白蛋白溶液的A_{595}约为0.29。以A_{595}为纵坐标，标准蛋白质量（μg）为横坐标，作图。根据线性拟合公式$y=ax+b$计算所测溶液的蛋白质的含量。将样品数据代入方程得出样品中的蛋白质浓度。

（四）注意事项

（1）不同的蛋白质和CBB G-250的结合程度不同，因此使用被测蛋白质作标准曲线，可以得到更准确的结果。

（2）应按蛋白浓度从低到高的顺序进行测定，测定过程需要连续进行，不要清洗比色皿，因为水质会影响测定结果。

（3）测定吸光度时注意调整波长。

（4）从标准曲线中可以看出，溶液的蛋白质含量和吸光度成正相关，蛋白质含量越高，吸光度就越高，此方法测定范围为50～1000μg/mL。

（5）使用分光光度计时，每一次打开盖子后，都需要再次矫正，否则会产生误差。

（6）在使用可见光分光光度计时，注意装液体时不可过多，以防洒出损伤仪器；也不能过少，可能导致无法测量液体的吸光度。

五、紫外吸收法

（一）原理

酪氨酸、苯丙氨酸和色氨酸残基结构中的苯环含有共轭双键，因此赋予了蛋白质在280nm处的紫外吸收特性。根据朗伯-比尔定律，在已知光程和消光系数的前提下，通过测定蛋白样品280nm的OD值，即可获得蛋白质含量。因此，如何确定消光系数是该法最核心的问题。经文献调研，目前确定蛋白质消光系数的方法主要归纳为以下4种，即经验公式法、盐酸胍变性法、碱水解法、氨基酸分析法。

（二）主要材料和仪器

1mL石英比色杯、紫外分光光度计等。

（三）方法

（1）将紫外分光光度计的读数设置为280nm，允许仪器平衡15min。

（2）用缓冲溶液和除蛋白质外的所有成分将吸光度读数调为零。或者，读取不含蛋白质溶液的读数，并从含蛋白质溶液的每个读数中减去该值。

（3）将蛋白质溶液置于1mL比色杯中，测定吸光度。应重复此步骤以获得重复读数。如果获得的吸光度值读数大于2，则用母体缓冲液稀释蛋白质样品并测定吸光度值。建议初始稀释率为十分之一。样品的稀释和读数应一式两份。对于样品和对照品，建议使用相同的比色杯或匹配的比色杯。

（4）如果已知蛋白质的消光系数，则可采用以下方程式：吸光度=消光系数×蛋白质浓度×路径长度（1cm），测定蛋白质浓度。

（四）注意事项

（1）DNA和RNA在260nm处有最大吸收峰，在280nm处也有吸收，并且在280nm处的吸光度值比同等浓度的蛋白质高10倍。一般来说，纯蛋白质溶液的吸光度值（A_{280}/A_{260}）大于1.7，纯核酸小于0.5。

（2）操作比色杯时应小心，因为比色杯上的指纹会影响读数。

六、高效液相色谱法

（一）原理

高效液相色谱法（HPLC），是一种分析化学技术，用于分离、鉴定和量化混合物中的每种成分。它依靠泵将含有样品混合物的加压液体溶剂通过填充有固体吸附材料的柱子。样品中的每种成分与吸附材料的相互作用略有不同，导致不同成分的流速不同，并导致成分在流出色谱柱时发生分离，其中反相高效液相色谱法（RP-HPLC）应用最广泛。

（二）主要材料和仪器

醋酸依替巴肽工作标准品,测试依替巴肽药物（Integrilin®）。乙腈、TFA 均为 HPLC 级，使用 Milli-Q 纯化系统制备 HPLC 级水。用于方法开发和验证的 LC 系统由配备自动进样器（G1329A）、UV 检测器（G1314B）、脱气机（G1379B）和二元泵（G1312A）（GenTech Scientific, NY, USA）的 Agilent1200 系列 HPLC 系统组成。数据采集、分析和报告由 ChemStation Software Rev.B.03.01 完成。

（三）方法

1．储备和工作标准溶液的制备

（1）在去离子水中制备浓度为 10mg/mL 的依替巴肽药物储备溶液。

（2）然后通过在去离子水中连续稀释储备溶液制备五种工作标准品溶液（2mg/mL、1.5mg/mL、0.75mg/mL、0.375mg/mL 和 0.15mg/mL）。

2．色谱条件

（1）在室温条件（25℃）下，在 Lichospher®C18 柱（150mm×4.60mm 内径，5μm 粒径）上使用等度洗脱进行色谱分离，并在 275nm 处进行紫外检测。

（2）流动相由溶液 A［0.1%（体积比）TFA 水溶液］和溶液 B［0.1%（体积比）TFA 乙腈溶液］组成，比例为 68∶32（体积比）。流速设定为 1mL/min。每次进样量为 20μL。

3．数据获取和分析

为确定仪器响应与分析物浓度成正比，将五种不同浓度水平的工作标准溶液分别注入 HPLC 系统，重复三次，再注入依替巴肽药物储备溶液。通过在 X 轴上绘制依替巴肽的浓度和在 Y 轴上绘制平均峰面积构建校准曲线。使用线性回归分析计算回归方程和相关系数值。

（四）注意事项

（1）在该过程中使用 HPLC 级水和溶剂。每天需要现制备所有标准储备液和工作液。

（2）混合溶剂后，对流动相进行真空过滤，以去除任何可能堵塞色谱柱从而影响流动相流速的悬浮杂质。

（3）使用前按照说明书对 HPLC 流动相进行脱气，以防止气泡形成。避免过度脱气，因为这会导致流动相混合物中挥发性成分的损失。

（4）选择 275nm 波长作为合适的检测波长是因为基线清晰平坦，并且可以防止来自 TFA 以及对称的响应峰的干扰。

第三节
蛋白质纯度分析

一、宿主细胞蛋白残留分析

（一）原理

细胞中生产重组蛋白药物的过程中，不仅形成目的蛋白，而且还存在宿主细胞蛋白（host cell proteins, HCPs）、DNA、RNA、脂质等杂质。如果不对这些杂质进行处理，对使用该重组蛋白药物的患者有潜在的风险，因此在最终的生物治疗制剂中必须将其含量降低到可接受的浓度。一般建议生物治疗制剂中 HCPs 的上限应为 100ng/mL。HCPs 通常通过使用多重纯化步骤去除。目前分析生物治疗蛋白中 HCPs 的主要方法是酶联免疫吸附分析（ELISA）和基于 2D-凝胶的比较分析，包括使用 2D-PAGE 及 Western 印迹。

（二）主要材料

CHO 细胞培养液、洗涤缓冲液、蛋白酶抑制剂、苯甲酸酶核酸酶、截留分子质量为 5000Da 的离心式膜浓缩器、2-D 清洁套件、2D-PAGE 再溶解缓冲液（7mol/L 尿素、2mol/L 硫脲、4%CHAPS、40mmol/L DTT、0.5% pH3～10 药用催化剂）、CHO 宿主细胞蛋白 ELISA 试剂盒、pH3～10 非线性 7cm IPG 条、Ettan IPGphorⅡ系统、固相干条覆盖液、SDS 平衡缓冲液、二硫苏糖醇（DTT）和碘乙酰胺（IAA）、还原 SDS 平衡缓冲液、烷化 SDS 平衡缓冲液、溴酚蓝、标准 12%Tris-Glyine 凝胶和流动缓冲液、琼脂封闭液、考马斯 G-250 染色剂、PVDF 膜、TBST 溶液（含 0.05%吐温-20 的 Tris 缓冲盐水）、抗 CHO 宿主细胞蛋白抗体、适合用 HP 标记识别一抗的二抗。

（三）方法

1．后续用于 ELISA 分析

如果随后的分析方法是基于 ELISA 的，则可以直接从待分析的材料中回收细胞培养阶段或下游加工的任何阶段的样品。对于细胞培养收获物进行酶联免疫吸附分析，通过离心去除细胞材料，形成颗粒细胞和细胞碎片，然后去除上清液进行 HCPs 分析。按照商品化的 CHO HCPs ELISA 检测试剂盒进行操作。

2．宿主细胞蛋白的 2D-PAGE 分析

（1）离心回收细胞培养上清液，去除细胞碎片。50～100μL 就足够进行 ELISA 分析，

20mL 的培养液就可满足 1D-PAGE 或 2D-PAGE 的多次分析。

(2) 对于 2D-PAGE 样本，用 20mL 的洗涤缓冲液洗涤细胞培养上清液样本，同时使用离心浓缩最少 5 倍。

(3) 在样本中加入蛋白酶抑制剂，每毫升样本加入 100 单位苯甲酸核酸酶，在冰上放置 1h。估计回收样本中的总蛋白质浓度。在基于 2D-PAGE 的分析之前，蛋白质应该脱盐，通过沉淀浓缩，并在适当的缓冲液中溶解。取 100μg 总蛋白，按照制造商的说明进行 2-D 清洁工具包处理。

(4) 将蛋白质颗粒溶解在 125μL 的 2D-PAGE 增溶缓冲液中，立即进行分析或储存在−80℃中。对于每个样品，125μL 样品上覆盖一条固定干燥带，pH 值 3～10 非线性 7cm IPG 带。

(5) 用 Immobiline PlusOne Drystrip 覆盖液覆盖板条和样品。进行等电聚焦（IEF），共 8kVh。当达到 8000kVh 时，移除板条，用 Milli-Q 水冲洗，并在−80℃下储存或立即进行二维 SDS-PAGE 分析。

(6) 将 IPG 条放入还原 SDS 平衡缓冲液中，轻轻搅拌 15min。倒出还原缓冲液，用 Milli-Q 水冲洗试纸条，然后放入烷基化 SDS 平衡缓冲液中，加入少量溴酚蓝，轻轻搅拌 15min。

(7) 用 SDS-PAGE 三甘氨酸缓冲液清洗板条，用于 SDS-PAGE 系统。在 12%的 Tris-Glyine 凝胶的顶部密封每一条平衡的条带，而不用琼脂糖封闭液堆积凝胶。

(8) 根据 SDS-PAGE 系统的情况跑第二个维度，直到染料前沿到达凝胶底部。用 Bio-Safe 考马斯 G-250 染色剂染 2D 凝胶。

(9) 以 600dpi 捕获凝胶图像，优选使用灰度中的 16 位颜色深度和使用适当扫描仪的 RGB。使用适当的 2D-PAGE 软件分析 2D-PAGE 图像。

3．宿主细胞蛋白 2D-PAGE 免疫印迹分析

对于 HCPs 的 2D-PAGE Western 印迹，初始分析进行到上述步骤（7）。在此之后，参照以下操作。

(1) 将 2D-PAGE 凝胶从池中取出，按照适当的方案转移到 PVDF 膜上。取下转印装置上的膜，用脱脂奶粉（50g/L）在 TBST 溶液中于室温下轻轻搅拌封闭 1h。倒掉封闭溶液，用 TBST 清洗薄膜，然后丢弃此清洗液。

(2) 将厂家推荐的市售抗 CHO 来源的 HCPs 抗体（一抗）稀释后倒入膜上。在 4℃的温和搅拌下孵化过夜。

(3) 倒出一抗，用过量的 TBST 冲洗 5 次。加入适当的二抗，在 TBST 中稀释，孵育 1h。使用合适的试剂（如 ECL 化学发光剂）和成像系统捕捉图像。

(4) 使用适当的软件包将 HCPs 的 2D-Western 印迹图像与 ELISA 分析的总蛋白质含量生成的 2D-PAGE 图像进行比较。

（四）注意事项

(1) 从胞外样品（例如，下游细胞培养过程中收取的样品）中回收 HCPs 的收取方法会影响所回收的蛋白质以及后续相应样品的分析方法。基于蛋白质组的凝胶分析（例如，1D-PAGE 和 2D-PAGE），与非基于凝胶的质谱法相比，具有不同的注意事项和实验流程。

(2) 对于下游生产流程或药物中 HCPs 的分析，分析方法必须考虑到 HCPs 含量应在 1～100ng/mL 的范围内。除非用于免疫印迹，否则 1D-PAGE 和 2D-PAGE 等方法在这种条件下可能不太适合。在这种情况下，当在凝胶上分析一定量的蛋白质时，药物占主导地位，并会干扰可能存在的 HCPs 的分析。

(3) 对于下游流程样品的凝胶分析，需要分别分析材料的量，并考虑药物浓度和 HCPs 预期浓度。HCPs 的浓度可以在回收前通过 ELISA 进行凝胶分析，以帮助确定 HCPs 的回收量。

(4) 建议使用临界值分子质量为 5000Da 的浓缩器，这应该足以确保大多数重组蛋白和 HCPs 不会流失。使用者应考虑所使用的膜是否可能导致任何蛋白质的损失。

(5) 虽然添加蛋白酶抑制剂并不是绝对必要的，但建议这样做是为了确保蛋白质不会因为任何蛋白酶的存在而降解。如果样品要用于研究蛋白酶活性或研究蛋白酶是否存在，则不应含有蛋白酶抑制剂。加入全能核酸酶应使任何 DNA 和/或 RNA 降解。同样，如果样本要用于宿主细胞的 DNA 或 RNA 分析，不应加入全能核酸酶。

(6) 对于从 CHO 细胞上清液培养液中回收的重组蛋白样品，应该注意样品中的大多数蛋白质很可能是重组蛋白，而不是宿主细胞蛋白。

(7) 用 7cm 的固相 IPG 等电聚焦条进行 2D-PAGE 时，共上样 125μL。如果要使用更长的条带或更高浓度的总蛋白，则应适当调整上样量。

(8) 目前已有许多商品化的 CHO HCP ELISA 检测试剂盒，这些试剂盒对特定的 CHO 宿主和/或重组细胞系的灵敏度和检测范围可能参差不齐。

(9) 2D 荧光差异凝胶电泳（2D-DIGE）通常用于直接比较两个样品 HCPs 的量。这种方法可以在同一凝胶上同时电泳两个样本，并直接对蛋白质/斑点及其相对丰度进行比较。

(10) 建议使用非线性 pH 值范围 3～10 的试纸进行初步研究。但是，如果需要研究较窄的 pH 范围，则可以使用具有不同 pH 范围的试纸。

(11) 有许多软件可用于分析 2D-PAGE 凝胶。一些软件已被用于比较 2D-PAGE 凝胶与相应的 HCPs 分析免疫印迹（例如，TotalLab 的 SpotMap）。

二、宿主细胞 DNA 残留分析

（一）原理

生物制品中的重组蛋白药、抗体药、疫苗等产品是用连续传代的动物细胞株表达生产的，虽然经过严格的纯化工艺，但产品中仍有可能残留宿主细胞的 DNA 片段。残留宿主 DNA 可能导致插入突变、抑癌基因失活、癌基因被激活等结果，增加了重组蛋白药物在体内的免疫源性风险。《中国药典》2020 年版（三部）——人用重组单克隆抗体制品总论中提及应采用适宜的方法对供试品宿主细胞和载体 DNA 及其他杂质进行检测。供试品测定结果应在规定的范围内（各论中的限定标准多为 10ng/剂）。为了保证产品的安全性，宿主 DNA 残留检测仍需在终产品进行质量控制。近年来最常用的检测方法为实时荧光定量 PCR 法（qPCR），染料法常用的染料是 SYBR GreenⅠ，它是一种结合于双链 DNA 双螺旋小沟区域的绿色荧光染料。SYBR Green Ⅰ在游离状态下的荧光比较微弱，一旦与双链DNA结合后，其荧光会大大增强。这样通过检测荧光强弱就可以定量检测PCR过程中扩增产生的双链DNA数量。

（二）主要材料和仪器

蛋白酶，吸附磁珠，结合液，洗涤液，洗脱液，基因组DNA标准品，SYBR Green PCR master mix kit，宿主细胞基因组特异性引物。酶标仪，ABI 7500 FAST定量PCR仪。

（三）方法

1．对重组蛋白进行预处理（一般为磁珠吸附法，提取DNA）

（1）蛋白酶消化重组蛋白，避免蛋白质干扰。

（2）加磁珠与结合液，使DNA与磁珠结合。洗涤液洗涤磁珠。

（3）洗脱液洗脱DNA，作为qPCR的样本。

（4）酶标仪测量DNA浓度并记录。

（5）将基因组DNA稀释成8个不同浓度的标准品（100ng/μL，10ng/μL，1ng/μL，1×10^{-1}ng/μL，1×10^{-2}ng/μL，1×10^{-3}ng/μL，1×10^{-4}ng/μL，1×10^{-5}ng/μL）。

2．qPCR检测

（1）采用10μL的体系，配比如下：

试剂	体积/μL
SYBR Green反应混合物	5
ROX Ⅰ或Ⅱ参考染料	0.2
DNA模板	1
正向引物（10μmol/L）	0.4
反向引物（10μmol/L）	0.4
无RNase活性的dH_2O	3
合计	10

（2）扩增程序设计如下：

循环数	步骤	温度/℃	时间	说明
1	1	95	2～5min	预变性
45	1	95	30s	模板变性
	2	55～65	30s	退火/延伸

（3）使用ABI 7500 FAST定量PCR仪运行qPCR并用其软件收集分析结果，绘制标准曲线，得到样品浓度与Ct之间的线性表达公式。

3．回收率和DNA残留量测定

（1）用公式$回收率=\frac{加入已知量DNA样品测定值-DNA样品测定值}{加入已知量DNA理论值}$计算DNA回收率。

（2）用公式 $\text{DNA含量}=\dfrac{\text{DNA样品测定值}}{\text{DNA回收率}}$ 计算样品 DNA 残留量。

（四）注意事项

（1）熔解曲线应该只有一个主峰，如果出现多峰，则说明引物不特异，可能有二聚体等结构出现；如果引物预实验无二聚体，可尝试降低引物浓度。

（2）扩增曲线异常可能是因为模板浓度太高或者降解，也可能是因为荧光染料降解。

（3）复孔可增加至 5 个，以免设置 3 个复孔的时候有 1～2 个孔失效或 Ct 值差别太大。

三、残留抗生素检测

（一）原理

重组蛋白药物的生产过程中，外源基因导入细胞通常是通过抗生素来筛选细胞。如果在生产过程中使用了抗生素，不仅要在纯化工艺中除去，而且要对这种产品进行检测。不同生产工艺中可以使用抗生素的种类不同，目前重组蛋白药物生产中，最常用的是遗传霉素。遗传霉素（geneticin）是一种氨基糖苷类抗生素，由于对紫外没有吸收，采用了蒸发光散射检测器进行响应信号数据采集，不同浓度遗传霉素经蒸发光散射检测器采集到的信号响应值与遗传霉素的浓度大小是双对数线性关系，从而可以使用外标法进行定量分析样品中遗传霉素的残留量。

（二）主要材料和仪器

甲醇，三氟乙酸，HPLC，旋涡振荡混合器，色谱柱，真空泵，大功率磁力搅拌器，pH 计，十万分之一天平。

（三）方法

1．标准品制备

样品使用外标法进行定量分析，将梯度稀释的遗传霉素（G418）标准品依次进样，做出校准曲线，校准曲线选用 200μg/mL、150μg/mL、100μg/mL、50μg/mL、20μg/mL、10μg/mL 作为校准点，可使用校准曲线进行定量计算。

2．样品处理方法

各取供试品 400μL，加入 10kDa 超滤离心管中，13000r/min 离心 30min，取下层溶液，用 0.22μm 滤头过滤上样。

3．测试方法

1）HPLC 参数

名称	规格/参数
高效液相系统	Agilent1260
色谱柱	ZORBAX SB-C18(250mm×4.6μm，5μm)
流速	0.8mL/min
ELSD 蒸发温度	40℃
ELSD 雾化温度	30℃
载气及流速	氮气、1.5L/min
进样体积	10μL
柱温	30℃
流动相 A	0.2MTFA 水溶液
流动相 B	0.2MTFA 甲醇
洗脱方式	梯度洗脱

2）洗脱程序

	时间/min	A/%	B/%	流速/（mL/min）
梯度洗脱程序	0.00	98	2	0.8
	6.50	50	50	0.8
	6.51	98	2	0.8
	15.00	98	2	0.8

4．进样

进样之前用 100%的流动相平衡至少 50min，直至基线平稳。首先进空白对照样品 1 次，然后进供试样品。

5．实验结果

样品在进行外标法定量分析时，将梯度稀释的遗传霉素标准品依次进样，根据其峰面积和相应的浓度值拟合的双对数线性方程，使用该方程进行定量计算。

（四）注意事项

（1）标准品应避光保存，TFA 的相关配制应在通风橱内进行。

（2）色谱柱使用完毕应及时冲洗。

（3）样品前处理离心时应注意转速和离心时间。

（4）样品上机前基线应充分平衡。

四、其他成分检测

（一）蛋白 A 检测

1．原理

在纯化过程中，蛋白 A 会脱落而混入纯化液，因此需要在原液的质量标准中进行控制，常用方法为 ELISA。用于检测宿主细胞蛋白残留的主要方法为双抗体夹心 ELISA 法。夹心 ELISA 量化两层抗体（即捕获和检测抗体）之间的抗原。夹心 ELISA 得名于抗原夹在两个抗体之间。夹心法使用两种不同的抗体，它们与抗原上的不同表位反应。要测量的抗原必须包含至少两个能够与抗体结合的抗原表位，因为至少有两个抗体在夹心中起作用。单克隆或多克隆抗体均可用作夹心 ELISA 系统中的抗体。单克隆抗体识别单个表位，可以对抗原的微小差异进行精细检测和定量。多克隆抗体通常用作捕获抗体，以尽可能多地去除抗原。捕获抗体固定在表面上，而检测抗体（与酶或荧光基团标记结合）作为定量前的最后一步应用。夹心 ELISA 中使用的两种抗体必须在使用前配对和测试。这意味着已知它们与目标抗原的不同位置结合。捕获抗体和检测抗体不干扰彼此的结合能力是非常重要的。

2．主要材料

包被抗体（包被缓冲液中浓度 1～10μg/mL），样品、标准品和对照，一抗（未标记或生物素化），酶标二抗，底物。包被抗体缓冲液、封闭缓冲液、洗涤缓冲液和稀释缓冲液按照附录 1 配制，终止液为 2%草酸。

3．方法

(1) 检测前，两种抗体制剂均应纯化且不含白蛋白，必须标记检测抗体。通过向每个孔中加入 100μL 包被抗体溶液来包被孔。

(2) 吸出涂层溶液。微量滴定板上剩余的蛋白质结合位点必须用封闭缓冲液孵育饱和，用 200μL 封闭缓冲液填充孔。

(3) 用黏性塑料盖住培养板，室温孵育 60～90min 或 4℃过夜，用洗涤液洗孔四次。接下来向孔中加入 100μL 稀释的样品、标准品和对照品。所有稀释都应在稀释缓冲液中进行。

(4) 用黏性塑料膜将板盖住封好，并在 37℃下孵育 60～90min。用洗涤液洗涤板四次。加入 100μL 一抗。为了准确定量，应过量使用一抗。所有稀释都应在稀释缓冲液中进行。

(5) 用黏性塑料膜盖住板并在室温或−20℃下孵育 60～90min。用洗涤液洗涤四次。加入 100μL 标记的二抗。为了准确定量，应过量使用标记的二抗。所有稀释都应在稀释缓冲液中进行。

(6) 用黏性塑料膜将板盖住封好，并在室温或−20℃下孵育 60～90min。用洗涤液洗涤四次。按照说明书添加底物。过了建议的孵育时间后，在每个孔中添加终止液。

(7) 在加入终止溶液后的 30min 内，可以在 ELISA 读数器上测量目标波长的光密度。计算每组重复标准、样品和对照的平均吸光度值。如果单个吸光度值与相应平均值的差异超过 15%，则认为结果不可靠，应重新测定样品。

(8) 以标准品浓度为横坐标，吸光度为纵坐标，生成标准曲线和直线回归方程式，根据公式计算未知样品的浓度，并记录。如果样品已经稀释，则从标准曲线确定的浓度必须乘以稀释系数。

4．注意事项

(1) 一抗和二抗的最佳稀释度、细胞制备、对照以及孵育时间需要做优化。

(2) 每次试验都应包括适当的阴性和阳性对照。

(3) 标准品和空白必须与每个板一起运行以确保准确性。

(4) 使用前将所有试剂置于室温。使用前将所有试剂混合均匀。

(二) 无菌试验

1. 原理

采用薄膜过滤法进行无菌检测时，由于滤膜的作用，将微生物集留在膜的表面上。样品中微生物生长抑制剂可在过滤后用无菌pH7.0氯化钠-蛋白胨缓冲液或无菌生理盐水冲洗滤器而除去，然后注入供微生物生长繁殖和合成代谢的培养基，若供试品含相应的微生物，确保其能正常生长繁殖。

2. 主要材料和仪器

培养基、集菌仪、电热恒温培养箱、生物安全柜、高压蒸汽灭菌器。

3. 方法

1) 培养基的准备

(1) 制备：按照培养基说明书要求，称取规定量培养基加入比例量的纯化水加热溶解后分装至模制瓶中，盖塞，压盖，按规定要求采用验证合格的灭菌程序高压灭菌。

(2) 适用性检查：配制的无菌检查用的硫乙醇酸盐流体培养基及胰酪大豆胨液体培养基，应符合培养基的无菌性检查及灵敏度检查的要求。本检查可在样品的无菌检查前或样品的无菌检查中同时进行。

(3) 保存：将制备的培养基于 2～25℃避光的环境中保存，备用。若保存于非密闭容器中，一般可以在 3 周内使用。

2) 菌悬液的制备

在生物安全柜中，用无菌接种环，取金黄色葡萄球菌的培养物少许，接种至装有 0.9%的无菌氯化钠溶液的试管中，通过与“中国细菌浊度标准比浊管”比浊得到相同浊度的菌悬液，将其作为菌悬液；用无菌吸管，取 1mL 菌悬液加入装有 0.9%无菌氯化钠溶液 9mL的试管中，以此方法，经过 10 倍梯度系列稀释制得 50 CFU/mL 的金黄色葡萄球菌菌悬液。

3) 薄膜过滤

(1) 以 50mL pH7.0 氯化钠-蛋白胨缓冲液润湿滤膜。

(2) 试验人员使用 75%的酒精棉球再次消毒双手后，在酒精灯火焰 5cm 附近，取规定量供试品，立即过滤。

(3) 过滤后，1 支滤器中加入胰酪大豆胨液体培养基 100mL，另 3 支滤器中加入硫乙醇酸盐流体培养基各 100mL，其中 1 支含 100mL 硫乙醇酸盐流体培养基的滤器，加入小于 100 CFU 的金黄色葡萄球菌菌悬液，作为阳性对照。

(4) 每次试验时，取 pH7.0 氯化钠-蛋白胨缓冲液代替样品，同法操作，作为阴性对照。

4) 环境监控

试验结束后，试验人员应对双手表面、工作台表面和集菌仪表面进行表面微生物取样。

5）培养

将1管硫乙醇酸盐流体培养基置30～35℃的电热恒温培养箱中培养，1管硫乙醇酸盐流体培养基和1管胰酪大豆胨液体培养基置20～25℃电热恒温培养箱中培养，培养时间为14d；阳性对照置于30～35℃电热恒温培养箱中培养，培养时间为3d；动态监测平皿和表面微生物取样平皿置30～35℃的电热恒温培养箱中培养，培养时间为5d。

6）结果判定

⑴ 阳性对照管应生长良好，阴性对照管不得有菌生长，否则，试验无效。

⑵ 若样品管均澄清，或虽显浑浊但经确证无菌生长，判供试品符合规定；若样品管中任何一管显浑浊并确证有菌生长，判样品不符合规定。

4．注意事项

⑴ 用于无菌检查的硫乙醇酸盐流体培养基，在供试品接种前，氧化层的高度（粉红色）不得超过培养基深度的1/5，否则，须经水浴加热至粉红色消失（不得超过20min），迅速冷却，只限加热一次，并防止被污染。

⑵ 进行产品无菌检查时，应进行方法适用性试验，已确认所采用的方法适合于该产品的无菌检查。方法适用性试验也可与供试品的无菌检查同时进行。

⑶ 应根据供试品特性选择阳性对照菌：无抑菌作用及抗革兰氏阳性菌为主的供试品，以金黄色葡萄球菌为对照菌；抗革兰氏阴性菌为主的供试品以大肠埃希菌为对照菌；抗厌氧菌的供试品，以生孢梭菌为对照菌；抗真菌的供试品，以白色念珠菌为对照菌。阳性对照试验加菌量不大于100CFU。阳性对照管培养不得超过5d，应生长良好。

（三）热原检测

1．原理

热原是指引起恒温动物体温升高的致热物质。热原包括细菌性热原、内源性高分子热原、内源性低分子热原以及化学热原。一般来说热原是指细菌内毒素，是某些微生物的代谢产物、细菌尸体及内毒素。致热能力最强的是革兰氏阴性杆菌的产物，其次是革兰氏阳性杆菌类，革兰氏阳性球菌则较弱，霉菌、酵母菌甚至病毒也能产生热原。热原具耐热性、滤过性、水溶性、不挥发性、被吸附性。当热原被输入人体后，约0.5h后，使人发冷、打寒战、高热、出汗、恶心、呕吐、昏迷甚至危及生命，可于注射剂灭菌时根据其特性彻底破坏热原。

热原检查一般使用家兔法。

2．主要材料和仪器

注射器，0.9%氯化钠注射液，肛温计。

3．方法

1）实验前准备

在做热原检查前（1～2d），供试用家兔应尽可能处于同一温度的环境中，实验室和饲养室温度相差不得大于 5℃，实验室的温度在 17～28℃，在试验全部过程中，应注意室温变化不得大于 3℃，避免噪声干扰。家兔在试验前 2h 停止给食并置于适宜的装置中，直至试验完毕。禁食 2h 后，预测体温 2 次，间隔时间 30～60min，两次体温之差不超过 0.2℃，以此两次体温的平均值作为该兔的正常体温。家兔体温应使用精确度为±0.1℃的肛温计（经法定计量检定，并在检定周期内使用），或其他具有同样精度的测温装置。肛温计插入肛门的深度和时间各兔应相同，深度一般约 6cm，时间至少 2min。当日使用的家兔，正常体温应在 38.0～39.6℃的范围内，且各兔间的正常体温之差不得超过 1℃。

2）样品处理

通过无菌操作将本品放入无菌、无热原质具塞器皿内，按每 0.2g 加入 0.9%氯化钠注射液 1mL，使本品完全浸没为止，再在（115±2）℃中保持 30min，备用（2h 内使用）。

3）检验

取适用的家兔 3 只，测定其正常体温后 15min 以内，自耳静脉缓缓注入规定剂量（家兔每 1kg 体重注射剂量为 10mL）并温热至约 38℃的供试品溶液，然后每隔 30min 测量其体温 1 次，共测 6 次，以 6 次体温中最高的一次减去正常体温，即为该兔体温的升高温度（℃）。

4）判定标准

测试的 3 只家兔中，体温升高均低于 0.6℃，并且 3 只家兔体温升高总和低于 1.4℃。

4．注意事项

（1）实验过程中使用的注射器、针头及一切与供试品溶液接触的器具，应置于烘箱中“250℃、30min”或“180℃、120min”，也可用其他适宜的方法除去热原。

（2）热原检查法是一种绝对方法，没有标准品同时进行实验比较，是以规定动物发热反应的程度来判断的。影响动物体温变化的因素又较多，必须严格按照要求进行实验。

（3）给家兔测温或注射药液时动作应温柔，以免引起动物挣扎而使体温波动。

（四）异常毒性试验

1．原理

《中国药典》1977 年版收载安全试验法，1985 年版起将安全试验法更名为异常毒性检查法并沿用至今。异常毒性有别于药物本身所具有的毒性特征，是指由生产过程中引入或其他原因所致的毒性，异常毒性实验一般包括小鼠试验和豚鼠试验。本法系给予动物一定剂量的供试品溶液，在规定时间内观察动物出现的异常反应或死亡情况，判定供试品中是否污染外源性毒性物质以及是否存在意外的不安全因素。

2．主要材料和仪器

注射器（2.5mL）、75%酒精棉球。

3．方法

（1）用电子天平称取体重 18～22g 小鼠 5 只，并分别做上标记，以 75%酒精棉球将注射器消毒后，每只腹腔注射检品 0.5mL，另取 18～22g 的小鼠 5 只为空白对照，观察 7 天，第 7 天称重并做好记录。

（2）用电子天平称取体重 250～350g 豚鼠，每批样品 2 只豚鼠，每只豚鼠腹腔注射待测样品 5mL，并设 2 只豚鼠为空白对照组，观察 7 天，第 7 天称重并做好记录。

在观察期内，动物均应健存，无异常反应，到期每只体重均增加者判为合格。

4．注意事项

（1）临用前，供试品溶液应平衡至室温；做过本试验的动物不得重复使用，生物制品的该试验应包括小鼠试验和豚鼠试验，试验中应设同批动物空白对照。

（2）观察期内应着重注意饮水与饲料，保证充足供应。饮水瓶塞应塞严密，并检查出水口是否堵塞。

（3）观察期内，若发现动物采食量少（饲料减少缓慢），应关注动物后续体重变化。小鼠与豚鼠应全部健存，且无异常反应，到期每只动物体重应增加。判定供试品符合规定。若初试结果存在不符合规定项，则开展复试 1 次，小鼠、豚鼠试验量均翻倍，判定标准相同。

（五）其他检测

1．PF68 检测

1）原理

近 20 年来，Pluronic F68 已被广泛应用于悬浮培养特别是采用无血清培养技术的生物反应器中。目前已有大量实验证明，Pluronic F68 能增加细胞的存活率，维持细胞浓度的稳定。但作为工艺相关杂质，需建立相应的检测方法评估后续的蛋白药物纯化过程对其清除率，并监测研发过程中的产业化放大及工艺变更可能导致的潜在变化。Pluronic F68 与硫氰酸钴铵盐可发生络合反应形成蓝色复合物，经离心、洗涤可形成蓝色小球。当其溶解在丙酮中后，溶液颜色的深浅与 Pluronic F68 的含量呈正相关，可在特定波长 328nm 处进行检测。通过 OD328nm 与标准品 Pluronic F68 的浓度之间的对应关系绘制标准曲线，根据样品中 Pluronic F68 与硫氰酸钴铵盐发生络合反应形成蓝色复合物的 OD328nm 值，计算样品中 Pluronic F68 的含量。

2）主要材料和仪器

0.15% Pluronic F68，硫氰酸钴铵（硝酸钴 3.0g，硫氰酸铵 20.0g，用纯化水溶解并定容至 100mL），90%丙酮，酶标仪，离心机，真空干燥箱。

3）方法

（1）样品中先加 800μL 无水乙醇，进行蛋白质沉淀反应，13000r/min，5min 高速离心后取其上清液，上清液 70℃真空干燥后用 400μL 纯化水复溶。

（2）样品中加入 400μL 硫氰酸钴铵溶液、100μL 乙酸乙酯和 200μL 无水乙醇，室温静置反应 1h，Pluronic F68 与硫氰酸钴铵盐发生络合反应形成蓝色复合物。

（3）高速离心后在试管底部形成蓝色小球，弃去上清液，留下蓝色小球，加入 1mL 乙酸乙酯清洗蓝色小球及管壁，移去乙酸乙酯，再加入 1mL 乙酸乙酯清洗，至少洗涤 3 次，至溶液无颜色。

(4) 移去乙酸乙酯，打开离心管盖，在通风橱中干燥至少 15min；每管加入 0.25mL 90% 丙酮溶解蓝色小球，涡旋至蓝色小球完全溶解。

(5) 参数设置

仪器检测参数设定：

在设置中，设置读取模式（Read Mode）：ABS（光吸收）；读取类型（Read Type）：End（终点法检测）；波长（Wavelengths）：Number of Wavelenghts 选择 1；Lm1 输入 328nm。

(6) 上样检测：取制备完成的样品溶液于 UV96 孔板中，100μL/孔，用酶标仪在 328nm 处读板。

(7) 数据分析：根据标准品 OD328nm 与 Pluronic F68 含量绘制标准曲线，再依据样品的 OD328nm 来计算原液中 Pluronic F68 的含量。

4）注意事项

(1) 无水乙醇沉淀蛋白质上清时，注意不要碰到沉淀。

(2) 硫氰酸铵、丙酮的使用应在通风橱内进行，皮肤接触有害，吸入有害。

(3) 乙酸乙酯清洗蓝色小球及管壁，应至少洗涤 3 次，至溶液无颜色。

2．MTX 检测

1）原理

氨甲蝶呤（methotrexate, MTX）在细胞传代培养中作为筛选压力试剂使用，在蛋白药物的下游纯化工艺过程中逐步被清除。MTX 有紫外吸收，不同浓度 MTX 的信号响应值与其浓度在一定范围内呈线性关系，即可根据 MTX 系列标准工作溶液（检测线浓度 100.0ng/μL）的紫外检测峰面积和其浓度值拟合线性方程。毛细管电泳法分离 MTX 与产品中其他的非蛋白成分，经紫外检测可得到信号，从而对样品中的 MTX 残留量进行定量分析。

2）主要材料和仪器

SDS-MW Analysis kit、MTX、1mol/L NaOH、0.1mol/L PB（pH7.3）、MTX 乙腈、无涂层毛细管、毛细管电泳系统、干浴机、旋涡振荡混合器。

3）方法

(1) 2200μmol/L MTX 液配制。

① 2200μmol/L MTX 标准储备液配制：准确称量 MTX 1.0mg，用 0.1mol/L pH7.3 磷酸盐应用缓冲液溶解，终体积 1mL，4℃冰箱保存。

② 220μmol/L MTX 标准应用液配制：取 2200μmol/L MTX 标准储备液 100μL，用 0.1mol/L pH7.3 磷酸盐应用缓冲液稀释至终体积 1mL，混匀置于 4℃冰箱备用。

(2) 标准曲线制作：用去离子超纯水稀释 220μmol/L（100000ng/mL）MTX 标准应用液稀释成一系列浓度梯度（0.25ng/μL, 0.5ng/μL, 1ng/μL, 3ng/μL, 5ng/μL, 10ng/μL, 25ng/μL, 50ng/μL，100ng/μL）的标准液，混匀后转移至进样管。

(3) 样品制备：取样品（包括标准品）100μL，加热沸腾 5min 后，再加入 100μL 乙腈充分振荡混匀，静置 10min，13000r/min 离心 5min，移取上清液 90μL 转移至进样管。

(4) 检测步骤及参数设置。

① 仪器设置参数。

设置项	设置参数
毛细管卡盒温度	25℃
样品盘温度	15℃
波长，带宽（参比波长，参比带宽）	306nm，4nm（360nm，100nm）
Data Rate：2.5	2.5Hz

② 活化程序。

步骤	程序
步骤 1	1mol/L NaOH 冲洗，2bar 冲洗 30min
步骤 2	0.1mol/L NaOH 冲洗，2bar 冲洗 5min
步骤 3	去离子超纯水冲洗，2bar 冲洗 10min

注：1bar=10^5Pa。

③ 分离程序。

步骤	程序
碱洗	0.1mol/L NaOH 冲洗，2bar 冲洗 2min，正向
电泳缓冲液	电泳缓冲液，2bar 冲洗 7min，正向
入口蘸洗	纯水蘸洗 0min
出口蘸洗	纯水蘸洗 0min
进样	应用压力，30mbar，5s
入口蘸洗	纯水蘸洗 0min
出口蘸洗	纯水蘸洗 0min
电压分离	5kV 分离 30min，毛细管进样端和出口端保持 2bar 的压力

注：1bar=10^5Pa。

分离方法：从毛细管左端进样的方法，毛细管的有效分离长度为 50.5cm，总长度 59cm。每一次样品分离需要碱洗液、电泳缓冲液各一次预处理。样品采用压力进样，30mbar 持续 5s。样品采用恒电压分离，加反向电压 25kV。使毛细管温度保持在 25℃。

④ 清洗程序。

步骤	程序
碱洗	0.1mol/L NaOH 冲洗，2bar 冲洗 2min
水洗	纯水冲洗，2bar 冲洗 15min，正向

注：1bar=10^5Pa

（5）数据分析参照标曲图谱或质控品图谱 MTX 的出峰位置，对样品图谱进行积分，以得到峰面积，对标曲进行线性拟合，计算样品 MTX 含量。若自动积分不能得到合理的结果，应对色谱图进行手动积分。将质控品、供试品、空白样品色谱图叠加对比。

4）注意事项

（1）新安装的或拆卸保存较长时间后重新启用的毛细管柱，在分离样品之前要执行此程序对毛细管进行活化处理。

(2) 清洗方法：所有样品分离结束后，毛细管需用清洗程序进行清洗，将毛细管中充满纯水保存或清洗后拆卸保存。

(3) MTX 系列标准工作溶液的配制应准确，现配现用。

(4) 毛细管电泳的电极应定期清洗，避免干扰；毛细管电泳系统要特别注意防尘防潮。

第四节 糖基化修饰分析

糖基化是在酶的控制下，蛋白质或脂质附加上糖类的过程，发生于内质网和高尔基体等部位。在糖基转移酶作用下将糖转移至蛋白质，和蛋白质上的氨基酸残基共价结合。蛋白质经过糖基化作用形成糖蛋白。糖基化是对蛋白质的重要修饰作用，有调节蛋白质功能的作用。糖基化的结果使不同的蛋白质打上不同的标记，可改变多肽的构象和增加蛋白质的稳定性（图 6.3）。

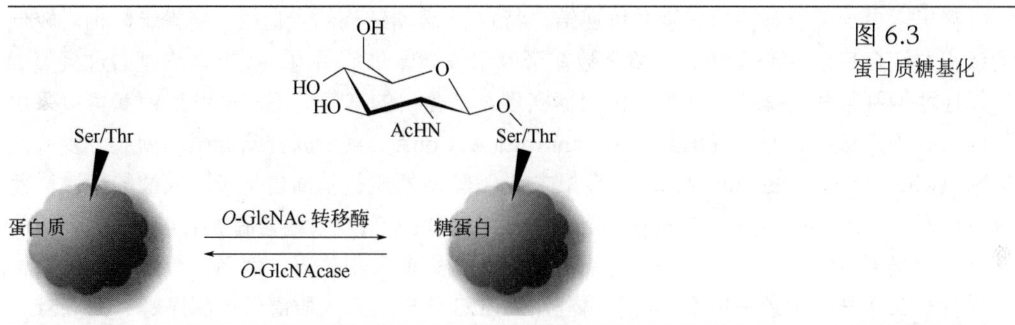

图 6.3
蛋白质糖基化

对蛋白质糖基化的检测分析也是衡量蛋白质类药物的一项重要指标。糖基一般连接在 4 种氨基酸上，分为两种：*N*-连接的糖基化（*N*-linked glycosylation），即与天冬酰胺残基的 NH_2连接，连接的糖为 *N*-乙酰葡糖胺；*O*-连接的糖基化（*O*-linked glycosylation），即与 Ser、Thr 和 Hyp 的 OH 连接，连接的糖为半乳糖或 *N*-乙酰半乳糖胺，在高尔基体上进行 *O*-连接的糖基化（图 6.4）。蛋白质的糖基化分析主要包括以下几个方面：糖基化是否发生；在哪里发生了糖基化；糖基化的类型是什么；糖链中各种糖的种类和含量；糖链的一级结构等等。至今，仍无一种可以完全解决以上所有问题的好方法。在糖链结构解析方面应用最广泛的是质谱技术和核磁共振技术，各种技术各有利弊，因此在应用中经常可以互补。目前糖分析的研究技术主要分为两大部分：分离富集亲和技术、糖蛋白鉴定/糖基化位点确定方法。

图 6.4
N-连接和 O-连接的糖基化

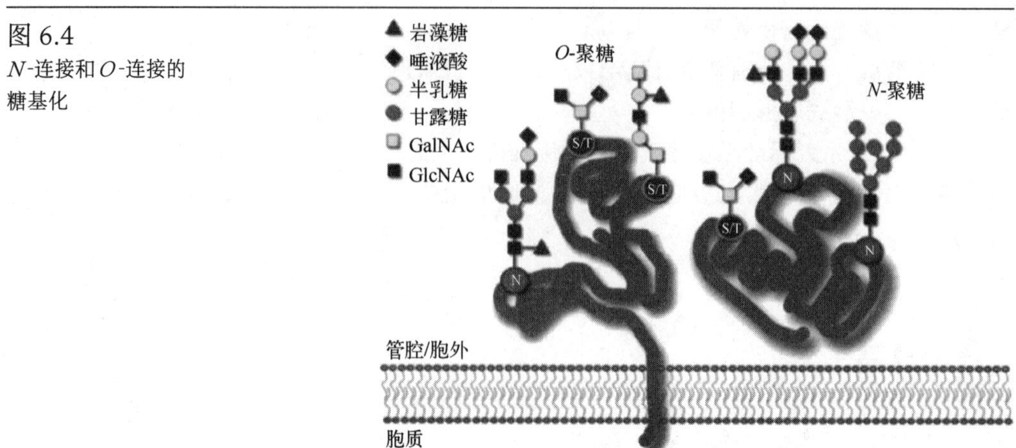

一、分离富集亲和技术

（一）凝集素亲和色谱技术

1. 原理

凝集素是一类能够特异识别并可逆结合特定糖/聚糖结构的蛋白质。凝集素以相对较低的亲和力结合其糖/聚糖靶点，解离常数在毫摩尔或微摩尔范围内。凝集素法是通过凝集素选择性地识别某些特殊结构的单糖或聚糖实现对糖蛋白的富集。不同糖型的糖肽可以采用不同的凝集素富集。刀豆凝集素（concanavalin A, ConA）富集高甘露糖型的糖肽，麦胚凝集素（wheat germ agglutinin, WGA）富集末端含有 N-乙酰氨基葡萄糖和唾液酸的糖肽，蓖麻凝集素Ⅰ（ricinus communis agglutininⅠ, RCA120）能富集末端含有 β-1,4-连接半乳糖的糖肽。凝集素富集基本过程是先让样品经过首次凝集素亲和色谱，然后进行酶解，再对样品进行第二次凝集素亲和色谱，最后再利用 HPLC 分离，进入质谱进行测序等（图 6.5）。

图 6.5
通过凝集素固定化柱捕获聚糖，然后对洗脱液进行荧光检测

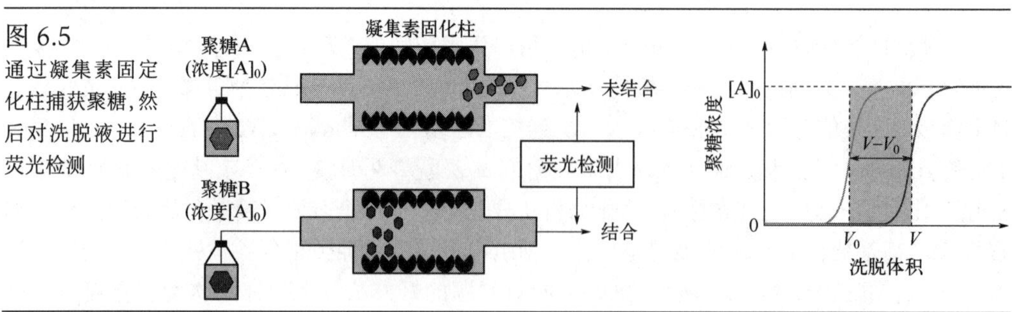

2. 主要材料

蛋白质样品、碘乙酰胺（iodoacetamide, IAA）、二硫苏糖醇（dithiotheitol, DTT）、离心

柱、固相萃取柱 Oasis HLB、糖肽内切酶 PNGase F、测序级胰蛋白酶、ConA、WGA、RCA 120、Poly SULFOETHYLA 强阳离子交换（SCX）固相萃取柱。

3．方法

1）样品制备

（1）取 12mg 蛋白质样品加入 DTT 至终浓度为 10mmol/L，室温振荡反应 45min，进行蛋白质二硫键还原。

（2）然后加入 30mmol/L IAA，于室温和避光条件下孵育 45min，使巯基烷基化。

（3）待反应结束后向溶液中加入 DTT 至终浓度 5mmol/L 以除去过量的 IAA。

（4）用 50mmol/L NH_4HCO_3 缓冲液进行 4 倍稀释，按蛋白酶与蛋白质 1∶100 的质量比加入胰蛋白酶，37℃酶解过夜。酶解液经 Oasis HLB 柱脱盐。

2）强阳离子交换（SCX）小柱预分离

将上述脱盐后的多肽混合样品用 SCX 小柱预分成 9 个组分。流程如下：先用 7mmol/L KH_2PO_4、30%乙腈（ACN）缓冲液（pH2.65）润洗 SCX 固相萃取柱，然后将 12mg 多肽混合样品反复 3 次上样，再分别用含有 10mmol/L、20mmol/L、30mmol/L、40mmol/L、60mmol/L、90mmol/L 和 350mmol/L KCl 和 7mmol/L KH_2PO_4、30% ACN 的缓冲液（pH2.65）依次洗脱并收集相应的组分。预分后的各个组分浓缩除去乙腈后，再用 Oaiss HLB 柱脱盐。

3）凝集素富集

（1）将预分后的各组分肽段分别溶解在 500μL 50mmol/L NH_4HCO_3 溶液中。

（2）加入 ConA、WGA 和 RCA 120 三种凝集素偶联的琼脂糖颗粒，在 4℃孵育 1h。

（3）用 500μL 含有 50mmol/L NH_4HCO_3 的 10% ACN 溶液洗凝集素颗粒 3 次，除去非特异性吸附肽段。

（4）用 200μL 50mmol/L NH_4HCO_3 重悬凝集素颗粒，100℃加热 5min 后收集上清液。

（5）加入 1μL PNGase F（500U/μL），在 37℃下孵育 4h 后离心收集脱糖基化的肽段。

4．注意事项

（1）凝集素珠的体积应足以结合 100mg 糖蛋白。1.0cm×30cm 柱可结合 50mg 总糖蛋白。如果样品中的糖蛋白量大大低于 50～100mg，则相应减少色谱柱的体积。

（2）用洗脱糖对色谱柱进行预洗是很重要的，然后重新平衡色谱柱，以去除之前可能与色谱柱结合的任何物质。

（3）如果 A_{280} 不能迅速恢复到基线，则可能表明某些蛋白质与凝集素的相互作用较弱，或色谱柱过载。

（4）约 2.0mg 凝集素蛋白可与每 1.0mL 膨胀的活化琼脂糖树脂偶联。

（二）酰肼化学富集法

1．原理

酰肼法是利用糖蛋白或糖肽糖链上的顺式邻二羟基结构（cis-diols）与高碘酸反应生成

醛,醛基再与酰肼树脂上的氨基反应形成共价的腙键，从而被酰肼树脂捕获，PNGase F 将糖肽从酰肼树脂上释放，得到富集后的糖基化肽段。

2．主要材料

蛋白质样品、1，4-二硫苏糖醇（DTT）、碘乙酰胺（IAA）、尿素、商品化酰肼树脂（Sigma）、测序级胰蛋白酶、PNGase F、高碘酸钠、二甲基甲酰胺、NaCl、碳酸氢铵（NH_4HCO_3）、Sep Pak C18 柱（Waters），所有实验用水由 Milli-Q 纯水系统制备（美国 Millipore 公司）。

3．方法

1）样品制备

（1）蛋白质溶液中加入终浓度为 0.01mol/L 的 DTT 后，于 37℃水浴还原变性 4h。

（2）冷却后，加终浓度为 0.05mol/L 的 IAA，避光放置 1h。

（3）0.05mol/L NH_4HCO_3 溶液 4 倍稀释，按每 0.1mg 蛋白质加 1μg 胰蛋白酶，于 37℃水浴进行酶解。

2）酰肼化学富集法

（1）将酶解后的蛋白质肽段进行 C18 脱盐处理。

（2）加入终浓度为 10mmol/L 的高碘酸钠溶液，于 4℃避光氧化 30min。

（3）将氧化后的肽段第二次 C18 脱盐处理。

（4）加 0.2mL 商品化酰肼树脂，室温孵育过夜。

（5）次日将上述体系 10000*g* 离心 10min 弃上清液。

（6）用洗涤溶液（含 1mL 二甲基甲酰胺、8mol/L 尿素、1.5mol/L NaCl 和 0.05mol/L NH_4HCO_3）洗涤 2 次去除非糖肽。

（7）将富集有 *N*-糖基化蛋白质的酰肼树脂混悬于 0.1mL NH_4HCO_3 0.05mol/L 溶液中，按酶和蛋白质质量比 1U∶10μg 加 PNGase F，于 37℃孵育过夜，将释放的 *N*-糖肽脱盐，取 2μg 进行质谱鉴定。

4．注意事项

（1）如果消化不完全，添加另一批酶，在 37℃消化样品 4h。

（2）碳酸氢铵溶解在去离子水中，pH 值应接近 8。

（3）样品可重复加载以确保结合。

（三）亲水色谱法

1．原理

亲水色谱法是利用糖蛋白上糖链具有较强亲水性的特性以及其和氨基、酰胺基、羟基等亲水官能团之间可以形成氢键、偶极作用和静电相互作用等特性，将色谱柱键合极性固定相，使用非极性流动相进行洗脱，使糖蛋白、糖肽或者糖链在固定相有较长的保留时间，从而达到其和非糖蛋白/糖肽的分离。

2．主要材料

蛋白质样品、正丁醇、乙醇、NH_4HCO_3、1,4-二硫苏糖醇（DTT）、碘乙酰胺（IAA）、Sepharose、测序级胰蛋白酶、PNGase F、ZIC-HILIC SPE 树脂（10μm，200Å）。所有实验用水均为超纯水。

3．方法

1）还原、烷基化和胰蛋白酶消化

（1）将糖蛋白溶解在水中（1nmol/μL）。

（2）添加 DTT 至终浓度为 40mmol/L，并在 56℃下孵育 30min 进行还原。

（3）在消化之前，添加 IAA 至终浓度为 100mmol/L 进行糖蛋白烷基化，并在室温下和黑暗中孵育 30min。

（4）加入 1μL 1mol/L DTT，然后添加 NH_4HCO_3（pH7.8）至最终浓度 50mmol/L 进行猝灭反应。

（5）添加胰蛋白酶（5%，质量分数），并将混合物在 37℃下孵育至少 12h。

2）HILIC SPE 糖肽富集

（1）溶解肽段：样品溶于体积比为 4∶1∶1 的正丁醇/乙醇/水溶液中，充分振荡后，高速离心去除可能存在的不溶物。

（2）亲水富集材料预处理：Sepharose 先用约 10 倍材料体积的 50%的乙醇溶液润洗活化；用正丁醇/乙醇/水溶液（4∶1∶1，体积比）平衡三次，每次也是 10 倍材料体积。

（3）糖肽与亲水材料结合：向预处理完的琼脂糖凝胶加入糖肽溶液，材料与溶液体积比约 1∶10，室温振荡反应 1h。

（4）洗涤非特异性吸附：孵育完成后，离心、弃上清液，材料用 10 倍体积的正丁醇/乙醇/水溶液（4∶1∶1，体积比）洗涤，重复 2 次。

（5）糖肽洗脱：加入适当体积的 50%的乙醇溶液，室温振荡 30min，以将吸附于材料上的糖肽洗脱，收集上清液，离心干燥。

（6）酶切去糖：将糖肽溶于 100mmol/L NH_4HCO_3 溶液中，按 1mg 初始蛋白/1μL 酶加入 PNGase F 酶。在 37℃振荡过夜。

（7）富集收集到的去糖基化的糖肽需要除盐后方能进入色谱体系分析。

4．注意事项

（1）建议使用具有中性官能团的 HILIC 树脂。

（2）如果将样品溶解在挥发性缓冲液（如碳酸氢铵）中，则使用真空离心机在低结合离心管中冻干样品。

（3）柱的长度应根据蛋白质的量和大小进行调整。

（4）加载样品的最终组成应是含水的，不含有机成分。如果样品含有有机溶液，建议使用真空离心机将样品在低结合力的离心管中冻干再重悬。

（四）β-消除米氏加成反应

1. 原理

β-消除反应是基于在碱性环境中 Ser、Thr 上的 O 糖基团会发生 β-消除形成 1 个不饱和的双键，这个双键可以被亲核试剂攻击发生加成反应，使 Ser 或 Thr 残基的质量相对其理论质量发生一个特定的变化，也就是使 O 糖基化位点被质量标记，而且这种质量标记在源后衰变（PSD）或碰撞诱导解离（CID）的条件下是稳定的，从而可以通过串联质谱测序的方法得到糖基化位点的信息。

2. 主要材料和仪器

三乙胺（triethylamine, ≥99%）、氨水、甲胺、固相萃取 Sep-Pak®Cartridge C18 除盐微柱、多孔石墨化碳微柱（porous graphitized carbon, PGC）、PNGase F、测序级蛋白水解酶、硼氢化钠（$NaBH_4$）、NaOH、浓盐酸、尿素、NH_4HCO_3、碘乙酰胺（IAA）、乙腈（ACN）、三氟乙酸（TFA）。配制的溶剂除特别说明外一般为体积比。真空冷冻干燥机；−80℃超低温冰箱；控温振荡仪。

3. 方法

1）糖蛋白的还原烷基化

（1）加入两倍糖蛋白体积的变性液（8mol/L 尿素，60mmol/L NH_4HCO_3）。

（2）加入 DTT，使终浓度为 10mmol/L，置于 37℃恒温振荡反应 60min。

（3）向溶液中加入 IAA，使终浓度为 30mmol/L，室温、避光条件下孵育 30min。

（4）向溶液补充 DTT，使前后总浓度为 IAA 的一半，室温反应约 30min，以终止烷基化后过量的 IAA。

2）蛋白质的酶解

（1）用 50mmol/L NH_4HCO_3 缓冲溶液，将经还原烷基化处理的糖蛋白溶液稀释至尿素浓度在 1.5mol/L 以下。

（2）按酶与蛋白质质量比 1∶50，加入胰蛋白酶，置于控温振荡仪中，37℃振荡过夜。

3）去 N 糖基化处理

加入 PNGase F 去 N 糖基化，按 10μL 糖蛋白加入 0.4μL PNGase F 酶，37℃振荡过夜。酶解产物 Sep-Pak®C18 微柱除盐。

4）β-消除/加成

（1）BEMAD 溶液，包括 20mmol/L DTT、1.5%三乙胺，用 NaOH 调节 pH 为 12～12.5，54℃振荡反应 4h。

（2）28%氨水，45℃振荡反应 16h。

（3）40%甲胺，54℃振荡反应 6h。

经（1）法处理后的样品需先用 2%TFA 中和至 pH 值约 3～5，然后用 Sep-Pak®C18 柱经（2）和（3）法处理的样本可以直接离心干燥去溶剂化，方能进入质谱分析。

5）还原 β-消除

（1）蛋白质或肽段溶液与等体积的 $NaBH_4$ (0.5mol/L)/NaOH(0.1mol/L)溶液混合，在 42℃

下进行约 18h。

（2）用 1mol/L 冷盐酸在冰上缓慢加入反应液中，至无明显气泡逸出，以中和过量的 $NaBH_4$ 至溶液 pH 值约 3～5。

（3）然后用 Sep-Pak®C18 微柱处理，收集不保留于柱上的部分（即糖链所在组分），最后用 PGC 柱除盐，纯化糖链。

6）PGC 除盐步骤（分为活化、平衡、载样过柱、脱盐、洗脱等步骤）

（1）依次用 3 倍柱体积的 80% ACN 溶液（0.1% TFA）、纯水通过柱体。

（2）将适当体积的样本溶液上样，控制流速约 0.5～1mL/min（必要时可收集流穿液重复此步骤）。

（3）用 3 倍柱体积的纯水通过柱体，为吸附于柱底 PGC 填料上的糖链除盐。

（4）用适当体积的 10% ACN 溶液、20% ACN 溶液、40% ACN 溶液（含 0.1% TFA）将糖链分步洗脱、脱溶剂化后，用于 MALDI-MS 和 MS-MS 分析。

4．注意事项

（1）中和通常在大约 10 滴后完成。每 5min 添加一滴，并保持管盖打开以释放氢气。在使用宽范围 pH 纸测量 pH 值之前进行旋涡。

（2）PGC 柱在 pH0～14 条件下均不会被破坏，而且在正反相模式均耐用；C18 柱在低 pH 时键合烷基碳链会水解脱落，在 pH 大于 9 时硅胶会与碱反应进而破坏柱床。

（3）乙腈的洗脱能力远远高于甲醇。

二、糖蛋白鉴定/糖基化位点的确定方法

（一）PNGase F 酶法

1．原理

N-糖苷酶 F（PNGase F）是一种酰胺水解酶，在大肠杆菌（*E. coli*）中重组表达，可以裂解由天冬酰胺连接的高甘露糖、杂合和复杂的寡糖糖蛋白。PNGase F 的切割位点为糖蛋白内侧 *N*-乙酰葡萄糖胺和天冬酰胺残基之间的酰胺键，同时将酶解后蛋白质上的天冬酰胺转化为天冬氨酸。

2．主要材料

糖蛋白、SDS、DTT、磷酸钠、Tris、NaCl、EDTA、PNGase F、Triton X-100、NP-40、碳酸氢铵。

3．方法

1）变性条件下蛋白质去糖基化

（1）将 1μL 5% SDS 和 1μL 1mol/L DTT 加入 12μL 目标糖蛋白（50μg），总体积 14μL。

（2）100℃温度下煮沸 10min 使其变性，室温冷却 5min。

（3）加入 2μL 的 0.5mol/L 磷酸钠缓冲液（pH7.5）。如果 pH 在 6～10 范围内，可以使用其他缓冲液。20mL 0.5mol/L 磷酸钠（调至 pH7.5）的配制:8.4mL 1mol/L Na_2HPO_4，1.6mL 1mol/L NaH_2PO_4。

（4）加入 2μL 的 10%NP-40。可用 Triton X-100 替代 NP-40。

（5）加入 1～2μL 的 PNGase F，在 37℃孵育 1～3h。

2）非变性条件下蛋白质去糖基化

（1）在 50mmol/L 碳酸氢铵（pH7.8）中加入 20μg 的糖蛋白至终体积为 18μL。

（2）加入 1～2μL 的 PNGase F，在 37℃孵育 2～18h。

4．注意事项

（1）在变性条件下大多数底物能够更好地去糖基化，在非变性条件下可能需要增加 PNGase F 的量和延长孵育时间。

（2）PNGase F 活性易受 SDS 的抑制，所以在反应混合物中必须加入 NP-40。

（3）使非变性糖蛋白去糖基化建议加大酶量和延长孵育时间。

（二）Endo H 酶法

1．原理

Endo H（糖苷内切酶）是一种重组糖苷酶，能够专一切割 *β*-1,4-糖苷键连接的高甘露糖型结构和某些杂合型糖蛋白，形成带有一个 *N*-乙酰葡萄糖胺的糖蛋白结构。切割后的蛋白质仍具有生物活性，不影响其功能等的后续研究。本制品克隆自褶皱链霉菌（*Streptomyces plicatus*）并在 *E. coli* 中重组表达，经多步纯化获得。

2．主要材料

糖蛋白、SDS、DTT、柠檬酸钠、Tris、NaCl、EDTA、Endo H 酶。

3．方法

糖蛋白在 1×变性缓冲液（0.5%SDS，40mmol/L DTT）中 100℃煮沸 10min 使其变性，然后在 1×Endo H 反应缓冲液（50mmol/L 柠檬酸钠 pH5.5，25℃）中于 37℃孵育，进行酶切反应。

反应一:

10×糖蛋白变性缓冲液	1μL
底物	10μg
ddH_2O	加至 10μL
100℃，反应 10min	

反应二:

10×Endo H 缓冲液	2μL
第一步反应液	10μL

Endo H　　　　　　　　1μL
ddH_2O　　　　　　　　加至20μL
37℃，反应60min

4．注意事项

（1）酶活性不受SDS影响。
（2）要使天然糖蛋白去糖基化，可尝试增加酶量，延长孵育时间。

三、糖链结构分析

（一）HILIC-UPLC分析法

1．原理

用UPLC分析*N*-聚糖最常见的方法是从蛋白质中释放*N*-聚糖，在还原剂存在下用2-氨基苯甲酰胺（或其他标签，如普鲁卡因酰胺或2-氨基苯甲酸）对释放的*N*-聚糖进行荧光标记，以及样品清理和随后的UPLC分析。*N*-聚糖的释放可以从纯化的糖蛋白（例如IgG）或更复杂的样品（如血浆/血清）开始。荧光标记的*N*-聚糖通过基于亲水相互作用（HILIC）的液相色谱分离。

2．主要材料和仪器

纯化糖蛋白样品（如IgG）、超纯水（25℃，18.2MΩ）、13.3g/L SDS、20g/L SDS、体积分数4%的IGEPAL CA-630、5×PBS（pH7.40）、PNGase F（10U/μL）、醋酸、二甲基亚砜（DMSO）、2-氨基苯甲酰胺（2-AB）、2-甲基吡啶硼烷复合物、体积分数70%的乙醇、乙腈（ACN, HPLC级）、体积分数96%的ACN，原液［2mol/L甲酸铵（pH4.40）］、溶剂A［100mmol/L甲酸铵（pH4.4）］、溶剂B（ACN）、密封清洗（20% ACN）、AB标记的寡糖梯度标准品。

1-mL和2-mL收集板、黏合密封膜、AcroPrep96-孔过滤板、GHP板（1mL, 0.2μm）、PCR板、带螺旋盖的聚丙烯小瓶（PTFE隔膜，预封硅胶黏合）、真空浓缩器、真空歧管、ACQUITY UPLC BEH酰胺柱（130Å, 1.7μm, 2.1mm×100mm）、荧光检测器、带Empower 3软件的计算机。

3．方法

1）蛋白质变性

（1）将300μL IgG洗脱液（100～300μg）转移到干净的1mL收集板中，并在真空浓缩器中干燥过夜。

（2）向含有干燥IgG的1mL收集板的每个孔中添加30μL 1.33% SDS。通过上下移液使样品完全溶解以重悬。

（3）用黏合剂密封1mL收集板，放入65℃烘箱中10min，以确保蛋白质变性。然后冷却收集板至室温超过30min。

（4）添加10μL 4% IGEPAL CA-630，通过上下移液充分混合。室温下，100r/min摇床上孵育板15min。

2）释放*N*-聚糖

（1）将10μL 5×PBS与0.12μL（1.2U）PNGase F混合，制备酶混合物。

（2）向每个样品中添加10μL酶混合物，并通过上下移液充分混合。

（3）用黏合剂密封板并在37℃孵育18h。

3）2-AB标记*N*-聚糖

（1）制备标记液：将0.48mg 2-氨基苯甲酰胺与25μL醋酸/DMSO（30∶70，体积比）混合，然后向每个样品中添加1.12mg 2-甲基吡啶硼烷络合物并旋涡直至完全溶解。

（2）旋转含有释放的*N*-聚糖的平板，并向每个孔中添加25μL先前制备的标记溶液。上下移液搅拌均匀。室温下，以200r/min摇动10min。

（3）在65℃下孵育板2h。通过200r/min的转速摇晃30min使板冷却至室温，直到准备好清洗程序。

4）预处理GHP板

（1）使用真空歧管和0.2μm，1mL AcroPrep亲水性GHP滤板作为清洁程序的固定相。

（2）向GHP板的每个孔中添加200μL 70%乙醇（体积分数），真空下弃废液。

（3）向GHP板的每个孔中加入200μL超纯水，真空下弃废液。

（4）向GHP板的每个孔中加入200μL冷的96%ACN（体积分数），真空下弃废液，并立即将用ACN稀释的样品加到预处理过的GHP板上。

5）应用2-AB标记的*N*-聚糖

（1）向每个2-AB标记的*N*-聚糖样品中加入700μL冷的100%ACN，并通过上下移液轻轻混合。将775μL（75μL样品和700μL 100%ACN）的全部体积转移到预处理的GHP过滤板上。

（2）孵育样品2min，并在真空下去除挥发性物质。

6）清洗样品

（1）向GHP板的每个孔中添加200μL冷的96% ACN，并在真空下去除。重复三次（即总共洗涤四次）。

（2）将GHP板放置在收集板上，向每个孔中添加200μL冷的96% ACN，并在165*g*下离心5min。弃流穿液。离心后，孔内或平板底部应无液体残留。

7）洗脱2-AB标记的*N*-聚糖

（1）将GHP板放在干净的PCR板上。

（2）向GHP板的每个孔中添加90μL超纯水，振荡15min。以165*g*离心5min，收集PCR平板中的第一个*N*-聚糖部分，重复此步骤一次。洗脱的2-AB标记的*N*-聚糖的总体积为180μL。样品可在−20℃下储存至少1年。

8）UPLC分析IgG *N*-聚糖

（1）在深色瓶中用超纯水制备新鲜溶剂。溶剂A为100mmol/L甲酸铵，pH4.4（稀释2mol/L原液），溶剂B为ACN。

（2）打开荧光检测器，将激发波长设置为250nm，发射波长设置为428nm。

（3）将样品温度设为 10℃，柱温设为 60℃。

（4）在 25%的溶剂 A 和 75%的溶剂 B 条件下，逐渐增加流速 0.1mL/min 至 0.4mL/min（等待压差值降至 10 以下，然后继续下一个流速步骤）。

（5）在 80%ACN 中制备 2-AB 标记的 IgG *N*-聚糖样品和标准品，总体积比注入体积至少增加 10μL。移取样品，加入 ACN。立即关闭小瓶，防止 ACN 蒸发。旋涡样品并确保小瓶中没有气泡。

（6）在 27min 的运行中，溶剂 A 的线性梯度为 25%～38%，流速为 0.40mL/min。在接下来的 1min 内，在相同的流速下，逐渐将溶剂组成改为 100%溶剂 A，并清洗色谱柱 2min。下 1min，逐渐改变溶剂组成至初始条件（即 25%溶剂 A，75%溶剂 B），并清洗系统 5min，使每个样品的总分析时间为 36min。最后一次进样后，流速停止前，将溶剂组成改为 100%溶剂 B，并清洗系统 5～10min。图 6.6 为 IgG *N*-聚糖的代表性色谱图。

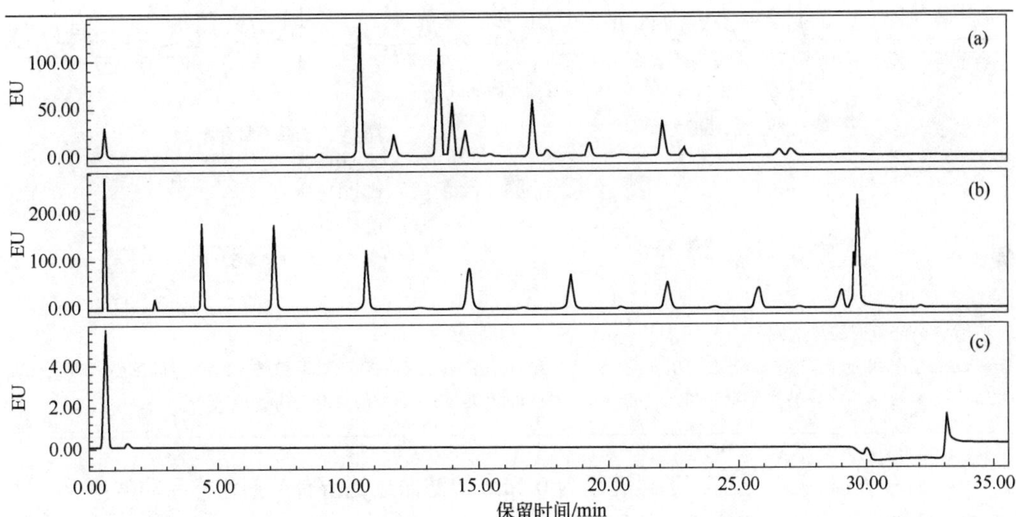

图 6.6　IgG *N*-聚糖的代表性色谱图

（a）2-氨基苯甲酰胺（2-AB）标记的免疫球蛋白 G（IgG）*N*-聚糖色谱图；（b）2-AB 标记的葡聚糖梯色谱图；（c）空白/水样的代表性色谱图

（7）色谱图处理：通过使用传统的算法，Empower 软件可以自动确定合适的色谱峰宽和阈值，也可以在处理方法中手动设置和优化。注意，由于样品的复杂性和较大数量的样品，必须手动校正每个色谱图，以保持所有样品相同的积分间隔，使其具有可比性。IgG *N*-聚糖通常分为 24 个 *N*-聚糖色谱峰（图 6.7）。每个峰中 *N*-聚糖的量通常表示为占总积分面积的百分比（%面积）。

4．注意事项

（1）SDS 可使 IgG 或血浆/血清糖蛋白变性，使 *N*-聚糖连接的糖基化位点更易被 PNGase F 酶所接近。

（2）为保证 PNGase-F 的最佳反应条件，反应混合物中 PBS 的终浓度应为 1×PBS。

（3）延长孵育时间可提高标记程序的效率。然而，它也会导致唾液酸的流失。

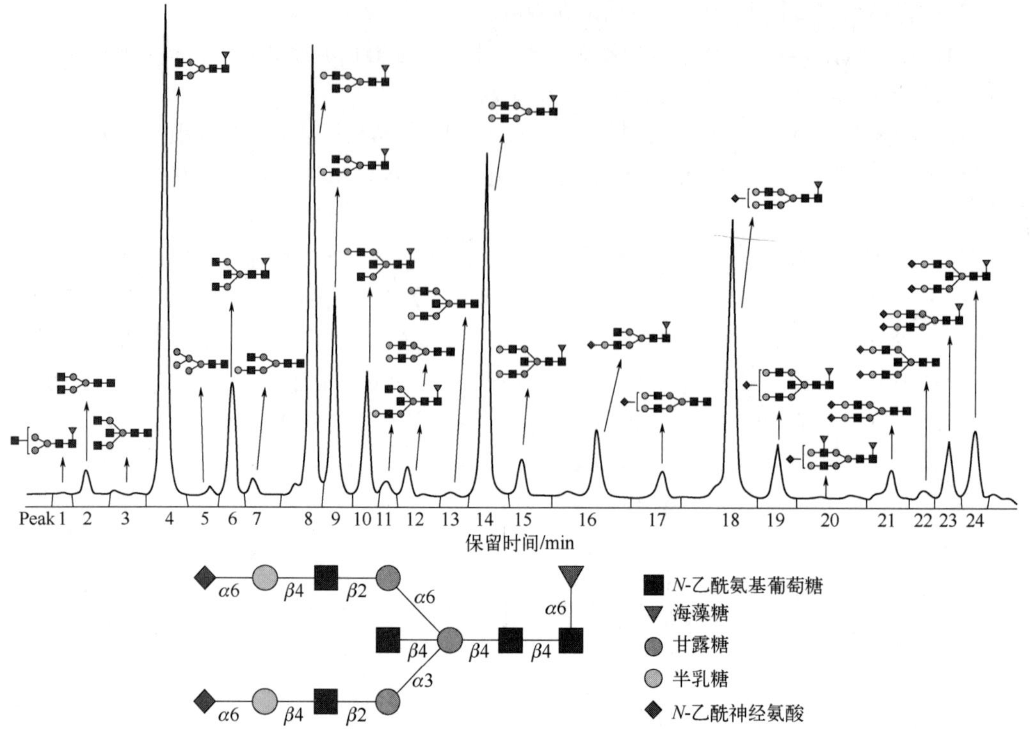

图 6.7

IgG 的 N-聚糖色谱峰及结构

基于亲水相互作用的超高效液相色谱法（HILIC-UPLC）将免疫球蛋白 G（IgG）2-氨基苯甲酰胺（2-AB）标记的 N-聚糖的代表性色谱图分离为 24 个 N-聚糖色谱峰（图的上半部分）。最复杂的人类 IgG N-聚糖的结构（图的下半部分）

（4）在 UPLC 分析之前，通过孔径为 0.2μm 的滤器过滤所有溶剂和样品非常重要。这将有助于防止色谱柱堵塞并延长其使用寿命。

（5）在整个清理过程确保将真空保持在 2in. Hg (50mmHg[1])。

（6）100%和 96%的 ACN 应储存在 4℃下，并在低温下使用，以尽量减少蒸发和样品间的变化。

（7）添加乙腈可去除样品中的大部分非极性污染物、染料和过量还原剂以及盐，而 N-聚糖将保留在 GHP 板的膜上。

（8）2-AB 标记的 N-聚糖的标准样品可在市场上买到，也可通过本文所述的程序自己制备。

（二）xCGE-LIF 分析法

1．原理

在 PNGase F 酶存在下，变性糖蛋白释放 N-聚糖。此外，释放的 N-聚糖用 8-氨基芘-1,3,6-

[1] 1mmHg=133.224Pa。

三磺酸三钠盐（APTS）标记，并通过基于 HILIC 的固相萃取（HILIC-SPE）从盐和过量标记物中纯化。采用 DNA 测序仪（3130 遗传分析仪）进行糖谱分析，并采用毛细管凝胶电泳-激光诱导荧光（xCGE-LIF）法进行分析。数据处理和分析由 glyXtool 软件（glyXera）完成。

2．主要材料和仪器

干燥的 IgG、1.66×PBS、0.5%和 2% SDS 溶液（质量分数）、4%和 8% IGEPAL CA-630 溶液（体积比）、5×PBS、10U/μL PNGase F、8-氨基芘-1,3,6-三磺酸三钠盐（APTS）标记溶液、1.2mol/L 2-甲基吡啶硼烷复合物、超纯水（25℃ 18.2MΩ）、80% 乙腈溶液（ACN，体积比）、Bio-Gel P10 悬液、ACN/100mmol/L 三乙胺（80∶20，体积比）、Hi-Di 甲酰、GeneScan 500 LIZ 染料大小标准品、POP-7 聚合物、10×EDTA 运行缓冲液。

AcroPrep 96-孔过滤板、GHP 板（350μL，0.2μm）、热密封箔、1mL 收集板、MicroAmp 光学 96-孔反应板、96 孔板隔膜、3130 荧光检测基因分析仪（Applied Biosystems brand, Thermo Fisher Scientific），配备至少 50cm，4 个毛细管阵列（Applied Biosystems brand, Thermo Fisher Scientific）。

3．方法

1）蛋白质变性

（1）向含有 3～30μg 干燥 IgG 的 PCR 板的每个孔中添加 3μL 1.66×PBS。通过上下移液使样品完全溶解以重悬。

（2）加入 4μL 0.5%SDS，上下移液混合均匀。

（3）黏合密封 PCR 板，65℃孵育 10min，以确保蛋白质变性。

（4）添加 2μL 4% IGEPAL CA-630，通过上下移液充分混合。

2）蛋白质去糖基化

（1）在微型离心管中制备酶混合物，对每个样品混合 1μL 5×PBS 与 0.12μL（1.2U）PNGase F，短暂涡流。

（2）向每个样品中添加 1μL 酶混合物，并通过上下移液充分混合。

（3）用热密封箔密封板，并在 37℃孵育 3h。

（4）在真空浓缩器中完全干燥去糖基化混合物。干燥的去糖基化样品可在标记前储存在−20℃的冰箱中。

3）APTS 标记释放的 *N*-聚糖

（1）将 2μL 超纯水添加到含有干燥的去糖基化混合物的板孔中，用力重悬。

（2）对于每个样品，将 2μL APTS 标记溶液和 2μL 1.2mol/L 2-甲基吡啶硼烷复合物混合，制备标记混合物。

（3）在每个孔的侧边加入 4μL 标记混合物。用热密封箔密封板并涡旋 10s。在 37℃孵育 16h。

4）HILIC-SPE 清洗标记的 *N*-聚糖

（1）向每个孔添加 100μL 冷的 80%ACN 停止标记反应。

（2）将 350μL，0.2μm AcroPrep GHP 板置于真空歧管上，并向每个孔中添加 200μL Bio-Gel P10 浆液。真空下弃废液。

（3）向含 Bio-Gel P10 的 GHP 板的每个孔中添加 200μL 超纯水，孵育 1min，真空下弃废液。此步骤共进行三次。

（4）向含 Bio-Gel P10 的 GHP 板的每个孔中添加 200μL 冷的 80%ACN，孵育 1min，真空下弃废液。此步骤共进行三次。

（5）165*g* 离心数秒。小心地将总样品 110μL（10μL 样品+100μL 80%ACN）转移到含有 Bio-Gel P10 的 GHP 板中。

（6）450r/min 摇动样品 5min，真空下弃废液。在此步骤中，*N*-聚糖将结合到 Bio-Gel P10 固定相。

（7）将 200μL ACN/100mmol/L TEA（80∶20，体积比）加入 GHP 板的每个孔，在恒温混匀仪上以 450r/min 振荡 2min，真空下弃废液。重复此步骤五次。

（8）向 GHP 板的每个孔中添加 200μL 冷 80%ACN，在恒温混匀仪上以 450r/min 振荡 2min，真空下弃废液。重复此步骤三次。

5）洗脱 APTS 标记的 *N*-聚糖

（1）将 GHP 板放在干净的 1mL 收集板上，以洗脱 APTS 标记的 *N*-聚糖。

（2）将 100μL 超纯水移入 GHP 板的每个孔中，并以 450r/min 振荡 5min。真空洗脱至 1mL 收集板。

（3）向每个样品中加入 200μL 超纯水，450r/min 振荡 5min。真空下将第一部分洗脱液收集到 1mL 收集板中。

（4）向每个样品中再添加 200μL 超纯水，450r/min 振荡 5min。真空下将第二部分洗脱液收集到收集板中。

6）xCGE LIF 运行

（1）根据 IgG 的起始量，移取 1～3μL APTS 标记的 *N*-聚糖于 MicroAmp Optical 96-孔反应板中。以 1∶50 混合 LIZ 500 尺寸标准品/Hi-Di 甲酰胺，并用 Hi-Di 甲酰胺将总体积调至 10μL。混合均匀。

（2）在板顶部放置隔板，旋转孔板，确保所有液体都在板的底部。将板放入仪器并填写样品设置清单。

（3）设置如下运行参数：注入时间 5s；注入电压 15kV；运行电压 15kV；柱箱温度 30℃；运行时间 2800s。

运行后，以.fsa 格式创建文件。它们可以在源代码开放软件（如 OpenChome）中打开和分析，也可以在为聚糖数据处理和分析而设计的更复杂的软件［如 glyXtool（glyXera）和 Glyanasure 数据分析（Thermo Fisher Scientific）］中打开和分析。基于先前公布的数据，IgG *N*-聚糖组的代表性电泳图如图 6.8 所示。由于电泳峰的高度对称性，峰中每个 *N*-聚糖结构的相对量可以通过将每个峰的高度归一化到总电泳图（%rPHP，相对峰高比例）以百分比表示。

4．注意事项

（1）SDS 将使 IgG 变性，使带有 *N*-聚糖的糖基化位点更容易被 PNGase F 酶所接近。

（2）IGEPAL CA-630 是一种非离子表面活性剂，可以防止 SDS 使 PNGase F 酶变性。

（3）为保证 PNGase F 的最佳反应条件，反应混合物中 PBS 的最终浓度应为 1×PBS。

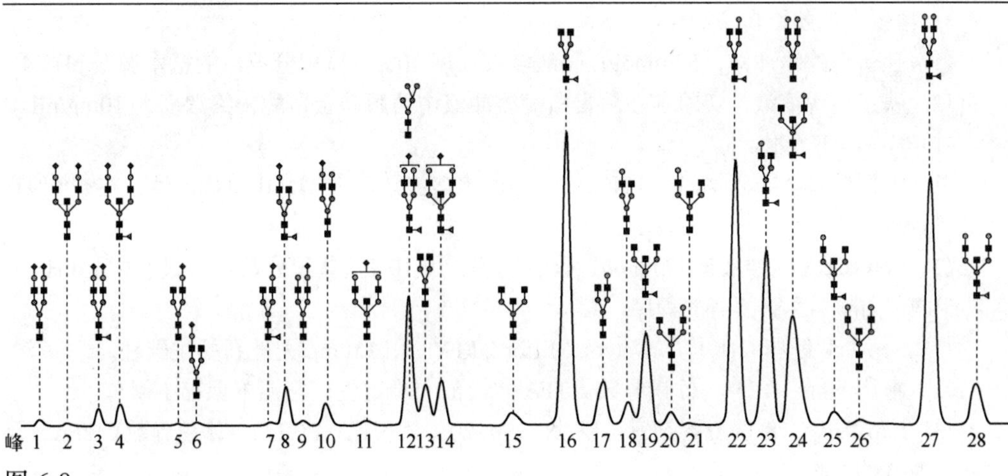

图 6.8

IgG 8-氨基芘-1,3,6-三磺酸三钠盐（APTS）标记的 *N*-聚糖经毛细管凝胶电泳-激光诱导荧光（xCGE-LIF）分离出28 个 *N*-聚糖峰

（4）将酶的最终浓度提高到 1U/μL，孵育时间可缩短至 30min。

（5）干燥的去糖基化样品可在标记前储存在−20℃的冰箱中。标记混合物应在使用前立即制备。通过优化荧光标记的孵育时间，唾液酸含量的损失达最小化。

（6）Bio-Gel P10 是一种亲水性固定相，能有效地结合亲水性 *N*-聚糖，并能成功去除疏水性污染物和盐类。在磁力搅拌器上低速搅拌 Bio-Gel P10，以避免合成颗粒破碎。

（7）ACN 应冷却至 4℃，以减少溶剂蒸发和唾液酸损失。

（8）APTS 标记的 *N*-聚糖可在−20℃的冰箱中储存长达 1 年。

（9）POP-7 聚合物和含 10×EDTA 运行缓冲液应储存在 4℃下。在更换仪器中旧的聚合物之前，新的聚合物应在室温下保持至少 30min。一旦安装在仪器中，有效期长达 1 周，以减少 *N*-聚糖结构迁移时间的任何变化。

（三）MALDI-TOF-MS 分析法

1．原理

同第六章第一节中第四小节氨基酸组成分析。

2．主要材料和仪器

1）糖蛋白的还原和羧甲基化

（1）变性缓冲液：0.6mol/L Tris-HCl, 6mol/L 盐酸胍，pH 8.4。使用前脱气 30min。

（2）还原缓冲液（10×）：在变性缓冲溶液中含 500mmol/L 二硫苏糖醇（DTT）溶液。

（3）烷基化缓冲液（10×）：变性缓冲溶液中含 3.0mol/L 碘乙酰胺溶液。这个溶液必须保存于暗处。

2）透析 Spectra/Por 再生纤维素膜 No.1（截留值 6000～8000Da）

在含有 10mmol/L EDTA 的 50mmol/L 的碳酸氢铵溶液中进行透析。

3）糖蛋白的胰蛋白酶消化

（1）胰蛋白酶缓冲液：50mmol/L 碳酸氢铵。用 10%（体积分数）的氨水调至 pH8.4。

（2）胰蛋白酶溶液：实验前在胰蛋白酶缓冲液中溶解胰蛋白酶，终浓度为 10mg/mL。

4）PNGase F 消化

（1）重组肽基-*N*-糖苷酶 F（PNGase F）的水溶液浓度为 1U/μL（稳定性：在 4℃保存几个月）。

（2）PNGase F 缓冲液：50mmol/L 碳酸氢铵。用 10%（体积分数）的氨水调至 pH8.4。

5）释放的 *N*-聚糖的清洗程序

（1）Sep-Pak 经典 C18 柱（Waters, Milford, MA）和 150mg 无孔石墨化碳柱。

（2）平衡溶剂：0.1%（体积分数）TFA 水溶液（稳定性：室温下保存 1 周）。

（3）Sep-Pak C18 洗脱溶剂，乙腈/水（80∶20，体积比），0.1%（体积分数）TFA，用于肽和糖肽的洗脱。

（4）石墨化碳柱洗脱溶剂：乙腈/水（25∶75；体积比），0.1%（体积分数）TFA 用于 *N*-聚糖的洗脱。两种洗脱溶剂在室温下稳定储存 1 周。

6）用还原消除法释放 *O*-聚糖

释放溶液：实验前制备含 1mol/L 硼氢化钠（$NaBH_4$）的 50mmol/L NaOH 溶液。

7）释放的 *O*-聚糖脱盐

（1）离子交换色谱 Dowex 50 W-X8 珠（H^+形式，50～100 目）。

（2）醋酸溶液（5%，体积分数）。

（3）共蒸发溶剂：甲醇/乙酸（95∶5，体积比）。

8）聚糖全甲基化

（1）DMSO 和碘甲烷在氩气中保持无水。

（2）钠珠在氩气中保持无水。

9）使用 Sep-Pak C18 清洗全甲基化聚糖的程序

（1）洗脱溶剂 1：乙腈∶水（10∶90，体积比）。

（2）洗脱溶剂 2：乙腈∶水（80∶20，体积比）。

10）外源糖苷酶消化法

（1）消化缓冲液：50mmol/L 甲酸铵。用 25%（体积分数）甲酸溶液调至 pH4.6。

（2）*α*-唾液酸酶，来自产脲节杆菌（Roche）。

（3）来自牛睾丸的 *β*-半乳糖苷酶和来自牛肾的 *α*-岩藻糖苷酶（Sigma）。

（4）来自刀豆的 *β*-*N*-乙酰己糖胺酶。

11）质谱分析

（1）MALDI-TOF 质谱仪：来自 Perseptive Biosystem 的 Voyager Elite DE-STR Pro（Framingham, MA, USA）配备脉冲氮气激光器（337nm）和无栅延迟萃取离子源。

（2）基质溶液：含 10mg/mL 2,5-二羟基苯甲酸（DHB）的甲醇/水溶液（1∶1，体积比）。

3．方法

1）糖蛋白的还原和烷基化

（1）糖蛋白以 5～10μg/μL 浓度溶解在脱气变性缓冲液中，并在 50℃下孵育 1h。

(2) 加入还原缓冲溶液，使 DTT 终浓度为 20mmol/L。用氩气冲洗样品，50℃孵育 1h。

(3) 加入烷基化缓冲溶液，使碘乙酸（IAA）终浓度为 110mmol/L。用氩气冲洗样品，室温下在黑暗中孵育过夜。

(4) 使用前煮沸 10min 清洗透析管，并用大量水冲洗。

(5) 将糖蛋白溶液转移到透析管中，用水冲洗含有糖蛋白的管两次。在 4℃用 4×2L 透析液进行样品透析，每搅拌 12h 发生变化一次。

(6) 透析液转入玻璃管中并冷冻干燥。

2）糖蛋白的蛋白水解消化

(1) 将冷冻干燥、还原和羧酰胺甲基化糖蛋白溶解于胰蛋白酶溶液中，酶/底物比为 1∶10（按质量计算），37℃轻轻搅拌孵育 24h。

(2) 在冻干步骤之前，将溶液煮沸 10min 以破坏胰蛋白酶。

3）PNGase F 消化

(1) 将干燥的肽和糖肽溶解在 500mL 的 PNGase F 缓冲溶液中进行去 *N*-糖基化步骤。

(2) PNGase F 添加到终浓度为 5U/mg 糖蛋白中，在 37℃下消化 16h。通过冻干终止反应。

4）释放 *N*-聚糖的清理程序

(1) 用 Sep-Pak C18 柱从多肽和 *O*-糖肽中分离出 *N*-聚糖。这一清洗过程依赖于肽和 *O*-糖肽在疏水 C18 相上的吸附，从而使 *N*-聚糖通过该相。

(2) 使用前，Sep-Pak C18 柱必须用 5mL 的甲醇调试。用巴斯德吸管将甲醇引入柱中，直到到达最长末端的顶部。然后将一个 5mL 的玻璃注射器快速连接到 Sep-Pak C18 柱，并用甲醇填充。在整个过程中，务必不要使 C18 相干燥。然后用 10mL 的平衡溶剂清洗 Sep-Pak C18 柱。

(3) 干燥后的样品溶解于 200μL 的 0.1%（体积分数）TFA 中，并直接加载到 Sep-Pak C18 柱上。从这时起，必须立即将洗脱液收集到一个 4mL 的带螺旋帽的玻璃管中。用 200μL 的 0.1%（体积分数）TFA 冲洗管两次，这两种溶液再次加载到 Sep-Pak C18 柱上。然后，玻璃注射器立即重新连接到 Sep-Pak C18 柱上，并用 3mL 的 0.1%（体积分数）TFA 填充，同时收集。聚糖冷冻干燥。

(4) 多肽和 *O*-糖肽用 3mL 的洗脱溶剂整体洗脱。在冷冻干燥步骤之前，于通风柜中在氮气流下去除乙腈。

5）还原消除法释放 *O*-聚糖

(1) 将得到的肽/糖肽溶于 200μL 含有 1mol/L $NaBH_4$ 的 NaOH 溶液中，45℃孵育 16h。

(2) 室温下静置 5～10min。加冰醋酸终止反应，直到观察不到气泡（约 3～5 滴）。

6）释放的 *O*-聚糖的纯化

(1) 脱盐柱由截短的巴斯德吸管组成，在锥形端用少量的玻璃棉塞住。在锥形末端放置一根硅胶管（约 2cm），使用可调夹阻断流动。用 5%（体积分数）醋酸注满管，并稍微打开夹子，让平衡缓冲液缓慢流出。当 5%（体积分数）醋酸耗尽时，用 2mL 新洗的 Dowex 珠（50W×8，H^+形式）填充柱子。

（2）将样品加载到柱子上，将含有*O*-聚糖和硼酸盐的未保留材料立即收集到一个4mL的螺旋盖玻璃管中。用4mL的5%的醋酸溶液洗涤柱子，然后将洗脱液（两份2mL）冷冻干燥。

（3）在通风柜中，用含5%（体积分数）醋酸的甲醇在氮气流下反复蒸发除去硼酸盐。样品溶解于500μL甲醇/醋酸（95∶5，体积比）中并干燥。此程序重复5次并将样品冻干。

7）聚糖全甲基化

根据Ciucanu和Kerek程序，将聚糖等分后进行甲基化。

（1）将含有冻干聚糖的管放置在充满氩气的真空容器中，加入500μL DMSO。

（2）将少量NaOH（5～10粒）放入干燥的研钵中迅速研磨成细粉。将约25mg NaOH加到样品中。

（3）加入300μL碘甲烷，用氩气流冲洗管。用力混合后将反应混合物在室温下置于超声波浴中2h。然后加入1mL水停止反应，用力混合。

（4）加入600μL氯仿，用力混合使混合物沉降成两层。将下层的氯仿相转移到一个新的玻璃管中。这种氯仿萃取重复两次。

（5）用1倍体积的水连续洗涤氯仿相。弃去水相。然后，氯仿相在通风柜氮气流下干燥。

8）使用Sep-Pak C18清除全甲基化聚糖程序

（1）干燥后的样品溶于约200μL甲醇中，用Sep-Pak C18柱进行纯化。

（2）Sep-Pak C18柱用5mL的甲醇调节。并充满甲醇。

（3）用10mL的水洗涤柱。

（4）样品直接加载到Sep-Pak C18柱上。用水冲洗管两次，溶液再次直接加载到Sep-Pak C18柱中。

（5）用15mL水和2mL乙腈/水混合物（10∶90;体积比）依次洗涤柱子。

（6）用3mL的乙腈/水（80∶20；体积比）洗脱全甲基化聚糖，在通风柜氮气流下部分蒸发去除乙腈，冷冻干燥。

9）全甲基化低聚糖的MALDI-TOF-MS分析

（1）将全甲基化聚糖溶于甲醇/水（1∶1；体积比）溶液中，终浓度为10pmol/μL。

（2）直接在MALDI靶上，将1μL的溶液与1μL的DHB基质混合。在室温下结晶后，通过将每个点置于多次激光照射（100～200）获得光谱，并通过TOF分析仪记录在*m/z* 1000～5000范围的全甲基化*N*-聚糖（图6.9）或在*m/z* 300～5000范围内的全甲基化*O*-聚糖（图6.10）。仪器始终以正离子反射模式工作。使用略高于离子检测阈值的辐射通量。

4．注意事项

（1）通过增加PNGase F对其底物的可及性来促进酶去*N*-糖基化，将还原和羧甲基化的糖蛋白先用胰蛋白酶消化以产生小肽和糖肽。

（2）通过MALDI-TOF-MS对全甲基化聚糖的分析，可以使用特定的外糖苷酶来确定聚糖的结构。在进行外部糖苷酶消化之前，有必要使用碳柱对*N*-聚糖进行脱盐。

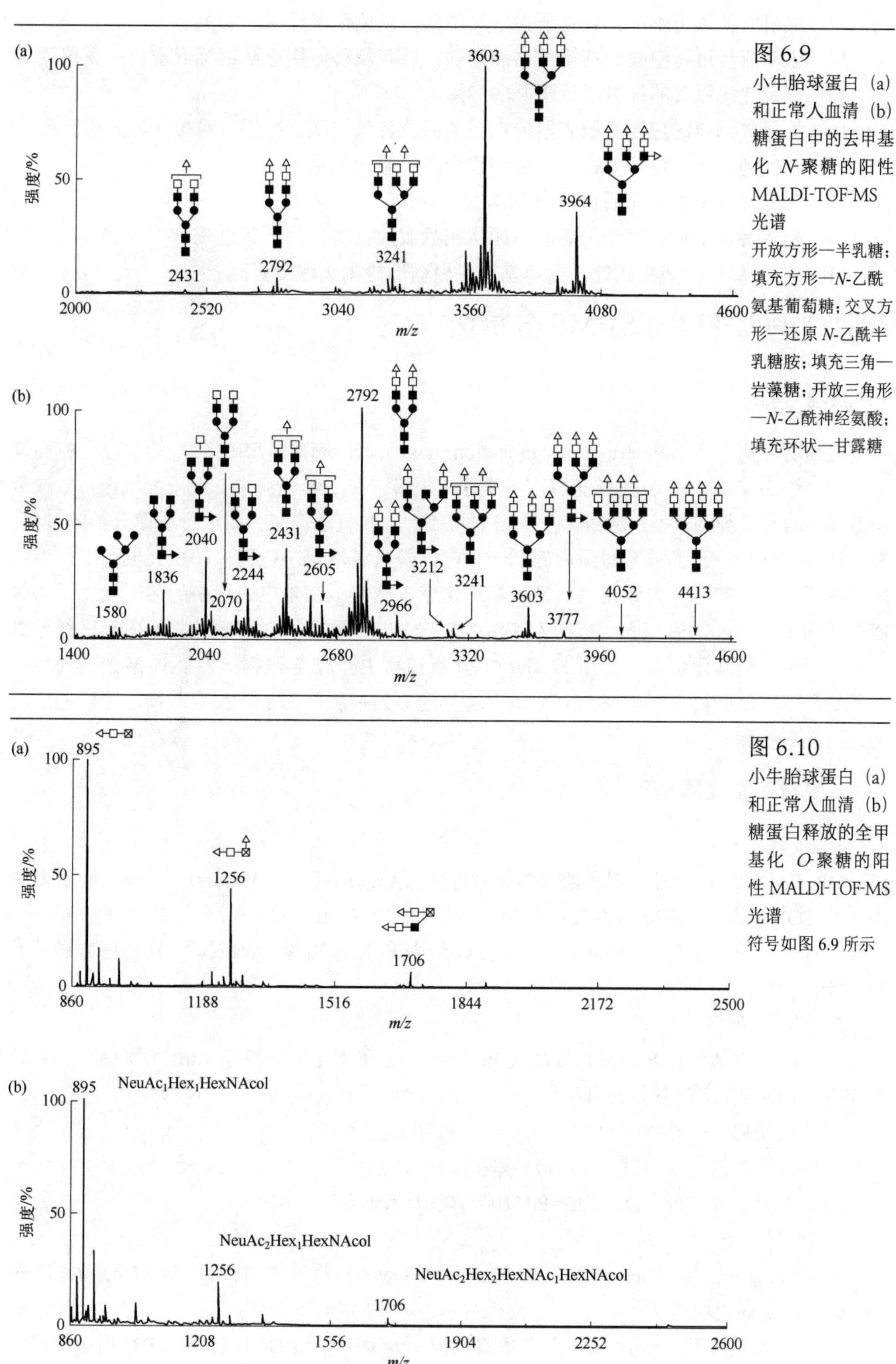

图 6.9

小牛胎球蛋白（a）和正常人血清（b）糖蛋白中的去甲基化 N-聚糖的阳性 MALDI-TOF-MS 光谱

开放方形—半乳糖；填充方形—N-乙酰氨基葡萄糖；交叉方形—还原 N-乙酰半乳糖胺；填充三角—岩藻糖；开放三角形—N-乙酰神经氨酸；填充环状—甘露糖

图 6.10

小牛胎球蛋白（a）和正常人血清（b）糖蛋白释放的全甲基化 O-聚糖的阳性 MALDI-TOF-MS 光谱

符号如图 6.9 所示

（3）关机时氮气可不关，可将压力适当调低，以免仪器受潮。

（4）手动测量过程中随时注意仪器的漂移，若有漂移需用标肽或标准蛋白校正仪器。

（5）一定注意氮气的纯度不低于 99.999%。

（6）换氮气钢瓶时应先将激光器的电源关闭，将气管吹干净后方可接入激光器。

（7）要得到一张满意的图谱，必须调整合适的激光能量。

（8）关机时应先关高压后再退出 FLEXControl。

（9）须等待样品靶点完全干燥后才能将靶盘放入仪器，且不宜过夜。

（10）与天然形式多糖相比，全甲基化低聚糖的检测灵敏度更高。

（四）UPLC-FLR-ESI-MS 分析法

1．原理

电喷雾电离质谱（electro-spray ionization mass spectrometry, ESI-MS）的原理是在高静电梯度（约 3kV/cm）下，使样品溶液发生静电喷雾，在干燥气流中（近于大气压）形成带电雾滴，随着溶剂的蒸发，通过离子蒸发等机制，生成气态离子，以进行质谱分析的过程。其电喷雾过程如下：①喷雾器顶端施加一个电场使微滴带上净电荷；②在高电场下，液滴表面由于产生高的电压力致使表面被破坏产生带电微滴；③带电微滴中的溶剂蒸发；④微滴表面的离子进入气相，进入质谱仪。ESI-MS 与 HPLC 联用可对寡糖及其衍生物进行分离分析并能确定糖基化位点。使用 PNGase F 从蛋白质中释放 *N*-聚糖。然后将 *N*-聚糖与生色团邻氨基苯甲酰胺衍生形成 Schiff's 基，将其还原为仲胺作为最终反应产物，可以通过荧光进行光学检测。

2．主要材料和仪器

1）仪器

UPLC 系统（自动进样器和四元溶剂管理器，Acquity 系统，Waters），配备电喷雾离子源的 Q-TOF 质谱仪（XEVO G2-XS QTOF, Waters）, UPLC BEH Glycan 分析柱（长度 150mm，内径 2.1mm，粒径 1.7μm，Waters），Acquity 荧光 FLR 检测器（Waters），配备压力调节系统的歧管和泵。

2）UPLC 准备

（1）流动相 A：100mmol/L 甲酸铵 pH4.5。称量 6.31g 甲酸铵于 1.0L 容量瓶中，用纯水定容。用甲酸调节 pH 值至 4.5。

（2）流动相 B：乙腈。

（3）洗涤溶剂：水∶乙腈=50∶50（体积比）。

（4）密封清洗溶剂：水∶甲醇=90∶10（体积比）。

3）样品制备

（1）50mg/mL RapiGest：用 20μL Rapid PNGase F 缓冲液（5×）溶解 1mg RapiGest（Waters），旋涡使均质。

（2）衍生缓冲液：称取 4.0g 三水醋酸钠和 2.0g 硼酸于 100mL 容量瓶中。用甲醇溶解并定容。

（3）衍生试剂：称取300mg邻氨基苯甲酰胺和300mg氰基硼氢化钠于10.0mL棕色容量瓶中。用衍生缓冲液溶解并定容。避光存放。

（4）95%乙腈：乙腈∶H_2O（95∶5，体积比）。

（5）20%乙腈：乙腈∶H_2O（20∶80，体积比）。

（6）0.5mL Amicon Ultra脱盐浓缩装置，分子质量截留值为3kDa或10kDa。

（7）Oasis HLBμElution 30μm纯化板（Waters）。

4）标准品制备

（1）用60μL水和140μL乙腈溶解右旋糖酐梯度（Waters），终浓度为1μg/μL。

（2）系统性能标准：用15μL水和35μL乙腈溶解于Glyko 2-AB（人类IgG *N*-聚糖文库，Prozyme Europe）。

3．方法

1）样品制备

（1）消化可以通过一步方案或两步方案完成。两种方案如下所述。

一步法*N*-聚糖释放：使用分子质量截留值为3kDa或10kDa的0.5mL Amicon Ultra脱盐浓缩装置对样品进行脱盐和/或浓缩。对于50～250μg蛋白质，每25μg蛋白质添加1μL Rapid PNGase F，使Rapid PNGase F缓冲液（5×）终浓度为1×［即，对于10μL 5mg/mL蛋白质溶液，添加3μL Rapid PNGase F缓冲液（5×）和2μL Rapid PNGase F］。旋涡和离心。50℃孵育30min。

两步法*N*-聚糖释放：

① 使用分子质量截留值为3kDa的0.5mL Amicon Ultra脱盐浓缩装置对样品进行脱盐和/或浓缩。向50～250μg蛋白质中添加适当体积的50mg/mL RapiGest，使其最终浓度为10mg/mL（即，对于10μL的5mg/mL蛋白质溶液，3μL RapiGest加入到Rapid PNGase F缓冲液中）。

② 旋涡和离心，90℃孵育3min，在室温下冷却3min。每25μg蛋白质加入1μL Rapid PNGase F，抽吸并充分混合。50℃孵育5～30min。

（2）衍生化。将样品冷却至室温后，添加2μL冰乙酸。旋涡和离心后加入100μL衍生试剂，旋涡离心。80℃孵育1h。样品冷却至室温后，12000*g*离心1min。加入1.0mL 95%乙腈，充分旋涡。

（3）纯化。

① 使用Oasis HLB μElution 30μm纯化板进行纯化，2.5～4.0in。Hg（62.5～100mmHg）真空缓慢稳定洗脱。用95%乙腈（5×500μL）处理微孔。

② 装入样品（2×600μL）。在第二次添加之前对样品进行离心，以确保完全回收。

③ 用95%乙腈（2×200μL）洗涤孔。

④ 用20%乙腈（2×50μL）洗脱*N*-聚糖。

⑤ 使用Speed-Vac干燥样品。将样品溶解于水-ACN（30∶70，体积比）。

2）UHPLC分离

（1）注入4～8μL样品。

（2）检测器参数设置为$\lambda_{激发}$=330nm，$\lambda_{发射}$=420nm，增益为10。

（3）样品温度10℃。柱温设置为40℃。

（4）0～2min等度梯度，70% B流速0.4mL/min，2～34.8min；线性梯度从70%到53% B，流速0.4mL/min，然后是34.8～36min，线性梯度从53%到20%B，流速降至0.25mL/min；36～39min，20% B等度梯度流速0.25mL/min；39～40min，从20%到70%B，流速0.4mL/min；40～45min等度梯度，70% B流速0.4mL/min。

3）MS条件

（1）在正离子ESI模式下，联用Q-TOF MS光谱仪分析样品。以下参数是为Xevo G2-XS QTOF（Waters）提供的，也应适用于其他MS系统。

（2）锥孔电压设置为80V，毛细管电压设置为2.75kV。

（3）源温度为120℃，锥孔气体流量为100L/h。

（4）脱溶气体温度为500℃，脱溶气体流量为800L/h。

（5）采集在 *m/z* 100和2500之间进行，扫描时间为1s。以MSE模式采集。

（6）衍生化后获得的 *N*-聚糖的鉴定基于葡萄糖单位（GU）校准（右旋糖酐梯度）进行，并用质谱测定的 *m/z* 进行确认（例如使用UNIFI软件的数据库，Waters）。

（7）可以从高能MS数据（通过MSE模式获得）中获得进一步确认。每个 *N*-聚糖的相对丰度用相对荧光峰面积百分比表示。此外，丰度可以根据 *N*-聚糖的类型（天线数、唾液酸化等）报告。

4．注意事项

（1）衍生试剂应避光存放，不能超过一周。

（2）最佳蛋白质量为50～250μg，蛋白质浓度为1～10mg/mL。

（3）在某些情况下，一步方案不能完全有效地去除一些聚糖，例如在某些单抗Fab上的 *N*-聚糖。在两步方案中，在作为表面活性剂的RapiGest存在下，单抗的额外变性步骤允许单抗完全去糖基化。如果不添加变性剂，单克隆抗体可能会沉淀。

（4）从衍生化步骤开始，应保护样品免受光照。

（5）干燥步骤是必要的，因为用于洗脱的溶剂与HILIC分离的起始条件不兼容。然后对样品进行干燥和再溶解。

（6）在注入样品之前，梯度应运行三次（不注入），以确保适当的柱平衡。

（五）核磁共振法分析

1．原理

核磁共振波谱是指位于外磁场中的原子核吸收电磁波后从一个自旋能级跃迁到另一个自旋能级而产生的吸收波谱。原子核除了具有电荷和质量外，约有半数以上的原子核具有自旋。由于原子核是带电荷的粒子，旋转时即产生一小磁场。这些原子核的能量在强磁场中将分裂成两个或两个以上的量子化能级。当适当波长的电磁辐射照射这些在磁场中的核时，原子核便在这些磁诱导能级之间发生跃迁，并产生强弱不同的吸收讯号。为了让原子核自旋的进动发生能级跃迁，需要为原子核提供跃迁所需要的能量，这一能量通常是通过外加射频场来提供的。根据物理学原理，当外加射频场的频率与原子核自旋进动的频率相同的时候，射频场的能量才能够有效地被原子核吸收，为能级跃迁提供助力。因此某种特定的原子核，在给定的外加磁场中，只吸收某一特定频率射频场提供的能量，这样就形成了一个核磁共振信号。

2．主要材料和仪器

1）试剂

（1）固体或液体 0.5～20mg 等分的多糖样品。

（2）氘含量高的氘溶剂和试剂［即 D_2O；DMSO-d_6；40%的氘钠（NaOD）（例如>99.9原子%D）］。

（3）化学位移参考化合物（即 2,2-二甲基-2-硅烷戊烷-5-磺酸钠 DSS，三甲基硅基丙酸钠 TSP，或氘化类似物 TSP-d_4，将甲基信号的参考值设置为零）。

（4）高质量和合格的 NMR 参考标准来监测 NMR 谱仪的仪器性能（例如，0.1%乙苯在氯仿-d 中进行质子灵敏度测试，1%氯仿溶液在丙酮-d_6 中进行分辨率评估，谱线形状测试）。

2）装置和仪器

（1）冷冻干燥器（冻干机）或其他溶剂蒸发器。

（2）核磁共振玻璃管（即直径 5mm），配有质量适合用于高场光谱仪的帽（即橡胶盖）。

（3）最小标准场强对应 400MHz 质子共振频率的核磁共振光谱仪，配备高精度温度控制器（即±1K）和质子检测探头（例如 5mm）。

（4）适用于仪表控制、数据采集和处理的主机和软件。

（5）核磁共振管的塑料或陶瓷旋转器（即 5mm 直径）。陶瓷旋转机用于温度>323K 的场合。

3．方法

1）分析核磁共振样品的制备

（1）在真空下（使用冷冻干燥器、冻干机或其他溶剂蒸发器）将 0.5～20mg 多糖样品在液体溶液中干燥，以获得固体馏分。如果材料已经处于固态，则不需要该程序。

（2）向用于溶解多糖样品的氘溶剂中添加少量（已发现 0.5%是合适的）化学位移参考化合物（即 DSS、TSP、TSP-d_4）。可以添加二甲基亚砜（0.01%）作为内部强度标准。

（3）将装在适当小瓶（即 1～15mL 小瓶/管）中的固体馏分溶解在约 0.7mL 的氘化溶剂中，加入化学位移参考化合物，并混合（例如，通过涡流搅拌器），以获得均匀的浓度。任何悬浮的颗粒物质都会严重破坏场的均匀性，从而影响线型。低速离心（如 7200*g* 10min）可将任何未溶解的材料沉淀。

（4）将溶液转移到核磁共振管（即 5mm 直径）中，并拧牢盖子。

（5）在 D_2O 中添加 40%的 NaOD（15μL 加入 0.7mL 样品），其对应于核磁共振管中约 200mmol/L NaOD 的最终浓度。

2）核磁共振数据收集和处理

（1）以工作站用户身份登录并运行用于核磁共振光谱仪控制、数据收集和处理的软件（例如 TopSpin™Bruker、VNMR™Agilent Varian、Delta™Jeol）。

（2）创建新数据集或打开浏览器中列出的数据集，可以使用其他名称保存。

（3）设置所需的样品温度［例如（298±1）K］。

（4）将样品插入核磁共振磁体中（图 6.11）。

图 6.11
样品插入核磁共振磁体中

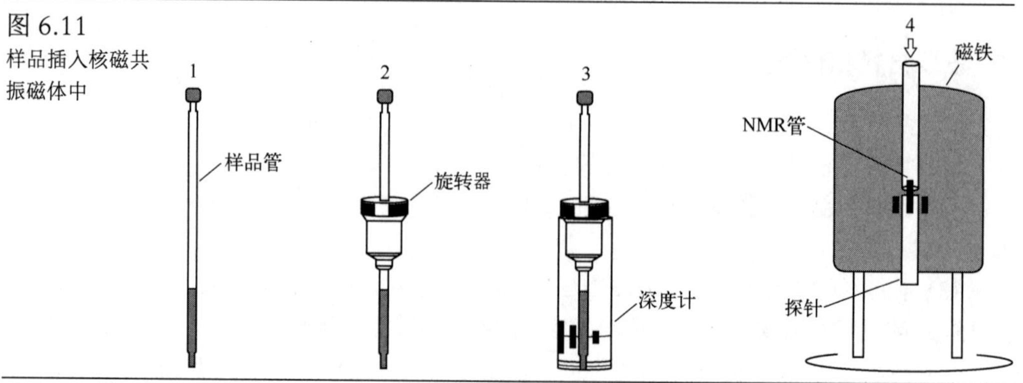

（a）握住样品管顶部［步骤（1）］，将其放入塑料或陶瓷旋转器中［步骤（2）］，旋转器位于样品深度计中并保持锁定。旋转器推动样品管接触底部［步骤（3）］。

（b）从磁铁孔顶部拆下黑色盖。按下 LIFT 按钮并等待气流（可以听到嘶嘶声），然后将带有旋转器的样本管插入磁铁孔［步骤（4）］。再次按下 LIFT 按钮以关闭气流：带有旋转器的样本管轻轻下降到磁铁孔中，位于探针顶部。在配备自动进样器（即安装在磁铁顶部并由软件控制）的最新版本核磁共振仪器中，样品管和旋转器被定位到自动进样器支架中（即 20、96 个位置），并直接插入磁铁中。

（5）锁定。

（a）打开锁显示窗口。

（b）通过在表格窗口中选择适当的溶剂（即 D_2O）锁定信号，并等待确认过程结束的消息。

（6）探头的调谐和匹配。

（a）对于未配备自动调谐和匹配的探头，打开控制窗口并调整适当的按钮，以将反射射频功率调整到最小值（图 6.12）。

图 6.12
具有良好匹配和调谐的摆动曲线示例

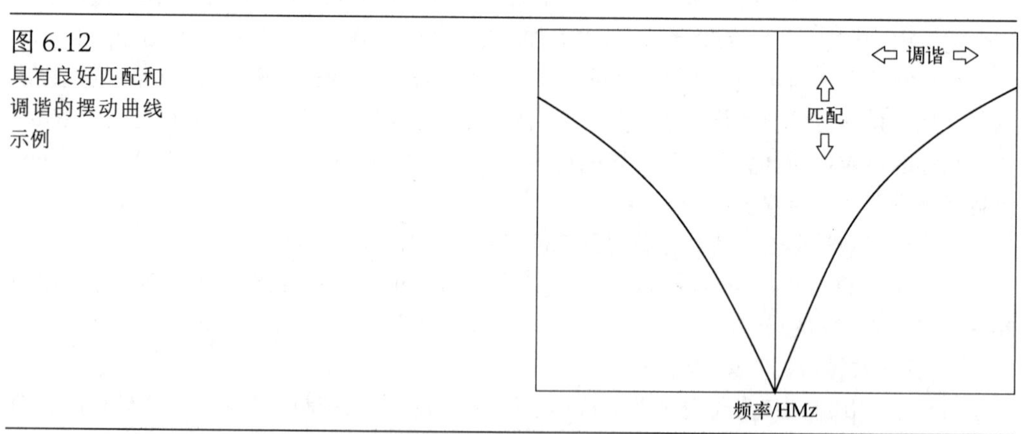

（b）对于配备了自动调谐和匹配的探针，键入正确的命令并等待过程结束。

（7）调整磁场。

（a）对于未配备自动程序的核磁共振光谱仪，调整适当的按钮，在其各个方向（即 $Z1$、$Z2$、$Z3$、X、Y 等）上滑动，以获得锁定信号的最高值。

（b）对于现代的核磁共振光谱仪，可以通过自动化程序进行调试：键入适当的命令并等待过程结束。通常，该过程在 1～2min 内完成，但根据初始均匀性，可以缩短或延长融合时间。

（c）如果温度发生变化，则在达到目标温度后重新调谐并重新垫圈调整。

（8）实验设置。

（a）采集：通过定义原子核（即质子）、样品温度［例如（298±0.1）K 或（343±0.1）K］、脉冲程序（即标准一维光谱）、数据点（即 16～32K）、光谱宽度（即 10～16ppm）、发射器频率（例如 298K 和 343K 分别为 4.79 和 4.48 的水信号），创建一个新的数据集，总循环时间（即五倍纵向弛豫时间 $T1$，以确保每个信号的完全恢复，并以定量方式获得频谱）。

旋转样品可以通过消除场不均匀性来提高光谱分辨率，但可能会导致旋转边带的存在。通常在不旋转的情况下记录样品。

确定高功率下的 90°质子脉冲（即脉冲校准程序），并为实验设置脉冲长度和功率以及适当的接收器增益。

收集数据，直到光谱异谱质子区域的信噪比约为 5 或更好，这将取决于可用糖的数量。对于 1mg 多糖样品，通常记录 64 或 128 次扫描。

（b）处理（图 6.13）：将加权函数（例如，0.2～0.3 谱线增宽函数）应用于自由感应衰减（FID）和傅立叶变换。转换 FID 后，将相调整为纯吸附相。如果实验需要（例如定量），应用基线校正。

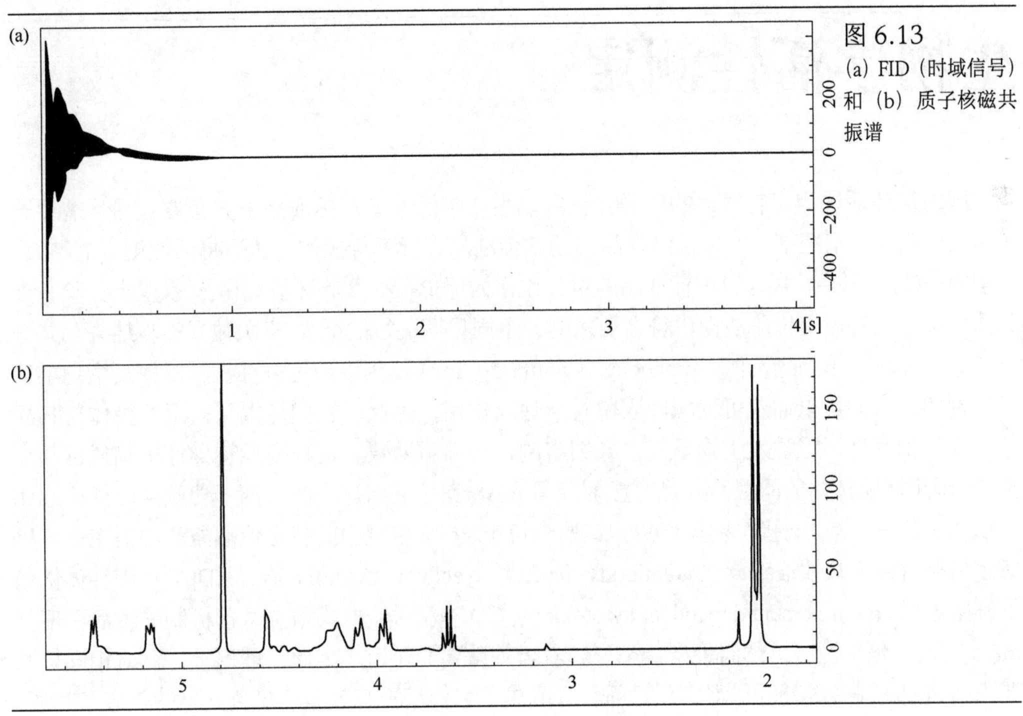

图 6.13
（a）FID（时域信号）和（b）质子核磁共振谱

（9）监测核磁共振谱仪的仪器性能:需要高质量和合格的核磁共振参考标准。密封核磁共振管含 0.1%乙苯氯仿-d 用于对仪器/探针组合进行 ^{1}H 灵敏度测试，同时 1%氯仿丙酮-d_6 溶液用于评估谱线形状（分辨率），并与制造商的规格进行比较。

（10）通过执行上述程序，记录并处理分析样品的核磁共振实验。如果需要，应用额外的处理步骤，例如峰值积分，以进行方法量化。一般来说，“同一性”要求使用相同程序和操作条件获得的测试和参考样品光谱中的峰值应在位置、强度和多样性上对应。

4．注意事项

（1）一些多糖样品黏稠且可溶性差，可能需要旋转并放置一夜以实现完全溶解。或者，可以加热样品或进行超声波处理，以提高溶解度和光谱分辨率。在分析之前，可以通过多次氘交换（即，将样品溶解在最小量的 D_2O 中，冷冻和冻干）来降低 HOD 信号的强度。这种处理可能会导致挥发物的损失，如残留的乙醇。

（2）射频线圈的共振频率随单个样本管的含量（即盐浓度等）而变化。因此，必须通过将探头上的两个可变电容器（称为“调谐”和“匹配”）调整到正确的值（在适当的频率下反射的射频功率最小化）来调谐射频线圈，以产生磁场强度的正确共振频率。

（3）填隙是对磁场进行微小调整的过程，直到在样品周围形成均匀的磁场。

（4）在高温下进行长时间实验可能会导致光谱变化。

第五节
生物学活性测定

因为抗体活性测定有很大的变异性，所以生物学活性测定标准品十分必要，并且需要一个赋值。在通常情况下，可将待测样品和活性标准品进行平行操作，然后将活性测定的结果，一般为 EC_{50}、ED_{50}、IC_{50} 等占标准品的百分比作为评价指标。此环节应由 3 家以上实验室参与协作标定，每家单位应能提供符合要求的、不同日期进行的至少 3 次独立实验结果，并进行统计学分析。单克隆抗体（monoclonal antibody, mAb）可以通过多种机制发挥其生物学功能，例如，它们可以通过可变域的表位特异性起作用，因此，它们可以直接阻断受体与其配体之间的相互作用或触发生物反应，如细胞凋亡或细胞增殖。这种靶标特异性机制通常独立于 Fc 恒定域和抗体的同型，并且可能解释了 mAb 在癌症治疗中的大部分功效。此外，mAb 可以通过其 Fc 区“间接”发挥作用。这些由位于 Fc 恒定域中的特定位点激活的宿主杀伤机制，包括抗体依赖性细胞毒性（antibody-dependent cellular cytotoxicity，ADCC）和补体依赖的细胞毒性（complement dependent cytotoxicity, CDC）。对于此类宿主杀伤机制的激活程度，mAb 的人类恒定区（抗体同种型）类型起着至关重要的作用。因此，理论上，针对相同抗原靶点的mAb的临床特征可能会有所不同，这取决于它们是否有效激活免疫介导的效应子功能。生物学活性测定是测量生物活性物质效价的过程，可分为体外和体内两种，在此分别介绍。

一、体外法评估

（一）ADCC 与 CDC

ADCC 是免疫反应的一种效应机制，其中 IgG 抗体与致病或致瘤靶细胞表面的抗原结合。该标记通过将抗体 Fc 区与免疫效应细胞（如 NK 细胞、巨噬细胞或粒细胞）表面上的活化抗体受体（Fcγ 受体，FcγR）结合，使靶细胞易于被破坏。mAb-FcgR 相互作用导致吞噬作用或触发靶细胞的裂解攻击。尤其是 NK 细胞在抗体效应功能的这种机制中起着至关重要的作用，因为它们可以表达低亲和性 Fc 受体 FcγRⅢa（CD16）并能够介导有效裂解。在 FcγRⅢa 与其在细胞上的靶标结合的抗体的 Fc 区相互作用后，NK 细胞会释放细胞溶解物质，例如穿孔素和颗粒酶，从而导致靶细胞裂解。

补体依赖的细胞毒性（CDC）是 IgG 和 IgM 抗体的效应功能。当它们与靶细胞（例如细菌或病毒感染的细胞）上的表面抗原结合时，经典的补体途径通过将蛋白 C1q 与这些抗体结合来触发，从而形成膜攻击复合物使靶细胞裂解。它是治疗性抗体或抗体片段达到抗肿瘤效果的一种作用机制。

1．铬（Cr）释放法

1）原理

本节重点介绍 mAb 介导的 ADCC 和 CDC，并提供了检测 mAb 是否能够诱导 ADCC 或 CDC 的简单方法。确定抗体是否诱导 ADCC 的标准试验是铬释放试验，该测定还可用于分析抗体能够诱导的 CDC 程度。

铬释放测定基于在给定时间段内，在带有 FcγR 的效应细胞（ADCC）或血清（作为补体来源，CDC）存在的情况下，通过与合适的 mAb 孵育，测量从代谢标记的靶细胞中释放的放射性 ^{51}Cr 时间。标记时，将靶细胞与 $Na_2{}^{51}CrO_4$ 一起孵育，$Na_2{}^{51}CrO_4$ 具有细胞渗透性，易于被细胞吸收。它在细胞内与细胞质蛋白结合，因此仅少量自发释放。由 ADCC 和 CDC 引起的细胞膜破坏允许释放细胞质蛋白，从而释放结合的 ^{51}Cr。随后可以通过伽马计数轻松检测细胞培养上清液中释放的放射性 ^{51}Cr 的量。^{51}Cr 满足良好标签的要求，因为铬释放测定非常灵敏，而且 $Na_2{}^{51}CrO_4$ 不会改变靶细胞的特征或形态。

2）主要材料和仪器

试剂：RPMI-1640 培养基（添加 10% FBS、2mmol/L 谷氨酰胺以及青霉素-链霉素双抗），Triton X-100，磷酸盐缓冲盐水溶液（PBS），目标抗体，表达目标抗原的细胞系，$Na_2{}^{51}CrO_4$（5m Ci/mL，生理盐水中），37℃水浴锅,伽马计数器，离心机。

ADCC：效应细胞，即来自健康献血者或血沉棕黄层的新鲜肝素血可用于分离作为效应细胞的外周血单核细胞（PBMC）。

CDC：人血清。

3）方法

（1）标记细胞。靶细胞的标记步骤在 37℃下进行 1～2h，具体取决于细胞系。必须采取与放射性核素有关的所有预防措施。

(a) 收获细胞并确定细胞数。将所需数量的靶细胞（如果每孔使用 5×10^3 个靶细胞，则为 0.5×10^6 个/板）以约 1600r/min 的速度离心 5min。弃去上清液，将细胞重悬在 1mL 培养基中。

(b) 加入 50～100μCi $Na_2{}^{51}CrO_4/10^6$ 细胞，37℃（水浴或培养箱）孵育 1～2h；取 10mL 细胞离心（1600r/min，5min）。

(c) 用 10mL 培养基彻底重悬细胞，1600r/min 离心 5min，此洗涤步骤重复 3 次。

(d) 计数细胞并在培养基中以 1×10^5 个/mL 重悬它们。在细胞毒性试验中，将在每个孔中接种 50μL 的这种靶细胞悬液，从而使每孔有 5×10^3 个靶细胞。

(2) 毒性试验

(a) 计算检测所需的孔数并准备抗体稀释液。对每个抗体浓度和效应物与靶细胞比例进行三次检测。

(b) 在 96 孔板的每孔中加入 50μL 待测抗体稀释液，3 组重复孔。将 3 组 3 个孔（共 9 孔）留空作为对照。

(c) 为了控制标记靶细胞的自发释放，在 9 个空孔中的 3 个孔中加入 100μL 培养基。为了检测最大释放量，在接下来的 3 个空孔中加入 100μL 3% Triton X-100，在最后 3 个对照孔中，加入 50μL 培养基，以说明 ADCC 或 CDC 测定中的非特异性效应细胞/血清效应。ADCC 测定：为了确定效应细胞是否对自发 ^{51}Cr 释放速率有影响，在没有抗体的情况下将效应细胞与靶细胞一起孵育。CDC 测定：为了控制血清对 ^{51}Cr 的自发释放速率的影响，对照仅含有靶细胞和血清，且没有抗体。

(d) 将 50μL 放射性标记的靶细胞悬液添加到检测所需的所有孔中，包括对照孔。

(e) 加入 50μL 用于 ADCC 检测的效应细胞悬浮液或 50μL 用于 CDC 检测的稀释血清，除了包含最大释放控制和自发释放控制的孔。

(f) 1000r/min 离心细胞 1min。在培养箱（5% CO_2，95%湿度，37℃）中孵育 4h。如果需要更长的孵育时间，甚至可以孵育过夜，具体取决于所使用的细胞系和标记效率。

(g) 从培养箱中取出培养板，以约 1600r/min 的速度离心 1min。收集 50μL 上清液，注意不要将细胞脱落。在伽马计数器中以 1min/样本的速率计数。

(3) 数据分析。^{51}Cr 释放的每个值计算为其各自三次重复的平均值。^{51}Cr 释放的百分比计算如下：

$$\text{释放百分比}=\frac{cpm_{\text{样品}}-cpm_{\text{自发释放}}}{cpm_{\text{最大释放}}-cpm_{\text{自发释放}}}\times100\%$$

4) 注意事项

(1) 某些细胞（尤其是原代细胞）难以标记或仅少量释放摄取的 ^{51}Cr。为了检查这种“不寻常”的靶细胞结合和释放 ^{51}Cr 的能力，建议标记一小部分细胞并计算 ^{51}Cr 的自发释放。此外，应测试作为可释放 ^{51}Cr 量指标的最大释放量。该预测试应以与实际检测相同的方式进行，包括收集的上清液的体积。

(2) 为了确定最佳标记方案，测试不同的细胞浓度和孵育时间。

(3) 使用纯化或培养的 NK 细胞作为效应细胞，初始效应物与靶细胞数量之比必须远低于使用 PBMCs，效应物与靶细胞最优比需要提前进行优化。

2．流式细胞术法

1）原理

治疗性抗体的一个有用特征是能够杀死它们结合的细胞，抗体能够以多种方式介导细胞杀伤。细胞凋亡、补体介导的机制、ADCC 和 CDC 都可用于表征先导抗体候选者的效应。使用为高通量流式细胞术系统开发的测定法，可以在短时间内对一系列候选物进行广泛的多剂量表征。PI 可显示由于细胞膜通透性增加的细胞死亡，测量 PI 摄取是评估细胞死亡期间膜通透性增加的金标准，在此做具体介绍。

2）主要材料和仪器

（1）ADCC：能够结合目标抗原的抗体，抗体阴性对照，钙黄绿素 AM（100ng/mL，融于 PBS）IL-2（人源），人外周血单个核细胞（PBMCs），PI（1μg/mL），含有 10%FBS 的 RPMI1640（R10 培养基），靶细胞。37℃培养箱（7% CO_2），U 型底细胞培养板，T150 瓶，流式细胞仪。

（2）CDC：能够结合目标抗原的抗体，抗体阴性对照，表达目标抗原的细胞系，FBS，人 AB 血清（作为补体来源），Opti-MEM 细胞培养基（不含丙酮酸盐），PBS，PI（1μg/mL），Versene 消化液。细胞筛（70μm 网孔），流式细胞仪。

3）方法

（1）ADCC。

① 制备效应细胞。

（a）37℃解冻人 PBMCs，再悬浮于 10mL 温 R10 培养基中。

（b）细胞计数。1500r/min 对细胞进行离心 5min。移去培养基。将细胞重悬在含有 20 个单位/mL IL-2 的 40mL R10 中。

（c）将细胞转移到 T150 瓶中，在培养箱中孵育过夜。

② 制备靶细胞。

（a）第二天，对靶细胞进行计数并检查它们的活力。

（b）每 2×10^6 个细胞用 100ng/mL 钙黄绿素 AM 标记靶细胞。室温孵育 2min。R10 培养基清洗细胞 3 次。

（c）重新计数细胞并检查它们的活力。以 4×10^5 个/mL 的密度重悬靶细胞。

（d）在 U 型底细胞培养板的每孔中加入 50μL 靶细胞。

③ 制备抗体稀释液。在 R10 培养基中制备抗体稀释液。每孔加入 20μL 的 6×抗体。

④ 准备效应细胞。

（a）从 T150 瓶中取出效应细胞。在 R10 培养基中计数、洗涤，以 1×10^5 个/mL 密度重悬。

（b）每孔加入 50μL 效应细胞，R10 培养基补足到每个孔最终体积 120μL。板在 37℃下放置 4.5h。

⑤ 流式细胞术分析染色。

（a）1500r/min 对细胞进行离心 3min。

（b）倒去上清液，每孔中加入 100μL 的 PI。

（c）用细胞仪对板进行取样。将收集数设置为 2000～5000 个靶细胞。

（d）使用 SSC 与钙黄绿素 AM 图对靶细胞（即钙黄绿素 AM 阳性）进行门控。随后可以通过确定 PI 阳性细胞的百分比来量化靶细胞群中的细胞毒性：[PI 阳性细胞/（PI 阳性细胞+PI 阴性细胞）]×100%。

（2）CDC。

① 细胞准备。

（a）贴壁细胞使用 Versene 消化，1500r/min 离心 3min，用 PBS 洗涤细胞一次。在不含丙酮酸的 Opti-MEM 中重新悬浮细胞。

（b）通过 70μm 细胞筛过滤细胞以去除聚集的细胞，计数细胞并将浓度调整为 1×10^6 个/mL。

（c）将 50μL 细胞接种到透明的 96 孔板中。

② 杀伤试验。

（a）向每个孔中加入 50μL 补体源（人 AB 血清，1∶4 稀释）和 50μL10μg/mL 浓度的抗体。

（b）在 37℃下孵育细胞 2～3h。加入 5μL PI。立即使用流式细胞术分析细胞。

③ 流式分析。

（a）通过绘制 FSC 与 SSC 以及检测到 PI 的通道的直方图来分析数据。

（b）绘制抗体浓度与死细胞百分比（即 PI 阳性细胞）的关系图以确定测试抗体的 EC_{50}。

4）注意事项

（1）加入 PI 染色溶液后不要清洗细胞。

（2）加入染色液之后最好避光放置，并在 1h 之内进行检测。

（3）上机检测之前要用合适的力度轻弹检测管，避免细胞聚集沉淀从而堵塞流式仪。

（4）如果仅使用 PI 染色，请使用 FL-2 通道。如果细胞已被 FITC 或 PE 偶联抗体染色，则在 FL-3 通道中收集 PI 荧光。

（二）细胞增殖抑制法

1. 原理

细胞增殖抑制法主要适用于那些以生长因子为靶点的重组蛋白药物，如西妥昔单抗、帕尼单抗、尼妥珠单抗等，这些重组蛋白药物可结合生长因子受体如表皮生长因子受体（EGFR），阻断其与配体结合，从而阻断信号通路。EGFR 的过度表达可促进肿瘤细胞增殖，所以抗体药物对它的阻断可抑制细胞增殖。这在对重组蛋白药物进行治疗评价的过程中，可以作为评价其生物学活性的一个重要参数。CellTiter 96®AQ_{ueous} One Solution Reagent 细胞增殖试验是一种比色法，用于在增殖或细胞毒性试验中确定活细胞的数量。通过将少量试剂直接添加到培养孔中，孵育 1～4h，然后用酶标仪在 490nm 处记录吸光度，即可进行分析。

2. 主要材料和仪器

目标抗体（anti-EGFR），抗体阴性对照（anti-VEGF），DiFi 细胞，RPMI-1640 培养基，胰酶消化液，10%SDS，台盼蓝，CellTiter 96®AQueous One Solution Reagen，酶标仪。

3．方法

（1）将贴壁 DiFi 细胞使用胰酶消化，以 1000r/min 离心 5min，用 PBS 洗涤并重悬；台盼蓝染色计数，将细胞浓度调整为 2×10^5 个/mL。

（2）使用完全培养基稀释 anti-VEGF 和 anti-EGFR，加 200μL 到 96 孔板，采取不同浓度梯度，以观察不同浓度抗体作用下的效果（参考抗体浓度为 25～1500ng/mL）。

（3）将第（2）步中的细胞加入 96 孔板，每孔 100μL，振荡器混匀 5min。96 孔板置于 37℃，5% CO_2 条件下孵育 72h。

（4）将 CellTiter 96®AQueous One Solution Reagent 试剂室温解冻。每孔加入 20μL 解冻试剂，放回培养箱孵育 2h。

（5）加入 15μL10% SDS 终止显色，酶标仪 490nm 读取吸光度。

（6）计算 ED_{50} 值，进行分析：绘制 490nm 处校正吸光度（Y 轴）与生长因子浓度（X 轴）的关系图。确定对应于最大和最小吸光度值之间差异的二分之一的 X 轴值，此处即为 ED_{50} 值。

4．注意事项

（1）阴性对照单抗和样品稀释时，如果稀释倍数大于 10，最好进行多次稀释，即每次稀释的最大比例不大于 1∶1。

（2）稀释过的样品要进行至少 5 次吹打混匀。

（3）CellTiter 96®AQueous One Solution Reagent 试剂在室温下解冻大约需要 90min，如果时间比较紧急，也可选择在 37℃的水浴中放置 10min。

二、体内法评估

（一）原理

体内生物学活性测定采取动物样本，能为较大范围的重组药物的效价提供有用信息，在此以促红细胞生成素（EPO）为例做一个阐述。众所周知，用于其生产的宿主细胞系的类型、所采用的培养条件和所采用的纯化工艺都可能影响制剂的糖基化特征，从而影响最终的生物效价。因此，必须采用稳健、特征明确的方法来确保不同制造商之间的批次间一致性，以保证高质量和治疗效果。通过观察红细胞压积、红细胞体积和网织红细胞数等参数的变化，在正常大鼠和小鼠体内早期测定了 EPO 的效力。

EPO 的测定也使用了红细胞增多性小鼠生物测定法，这是基于网织红细胞的产生和 ^{59}Fe 掺入循环中的红细胞的刺激，通过暴露在降低的大气压下使小鼠红细胞增多。虽然这种生物测定通常是灵敏、精确和特异的，但该程序有一些缺点，因为它需要使用放射性同位素和复杂的动物试剂。目前，正常小鼠的生物测定是通过单次或多次注射在正常动物中进行的，通过刺激网织红细胞产生来测量重组人促红细胞生成素的生物活性。

（二）主要材料和仪器

EPO 的《欧洲药典》生物参考制剂（250μg，32500IU/瓶）是从法国斯特拉斯堡的欧洲药品质量部获得的。共从 5 家厂家获得了 12 批次 2000IU/mL、4000IU/mL 和 10000IU/mL 的 EPO 商品化制剂。批次用阿拉伯数字 1～12 标识，所有制剂都在保质期内。亮甲酚蓝、亚甲蓝和 EDTA 钠来自默克公司（德国达姆施塔特）。Lysis Ⅱ 溶液由季铵盐和氰化钾组成，来自 Coulter Electronica（阿根廷布宜诺斯艾利斯）。用于自动计数的试剂来自 ABX 诊断公司（法国蒙彼利埃），肝素（5000IU/mL）来自罗氏制药公司（巴西圣保罗）。所有其他试剂都是从商业来源获得的最高纯度。全自动流式细胞仪。

雄性和雌性 CF1 小鼠饲养在受控条件下［室温，(22±2)℃；人工光照，每天 12h］。在检测中，这些动物的年龄通常是 8 周大，体重范围在 27～32g。

（三）方法

1．样本处理

（1）小鼠以完全随机的顺序被分配到样本组和标准组，并通过标码进行识别，通常每个处理组有 8 只小鼠。标准样品和测试样品用含 0.1%牛血清白蛋白的磷酸盐缓冲液稀释到适当浓度。

（2）单次注射。每只小鼠皮下注射 EPO 10IU/0.5mL、30IU/0.5mL 或 90IU/0.5mL。第 5 天，用玻璃毛细管取小鼠眶静脉窦血样，并配以适合计数方法的抗凝剂。

（3）多次注射。分别于第 1 天、2 天、3 天、4 天每只小鼠皮下注射 1IU/0.2mL、3IU/0.2mL 或 9IU /0.2mL，第 5 天采血。所有注射和采血均在上午 9～11 点进行。

（4）用全自动流式细胞仪进行网织红细胞计数。

2．网织红细胞手工计数方法

（1）亮甲酚蓝。血样采集于 5% EDTA 钠溶液中。将等量的血液和 1%的亮甲酚蓝混合，在 37℃的水浴中孵化 7min。血样涂片制备在 8μL 稀释的玻片上。在显微镜下（放大 1000 倍）对染色涂片的 10 个区域的网织红细胞进行计数，相当于大约 1000 个红细胞。结果以红细胞总数的百分比报告。

（2）选择性红细胞溶血。血样通过肝素化玻璃毛细管直接采集到含有 3μL 肝素钠(0.6IU/mL）的试管中。将 40μL 的混合物转移到另一系列含有 40μL 0.9%氯化钠的标记管中，其中加入 70μL 的 1%亚甲基蓝溶液。混合物在 37℃的水浴中孵化 70min。在这种情况下，含有原生质嗜碱性粒细胞的网织红细胞固定亚甲基蓝，在细丝（未成熟的网织红细胞）或颗粒（成熟的网织红细胞）中可以看到颜色。加入 40μL 溶血液，室温放置 7min，诱导溶血。然后，将 40μL 的溶血混合物转移到含有 2mL 0.9%氯化钠溶液的试管中。将 8μL 的红细胞悬液样本转移到 Neubauer 小室，在显微镜（放大 400 倍）下对网织红细胞进行计数，并报告为绝对数。

（3）全自动荧光流式细胞术。血液样本采集到 5% EDTA 钠玻璃毛细管中，130μL 样本被吸入自动网织红细胞计数器。在这种方法中，最多分析 32000 个红细胞，仪器对每个样本使用定制的门控，分离成熟的红细胞、网织红细胞、白细胞，并在较低的阈值设置上分离血小板。结果可以报告网织红细胞的绝对数量和/或百分比，后者在本实验中使用。

（四）注意事项

（1）样本的选择上，有研究表明雌性小鼠结果更精确、重复性更好，具体要根据实际情况进行优化。

（2）为了获得药物制剂所需的精密度，还需要两个或两个以上的独立生物测定。

（3）对于单次注射测定，通常需要至少两次测定才能达到可接受的限度，而对于多次注射测定，可信区间较低，并且仅使用一次测定结果的精密度和重复性较高。

第六节 免疫化学特性分析

一、亲和力测定

（一）原理

利用光学生物传感器研究大分子相互作用越来越普遍。表面等离子体共振（SPR）生物传感器，如 Biacore 系统发展成为蛋白质表征和结合相互作用研究的标准工具。SPR 是一种光学现象，不必使用荧光标记和同位素标记，从而保持了生物分子的天然活性。是光在金属膜-液体界面上全内反射的结果（图 6.14）。在全内反射条件下，入射光激发金属膜中的等离子体共振。发生这种情况的角度（称为 SPR 角度）对溶液的折射率变化非常敏感。Biacore 生物传感器测量由芯片表面质量变化引起的 SPR 角度偏移，因此可以在不使用标签的情况下实时检测和测量蛋白质-蛋白质相互作用。

（二）主要材料和仪器

BIAcore 仪器（包括 BIAcore 控制软件和 BIA 评价软件）、Biacore CM5 和维修传感器芯片。

BIAdesorb 溶液 1、BIAdesorb 溶液 2、HBS 运行缓冲液按照附录 1 配制，超纯 H_2O（25℃时为 18.2MΩ·cm）、100mmol/L HCl、50mmol/L NaOH、10mmol/L 乙酸钠［pH4～5，含 10%（体积比）乙酸］、抗 HA-tag 单克隆抗体（亲和生物制剂）、20mmol/L NaOH、0.4mol/L EDC［*N*-乙基-*N'*-（二甲氨基丙基）碳二亚胺］、0.1mol/L NHS（*N*-羟基琥珀酰亚胺）、全系列再生缓冲液、含有表达 scFv 抗体片段的细菌裂解物、选择纯化的单体分析物、含有 120mg/mL CM 右旋糖酐的 HBS 运行缓冲液、含有 120mg/mL 牛血清白蛋白（BSA）的 HBS 运行缓冲液、优化再生缓冲液、1mol/L 乙醇胺-HCl、20mmol/L NaOH、在适当 pH 值的醋酸钠缓冲液中稀释的抗 HA 标记单克隆抗体。

图 6.14
SPR 原理图

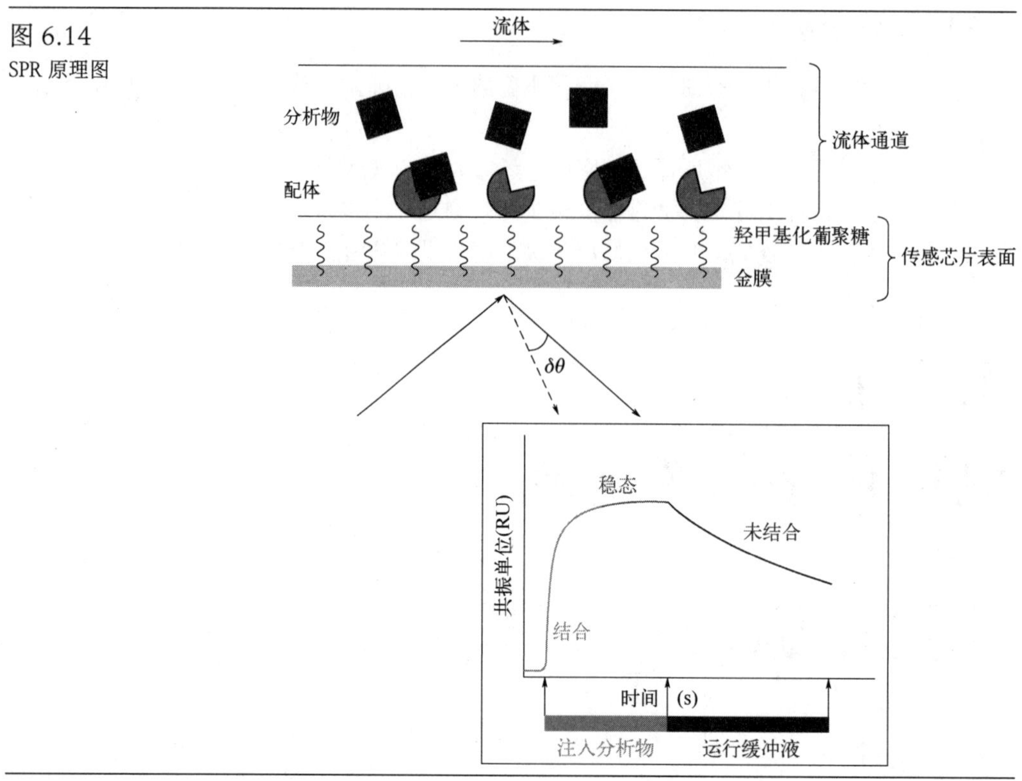

(三) 方法

1. 仪器清洁和表面处理

(1) 卸下仪器传感器芯片并对接维护芯片。

(2) 用 5g/L 十二烷基硫酸钠 (BIAdesorb 溶液 1) 将仪器充注五次。

(3) 用超纯水替换 5g/L 十二烷基硫酸钠溶液，并对系统进行一次充注。

(4) 用 pH 值为 9.5 的 50mmol/L 甘氨酸-NaOH (BIAdesorb 溶液 2) 将仪器充注五次。

(5) 用超纯水替换 50mmol/L 甘氨酸-NaOH，pH9.5 溶液，并再次充注系统五次。

(6) 卸下仪器维护芯片，对接新的 CM5 传感器芯片，并用运行缓冲器充注三次。

(7) 设置仪器流速为 100μL/min，并两次连续注入 100mmol/L HCl、50mmol/L NaOH 和 5g/L 十二烷基硫酸钠对芯片进行预处理，每次注入 10s。

2. 配体预结合实验

(1) 在 pH 值为 4～5 的 10mmol/L 乙酸钠缓冲液中制备 25μg/mL 抗 HA 标记单克隆抗体。

(2) 在预处理的 CM5 传感器芯片的流动池 2 或 4 上以 10μL/min 的流速注入每个样品 30s。

（3）可选：如果在配体预结合后反应没有恢复到基线（一些配体可能具有非特异性黏附到右旋糖酐表面的趋势），则在每次预结合后注入 20mmol/L NaOH 15s。

（4）评估预结合反应的幅度和斜率，并确定是否可以达到所需的配体密度。使用最温和的 pH 条件，以实现所需的偶联水平。

3．偶联

（1）制备 100μL 0.4mol/L EDC、100μL 0.1mol/L NHS、200μL 25μg/mL 抗 HA 标记单克隆抗体（捕获抗体）和 100μL 1mol/L 乙醇胺-HCl。

（2）混合等量的 0.4mol/L EDC 和 0.1mol/L NHS，并以 10μL/min 的流速在 2 或 4 流动池（与预结合相同的流动池）上注入 70μL。

（3）以 10μL/min 的速度在活化表面注入 150μL 捕获抗体。

（4）以 10μL/min 的流速注入 70μL 1mol/L 乙醇胺-HCl，使表面上多余的再活化基团失活。

（5）用 20mmol/L NaOH 进行 5 次 15s 后处理。

（6）通过重复上述步骤（1）～（5），在流动池 1 或 3 上制备参考表面，用 25μg/mL 的替代非特异性蛋白质替换步骤（3）中的捕获抗体。

4．表面再生

1）再生检测

（1）准备一组待测试的再生缓冲液。

（2）在抗 HA 标记单克隆抗体固定表面和参考表面上以 30μL/min 的速度注射 60μL 高浓度 HA 标记 scFv 抗体。监测基线和结合水平。

（3）从最温和的缓冲液开始，以 30μL/min 的速度注入 15μL 再生缓冲液。

（4）重复步骤（2）和（3）至少五次，然后换到下一个最温和的缓冲液。

（5）遵循 scFv 抗体捕获反应的趋势（从注射 scFv 抗体前的基线测量的相对反应）和绝对基线水平。

2）表面性能测试

（1）制备上述鉴定的 1mL 再生缓冲液和 2mL scFv 抗体裂解物。

（2）在流动池 1（参考表面）和 2（捕获表面）或 3（参考表面）和 4（捕获表面）上以 30μL/min 的速度注入 30μL scFv 抗体。监测基线和结合水平。

（3）以 30μL/min 的速度在流动池 1 和 2 或 3 和 4 上注入 15μL 再生缓冲液。

（4）重复结合/再生循环 30～40 个周期，或根据需要确定在最终分析中使用的周期数。

（5）评估配体稳定性和基线水平随时间的变化。如果基线增加（随后结合水平降低），则可能需要更严格的再生溶液。如果结合能力显著下降，而基线保持不变甚至下降，则配体稳定性会受到影响，导致分析物结合能力降低，应使用不同的再生溶液。再生研究虽然烦琐，但对于最佳分析性能至关重要，因此，花时间确定正确的条件是值得的。

5．动力学研究和数据分析

（1）在运行缓冲液中制备两倍稀释的分析物［从 100nmol/L 至 1.56nmol/L（倍比稀释）］，

并包括用于双重参考的缓冲液样品，以去除仪器伪影。

（2）用含 12mg/mL BSA 和 12mg/mL CM 葡聚糖的流动缓冲液稀释含有表达 scFv 抗体 1/10 的裂解液。

（3）执行三到五个“启动”循环，以确认表面性能可再现，并调节流动系统和表面。

（4）注入足够浓度的含有表达 scFv 抗体的裂解液，使分析物 Rmax 约为 50RU（响应单位）。

（5）以 30μL/min 的速度注入 90μL 的 100nmol/L 分析物，并在缓冲液中解离 10min。

（6）以 30μL/min 的速度注入 15μL 再生溶液。

（7）重复上述步骤（4）～（6）三到五次，并评估应可重复的结合反应。

（8）在步骤（1）中列出的分析物浓度范围内进行动力学分析，运行至少一个分析物浓度，一式两份或三份，并运行缓冲液进样以进行双重参考。

（9）在流动池 1 和 2 或 3 和 4（参考和活性表面）上以 20μL/min 的速度注入 60μL 含有 scFv 抗体的裂解液［在步骤（2）中制备］。

（10）对于每个分析周期，以 30μL/min 的速度注入 90μL 分析物（随机注入分析物浓度，包括重复和缓冲液注入），并在缓冲液中解离 15～20min。

（11）以 30μL/min 的速度注入 15μL 再生溶液。

（12）再生后，执行 IFC（集成微流体滤芯）清洗程序，然后进行短缓冲注射，以清洁注射针、管道和流道。

（13）重复上述步骤（8）～（12），直到分析了所有分析物浓度。

（14）在 BIAFaluation 中打开上述动力学分析实验结果文件，准备进行数据分析。

（15）覆盖经参考减去的数据，并在分析液注入前将基线调整为零，并将覆盖的传感器图与 x 轴上的时间对齐。

（16）从传感器图中删除再生数据、捕捉数据和任何其他不必要的数据。

（17）从分析物响应中减去零分析物响应（双重参考），以消除系统偏差。

（18）选择最适合您的数据的交互模型，然后开始拟合过程。曲线拟合过程是一个迭代数学过程，评估软件使用待确定参数的默认起始值计算理论约束曲线，并通过残差最小二乘拟合将其与实验数据进行比较。

（四）注意事项

（1）固定于传感片上的靶蛋白（例如：受体蛋白）和待分析蛋白质，纯度要达到 95% 以上。

（2）蛋白质溶液应在低离子强度缓冲液中制备，例如 10mmol/L 乙酸钠，在不同 pH 值范围内，这些溶液通过未充分衍生化的芯片表面，并监测静电结合程度。观察到蛋白质在未充分衍生化表面预结合的最高 pH 值应作为偶联的 pH 值。

（3）将配体偶联到 CM5 传感器芯片表面需要先活化表面，然后是配体预结合/偶联，最后是表面失活。尽管有多种偶联化学试剂可用于将配体偶联到 CM-葡聚糖表面，但取决于可用于偶联的残基，最常用的策略是使用 EDC［*N*-乙基-*N′*-（二甲氨基丙基）碳二亚胺］和 NHS（*N*-羟基琥珀酰亚胺）的化学方法。

（4）动力学实验的设计必须包括足够的实验数据，以便可靠地计算准确的速率常数。

在进行动力学实验之前，应评估实验参数，如：①使用何种温度；②使用何种固定化水平；③注入时间和流速；④解离时间；⑤使用何种分析物浓度。实验设计还应包括空白注射（以消除系统伪影），重复分析物注射以及启动循环以调节流动系统和传感器表面。

二、抗原结合表位测定

（一）原理

酶联免疫吸附试验（ELISA）是一种使用酶标记抗体检测和定量抗原的快速而灵敏的方法。除了常规的实验室应用外，ELISA 还被广泛应用于医疗领域和食品工业，作为诊断和质量控制的工具。根据抗原表位和特异性抗体的可用性，ELISA 的设置存在差异。四种基本形式是直接、间接、夹心和竞争 ELISA。夹心 ELISA 可以用于靶抗原的浓缩、检测和定量。夹心 ELISA 需要一对针对靶抗原的抗体。抗原被捕获在捕获抗体和检测抗体之间［图 6.15（a)］。所示示例表示直接结合夹心 ELISA，检测抗体直接用酶标记。一种常见的变体是间接夹心 ELISA［图 6.15（b)］。夹心 ELISA 的基本要求（除非靶抗原上存在重复表位）需要两个抗体结合同一抗原上的不同表位。此外，即使它们结合不同的表位，一捕获抗体的结合不干扰二抗检测抗体的结合。

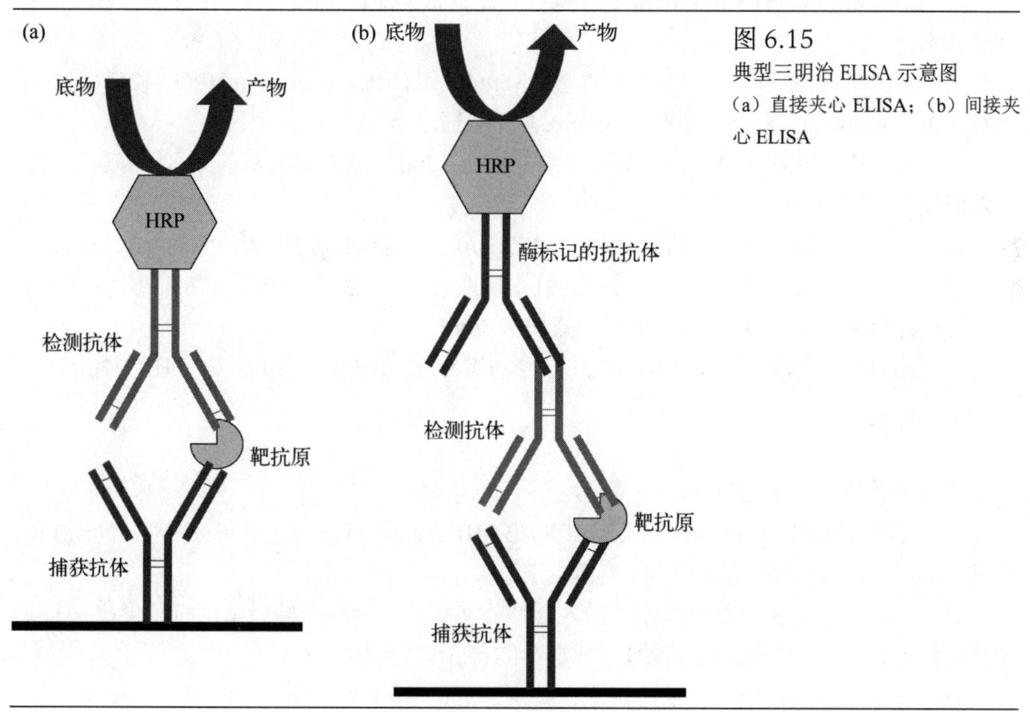

图 6.15
典型三明治 ELISA 示意图
（a）直接夹心 ELISA；（b）间接夹心 ELISA

夹心 ELISA 本身具有许多优点，包括在分析前不需要纯化样品。抗原的纯化和浓缩是在检测的捕获阶段完成的，与直接或间接 ELISA 相比，灵敏度提高了 3～5 倍甚至更多。

夹心 ELISA 因目标检测需要结合两个不同的抗体，通常显示高特异性和可靠性。ELISA 试验一般流程如图 6.16 所示。

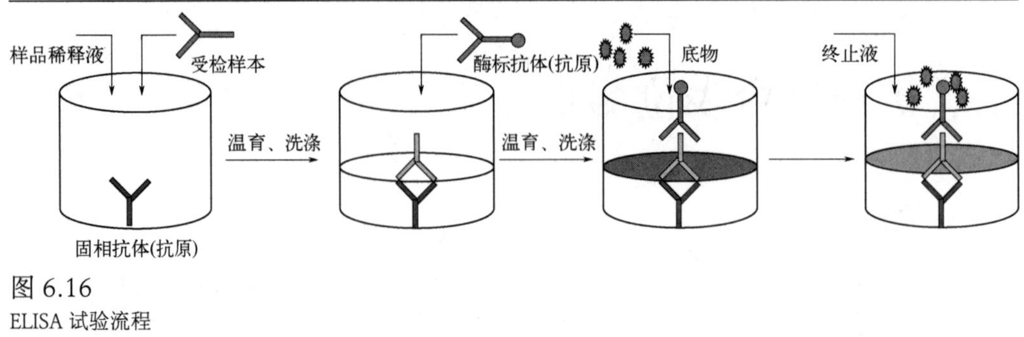

图 6.16
ELISA 试验流程

（二）主要材料和仪器

抗原、抗体和酶标记抗体。40 孔或 96 孔聚苯乙烯塑料板（简称酶标板）、50μL 及 100μL 加样器、酶标仪、96 孔平底 ELISA 微量滴定板、移液器、可调多道移液器（50～200μL）、供可调多道移液器使用的试剂存放槽、洗瓶、小烧杯、玻璃棒、试管、吸管和量筒、37℃孵育箱等。其他试剂按照如下配方配制。

（1）包被缓冲液（pH 9.6, 0.05mol/L）碳酸盐缓冲液：称量 Na_2CO_3 1.59g, $NaHCO_3$ 2.93g，加蒸馏水至 1L。

（2）洗涤缓冲液（pH 7.4 PBS）：称量 0.15mol/L KH_2PO_4 0.2g，$Na_2HPO_4 \cdot 12H_2O$ 2.9g，NaCl 8.0g，KCl 0.2g，0.05%吐温-20 0.5mL，加蒸馏水至 1L。

（3）稀释液：称量 BSA 0.1g，加洗涤缓冲液至 100mL 或以羊血清、兔血清等血清与洗涤液配成 5%～10%使用。

（4）终止液（2mol/L H_2SO_4）：蒸馏水 178.3mL，逐滴加入浓硫酸（98%）21.7mL。

（5）底物缓冲液（pH 5.0 磷酸柠檬酸）：量取 0.2mol/L Na_2HPO_4（28.4g/L），25.7mL 0.1mol/L 柠檬酸（19.2g/L）24.3mL，加蒸馏水 50mL。

（6）ABTS 使用液：称量 ABTS 0.5mg 底物缓冲液（pH 5.5）1mL，3% H_2O_2 2μL。

（三）方法

以西妥昔抗体为例进行 ELISA 实验。

（1）抗原包被：抗原 human EGFR/HER1/ErbB1 protein（His Tag），包被浓度 500ng/mL，每孔 100μL，加入孔中，放置于 4℃冰箱过夜。

（2）加样：弃掉孔内原有液体，加入标准品和样品。标准品稀释浓度按照倍比（5 倍）稀释的浓度进行（2000pg/mL 开始）。标准品购自 MCE 公司。

（3）洗涤：加入洗涤液，快速洗涤，每次 5min，共 3 次。

（4）加入酶标抗体：加入酶标二抗，按照 1∶12000 的比例加到孔中，37℃放置 1h。

（5）洗涤：加入洗涤液，快速洗涤，每次 5min，共 3 次。

（6）显色：加入 100μL 的 TMB（碧云天公司）溶液，37℃放置 30min。

（7）终止反应：反应孔内加入 2mol/L 的硫酸 50μL 或者 100μL 3mol/L NaOH 终止反应。

（8）测定：450nm 条件下测定吸光度值。

（9）从标准样品的吸光度生成标准曲线后，测定每个样品的抗体浓度。

（四）注意事项

（1）严格按照规定的时间和温度进行孵育以确保实验结果的准确。所有试剂都必须在使用前达到室温。

（2）洗板不正确可能导致结果不准确，在加入底物前尽量吸干孔内液体。温育过程中不要让微孔干燥，清除板底残留的液体和手指印，否则影响 OD 值。

（3）避免试剂和样品的交叉污染以免造成错误结果。

（4）使用后立即冷藏保存，在储存和温育时避免强光直射。

参考文献

蔡武成，袁厚积，1982. 生物物质常用化学分析法. 北京：科学出版社，93-99.

陈飞，胡玢婕，赵虎，2015. MALDI-TOF MS 在临床微生物样本直接检测中的应用. 检验医学，1-7.

郭敏亮，姜涌明，1996. 考马斯亮蓝显色液组分对蛋白质测定的影响. 生物化学与生物物理进展，23: 558-561.

黄婉玉，曹炜，李菁，等，2009. 考马斯亮蓝法测定果汁中蛋白质的含量. 食品与发酵工业，35: 160-163.

南亚，李宏高，2007. 考马斯亮蓝 G-250 法快速测定牛乳中的蛋白质. 检测与分析，10: 42.

王兰，李永红，饶春明，2009. 实时定量 PCR 检测重组技术产品中宿主基因组 DNA 残留. 药物分析杂志(10), 1593-1596.

韦薇，罗建辉，尹红章，等，2014. 重组单克隆抗体相关物质和相关杂质的研究与评价. 中国新药杂志(8), 906-911.

张峰，刘春雨，郭玮，等，2012. DiFi 细胞增殖抑制法测定抗表皮生长因子受体单克隆抗体的生物学活性. 2012 年中国药学大会暨第十二届中国药师周论文集.

张龙翔，张庭芳，李令媛，等，1981. 生化实验方法和技术. 高等教育出版社，164-169.

赵晓光，薛燕，刘炳玉，2003. MALDI-TOF 质谱仪关键技术及进展. 现代仪器, 17-20.

Bah U, Deppe A, Karas M, et al, 1992. Mass spectrometry of synthetic polymers by UV-matrix-assisted laser desorption/ionization. Anal. Chem., 64: 2866-2869.

Bavand Savadkouhi M, Vahidi H, Ayatollahi A M, et al, 2017. RP-HPLC Method Development and Validation for Determination of Eptifibatide Acetate in Bulk Drug Substance and Pharmaceutical Dosage Forms. Iran J Pharm Res, 16(2), 490-497.

Berti F, Ravenscroft N, 2015. Characterization of Carbohydrate Vaccines by NMR Spectroscopy. Methods Mol Biol, 1331:189-209.

Bigge J C, Patel T P, Bruce J A, et al, 1995. Non-selective and efficient fluorescent labeling of glycans using 2-aminobenzamide and anthanilic acid. Anal Biochem, 230: 229-238.

Bobály B, Tóth E, Drahos L, et al, 2014. Influence of acid-induced conformational variability on protein separation in reversed phase high performance liquid chomatography. J Chomatogr A, 1325, 155-162.

Bradford M M, 1976. A rapid and sensitive method for the quantitation of microgram quantities of protein utilizing the principle of protein-dye binding. Anal Biochem, 72: 248-254.

Duensing T D, WatsonS R，2018. Complement-dependent cytotoxicity assay. Cold Spring Harb Protoc, 2018(2).

Duensing T D, Watson S R，2018. Assessment of antibody-dependent cellular cytotoxicity by flow cytometry. Cold Spring Harb Protoc. 2018(2).

Duncan M, Poljak A, 1998. Amino acid analysis of peptides and proteins on the femtomole scale by gas chomatography/mass spectrometry. Anal Chem, 70: 890-896.

Fenselau C, 1997. MALDI MS and strategies for protein analysis. Anal Chem, 69: 661A-665A.

Fierabracci V, Masiello P, Novelli M, et al, 1991. Application of amino acid analysis by high-performance liquid chomatography with phenyl isothiocyanate derivatization to the rapid determination of free amino acids in biological samples. J Chomatogr, 570: 285-291.

Fürst P, Pollack L, Graser T A, et al, 1990. Appraisal of four pre-column derivatization methods for the high-performance liquid chomatographic determination of free amino acids in biological materials. J Chomatogr, 499: 557-569.

Gogichaeva N V, Alterman M A, 2019. Amino acid analysis by means of MALDI TOF mass spectrometry or MALDI TOF/TOF tandem mass spectrometry. Methods Mol Biol, 2030: 17-31.

Hamberg A, Kempka M, Sjödahl J, et al, 2006. *C*-terminal ladder sequencing of peptides using an alternative nucleophile in carboxypeptidase Y digests. Anal Biochem, 357(2), 167-172.

Hanić M, Lauc G, Trbojević-AkmačićI, 2019. *N*-Glycan Analysis by ultra-performance liquid chomatography and capillary gel electrophoresis with fluorescent labeling. Curr Protoc Protein Sci, 97: e95.

Han J, Danell R M, Patel J R, et al, 2008. Towards high-thoughput metabolomics using ultrahigh-field Fourier transform ion cyclotron resonance mass spectrometry. Metabolomics, 4:128-140.

Harvey D J, 2000. Electrospray mass spectrometry and fragmentation of *N*-linked carbohydrates derivatized at the reducing terminus. J Am Soc Mass Spectrom, 11: 900-915.

Hennet T, Cabalzar J, 2015. Congenital disorders of glycosylation: a concise chart of glycocalyx dysfunction. Trends Biochem Sci, 40: 377-384.

Hirano H, Komatsu S, Kajiwara H, et al, 1993. Microsequence analysis of the *N*-terminally blocked proteins immobilized on polyvinylidene difluoride membrane by western blotting. Electrophoresis, 14(9), 839-846.

Husek P, Simek P, 2001. Advances in amino acid analysis. LCGC, 19: 986-999.

Jason-Moller L, Murphy M, Bruno J, 2006. Overview of Biacore systems and their applications. Curr Protoc Protein Sci, Chapter 19: Unit 19.13.

Jin J, Meredith G E, Chen L, et al, 2005. Quantitative proteomic analysis of mitochondrial proteins: relevance to Lewy body formation and Parkinson's disease. Brain Res Mol Brain Res, 134:119-138.

Klapoetke S, 2014. *N*-glycosylation characterization by liquid chomatography with mass spectrometry. Methods Mol Biol, 1131: 513-524.

Klapoetke S, Zhang J, Becht S, et al, 2010. The evaluation of a novel approach for the profiling and identifi cation of N-linked glycan with a procainamide tag by HPLC with fluorescent and mass spectrometric detection. J Pharm Biomed Anal, 53: 315-324.

Kontermann R, 2010. Antibody Engineering. Vol.1. springer.

KrištićJ, Lauc G, 2017. Ubiquitous Importance of Protein Glycosylation. Methods Mol Biol, 1503:1-12.

Leonard P, Hearty S, Ma H, et al, 2017. Measuring Protein-Protein Interactions Using Biacore. Methods Mol Biol, 1485: 339-354.

Lind C, Gerdes R, Hamnell Y, et al, 2002. Identification of S-glutathionylated cellular proteins during oxidative stress and constitutive metabolism by affinity purification and proteomic analysis. Arch Biochem Biophys, 406: 229-240.

Liao M, Cao E, Julius D,et al, 2013. Structure of the trpv1 ion channel determined by electron cryo-microscopy. Nature, 504(7478), 107-112.

MacCoss M J, Yates J R 3rd, 2001. Proteomics: analytical tools and techniques. Curr Opin Clin Nutr Metab Care, 4: 369-375.

Maris M, Ferreira G B, D'Hertog W, et al, 2010. High glucose induces dysfunction in insulin secretory cells by different pathways: a proteomic approach. J Proteome Res, 9: 6274-6287.

Morelle W, Faid V, Chirat F, et al, 2009. Analysis of *N*- and *O*-linked glycans from glycoproteins using MALDI-TOF mass spectrometry. Methods Mol Biol, 534:5-21.

O'Connor B F, Monaghan D, Cawley J, 2017. Lectin Affinity Chomatography (LAC). Methods Mol Biol, 1485: 411-420.

Ortner K, Sivanandam V N, Buchberger W, et al, 2007. Analysis of glycans in glycoproteins by diffusion-ordered nuclear magnetic resonance spectroscopy. Anal Bioanal Chem, 388:173-177.

Pabst M, Kolarich D, Pöltl G, et al, 2009. Comparison of fluorescent labels for oligosaccharides and introduction of a new postlabeling purification method. Anal Biochem, 384: 263-273.

Perrin C, Burkitt W, Perraud X, et al, 2016 Limited proteolysis and peptide mapping for comparability of biopharmaceuticals: An evaluation of repeatability, intra-assay precision and capability to detect structural change. J Pharm Biomed Anal, 123:162-172.

Piraud M, Vianey-Saban C, Petritis K, et al, 2003. ESI-MS/MS analysis of underivatised amino acids: a new tool for the diagnosis of inherited disorders of amino acid metabolism. Fragmentation study of 79 molecules of biological interest in positive and negative ionisation mode. Rapid Commun Mass Spectrom, 17: 1297-1311.

Pitt J J, Eggington M, Kahler S G, 2002. Comprehensive screening of urine samples for inborn errors of metabolism by electrospray tandem mass spectrometry. Clin Chem, 48: 1970-1980.

Ramos A S, Schmidt C A, Andrade SS, et al, 2003. Biological evaluation of recombinant human erythopoietin in pharmaceutical products. Brazilian Journal of Medical and Biological Research, 36(11), 1561-1569.

Rudd P M, Colominas C, Royle L, et al, 2001. A high-performance liquid chomatography based strategy for rapid, sensitive sequencing of *N*-linked oligosaccharide modifications to proteins in sodium dodecyl sulphate polyacrylamide electrophoresis gel bands. Proteomics, 1:285-294.

Ruhaak L R, Zauner G, Huhn C, et al, 2010. Glycan labeling strategies and their use in identification and quantification. Anal Bioanal Chem, 397: 3457-3481.

Smith J T, 1999. Recent advancements in amino acid analysis using capillary electrophoresis. Electrophoresis, 20: 3078-3083.

Soga T, Heiger D N, 2000. Amino acid analysis by capillary electrophoresis electrospray ionization mass spectrometry. Anal Chem, 72:1236-1241.

Soga T, Ohashi Y, Ueno Y, et al, 2003. Quantitative metabolome analysis using capillary electrophoresis mass spectrometry. J Proteome Res, 2: 488-494.

Smith J T, 1999. Recent advancements in amino acid analysis using capillary electrophoresis. Electrophoresis, 20: 3078-3083.

Strome S E, Sausville E A, Mann D，2007. A mechanistic perspective of monoclonal antibodies in cancer therapy beyond target-related effects. Oncologist, 12(9), 1084-1095.

Wang M, Zhu J, Lubman D M, et al, 2019. Aberrant glycosylation and cancer biomarker discovery: a promising and thorny journey. Clin Chem Lab Med, 57:407-416.

Yu Y Q, Gilar M, Kaska J, et al, 2005. Deglycosylation and sample clean up method for mass spectrometry analysis of *N*-linked glycans. Waters (The applications book, march 2005), 2005;　34-36.

Xu H, Zhang L, Freitas M A，2008. Identification and characterization of disulfide bonds in proteins and peptides from tandem MS data by use of the MassMatrix MS/MS search engine. J Proteome Res, 7(1), 138-144.

Zahou E, Jornvall H, Bergman T, 2000. Amino acid analysis by capillary electrophoresis after phenylthiocarbamylation. Anal Biochem, 281:115-122.

Zytkovicz T H, Fitzgerald E F, Marsden D, et al, 2001. Tandem mass spectrometric analysis for amino, organic, and fatty acid disorders in newborn dried blood spots: a two-year summary from the New England Newborn Screening Program. Clin Chem, 47: 1945-1955.

（林艳、李琴、苗馨之、王斌、毕利利）

第七章 重组蛋白药物新技术

1982 年第一个重组蛋白类药物——人胰岛素被美国食品药品监督管理局批准上市。经过 40 余年的发展，包括治疗肿瘤、抗病毒等疾病在内的多种重组蛋白药物被开发和应用，其相关技术也得到了长足的发展。人工智能和基因编辑等新技术的发展，大大改进和提高了传统的基因优化和蛋白质结构及活性等预测效率，实现了高通量、更精准的蛋白质结构信息获取，加速了重组蛋白药物的研发和上市。目前常用于重组蛋白药物研发的新技术有：人工智能与蛋白药物设计、非编码 RNA 技术、基因编辑技术、表观遗传学技术等。

第一节 人工智能与蛋白药物设计

生物信息学是利用数学、信息学、统计学和计算机科学等方法，对获得的生物学数据进行收集、筛选、分类并进行处理，研究生物学中的问题，来阐明和理解大量数据所包含的生物学意义的一种方法，是 21 世纪生命科学和医学科学发展的热点之一。目前主要的研究内容有：基因分析（基因预测和基因功能研究等）和蛋白质分析（蛋白质结构和功能分析、蛋白质翻译修饰等）。近年来，人工智能（artificial intelligence, AI）技术在生物信息学中的应用越来越普遍，其通过对生物数据进行建模发现新的数据。

一、核苷酸及蛋白质相关数据库

（一）核苷酸相关数据库

常见的核苷酸序列数据库由脱氧核糖核酸（deoxyribonucleic acid，DNA）和核糖核酸（ribonucleic acid，RNA）数据组成。DNA 的组成单位为四种脱氧核苷酸，分别为腺嘌呤（adenine，A）脱氧核苷酸、鸟嘌呤（guanine，G）脱氧核苷酸、胸腺嘧啶（thymine，T）脱氧核苷酸和胞嘧啶（cytosine，C）脱氧核苷酸。而 RNA 的组成单位为四种核糖核苷酸，分别为腺嘌呤（A）核糖核苷酸、鸟嘌呤（G）核糖核苷酸、尿嘧啶（uracil，U）核糖核苷酸和胞嘧啶（C）核糖核苷酸。核苷酸序列就是指 DNA 或者 RNA 中这四种碱基的排列顺序。

数据库（database）是一类用于数据存储和管理的计算机文档，其存储是为了检索和调用相关目标数据信息。数据库的每一条记录（record）或条目（entry），包含了多个具有某一类数据特性或属性的字段（field），比如基因名称、基因序列、物种来源、核苷酸或蛋白质序列的创建日期等信息，这也是数据结构化的基础；而值（value）则代表每个条目中某个字段的具体内容。

截止到 2022 年，国际核苷酸序列数据库合作组织（International Nucleotide Sequence Database Collaboration，INSDC；http://www.insdc.org/）在这 30 多年来一直是收集和提供核

苷酸序列数据和元数据的核心基础设施。三个合作组织，日本国家遗传学研究所的日本DNA-数据库（DNA Data Bank of Japan，DDBJ），英国欧洲分子生物学实验室欧洲生物信息学研究所（EMBL-EBI）的欧洲核苷酸档案（European Nucleotide Archive，ENA），美国马里兰州贝塞斯达国家卫生研究院国家生物技术信息中心（National Center for Biotechnology Information，NCBI）、国家医学图书馆和GenBank一直在合作维护INSDC。详细数据库总结见列表7.1。

表7.1 核苷酸数据库列表

核苷酸数据库	描述	网站链接
DDBJ	国际核苷酸序列数据库成员，是核苷酸序列最大的信息来源之一	https://www.ddbj.nig.ac.jp/index-e.html
ENA	欧洲核苷酸序列主要储存库	https://www.ebi.ac.uk/ena
GenBank	国际核苷酸序列数据库成员，是核苷酸序列最大的信息来源之一	http://www.ncbi.nlm.nih.gov/genbank/
Rfam	Rfam数据库是RNA家族的集合，每个家族由多个序列比对、共有二级结构和协方差模型表示	https://rfam.xfam.org/
Ensembl	包含人类、大鼠和其他脊椎动物在内的多个真核基因组以及用来比较基因组的工具	https://www.ensembl.org/index.html
蛋白质信息资源（proteininforma-tionre sourc，PIR）	支持基因组学研究的整合工具	https://proteininformationresource.org/

（二）蛋白质相关数据库

蛋白质序列是指20种氨基酸的排列顺序（通常也称为蛋白质的一级结构）。蛋白质的三级结构是多肽链在二级结构的基础上，进一步螺旋或者折叠形成的具有一定规律的三维空间结构，因此蛋白质结构数据库主要是蛋白质的三级结构信息的数据库。目前蛋白质的三级结构主要通过X射线晶体衍射和核磁共振等实验来测定，包括蛋白质数据库（protein data bank，PDB）和联合的蛋白（Universal Protein, UniProt）等。PDB是一个免费的，可经网络访问的收录蛋白质及核酸的三维结构资料的数据库，是结构生物学研究的重要资源。而UniProt是一个全面和免费的含蛋白质序列与功能信息的数据库。除了大多数蛋白质序列信息来源于基因组计划结果外，还概括了大量文献报道的蛋白质的生物学功能信息。详细蛋白质数据库见表7.2。

表7.2 蛋白质数据库列表

蛋白质数据库	描述	网站链接
UniProt	UniProt联盟是整合了包括PIR、EBI和瑞士生物信息学研究所的一个国际合作数据库	https://www.uniprot.org/
蛋白质数据库（protein data bank, PDB）	由实验数据决定的生物分子（比如：蛋白结构）数据库	https://www.rcsb.org/pdb/home/sitemap.do
Prosite	由描述蛋白质家族、结构域和功能位点以及其中的氨基酸模式和氨基酸谱组成	https://prosite.expasy.org/

续表

蛋白质数据库	描述	网站链接
Pfam 数据库 (protein family databae)	收集了大量使用多重序列比对和隐马尔可夫模型对蛋白质结构域归类形成的蛋白质家族	https://pfam.xfam.org/
InterPro	通过将蛋白质归类为家族并预测其结构域和重要位点对蛋白质进行功能分析	https://www.ebi.ac.uk/interpro

二、基因信息分析及密码子优化

（一）基因信息及功能预测

基因是最基本的遗传单位，指具有功能性的一段 DNA（或 RNA）序列。基因的结构主要由增强子、启动子及蛋白质编码序列等组成。基因信息（gene information）是存储在由 DNA（或少数 RNA）分子片段组成的基因中的生物遗传信息，通过基因测序可以获得。

1．原理

基因组包含了成千上万条蛋白质编码和非编码序列，将其中的蛋白质编码序列鉴定出来是生物信息学的一个重要任务。真核生物的基因组比较大，富含重复序列和转座元件以及非编码的内含子和编码蛋白质的外显子，因而真核生物蛋白质编码的一些统计学特征很难判别。高级的基因识别算法需要更加复杂的概率论模型，如隐马尔可夫模型（hidden Markov model，HMM）。基因定位器和内插马尔可夫模型 ER（gene locator and interpolated Markov modelER，Glimmer）是一个广泛应用的高级基因识别程序，由美国约翰霍普金斯大学的计算生物学家 Steven Salzberg 等在 1998 年建立并维持。对原核生物基因的预测已非常精确，但对真核生物基因的预测则效果有限。1997 年斯坦福大学发展的 GENSCAN（服务器在美国的麻省理工学院）对真核生物的基因预测非常精确，它能够预测基因的定位和基因组序列中内含子和外显子的边界，对特定核苷酸预测的准确率为 91%，对外显子预测的平均准确率约为 80%。全始计算法（ab initio approach）是一种高级计算方法，GENSCAN 属于从头计算法的一种，使用从头计算法识别和鉴定基因又称为基因预测。

2．主要材料和仪器

Windows 系统计算机和 GENSCAN 程序。

3．方法

（1）输入网址 http://argonaute.mit.edu/GENSCAN.html 并打开。

（2）选择合适的物种参数（如图 7.1）。如果选择 Vertebrate，则代表在脊椎动物（包括人类）中预测基因；如果选择 Arabidopsis，则代表在拟南芥中预测基因；如果选择 Maize，则代表在玉米中预测基因。

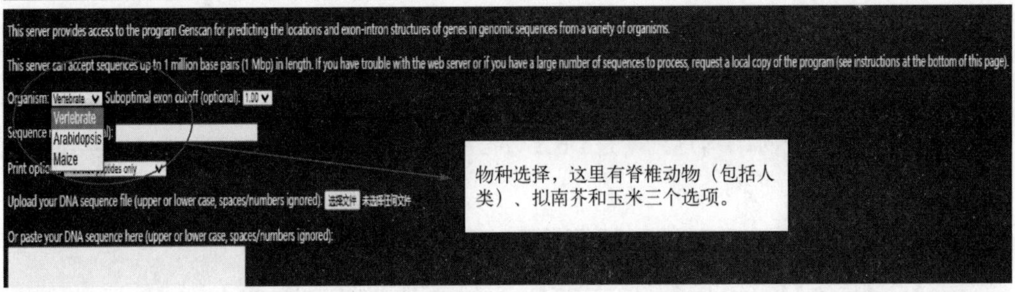

图 7.1
选择合适的物种参数

（3）选择合适的预测结果参数（如图 7.2）。如果选择 predicted peptides only，则代表显示的结果仅是肽（或氨基酸序列）；如果选择 predicted CDS and peptides，则代表显示的结果分别有 CDS（基因编码序列）和肽（或氨基酸序列）。

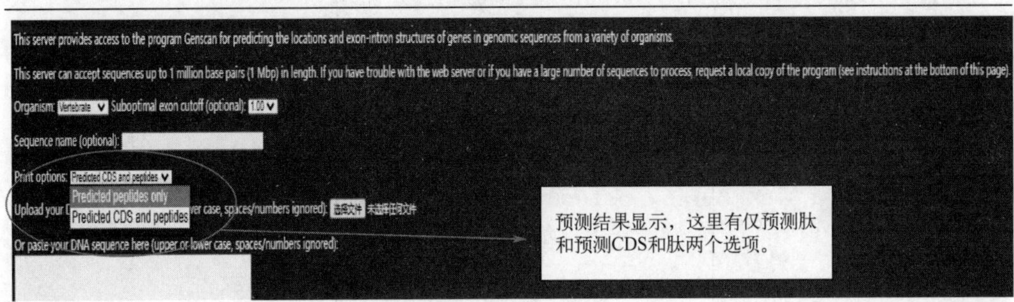

图 7.2
选择预测结果参数

（4）选择上传文件或者粘贴需要预测的 DNA 序列（如图 7.3）。

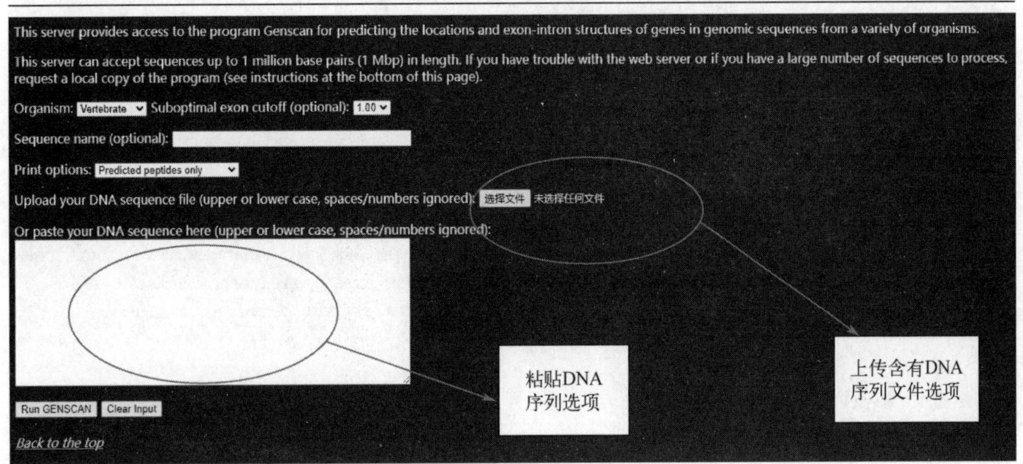

图 7.3
选择上传文件或需要预测的 DNA 序列

（5）提交序列，点击 Run GENSCAN 后开始进行基因预测。

（6）结果显示（如图 7.4）。以人类第 17 号染色体（Homo sapiens chromosome 17）NCBI 参考序列（NC_000017.11）为例，总长 1～19070bp，经过 GENSCAN 分析，结果显示 GENSCAN 软件分析的 CDS 序列就是 DNA 数据库的人类 *p53* 基因（如下图框中文字所示），说明了 GENSCAN 分析的正确性。

```
GENSCAN 1.0  Date run: 22-Aug-121            Time: 08:01:24
Sequence /tmp/08_22_21-08:01:23.fasta : 19070   bp : 49.38% C+G : Isochore 2 (43 - 51 C+G%)
Parameter matrix: HumanIso.smat
Predicted genes/exons:
Gn.Ex Type S .Begin ...End .Len Fr Ph I/Ac Do/T CodRg P.... Tscr..
1.01 Intr +   10869  10970   102  0  0   83   74   94  0.380   6.79
1.02 Intr +   11088  11109    22  0  1  125   95   22  0.983   4.15
1.03 Intr +   11219  11497   279  1  0   93   73  164  0.981  13.07
1.04 Intr +   12255  12438   184  2  1  129   89  146  0.939  18.16
1.05 Intr +   12520  12632   113  2  2   84   25  125  0.883   5.90
1.06 Intr +   13201  13310   110  0  2   98   71  197  0.999  18.08
1.07 Intr +   13654  13790   137  1  2   39   99   65  0.861   2.91
1.08 Intr +   13883  13956    74  0  2  108   79   56  0.969   5.83
1.09 Intr +   16776  16882   107  2  2  100  109   67  0.887   9.01
1.10 Term +   17801  17882    82  2  1  119   44   18  0.522  -2.33
1.11 PlyA +   19053  19058     6                                  1.05
Suboptimal exons with probability > 1.000
Exnum Type S .Begin ...End .Len Fr Ph B/Ac Do/T CodRg P.... Tscr..
-NO EXONS FOUND AT GIVEN PROBABILITY CUTOFF
Predicted peptide sequence(s):
Predicted coding sequence(s):
>/tmp/08_22_21-08:01:23.fasta|GENSCAN_predicted_peptide_1|403_aa
XSQTAFRVTAMEEPQSDPSVEPPLSQETFSDLWKLLPENNVLSPLPSQAMDDLMLSPDDIEQWFTEDPGPDEAPRMPE
AAPPVAPAPAAPTPAAPAPAPSWPLSSSVPSQKTYQGSYGFRLGFLHSGTAKSVTCTYSPALNKMFCQLAKTCPVQLWVD
STPPPGTRVRAMAIYKQSQHMTEVVRRCPHHERCSDSDGLAPPQHLIRVEGNLRVEYLDDRNTFRHSVVVPYEPPEVGS
DCTTIHYNYMCNSSCMGGMNRRPILTIITLEDSSGNLLGRNSFEVRVCACPGRDRRTEEENLRKKGEPHHELPPGSTKRA
LPNNTSSSPQPKKKPLDGEYFTLQIRGRERFEMFRELNEALELKDAQAGKEPGGSRAHSSHLKSKKGQSTSRHKKLMFK
TEGPDSD
>/tmp/08_22_21-08:01:23.fasta|GENSCAN_predicted_CDS_1|1212_bp
nncagccagactgccttccgggtcactgccatggaggagccgcagtcagatcctagcgtcgagccccctctgagtcaggaaacattttcagacctatggaaactacttcctgaaaacaac
gttctgtcccccttgccgtcccaagcaatggatgatttgatgctgtccccggacgatattgaacaatggttcactgaagacccaggtccagatgaagctcccagaatgccagaggctgctcccc
ccgtggcccctgcaccagcagctcctacaccggcggcccctgcaccagccccctcctggcccctgtcatcttctgtcccttcccagaaaacctaccagggcagctacggtttccgtctgggct
tcttgcattctgggacagccaagtctgtgacttgcacgtactcccctgccctcaacaagatgttttgccaactggccaagacctgccctgtgcagctgtgggttgattccacacccccgcccggc
acccgcgtccgcgccatggccatctacaagcagtcacagcacatgacggaggttgtgaggcgctgcccccaccatgagcgctgctcagatagcgatggtctggcccctcctcagcatcttat
ccgagtggaaggaaatttgcgtgtggagtatttggatgacagaaacacttttcgacatagtgtggtggtgccctatgagccgcctgaggttggctctgactgtaccaccatccactacaactaca
tgtgtaacagttcctgcatgggcggcatgaaccggaggcccatcctcaccatcatcacactggaagactccagtggtaatctactgggacggaacagctttgaggtgcgtgtttgtgcctgtcc
tgggagagaccggcgcacagaggaagagaatctccgcaagaaaggggagcctcaccacgagctgcccccagggagcactaagcgagcactgcccaacaacaccagctcctctcccca
gccaaagaagaaaccactggatggagaatatttcacccttcagatccgtgggcgtgagcgcttcgagatgttccgagagctgaatgaggccttggaactcaaggatgcccaggctgggaag
gagccaggggggagcaggctcactccagccacctgaagtccaaaaagggtcagtctacctcccgccataaaaaactcatgttcaagacagaagggcctgactcagactga
```

表示预测的肽(氨基酸)序列。

表示预测的CDS的核苷酸序列

图 7.4
肽（氨基酸）以及核苷酸序列

4．注意事项

（1）参数选择一定要正确，不同物种有所区别。如果物种不相对应，分析效果会变差。

（2）如果选择上传文件而不是粘贴 DNA 序列进行分析，文件格式一定要正确，目前此软件识别 FASTA 文件和 GenBank 文件。

（3）如果网络运行较慢，可以自行安装 GENSCAN 软件在自己的电脑里，GENSCAN 软件对学术用户免费，需要提交你的姓名和学术邮箱地址后下载 Intel/Linux distribution，然后根据提示一步步安装即可使用。

（二）启动子预测

启动子（promoter）是一段 DNA 序列，是可以与 RNA 聚合酶直接结合并能起始 mRNA 转录合成的序列。启动子控制着基因的打开或关闭，从而调控基因的表达。哺乳动物的核心启动子约有 80bp，大约位于转录起始位点（transcription starting site，TSS）上游约-40～40bp 处，包括一些或全部不相同的结构元件，比如常见的 TATA 盒和转录起点。除了启动子与 RNA 聚合酶结合外，启动子上还有很多转录因子结合位点，通过对启动子序列预测，可以进一步预测转录因子结合位点，从而寻找到调控此基因的转录因子等。

1. 原理

通常来讲，启动子后边紧跟着转录起始点。转录起始位点就是在转录时，mRNA 链第一个核苷酸相对应 DNA 链上的碱基，通常为一个嘌呤。利用基因注释可以来评估启动子预测，其基本原理就是基因的起点对应于一个启动子。然而也有例外，并非所有的启动子都与蛋白质编码基因相关。这里通过 UCSC 网站预测启动子就是根据基因的起点对应于一个启动子的原理。

2. 主要材料和仪器

Windows 系统计算机和 Internet 网络。

3. 方法

（1）输入网址打开网页 http://genome.ucsc.edu/。

（2）按下图所示，选择 Genome Browser 选项（如图 7.5 所示）。

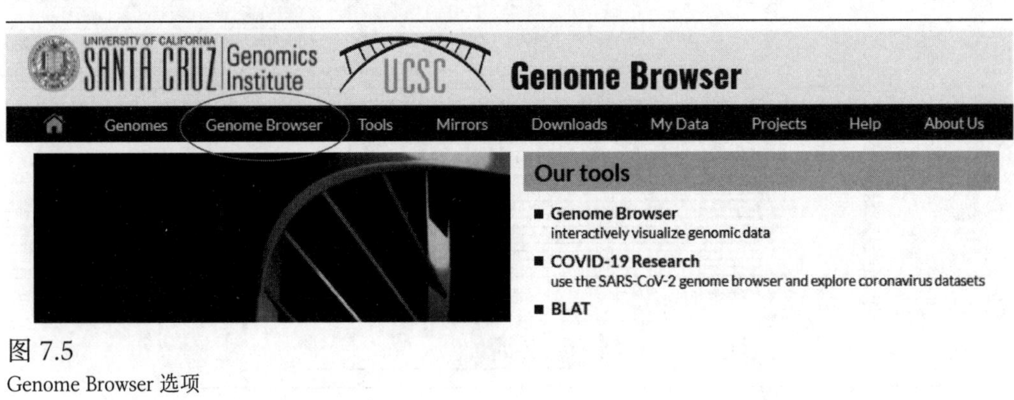

图 7.5
Genome Browser 选项

（3）点击打开 Genome Browser，如图 7.6 所示。

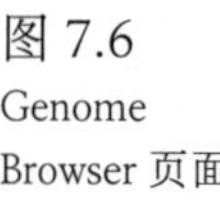

图 7.6
Genome Browser 页面

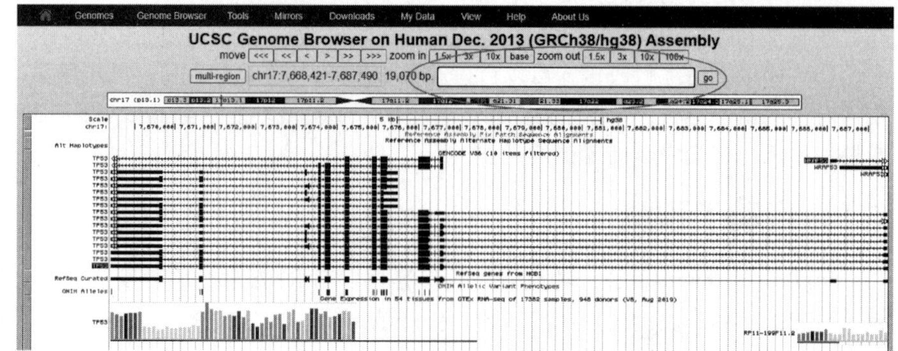

（4）然后在相应位置（图 7.7 所示）输入基因名称，这里以 *TP53* 基因为例，输入后出现包括 *TP53* 在内的多个名称相近基因，这里选择第一个，也就是 *TP53* 基因，点击选择进行下一步。

图 7.7
基因搜索页面

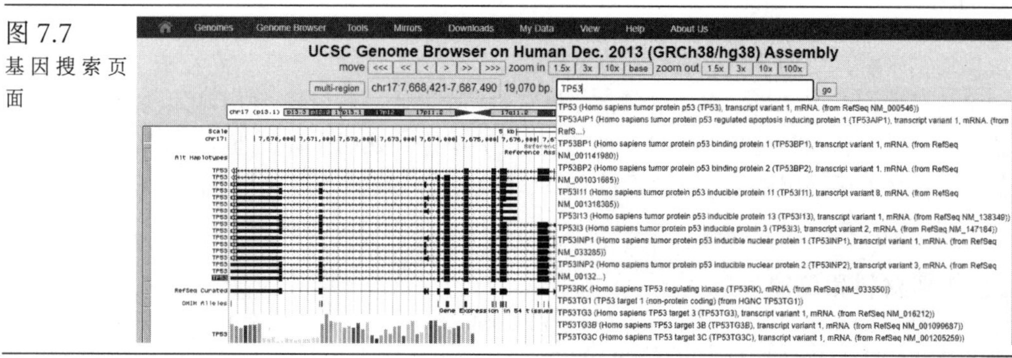

（5）点击选择的 *TP53* 基因后，会出现以下界面，然后点击 TP53（如图 7.8 箭头所示）。

图 7.8
基因选择页面

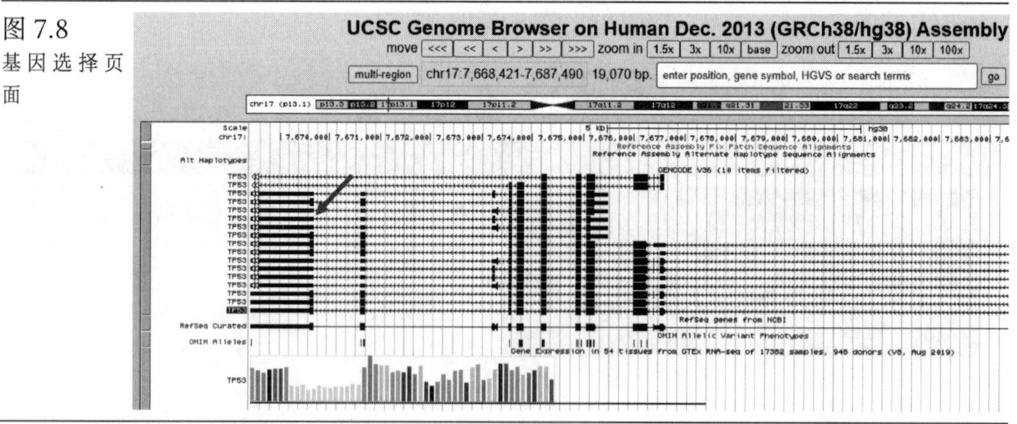

（6）点击后会出现以下界面（图 7.9）。

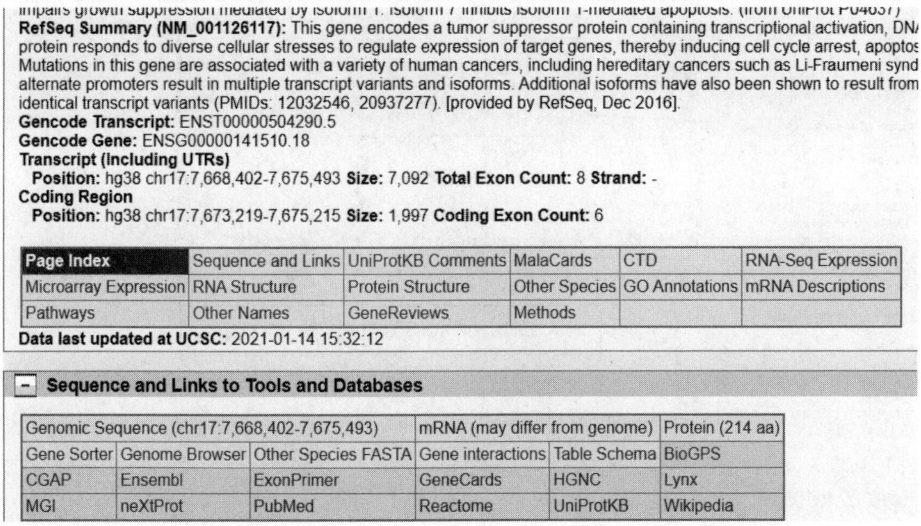

impairs growth suppression mediated by isoform 1. Isoform 7 inhibits isoform 1-mediated apoptosis. (from UniProt P04637)
RefSeq Summary (NM_001126117): This gene encodes a tumor suppressor protein containing transcriptional activation, DN/ protein responds to diverse cellular stresses to regulate expression of target genes, thereby inducing cell cycle arrest, apoptos Mutations in this gene are associated with a variety of human cancers, including hereditary cancers such as Li-Fraumeni synd alternate promoters result in multiple transcript variants and isoforms. Additional isoforms have also been shown to result from identical transcript variants (PMIDs: 12032546, 20937277). [provided by RefSeq, Dec 2016].
Gencode Transcript: ENST00000504290.5
Gencode Gene: ENSG00000141510.18
Transcript (Including UTRs)
Position: hg38 chr17:7,668,402-7,675,493 **Size:** 7,092 **Total Exon Count:** 8 **Strand:** -
Coding Region
Position: hg38 chr17:7,673,219-7,675,215 **Size:** 1,997 **Coding Exon Count:** 6

Page Index	Sequence and Links	UniProtKB Comments	MalaCards	CTD	RNA-Seq Expression
Microarray Expression	RNA Structure	Protein Structure	Other Species	GO Annotations	mRNA Descriptions
Pathways	Other Names	GeneReviews	Methods		

Data last updated at UCSC: 2021-01-14 15:32:12

Sequence and Links to Tools and Databases

Genomic Sequence (chr17:7,668,402-7,675,493)			mRNA (may differ from genome)		Protein (214 aa)
Gene Sorter	Genome Browser	Other Species FASTA	Gene interactions	Table Schema	BioGPS
CGAP	Ensembl	ExonPrimer	GeneCards	HGNC	Lynx
MGI	neXtProt	PubMed	Reactome	UniProtKB	Wikipedia

图 7.9
基因详细信息页面

（7）选择 Genomic sequence（chr17:7,668,402-7,675,493）选项并点击进入，如图 7.10 所示。

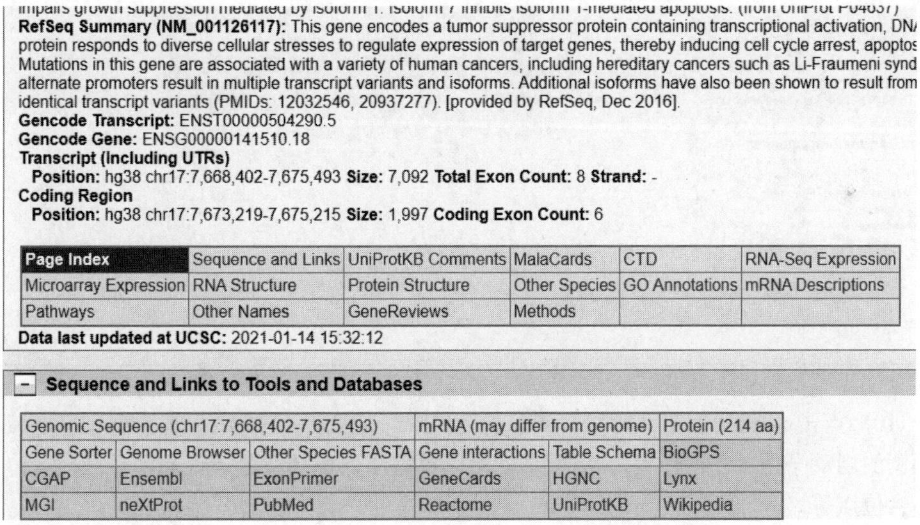

impairs growth suppression mediated by isoform 1. Isoform 7 inhibits isoform 1-mediated apoptosis. (from UniProt P04637)
RefSeq Summary (NM_001126117): This gene encodes a tumor suppressor protein containing transcriptional activation, DN/ protein responds to diverse cellular stresses to regulate expression of target genes, thereby inducing cell cycle arrest, apoptos Mutations in this gene are associated with a variety of human cancers, including hereditary cancers such as Li-Fraumeni synd alternate promoters result in multiple transcript variants and isoforms. Additional isoforms have also been shown to result from identical transcript variants (PMIDs: 12032546, 20937277). [provided by RefSeq, Dec 2016].
Gencode Transcript: ENST00000504290.5
Gencode Gene: ENSG00000141510.18
Transcript (Including UTRs)
Position: hg38 chr17:7,668,402-7,675,493 **Size:** 7,092 **Total Exon Count:** 8 **Strand:** -
Coding Region
Position: hg38 chr17:7,673,219-7,675,215 **Size:** 1,997 **Coding Exon Count:** 6

Page Index	Sequence and Links	UniProtKB Comments	MalaCards	CTD	RNA-Seq Expression
Microarray Expression	RNA Structure	Protein Structure	Other Species	GO Annotations	mRNA Descriptions
Pathways	Other Names	GeneReviews	Methods		

Data last updated at UCSC: 2021-01-14 15:32:12

Sequence and Links to Tools and Databases

Genomic Sequence (chr17:7,668,402-7,675,493)			mRNA (may differ from genome)		Protein (214 aa)
Gene Sorter	Genome Browser	Other Species FASTA	Gene interactions	Table Schema	BioGPS
CGAP	Ensembl	ExonPrimer	GeneCards	HGNC	Lynx
MGI	neXtProt	PubMed	Reactome	UniProtKB	Wikipedia

图 7.10
基因序列信息页面

（8）完成后会出现以下界面（图 7.11）。

（9）根据图 7.11，可以选择相应的参数，输出包括启动子在内的序列或者仅启动子序列区。以 *TP53* 为例，在 Sequence Retrieval Region Options 一栏选择上游 2000bp 作为启动子区，同时在 Sequence Formatting Options 一栏选择结果显示出外显子序列，如图 7.12 所示。

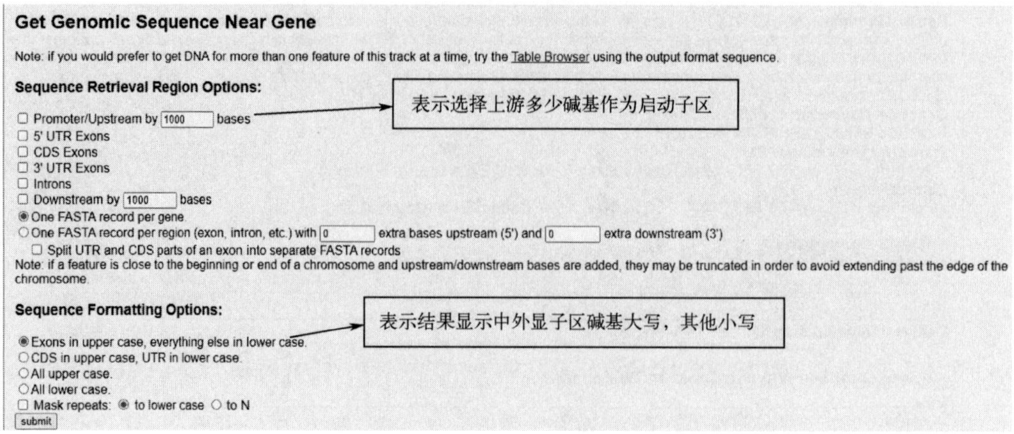

Get Genomic Sequence Near Gene

Note: if you would prefer to get DNA for more than one feature of this track at a time, try the Table Browser using the output format sequence.

Sequence Retrieval Region Options:

☐ Promoter/Upstream by 1000 bases → 表示选择上游多少碱基作为启动子区
☐ 5' UTR Exons
☐ CDS Exons
☐ 3' UTR Exons
☐ Introns
☐ Downstream by 1000 bases
◉ One FASTA record per gene.
○ One FASTA record per region (exon, intron, etc.) with 0 extra bases upstream (5') and 0 extra downstream (3')
☐ Split UTR and CDS parts of an exon into separate FASTA records
Note: if a feature is close to the beginning or end of a chromosome and upstream/downstream bases are added, they may be truncated in order to avoid extending past the edge of the chromosome.

Sequence Formatting Options:

◉ Exons in upper case, everything else in lower case. → 表示结果显示中外显子区碱基大写，其他小写
○ CDS in upper case, UTR in lower case.
○ All upper case.
○ All lower case.
☐ Mask repeats: ◉ to lower case ○ to N
submit

图 7.11
上游启动子区大小选择

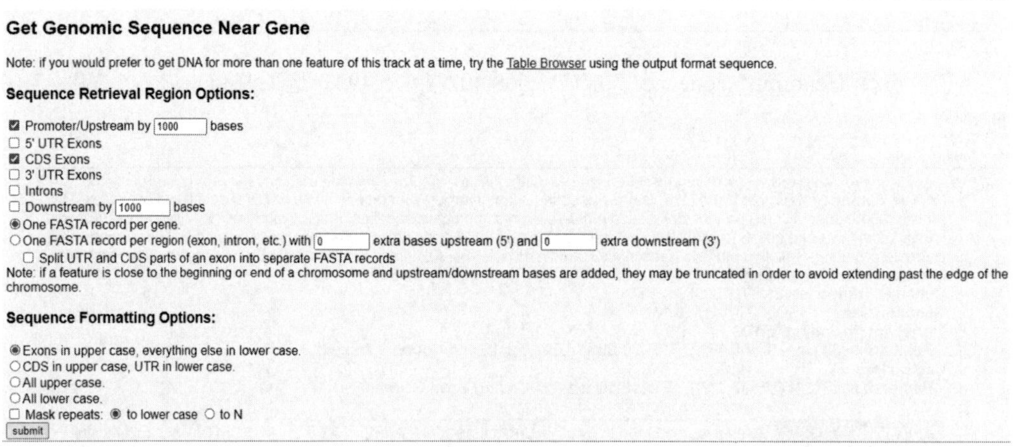

Get Genomic Sequence Near Gene

Note: if you would prefer to get DNA for more than one feature of this track at a time, try the Table Browser using the output format sequence.

Sequence Retrieval Region Options:

☑ Promoter/Upstream by 1000 bases
☐ 5' UTR Exons
☑ CDS Exons
☐ 3' UTR Exons
☐ Introns
☐ Downstream by 1000 bases
◉ One FASTA record per gene.
○ One FASTA record per region (exon, intron, etc.) with 0 extra bases upstream (5') and 0 extra downstream (3')
☐ Split UTR and CDS parts of an exon into separate FASTA records
Note: if a feature is close to the beginning or end of a chromosome and upstream/downstream bases are added, they may be truncated in order to avoid extending past the edge of the chromosome.

Sequence Formatting Options:

◉ Exons in upper case, everything else in lower case.
○ CDS in upper case, UTR in lower case.
○ All upper case.
○ All lower case.
☐ Mask repeats: ◉ to lower case ○ to N
submit

图 7.12
外显子序列选择页面

（10）点击 submit 按钮，可以看到分析的结果，如图 7.13 所示，其中小写字母碱基即为预测的启动子区（方格标出），接下来就可以根据序列设计实验验证启动子功能、转录因子结合位点等。

4．注意事项

（1）选择基因时一定要准确，因为名称类似的基因很多。同时请注意要预测的基因所属种类正确，比如人源的不能选择成鼠源的。

（2）最后一步预测启动子时，一般选择转录起始位点 1kb～2kb 序列为佳，少数可能需要更长，需要结合实验进一步验证。

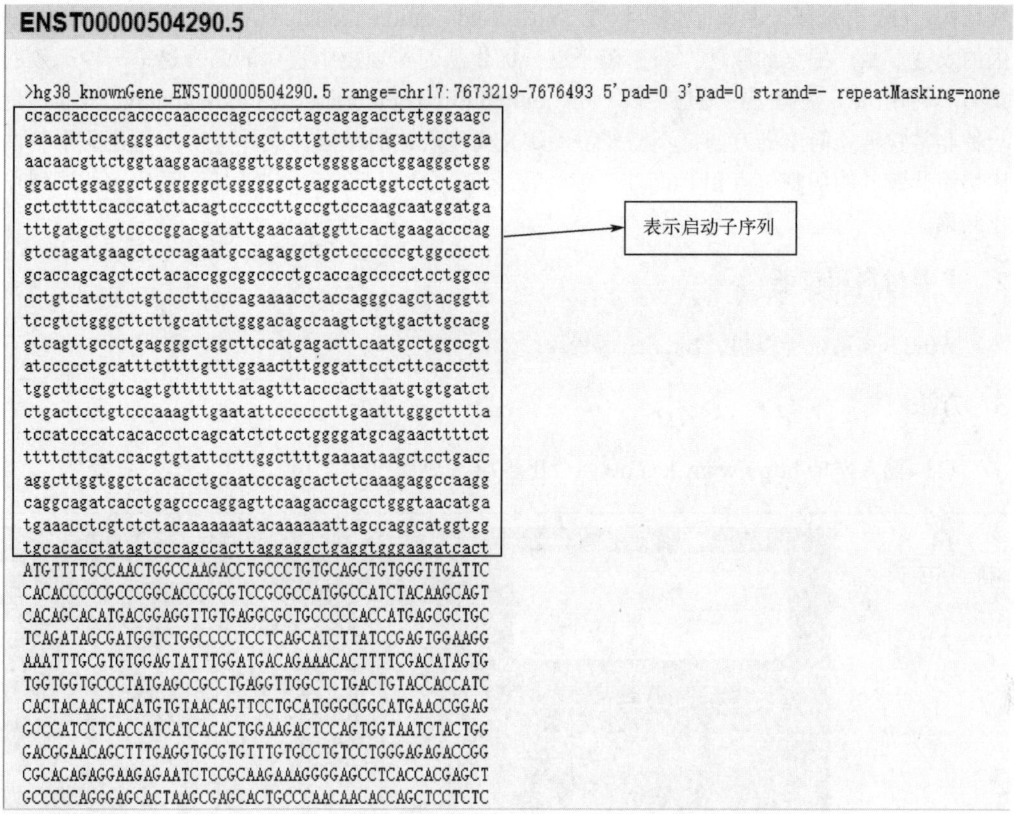

ENST00000504290.5

```
>hg38_knownGene_ENST00000504290.5 range=chr17:7673219-7676493 5'pad=0 3'pad=0 strand=- repeatMasking=none
ccaccacccccaccccaaccccagccccctagcagagacctgtgggaagc
gaaaattccatgggactgactttctgctcttgtctttcagacttcctgaa
aacaacgttctggtaaggacaagggttgggctggggacctggagggctgg
ggacctggagggctgggggctgggggctgaggacctggtcctctgact
gctcttttcacccatctacagtcccccttgccgtcccaagcaatggatga
tttgatgctgtccccggacgatattgaacaatggttcactgaagacccag
gtccagatgaagctcccagaatgccagaggctgctccccccgtggcccct
gcaccagcagctcctacaccggcggcccctgcaccagcccccctcctggcc
cctgtcatcttctgtcccttcccagaaaacctaccagggcagctacggtt
tccgtctgggcttcttgcattctgggacagccaagtctgtgacttgcacg
gtcagttgccctgaggggctggcttccatgagacttcaatgcctggccgt
atccccctgcatttcttttgtttggaactttgggattcctcttcaccctt
tggcttcctgtcagtgtttttttatagtttacccacttaatgtgtgatct
ctgactcctgtcccaaagttgaatattccccccttgaatttgggctttta
tccatcccatcacaccctcagcatctctcctggggatgcagaacttttct
ttttcttcatccacgtgtattccttggcttttgaaaataagctcctgacc
aggcttggtggctcacacctgcaatcccagcactctcaaagaggccaagg
caggcagatcacctgagcccaggagttcaagaccagcctgggtaacatga
tgaaacctcgtctctacaaaaaaatacaaaaaattagccaggcatggtgg
tgcacacctatagtcccagccacttaggaggctgaggtgggaagatcact
ATGTTTTGCCAACTGGCCAAGACCTGCCCTGTGCAGCTGTGGGTTGATTC
CACACCCCCGCCCGGCACCCGCGTCCGCGCCATGGCCATCTACAAGCAGT
CACAGCACATGACGGAGGTTGTGAGGCGCTGCCCCCACCATGAGCGCTGC
TCAGATAGCGATGGTCTGGCCCCTCCTCAGCATCTTATCCGAGTGGAAGG
AAATTTGCGTGTGGAGTATTTGGATGACAGAAACACTTTTCGACATAGTG
TGGTGGTGCCCTATGAGCCGCCTGAGGTTGGCTCTGACTGTACCACCATC
CACTACAACTACATGTGTAACAGTTCCTGCATGGGCGGCATGAACCGGAG
GCCCATCCTCACCATCATCACACTGGAAGACTCCAGTGGTAATCTACTGG
GACGGAACAGCTTTGAGGTGCGTGTTTGTGCCTGTCCTGGGAGAGACCGG
CGCACAGAGGAAGAGAATCTCCGCAAGAAAGGGGAGCCTCACCACGAGCT
GCCCCCAGGGAGCACTAAGCGAGCACTGCCCAACAACACCAGCTCCTCTC
```

表示启动子序列

图 7.13

分析结果显示页面

(3) 结果输出时，参数选择要正确，尤其选择好结果展示的序列是以启动子区碱基为大写还是编码区碱基大写，以防启动子区和编码区序列混淆，导致后期分析错误。

(三) 基因表达及密码子优化

密码子（codon）是指信使 RNA 分子中每相邻的三个核苷酸组成一组，在蛋白质合成时，三个密码子决定一种氨基酸。由于不同物种密码子存在偏爱性的差异，导致某些基因在异体表达系统中产量较低，从而影响其表达等。随着目前合成基因成本的降低，对表达较低的基因进行密码子优化后重新合成，再进行重组蛋白表达，能够大大提高重组蛋白的合成效率。

1. 原理

不同物种细胞（体外表达系统）对编码同一个氨基酸所用的密码子的使用频率是不同的，这种现象称为密码子偏爱性（codon preference），密码子偏爱性对蛋白翻译过程有重要影响。密码子优化（codon optimization）是指在不改变氨基酸组成的情况下，将利用率较低的稀有密码子更换成偏爱密码子（preferred codons），对目的基因表达进行优化的过程，从而通过提高翻译效率达到提高重组蛋白表达产量的目的。除了密码子偏爱性，mRNA 二级结构、GC 含量以及密码子适应指数（codon adaptation index，CAI）等都决定了外源基因的表达产量。根据此原理，对密码子进行优化从而实现重组蛋白的高表达是一种高效的策略。利用 Java 密码子自适应工具（the journal of computer assisted tomography，JCat）是一种非常快速和简单的方法，不需要手动定义高度表达的基因。此外，JCat 可避免限制性内切酶非特异的切割位点和 Rho 非依赖性转录终止子，以图形、CAI 值和适应的新序列输出结果。

2．主要材料和仪器

Windows 系统计算机、Internet 网络和 JCat 在线工具。

3．方法

（1）输入网址 http://www.jcat.de/，会出现以下界面（图 7.14）。

图 7.14
网址显示页面

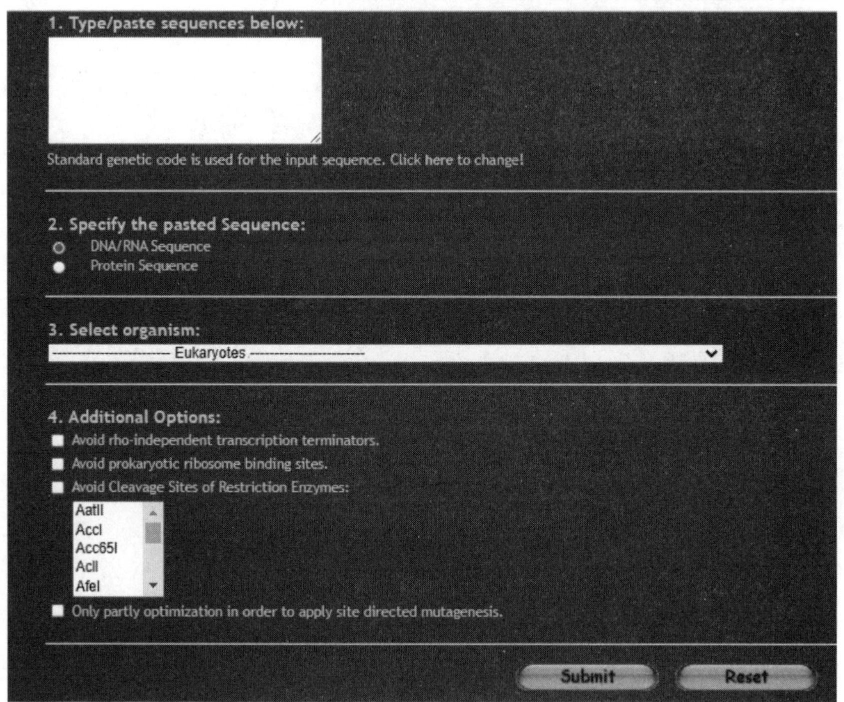

（2）这里以 *TP53* 为例，将 *TP53* CDS 序列粘贴进“1.Type/paste sequences below:”，会出现图 7.15 的界面。

（3）如图 7.16 所示，选择相应的参数设置。

（4）相应的参数设置选择完成后，点击提交（Submit）按钮，然后会出现图 7.17 所示结果。

（5）结果显示优化后的 CAI 值为 0.95，显著高于优化前的 0.34。可以进一步结合其他软件或者实验对优化结果进行验证。最终高表达基因获取可能需要多次优化。下面将以具体案例对密码子优化软件进行分析。

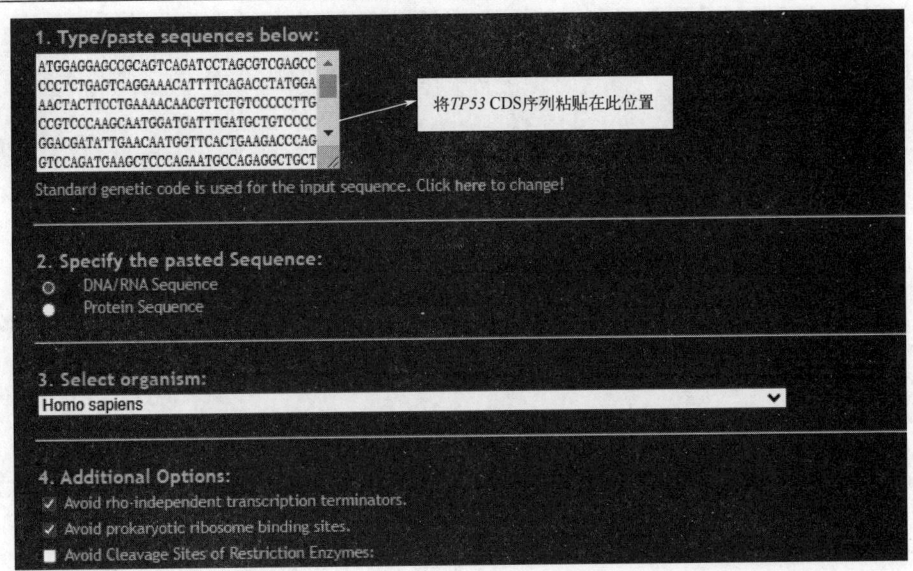

图 7.15
基因序列显示页面

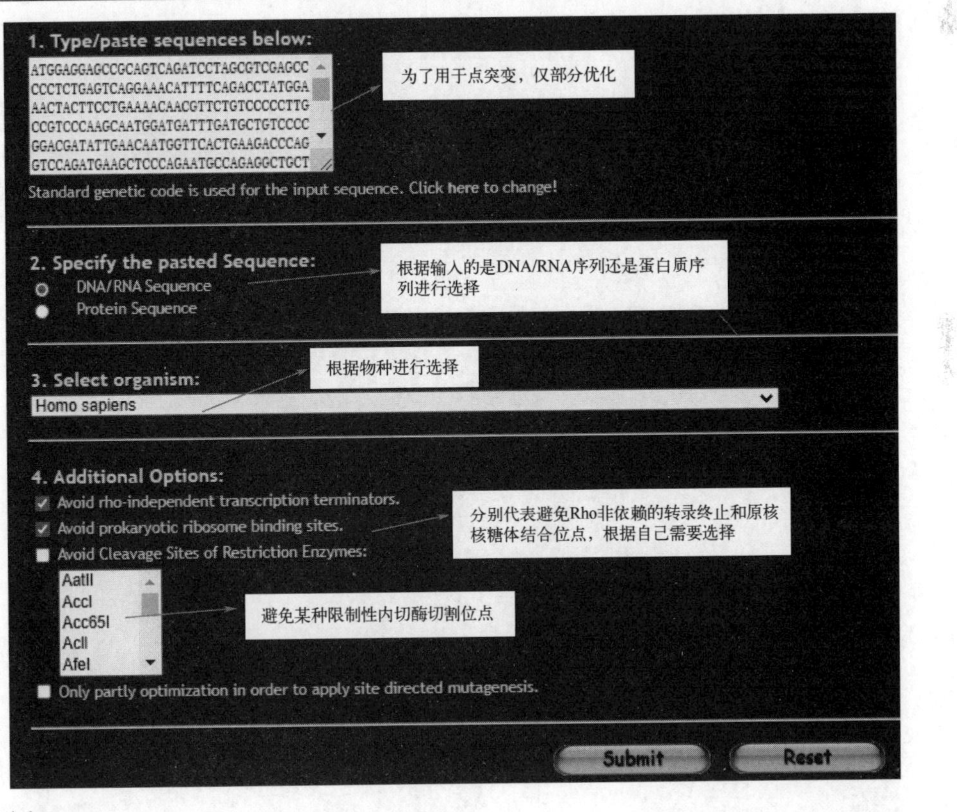

图 7.16
参数设置页面

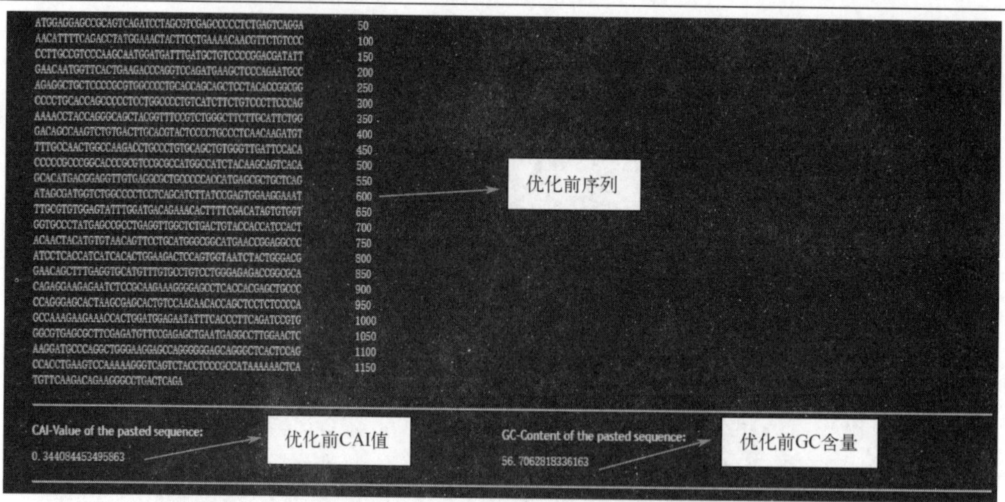
优化前序列
CAI-Value of the pasted sequence:
0.344084453495863
优化前CAI值
GC-Content of the pasted sequence:
56.7062818336163
优化前GC含量

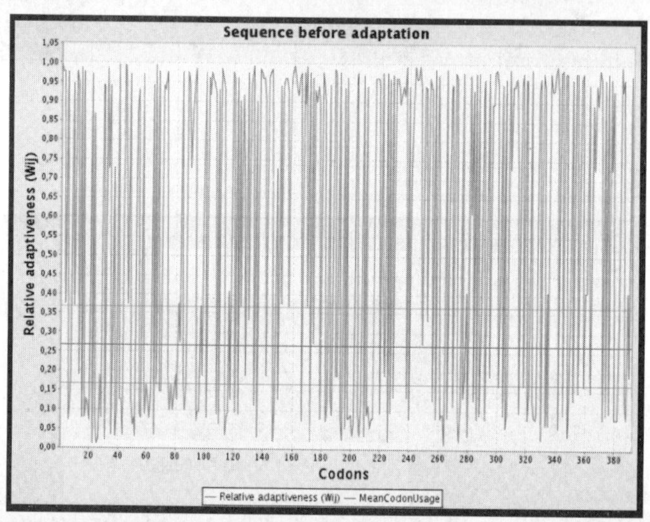
Sequence before adaptation
Relative adaptiveness (Wij)
Codons
Relative adaptiveness (Wij)
MeanCodonUsage

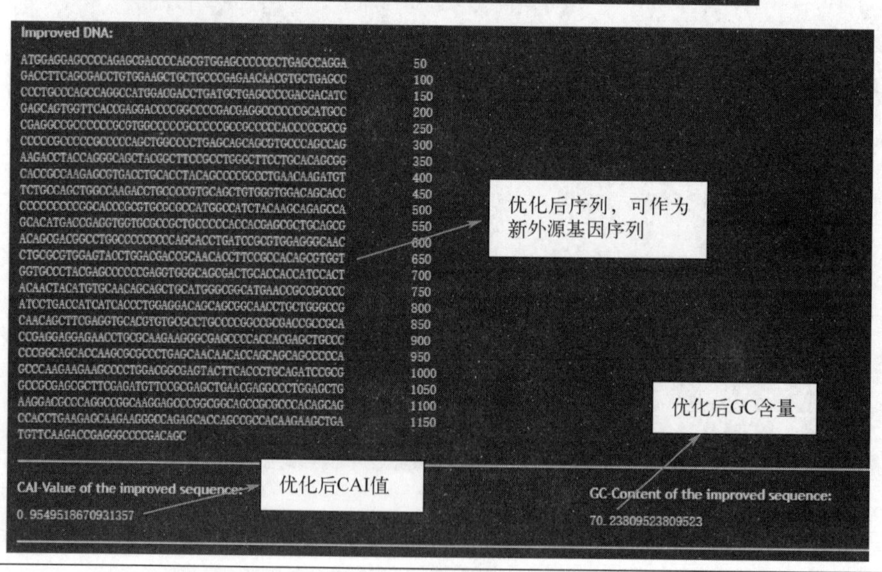
Improved DNA:
优化后序列，可作为新外源基因序列
优化后GC含量
CAI-Value of the improved sequence:
0.9549518670931357
优化后CAI值
GC-Content of the improved sequence:
70.23809523809523

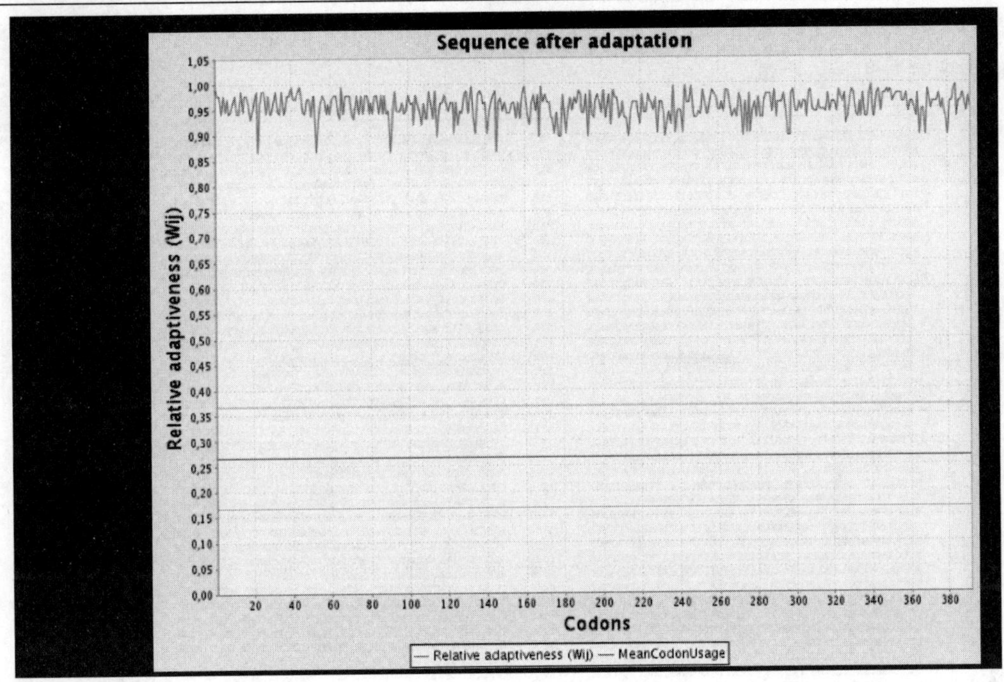

图 7.17
结果显示页面

(6) 案例分析。

① 东海岸热（East Coast fever）是由泰累尔梨浆虫（Theileria parva sporozoite）属原虫引起的一组家畜疾病，由小泰累尔梨浆虫感染所致的东海岸牛瘟最为严重，致死率可达90%～100%。重组小泰累尔梨浆虫抗原（p67）能够激发抗体反应从而抵抗东海岸牛瘟。尽管已有在细菌中表达的全长形式以及昆虫和动物中表达的截短重组形式，但都由于其非天然修饰形式及不稳定，应用受到限制。全长的稳定表达式哺乳动物细胞中的重组 p67 从未被描述过，Tebaldi 等利用对密码子进行优化及人工合成优化后的序列，实现了在哺乳动物细胞中的稳定重组表达。

为了使 *T. parva p67* 能在哺乳动物细胞中表达及提高翻译效率，Kozak 序列被引入到 *p67* 开放阅读框前（open reading frame, ORF）。接着为防止由于顶复门原虫（apicomplexa）和哺乳动物的细胞之间密码子使用的差异而导致基因表达差异，首先通过 JCat 密码子适配工具将 *p67* 密码子修改为适应哺乳动物细胞表达的人类基因组密码子。通常来说，*T. parva* 基因组包含的 GC 含量较低，大约为 34.1%，且 *p67* ORF 的 GC 含量大约为 43%（图 7.18），因为人类基因组密码子对 GC 含量的要求为 43%～68%左右，为了提高 *p67* 表达效率，合成 *p67* 时将 GC 含量提高到 68%（图 7.19）。

从 Western 印迹结果可以看出（图 7.20），优化前全长的 *p67* 很难在真核表达系统中表达（数据未显示），经过优化后，CAI 值从 0.119 提高到 0.961，GC 含量从 40%左右提高到 68%左右（图 7.19），并且加入了真核细胞表达系统需要的 Kozak 序列，实现了 *p67* 在真核细胞 293T 中的稳定表达，并且随着转染质粒量的不同，表达产量也随之升高。可见稳定表达目的基因前，通过 JCat 网站对现有基因的密码子进行优化，可以提高基因在真核细胞里的适应能力和表达产量。

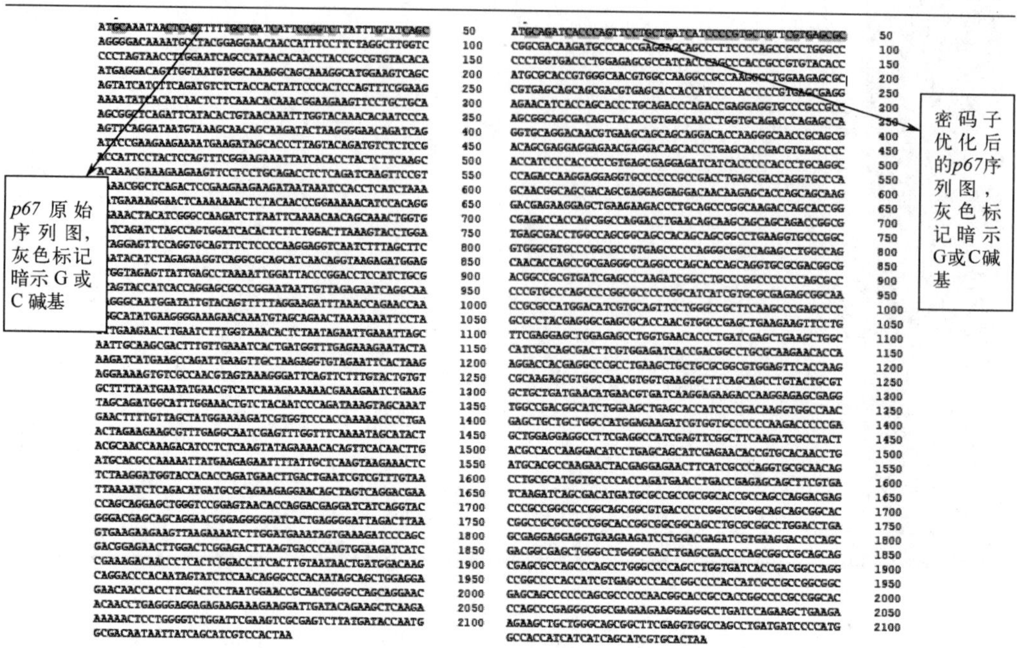

p67 原始序列图，灰色标记暗示 G 或 C 碱基

密码子优化后的*p67*序列图，灰色标记暗示G或C碱基

图 7.18

优化前后的密码子序列（Tebaldi 等，2017）

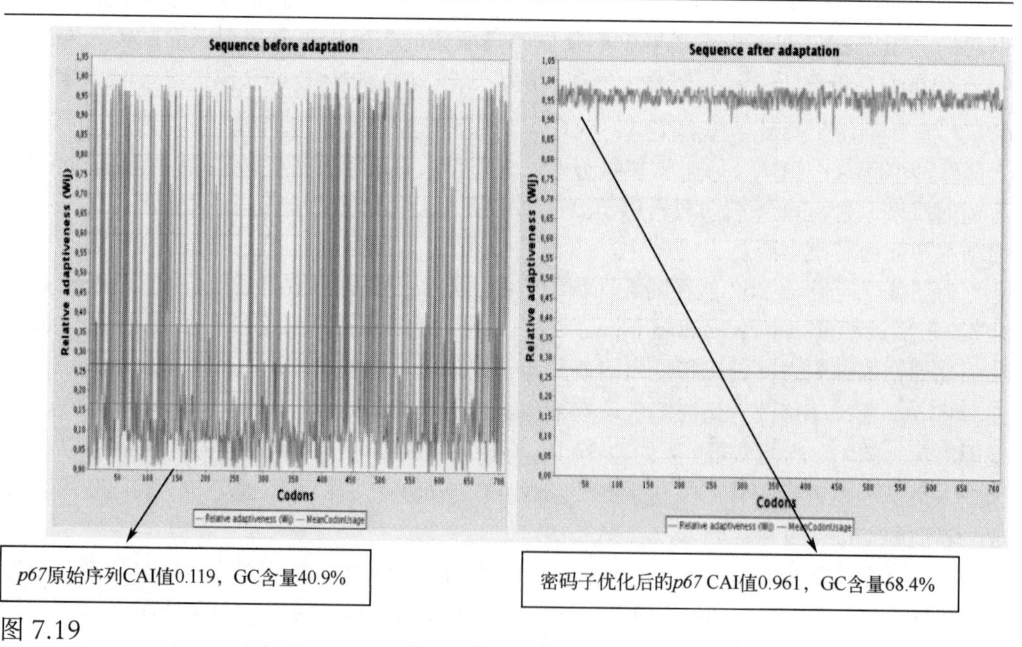

图 7.19

优化前后通过 http://www.jcat.de/对密码子进行分析（Tebaldi 等，2017）

优化后结果如下。

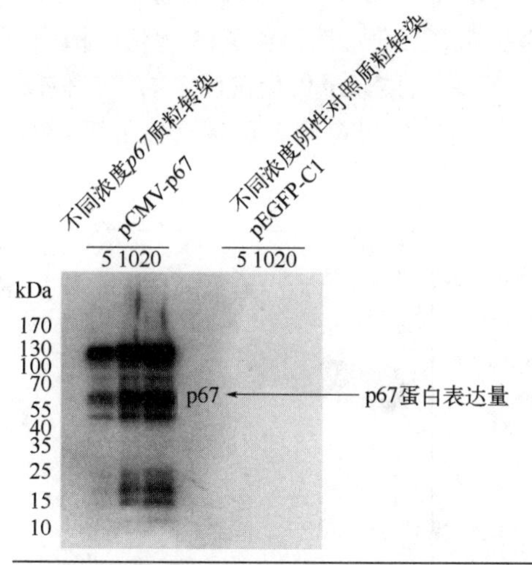

图 7.20
转染不同浓度*p67*优化后的表达质粒在293T 中的蛋白质表达结果（Tebaldi 等，2017）

② 利用赛默飞世尔科技公司开发的 GeneOptimizer 软件对 CREB1 和 JNK3 密码子进行优化。

结果分析：赛默飞世尔科技公司利用自己公司开发的 GeneOptimizer 软件对 CREB1 和 JNK3 密码子进行优化，发现基因密码子优化后，其在 293T 细胞中的表达含量显著升高，约 5～20 倍。并且从独立的不同批次转染实验结果可以看出，密码子优化后稳定性高（图 7.21），可重复性强（PP1、PP2 和 PP3 分别代表三次独立转染实验结果）。

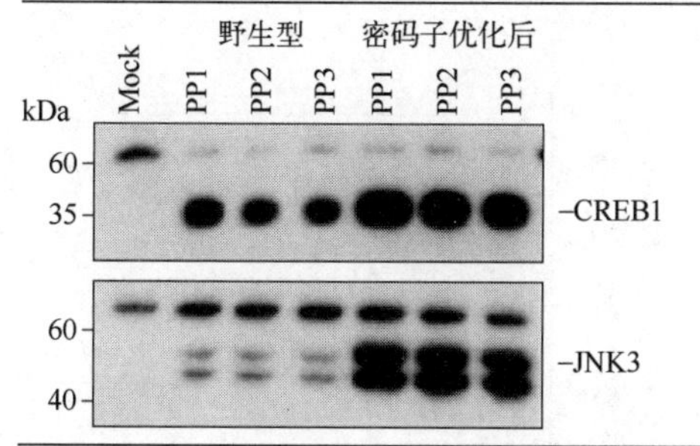

图 7.21
优化后的 CREB1 和 JNK3 与优化前的蛋白表达量比较
［参考赛默飞世尔科技（中国）有限公司网站数据］

③ 密码子优化后可以改进 mRNA 稳定性以提高蛋白表达量。

有研究发现特定密码子优化后可以改进 mRNA 稳定性以提高蛋白表达量。正如下图（图 7.22）显示，决定氨基酸密码子的第三位碱基影响 mRNA 稳定性。如果第三位碱基是 G 或 C，暗示 mRNA 的稳定性高，蛋白质表达量相应也提高。如果第三位碱基是 A 或 T，则暗示 mRNA 的稳定性差，极容易被降解，因而蛋白质表达量低。

因此在密码子优化时，对密码子的第三位碱基进行优化，也可以提高蛋白质的表达量。白细胞介素-6（interleukin 6，IL-6）是由人体 *IL-6* 基因编码并介导炎症的白细胞介素。它由 T 细胞、B 细胞和单核细胞等以及某些肿瘤细胞分泌，在包括细胞凋亡、炎症和免疫反应等过程发挥重要作用，因此 IL-6 的生产对于多种疾病治疗至关重要。Hia 等利用密码子优化（如图 7.23），通过在不改变 IL-6 氨基酸组成的前提下，将 IL-6 的密码子的第三位碱基替换为 G 或 C（意味增加 GC3 优化）或将第三位碱基替换为 A 或 T（意味增加 AT3 优化），结果显示，和野生型 IL-6 相比，增加 GC3 优化可以显著提高 IL-6 的表达量，从 1500pg/mL 左右提高到 3000pg/mL，约提高了 2 倍。然而和 AT3 优化的相比，IL-6 表达量从 1500pg/mL 左右下降到 1000pg/mL。所有结果显示优化密码子的第三位碱基替换为 G 或 C，可以大大提高蛋白质的表达量，为优化蛋白质表达策略提供了新的思路。

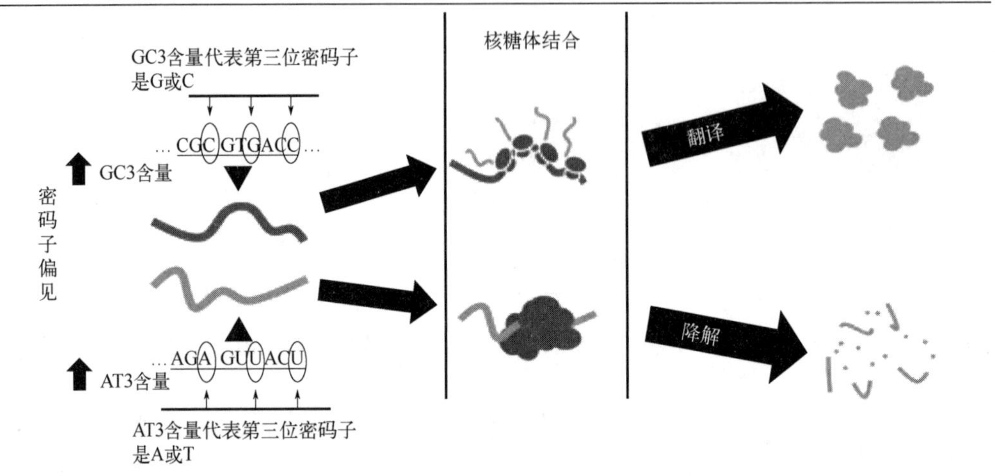

图 7.22
密码子优化影响 mRNA 稳定性及蛋白表达量（Tebaldi 等，2017）

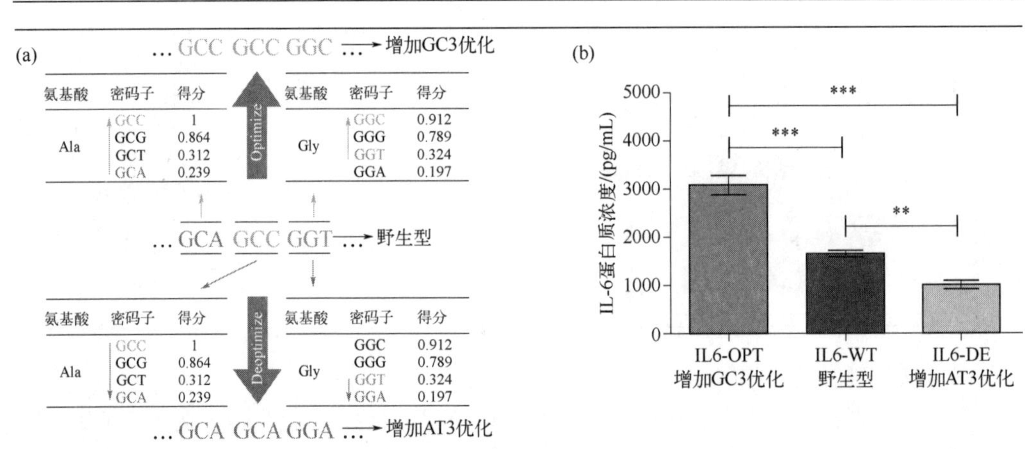

图 7.23
优化的氨基酸序列示意图（a）及蛋白表达量（b）（Tebaldi 等，2017）

4．注意事项

（1）密码子适应指数（CAI）是指编码区同义密码子与最佳密码子使用频率的相符程度，取值在 0～1 之间。CAI 越高，则外源基因在宿主内的表达水平越高。

（2）GC 含量在 40%～60%之间比较好，但也要兼顾其他指标的情况。

（3）选择参数时应避免密码子序列内部出现起始和终止序列元件从而导致蛋白翻译错误，因此优化密码子时尽量选择避免出现原核核糖体结合位点和避免出现非依赖 Rho 因子的终止子这两个参数。

三、蛋白质信息分析及结构预测

（一）蛋白质特性分析

组成蛋白质的氨基酸分为很多种，如非极性脂肪族氨基酸、极性中性氨基酸、芳香族氨基酸、酸性氨基酸和碱性氨基酸等。此外，氨基酸具有两性解离的性质。因为蛋白质是由氨基酸通过肽键组成的含氮化合物，所以蛋白质也带不同电荷和具有两性解离的性质。

1．原理

根据氨基酸性质，通过程序运算可对一个蛋白质序列的各种理化参数进行计算并输出。

2．主要材料和仪器

Windows 系统计算机、Internet 网络和 Expasy 在线预测软件。

3．方法

（1）输入网址 https://www.expasy.org/，打开网站。这里以 TP53 为例，粘贴序列后如图 7.24 所示。

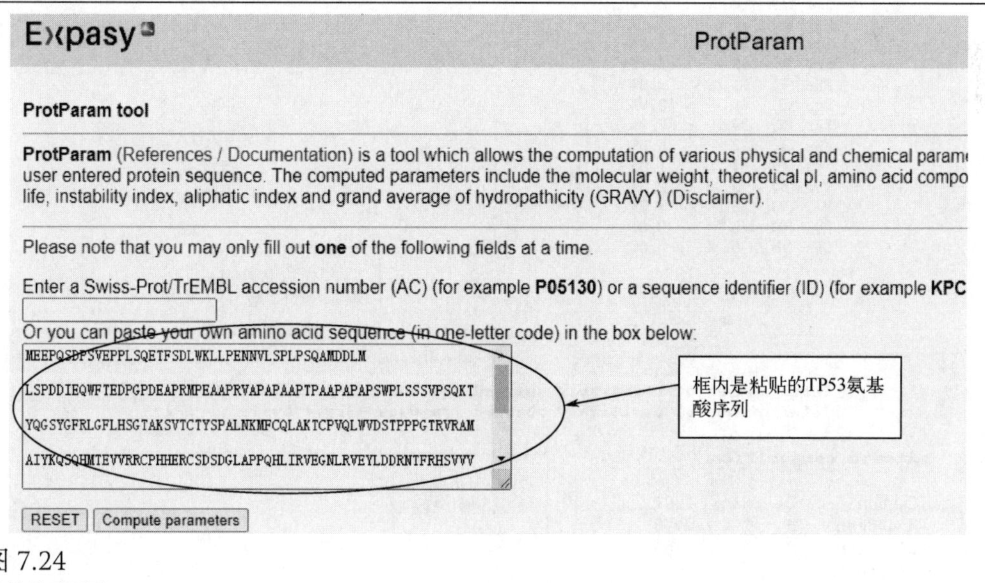

图 7.24
网址显示页面

（2）点击 Compute parameters 后，预测结果及详细分析如图 7.25。

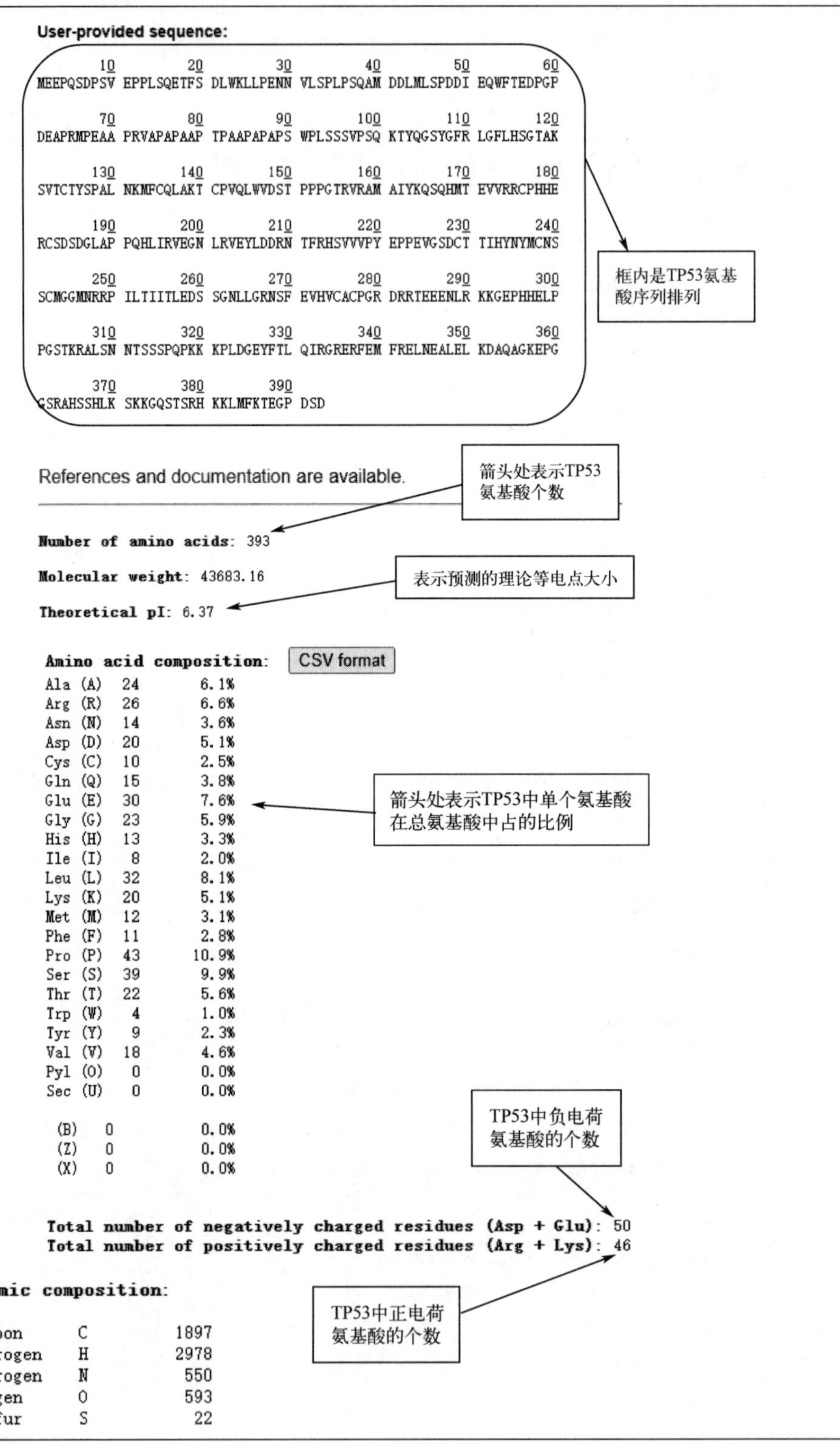
User-provided sequence:

```
        10         20         30         40         50         60
MEEPQSDPSV EPPLSQETFS DLWKLLPENN VLSPLPSQAM DDLMLSPDDI EQWFTEDPGP

        70         80         90        100        110        120
DEAPRMPEAA PRVAPAPAAP TPAAPAPAPS WPLSSSVPSQ KTYQGSYGFR LGFLHSGTAK

       130        140        150        160        170        180
SVTCTYSPAL NKMFCQLAKT CPVQLWVDST PPPGTRVRAM AIYKQSQHMT EVVRRCPHHE

       190        200        210        220        230        240
RCSDSDGLAP PQHLIRVEGN LRVEYLDDRN TFRHSVVVPY EPPEVGSDCT TIHYNYMCNS

       250        260        270        280        290        300
SCMGGMNRRP ILTIITLEDS SGNLLGRNSF EVHVCACPGR DRRTEEENLR KKGEPHHELP

       310        320        330        340        350        360
PGSTKRALSN NTSSSPQPKK KPLDGEYFTL QIRGRERFEM FRELNEALEL KDAQAGKEPG

       370        380        390
GSRAHSSHLK SKKGQSTSRH KKLMFKTEGP DSD
```

References and documentation are available.

Number of amino acids: 393

Molecular weight: 43683.16

Theoretical pI: 6.37

Amino acid composition: CSV format

Ala (A)	24	6.1%
Arg (R)	26	6.6%
Asn (N)	14	3.6%
Asp (D)	20	5.1%
Cys (C)	10	2.5%
Gln (Q)	15	3.8%
Glu (E)	30	7.6%
Gly (G)	23	5.9%
His (H)	13	3.3%
Ile (I)	8	2.0%
Leu (L)	32	8.1%
Lys (K)	20	5.1%
Met (M)	12	3.1%
Phe (F)	11	2.8%
Pro (P)	43	10.9%
Ser (S)	39	9.9%
Thr (T)	22	5.6%
Trp (W)	4	1.0%
Tyr (Y)	9	2.3%
Val (V)	18	4.6%
Pyl (O)	0	0.0%
Sec (U)	0	0.0%
(B)	0	0.0%
(Z)	0	0.0%
(X)	0	0.0%

Total number of negatively charged residues (Asp + Glu): 50
Total number of positively charged residues (Arg + Lys): 46

Atomic composition:

Carbon	C	1897
Hydrogen	H	2978
Nitrogen	N	550
Oxygen	O	593
Sulfur	S	22

Formula: $C_{1897}H_{2978}N_{550}O_{593}S_{22}$
Total number of atoms: 6040

Extinction coefficients:

Extinction coefficients are in units of M^{-1} cm^{-1}, at 280 nm measured in water.

Ext. coefficient 36035
Abs 0.1% (=1 g/l) 0.825, assuming all pairs of Cys residues form cystines

Ext. coefficient 35410
Abs 0.1% (=1 g/l) 0.811, assuming all Cys residues are reduced

Estimated half-life:

The N-terminal of the sequence considered is M (Met).

The estimated half-life is: 30 hours (mammalian reticulocytes, in vitro).
>20 hours (yeast, in vivo).
>10 hours (Escherichia coli, in vivo).

表示TP53在不同表达宿主中的半衰期长短

Instability index:

The instability index (II) is computed to be 71.93
This classifies the protein as unstable.

这是亲水性平均系数，数值为负，表示其为亲水性蛋白，反之为疏水性蛋白

Aliphatic index: 59.08

Grand average of hydropathicity (GRAVY): -0.758

图 7.25
预测结果详细分析

4．注意事项

（1）复制粘贴基因氨基酸序列时不能出错，否则预测出来的并不是目的蛋白。

（2）可以用不同在线预测工具预测同一个蛋白质的蛋白特性，比如等电点、疏水性等，以保证预测的准确性。

（二）蛋白质二、三级结构预测

1．原理

蛋白质的一级结构指蛋白质分子的氨基酸排列顺序。二级结构指在一级结构的基础上，蛋白质分子中某一段肽链的主链骨架原子的相对空间位置变化引起的结构的变化，然而并不涉及氨基酸残基侧链的构象变化。三级结构是指在二级结构的基础上，整条肽链中全部氨基酸残基包括氨基酸残基侧链的相对空间位置的变化。四级结构指具有两个三级结构的亚基结合或相互作用组成的蛋白质。

二级结构预测利用 PRISPRED 在线程序。PRISPRED 采用严格的交叉验证程序评估性能，并且采用两个前馈的神经网络，对氨基酸序列进行分析，从而预测和推断出可靠的二级结构。三级结构预测采用同源建模方式，对比蛋白质的空间结构发现，如果蛋白质中有50%的氨基酸序列相似，则约有90%的 α 碳原子均方根偏差约为0.1nm，主链结构特别是保守的疏水核

心区受到影响很小，因此如果两条蛋白质序列相似性大于 30%，则认为其结构类似。这也意味着蛋白质的三级结构比一级结构更为保守，其为同源建模预测三级结构奠定了基础。

2．主要材料和仪器

Windows 系统计算机和 Internet 网络。

3．方法

1）使用 PRISPRED 预测蛋白质二级结构

（1）目前 PSIPRED 已更新到 PSIPRED 4.0 版本，由于其在线使用需要输入用户名信息等，将用国内一个中文网站（PSIPRED 算法）进行预测。

（2）这里以 MAP30 为例，在相应的位置粘贴 MAP30 氨基酸序列，结果如图 7.26 所示。

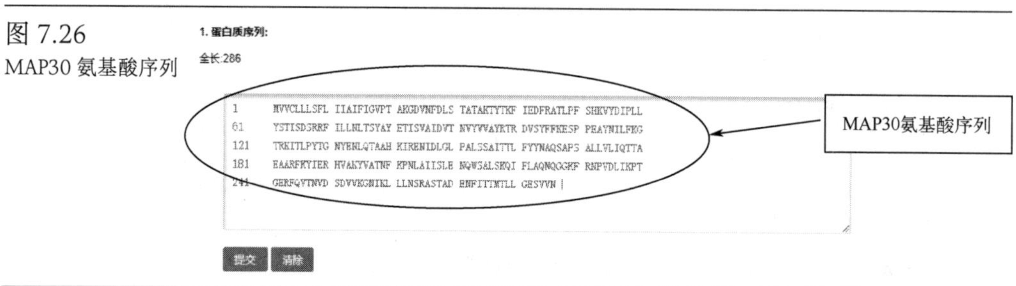

图 7.26 MAP30 氨基酸序列

（3）点击提交按钮，结果及分析如图 7.27 所示。

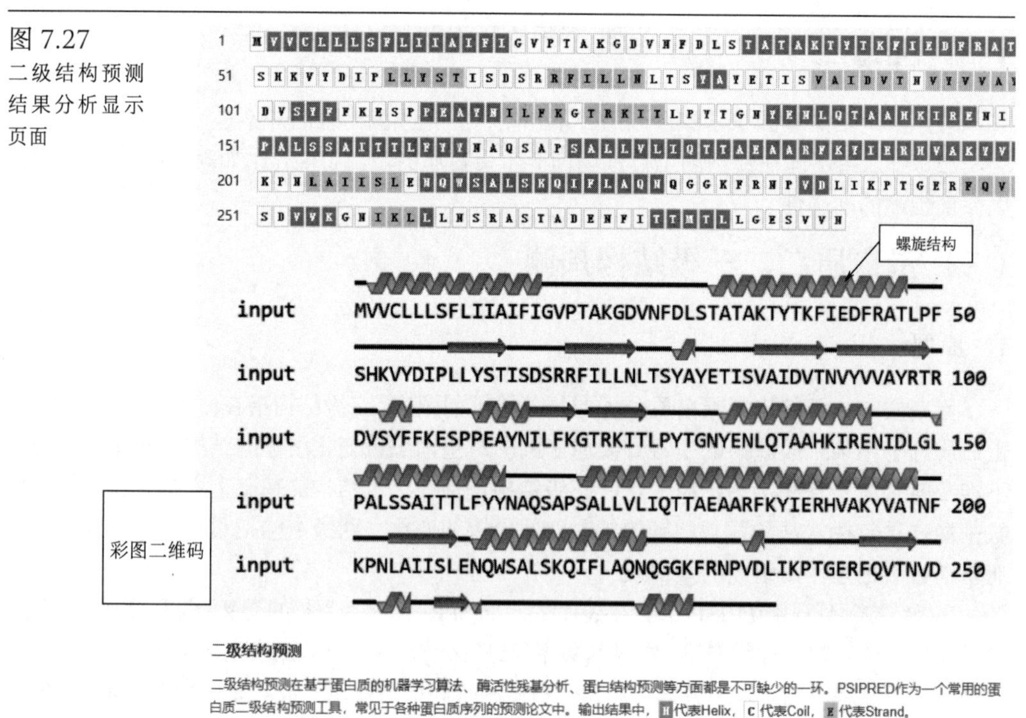

图 7.27 二级结构预测结果分析显示页面

2）SWISS-MODEL 法预测蛋白质三级结构

（1）打开 https://swissmodel.expasy.org/网站，如图 7.28 所示。

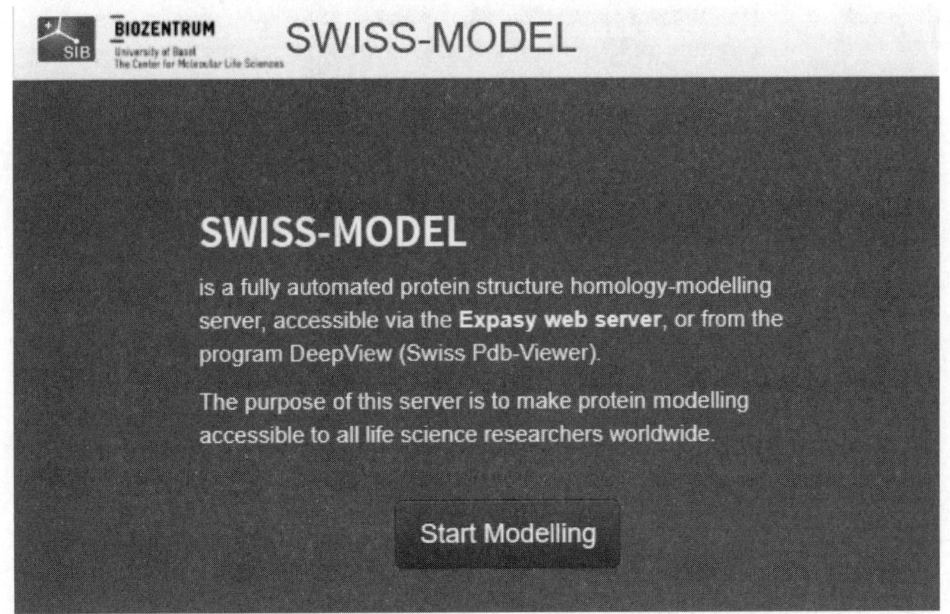

图 7.28
网站显示页面

（2）点击 Start Modelling，会出现以下界面（图 7.29）。

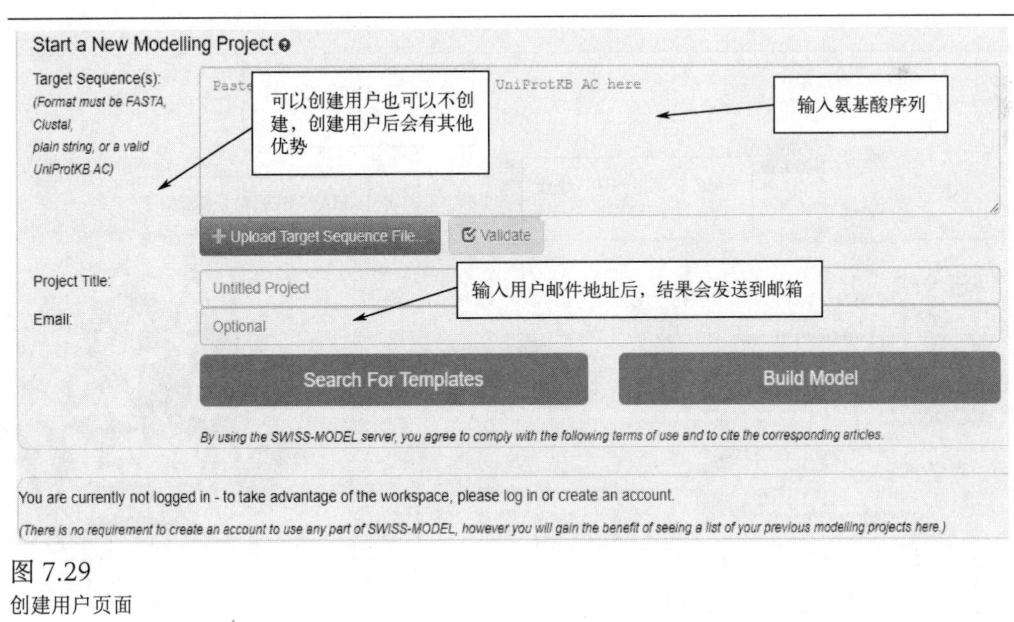

图 7.29
创建用户页面

（3）这里以 *map30* 基因为例，将其氨基酸序列粘贴到相应栏里，如图 7.30 所示。

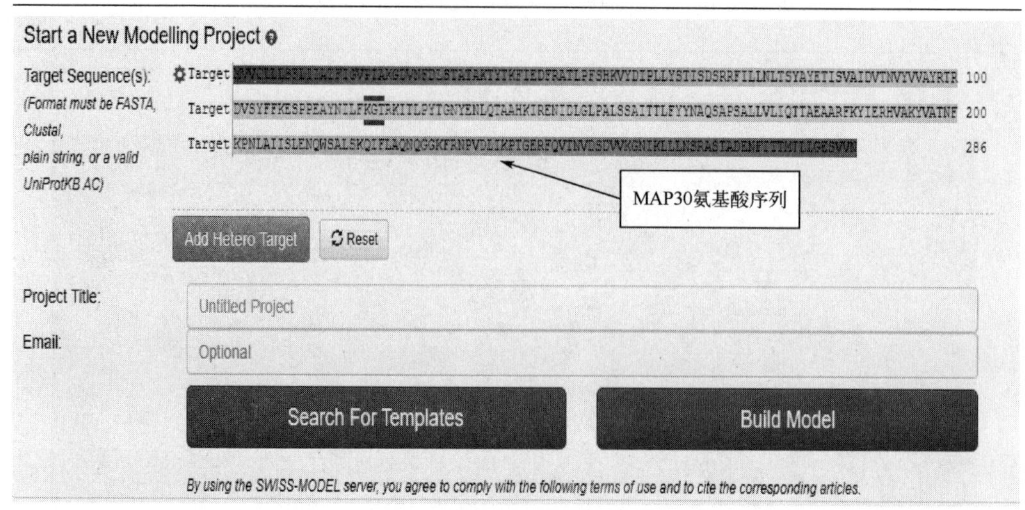

图 7.30

以 *map30* 基因为例，操作页面

（4）点击 Build Model 按键后，结果及分析如图 7.31 所示（以 *map30* 基因为例）。

4．注意事项

（1）在预测一个新蛋白质二级结构时，建议用两种以上预测工具进行，可以对比验证，确保预测结果的准确性。

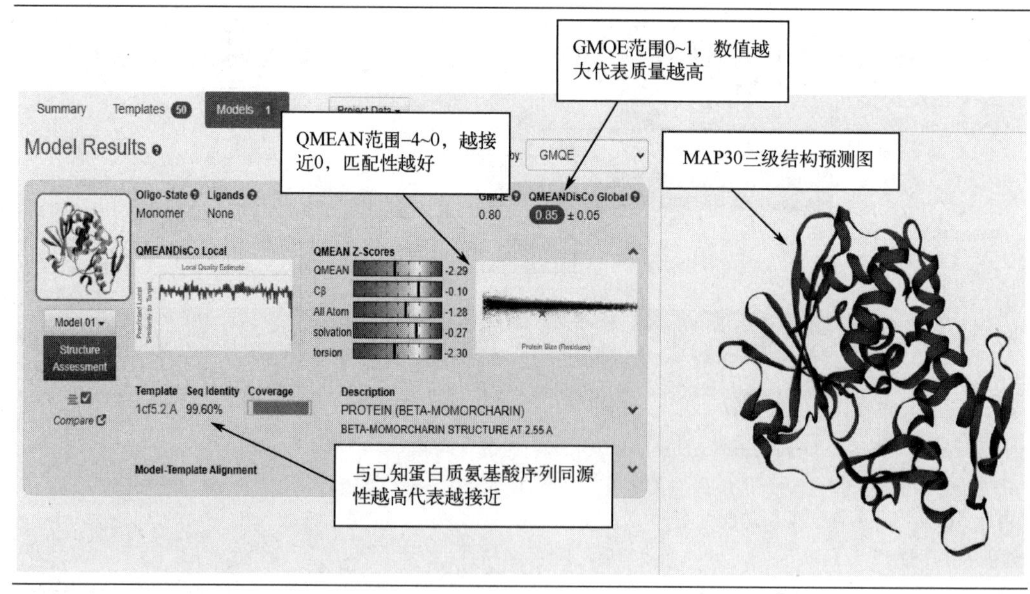

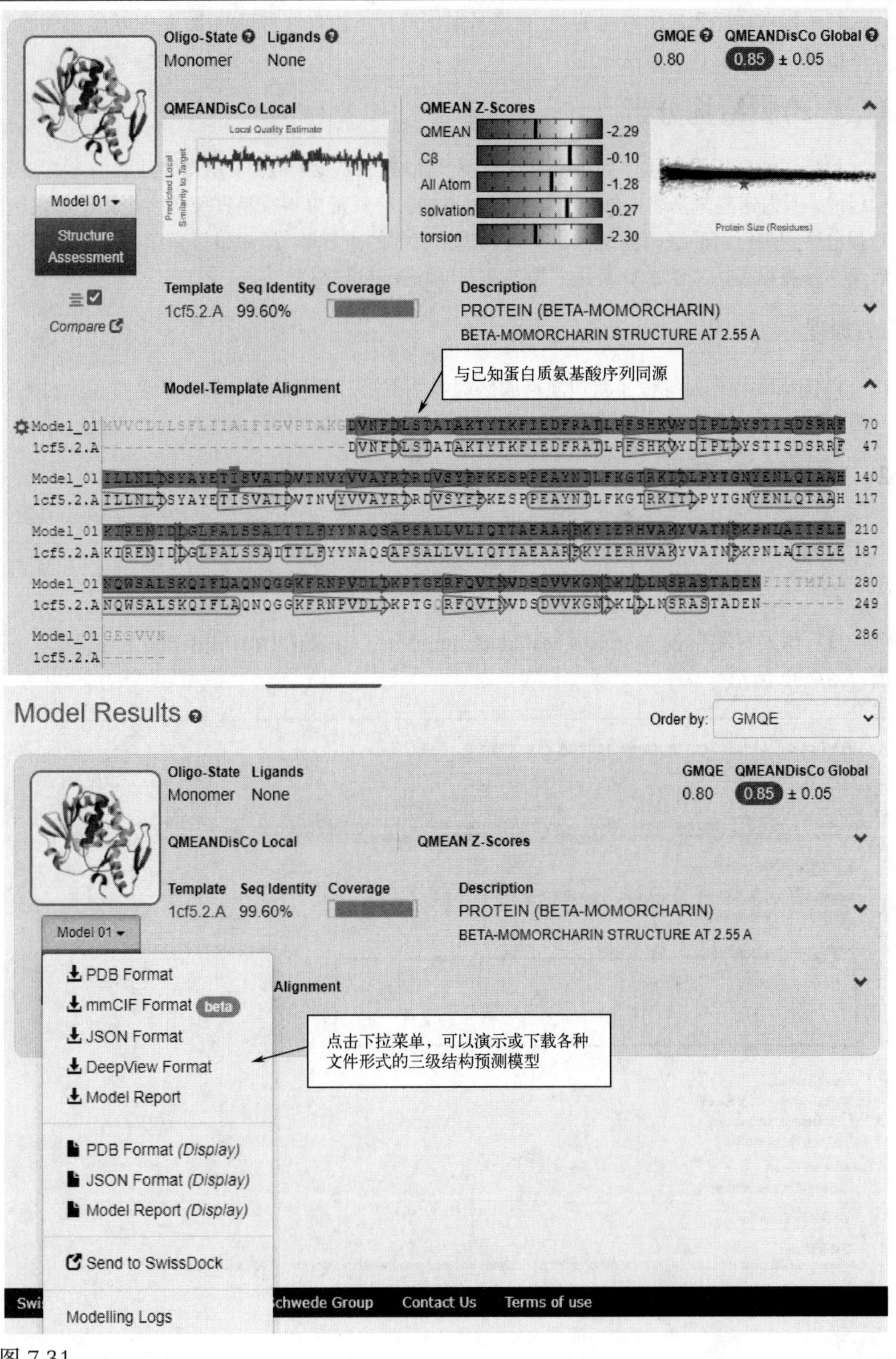
Oligo-State
Ligands
Monomer
None
GMQE
QMEANDisCo Global
0.80
0.85 ± 0.05
QMEANDisCo Local
Local Quality Estimate
QMEAN Z-Scores
QMEAN -2.29
Cβ -0.10
All Atom -1.28
solvation -0.27
torsion -2.30
Protein Size (Residues)
Model 01
Structure Assessment
Compare
Template
Seq Identity
Coverage
Description
1cf5.2.A
99.60%
PROTEIN (BETA-MOMORCHARIN)
BETA-MOMORCHARIN STRUCTURE AT 2.55 A
与已知蛋白质氨基酸序列同源
Model-Template Alignment
Model Results
Order by:
GMQE
PDB Format
mmCIF Format beta
JSON Format
DeepView Format
Model Report
PDB Format (Display)
JSON Format (Display)
Model Report (Display)
Send to SwissDock
Modelling Logs
点击下拉菜单，可以演示或下载各种文件形式的三级结构预测模型
Contact Us
Terms of use

图 7.31
结果分析页面

（2）蛋白质序列应由常见的20种氨基酸组成，不能有这常见的20种氨基酸之外的氨基酸出现，否则软件将无法识别。

（三）跨膜结构分析

跨膜区通常指蛋白质序列中跨越细胞膜的区域，由约20～25个氨基酸残基的α-螺旋结构组成。因为这些氨基酸大部分是疏水性氨基酸，跨膜蛋白不容易在原核表达系统中表达，对蛋白序列进行跨膜区预测是构建重组表达系统前的重要环节。如果蛋白序列存在跨膜区，后续选择真核表达系统进行表达，则不需要删除跨膜区序列。

1．原理

TMHMM程序是综合了蛋白质跨膜区疏水性不同、电荷差异、螺旋长度和膜蛋白拓扑学限制等性质，采用隐马尔可夫模型，对跨膜区及细胞膜内外区域进行整体预测的方法。

2．主要材料和仪器

Windows系统计算机和Internet网络。

3．方法

（1）输入网址https://services.healthtech.dtu.dk/service.php?TMHMM-2.0，会出现以下界面（图7.32所示）。

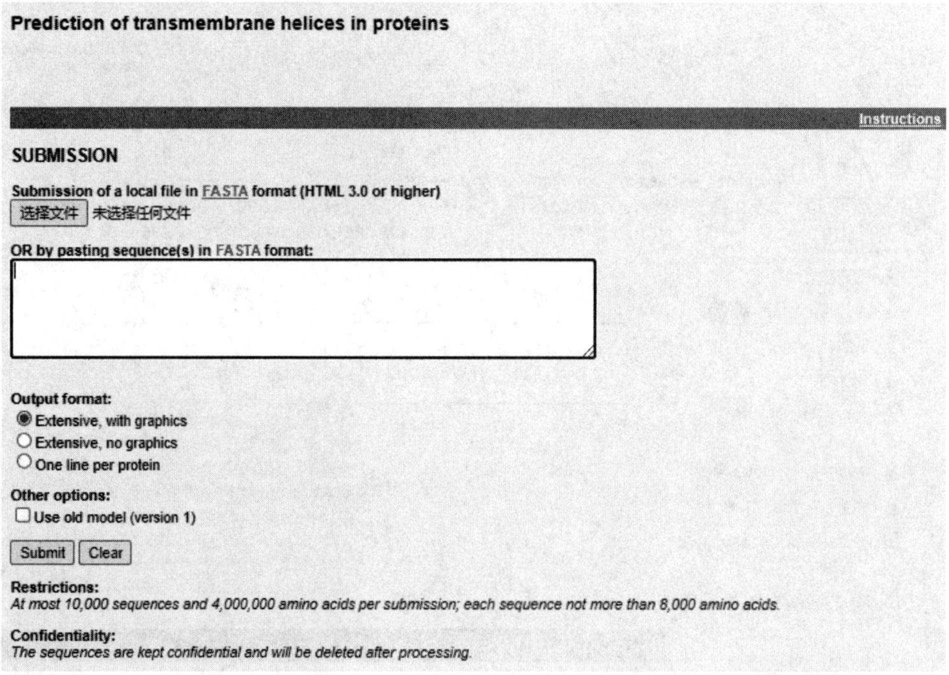

Prediction of transmembrane helices in proteins

Instructions

SUBMISSION

Submission of a local file in FASTA format (HTML 3.0 or higher)

选择文件 未选择任何文件

OR by pasting sequence(s) in FASTA format:

Output format:
- Extensive, with graphics
- Extensive, no graphics
- One line per protein

Other options:
- Use old model (version 1)

Submit Clear

Restrictions:
At most 10,000 sequences and 4,000,000 amino acids per submission; each sequence not more than 8,000 amino acids.

Confidentiality:
The sequences are kept confidential and will be deleted after processing.

图7.32
网址显示页面

（2）这里以MAP30为例（关于如何查找和复制MAP30氨基酸序列，请参考信号肽分析实验），将MAP30氨基酸序列粘贴到相应空格内，其他参数设置不变保持默认，如图7.33所示。

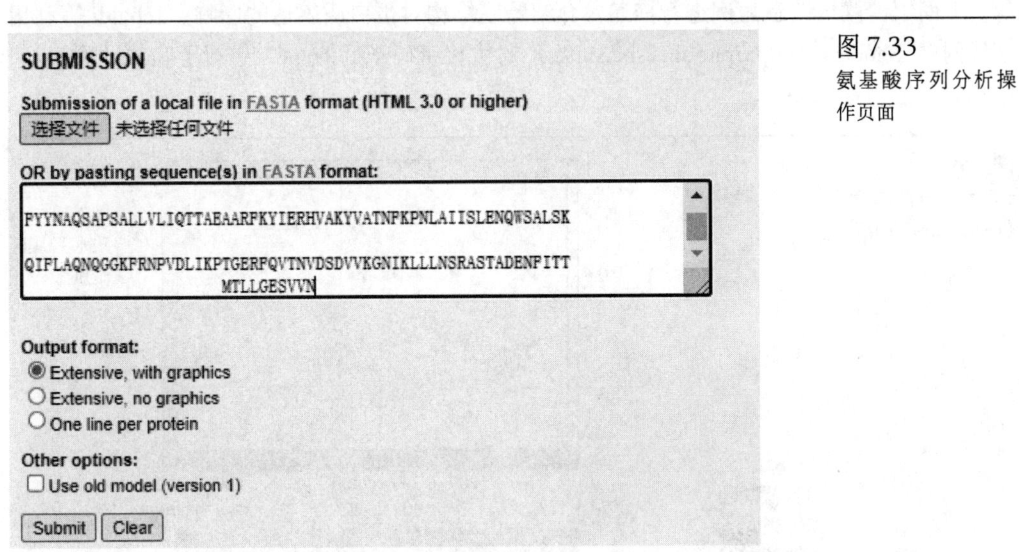

图7.33
氨基酸序列分析操作页面

（3）点击“Submit”键，结果及分析如图7.34所示。

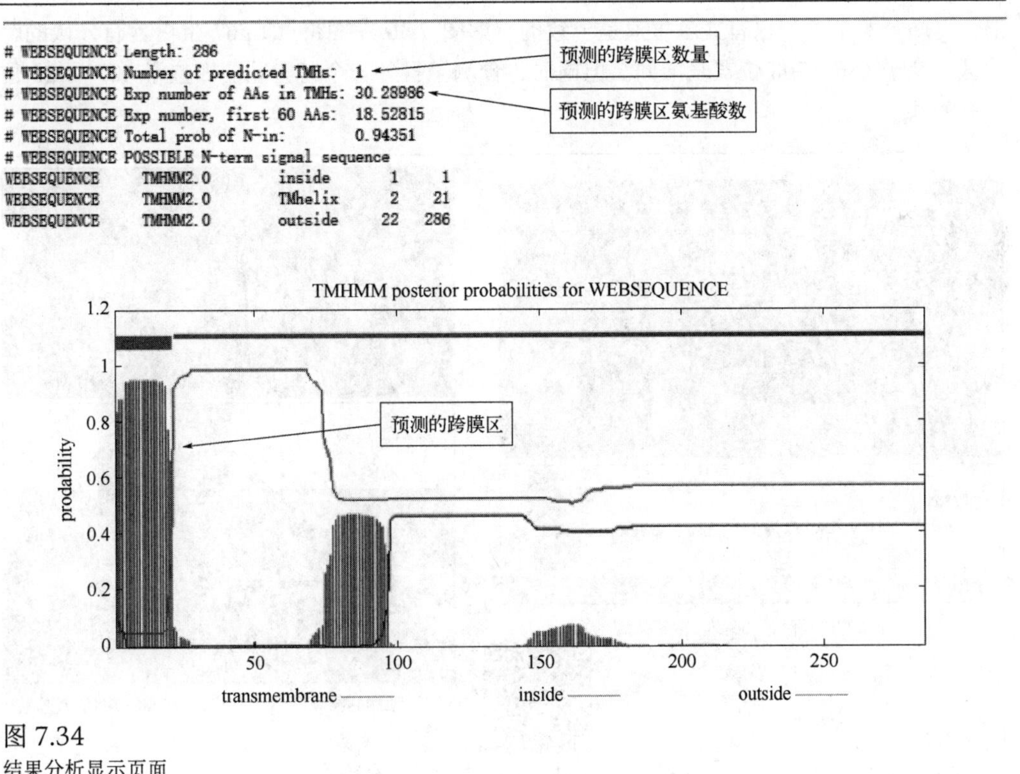

图7.34
结果分析显示页面

（4）案例分析：正如基因信息分析及密码子优化中关于密码子优化的案例分析（1）中所述，需要对重组小泰累尔梨浆虫抗原（p67）的密码子优化以实现其在哺乳动物细胞中稳定表达。除了密码子优化外，一般还需要考虑表达蛋白的跨膜结构、疏水性、糖基化修饰等。下面以跨膜区改造为例进行描述，介绍跨膜结构对蛋白质表达的影响。Tebaldi 等利用在线网站 Phobius（http://phobius.sbc.su.se/）对优化密码子后的 p67 进行了在线预测，p67 结构见下图（图 7.35）。

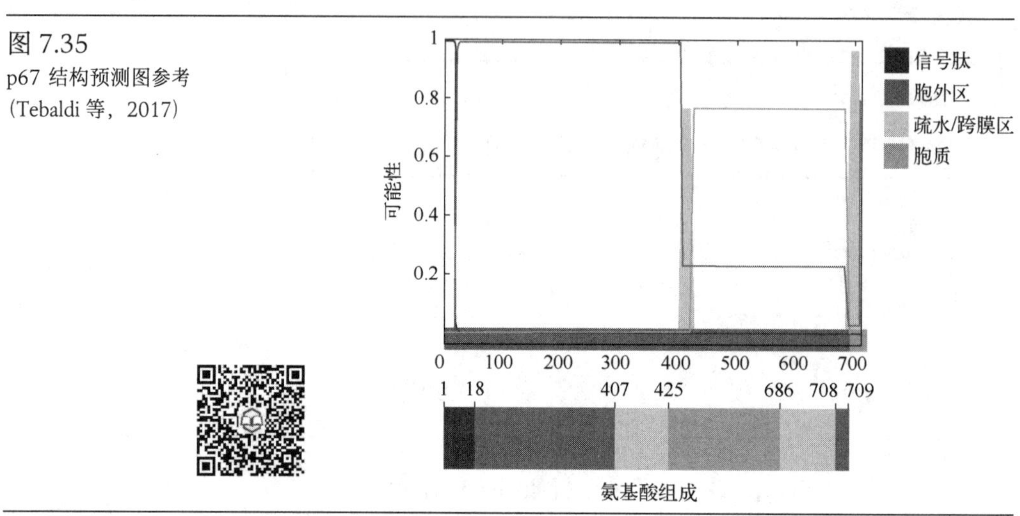

图 7.35
p67 结构预测图参考
（Tebaldi 等，2017）

网站预测结果和已有文献报道是一致的（如图 7.36 左图），即 p67 蛋白含有公认的跨膜区，位于 686～708 位氨基酸间。但同时也预测了另外一个跨膜区，即位于 407～425 位氨基酸间。

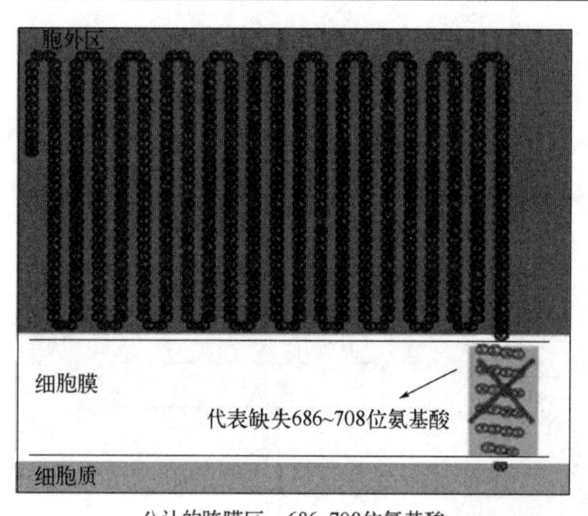

公认的跨膜区：686~708位氨基酸

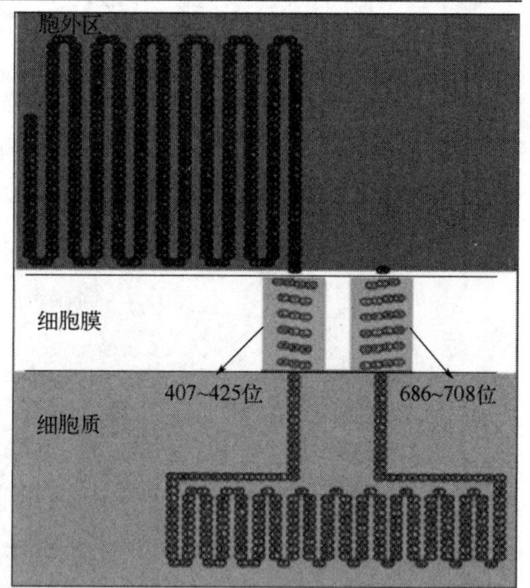

网站预测的跨膜区：407~425位和686~708位氨基酸

图 7.36
文献报道的 p67 跨膜结构域和通过 http://phobius.sbc.su.se/预测的跨膜结构域

根据跨膜区结构分析，删除跨膜区序列（如上图 7.36 左图所示）可能会引起 p67 以分泌形式释放到上清液中，且转染细胞 48h 可达到 10μg/mL。Tebaldi 等删除了公认的 p67 跨膜区后，发现只删除此区域可引起 p67 分泌到细胞培养上清液中（图 7.37）（一般条件下 p67 以聚集体形式存在，正常变性条件不易打破 p67 聚集体），暗示了 p67 是单次跨膜结构蛋白，不是两个跨膜结构蛋白，表明生物信息学预测结果的必要性和重要性。

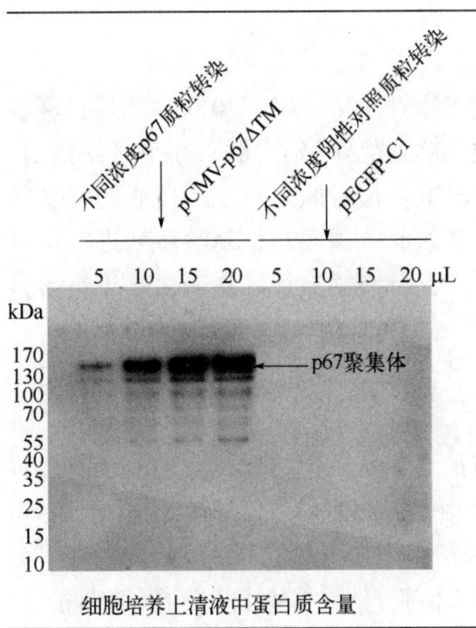

图 7.37
不同浓度p67质粒转染后在细胞上清中的表达量

采用（优先推荐）网站预测，发现只有一个跨膜区，即文献公认的跨膜区（686～708 位氨基酸）（图 7.38），提示了不同网站预测的差异，也显示了多个软件预测比较的必要性。多个软件预测后可大大提高预测的准确性，减少不合理预测引起的实验验证，节约时间和成本，提高效率。

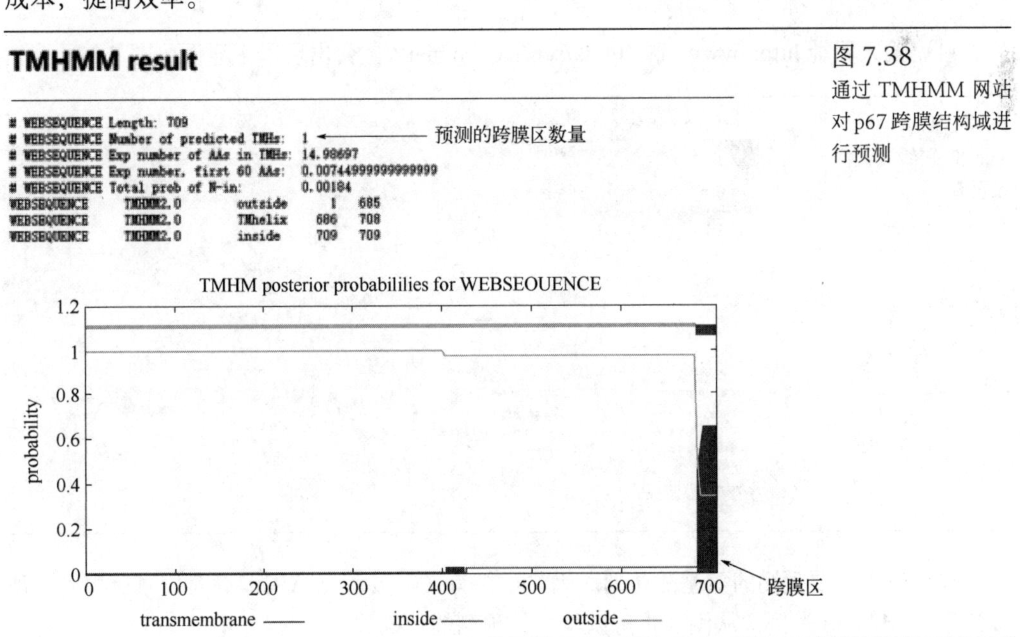

图 7.38
通过 TMHMM 网站对p67跨膜结构域进行预测

4．注意事项

（1）因为有些蛋白信号肽序列也具有疏水性和跨膜性质，建议预测前先用信号肽预测软件预测信号肽位置，避免混淆信号肽和跨膜区。

（2）需要使用多个预测软件及结合实验对预测的序列进一步验证。

（四）信号肽分析

信号肽（signal peptides）是蛋白质氨基末端一段编码长度约为 5～30 个疏水性氨基酸的序列，用于引导新合成蛋白质靶向转移或者穿透膜分泌到胞外。信号肽存在于分泌蛋白、跨膜蛋白和真核生物细胞器内的蛋白质中。通常情况下，信号肽定位于蛋白质的氨基端（少数情况下也不一定在氨基端）。在进行重组蛋白表达前，需要对氨基酸序列进行信号肽预测，然后依据信号肽预测结果对信号肽进行删除、替换或追加，从而提高重组蛋白表达或者分泌。

1．原理

SignalP 5.0 在线预测软件是基于深度神经网络的方法结合组合条件随机场分类的方法和优化迁移学习以改进信号肽预测。与传统的前馈神经网络相比，深度循环神经网络架构更适合识别不同长度的序列基序，例如信号肽。条件随机场对预测施加明确的语法并消除了在早期 SignalP 版本中需要使用的后处理步骤。迁移学习可以在小部分的数据集上获得更好的性能。

2．主要材料和仪器

Windows 系统计算机、Internet 网络、SignalP5.0 在线预测软件。

3．方法

（1）输入网址 http://www.cbs.dtu.dk/services/SignalP/，会出现以下界面（图 7.39）。

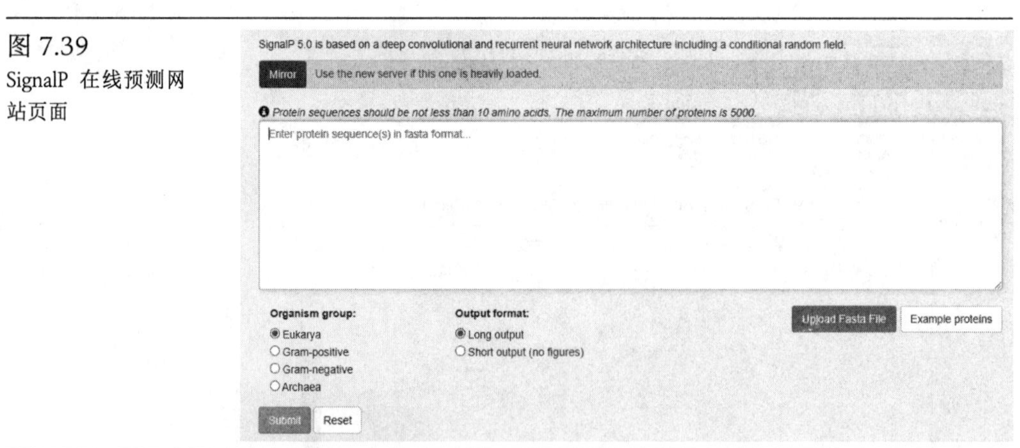

图 7.39 SignalP 在线预测网站页面

（2）输入需要预测的氨基酸序列。因为已经有文献报道 MAP30 含有信号肽序列，所以这里以 MAP30 为例，从侧面也可以验证其预测的正确性。

（3）登录 NCBI 官网，打开界面如图 7.40 所示。

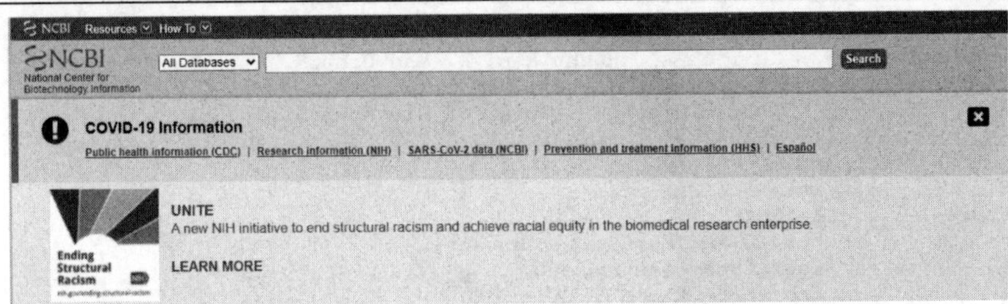

图 7.40
NCBI 官网显示页面

（4）在“All Databases”下拉菜单中选择“Nucleotide”如图 7.41。

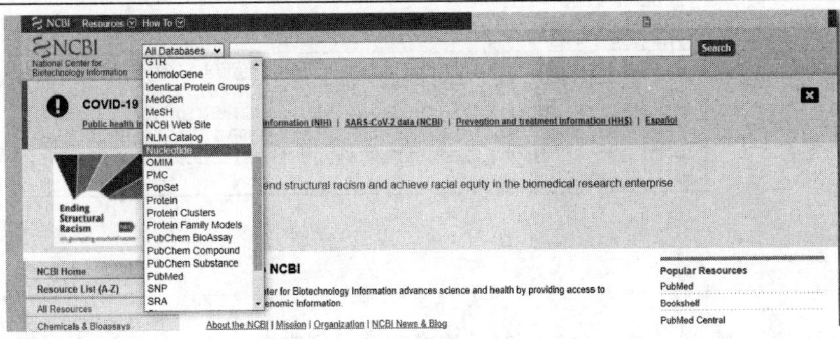

图 7.41
操作页面

（5）在 Nucleotide 后面输入基因名称 *map30*，会出现以下界面，点击打开目的基因（如图 7.42 所示）。

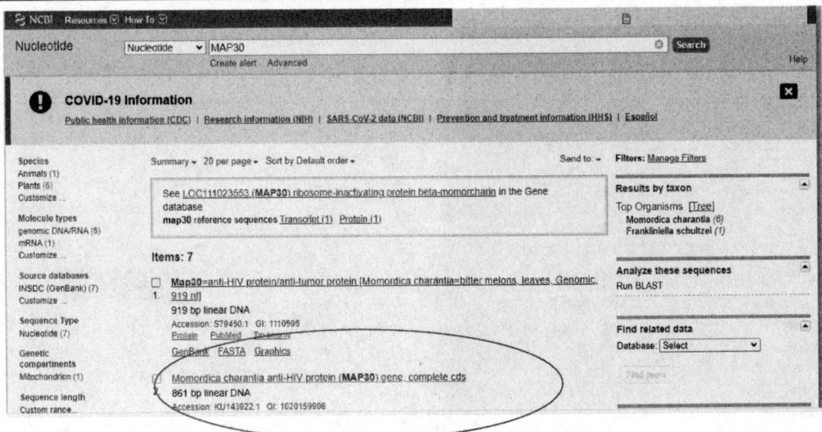

图 7.42
map30 基因显示页面

（6）在新界面中找到 CDS 序列（如图 7.43 所示），并复制到一个新文档里。

```
REFERENCE   1  (bases 1 to 861)
  AUTHORS   Supraja,P., Sujitha,A., Rekha Rani,K. and Usha,R.
  TITLE     Direct Submission
  JOURNAL   Submitted (31-OCT-2015) Department of Biotechnology, Sri Padmavati
            Mahila Visvavidyalaym, Padmavati Nagar, Tirupati, Andhra Pradesh
            517502, India
FEATURES             Location/Qualifiers
     source          1..861
                     /organism="Momordica charantia"
                     /mol_type="genomic DNA"
                     /db_xref="taxon:3673"
     gene            <1..>861
                     /gene="MAP30"
     mRNA            <1..>861
                     /gene="MAP30"
                     /product="anti-HIV protein"
     CDS             1..861
                     /gene="MAP30"
                     /note="gene=MAP30"
                     /codon_start=1
                     /product="anti-HIV protein"
                     /protein_id="AMZ00341.1"
                     /translation="MVVCLLLSFLIIAIFIGVPTAKGDVNFDLSTATAKTYTKFIEDF
                     RATLPFSHKVYDIPLLYSTISDSRRFILLNLTSYAYETISVAIDVTNVYVVAYRTRDV
                     SYFFKESPPEAYNILFKGTRKITLPYTGNYENLQTAAHKIRENIDLGLPALSSAITTL
                     FYYNAQSAPSALLVLIQTTAEAARFKYIERHVAKYVATNFKPNLAIISLENQWSALSK
                     QIFLAQNQGGKFRNPVDLIKPTGERFQVTNVDSDVVKGNIKLLLNSRASTADENFITT
                     MTLLGESVVN"
```

图 7.43
CDS 序列页面

（7）返回到步骤（1），将 MAP30 氨基酸序列粘贴到空白区（如图 7.44 方框标记所示），选择相应物种类型，比如真核生物（Eukarya），点击提交（Submit）选项。

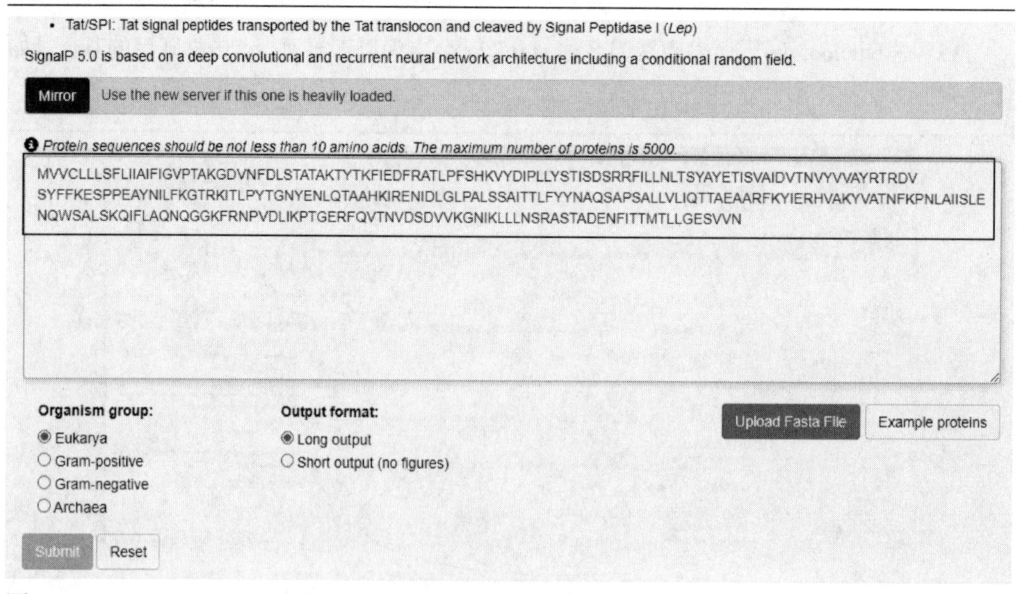

图 7.44
具体操作页面

（8）结果分析如图 7.45 所示。

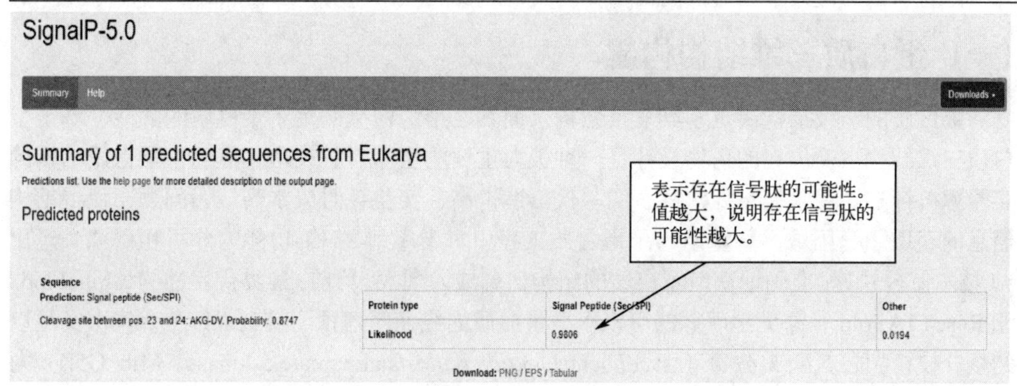

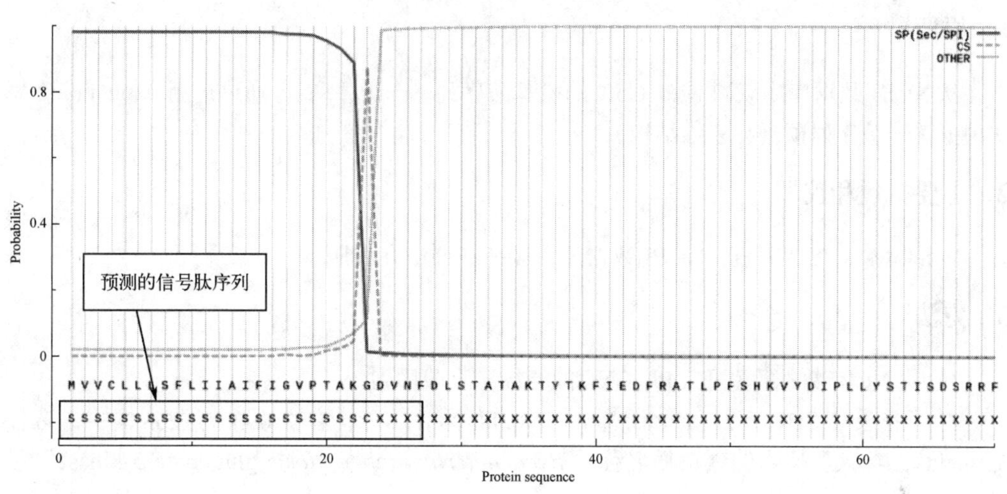

图 7.45
结果分析页面

4．注意事项

（1）目前 SignalP 5.0 仅能对原核生物中含 Sec/SPⅠ、Sec/SPⅡ和 Tat/SPⅠ及真核生物中含 Sec/SPⅠ的信号肽进行预测，不能对 Tat/SPⅡ和 Sec/SPⅢ进行预测。

（2）预测的信号肽需要进一步实验验证。

（3）用信号肽软件预测时，物种选择一定要正确。

四、人工智能设计

人工智能技术近年来备受关注，该技术也已成功应用到药物发现及设计领域。许多机器学习方法如支持向量机、随机森林等在药物研发过程中得到了应用和完善。基于神经网络的新算法进一步改进了属性预测，已经在大量将深度学习与经典机器学习进行比较的研究中得到了证明，其中包括预测精准靶向蛋白药物的理化性质、生物活性及毒性等。

（一）蛋白质三维结构构建

蛋白质的一级结构决定了其三维结构，而其三维结构又决定了蛋白质的功能。基于蛋白质三维结构（受体）的药物设计是一种极为重要的生命科学技术。然而，蛋白质结构的实验解析存在“实验技术要求高、实验仪器造价高、实验耗时成本高”等问题，使得结构信息的获取十分困难，严重阻碍了蛋白质工程中对于序列-结构-功能的分析和研究。运用AI 技术使得快速、准确地获取蛋白质的结构信息成为现实。目前，最具代表性的 AlphaFold2 和 RoseTTAFold 等深度学习算法可以根据蛋白质的线性序列预测其三维结构。本次实验以结核分枝杆菌谷氨酸 5-激酶（*Mycobacterium tuberculosis* glutamate 5-kinase，Mtb_G5K）为例，采用 AlphaFold2 算法根据 Mtb_G5K 蛋白的一级序列来构建其三维结构。

1．原理

从 NCBI 数据库中获取 Mtb_G5K 的氨基酸序列（一级序列），通过运用 AlphaFold2 算法根据其一级序列预测其三维结构。

2．主要材料和仪器

Windows 系统计算机、NCBI 数据库、AlphaFold2 在线版。

3．方法

1）从 NCBI 数据库获取 Mtb_G5K 的一级氨基酸序列

（1）登录 NCBI 官网（https://www.ncbi.nlm.nih.gov），在页面上方搜索框中，选择“protein”，输入要搜索的蛋白质名称“*Mycobacterium tuberculosis* glutamate 5-kinase”后（图 7.46），点击“Search”进行搜索。

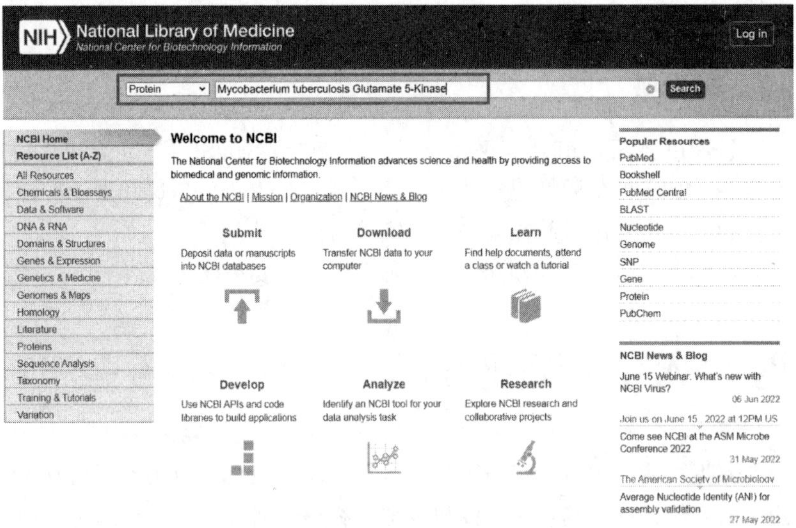

图 7.46
蛋白质搜索页面

（2）搜索结果如图 7.47 所示，点击选择第 1 个结构。

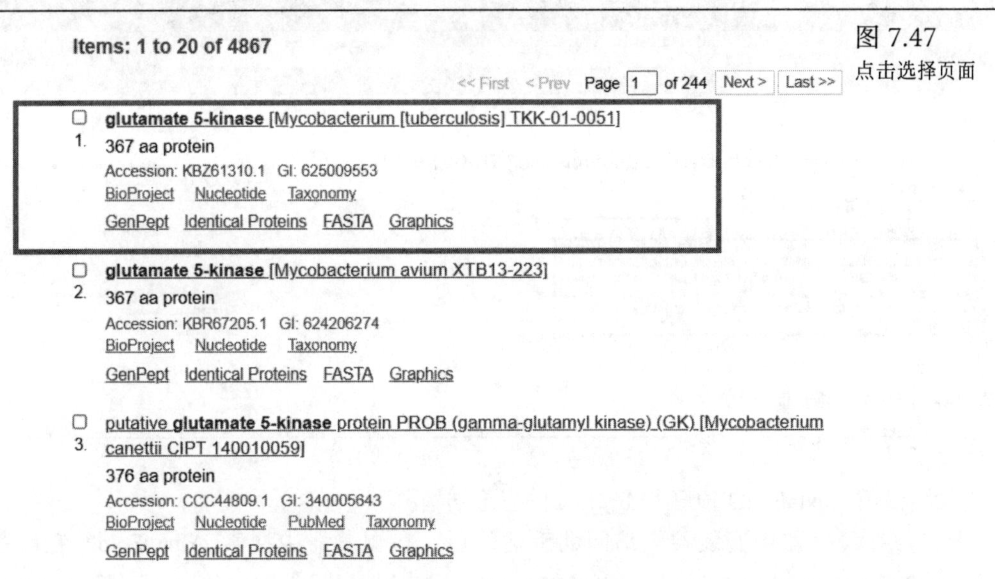

图 7.47
点击选择页面

（3）进入之后点击“fasta”以获得该蛋白质的一级序列（如图 7.48 所示）。

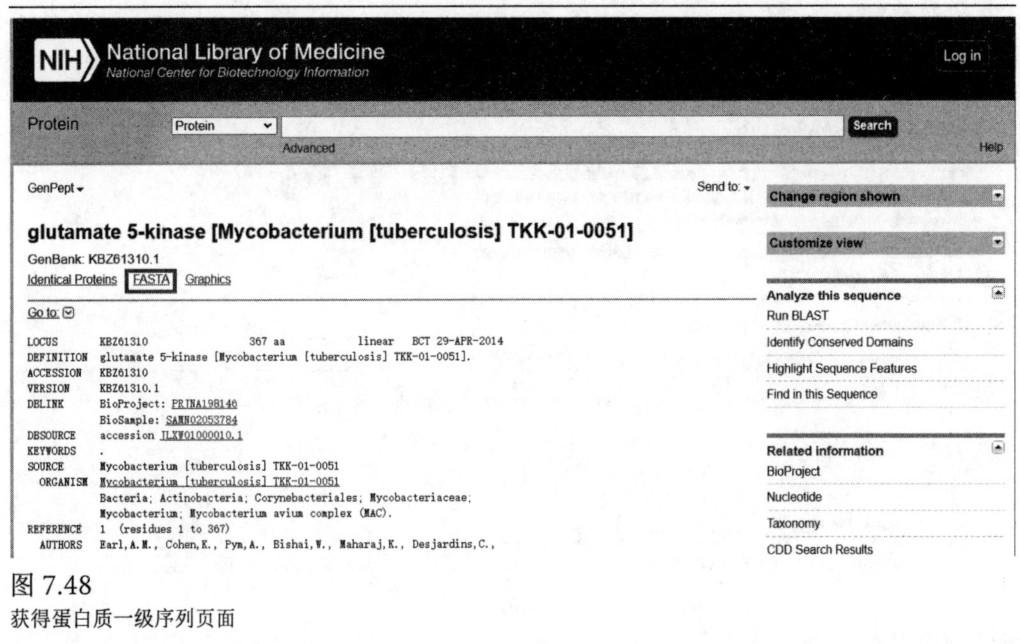

图 7.48
获得蛋白质一级序列页面

（4）页面跳转后将呈现如下页面，其物种名为：[*Mycobacterium* [*tuberculosis*] TKK-01-0051]，登录号为 KBZ61310.1，蛋白质一级序列为：MSPHRDVIRNAR…（图 7.49）。

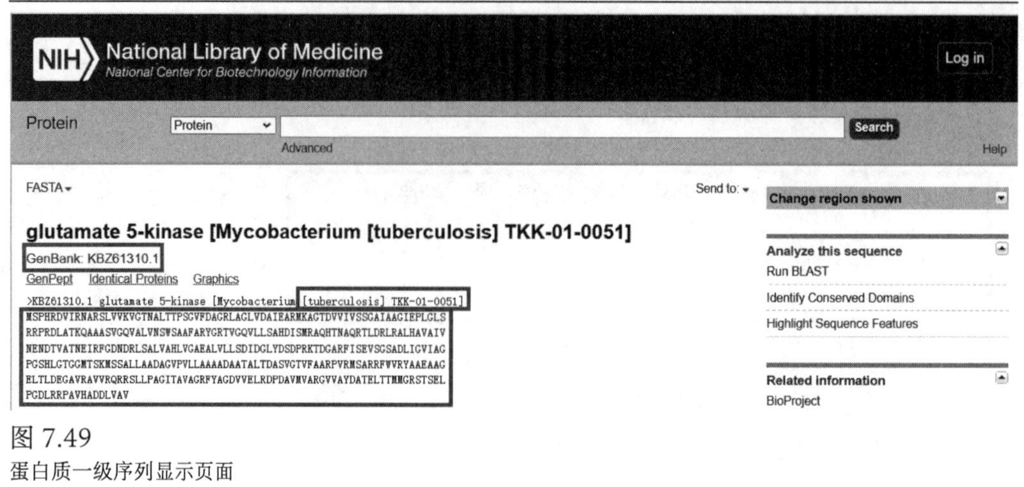

图 7.49
蛋白质一级序列显示页面

2）使用 AlphaFold2 预测 Mtb_G5K 的三维结构

（1）在浏览器中安装谷歌访问助手插件后，在浏览器中搜索 AlphaFold2 在线版（https://colab.research.google.com/github/sokrypton/ColabFold/blob/main/AlphaFold2.ipynb），进入 colab 界面，如图 7.50 所示。

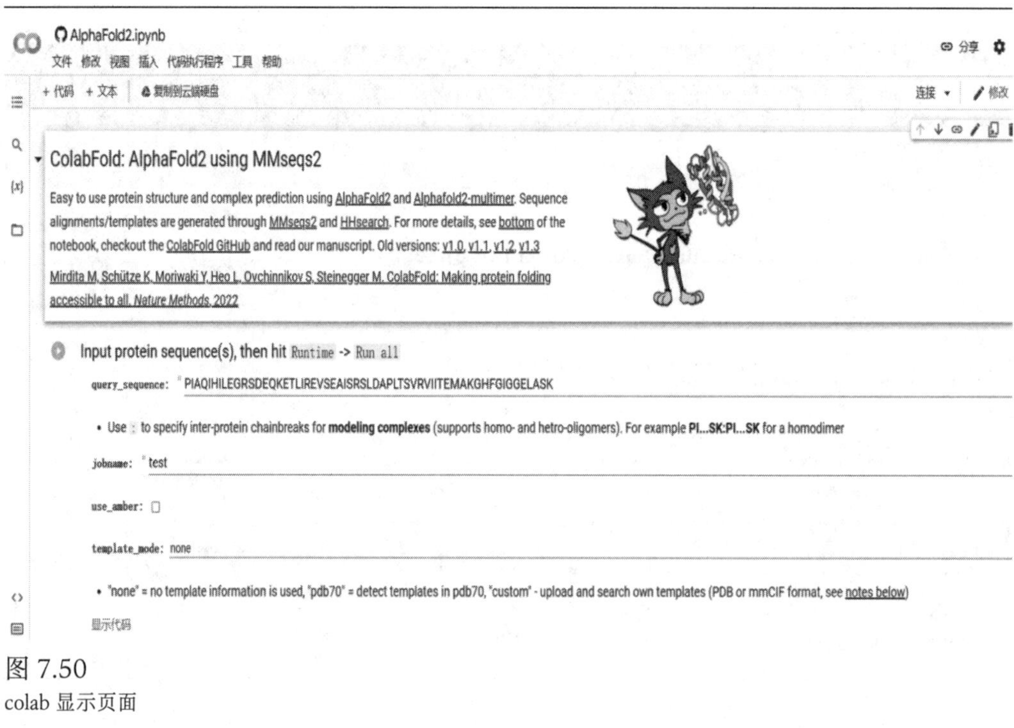

图 7.50
colab 显示页面

（2）在“query_sequence”栏输入想要预测的 Mtb_G5K 一级序列，如图 7.51 所示。

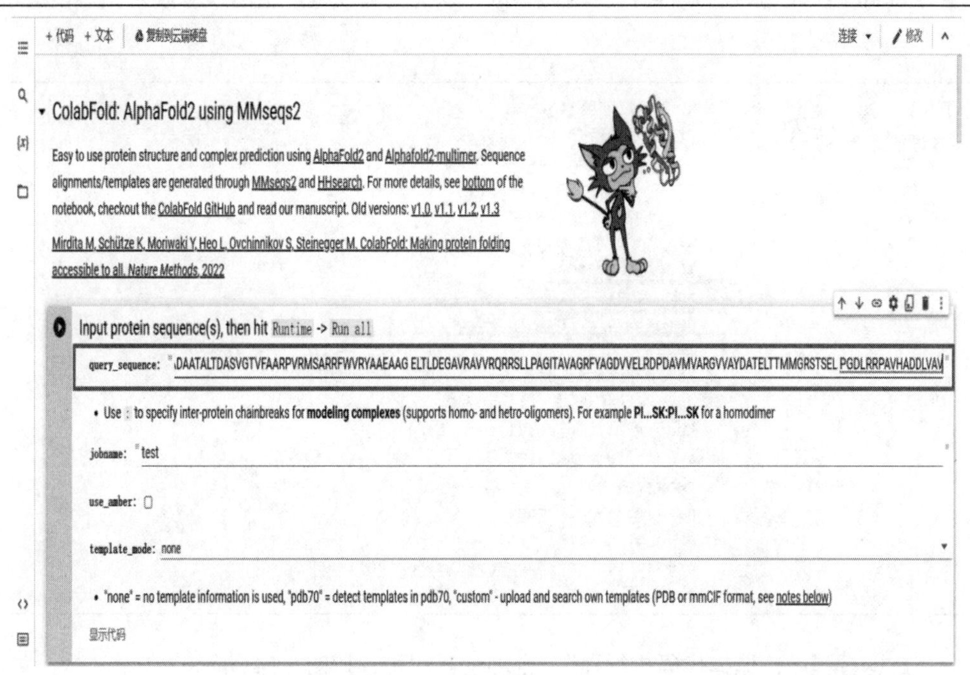

图 7.51
一级序列显示页面

（3）设置循环次数，“Advanced settings”中的 num_recycles 是每个模型的循环次数，默认为 3。循环次数越多相对应的准确度会越高，运行时间也会更长，这里设置默认循环次数 3，如图 7.52 所示。

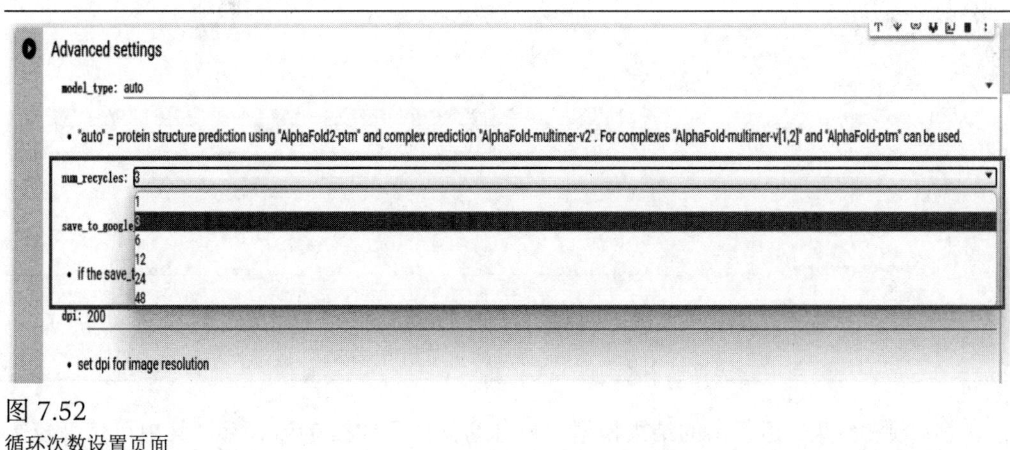

图 7.52
循环次数设置页面

（4）设置运行结果产生的模型数，在“run prediction”中，点击显示代码可展开代码，在代码中修改 num_models，将等号后面的数直接修改为所需产生的模型数即可，同时也要把下方 model_order 修改到所需产生的模型数，本次实验设置产生的模型数为 5，如图 7.53 所示。

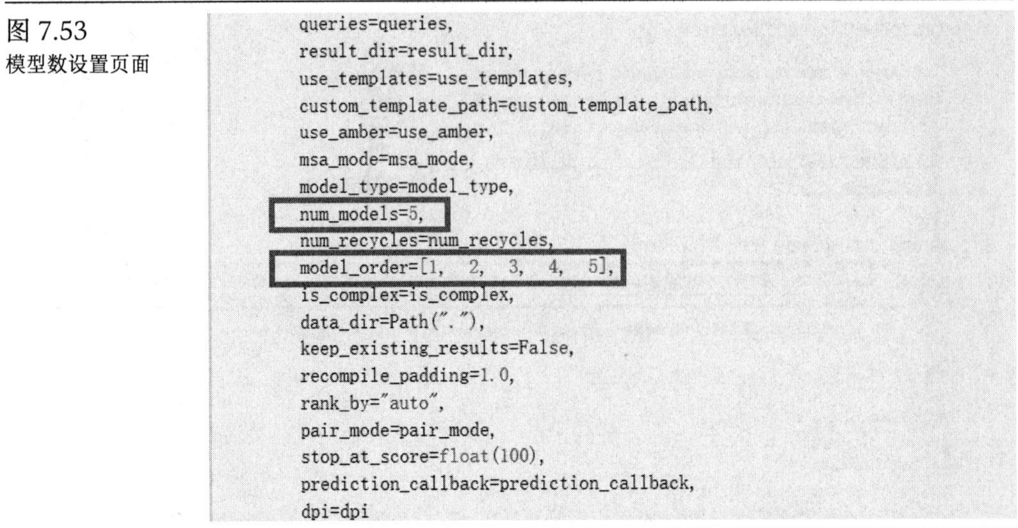

queries=queries,
result_dir=result_dir,
use_templates=use_templates,
custom_template_path=custom_template_path,
use_amber=use_amber,
msa_mode=msa_mode,
model_type=model_type,
num_models=5,
num_recycles=num_recycles,
model_order=[1, 2, 3, 4, 5],
is_complex=is_complex,
data_dir=Path("."),
keep_existing_results=False,
recompile_padding=1.0,
rank_by="auto",
pair_mode=pair_mode,
stop_at_score=float(100),
prediction_callback=prediction_callback,
dpi=dpi

图 7.53
模型数设置页面

（5）运行程序，选择代码执行程序>全部运行即可，如图 7.54 所示。

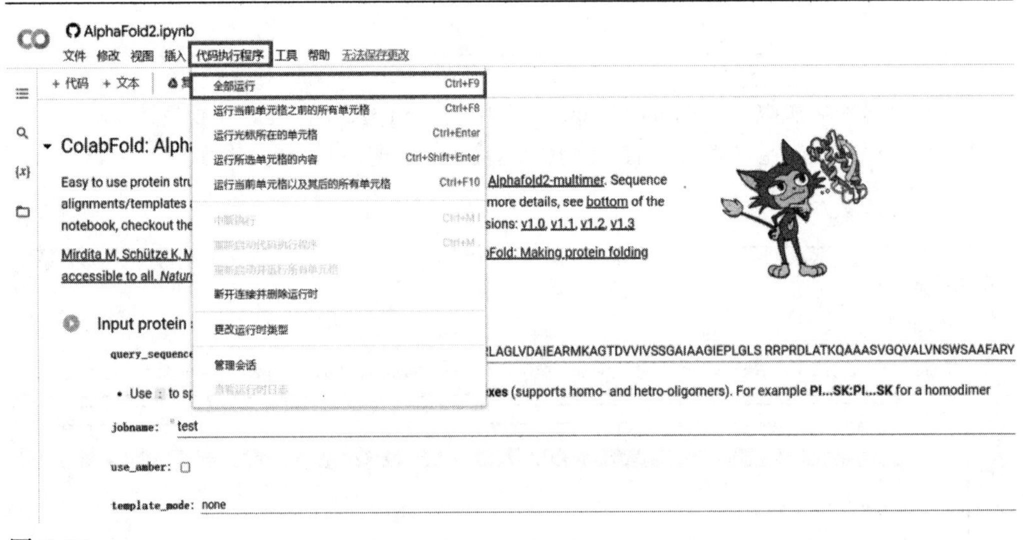

图 7.54
运行程序页面

（6）预测结果，运行出的结果模型的得分高低情况如图 7.55 所示，其中可信度较高的区间会呈现出蓝色（打分结果超过 90）和浅蓝色（打分结果为 80），可信度适中的区间会呈现出黄色（打分结果为 70）和绿色（打分结果为 60），可信度较低的区间会呈现出红色（打分结果低于 50），本次实验得到五个预测结果的 pLDDT 图和一个三维结构模型。

```
2022-06-09 07:18:13,610 Running model_1
2022-06-09 07:24:52,150 model_1 took 386.1s (3 recycles) with pLDDT 88.3 and ptmscore 0.847
```

colored by N→C　　　　colored by pLDDT

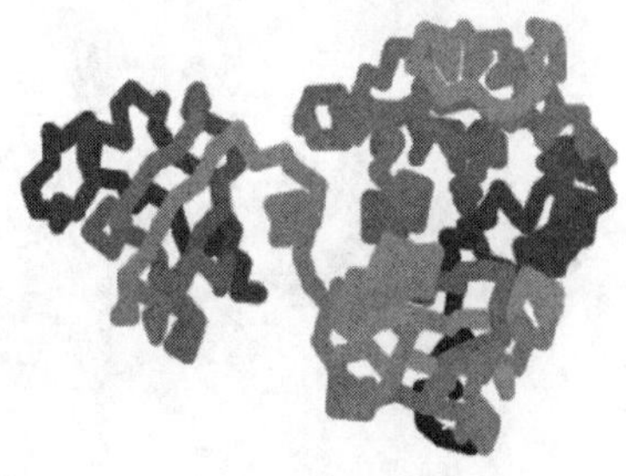

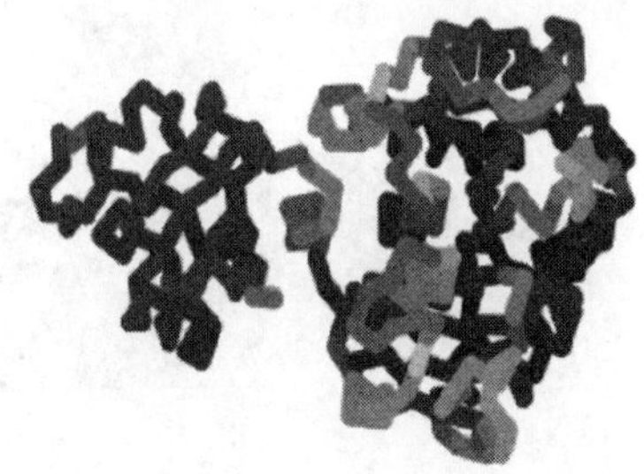

```
2022-06-09 07:25:21,607 Running model_2
2022-06-09 07:28:48,129 model_2 took 196.2s (3 recycles) with pLDDT 88 and ptmscore 0.852
```

colored by N→C　　　　colored by pLDDT

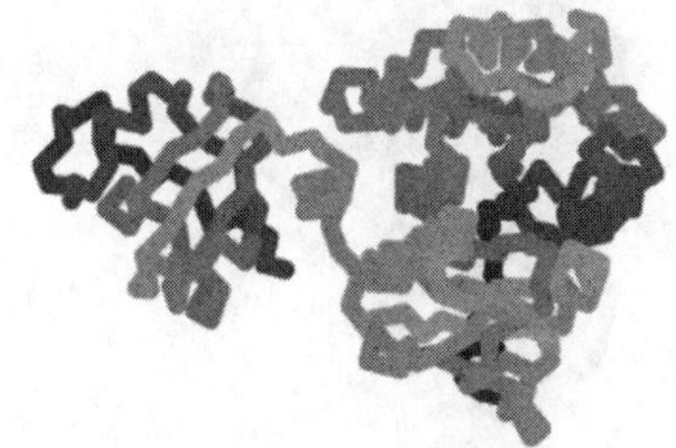

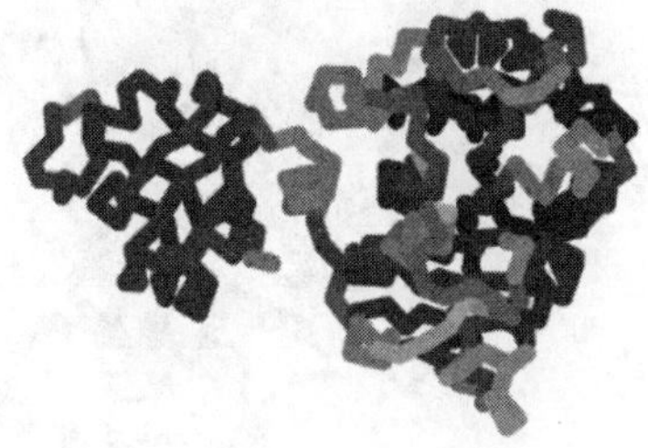

```
2022-06-09 07:29:16,854 Running model_3
2022-06-09 07:32:43,921 model_3 took 196.1s (3 recycles) with pLDDT 88.1 and ptmscore 0.821
```

colored by N→C　　　　colored by pLDDT

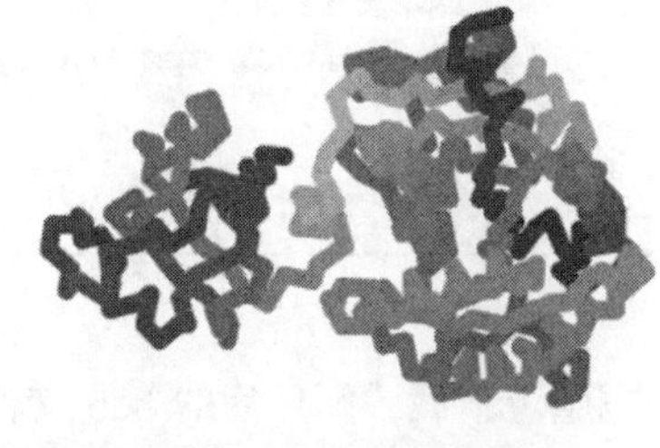

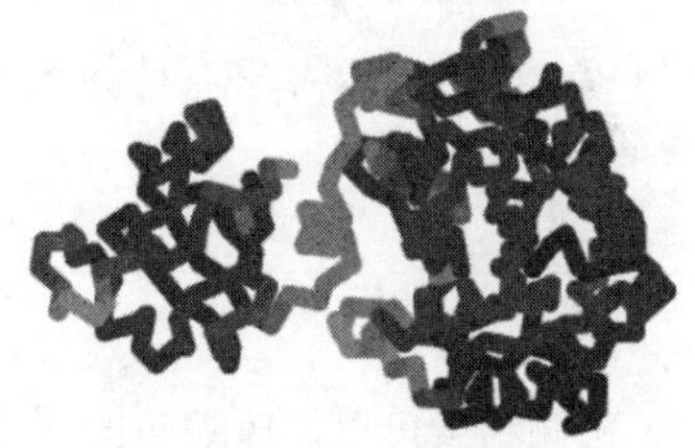

```
2022-06-09 07:33:12,333 Running model_4
2022-06-09 07:36:38,198 model_4 took 196.1s (3 recycles) with pLDDT 87 and ptmscore 0.807
```

colored by N→C　　　　colored by pLDDT

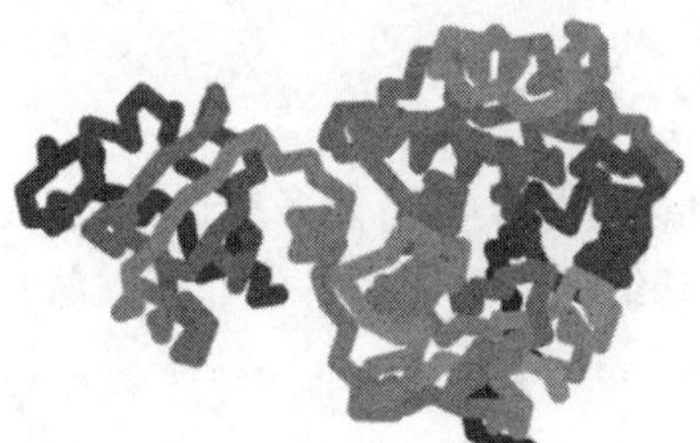

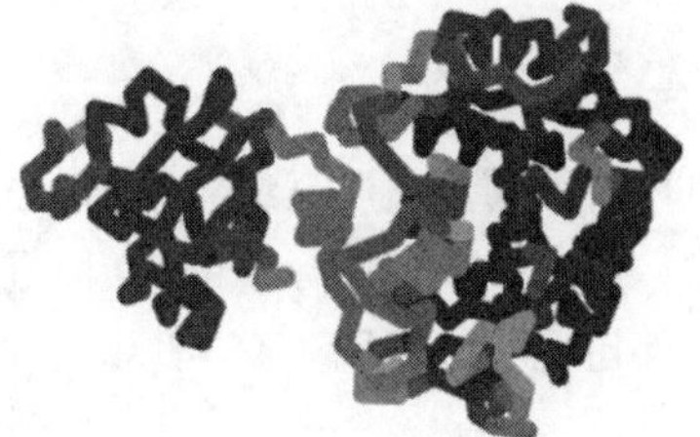

图 7.55

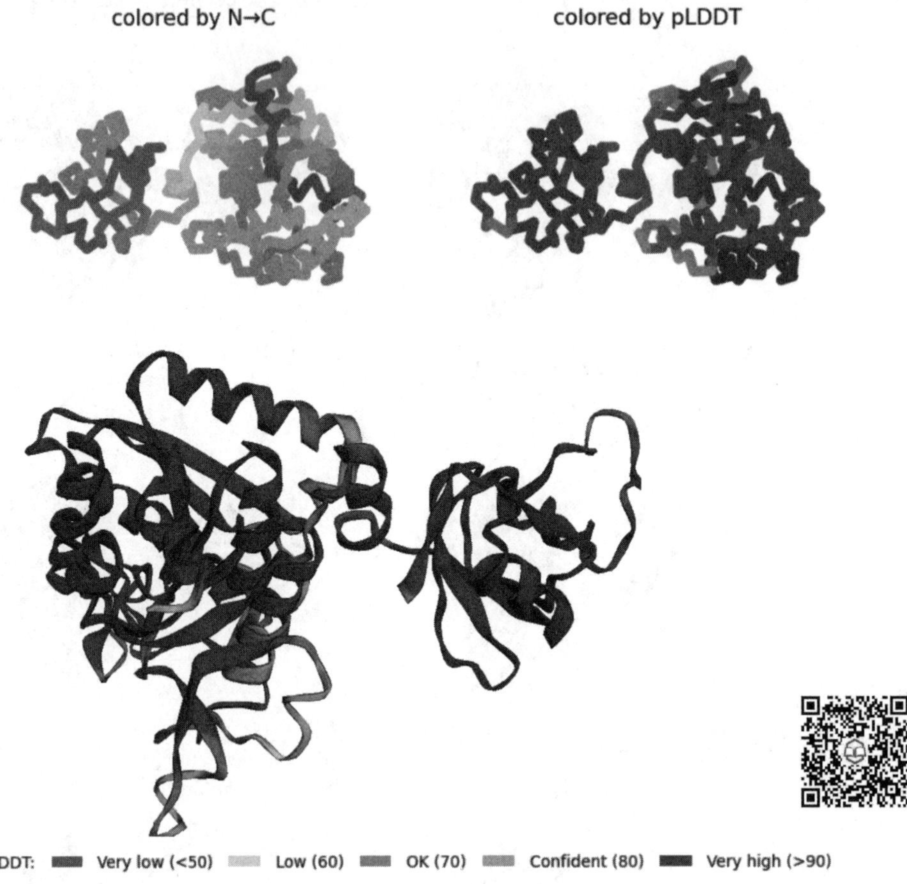

图 7.55
预测结果显示图

（7）预测结果可以以压缩包的形式直接在电脑上下载，解压后的 pdb 文件即为本次实验所得的 Mtb_G5K 三维结构的预测结果，如图 7.56 所示，可用其他软件打开对其进行后续操作。同时，根据预测结果的打分情况对所得的三维结构进行排名，还可得到对本次实验的打分情况统计图（图 7.57、图 7.58）。

4．注意事项

（1）在预测蛋白质三级结构时，为确保其准确性，尽可能多地选择循环次数。

（2）蛋白质序列由标准的 20 种氨基酸残基组成，不能有其他非标准氨基酸残基出现，否则软件可能无法识别。

cite.bibtex	2022/6/9 15:45	BIBTEX 文件	3 KB
config	2022/6/9 15:45	JSON 文件	1 KB
test_3c99e.a3m	2022/6/9 15:45	A3M 文件	5,807 KB
test_3c99e_coverage	2022/6/9 15:45	PNG 文件	115 KB
test_3c99e_PAE	2022/6/9 15:45	PNG 文件	506 KB
test_3c99e_plddt	2022/6/9 15:45	PNG 文件	175 KB
test_3c99e_predicted_aligned_error_...	2022/6/9 15:45	JSON 文件	1,531 KB
test_3c99e_unrelaxed_rank_1_model_5	2022/6/9 15:45	PDB Molecule File	213 KB
test_3c99e_unrelaxed_rank_1_model...	2022/6/9 15:45	JSON 文件	797 KB
test_3c99e_unrelaxed_rank_2_model_1	2022/6/9 15:45	PDB Molecule File	213 KB
test_3c99e_unrelaxed_rank_2_model...	2022/6/9 15:45	JSON 文件	809 KB
test_3c99e_unrelaxed_rank_3_model_3	2022/6/9 15:45	PDB Molecule File	213 KB
test_3c99e_unrelaxed_rank_3_model...	2022/6/9 15:45	JSON 文件	824 KB
test_3c99e_unrelaxed_rank_4_model_2	2022/6/9 15:45	PDB Molecule File	213 KB
test_3c99e_unrelaxed_rank_4_model...	2022/6/9 15:45	JSON 文件	808 KB
test_3c99e_unrelaxed_rank_5_model_4	2022/6/9 15:45	PDB Molecule File	213 KB
test_3c99e_unrelaxed_rank_5_model...	2022/6/9 15:45	JSON 文件	830 KB

图 7.56
预测结果解压文件

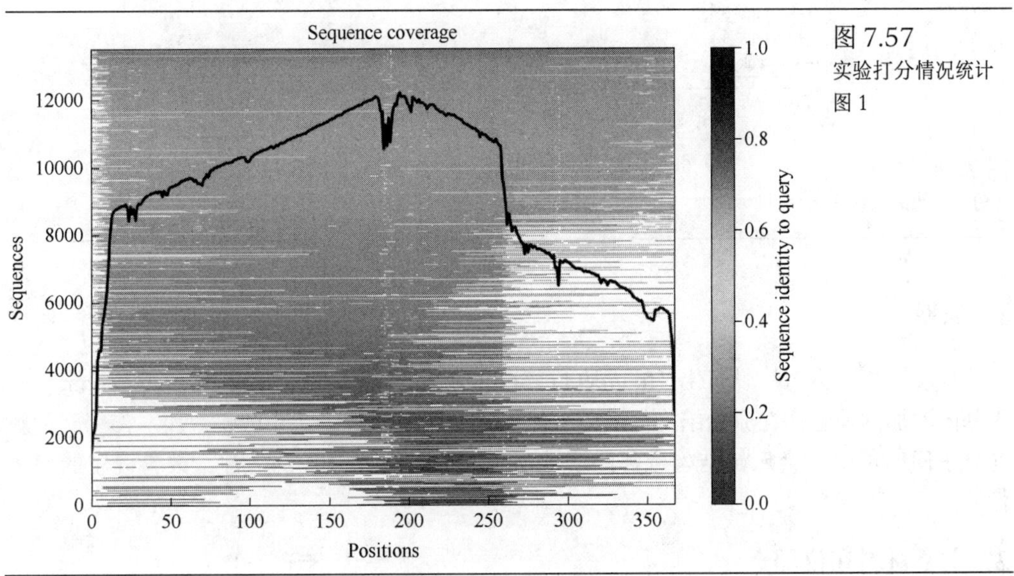

图 7.57
实验打分情况统计图 1

（二）基于片段生长法的药物设计

基于片段生长法（fragment growth）的药物设计是一种将片段筛选和基于结构药物设计有机结合的药物发现新方法。在研究药物或先导化合物与靶分子的作用模式时，经常可以发现已有的分子并不“完美”，它们只能与靶标结合口袋中的部分结合位点形成相互作用。如果能够发现靶分子中没有被先导化合物占据的新结合位点，然后在先导化合物分子中引入相应官能团与其形成新的相互作用，则有望提高先导化合物对靶分子的亲和力和选择性。目前，应用片段生长法已经发现数个候选新药并进入临床试验阶段。

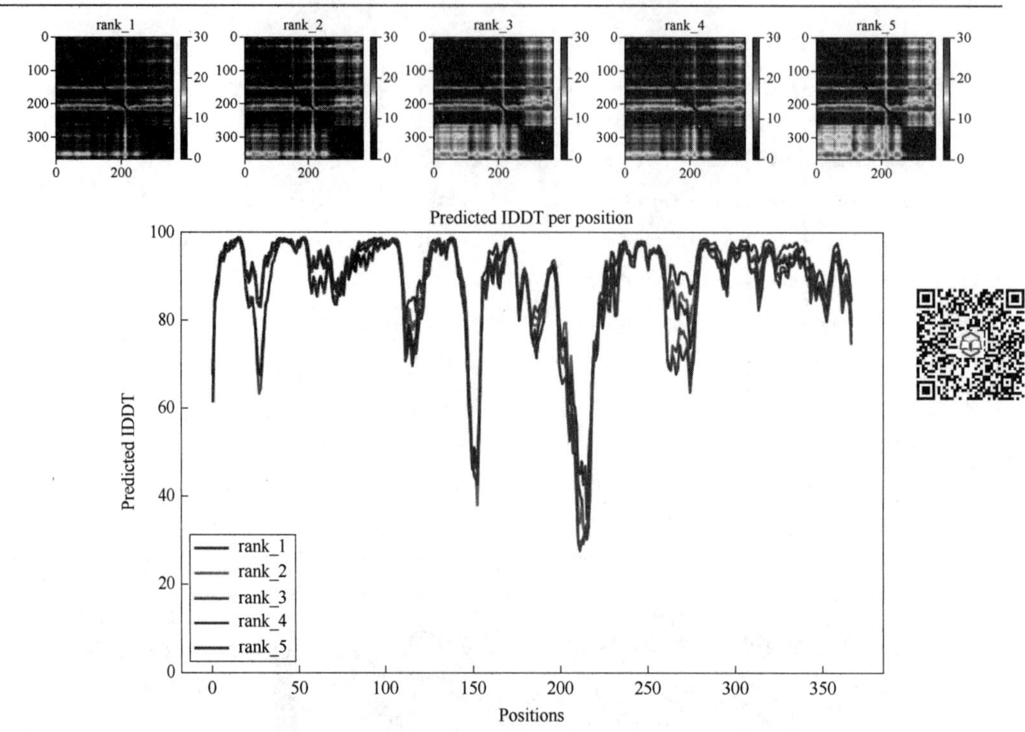

图 7.58
实验打分情况统计图 2

1．原理

片段生长又称为片段演化（fragment evolution）或片段加工（fragment elaboration），基于基团添加的理念，在原始结构的基础上接入合适的基团或者是小分子片段，使得到的新的分子同时能够结合原始结构毗邻的活性口袋，从而提高分子的活性，改善分子的理化性质。

2．主要材料和仪器

Windows 系统计算机、MOE 软件。

3．方法

（1）从 MOE 软件中直接导入 1ioe 蛋白，也可以从蛋白质结构数据库中检索下载 1ioe 蛋白并导入到 MOE 中（如图 7.59）。

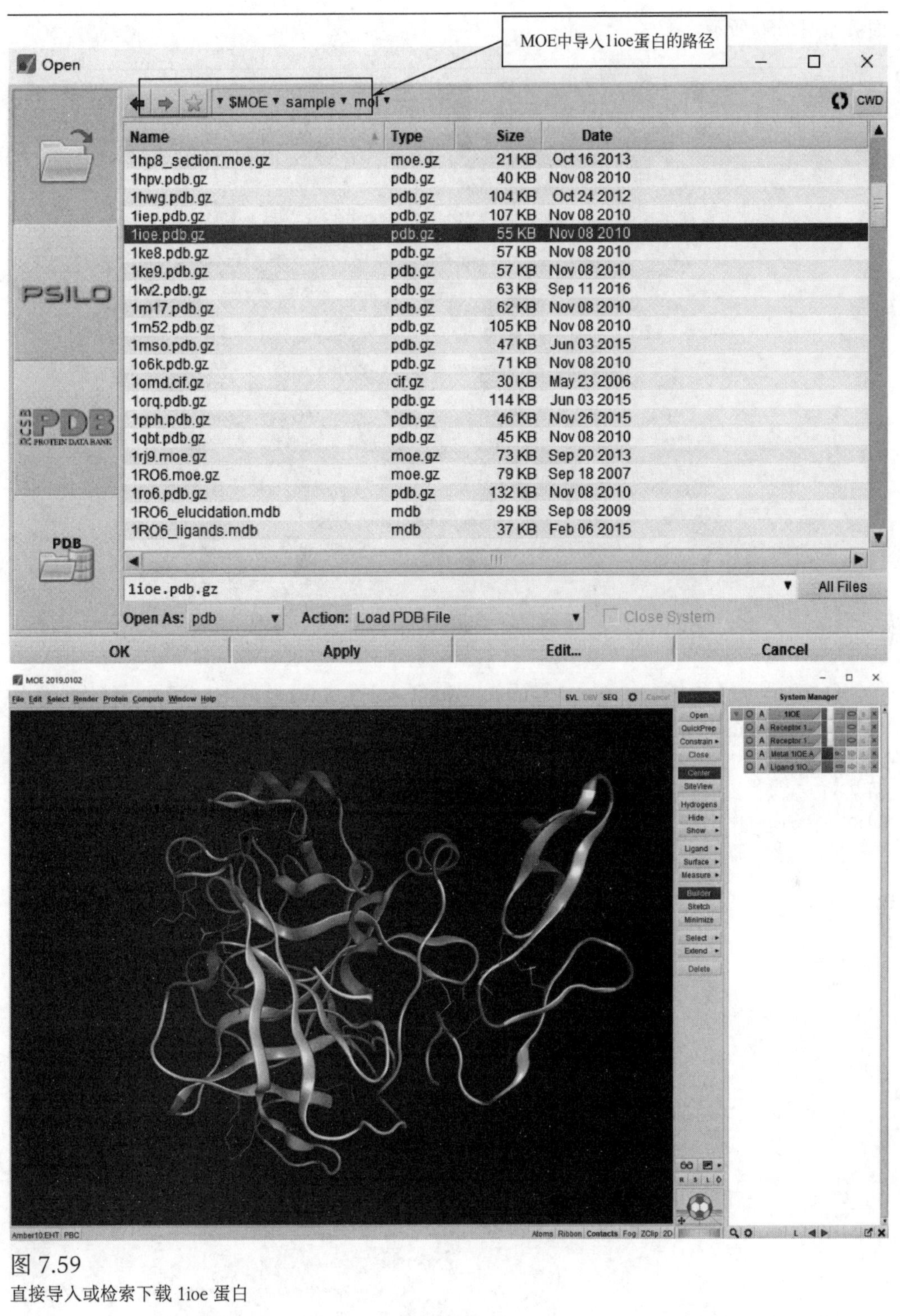

图 7.59
直接导入或检索下载 1ioe 蛋白

（2）在菜单栏点击 Compute>Prepare>QuickPrep 对蛋白质结构进行预处理。QuickPrep

面板如图 7.60 所示。

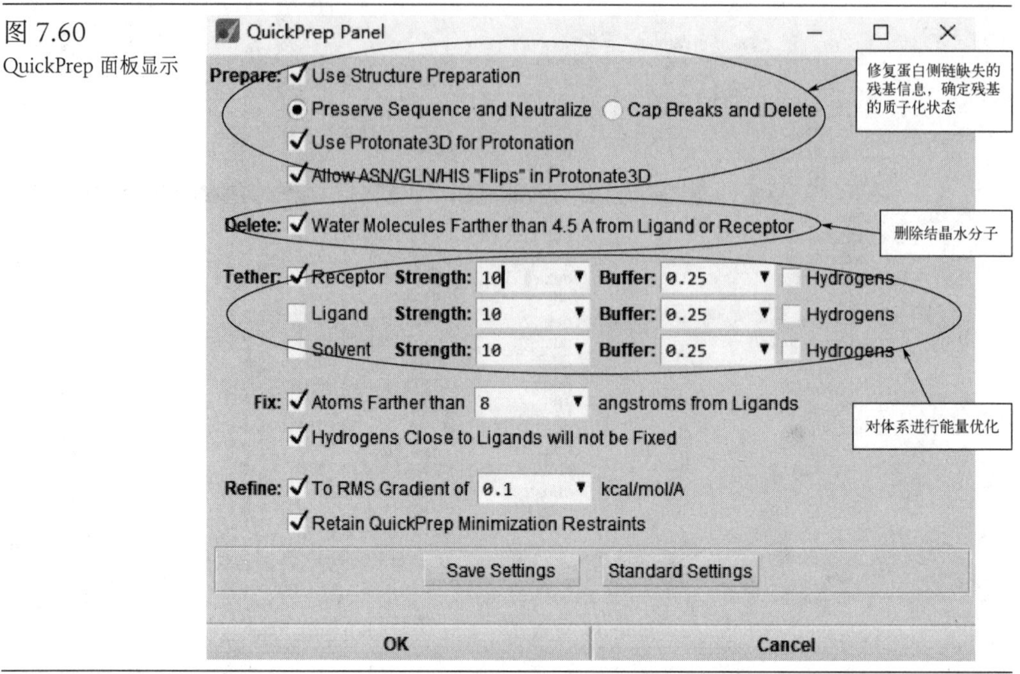

图 7.60
QuickPrep 面板显示

(3) 在菜单栏点击 Compute>Fragments>Add Group to Ligand 对 1ioe 蛋白进行片段生长操作。Add Group to Ligand 面板的默认选项如图 7.61 所示。

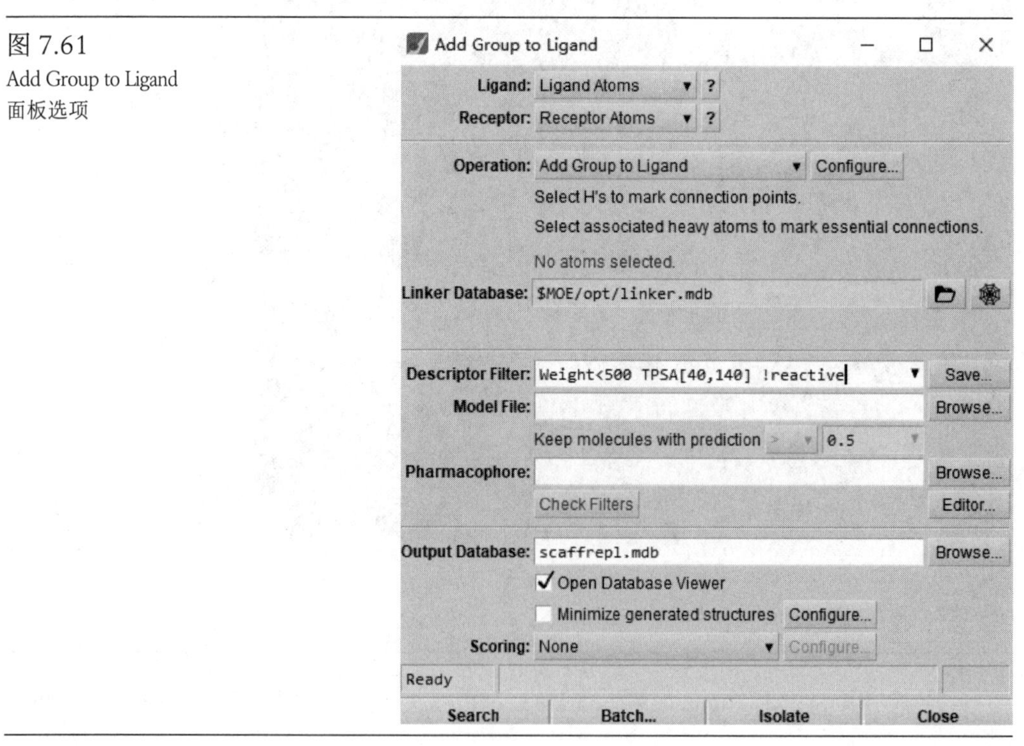

图 7.61
Add Group to Ligand
面板选项

（4）在进行片段生长时，首先在菜单侧栏点击 Show>Hydrogens 将配体上面的 H 原子全部显示出来，如图 7.62 所示。

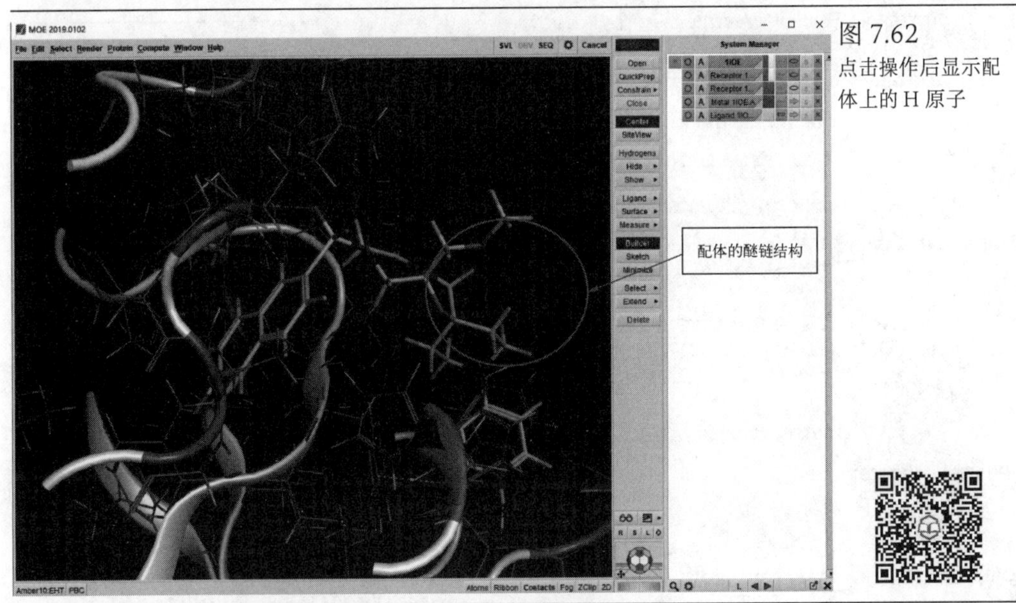

图 7.62
点击操作后显示配体上的 H 原子

（5）然后在配体上面选择进行片段生长的位置。在当前体系选择在配体的醚链结构进行新基团的生长，绿色箭头表示当前 H 原子的位置必须要进行片段生长操作，黄色箭头表示当前 H 原子的位置可以选择性地进行片段生长操作。选择情况如图 7.63 所示。

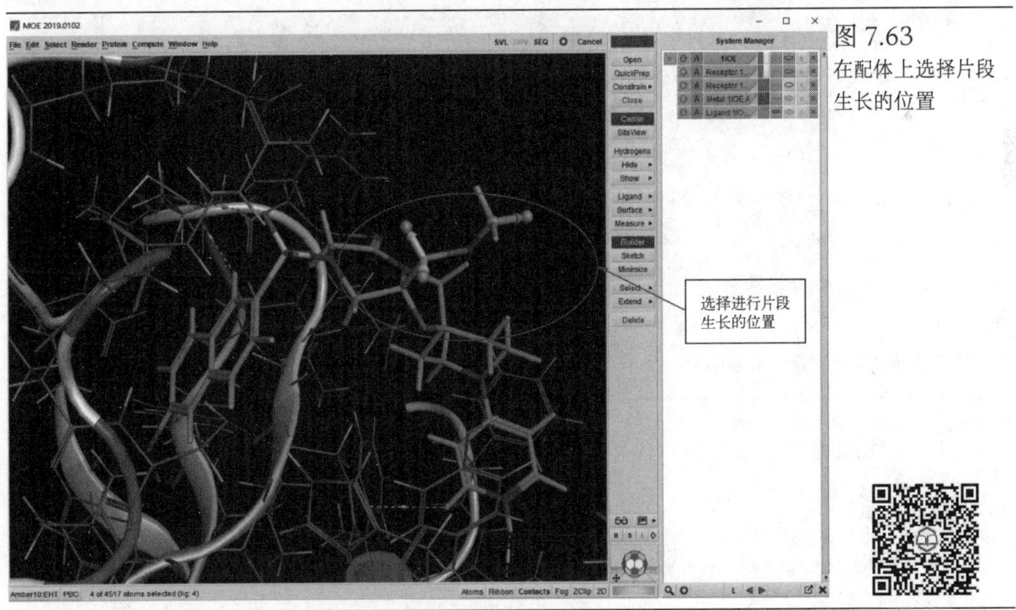

图 7.63
在配体上选择片段生长的位置

（6）在 Add Group to Ligand 面板中进行片段库的选择以及描述符约束等操作，最后点击“Search”进行片段生长。具体选项如图 7.64 所示。

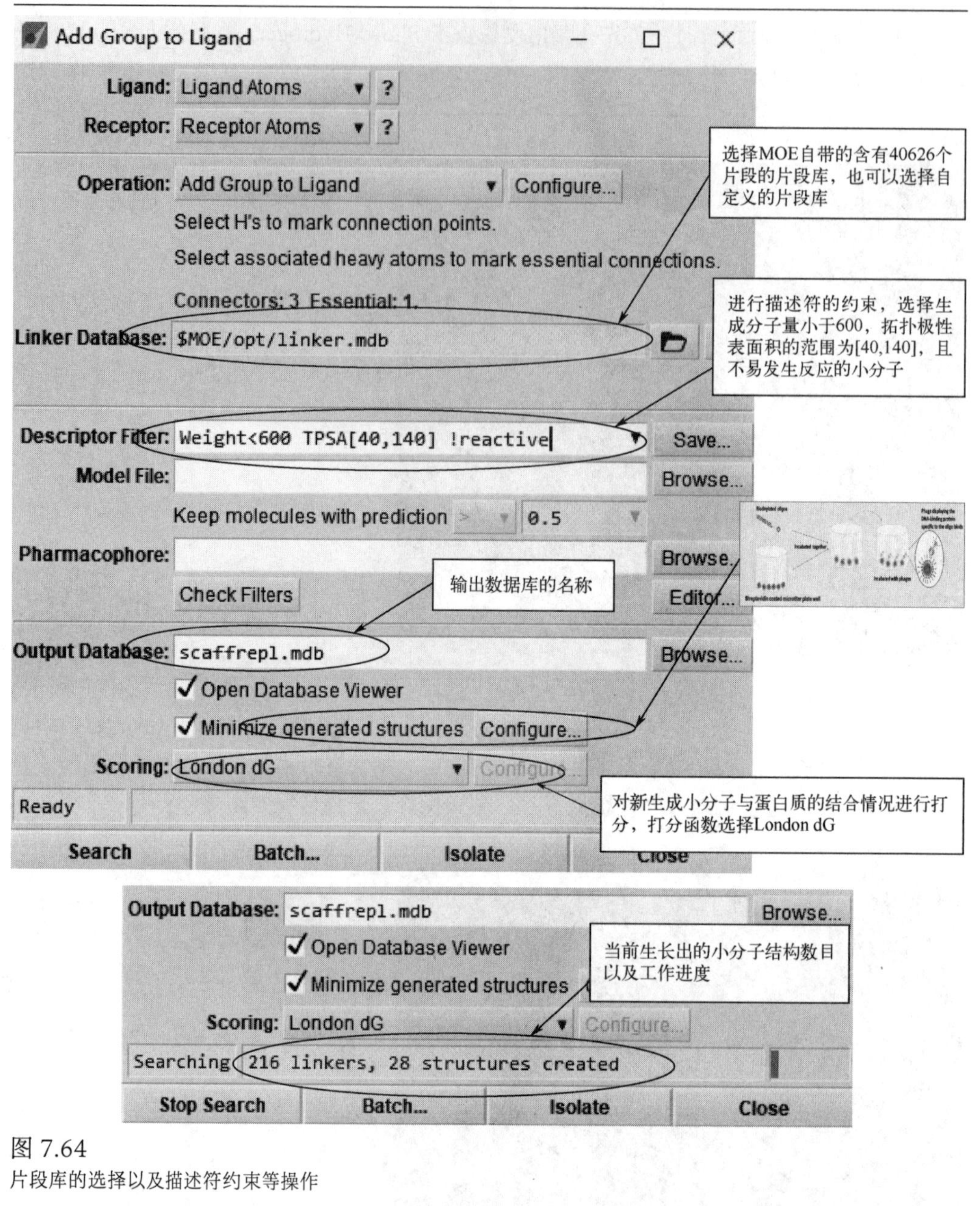

图 7.64
片段库的选择以及描述符约束等操作

（7）对生成的数据库查看片段生长结果，结果如图 7.65 所示。

4．注意事项

（1）在选择进行片段生长的位置时，要注意进行片段生长的位置和可选择进行片段生长的位置所显示的箭头颜色必须不一样，要注意区分。

（2）描述符的约束选择要合理，否则可能生长不出新的小分子结构。

（韩涛、徐永涛、韩迪）

Database Viewer : $HOME/scaffrepl.mdb

File Edit Display Compute Window Help　SVL DBV MOE

	mol	RMSD	mseq	AcidBase	rsynth	Rgroup-atoms	linker	Ligand Efficiency	Rrmsd	MM/GBVI	London dG	Weight	TPSA	reactive
1		0.0098	1	0	0.3415	C22	[R0]C1([R0])C([	0.2689	0.0955	-61.5411	-15.1347	598.1440	93.5300	0.0000
2		0.0098	1	0	0.3415	C22	[R0]C1([R0])C([	0.2687	0.0901	-61.4320	-15.1232	598.1440	93.5300	0.0000
3		0.0098	1	0	0.3415	C22	[R0]C1([R0])C([	0.2692	0.1060	-61.5679	-15.1503	598.1440	93.5300	0.0000
4		[illegible]	[illegible]	0	[illegible]	[illegible]	[R0]C1[illegible]	[illegible]	[illegible]1005	-61.5161	-15.1410	598.1440	93.5300	0.0000
5		[illegible]	[illegible]	0	[illegible]	[illegible]	[R0]N([illegible]	[illegible]	[illegible]0910	-61.4862	-14.9383	599.1320	105.8900	0.0000
6		[illegible]	[illegible]	0	[illegible]	[illegible]	[R0]N([illegible]	[illegible]	[illegible]1074	-61.6490	-14.9315	599.1320	105.8900	0.0000
7		[illegible]	[illegible]	0	0.3171	C22	[R0]N([R0])CC([	0.2656	0.0939	-61.7293	-14.9474	599.1320	105.8900	0.0000
8		0.0053	2	0	0.3171	C22	[R0]N([R0])CC([	0.2655	0.0902	-61.5219	-14.9437	599.1320	105.8900	0.0000
9		0.0604	4	0	0.3415	C22	[R0]N([R0])CC([	0.2672	0.0955	-61.3446	-15.0405	599.1320	119.5500	0.0000
10		0.0604	5	0	0.3415	C22	[R0]N([R0])CC([	0.2672	0.0978	-61.8333	-15.0392	599.1320	119.5500	0.0000
11		0.0094	6	0	0.3415	C22	[R0]N(C[R0])C[R	0.2651	0.0939	-61.5467	-14.9222	599.1320	105.5600	0.0000
12		0.0094	7	0	0.3415	C22	[R0]N(C[R0])C[R	0.2652	0.0948	-61.3550	-14.9272	599.1320	105.5600	0.0000
13		0.0097	6	0	0.3415	C22	[R0]N(C[R0])C[R	0.2652	0.0949	-61.7534	-14.9261	599.1320	105.5600	0.0000
14		0.0097	6	0	0.3415	C22	[R0]N(C[R0])C[R	0.2653	0.0946	-61.7020	-14.9300	599.1320	105.5600	0.0000
15		0.0094	7	0	0.3415	C22	[R0]N(C[R0])C[R	0.2656	0.0929	-61.3483	-14.9472	599.1320	105.5600	0.0000
16		0.0094	6	0	0.3415	C22	[R0]N(C([R0])[R	0.2651	0.0948	-61.5458	-14.9198	599.1320	105.5600	0.0000
17		0.0057	8	0	0.2195	C22	[R0]/C=C\C[R0]	0.2696	0.1083	-62.0237	-15.1710	598.1440	93.5300	0.0000
18		0.0057	8	0	0.2195	C22	[R0]/C=C\C[R0]	0.2663	0.1076	-61.6747	-14.9858	598.1440	93.5300	0.0000

图 7.65
片段生长结果

第二节 miRNA 筛选与应用

MicroRNA（miRNA）是一类内生的、长度约为 20～24 个核苷酸的小 RNA，其在细胞内具有多种重要的调节作用。这种复杂的调节网络既可以通过一个 miRNA 来调控多个基因的表达，也可以通过几个 miRNA 的组合来精细调控某个基因的表达。miRNA 通过作用于相应的靶基因 mRNA，参与调控细胞增殖、分化、凋亡、代谢等多种生物学过程。具有影响和调节复杂细胞通路并改变表型的能力的 miRNA 已成为一种有力的基因工程工具。

miRNA 还可以用来改善与产量和质量相关的细胞表型。miR-7、miR-17、miR-557 和 miR-1287 等 miRNA 已在 CHO、HEK293A 等多个细胞中得到应用。随着越来越多的可以提高重组蛋白产量和质量的 miRNA 被发现，miRNA 在基因工程中的应用也会越来越广泛。

一、miRNA 筛选

（一）芯片技术筛选 miRNA

1．原理

miRNA 芯片是通过微加工技术，将数以万计乃至百万计的特定序列的 miRNA 片段有规律地排列固定于硅片、玻片等支持物上，构成一个二维的 miRNA 探针阵列，与电子计算机上的电子芯片十分相似，所以被称为基因芯片。miRNA 芯片可以用于检测差异表达蛋白质的细胞 RNA 提取物中的 miRNA 的表达丰度。

miRNA 芯片的探针长度为 25nt，而成熟 miRNA 一般为 22nt 左右，在芯片制造上直接将探针长度限定为成熟 miRNA 的长度，平均每个 miRNA 在芯片上设计了 9 个探针对其进行重复检测，且没有错配设计，基于独有的高敏感检测方式对 miRNA 进行检测筛选。

用 Cy-3 对总 RNA 样品进行标记，然后与 miRNA 芯片杂交，通过扫描芯片上绿光信号的强度，计算出该样品中 miRNA 的表达量。通过对该样品中不同 miRNA 的表达量的差异分析，以期能找到适用于基因工程的 miRNA。

2．主要材料和仪器

RNA 芯片、Trizol 试剂、分光光度计、离心机、琼脂糖凝胶、电泳仪、需要测定差异表达的不同组织或细胞。

3．方法

1）样品 RNA 抽提

提取待测定样品细胞不同处理的总 RNA：裂解细胞，室温放置 5min 使其完全溶解。两相分离：每 1mL 的 Trizol 试剂裂解的样品中加入 0.2mL 的氯仿。手动剧烈振荡管体 15s 后，15～30℃孵育 2～3min。4℃ 12000r/min 离心 15min。离心后混合液体将分为下层的红色酚-氯仿相，中间层以及无色水相上层。RNA 全部被分配于水相中。水相上层的体积大约是匀浆时加入的 Trizol 试剂的 60%。RNA 沉淀：将水相上层转移到干净无 RNA 酶的离心管中。加等体积异丙醇混合以沉淀其中的 RNA，混匀后 15～30℃孵育 10min，于 4℃ 12000r/min 离心 10min。此时 RNA 沉淀将在管底部和侧壁上形成胶状沉淀块。RNA 清洗：移去上清液，每 1mL Trizol 试剂裂解的样品中加入至少 1mL 的 75%乙醇（75%乙醇用 DEPC 水配制），清洗 RNA 沉淀。混匀后，4℃ 7000r/min 离心 5min。RNA 干燥：小心吸去大部分乙醇溶液，使 RNA 沉淀在室温空气中干燥 5～10min。溶解 RNA 沉淀：溶解 RNA 时，先加入无 RNA 酶的水 40μL,用枪反复吹打几次，使其完全溶解，获得的 RNA 溶液保存于 −80℃待用。

2）RNA 质量检测

紫外吸收法测定：先用稀释用的 TE 溶液将分光光度计调零，然后取少量 RNA 溶液用 TE 稀释（1∶100）后，读取其在分光光度计 260nm 和 280nm 处的吸收值，测定 RNA 溶液浓度和纯度。浓度测定：A_{260} 读值为 1 表示 RNA 为 40μg/mL。样品 RNA 浓度（μg/mL）计算公式为：A_{260}×稀释倍数×40μg/mL。纯度检测：RNA 溶液的 A_{260}/A_{280} 的比值即为 RNA 纯度，比值范围为 1.8～2.1。变性琼脂糖凝胶电泳测定：1g 琼脂糖溶于 72mL 水中制胶，冷却至 60℃，加入 10mL 10×MOPS 电泳缓冲液和 18mL 37%甲醛溶液（12.3mol/L）。10×MOPS 电泳缓冲液成分：0.4mol/L MOPS，pH7.0，0.1mol/L 乙酸钠，0.01mol/L EDTA。灌制凝胶板，插入梳子，预留加样孔。胶凝后取下梳子，将凝胶板放入电泳槽内，加足量的 1×MOPS[3-(*N*-吗啉基)丙磺酸，3-(*N*-morpholino) propanesulfonic acid]电泳缓冲液至覆盖胶面几毫米。准备 RNA 样品：取 3μg RNA，加 3 倍体积的甲醛上样染液，加 EB 于甲醛上样染液中至终浓度为 10μg/mL。加热至 70℃孵育 15min 使样品变性。电泳：上样前凝胶须预电泳 5min，随后将样品加入上样孔。5～6V/cm 电压下电泳 2h。紫外透射光下观察并拍照。

3）制备荧光标记探针

miRNA 3′端进行 Cy 荧光标记，采用 SurePrint 原位喷墨合成技术合成 60-mer 用于与芯片杂交的荧光探针。

4）芯片杂交

取一定量的质检达标样本，与 miRNA 芯片进行杂交。将 RNA 溶于 16μL 杂交液中，42℃杂交过夜。杂交结束后，先在 42℃左右含 0.2% SDS 的 2×高盐核酸杂交漂洗液中洗 4min，而后在 0.2×高盐核酸杂交漂洗液中室温洗 4min。玻片甩干后即可用于扫描。

5）图像采集和数据分析

图像用 A 双通道激光扫描仪进行扫描。采用芯片显著性分析（significance analysis of microarrays，SAM, version 2.1）挑选差异表达基因。

4．注意事项

（1）miRNA 芯片技术对 RNA 样品的质量要求较高，纯度低的样品影响筛选质量。

（2）芯片筛选技术对样品量的要求：RNA 总量>10μg，RNA 浓度>200ng/μL。

（3）提取的 RNA 样品需超低温冰箱保存，测定时需要干冰运输，以保证样品不被降解。

（4）避免 RNA 酶污染，微量的 RNA 酶将导致实验失败。实验环境中 RNA 酶普遍存在，如存在于皮肤、头发、所有徒手接触过的物品或暴露在空气中的物品上等，因此保证实验每个步骤不受 RNA 酶污染非常重要。

（二）测序技术筛选 miRNA

1．原理

测序是一项重要的实验技术，在基因表达调控、生物个体发育、代谢及疾病的发生等生理过程研究中有着重要的作用。基于第二代测序技术的 miRNA 测序，可以一次获得数百万条 miRNA 序列，能够快速鉴定出不同组织、不同发育阶段、不同疾病状态下已知和未知的 miRNA 及其表达差异，为研究 miRNA 对细胞进程的作用及其生物学影响提供了有力工具。

2．主要材料和仪器

HiSeq 2500 高通量测序平台、Trizol 试剂、分光光度计、离心机。

3．方法

1）细胞总 RNA 提取［同（一）芯片技术筛选 miRNA 中的 3．方法 1）样品 RNA 抽提］

2）cDNA 文库构建及测序

提取 RNA 后，低温运送到测序实验室进行文库构建及测序。回收片段长度在 18～30nt 范围的 RNA，采用 T4 RNA 连接酶，在片段的 5′端加上 5′测序接头，3′端加上 3′测序接头，然后以带有接头的片段为模板，采用随机引物合成 cDNA，加入 5′端接头引物和 3′接头引物进行 PCR 扩增，建立 PCR 完整测序文库。运用 Illumina 公司开发的 HiSeq 2500 高通量测序平台进行测序。

3）数据分析

HiSeq 测序结果进行分析和处理，去除污染、接头片段、低质量的 reads 结果，获得高质量的目标序列进行后续分析，包括统计序列的长度分布，对目标序列进行归类，最终选择质量可靠的测序片段进行后续分析。

4）测序原始数据的预处理

原始数据需经过去除引物与 adaptor 序列，并经过对测序片段碱基的质量检验和长度筛选，最终选择质量可靠的测序片段。然后统计小 RNA（small RNA, sRNA）的种类及数量，并对小 RNA 做长度分布统计。一般来说，小 RNA 的长度区间为 18～30nt，长度分布的峰能判断小 RNA 的种类，如 miRNA 集中在 21～22nt，siRNA 集中在 24nt，piRNA 集中在 30nt。

5）序列比对信息

针对每个样本预处理后所有序列和去重复后的唯一序列，分别采用 Bowtie 软件与该物种的参考基因组、Rfam 序列数据库、RepBase 序列数据库、编码蛋白质的 mRNA 或者 EST 序列数据库、miRBase 数据库进行比对，序列比对设置为只允许 1 个错配，对比对结果分别进行统计。

将所有小 RNA 与各类 RNA 的比对、注释情况进行总结，由于存在一个小 RNA 同时比对上几种不同的注释信息的情况，为了使每个小 RNA 有唯一的注释，按照 known miRNA > rRNA > tRNA > snRNA > snoRNA > repeat 的优先级顺序将小 RNA 进行注释。

6）miRNA 差异表达分析

针对每个样本将序列和新预测 miRNA 库进行比对，miRNA 表达量计算采用 TPM 计算度量指标（transcript per million）。

7）差异 miRNA 靶基因预测

针对差异表达分析得到的新预测 miRNA 和已知 miRNA 混合，利用 miRanda 算法预测 miRNA 靶基因。miRanda 算法是根据 miRNA-mRNA 序列匹配情况、能量稳定性来综合预测 miRNA 靶基因，该算法采用动态规划算法搜索 miRNA 与靶标 mRNA 互补同时稳定形成双链的区域。

4．注意事项

（1）提取 RNA 的纯度影响实验结果，测序需要较高纯度的 RNA 样品。

（2）RNA 总量>4μg，RNA 浓度>50ng/μL。

（3）测序结果需要进一步的实验验证。

（4）提取的 RNA 样品需用超低温冰箱保存，测定时需要干冰运输，以保证样品不被降解。

（5）避免 RNA 酶污染、微量的 RNA 酶将导致实验失败。由于实验环境中 RNA 酶普遍存在，如存在于皮肤、头发、所有徒手接触过的物品或暴露在空气中的物品上等，因此保证实验每个步骤不受 RNA 酶污染非常重要。

二、miRNA 应用

（一）miRNA 过表达技术

1．人工合成小分子模拟物

1）原理

miRNA 模拟物（miRNA mimics）是一类人工合成，经过特殊标记和化学修饰的双链 RNA，功能与细胞中的内源性 miRNA 类似，能够发挥抑制基因表达的功能。

2）主要材料和仪器

miRNA 模拟物、CHO-EGFP 细胞（含稳定表达的 *EGFP* 基因）、转染试剂 Lipofectamine ™2000、CO_2 培养箱。

3）方法

（1）模拟物的合成。根据 miRNA 序列设计合成小分子模拟物。

（2）模拟物转染至宿主细胞。转染当天，将细胞铺板。如果在转染前一天或更早时间铺板，转染效率可能下降，如果是简单细胞系的转染，可以直接在前一天晚上铺板，第二天进行转染。转染时，细胞密度会影响转染效率，细胞密度保持在汇合率为 70%～90%（这个前提是转染 24h，如果转染 48h 则需要汇合率为 50%～70%）。

对于每个转染样品：用 50μL Opti-MEM 稀释 miRNA（转染细胞的终浓度为 33nmol/L），轻轻吹吸 3～5 次混匀，轻轻颠倒混匀转染试剂，用 50mL Opti-MEM 稀释 1.0μL Lipofectamine ™2000，轻轻吹吸 3～5 次混匀，室温下静置 5min。混合转染试剂和 miRNA 稀释液，轻轻吹吸 3～5 次混匀，室温下静置 20min。转染复合物加入到 24 孔细胞板中，100μL/孔，前后轻摇细胞板混合均匀。细胞板置于 37℃、5% CO_2 培养箱中培养 18～48h。转染 4～6h 后可换新鲜培养基。

（3）模拟物对基因表达影响的检测。qRT-PCR 分析检测目标基因 mRNA 的表达情况，流式细胞术和 Western 印迹检测目的 EGFP 蛋白质的表达量。

4）注意事项

（1）操作环境须无 RNase。

（2）小分子易降解，需低温快速操作。

（3）模拟物如连接有荧光标记，操作时需避光。

2．miRNA 过表达载体

1）原理

构建 miRNA 过表达载体，实现 miRNAs 在细胞中稳定过表达，能够弥补瞬时转染持续时间短的不足，过表达的方式通常包括 pri-miRNA、pre-miRNA 与成熟 miRNA 形式（图 7.66）。载体介导的 miRNA 可以长期稳定地研究基因功能。载体在细胞中或者动物体内持续抑制基因的表达可以达数星期或者更久的时间。载体还可以在抗性筛选的情况下，构建稳定表达 miRNA 或者其抑制剂的细胞系。

图 7.66
miRNA 过表达载体

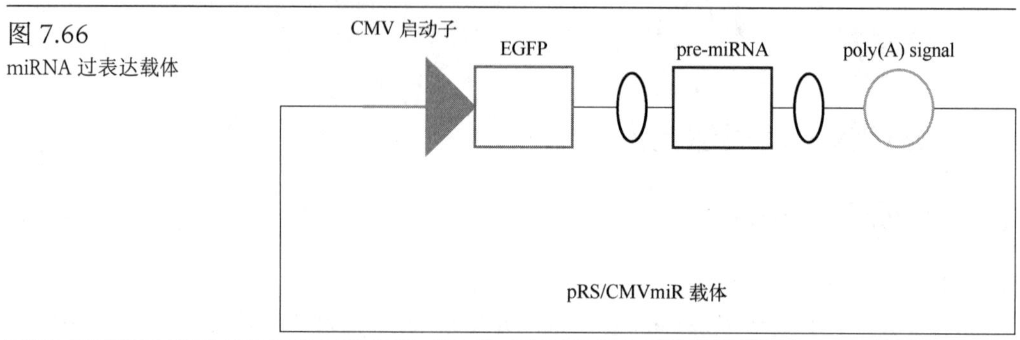

2）主要材料

miRNA 序列、表达载体、CHO 细胞（含有稳定表达的目的基因，如 *CHO-EGFP*）、转染试剂。

3）方法

（1）过表达载体的构建

① miRNA 序列分析。通过数据库或 PubMed 网站查找所需要的 miRNA 序列和前体序列，确定需要构建过表达载体的 miRNA 的核苷酸序列。

② pri-miRNA 或 pre-miRNA 的合成。根据查找到的 miRNA 前体序列，设计 miRNA 引物，引物的 5'和 3'端引入限制性内切酶。通过 PCR 扩增得到 pri-miRNA 序列或者单链互补引物，退火形成 pre-miRNA 序列。

③ 片段克隆至载体。对含有 miR-x 前体的序列进行分析。通过酶切和连接过程连接到 miRNA 骨架质粒（常用的是 pcDNA3.1）上，生成含有目标 miRNA 的质粒载体。所有的结构都需要经过测序验证。

（2）过表达载体转染至 CHO 细胞。过表达载体的转染步骤和转染模拟物类似，但是需要以空白载体作为对照。和模拟物不同的是，过表达载体转染后，因为可以持续表达目标 miRNA，所以可以采用悬浮、分批或补料分批培养等多种不同的培养方式培养。

（3）过表达载体对基因表达影响的检测。qRT-PCR 分析检测目标基因 mRNA 的表达情况，流式细胞术和 Western blot 检测目的 EGFP 蛋白的表达量。

4）注意事项

（1）过表达载体中一般含有筛选标记，可进行单克隆筛选。而模拟物只能做瞬时转染。

（2）过表达载体中含有荧光蛋白的表达基因，可以通过转染后荧光强度判断转染效率。

（二）miRNA 抑制技术

1．人工合成小分子抑制物

1）原理

miRNA 小分子抑制剂（miRNA inhibitor）是化学修饰的 RNA 单链，能够与成熟

miRNA 序列竞争性结合，其易于获得，操作简便，实验周期短，可以很好地应用于 miRNA 功能分析研究，如细胞增殖、细胞凋亡、细胞分化、细胞迁移、干细胞生长等方面功能研究。miRNA 抑制剂特异地靶向和敲除单个的 miRNA 分子，可以削弱内源 miRNA 的基因沉默效应，提高蛋白表达量，进行功能缺失性（loss-of-function）研究，可以用来筛选 miRNA 靶位点，筛选调控某一基因表达的 miRNA，筛选影响细胞发育过程的 miRNA。

2）主要材料

同 miRNA 模拟物。

3）方法

实验步骤同 miRNA 模拟物。

4）注意事项

同 miRNA 模拟物。

2．miRNA 抑制载体

1）原理

利用 miRNA 靶模拟技术，设计可结合 miRNA 而无法被 miRNA 及 RISC 切割的 target mimicry 人工核酸载体，抑制目标 miRNA 的活性，造成 miRNA 抑制的效果。

2）主要材料

同 miRNA 过表达载体。

3）方法

同 miRNA 过表达载体。

4）注意事项

同 miRNA 过表达载体。

3．miRNA 海绵技术

1）原理

miRNA 海绵是一种大量转录的转录本，其包含多个 miRNA 结合位点，它是体内清除内源性 miRNA 的有效方法，已被证明与目前的反义技术一样有效，其活性是针对 miRNA 种子家族的。通过使用限制酶 *San*DⅠ合成 miRNA 海绵，该酶在消化时会产生非回文的突出端，从而一步生成包含大量 miRNA 结合位点的 miRNA 海绵。大量的 miRNA 结合位点已被证明在沉默内源性靶标 miRNA 方面更为有效。

2）主要材料和仪器

寡聚核苷酸、T4 连接酶、DNA 聚合酶、质粒提试剂盒、DNA ladder、恒温水浴装置、恒温摇床、PCR 仪、CHO 细胞。

3）方法

(1) 克隆和筛选大肠杆菌转化克隆。

① 设计 *San*DⅠ海绵寡核苷酸克隆到载体骨架。*San*DⅠ海绵寡核苷酸包含两个 miRNA 结合位点（miRNA-binding sites, MBS），其中 *San*DⅠ突出端可用于克隆，并且之间有 4～5 个核苷酸的间隔。间隔子的核苷酸组成可以根据需要改变。MBS 是与目标 miRNA

互补的序列，错配 3bp，一个核苷酸缺失，起始于 miRNA 5'端的 9～12 碱基。这会产生隆起，从而抑制 RISC 复合体的组成部分 AGOⅡ降解转录本。成熟的 miRNA 序列可以在 miRNA 数据库，例如 miR-Base（http://www.mirbase.org/）或文献中找到。

从 miR-Base 或参考文献中获得成熟的 miRNA 序列。在 http://www.bioinformatics.org/sms/rev_comp.html 中生成反向互补序列以获得一个 MBS。手动修改以添加错配的核苷酸，避免种子区的 8 个核苷酸。添加一个 4～5 个核苷酸间隔区和第二个 MBS 单元。生成正义海绵寡核苷酸的反向互补序列获得反义海绵寡核苷酸。添加突出端以克隆到 *San*DⅠ位点。可选：将突出的海绵寡核苷酸输入在线 miRNA 预测工具。在网站中，与匹配的 MBS 相比，完全匹配的 MBS 的 ddG 或Δ*G* 期望更低。可以从提供标准聚合酶链反应（PCR）合成的寡核苷酸的任何公司订购寡核苷酸。输入 5'→3'方向的序列。使用任意的（非 miRNA 靶向）序列执行相同的步骤来设计阴性海绵寡核苷酸。克隆 *San*DⅠ-海绵寡核苷酸到 TET-ON-*San*DⅠ-Vector，寡核苷酸退火和磷酸化。在无核酸酶的水中重悬寡核苷酸，得到 100μmol 储备溶液。

在洁净的 0.2mL PCR 试管中进行以下反应：

1μL	100μmol/L 寡核苷酸 1
1μL	100μmol/L 寡核苷酸 2
1μL	10×T4 连接缓冲液
6.5μL	无核酸酶的水
0.5μL	T4 多聚核苷酸激酶

37℃孵育 30min。

试管在预热的加热块上 100℃孵育 5min。离心以使盖子中的冷凝物到达试管底部。将管子放回加热块，关闭，然后缓慢冷却至少 2h 或直到加热块的温度降至 40℃。储存在−20℃。

用无核酸酶的水将寡聚双链体按 1:3 稀释至浓度为 300～400ng/μL，然后再用于连接反应。后续可用于载体酶切和去磷酸化。

在 0.2mL PCR 试管中进行以下反应：

5μL	TET-ON-*San*DⅠ-HYG 载体（5μg）
10μL	快速缓冲液
5μL	*San*DⅠ
5μL	快速碱性磷酸酶
75μL	无核酸酶的水

37℃孵育 1h。

根据需要，按照供应商的说明用 PCR 纯化试剂盒纯化去磷酸化的载体。用 NanoDrop 验证纯化的载体的浓度，储存在−20℃。

在 0.2mL PCR 试管中，按如下步骤进行连接反应：1μL TET-ON-*San*DⅠ-HYG（50ng），1μL Oligo 双链核苷酸，1μL 10×T4 连接缓冲液，1μL T4 连接酶，7μL 无核酸酶的水。16℃

水浴孵育过夜。储存在−20℃或在下一步中立即用于转化。

向1.7mL微量离心管中添加50μL亚克隆效率感受态DH5α和5μL以上的连接混合物。冰上孵育30min。42℃的温度下热激细胞30s（水浴应提前加热）。冰上孵育2min。加入500μL SOC。37℃振荡（转速为220r/min）孵育1h使细胞恢复活力。4000r/min离心3min沉淀细胞。上清液保留50μL，倒掉多余的上清液。重悬沉淀并在含氨苄西林的LB琼脂平板上铺板总计50μL感受态细胞。将板倒置在37℃孵育过夜。

② 鉴定和验证转化克隆。

为了鉴定寡核苷酸插入片段阳性的菌落，进行PCR筛选的方法。这是筛选大量克隆的快速方法。

在含氨苄西林的LB琼脂平板上画一个8～16格的网格，并对网格进行编号。向250μL PCR管中加入3μL无核酸酶的水。从LB平板中挑选单个菌落，将每个菌落悬浮在3μL无核酸酶的水中。取2μL涂在方格板的一个正方形中。每个PCR反应对应于网格板上的正方形。在37℃下孵育过夜。

用1μL细胞悬液进行PCR反应。使每个反应中含有以下成分的PCR预混液：5μL 2×My*Taq*反应混合物，0.5μL 10μmol/L正向引物，0.5μL 10μmol/L反向引物，3μL无核酸酶的水。轻轻吹打混合均匀。向每个装有1μL细胞悬液的反应管中加入9μL的预混液。

执行以下PCR程序：初始变性94℃ 1min；94℃ 15s，55℃ 15s和72℃ 1min，25个循环；保持4℃。在0.8%琼脂糖凝胶上检测所有10μL PCR产物。根据提供的试剂盒，提取相应的克隆，其中包含所需的MBS数量（基于凝胶上的片段长度）。

用NanoDrop检测质粒DNA的浓度。通过测序验证质粒小量制备中的寡核苷酸插入片段数量。将质粒储存在−20℃。

（2）表达TET-ON-*San*DⅠ-miRNA海绵的稳定CHO细胞系的生成。

① 转染CHO细胞的产生。转染方法和转染试剂的选择取决于CHO细胞系。对于大多数常用的CHO，可以使用TransIT-X2®。使用6孔板重复进行阴性对照和miRNA海绵载体的转染，亲本细胞用转染试剂作为阴性对照处理，如下所示：每天在含有1%（体积分数）FBS的DMEM/F12培养基上以每天每孔1.5×10^5个细胞的密度接种细胞。转染时细胞的融合度应约为60%。

按照供应商的建议使用每孔1μg DNA∶1.5μL转染试剂的比例进行转染（此比例可能需要根据CHO细胞系进行优化）。

可选：转染阳性对照CMV-GFP载体，细胞转染后16～24h，使用荧光显微镜观察估计转染效率。

转染48h后更换含有选择性抗生素的新鲜培养基。每周更换两次选择性培养基，使含抗生素抗性细胞得以扩增。将抗性细胞扩增到T25摇瓶中。保存一半的转染细胞池。如果需要的话，将转染细胞池的另一半接种于悬浮培养基。

② 感应测试。阿霉素（doxorubicin, DOX）对CHO细胞有剧毒，在37℃时不稳定。因此，配制一系列浓度梯度的DOX（10～2000ng/mL），以确定适合诱导目的CHO细胞系的DOX浓度。在24孔板中进行操作，每孔包含1mL的培养基，如下所示：

将DOX稀释成0ng、10ng、100ng、1000ng和2000ng每20μL的浓度；

在CHO细胞培养的第0d、2d和4d，将不同浓度DOX分别添加10μL或20μL，三个复孔，细胞密度为 2×10^{5}个/mL；

使用 Guava Easycyte“Viacount”程序，每天采集细胞样品直至第 8d，以测量细胞生长和活力。

诱导测试应使用阴性对照组的 CHO 细胞池进行。如前面所述进行实验。通过 GFP Plus 程序读取由平均荧光强度值反映的混合总数的归纳。流式细胞术用于获得亚细胞池，CHO 亲代细胞用作阴性 GFP CHO 细胞。

③ 表型和分子分析。最初可以在分子水平上表征使用流式荧光激活细胞分选技术（fluorescence activated cell sorting, FACS）获得的转染的亚细胞池，以确定内源性 miRNA 和 GFP 的水平。在没有诱导剂存在的情况下，对于两组细胞池（即 miRNA 海绵和 NC 海绵）应同时进行这些表征。使用低至 10ng/mL 的 DOX 即可实现 TET-ON 系统的诱导，该浓度对 CHO 细胞无毒性。将 5mL 悬浮细胞置于 50mL 反应器试管中进行实验。每个细胞池（miRNA 海绵和阴性对照）和条件（诱导和非诱导）应重复 3 次。使用 Triazole 试剂制备总 RNA，使用 TaqMan®miRNA 逆转录试剂盒进行逆转录反应。可以使用 TaqMan 探针法检测内源性 miRNA 的表达水平。内源性对照的选择对于避免样品之间的差异非常重要，因此，应先测试常用的 RNA 内参（例如 5S RNA、U6 小非编码 RNA），然后在 miRNA 特异性 TaqMan 分析中标准化信号。β-肌动蛋白或 3-磷酸甘油醛脱氢酶（GAPDH）均可作为内参基因。随后，可以进一步表征可表达诱导型海绵载体的 CHO 细胞池或亚细胞池的多种生物过程相关的表型，例如细胞增殖、CHO 细胞寿命、生物制药产品质量或应激反应。

4）注意事项

（1）分子克隆和细菌相关工作在实验室进行。应采取标准措施，包括使用 70%乙醇溶液清洁工作台和移液器。分子试剂存储在−20℃的冰箱中，进行操作时置于冰上，使用后立即放回冰箱。

（2）至关重要的是，在用于产生稳定转染的 CHO 细胞系之前，必须先通过测序验证转化子克隆的 miRNA 结合位点数量。

（3）插入特定 miRNA 的 MBS 数量和干扰序列应相同，以进行准确评估。发现 300～400ng 的寡核苷酸双链体是连接反应中的最佳浓度，在该浓度时有较大的插入量（超过 10MBS）。该浓度的比约为 1∶1000（载体∶寡核苷酸）。

（4）用于选择稳定 CHO 细胞系的抗生素的最佳浓度应事先使用抗生素杀伤曲线法确定。用于筛选 CHO 细胞的抗生素浓度为 300μg/mL（潮霉素），1mg/mL（G418），10μg/mL（嘌呤霉素）和 5μg/mL（杀稻瘟菌素）。

（5）在用于克隆之前，应先用载体骨架测试诱导。我们发现 DOX 对 CHO 细胞具有相当大的毒性。但是，在 10ng/mL 的低浓度下（需要根据所使用的 CHO 菌株确定），DOX 对 CHO 细胞活力的负面影响可以忽略不计，同时足以用于诱导。在这项研究中，向培养基中添加 DOX 不会引发 miRNA 海绵的转录，但是，它会增强目的基因的表达。

（6）由于转基因的数量和插入位点的不同，用于功能表征的表达 miRNA 海绵或 NC 的独立稳定克隆要达到一定数量。

（董卫华）

第三节

基因编辑技术

现代基因编辑（gene editing）工具如成簇规律间隔的短回文重复序列（clustered regularly interspaced short palindromic repeats, CRISPR）、类转录激活因子效应物核酸酶（transcription activator-like effector nucleases, TALENs）和锌指核酸酶（zinc finger nucleases, ZFNs）的发现和运用，让各种基因操作变得简单易行。相比之下，CRISPR/Cas9 介导的基因组编辑代表了基因工程的一场革命。因其具有非凡的灵活性和易用性，只需要一个被称为引导 RNA（guide RNA, gRNA）的二十个核苷酸序列，以及基因组内的三个核苷酸基序-前间区序列邻近基序（protospacer adjacent motif, PAM），就能够以任何目的基因位点为靶标，进行高效率的基因编辑。优化动物细胞如中国仓鼠卵巢（CHO）细胞、人胚肾 293（HEK293）细胞和昆虫细胞表达系统对于提高重组蛋白的产量、质量和稳定性具有重要意义。

一、动物细胞 CRISPR 基因敲除

（一）原理

CRISPR 可以作为哺乳动物细胞系敲除基因的有效方法。如图 7.67 所示，实验方案主要包括：①敲除方法的选择；②gRNA 靶点的选择与载体克隆；③通过转染或转导导入 gRNA；④单细胞克隆的分离与扩增；⑤通过 Western 印迹分析、PCR 和/或测序进行敲除验证。要敲除靶基因，必须将核酸酶 Cas9 和针对特定靶点的 gRNA 导入细胞中。各种 CRISPR 基因敲除系统主要包括“一体式”或单质粒系统（Cas9 和 gRNA 编码在同一载体上）、双质粒系统（Cas9 和 gRNA 编码在不同载体上），以及直接核糖核蛋白的递送。已有诸多用于识别有效 gRNA 序列的工具。一般来说，将 Cas9 靶向编码功能蛋白结构域的外显子比单纯靶向 5'外显子更有可能破坏基因的功能。实验中一般为每个靶基因设计 3～5 个引导序列，通常大多数 gRNA 能够很好地切割目的基因。导入细胞系的 gRNA 数量可根据实验目标和靶基因的特征而有所不同。使用一个 gRNA 通常足以敲除群体中部分细胞内的靶基因。为了最大限度地敲除靶基因，可以采用双引导策略。在该方法中，两个靶向不同外显子的 gRNA 被导入细胞。这种双重切割可以通过产生两个独立的突变或者通过消除两个靶点之间的 DNA 来修复。需要注意的是，向细胞中引入多个 gRNA 可能导致潜在的靶外突变增加。因此，通过使用不同的 sgRNA 组合和使用 Western 印迹、PCR 和测序分析多个单克隆细胞来验证敲除表型依然是至关重要的。本节采用 CRISPR/Cas9 单向导策略来敲除 α-1,6-岩藻糖基转移酶（α-1,6-fucosyltranferase, FUT8）基因（图 7.68 和 7.69）。

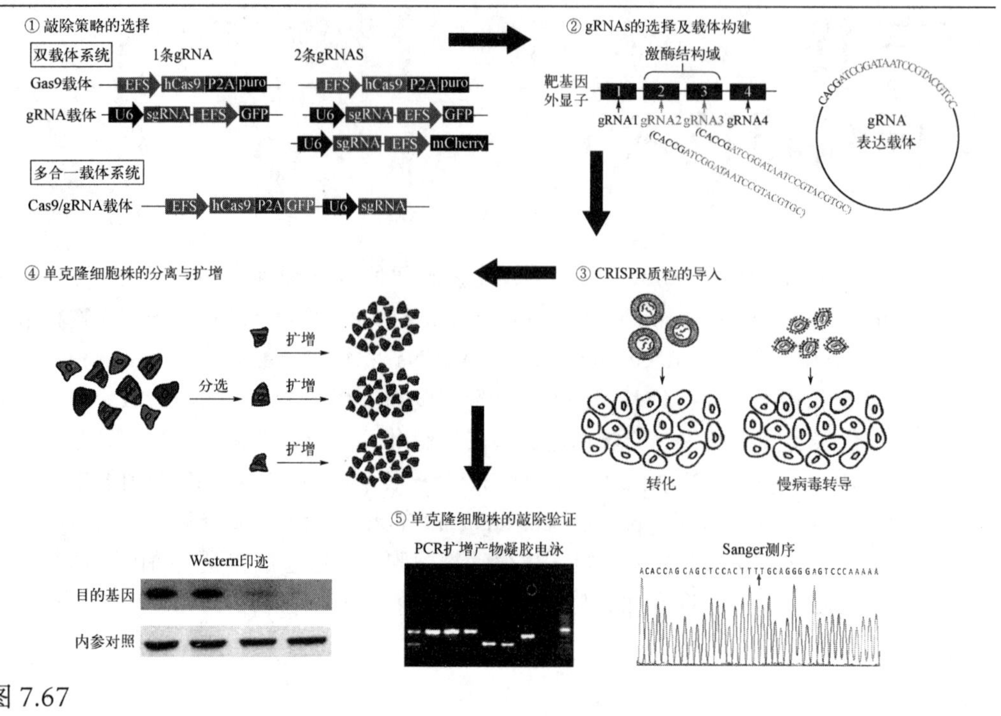

图 7.67
敲除方案

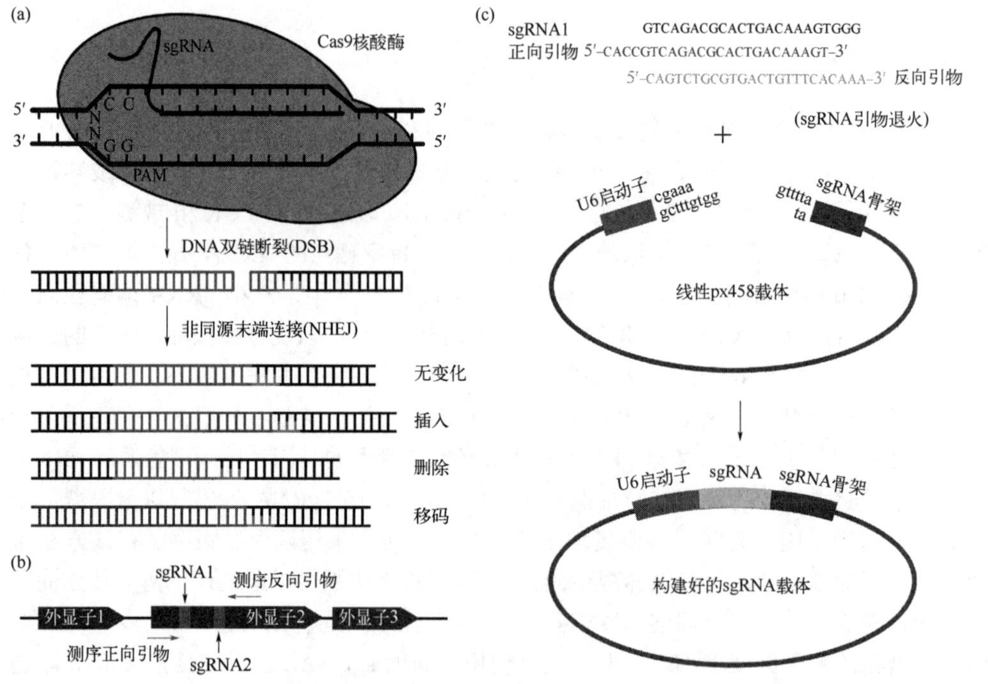

(a)
sgRNA
Cas9核酸酶
5′ 3′
3′ 5′
PAM
DNA双链断裂(DSB)
非同源末端连接(NHEJ)
无变化
插入
删除
移码

(b)
sgRNA1
测序反向引物
外显子1 外显子2 外显子3
测序正向引物
sgRNA2

(c)
sgRNA1 GTCAGACGCACTGACAAAGTGGG
正向引物 5′-CACCGTCAGACGCACTGACAAAGT-3′
5′-CAGTCTGCGTGACTGTTTCACAAA-3′ 反向引物
(sgRNA引物退火)
+
U6启动子 cgaaa gctttgtgg
gtttta ta sgRNA骨架
线性px458载体
U6启动子 sgRNA sgRNA骨架
构建好的sgRNA载体

图 7.68
CRISPR/Cas9 基因编辑原理
(a) CRISPR/Cas9 介导的基因突变示意图；(b) 敲除基因中 sgRNA 结合位点图示；(c) px458 质粒构建流程

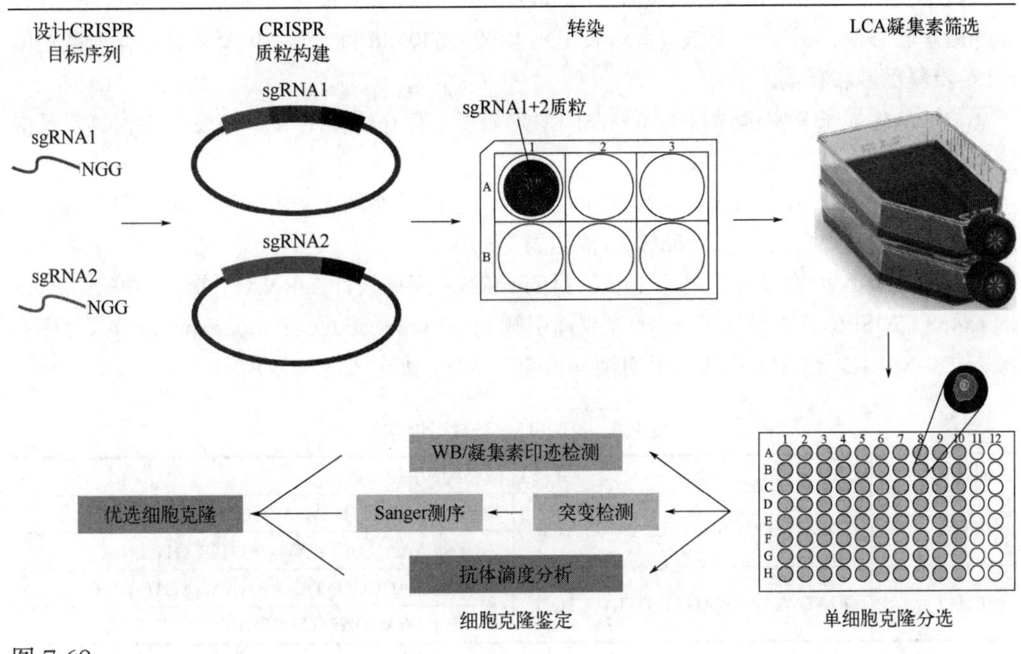

图 7.69
CRISPR/Cas9 方法产生和检测敲除细胞系的流程图

（二）主要材料和仪器

CHO-K1 细胞及培养基（F12-K 培养基，含 10% FBS 和 2mmol/L-谷氨酰胺），胎牛血清（FBS），流式荧光激活细胞分选仪（fluorescence activated cell sorting, FACS），*Bbs* Ⅰ限制酶，SOC 培养基，Opti-MEM 减血清培养基，Lipofectamine3000 转染试剂，扁豆凝集素（lens culinaris lectin, LCA），生物素化扁豆凝集素，Ham’s F-12 K (Kaighn’s)培养基，Phusion 高保真 DNA 聚合酶，Surveyor 突变检测试剂盒，Zero Blunt™TOPO™PCR 克隆试剂盒，FACS 分选缓冲液（1×PBS，含 1mmol/L EDTA，25mmol/L HEPES 和 1%FBS），NanoDrop™2000 分光光度计，ChemiDoc™XRS+系统。

（三）方法

1．针对靶基因设计 sgRNAs

CRISPR/Cas9 系统的序列特异性是通过从靶基因中选择 20 个核苷酸作为单导向 RNA（sgRNA）序列来确定的。由于 U6 启动子在鸟嘌呤（G）处启动转录，这个碱基必须存在于基因靶位点的 5'端。因此，直接位于前间区序列邻近基序（PAM，5'-NGG-3'）5'的靶 DNA 位点的 20 个核苷酸以 5'-GNNNNNNNNNNNNNNNNNNN-NGG-3'的形式存在（N 可以是 A、G、C 或 T）。

（1）使用 CHO Cas9 target Finder 搜索目的基因（http://staff.biosustain.dtu.dk/laeb/crispy）。目的基因在 CHO 细胞中可能有多种变体。例如，FUT8 基因（基因 ID: 100751648）在 CHO

中有两个变体：一个变体（蛋白质 ID: XP 003501783.1）包含 11 个外显子作为全基因 α-1,6-岩藻糖基转移酶，另一个变体（蛋白质 ID: XP 007640580.1）包含 9 个外显子作为截短的 α-1,6-岩藻糖基转移酶。

（2）从外显子 9 中选择目的序列，因为外显子 9 存在于 CHO FUT8 变体中，其氨基酸序列覆盖 FUT8 酶的活性区域。

（3）从 CHO Cas9 target Finder 搜索结果中，选择了外显子 9 中的两个靶序列，每个序列后带有一个 PAM 序列（5'-NGG-3'），如表 7.3 所示。

（4）sgRNA 引物设计。基于上步的目的 sgRNA 序列设计 sgRNA 引物，根据 Addgene 的 px458 CRISPR 方案设计了 sgRNA 克隆引物 http://www.addgene.org/crispr/zhang/。靶序列减去"5'-NGG-3'"PAM 序列是引物相互重叠的变化区域，如表 7.3 所示。

表 7.3　sgRNAs 及其引物序列

gRNA 序列	克隆到 px458 的引物（5'-3'）	
sgRNA1	GTCAGACGCACTGACAAAGTGGG	Forward CACCGTCAGACGCACTGACAAAGT
		Reverse AAACACTTTGTCAGTGCGTCTGAC
sgRNA1	GGATAAAAAAAGAGTGTATCTGG	Forward CACCGGATAAAAAAAGAGTGTATC
		Reverse AAACGATACACTCTTTTTTTATCC

2．px458 质粒的处理

1）px458 载体的制备

（1）构建所用质粒 px458 亚克隆到大肠杆菌中制成甘油菌储备。从冻存的甘油菌中接种少量细菌于添加 100μg/mL 氨苄西林的 LB 培养基中。37℃培养过夜，转速为 250r/min。

（2）使用质粒纯化试剂盒从大肠杆菌培养物中提取质粒 DNA。在无核酸酶水中洗脱空 px458 质粒，并使用 NanoDrop 2000 测量 DNA 浓度。

2）px458 质粒的线性化

（1）根据 px458 质粒浓度，用 *Bbs* Ⅰ 酶和 1×NEBuffer 2.1 缓冲液酶切适量 px458 质粒，如表 7.4 所示。

（2）在 1%琼脂糖凝胶上进行 DNA 电泳分析，并检查 px458 质粒的大小和线性情况。

（3）切割凝胶中适当大小（～9.3kb）的 DNA 条带（含有线性化 px458 质粒）以去除引物二聚体，并按照说明书步骤使用凝胶提取试剂盒分离线性化 px458 质粒。

（4）在无核酸酶水中洗脱线性化 px458 质粒。使用 NanoDrop 2000 测量 DNA 浓度。

表 7.4　px458 线性化反应

组分	*Bbs* Ⅰ 酶	3μL
	px458 质粒	5μg
	1×NEBuffer 2.1	5μL
	灭菌双蒸水	37μL
	反应总体系	50μL
反应条件	孵育时间	2h
	孵育温度	37℃

3）sgRNA 引物退火构建 sgRNA 载体

（1）通过定制合成引物，并将其溶解在无核酸酶水中，浓度为 100μmol/L。

（2）将正、反向引物与以下组分在管中混合，如表 7.5 所示。

表 7.5　构建 sgRNA 的试剂

组分	体积
10×NEBuffer 4	10μL
sgRNA 正向引物（100μmol/L）	10μL
sgRNA 反向引物（100μmol/L）	10μL
无核酸酶水	70μL
总计	100μL

（3）使用加热设备或 PCR 仪将上述寡聚双链引物混合物在 95℃下煮沸 5min 并缓慢冷却至室温。建议将刚退火的混合物用于 sgRNA 质粒的构建。

4）sgRNA 质粒构建（连接）

根据表 7.6 在反应管中混合成分。如果不立即使用，请储存在−20℃备用。

表 7.6　sgRNA 质粒连接试剂与反应条件

	组分	用量
20μL 反应体系	T4 DNA 连接酶缓冲液（10×）	2μL
	px458 线性化质粒 DNA	100ng
	退火 sgRNA	1μL 的寡双链（1∶20 稀释）
	T4 DNA 连接酶	1μL
	无核酸酶水	补齐 20μL
反应条件	孵育时间：2h	孵育温度：室温

5）sgRNA 质粒在大肠杆菌中的转化和克隆鉴定

将大肠杆菌 DH5α 保存菌种从−80℃的超低温冰箱中取出，置于冰上解冻。具体转化方法和转化克隆鉴定参见第二章第一节的“四～六”。

3．sgRNA 质粒转染表达 IgG 的 CHO 细胞系

1）第 0 天：用于转染的细胞准备

（1）在传代早期使用生长良好的表达 IgG 的 CHO 细胞系（存活率>97%），以获得更高的转染效率。用细胞计数器或血细胞仪计数细胞。

（2）在 6 孔板中贴壁细胞密度为 7×10^5 个/孔，添加培养基至 2mL/孔。至少需要两个孔：一个孔用于转染，另一个孔用于对照。将细胞培养物置于 37℃、5% CO_2 的加湿培养箱中培养 24h。

2）第 1 天：细胞转染

（1）检查细胞融合情况。细胞在转染时应达到 80%～90%的融合度。在每个孔中用 2mL 减血清 Opti-MEM 培养基替换旧培养基。

（2）按照说明书步骤使用 Lipofectamine 3000 进行转染。将 Lipofectamine 3000 试剂预

温至室温，并将 sgRNA 质粒从−20℃冰箱解冻。在使用前，将离心管轻弹几下并快速离心。

（3）放置两个无菌离心管，每个离心管含有 125μL Opti-MEM 培养基，并标记离心管 1 和离心管 2。Lipofectamine 3000-Opti MEM 混合物：将 5μL Lipofectamine 3000 添加到管 1 中。稀释的 DNA 混合物：将 2.5μg sgRNA 质粒[sgRNA1 质粒∶sgRNA2 质粒=1∶1（质量比）]加入管 2 中。再加入 5μL P3000 试剂。轻轻地用移液管上下吹打均匀。

（4）向质粒-P3000 试剂混合物中加入 Lipofectamine 3000-Opti MEM 混合物。在室温下孵育 15min。

（5）将转染混合物加入 6 孔板中的孔中。轻轻摇动 6 孔板，使转染混合物均匀分布。将细胞在 37℃、5% CO_2 的加湿条件下培养 2d。

4．转染细胞的 LCA 凝集素筛选

（1）转染 2 天后，收集转染细胞上清液，进行 LCA 凝集素印迹分析，检测重组抗体的岩藻糖基化水平。LCA 凝集素印迹结果的示例如图 7.70 所示。

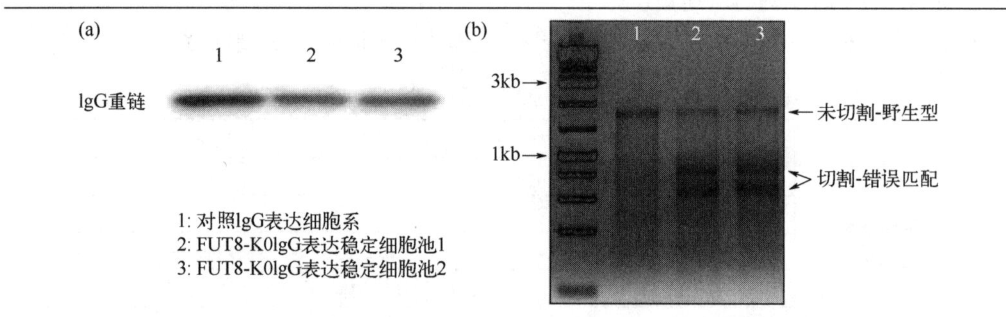

图 7.70

LCA 凝集素印迹结果

（a）FUT8-KO 稳定池分泌抗体 α-1,6-岩藻糖基化水平的 LCA 凝集素印迹分析；（b）稳定池中 FUT8 外显子 9 敲除效率的突变检测

（2）对于转染细胞，通过向培养基中添加 50μg/mL 的 LCA 来选择 FUT8 敲除细胞。将 6 孔板 1 孔中的转染池放入含 50μg/mL 未结合 LCA 的 F12-K 培养基的 T25 培养瓶中培养一周，以筛选岩藻糖基化降低的转染细胞。同样数量的未转染亲本细胞补充相同浓度的 LCA 也作为阴性对照。

在突变检测分析中，将等量的敲除稳定池 DNA 和野生型 DNA 混合在一起作为突变体/野生型杂交（泳道 2 和 3）。同时，制备等量的野生型 DNA 作为自身杂交对照（泳道 1）。退火后，用核酸酶分别处理等量的自杂交和交叉杂交混合物，并进行凝胶电泳分析。突变体/野生型杂交形成不匹配的异源双链体。检测核酸酶（surveyor nuclease）可以酶切不匹配的 DNA 并产生切割产物，如交叉杂交混合物中的未切割野生型片段和多个切割片段（泳道 2 和 3）。而野生型自杂交不会导致错配，因为检测核酸酶不会切割这种同型双链（泳道 1）。

5．（可选）荧光激活细胞分选以富集 sgRNA 质粒表达

（1）在筛选 LCA 之前，将每个转染池以 1×10^6 个细胞接种在 10cm 培养皿中过夜培养。

当融合率在90%以上时，用胰蛋白酶消化收集细胞，500r/min离心15min以获得细胞沉淀。

（2）使用无菌PBS清洗细胞两次，并使用带细胞过滤器的12×75mm管将细胞颗粒/沉淀重新悬浮在分选缓冲液中。

（3）然后对细胞进行流式细胞术分选。将表达GFP信号强度在5%以内的细胞分类收集在培养基中。

（4）将分选好的细胞转移到一个50mL的离心管中，培养基最多40mL。2100r/min离心5min，取出分选缓冲液和培养基。

（5）在含有50μg/mL LCA的T75培养瓶中重新悬浮细胞以供筛选。将分选后的细胞在37℃、5% CO_2和加湿条件下培养3d。

（6）当分选的细胞得以增长时，表示分选成功。传代培养细胞并使其生长到>80%的融合率，以便进行接下来的分析或冷冻保存。

6．surveyor突变试验（surveyor mutation assay）检测敲除效率

Surveyor酶可以切割突变序列与野生型序列杂交的DNA双链中的错配。切割后的PCR产物将产生不同大小的条带，这些条带可在琼脂糖凝胶上分离。其他酶也可以检测不匹配的DNA序列，如T7核酸内切酶。

（1）传代2～3代后，从LCA筛选的稳定池中收获$1×10^6$个细胞。1000r/min离心5min并去除上清液。

（2）按照说明书步骤，使用DNeasy血液和组织试剂盒从收集细胞中提取基因组DNA。同时从未转染的亲本细胞中提取基因组DNA作为阴性对照。

（3）设计测序正向和反向引物：使用ApE软件或NCBI primer-BLAST设计引物。测序引物可用于此处所述的surveyor突变检测或步骤8中所述的Sanger测序。

（4）在1.5mL EP管（主混合物）中混合以下成分（表7.7），并从主混合物中向每个PCR管中添加25μL。制备四管用于敲除样品，四管用于对照样品。

表7.7 FUT8测序PCR反应试剂

组分	FUT8-KO（4.5个反应量）	对照（4.5个反应量）
5 HF缓冲液	22.5μL	22.5μL
无核酸酶水	71.55μL	71.55μL
dNTPs（10mmol/L）	2.7μL	2.7μL
正向引物（10μmol/L）	5.625μL	5.625μL
反向引物（10μmol/L）	5.625μL	5.625μL
基因组DNA	FUT8-KO基因组DNA 100ng	对照基因组DNA 100ng
聚合酶	1.35μL	1.35μL
总反应体系	112.5μL	112.5μL

（5）将PCR管置于PCR仪中按照如下程序运行：98℃、3min；30个循环（98℃、10s，62℃、20s，72℃、22s）；72℃、7s。PCR扩增后，将相同的PCR反应复孔汇集在一起，从敲除样品和对照样品各取5μL PCR产物进行1%琼脂糖凝胶电泳。对照样品中应该只有一个清晰的条带。

（6）检查凝胶上的 PCR 产物，如果没有较多的引物二聚体，可以按照说明书步骤用 PCR 纯化试剂盒纯化 PCR 产物；若引物二聚体丰富，则必须进行凝胶纯化步骤处理 PCR 产物，以去除引物二聚体。

（7）将纯化的敲除 PCR 产物与对照野生型 PCR 产物组合在新的 PCR 管中（表 7.8）。

表 7.8　DNA 杂交试剂

组分	体积
敲除 PCR	400ng
对照野生型 PCR	400ng
10×*Taq* 缓冲液	2μL
无核酸酶水	加至 20μL
总反应体系	20μL

（8）将 PCR 混合反应液放置在 PCR 仪中并运行 DNA 杂交程序（表 7.9）。PCR 扩增完成后，立即将样品放在冰上。

表 7.9　DNA 杂交 PCR 程序

95℃	10min
95～85℃	−2.0℃/s
85℃	1min
85～75℃	−0.3℃/s
75℃	1min
75～65℃	−0.3℃/s
65℃	1min
65～55℃	−0.3℃/s
55℃	1min
55～45℃	−0.3℃/s
45℃	1min
45～35℃	−0.3℃/s
35℃	1min
35～25℃	−0.3℃/s
25℃	1min
4℃	Hold∞

（9）混合如表 7.10 所示两种反应的组分。

表 7.10　检测酶突变检测试剂

组分	对照野生型 PCR 产物	敲除野生型杂交 PCR 混合物
杂交 DNA 样品	10μL	10μL
$MgCl_2$ 溶液	1μL	1μL
增强子 S	1μL	1μL
核酸酶 S	1μL	1μL
总反应体系	13μL	13μL

（10）将 PCR 管在 42℃下孵育 60min。

7．有限稀释克隆（克隆分离）

（1）用胰蛋白酶消化稳定敲除池中的细胞，并计算细胞密度。用新鲜培养基进行 1∶10 的连续稀释，最终浓度约为 1×10^{3} 个/mL。

（2）将 160μL 细胞培养物转移到 39.8mL 新鲜培养基中，使细胞混悬液浓度达到约 4 个/mL。在此步骤中，培养基中的低 LCA 凝集素浓度（10～20μg/mL）是首选。向 96 孔板的每个孔中添加 200μL 细胞混悬液，使每个孔以 0.8 个/孔的平均密度接种。

（3）在培养箱中保持细胞不受干扰，直到第 7d 或 8d，然后开始观察细胞生长，以确定 96 孔板中的单个菌落。不标记具有多个菌落的孔。第 11d 或 12d 后，每天观察单细胞克隆的生长情况。

（4）在培养物过度融合之前，用胰蛋白酶消化每个孔的克隆细胞，并将它们分别扩大转移到 12 孔板上。作为有限稀释方案的替代方案，也可以应用单细胞分选器进行克隆分离。

8．克隆细胞系选择

在分离的单克隆细胞生长后，每个细胞克隆培养三瓶。一瓶用于维持传代培养，另一瓶培养物通过使用 surveyor 突变检测试验［图 7.71（a）］和 Sanger 测序［图 7.71（b）］筛选 FUT8 基因敲除的克隆细胞。第三瓶细胞进行 LCA 凝集素印迹和针对 α-1,6-岩藻糖基化的蛋白印迹分析以及抗体效价分析。

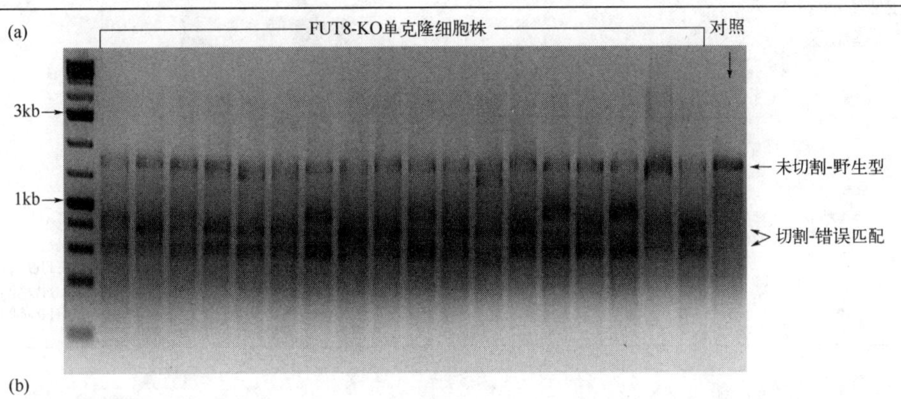

(b)

细胞克隆13-3：插入

野生型 GTCAGACGCACTGACAAAGTGGGAACAGAAGCAGCCTTCCATCCCATTGAGGAATACATGGTACACGTTGAAGAACATTTTCAGCTTCTCGAACGCAGAATGAAAGTGGATAAAAAAAGAGTGTATCTGG

突变型 GTCAGACGCACTGACAAAGTGGGAACAGAAGCAGCCTTCCATCCCATTGAAGGAATACATGGTACACGTTGAAGAACATTTTCAGCTTCTCGAACGCAGAATGAAAGTGGATAAAAAAAGAGTGTATCTGG

细胞克隆4-1：缺失

野生型 GTCAGACGCACTGACAAAGTGGGAACAGAAGCAGCCTTCCATCCCATTGAGGAATACATGGTACACGTTGAAGAACATTTTCAGCTTCTCGAACGCAGAATGAAAGTGGATAAAAAAAGAGTGTATCTGG

突变型 GTCAGACGCACTGACAAAGTGGGAACAGAAGCAGCCTTCCATCCCAT•••••••••••GGTACACGTTGAAGAACATTTTCAGCTTCTCGAACGCAGAATGAAAGTGGATAAAAAAAGAGTGTATCTGG

细胞克隆24-2：缺失

野生型 GTCAGACGCACTGACAAAGTGGGAACAGAAGCAGCCTTCCATCCCATTGAGGAATACATGGTACACGTTGAAGAACATTTTCAGCTTCTCGAACGCAGAATGAAAGTGGATAAAAAAAGAGTGTATCTGG

突变型 GTCAGACGCACTGACAAAGTGGGAACAGAAGCAGCCTTCCATCCCATTGA ••ATCTGG

细胞克隆19-1：插入+缺失

野生型 GTCAGACGCACTGACAAAGTGGGAACAGAAGCAGCCTTCCATCCCATTGAGGAATACATGGTACACGTTGAAGAACATTTTCAGCTTCTCGAACGCAGAATGAAAGTGGATAAAAAAAGAGTGTATCTGG

突变型 GTCAGACGCACTGACAAAGTGGGAACAGAAGCAGCCTTCCATCCCATTGAAGGAATACATGGTACACGTTGAAGAACATTTTCAGCTTCT••

图 7.71

基因敲除克隆细胞系的选择

（a）FUT8 敲除克隆的敲除效率突变分析；（b）筛选的 FUT8 基因敲除细胞克隆 DNA 序列

1）Sanger 测序分析基因突变

（1）在 6 孔板中的细胞克隆融合后，按照说明书步骤，使用 Qiagen DNeasy 血液和组织 DNA 提取试剂盒提取每个克隆的基因组 DNA。测定提取的基因组 DNA 浓度，并使用步骤 6 中设计的测序引物进行 PCR 扩增和 PCR 产物纯化。

（2）用 DNA 凝胶电泳检测 PCR 产物质量，用 NanoDrop2000 测定纯化后的 PCR 产物浓度。

（3）进行检测突变分析，检测每个克隆的 FUT8 敲除效率。从分析中选择突变克隆，并进行下一步的处理。

（4）为对每个克隆中的突变区域进行测序，PCR 产物的 TOPO 克隆按照说明书步骤进行。退火温度取决于引物的长度和 GC 含量。

（5）根据 Sanger 测序要求，用每个克隆的突变区构建的 TOPO 质粒进行纯化，并分别与步骤 6 中的正向和反向测序引物混合；用 ApE 软件分析 Sanger 测序结果。尿嘧啶特异性切除试剂（USER）克隆方法也可用作检查突变序列的克隆工具。

2）LCA 凝集素印迹检测 FUT8 敲除效率

对潜在 FUT8 敲除克隆细胞裂解物的 LCA 凝集素印迹也可用于验证 FUT8 敲除效率（LCA 凝集素印迹结果示例见图 7.72）。

图 7.72
CHO 细胞裂解物的
LCA 凝集素印迹

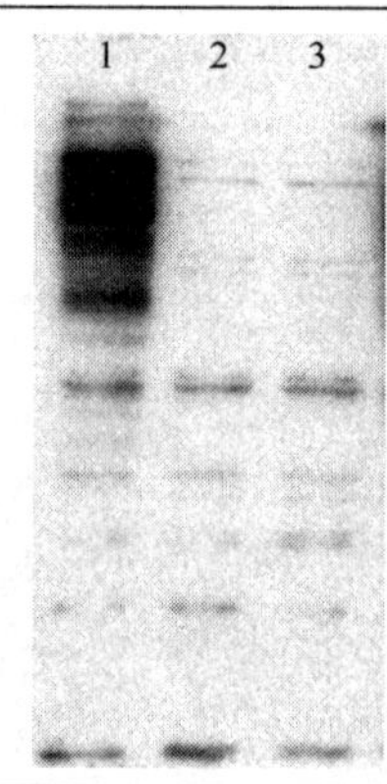

1. FUT8(+/+)CHO对照细胞
2. FUT8(−/−)CHO细胞克隆1
3. FUT8(−/−)CHO细胞克隆2

3）抗体效价分析

通过 ELISA 或高效液相色谱（HPLC）分析每个克隆中的抗体产量。

（四）注意事项

（1）其他 CRISPR sgRNA 设计软件也可用，例如 CRISPR MultiTargeter (http://www.multicrispr.net/)、E-CRISP (http://www.e-crisp.org/E-CRISP/)和 CRISPR seek (http://bioconductor.org/packages/release/bioc/html/CRISPRseek.html)。选择 CRISPY 是因为这个 Cas9 靶点发现软件是建立在 CHO-K1 基因组上的。

（2）为提高基因敲除效率，选择两个靶向靶基因一个外显子中两个紧密位点的 sgRNAs [如图 7.73（b）所示]。推荐覆盖靶蛋白活性域的一个或多个外显子。该方案也适用于使用一个 sgRNA 的一个目标位点。

（3）sgRNA 的选择标准如下：如果目的蛋白质的活性域已经确定，则设计活性域编码序列内的 sgRNA。例如，外显子 9 覆盖了 FUT8 两个变体在 CHO 细胞中的活性位点。如果靶

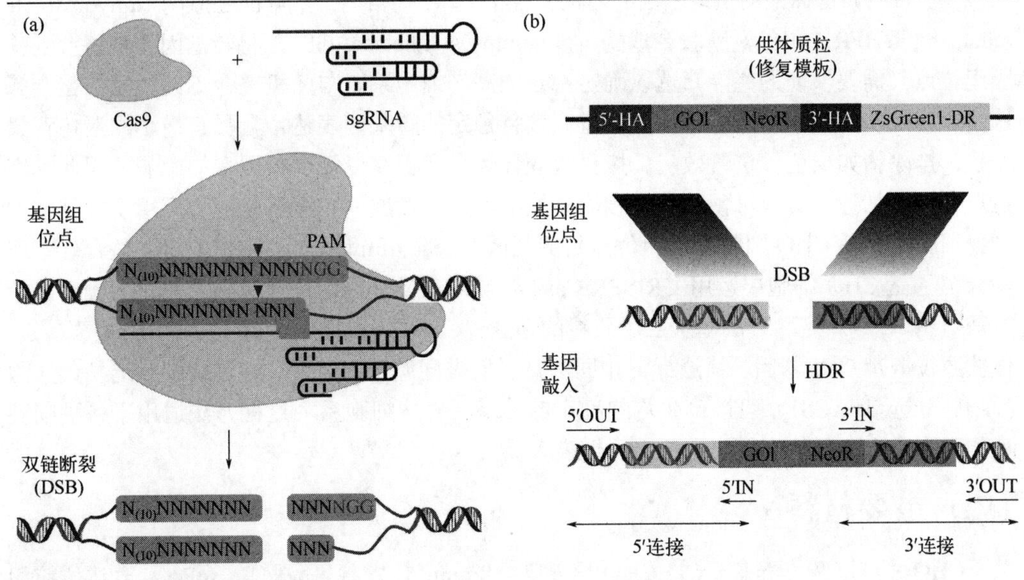

图 7.73

CRISPR/Cas9 用于靶向基因整合

(a) Cas9 和 sgRNA 复合物识别邻近 PAM 位点的基因组目的序列，并产生双链断裂（DSB）；(b) 当提供具有同源臂的修复模板时，DSB 可以通过同源定向修复（HDR）进行修复，使得 GOI 片段整合到预设的位点

蛋白的活性域尚未确定，则最好设计多个靶向不同外显子的 sgRNA，并测试每个外显子的 sgRNA 敲除效率；sgRNA 在 CHO 基因组中应该是唯一的，并具有最小的脱靶效应。鉴于 Cas9 在靶向敲除序列的 PAM 序列上游 3～4 个 nts 之间酶切，确保所选 sgRNA 中的前 10 个 nts 没有脱靶概率是很重要的。许多 sgRNA 软件程序还可以预测每个 sgRNA 的脱靶概率。

(4) LCA 是一种植物凝集素，优先与 *N*-聚糖的 α 连接的甘露糖结合。LCA 可对表达核心岩藻糖基化蛋白的细胞产生细胞毒性。

(5) px458 质粒含有 GFP 标记，可用于流式细胞仪的细胞分析，以富集高表达质粒的细胞。由于 CRISPR 系统是有效的，仅 LCA 筛选就足以产生 $FUT8^{-/-}$细胞，在此提供 FACS 方案作为补充。FACS 应该在 LCA 凝集素印迹筛选之前进行，因为在 LCA 筛选之后，px458 质粒的瞬时表达可能被终止。

(6) 一般情况下，600～1000bp 的 PCR 产物是适宜的 PCR 扩增长度。该产物应该跨越靶基因中的敲除结合位点。引物应放置在目的区域外 50bp 处，长度为 18～25bp，(G+C) 含量在 45%～0%左右。

二、动物细胞基因敲入

(一) 原理

大多数基因整合的方法主要分为随机整合和定点整合两类。目前 CHO 细胞系开发技术大多基于带有筛选标记的重组基因的随机整合和扩增，通常为二氢叶酸还原酶（dihydrofolate reductase, DHFR）和谷氨酰胺合成酶（glutamine synthetase, GS）。将转基因随机整合到基因组位点，需要烦琐的克隆筛选以确定稳定的高产细胞系。与随机整合不同，定点整合筛选具有转录有活性的基因组位点，促进高效且稳定的转基因表达，且具有最小的遗传背景干扰，排除诸如染色体位置效应、拷贝数变异性和有害突变等混杂因素的影响。因此，定点整合方法加速了具有可预测特性和同质性细胞系的发展。该策略已成功应用于几种哺乳动物细胞，包括 CHO 细胞基因组位点目的基因（gene of interest, GOI）的定点整合。本实验介绍了在 CHO 细胞中运用 CRISPR/Cas9 介导的预设基因组位点基因表达盒的靶向整合方法（图 7.73）。这种方法基于三个质粒的递送：Cas9、sgRNA 和供体质粒（修复模板）。供体质粒携带 GOI 基因、筛选标记和同源臂以促进同源定向整合。通过药物筛选和荧光激活细胞分选（FACS），可以产生均匀稳定的转基因表达细胞系。这种方法适用于各种哺乳动物细胞系中预设基因组位点的特异性敲入。

（二）主要材料

CHO-S 细胞及培养基（CD CHO 培养基、8mmol/L L-谷氨酰胺），sgRNA 表达质粒和供体质粒转化大肠杆菌的甘油储存液，密码子优化的 Cas9 表达质粒转化大肠杆菌的甘油储存液，2×YT 培养基，含有 sgRNA 序列的寡核苷酸，扩增 sgRNA 和供体质粒的 PCR 引物，用于扩增同源臂、耐药和基因表达盒的 PCR 引物，2×PhusionU Hot Start PCR Master Mix，FastDigest *Dpn* Ⅰ 酶，10×FastDigest Green 缓冲液，USER 酶，CutSmart 缓冲液，OptiPro SFM，FreeStyle MAX 试剂，FACS 管，2×Phusion PCR 混合物，20×TaqMan Gene Expression Assays for GOI and COSMC，2×TaqMan Gene Expression Master Mix，流式细胞仪分选培养基（CD CHO 培养基、8mmol/L L-谷氨酰胺、1×抗生素-抗真菌、1.5% HEPES），克隆扩大培养基（CD CHO 培养基、8mmol/L L-谷氨酰胺、1×抗生素-抗真菌/Gibco、1μL/mL 抗结团试剂）。

（三）方法

用于 CHO-S 细胞位点特异性整合的主要步骤如图 7.74 所示，该步骤包括 sgRNA 质粒、Cas9 质粒和 GOI 供体质粒。质粒共转和抗生素筛选后，使用流式细胞术进行单细胞分选。使用连接序列 PCR 分析和实时荧光定量 PCR（qRT-PCR）检测拷贝数分析，验证靶向整合的细胞克隆。

1．设计 sgRNA

（1）确定一个用来整合 CHO 基因组的基因组位点的目的基因序列（从 NCBI 下载基因组序列）。复制基因组区约 1500～2000bp，粘贴到 CRISPR 设计工具（例如 CRISPOR http://crispor.tefor.net/）。

（2）选择合适的基因组和 PAM，寻找靶标序列。在预测靶标序列列表中，选择特异性得分最高、脱靶率最低的序列。

（3）构建 sgRNA 质粒。

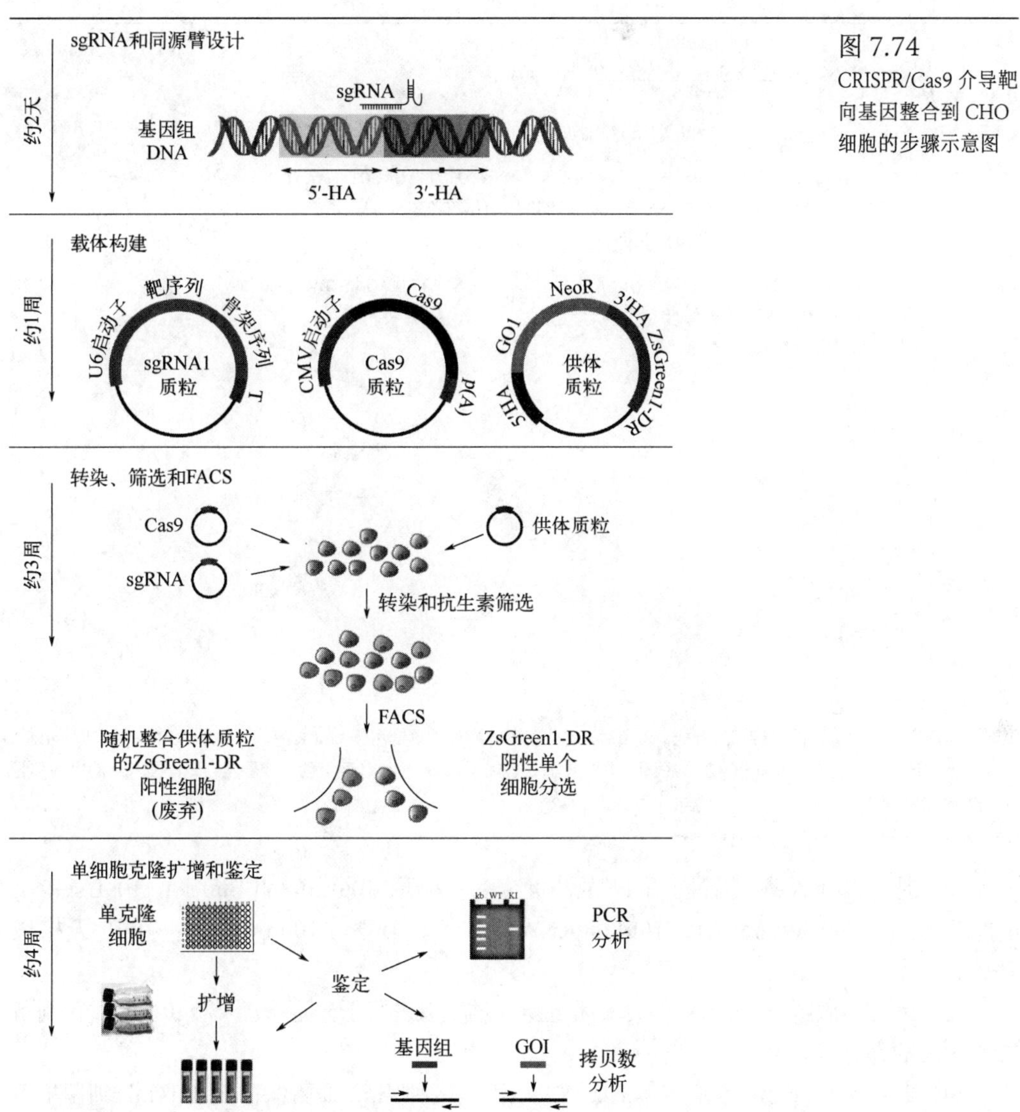

图 7.74
CRISPR/Cas9 介导靶向基因整合到 CHO 细胞的步骤示意图

2．使用 USER 克隆构建 sgRNA 质粒

sgRNA 质粒由两段 DNA 组成，并可通过 USER 克隆进行组装（图 7.75）：sgRNA 主序列，它含有在细菌宿主中复制的元件、U6 启动子、sgRNA 和终止信号以生成 sgRNA 表达盒；sgRNA 退火寡核苷酸，包含目的序列。

（1）使用以下序列通过 20nt 目标序列替换 N，设计并合成一对 sgRNA oligo。目的序列的第一个位置是一个 GC 对，用粗体显示（如果目的序列从另一个核苷酸开始，用 G 代替它以实现合适的 U6 驱动转录）。sgRNA_FW_oligo: 5'-GGAAAGGACGAAACACCGNNNNNNNNNNNNNNNNNNNGTTTTAGAGCTAGAAAT-3'; sgRNA_RV_ oligo: 5'-CTAAAACNNNNNNNNNNNNNNNNNNNNCGGTGTTTCGTCCTTTCCACAAGATAT-3'。

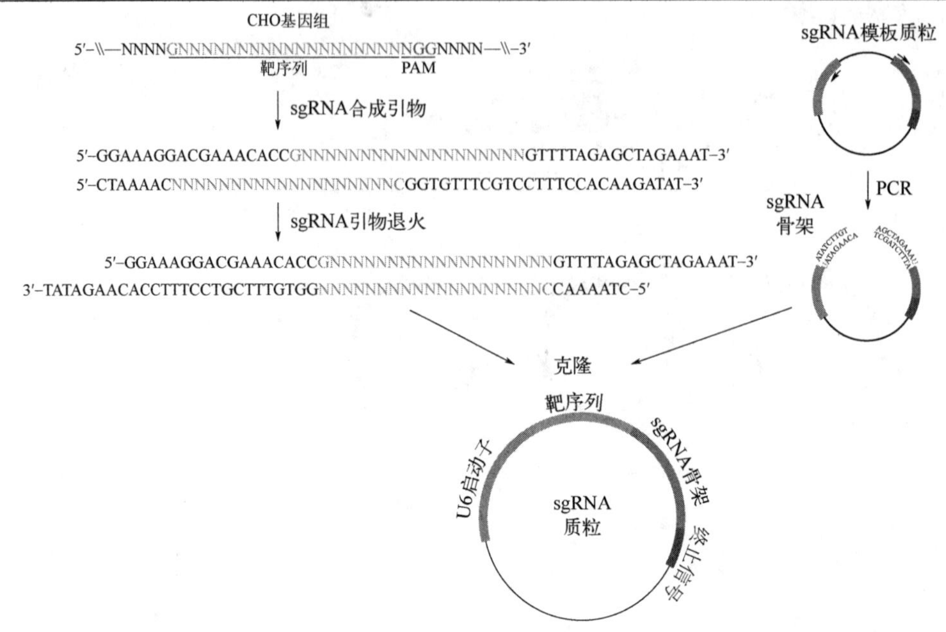

图 7.75

sgRNA 质粒构建概览

延伸的目的序列由两个短的寡核苷酸合成。退火后，这些寡聚体形成 3'单链用于 USER 克隆。利用 PCR 引物扩增 sgRNA 质粒骨架，该引物中含有一个脱氧尿嘧啶残基。USER 酶处理在 sgRNA 质粒骨架上创建 3'悬尾，允许插入目的序列和骨架，生成 sgRNA 质粒

（2）退火 sgRNA 寡核苷酸。在 EP 管中混合以下物质：10μL 10×NEBuffer 4，10μL sgRNA 正向寡核苷酸（100μmol/L），10μL sgRNA 反向寡核苷酸（100μmol/L），70μL 无核酸酶水。

（3）95℃热激孵育 5min，然后关闭电源，过夜以进行低聚退火。将 sgRNA 质粒制备成细菌甘油保存液。

（4）使用含 50μg/mL 卡那霉素的 2×YT 培养基接种 4mL 细菌保存液到 14mL 细菌培养管中。37℃、250r/min 过夜培养。

（5）使用小提试剂盒提取质粒。无菌水重新悬浮，使用 NanoDrop 2000 进行定量。

（6）合成以下含有尿嘧啶的引物用于 sgRNA 质粒扩增：

sgRNA_BB_FW: 5'-AGCTAGAAAUAGCAAGTTAAAATAAGGC-3'；

sgRNA_BB_RV: 5'-ACAAGATAUATAAAGCCAAGAAATCGA-3'。

（7）扩增 sgRNA 质粒。把以下溶液混合在 PCR 管：2.5μL 引物 sgRNA_BB_FW (10μmol/L)，2.5μL 引物 sgRNA_BB_RV (10μmol/L), 25μL 2×Phusion U Hot Start PCR 反应混合物，1μL sgRNA 质粒（2.5pg～25ng），19μL 无菌水。将 PCR 管放入 PCR 仪，并按以下步骤操作 PCR 程序：98℃ 30s，35 个循环（98℃ 10s，57℃ 30s，72℃ 1min），72℃ 10min。

（8）用 *Dpn* Ⅰ酶处理 PCR 产物，通过混合以下成分酶切质粒模板：44μL sgRNA PCR 产物，5μL 10×快速消化绿色缓冲液（FastDigest Green buffer），1μL 快速消化 *Dpn* Ⅰ酶。在

37℃恒温器中孵育混合物 15min。

(9) 整个反应混合物使用 1%琼脂糖凝胶进行电泳，条件为：100V 30min，使用 1kb DNA 梯度作为分子量大小对照。切取 4.2kb 左右的条带，使用凝胶纯化试剂盒进行纯化。使用 NanoDrop 2000 测定 DNA 浓度。

(10) 使用 USER 克隆 sgRNA 质粒。将下列成分混合在 PCR 管中进行 sgRNA 反应：7μL 退火 sgRNA oligos, 1μL DNA，1μL CutSmart 缓冲液，1μL USER 酶。阴性对照：7μL 无菌水，1μL DNA，1μL CutSmart 缓冲液，1μL USER 酶。混合物 37℃孵育 40min，25℃孵育 30min。

(11) 将 15μL *E. coli* Mach1 感受态细胞加 1.5μL USER 反应液于 EP 管中，冰上孵育 30min。42℃热激 30s。将细胞置于冰上 1min，加入 950μL 2×YT 培养基。37℃、330r/min 孵育 1h。

(12) 2000r/min 离心细胞 5min。弃上清液，100μL 2×YT 培养基重悬细胞沉淀。将所有样品（100μL）用卡那霉素平板培养，37℃过夜孵育。

3．同源臂设计

(1) 在序列查看软件中打开基因组目的序列；将 CRISPR/Cas9 切割位点确定为目标位点 PAM 序列上游的第三个和第四个核苷酸之间的位点。5'和 3'同源臂（5'-HA 和 3'-HA）对应的序列分别向裂解位点的左侧和右侧延伸约 750bp（图 7.76）。

(2) 设计引物扩增同源臂，使其结合切割位点上下游大约 750bp。利用这些引物扩增约 1500bp 的基因组区域，并以该 PCR 扩增子为模板生成同源臂。

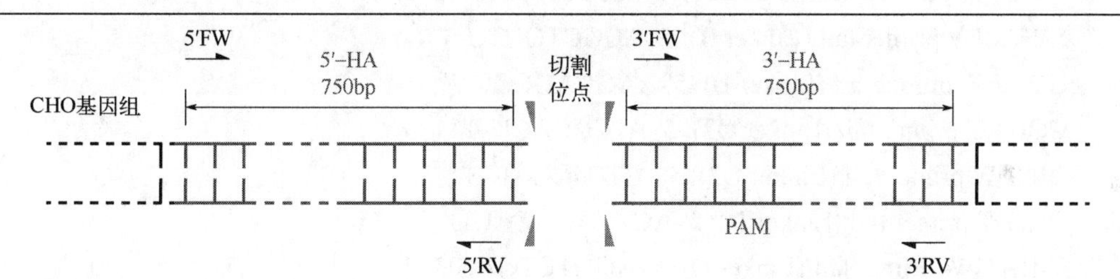

图 7.76

同源臂设计

同源臂为基因组 CRISPR/Cas9 切割位点上下游～750bp 的序列。Cas9 切割位点位于 PAM 位点上游 3nt 处

4．USER 克隆构建供体质粒

供体质粒由以下片段组成，USER 克隆可以组装这些片段（图 7.77）：①供体质粒骨架包括在细菌宿主中进行复制的元件和作为荧光报告基因的 ZsGreen1-DR 表达盒，使用流式细胞仪排除随机整合供体质粒的细胞；②5'和 3'同源臂（每个约 750bp）介导同源定向的定点整合（从基因组 DNA 或合成模板扩增）；③耐药表达盒，携带新霉素或潮霉素耐药基因、启动子和终止子序列（从另一个质粒或合成模板扩增）；④基因表达盒含目的基因（GOI），具有强启动子和终止序列。

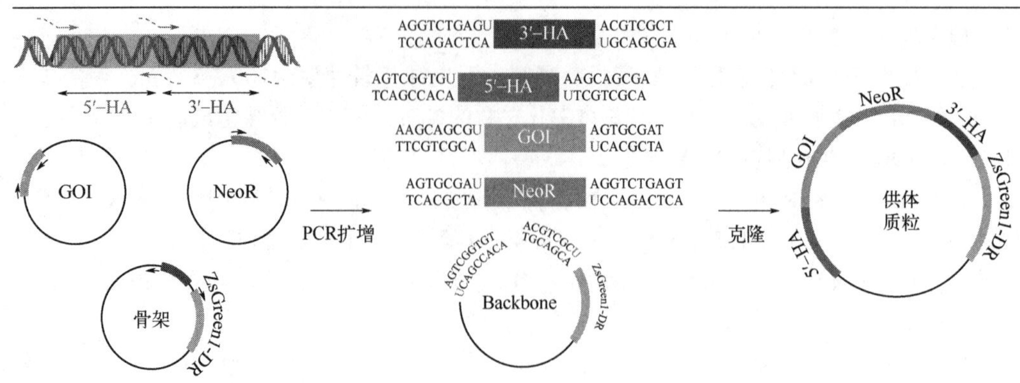

图 7.77

供体质粒构建概览

使用含有 USER 连接子的引物扩增 5 个 DNA 序列：5'和 3'同源臂（HAs）、基因表达盒（含 GOI））、耐药盒（如 NeoR）和质粒骨架。经 USER 处理后，PCR 片段按所需顺序组装，形成供体质粒

（1）获取供体质粒，制作细菌甘油保存液。使用含 60μg/mL 氨苄西林的 2×YT 培养基接种 4mL 细菌保存液到 14mL 细菌培养管中。37℃、250r/min 过夜摇床培养。

（2）使用小提试剂盒提取质粒。无菌水重新悬浮，使用 NanoDrop 2000 进行量化。

（3）设计引物扩增同源臂、基因表达盒和耐药表达盒。HAs 的引物应该结合在基因组区域的 5'端和 3'端以及裂解位点。在引物的 5'端添加以下含尿嘧啶的黏末端用于 USER 克隆：

5'-HA_FW primer tail (Linker A): 5'-AGTCGGTGU-3';

5'-HA_RV primer tail (Linker B): 5'-ACGCTGCTU-3';

GOI_FW primer tail (Linker B): 5'-AAGCAGCGU-3';

GOI_RV primer tail (Linker O2): 5'-ATCGCACU-3';

DR_FW primer tail (Linker O2): 5'-AGTGCGAU-3';

DR_RV primer tail (Linker D): 5'-ACTCAGACCU-3';

3'-HA_FW primer tail (Linker D): 5'-AGGTCTGAGU-3';

3'-HA_RV primer tail (Linker O1): 5'-AGCGACGU-3'.

（4）合成以下含有尿嘧啶的引物扩增供体质粒：

Donor_BB_FW primer (Linker O1): 5'-ACGTCGCUGTTGACATTGATTATTGACT-3';

Donor_BB_RV primer (Linker A): 5'-ACACCGACUGAGTCGAATAAGGGCGACACCCCA-3'。

（5）扩增 DNA 供 USER 克隆。同源臂扩增使用步骤 3 中扩增的基因组区域 DNA（25～250ng）。用上述第（2）步制备的质粒（1～10ng）扩增供体质粒。使用下载序列来源（另质粒或合成序列作为模板）来扩增目的基因和耐药基因序列。

（6）在 PCR 管中混合以下溶液：2.5μL primer forward (10μmol/L)，2.5μL primer reverse (10μmol/L)，25μL 2×Phusion U Hot Start PCR Master Mix，1μL 模板，19μL 无菌水。将 PCR 管放入 PCR 仪并执行以下程序：98℃ 30s；35 个循环（98℃ 10s，T_m 30s，72℃ 15～30s/kb）；72℃ 10min。

（7）如果用质粒作为 PCR 反应的模板，按照步骤 2 使用 *Dpn* I 酶处理 PCR 产物。DNA

纯化后使用 NanoDrop 2000 测定其浓度。

（8）USER 克隆反应。将各组分按等摩尔比例在 PCR 管中混合，如表 7.11 所示。

表 7.11　供体质粒组装成分

组分	USER 反应体系/μL	阴性对照/μL
供体质粒骨架	1	1
5'-HA	1	—
3'-HA	1	—
药物抗性表达盒	1	—
基因表达盒	1	—
CutSmart 缓冲液	1	1
USER 酶	1	1
无核酸酶水	3	7

（9）混合物 37℃孵育 40min，25℃孵育 30min。将 1.5μL USER 反应液加入 15μL *E. coli* Mach1 感受态细胞中，冰育 30min。42℃热激 30s。

（10）将细胞置于冰上 1min，然后加入 950μL 2×YT 培养基。42℃、300r/min 孵育 1h。2000r/min 离心细胞 5min。弃上清液，100μL 2×YT 培养基重悬细胞。将样品（100μL）涂布于氨苄西林培养板上，37℃过夜孵育。

5．sgRNA、供体和 Cas 表达质粒的制备

（1）用无菌吸头从 sgRNA 和供体质粒转化板上挑选菌落，向 10mL 细菌培养管中加入 4mL 含对应抗生素的 2×YT 培养基培养菌落。37℃、250r/min 过夜孵育。

（2）用小提试剂盒提取质粒，并进行 Sanger 测序。使用在 sgRNA 质粒 U6 启动子之前结合的测序引物，测序引物覆盖 5'和 3'同源臂和供体质粒的这些元素之间的序列。

（3）使用测序分析软件分析测序结果，以确保质粒不包含任何突变。

（4）培养正确的转化子用于质粒纯化的细菌培养。接种 100～200mL 2×YT 培养基到摇瓶中，补充相应抗生素，37℃、250r/min 过夜孵育。

（5）用 Midiprep 试剂盒提取质粒，在无内毒素的水中重新悬浮。使用 NanoDrop2000 定量质粒产量，稀释质粒至 500～1000ng/μL。这些质粒用于 CHO-S 转染。

（6）使用无菌枪头接种含有 Cas9 质粒的细菌储存液和 100～200mL 含 60μg/mL 氨苄西林的 2×YT 培养基到摇瓶中，37℃、250r/min 过夜孵育。用 Midiprep 试剂盒提取质粒，在无内毒素的水中重新悬浮。使用 NanoDrop2000 定量质粒 DNA，稀释至 500～1000ng/μL，保存用于转染。

6．转染 CHO-S 细胞

（1）用含 8mmol/L L-谷氨酰胺的 CD CHO 培养基培养 CHO-S 细胞。使用低传代和存活率在 95%以上的 CHO-S 细胞进行转染。转染前一天测定活细胞密度并计算体积，需要接种 7×10^5 个细胞到 30mL 完全培养基中。

（2）200r/min 离心细胞 5min，弃上清液。在 5mL 预热的培养基中重新悬浮细胞（CD CHO + 8mmol/L L-谷氨酰胺），转移 25mL 培养基到 125mL 摇瓶中。37℃、5% CO_2 培养细胞，120r/min 摇床培养 16～24h。

（3）转染时，检测细胞活力并在预热培养基（CD CHO + 8mmol/L L-谷氨酰胺）中稀释细胞，使得最终细胞活力达到 $1×10^6$ 个/mL。向 6 孔板中加入 3mL 稀释细胞，将培养板置于 37℃、5% CO_2、220r/min 摇床培养。

（4）质粒在 OptiPRO SFM 中稀释至终体积 60μL。混合 sgRNA、Cas9 和供体质粒，使用总量 3.75μg 的 DNA，比例为 1∶1∶1（质量比）（Cas9∶sgRNA∶供体质粒）。倒置转染试剂管。稀释 3.75μL 转染试剂，OptiPRO SFM 总体积为 60μL。轻轻混合，孵育 5min。

（5）将稀释的转染试剂加入稀释的质粒混合物中。脂质-DNA 混合物孵育 8min。孵育后，立即转移转染混合物（120μL）在 6 孔板中培养细胞。37℃、5% CO_2、220r/min 摇床培养 3d。

7．抗生素筛选

（1）检测转染细胞活力并计算所需体积，接种 $3×10^5$ 个细胞到 3mL 完全培养基（CD CHO + 8mmol/L L-谷氨酰胺）。200r/min 离心细胞 5min，弃上清液。

（2）将细胞重新悬浮在添加筛选药物的 3mL 新鲜生长培养基中，接种于 6 孔 TC 板。37℃、5% CO_2 孵育 3～4d，活细胞贴壁生长。

（3）3～4d 后，用筛选药物小心地将已用过的培养基换为新鲜培养基，去除已用培养基中存在的死亡细胞。

（4）每 3～4d 重复步骤（3）。

（5）筛选细胞 2w 后分离细胞。去除旧培养基，用 3mL PBS 简单清洗细胞，加入 0.3mL TrypLE 试剂，37℃孵育 3～5min。然后向细胞中加入 3mL 预加热的筛选培养基。检测细胞活力。选定细胞的细胞浓度和存活率应分别达到（5～10）$×10^5$ 个/mL 和 60%～80%。

（6）将分离的细胞转移到未处理的 6 孔板上，37℃、5% CO_2、120r/min 悬浮培养。当细胞恢复到>90%活性时，将稳定的细胞池转移到 125mL 摇瓶中，加入 15～20mL 的培养基，细胞密度为 $3×10^5$ 个/mL。保持传代细胞在筛选培养基中正常生长直到流式细胞术检测。

8．荧光-激活细胞分选（流式细胞仪）

（1）准备 384 孔板，加入 30μL 分选培养基，用于单细胞分选。使用 30μm 细胞过滤器将细胞过滤到 FACS 管中，以消除细胞结块和碎片。使用野生型 CHO-S 和 ZsGreen1-DR 瞬时转染的 CHO-S 作为 FACS 对照。

（2）单细胞分选稳定的细胞池，选择 ZsGreen1-DR 阴性细胞（ZsGreen1-DR 阳性对应随机整合供体质粒的细胞），加入预热的 384 孔板中。200r/min 离心细胞 5min，使细胞接触培养基。将细胞放置在透明塑料袋中以避免蒸发，37℃、5% CO_2 条件下培养。

（3）10～14d 后，用显微镜或图像细胞仪检查存活的细胞。细胞计数最好是>1000 个/孔或细胞密度>50%。

（4）将选定的菌落从384孔板转移到96孔板。上下吹打移液管细胞，转移30μL至96孔板，使用180μL克隆扩大培养基。细胞培养最多4d。当克隆达到50%密度时，小心地上下吹打细胞并转移50μL细胞悬液置于96孔V形板上，加入50μL新鲜培养基填满平板。

（5）1000r/min离心V形96孔板5min。取上清液，加入20μL快速提取DNA提取液至细胞中。重新悬浮细胞，将其移至PCR管或板上。65℃孵育15min或95℃孵育5min，−20℃保存。将该DNA用于随后克隆的PCR验证。

9．克隆PCR验证

（1）设计5'和3'供体引物：基因组连接序列［图7.73（b）］。基因组位点的同源臂之外需要有引物结合（5'和3'外引物），一条引物是识别表达盒的5'端特异性引物，另一条引物是识别药物抗性表达盒的3'端引物（5'和3'内引物）。分别使用5'OUT引物、5'IN引物和3'IN引物、3'OUT引物扩增5'和3'连接序列。

（2）混合以下成分在PCR管进行5'连接PCR：10μL 2×Phusion PCR反应混合物，1μL 5' forward OUT (10μmol/L)，1μL primer 5' reverse IN (10μmol/L)，1μL DNA模板［来自上述8的步骤（5）提取的基因组DNA］，7μL无菌水。阴性对照中以野生型CHO-S基因组DNA为模板。

（3）将PCR管放入PCR仪中，运行程序为降落式PCR程序（表7.12）。

表7.12　克隆的PCR验证程序

温度/℃	时间	反应循环数
98	30s	1
98	10s	10
T_m值+10 −1/个循环（每个循环降低1℃至T_m值+1）	30s	
72	15～30s/kb	
98	10s	30
T_m值	30s	
72	15～30s/kb	
72	10min	1
4	保持	1

（4）在1%琼脂糖凝胶上进行PCR产物电泳，并选择预期大小的扩增子克隆。阴性对照中不应有预期大小的PCR扩增产物。

（5）如有需要，用连接PCR扩增产物进行Sanger测序，以确保连接序列是正确的。

（6）使用3'forward IN引物和3'reverse OUT引物重复步骤（2）～（5），选择5'连接阳性克隆进行3'连接PCR。

10．克隆扩大

（1）选择5'连接和3'连接阳性克隆。这表明GOI基因被插入了选定的基因组位点。当细胞密度>90%时，将筛选的克隆从96孔板转移到12孔板。

（2）保持克隆在12孔板上直到长满，转移1mL细胞到含2mL培养基的6孔板中。

(3) 当细胞在6孔板中长满时，收集1×10^6个细胞进行拷贝数分析（见步骤11），并补充新鲜培养基。当细胞长满时，将细胞从6孔板转移到125mL摇瓶中，接种3×10^5个细胞到15～20mL培养基中。

(4) 冻存具有单拷贝数的克隆（计算方法见步骤11）。2000r/min离心1×10^7个细胞5min，弃上清液，用1mL含5%～10% DMSO的培养基（CD CHO＋8mmol/L L-谷氨酰胺）重悬细胞。

(5) 将细胞转移到冻存管中，−80℃冻存在聚苯乙烯泡沫塑料盒24h后转移至−180℃永久保存。

11．qRT-PCR分析拷贝数

(1) 使用基因组DNA纯化试剂盒提取1×10^6个细胞的DNA。使用NanoDrop2000测定DNA浓度。用无核酸酶水稀释基因组DNA至10ng/μL。

(2) 根据GOI设计TaqMan分析，如PrimerQuest软件（https://www.idtdna.com/PrimerQuest/）。设计引物并评估其特异性和效率。选择效率在90%～105%之间的特异引物。合成相应的FAM染料标记的TaqMan探针和检测TaqMan分析的效率。

(3) 使用VIC染料标记MGB探针对内源性单拷贝基因COSMC进行TaqMan检测，并检测其有效性:

COSMC_FW primer: 5'-ACCCGAACCAGGTAGTAGAA-3';

COSMC_RV primer: 5'-ACATGTCCAAAGGCCCTAAG-3';

COSMC probe: 5'-AGTGACAGCCATATTGGAACAGCATCC-3'。

(4) qRT-PCR进行拷贝数分析，计算需要的反应数（包括无模板对照）。每个反应至少重复三次。

(5) 准备反应混合物，加入PCR管或板中。混合成分（一个反应）：10μL 2×TaqMan基因表达反应混合液（Gene Expression Master Mix），1μL 2×TaqMan基因表达试验（Gene Expression Assay）(FAM)，1μL 2×TaqMan Gene Expression Assay (VIC)，2μL DNA模板，6μL无菌水。

(6) 按照以下条件下在qRT-PCR仪上运行各样品反应液：50℃2min；95℃1min；40个循环（95℃15s，60℃1min）。

(7) 使用公式计算每个克隆的GOI拷贝数:

$$CN = \left(1+Ef_{COSMC}\right)^{Ct_{mean\,(COSMC)}} / \left(1+Ef_{GOI}\right)^{Ct_{mean\,(GOI)}}$$

其中，CN为基因组中GOI拷贝数，Ct为循环阈值，Ef_{COSMC}为COSMC TaqMan分析效率，Ef_{GOI}是GOI TaqMan分析效率。

(8) 选择GOI具有一个拷贝数的克隆。

（四）注意事项

(1) 建议至少设计并测试两种不同的sgRNA。选择DNA裂解效率最高的sgRNA。为了验证sgRNA的有效性，可以使用T7核酸内切酶试验。

(2) USER克隆需要通过使用特异的3'单链DNA（连接子）直接组装多个DNA片段。

(3) 其他的转染方法也可以用于质粒转染，如电穿孔法。

(4) 针对特定细胞系而言，抗生素筛选的推荐药物浓度取决于所使用的选择标记物，使用不同浓度的筛选药物绘制杀菌曲线而加以确定。对于含新霉素抗性表达盒的 CHO-S 细胞，推荐使用 500μg/mL G418。对于含潮霉素抗性表达盒的 CHO-S 细胞，推荐使用 600μg/mL 潮霉素。每次都要配制含筛选药物的新鲜培养基（可分别向每孔中添加药物）。

（5）有限稀释是分离单细胞的另一种方法。在这种情况下，需要筛选更多的克隆，因为不能排除流式细胞仪富集后供体质粒随机整合的细胞。

（6）验证 qRT-PCR 引物和评估 qPCR 反应的扩增效率对于准确测量 GOI 拷贝数是很重要的。设计多套引物，用标准曲线和熔解曲线分析筛选。

（7）使用 TaqMan 方法，数字 PCR 可以代替 qRT-PCR 用于拷贝数分析。数字 PCR 较少依赖于引物效率，并提供了拷贝数的线性反应，这可以对拷贝数进行更准确的估计。

（贾岩龙、王小引）

第四节 表观遗传学技术

表观遗传学是研究基因的核苷酸序列不发生改变的情况下检测基因表达的可遗传变化，包括 DNA 甲基化、组蛋白修饰、染色质重塑和非编码 RNA 等。表观遗传修饰可以从 RNA、蛋白质和染色质等多个水平上调控动物细胞基因表达，进而影响重组蛋白药物的产量和质量。同时研究表观遗传学改变还有利于探索肿瘤、心脑血管疾病等相关疾病的分子病理机制。

一、DNA 甲基化分析

DNA 甲基化（DNA methylation）是指在 DNA 甲基化转移酶（DNA methyltransferases, DNMTs）的作用下，将甲基添加到 DNA 分子中的碱基上。DNA 甲基化主要是指发生在 CpG 二核苷酸中胞嘧啶上第 5 位碳原子的甲基化过程，其产物称为 5-甲基胞嘧啶（5-^{m}C），是真核生物 DNA 甲基化的主要形式，也是哺乳动物 DNA 甲基化的唯一形式。大量研究表明，DNA 甲基化能引起染色质结构、DNA 构象、DNA 稳定性及 DNA 与蛋白质相互作用方式的改变从而调控基因表达，是表观遗传学最重要的调控现象之一。

DNA 甲基化分析方法主要分为两类：一类是基因组整体水平的甲基化分析方法，主要包括重亚硫酸盐甲基化分析法（bisulfite methylation profiling, BiMP）、甲基化敏感扩增多态性（methylation sensitive amplification polymorphism, MSAP）检测方法、DNA 甲基化免疫共沉淀（methylated DNA immunoprecipitation, MeDIP）实验及甲基化芯片技术；另一类是基因特异位点的甲基化分析方法，主要包括甲基化特异性聚合酶链反应（methylation-specific polymerase chain reaction, MS-PCR）、甲基化敏感性单核苷酸扩增、甲基化敏感性高分辨率扩增及甲基化荧光 PCR 等方法。

（一）基因组整体水平的甲基化分析

1．原理

全基因组 DNA 甲基化分析技术非常重要，重亚硫酸盐甲基化分析（bisulfite methylation profiling, BiMP）方法常用于检测 DNA 甲基化。用重亚硫酸盐处理 DNA 会将未甲基化的胞嘧啶转化为尿嘧啶，而 5-甲基胞嘧啶不会转化。在随后的聚合酶链反应（polymerase chain reaction, PCR）扩增过程中，尿嘧啶扩增为胸腺嘧啶，而 5-甲基胞嘧啶扩增为胞嘧啶，从而产生 C 到 T 的转变（图 7.78）。尽管由重亚硫酸盐转化提供的 DNA 甲基化模式的单碱基检测具有明显优势，但这种方法也存在固有的挑战。成功的转化需要相对较高的温度（50℃～60℃）和低 pH 值（pH 5.2），这两者都可能导致 DNA 高度断裂。此外，在应用重亚硫酸盐转化 DNA 时，全基因组扩增方法导致重复性较差。重亚硫酸盐甲基化分析方法减轻了这些不利影响，并提供了适用于基于芯片进行全基因组甲基化的分析平台。该方法的优点是在制备重亚硫酸盐修饰 DNA 进行全基因组甲基化分析时，在扩增步骤中减少了偏好性。当应用高密度寡核苷酸芯片时，另一个优势是相对于甲基化敏感的限制性消化和甲基化富集方法提高了分辨率。

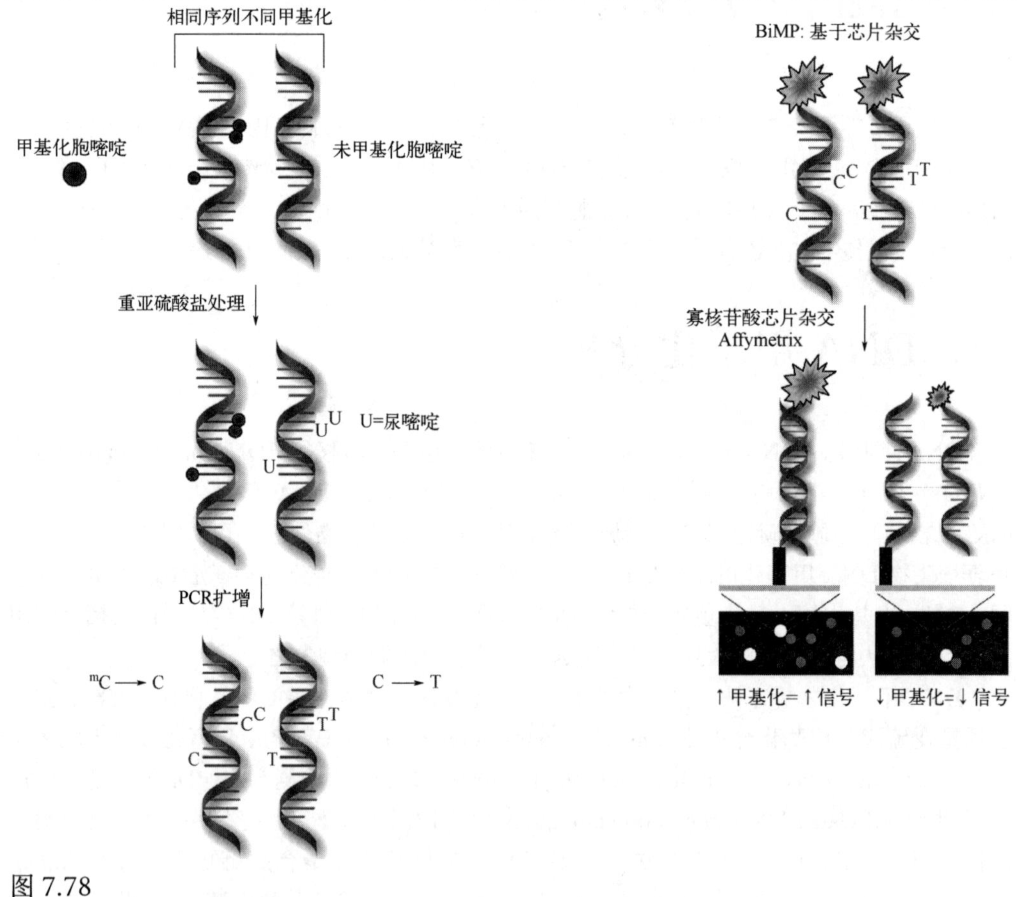

图 7.78
重亚硫酸盐甲基化分析（BiMP）方法示意图

2．主要材料

CHO 细胞、BSA（500μg/mL）、DMSO、dNTP 混合物、*Dra* Ⅰ核酸内切酶、DTT（0.1mol/L）、dUTP（2mmol/L）、EpiTect 重亚硫酸盐试剂盒、乙醇、$MgCl_2$（25mmol/L）、引物（5′-GTTTCCCAGTCACGATC-3′）、随机引物（5′-GTTTCCCAGTCACGATCNNNN-3′）、GeneChipWT 双链 DNA 末端标记试剂盒、蛋白酶 K、2×杂交缓冲液、RNA 6000 LabChip 试剂盒、RNA 杂交对照、RNaseA、测序稀释缓冲液、测序 DNA 聚合酶、测序反应缓冲液、基因芯片 GeneChip（Affymetrix）。

3．方法

1）DNA 制备

（1）使用 DNeasyKit 从每个 CHO 细胞样本中提取纯的 DNA。如果不使用试剂盒，在用苯酚/氯仿/异戊醇（25∶24∶1）提取 DNA 并用乙醇沉淀之前，确保通过用 RNaseA 和蛋白酶 K 处理样品以去除污染的 RNA 和蛋白质。

（2）用分光光度计测定 DNA 样品的浓度和纯度。凝胶电泳观察提取 DNA 的质量，确保样品完整性。

2）重亚硫酸盐转化未甲基化胞嘧啶为尿嘧啶

（1）用 *Dra* Ⅰ核酸内切酶酶切 DNA 样品（4μg）。用苯酚/氯仿/异戊醇（25∶24∶1）提取 DNA 片段并用乙醇沉淀。

（2）重亚硫酸盐转化时，按照说明书使用 EpiTect 重亚硫酸盐试剂盒处理 DNA（20μL 的 100ng/μL 溶液）。

（3）完成转化程序后，检查转化效率。

3）DNA 扩增

（1）取一份重亚硫酸盐转化的 DNA 用乙醇沉淀，并在 7μL 水中重悬。

（2）通过添加以下溶液为随机引物延伸准备样品：2μL 5×测序酶反应缓冲液和 1μL 随机引物（5′-GTTTCCCAGTCACGATCNNNN-3′，初始浓度为 40μmol/L）。

（3）将样品放入 PCR 仪中进行随机引物延伸。进行如下操作：94℃变性 2min，然后冷却至 10℃放置 5min。然后在每个样品中加入 5μL 的延伸反应混合物。对于每个样品，延伸反应混合物（在冰上制备）包括：1μL 5×测序酶反应缓冲液、1.5μL dNTP 混合物、0.7μL 0.1mol/L DTT、1.5μL 500μg/mL BSA、0.3μL 13U/μL 测序酶。通过轻轻上下吹打将样品与延伸反应混合物混合。

（4）对随机引物进行退火，以 0.05℃/s 的速度将温度升高至 37℃，然后进行延伸反应 8min。

（5）变性和延伸：重复变性步骤并冷却至 10℃放置 5min。其间向每个样品重新加入 1.2μL 测序酶（0.9μL 测序酶和 0.3μL 测序酶稀释缓冲液），然后重复引物退火和延伸。

（6）完成延伸循环后，向每个样品中加入 45μL 无菌水（最终体积为 60μL）。

（7）对于每个样品，使用 10μL 的延伸反应产物准备三个重复的 PCR 反应。将剩余的 30μL 测序酶反应产物保存在−20℃。

（8）对于随后使用尿嘧啶 DNA 糖基化酶进行裂解样品，在每个 PCR 反应中加入以下溶液：8μL 25mmol/L $MgCl_2$、20μL 5×Go*Taq* PCR 扩增缓冲液、5μL dNTP 混合物（dATP、dCTP 和 dGTP 各 10mmol/L；8mmol/L dTTP 和 2mmol/L dUTP）、1μL 引物（5′GTTCCCCAGTCACGATC-3′，

初始浓度为100μmol/L）、1μL 10U/μL Go*Taq* DNA聚合酶、55μL水（最终体积为100μL）。

（9）将样品放入PCR仪中并运行程序：94℃变性3min；94℃（30s）、40℃（30s）、50℃（30s）、72℃（1min），30个循环；72℃ 10min，4℃保存。

（10）使用PCR纯化试剂盒纯化每个反应，去除多余的引物、dNTP、酶和盐。将每个样品进行三个重复反应。

（11）用分光光度计测定DNA样品的浓度和纯度。凝胶电泳观察提取DNA的质量，确保样品完整性。每个样品至少上样100ng用于凝胶电泳。

4）扩增后质量评估

使用位点特异性PCR扩增和斑点杂交方法评估随机扩增反应产物的扩增偏好性。

5）DNA裂解和标记用于基因芯片分析

（1）对于每个杂交反应，用乙醇沉淀9μg扩增的DNA，并重悬于39.5μL无菌水中。

（2）使用GeneChip WT双链DNA末端标记试剂盒，通过将以下物质加入到每个样本中对DNA进行裂解和标记：4.8μL 10×cDNA裂解缓冲液、1.5μL 10U/μL尿嘧啶DNA糖基化酶、2.25μL 100U/μL无嘌呤/无嘧啶核酸内切酶1（APE1），然后短暂离心。

（3）裂解反应：37℃孵育2h，93℃变性2min，冷却至4℃至少2min。

（4）混合样品，短暂离心，然后将45μL反应产物转移到新的无菌PCR反应管中。

（5）按照说明书，使用Bioanalyzer 2100和RNA 6000 LabChip试剂盒，将剩余的样品等分为1μL评估裂解反应。

（6）向每个裂解DNA样品中加入以下成分（根据GeneChip WT双链DNA末端标记试剂盒）进行标记反应：12μL 5×末端脱氧核苷酸转移酶（TdT）缓冲液、2μL 30U/μL末端脱氧核苷酸转移酶、1μL 5mmol/L DNA标记试剂（总体积为60μL）。

（7）37℃孵育60min。

（8）加热至70℃，10min终止反应，然后冷却至4℃至少2min。

（9）在裂解和标记的DNA中加入以下溶液：4μL的3nmol/L对照寡核苷酸、12.5μL 20×RNA杂交对照、120μL 2×杂交缓冲液、16.8μL DMSO、36.7μL水。

（10）样品在99℃条件下变性5min，然后冷却至45℃，5min。

（11）将样品以13000r/min的速度离心5min。

（12）按照说明书步骤，将200μL样品转移到预杂交的GeneChip平铺阵列中，在45℃条件下进行杂交，时间16h。

4．注意事项

（1）在选择核酸内切酶时，重要的是要考虑被分析的基因组中识别位点的频率。频繁酶切将导致DNA片段的酶切位点分布范围更窄，容易变性，从而增加有效转化的可能性。

（2）QIAGEN试剂盒通常具有较高的转化效率（>99%），并提供DNA保护缓冲液，减少DNA裂解。转化效率通过对代表已知甲基化和未甲基化位点的内源性靶标进行克隆分析来评估。不建议在样品中添加外源DNA作为“内源性转化对照”。由于纯度或变性的差异，此类DNA（例如噬菌体DNA）可能会被转化，而基因组DNA则不会。

（3）添加测序酶时，将PCR管放置于PCR仪中。该步骤允许在新合成的链上进行退火和延伸，从而在序列酶衍生模板的5'和3'末端创建引物位点。

（4）dUTP 的掺入速率可能会影响裂解速率。对于高度去甲基化的样品，可能需要通过减少 dUTP 的数量来优化这一步。如果样本不打算使用尿嘧啶糖基化酶进行裂解，则省略 dUTP，并使用相同的 dNTP 混合物。

（5）当使用扩增 DNA 不能产生位点特异性 PCR 扩增产物时，扩增保真度降低。相反，以成功的扩增产物为代表，并不能保证在复制样本之间全基因组的重复性。因此，斑点杂交方法提供了一种不同的方法来评估扩增保真度。

（6）使用凝胶电泳检查酶切 DNA 的等分试样，以验证样品是否已完全被消化。如果样品没有被完全消化，则需要一种能够去除所有多糖的 DNA 提取方法。

（7）确保 DNA 沉淀在乙醇沉淀步骤后完全重悬。

（8）移液管轻轻吸取重亚硫酸盐溶液和 DNA 溶液并混匀，以确保所有 DNA 都暴露在处理中。

（9）如果转化效率仍然低下，在开始重亚硫酸盐转化步骤之前，通过在 95℃条件下加热 5min，然后在冰上冷却使 DNA 样品变性。

（10）在所有步骤中都要格外小心以避免污染，并彻底清洁所有工作表面。

（二）基因特异位点的甲基化分析

1．原理

甲基化特异性聚合酶链反应（methylation-specific polymerase chain reaction, MS-PCR）是一种比重亚硫酸盐测序更快速检测 DNA 甲基化变化的方法。该方法是在用重亚硫酸盐处理样品 DNA 后，甲基化的胞嘧啶不变，而未甲基化的胞嘧啶则被尿嘧啶替代。PCR 反应时，设计两对不同的引物：一对引物针对经亚硫酸氢钠处理后的未甲基化 DNA 链设计，若用该对引物能扩增出片段，说明该检测位点没有甲基化；另一对引物序列针对经亚硫酸氢钠处理后的甲基化 DNA 链设计，若用该对引物能扩增出片段，说明该检测位点发生了甲基化改变。此外，通过自动化设计可以在 96 孔板中制备和分析样品。该方法可用于定量（qPCR 荧光定量法）或定性（琼脂糖凝胶电泳）检测 DNA 甲基化的变化（图 7.79）。

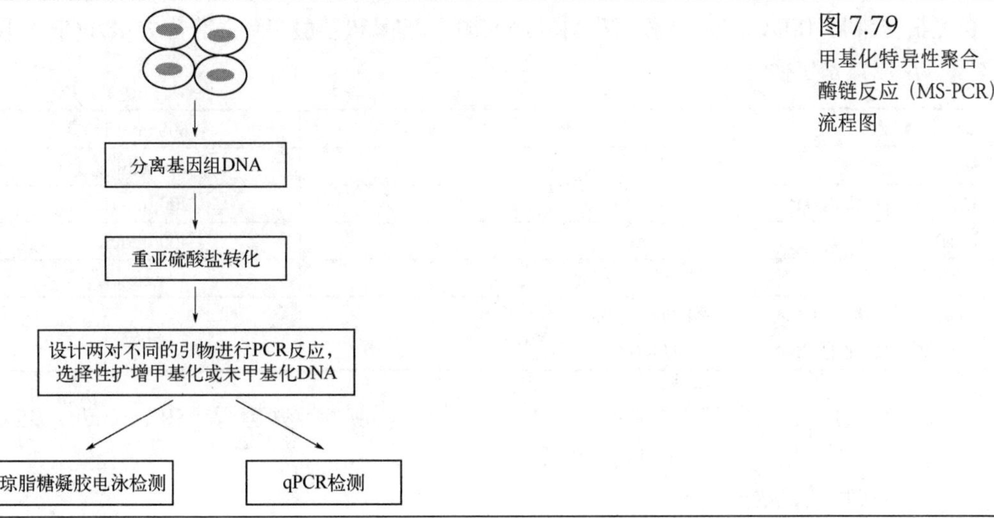

图 7.79 甲基化特异性聚合酶链反应（MS-PCR）流程图

2. 主要材料

3%琼脂糖凝胶、醋酸铵、重亚硫酸盐转化试剂、DNA 纯化试剂盒、dNTPs（10mmol/L）、乙醇、溴化乙锭溶液、基因特异性 TaqMan 探针、基因组 DNA、糖原、异丙醇、矿物油、$MgCl_2$、含 5'荧光报告染料（6FAM）和 3'猝灭染料（TAMRA）的寡核苷酸探针、PCR 缓冲液（10×，含 1.5mmol/L $MgCl_2$）、*Taq* 聚合酶（5U/μL）。

3. 方法

（1）按照重亚硫酸盐甲基化分析方法中的步骤进行重亚硫酸盐转化。

（2）对于甲基化的定性分析，使用方法 A；对于 DNA 甲基化的定量分析，使用方法 B。

方法 A：基于琼脂糖凝胶电泳的 MS-PCR 产物检测。

（1）设置两个 PCR 反应，一个用于检测甲基化 DNA，另一个用于检测未甲基化的 DNA。典型的 25μL PCR 体系为：

PCR 缓冲液（10×）（含 1.5mmol/L $MgCl_2$）	2.5μL
dNTP（10mmol/L）	0.5μL
正向引物（10pmol/L）	0.5μL
反向引物（10pmol/L）	0.5μL
重亚硫酸盐转化的 DNA	2.5μL（5%重亚硫酸盐转化 DNA）
Taq 聚合酶（5U/μL）	0.5μL
H_2O	18μL

（2）将反应管放入 PCR 仪中进行 DNA 扩增。根据经验确定最佳扩增条件。

（3）在含溴化乙锭的 3%琼脂糖凝胶上分析 PCR 产物，每 50mL 凝胶使用 5μL 10mg/mL 溴化乙锭。使用紫外荧光分析仪观察结果。

方法 B：使用荧光定量法定量分析 DNA 甲基化。

（1）使用位点特异性 PCR 引物扩增重亚硫酸盐转化的基因组 DNA，该引物两侧带有 5'荧光报告染料（6FAM）和 3'猝灭染料（TAMRA）的寡核苷酸探针。准备 25μL PCR 扩增体系，反应体系包括：

每种引物	600nmol/L
探针	200nmol/L
dATP、dCTP 和 dGTP	200μmol/L
dUTP	400μmol/L
$MgCl_2$	3.5mmol/L
TaqMan 缓冲液 A（含对照染料和 *Taq* 聚合酶） 重亚硫酸盐转化的 DNA 或未转化的 DNA	1×

（2）将反应置于荧光定量 PCR 仪中。设定以下反应参数并运行：50℃ 2min，95℃ 10min，95℃ 15s 和 60℃ 1min 进行 40 个循环。

（3）qPCR 结果数据分析。

4. 注意事项

(1) 5-杂氮-2'-脱氧胞苷（5-aza-2'-deoxycytidine,5-aza-2dC）是一种 DNA 甲基转移酶抑制剂，它能使细胞以 DNA 复制依赖的方式失去 DNA 上的甲基标记。经 5-aza-2dC 处理的细胞制备的基因组 DNA 可作为 MS-PCR 分析的对照。可使用任何一种人类细胞系基因组 DNA 作为阳性对照。

(2) MS-PCR 需要两对引物，分别用于扩增未甲基化和甲基化区域。

(3) 对于培养的动物细胞基因组 DNA 的提取，可以使用 QIAGEN 细胞培养 DNA 提取试剂盒制备 DNA。DNA 通过苯酚/氯仿提取、RNaseA 处理进行纯化，然后用乙醇沉淀。−20℃条件下保存。

二、组蛋白修饰分析

组蛋白翻译后修饰是染色质功能调节的方式之一。组蛋白是一类高度保守的蛋白质，是细胞中修饰程度最高的蛋白质之一。组蛋白的 N 末端可发生甲基化、乙酰化、磷酸化、泛素化等多种共价修饰，这些修饰可以改变 DNA-组蛋白的相互作用，使染色质的构型发生改变，在真核细胞的染色质结构重塑和基因表达调控方面发挥着重要的作用。其中，组蛋白乙酰化修饰主要发生在赖氨酸残基上，用来激活基因转录；组蛋白甲基化修饰多发生在赖氨酸和天冬氨酸残基上，调节染色质结构及细胞生长和增殖；组蛋白磷酸化修饰多发生于丝氨酸残基，在 DNA 损伤修复及细胞分裂和细胞凋亡中起作用；组蛋白泛素化修饰在赖氨酸上较为常见，引起基因沉默。

传统的组蛋白修饰分析方法主要有 Edman 降解法和免疫测序法，但 Edman 降解法耗时长，免疫测序法中抗体较难制备。目前，针对组蛋白修饰分析方法主要基于质谱技术、酶联免疫吸附测定（enzyme linked immunosorbent assay, ELISA）和染色质免疫共沉淀（chromatin immunoprecipitation, ChIP）技术（见本章第五节）。

1. 原理

内标准校正 ChIP 实验（internal standard calibrated ChIP, ICeChIP）是新开发出的技术，给研究人员一种客观的尺度来评估 ChIP 测量值，实现更高的精确度和可重复性、更好的质量控制和公正的实验比较，这极大地提高了表观遗传学研究的准确性。将纯化的细胞核掺入带有条码的核小体标准品，条码代表在染色质通过微球菌核酸酶（micrococcal nuclease, MNase）消化破碎之前进行靶向和非靶向修饰。代表不同浓度梯度的 4～5 个特异性条码被分配给每个核小体修饰，以表示每个核小体上不同的彩色末端序列。将断裂的染色质与带有抗体的磁珠结合以纯化目的核小体。回收 DNA，测序并绘制基因组。该方法针对特异性进行了优化和定量，能够测定抗体特异性和基因组位点的组蛋白修饰密度，准确检测哺乳动物细胞全基因组中的组蛋白翻译后修饰，适合更广泛地用于真核细胞（图 7.80）。

2．主要材料

HEK293 细胞、Tris-HCl、NaCl、KCl、蔗糖、盐酸、NaOH、$MgCl_2·6H_2O$、$CaCl_2·2H_2O$、DTT、PMSF、蛋白酶抑制剂、NP-40 替代物、EDTA、EGTA、NaH_2PO_4、KH_2PO_4、SDS、甘油、吐温-20、硼酸、氯化锂、脱氧胆酸钠、乙醇、PEG-8000、蛋白酶 K、琼脂糖、1kb Plus DNA 标记、SYBR Gold、MNase、Dynabeads Protein G、CHT 陶瓷羟基磷灰石Ⅰ型（HAP；20μm 粒径）、Quant-iT PicoGreen 双链 DNA 检测试剂盒、NEBNext UltraⅡDNA 文库准备试

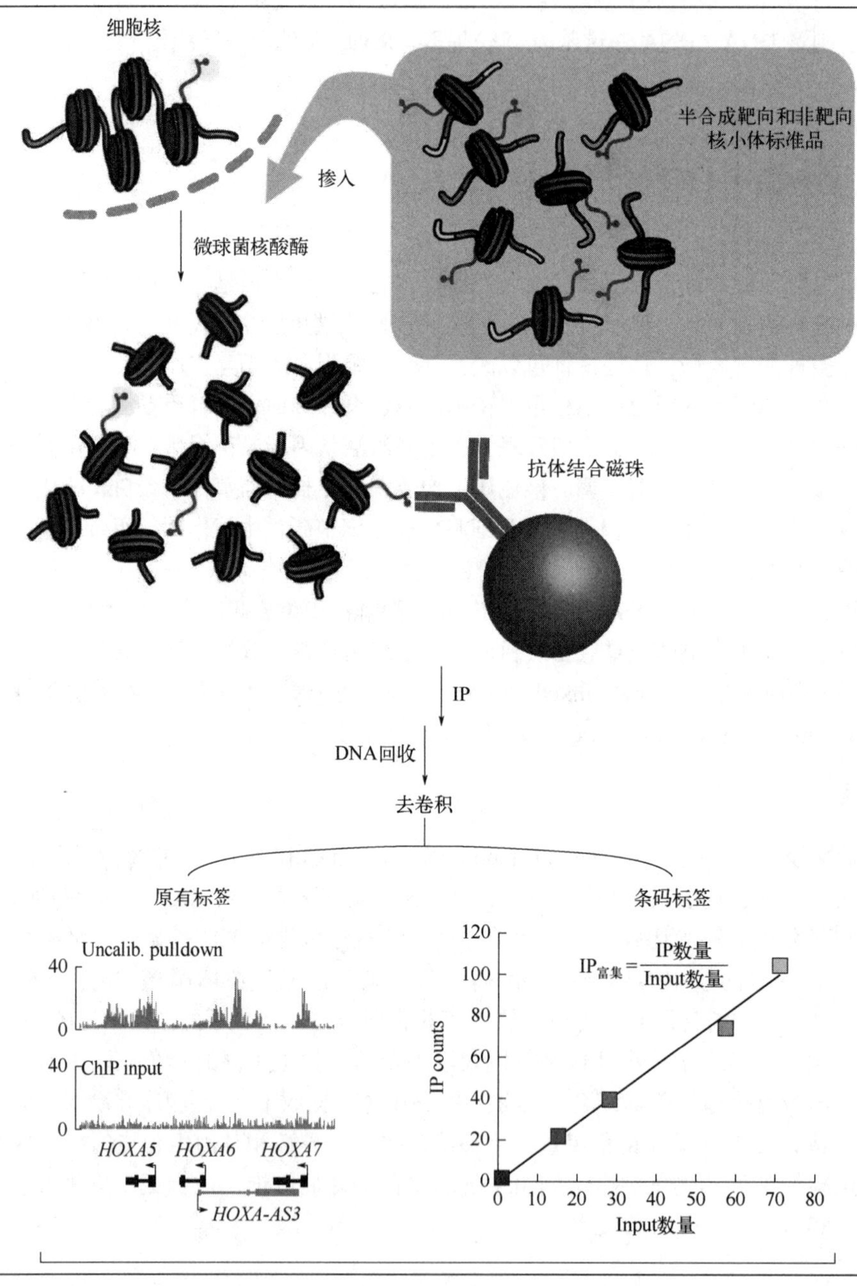

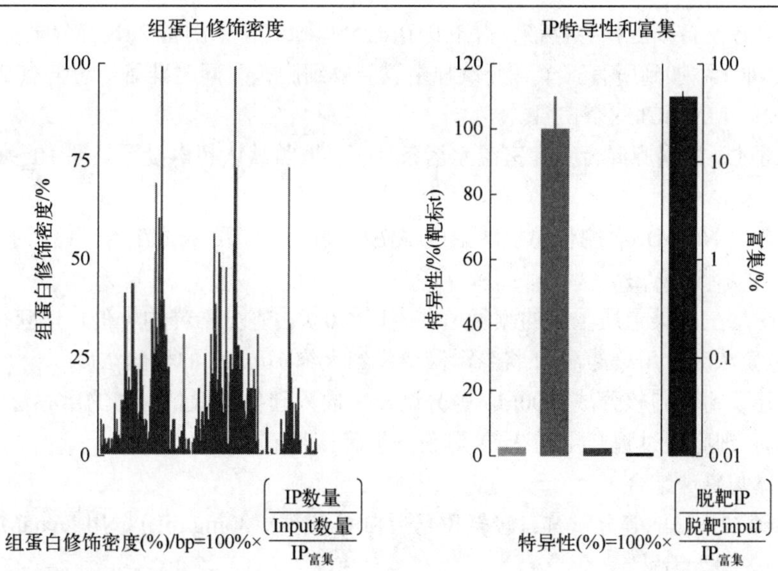

图 7.80
ICeChIP-seq 工作流程图

剂盒、NEBNext Multiplex Oligos、引物和探针、半合成核小体标准物、抗组蛋白修饰抗体、无核酸酶水、0.4%台盼蓝溶液、384 孔微孔板、DynaMag-96 磁铁。

3．方法

1）细胞核制备

(1) 培养 10^8 个细胞至对数生长期，收集前 3～6h 加入新鲜培养基。

(2) 胰酶消化传代细胞，4℃、500r/min 离心 5min 收集细胞沉淀，弃上清液。

(3) 将沉淀重新悬浮在 5mL 冷的 PBS 中，4℃、500r/min 离心 5min 弃上清液。重复此洗涤步骤。

(4) 将沉淀重新悬浮在 5mL 冷的缓冲液 N（配制方法见附录 1）中，4℃、500r/min 离心 5min 弃上清液。重复此洗涤步骤。

(5) 将细胞重新悬浮在 2 倍沉淀体积的缓冲液 N 中。10^8 个细胞需要大约 2mL。测定细胞悬浮液的体积。

(6) 将 1 体积的冷的 2×裂解缓冲液加入细胞悬液中，上下吹打至少 10 次混合。在冰上孵育 10min。

(7) 4℃、500r/min 离心 5min 沉淀细胞核并弃去上清液。

(8) 在新的 15mL 锥形管中，加入 7.5mL 的蔗糖垫。在 2.5mL 的缓冲液 N 中重新悬浮细胞核，并用移液器将悬浮液轻轻地放在蔗糖垫的顶部。如果粗核悬浮液和蔗糖之间的边界非常清晰，则将移液器尖端浸入缓冲垫几毫米处，然后缓慢搅拌以确保“模糊”界面。太尖锐的相界会导致细胞核过度挂起并破坏缓冲的作用。4℃、500r/min 离心 10min 沉淀细胞核。首先完全去除顶部约 5mL 上清液，然后吸出剩余的上清液。

(9) 将细胞核重新悬浮在 6 倍沉淀体积的缓冲液 N 中并置于冰上。

（10）轻轻混合细胞核悬浮液，并立即在三个单独的管中制备 2μL 等分试样。将 18μL 的 2mol/L NaCl 添加到所有三个等分试样中以裂解细胞核。同时准备一个盛有 2μL 缓冲液 N 和 18μL 2mol/L NaCl 的空白管。

（11）通过剧烈涡旋混合并在室温水浴条件下，按照默认超声设置处理 10～15min 以溶解染色质。

（12）通过 NanoDrop 测量总核酸浓度，使用缓冲液 N 和 2mol/L NaCl 作为空白溶液。C (ng/μL) = A_{260}×50ng/μL。

（13）平均三个染色质浓度的测量值并乘以 10（占等分稀释的十倍）以获得细胞核悬液中的染色质浓度。用缓冲液 N 将悬浮液稀释到大约 1μg/μL 的核酸浓度。

（14）建议将细胞核分成 100μL 等分试样，放入硅化、低黏附力的离心管中。从 10^8 个细胞中制备细胞核过程产生约 7～8 等份的细胞核悬液。

2）抗体与磁珠结合

（1）制备 25μL 的等分试样，轻轻重悬蛋白 G 磁珠（30mg/mL）。用 DynaMag-96 磁铁收集珠子并去除上清液。

（2）通过移液器将珠子重新悬浮在 200μL 的 ChIP 缓冲液 1 中，再次放置在磁铁上并去除上清液。重复此洗涤一次。

（3）用 ChIP 缓冲液 1 将 6μg 的抗体稀释至 100μL 的最终体积并添加到珠子中。使用移液器重悬珠子。

（4）在 4℃旋转器上孵育至少 1h。

（5）用磁铁收集珠子并去除上清液。

（6）将珠子重新悬浮在 200μL 的 ChIP 缓冲液 1 中，并在磁铁上去除上清液。重复此洗涤一次。

（7）在 25μL 的 ChIP 缓冲液 1 中重新悬浮珠子，并在冰上放置长达 6h，同时消化染色质并进行核小体的 HAP 纯化。

3）MNase 消化和 HAP 纯化

（1）将冻存的细胞核解冻并通过移液器充分混合。

（2）按说明书推荐的每个核小体标准品的数量将核小体标准品添加到含有 100μg 染色质的细胞核中，并通过移液器混合。

（3）900r/min，37℃预热核 2min。

（4）加入 1.5μL MNase 溶液，900r/min，37℃孵育 10min。孵育完成后，立即置于冰上。

（5）通过在轻轻涡旋的同时添加 0.1 倍体积的 MNase 终止缓冲液终止消化。例如，如果添加标准品后的样品体积为 110μL，则添加 11μL 的 MNase 终止缓冲液。

（6）通过在轻轻涡旋的同时加入 0.12 倍体积的 5mol/L NaCl 来裂解细胞核。例如，如果添加标准品和终止消化后的样品体积为 121μL，则添加 14.5μL 的 5mol/L NaCl。

（7）4℃、18000r/min 离心 1min 沉淀裂解核的不溶性部分。将包括染色质的可溶性部分转移到新离心管中并置于冰上，弃不溶性沉淀。

（8）在离心管中，用 200μL 的 HAP 缓冲液 1 水化 66mg HAP 树脂，并通过移液器混合。

（9）将可溶性染色质部分加入水化 HAP 树脂中。4℃、10～15r/min 旋转 10min。

（10）将 HAP 树脂转移到 0.45μm UltraFree-MC 离心过滤装置，4℃、1000r/min 离心 30s。在冰上保存 5μL 用于纯化和观察并丢弃剩余部分。

（11）将 200μL 的 HAP 缓冲液 1 加入 HAP 树脂，4℃、1000r/min 离心 30s。重复此步骤 3 次，总共用 HAP 缓冲液 1 洗涤 4 次。汇集流出液，在冰上保存 5μL 用于纯化和观察并丢弃剩余部分。

（12）将 200μL 的 HAP 缓冲液 2 加入 HAP 树脂，4℃、1000r/min 离心 30s。重复此步骤 3 次，用 HAP 缓冲液 2 洗涤 4 次。汇集流出液，在冰上保存 5μL 用于纯化和观察并丢弃剩余部分。

（13）将过滤装置转移到新的离心管中。将 100μL 的 HAP 洗脱缓冲液加入 HAP 树脂，4℃、1000r/min 离心 30s，保存洗脱液。重复此步骤两次，共进行 3 次洗脱。

（14）通过移液器或轻轻涡旋混合洗脱液并充分混合。在冰上留出 5μL 的洗脱液用于纯化和观察，此时应该显示出一个单核糖体池。

（15）通过 NanoDrop 测量裂解和纯化的染色质浓度，一式三份，HAP 洗脱缓冲液用作空白对照。染色质浓度可近似为 $50\times A_{260}$。

（16）使用 ChIP 缓冲液 1 将染色质浓度调整为 20μg/mL。

4）免疫沉淀

（1）保存 15μL 的染色质并将其放在冰上用作 input 组。

（2）将每个 IP 的抗体偶联珠子添加到适量的染色质中。

（3）在 4℃条件下温和旋转孵育样品 10min。用磁铁收集珠子并去除上清液。

（4）将珠子重新悬浮在 200μL 的 ChIP 缓冲液 2 中，将树脂转移到新管中，4℃、10r/min 旋转 10min。用磁铁收集珠子并去除上清液。

（5）重复步骤（4）进行第二次 ChIP 缓冲液 2 洗涤。

（6）将珠子重新悬浮在 200μL 的 ChIP 缓冲液 3 中，将树脂转移到新管中，4℃、10r/min 旋转 10min。用磁铁收集珠子并去除上清液。

（7）将珠子重新悬浮在 200μL 的 ChIP 缓冲液 1 中，然后转移到新管中。用磁铁收集珠子并去除上清液。

（8）在 200μL 的 TE 缓冲液中重新悬浮珠子。用磁铁收集珠子并去除上清液。

（9）将珠子重新悬浮在 PCR 管中 50μL 的 ChIP 洗脱缓冲液中，并在 55℃ PCR 仪中孵育 5～10min。

（10）用磁铁收集珠子并将上清液转移到新管中。将 35μL 的 ChIP 洗脱缓冲液加入 input 组中，使其总量达到 50μL，然后转移到新管中。将 45μL ChIP 洗脱缓冲液加入为观察而保存的 5μL 样品中，使每个样品的总量达到 50μL，然后转移到新的离心管中。

5）DNA 纯化

（1）在每个样品中加入 2μL 的 5mol/L NaCl、1μL 的 500mmol/L EDTA 和 1μL 的 20mg/mL 蛋白酶 K。

（2）在 55℃ PCR 仪中孵育 2h，进行蛋白酶 K 消化。

（3）蛋白酶 K 消化 1.5h 后，在室温下将 SeraPure 珠子放在旋转器上以平衡温度并重新悬浮珠子。

（4）在蛋白酶 K 消化 2h 后，向每个样品中加入 150μL 的 SeraPure 珠子，并通过移液器充分混合。室温孵育 15min。

（5）将珠子收集在磁铁上至少 5min，然后取出并丢弃上清液。

（6）在不从磁铁上取下管子/珠子的情况下，将 200μL 的 70%（体积比）乙醇添加到珠子中。在不重新悬浮珠子的情况下，除去所有乙醇。让其干燥 1min。

（7）重复步骤（6）两次。

（8）取出珠子并重新悬浮在 50μL 的 0.1×TE 缓冲液中。用磁铁收集珠子，并将含有纯化 DNA 的上清液转移到新管中。

6）DNA 观察

（1）在 1×TBE 2%琼脂糖凝胶中以 5～7V/cm 的恒定速率电泳 DNA 标记和保存的样品中一半的纯化 DNA，电泳 1h 后进行观察。

（2）用 1×SYBR Gold 将凝胶染色 1h，并用紫外透射仪进行观察，以确保 DNA 存在于洗脱液中并且是单核小体大小（大小为 150～200 bp）。

7）使用 qPCR 进行 DNA 定量

（1）为每个 qPCR 引物和探针组合配制 qPCR 20×引物-探针混合物，用于基因组位点和核小体标准品，每个引物 18μmol/L，探针 5μmol/L。

（2）对于每个 qPCR 20×引物-探针混合物，使用 1.1×3×（样本数）×5μL 的 2×TaqMan 基因表达预混液和 1.1×3×（样本数）×0.5μL 的 qPCR 20×引物-探针混合物制备反应液。

（3）吸取 5.5μL 反应特异性预混液加入 qPCR 孔板中，为每个样品设置一式三份的反应复孔。

（4）吸取 4.5μL 的 1∶10 稀释液（input 和 DNA 纯化步骤中的每个 IP）加入到包含反应特异性预混液的 qPCR 孔板中。通过上下吹打至少十次充分混合。步骤（2）～（4）中 qPCR 反应体系见下表：

试剂	体积/μL	最终浓度
20×qPCR 引物-探针混合物	0.5	每条引物 900nmol/L，250nmol/L 水解探针
TaqMan 基因表达预混液	5	
样本 DNA	4.5	
总体积	10	

（5）用透明盖子盖住 qPCR 板，离心（500r/min，2min，4℃）使反应液均置于孔底部。

（6）qPCR 反应程序按照下表进行：

循环数	变性	退火/延伸	读数
1	95℃，10min	—	否
2～40	95℃，15s	60℃，1min	是

（7）使用以下公式计算每个标准和基因组基因座的富集：富集= 2^{IN-IP}× (稀释) ×100%，其中 IN 和 IP 代表 IP 和 input 的 C_q 值，稀释代表 input 组染色质比 IP 组染色质的稀释倍数。该富集值表示在 IP 组中发现的 DNA 量除以在实验 input 组中发现的 DNA 量，本质上是每个基因座或每个核小体标准的 pull-down 效率。因此，应为每个标记的基因组位点（$Enrichment_{Locus}$）

和每个相关的标准品计算富集值，特别是针对目的核小体的扩增子（$Enrichment_{On\text{-}Target}$）和其他相关的脱靶核小体（$Enrichment_{Off\text{-}Target}$）。

（8）组蛋白修饰密度（histone modification density, HMD）计算公式为 $Enrichment_{Locus}/Enrichment_{On\text{-}Target}\times100\%$。

（9）脱靶结合计算公式为 $Enrichment_{Off\text{-}Target}/Enrichment_{On\text{-}Target}\times100\%$。

8）在制备 Illumina 文库前使用 PicoGreen 进行 DNA 定量

（1）使用无核酸酶水从 Quant-iT PicoGreen dsDNA 检测试剂盒提供的无核酸酶 10×TE 缓冲液中配制 300 + 50×（input 和 IP 数）μL 的 1×TE 缓冲液。

（2）用 1×TE 缓冲液组成 150 + 25×（input 和 IP 数）μL 的 1×PicoGreen。

（3）用 49μL 1×TE 缓冲液稀释 1μL 100ng/μL Lambda dsDNA 储存液（随 PicoGreen 试剂盒提供），制成 50μL 2ng/μL Lambda dsDNA 溶液。

（4）将 27μL 1×TE 缓冲液用移液器放入三个单独的管中。依次将 3μL 的 2ng/μL Lambda dsDNA 溶液稀释到每个管中。最终得到四种溶液，Lambda dsDNA 浓度分别为 2ng/μL、0.2ng/μL、0.02ng/μL 和 0.002ng/μL。

（5）使用适合荧光读板器的 Corning 孔板，转移 25μL Lambda dsDNA 连续稀释到读板器的孔中。将 25μL 1×TE 缓冲液转移到读板器的另一个孔中进行背景测量。

（6）将 24μL 1×TE 缓冲液转移到与 input 和 IP 数量一样多的孔中。

（7）将 1μL 每个 input 组或 IP 组 DNA 转移到含有 TE 缓冲液的孔中。

（8）在每个含有 Lambda dsDNA、input 或 IP 组的孔中加入 25μL 1×PicoGreen。通过在孔中上下吹打十次混合。

（9）将板包裹在铝箔中，4℃ 500r/min 离心 2min 以收集孔底的液体。室温孵育 2～3min。

（10）使用 Tecan Infinite F200 Pro 读板机读取荧光：485nm 激发光，535nm 发射光，最佳增益，10 次闪光，20μs 积分时间，0ms 滞后时间和 10ms 稳定时间。

（11）对于每个样品，取三个荧光测量值的平均值，然后从空白背景样品中减去平均荧光读数。

（12）使用平均荧光读数减去连续稀释的 Lambda dsDNA 样品的空白荧光读数，在 Excel 中计算荧光读数与添加到每个孔中的 DNA 量（即 50ng、5ng、0.5ng 和 0.05ng）之间的线性回归斜率。使用回归斜率计算 input 和 IP 样本的每个孔中的 DNA 量（按 25 倍稀释因子计算），这也是 input 和 IP 样本的浓度（以 ng/μL 为单位）。

（13）将每个样品的浓度乘以样品的体积，以获得每个 input 或 IP 样品的 DNA 量。

9）NGS 文库 adaptor 连接

（1）对于含有至少 10ng DNA 的样品，将 10ng DNA 转移到 PCR 管中，用水稀释至 50μL 的最终体积。多余的 DNA 在−80℃下储存。对于含有<10ng DNA 的样品，将所有材料用 Milli-Q 水稀释至最终体积为 50μL。

（2）向每个 50μL 样品中加入 7μL NEBNext Ultra Ⅱ End Prep Reaction Buffer 和 3μL NEBNext Ultra Ⅱ End Prep Enzyme Mix，通过上下吹打十次充分混合。

（3）将样品在 PCR 仪中 20℃孵育 30min，65℃孵育 30min，4℃保存，加热盖始终设置为≥75℃。

（4）从冰箱中取出 SeraPure 珠子，以便它们在需要时处于室温，并以约 10r/min 的速度上下旋转至少 30min 以完全重悬珠子。

（5）将 NEBNext Adaptors 稀释至每个样品 2.5μL 的最终体积。样品使用 5～10ng DNA，将 NEBNext Adaptors 从储存液中稀释 10 倍。对于<5ng DNA 的样品，将 NEBNext Adaptors 从储存液中稀释 25 倍。

（6）向每个样品中添加 30μL 的 NEBNext Ultra Ⅱ Ligation Master Mix、1μL 的 NEBNext Ligation Enhancer 和 2.5μL 稀释的 NEBNext Adapters。通过上下吹打十次充分混合。

（7）将样品在 PCR 仪中 20℃孵育 15min，并关闭加热盖。

（8）向每个样品中加入 3μL 的 USER Enzyme，并通过上下吹打十次充分混合。在 PCR 仪中 37℃孵育样品 15min，加热盖设置为≥47℃。

（9）将 82μL 的 SeraPure 珠子添加到每个样品中。通过上下吹打至少十次充分混合，并在室温下孵育 15min。

（10）在磁铁上收集珠子至少 5min，取出并丢弃上清液。

（11）在不从磁铁中取出珠子的情况下，将 200μL 的 70%乙醇添加到珠子中。在不重新悬浮珠子的情况下，除去所有乙醇，干燥 1min。

（12）重复步骤（11）两次。

（13）从磁铁中取出珠子并重新悬浮在 17μL 的 0.1×TE 缓冲液中。用磁铁收集珠子，并将含有纯化 DNA 的上清液转移到新的离心管中。

10）NGS 文库扩增

（1）决定生成 DNA 文库的多重方案。

（2）向每个样本中依次加入以下试剂：

试剂	体积/μL	最终浓度
NEB Index 引物	5	960nmol/L
NEB 通用 PCR 引物	5	960nmol/L
NEBNext Ultra Ⅱ Q5 预混液	25	
样本 DNA	17	
总体积	52	

（3）由 10ng DNA 制备的文库，使用以下反应条件进行 PCR：

循环数	变性	退火/延伸
1	98℃，30s	—
2～8	98℃，10s	65℃，75s

（4）重复 9）NGS 文库 adaptor 连接步骤（9）～（13），使用 60μL 的珠子并重新悬浮在 25μL 的 0.1×TE 缓冲液中。

（5）按照 8）在制备 Illumina 文库前使用 PicoGreen 进行 DNA 定量步骤（1）～（13），使用 Quant-iT PicoGreen dsDNA 检测试剂盒量化文库浓度。

（6）根据多重方案将文库混合到测序所需的最终浓度，并进行长度至少为 42 bp 的双端测序。

11）NGS 数据分析

（1）如果每个样本有多个.fastq 文件，则使用 cat 命令将每次读取的.fastq 文件连接在一起，以便每个样本每次读取只有一个.fastq 文件，如下所示。例如，如果读取 1 的文件为 read1_A.fq、read1_B.fq、read1_C.fq，而读取 2 的文件为 read2_A.fq、read2_B.fq、read2_C.fq，则应按照两个单独的命令：

cat read1_A.fq read1_B.fq read1_C.fq > read1.fq

cat read2_A.fq read2_B.fq read2_C.fq > read2.fq

（2）创建包含目的参考基因组（例如，hg38、mm10 或 dm6）和用于标准的条形码（通常基于核小体定制）的串联基因组.fasta 文件。例如，如果这两个.fastq 文件都是在同一文件夹中，可以使用单行命令：

cat hg38.fq barcodes.fq > hg38_w_barcodes.fq

（3）在文本编辑器或 Excel 中，将校准表构建为制表符分隔的文件，使第一列包含每个条码名称，第二列包含相应的组蛋白标记。例如，在文本编辑器中，可以键入以下内容：

[DNA sequence 1] [tab] [corresponding nucleosome A]

[DNA sequence 2] [tab] [corresponding nucleosome A]

[DNA sequence 3] [tab] [corresponding nucleosome B]

...

（4）根据串联基因组-条形码.fasta 文件，建立染色体长度索引文件。例如，可以使用单行命令：

samtools faidx hg38_w_barcodes.fq && awk '{print $1"\t"$2}' hg38_w_barcodes.fq.fai > hg38_w_barcodes.len

（5）根据串联基因组-条形码.fasta 文件，使用单行命令建立 Bowtie2 索引文件。

bowtie2-build hg38_w_barcodes.fq hg38_w_barcodes

（6）运行 icechip 脚本（http://github.com/shah-rohan/icechip）至自动对齐。fastq 文件，过滤长度和质量，并生成基因组覆盖图和校准文件，均使用单行命令：

./icechip -p <number of cores> -x hg38_w_barcodes -1 <fastq for PE read 1>

-2 <fastq for PE read 2> -g hg38_w_barcodes.len

-c <calibration table> -o <output file base name>

（7）在对 IP 和相关输入执行步骤（6）之后，运行 computeHMDandError 脚本 (http://github.com/shah-rohan/icechip)，使用以下单行命令公式计算 HMD 和 95%置信区间：

./computeHMDandError -m <name of modification>

-1 <IP genome coverage bedgraph> -2 <input genome coverage bedgraph>

-g <length file>

（8）使用校准文件输出 IP 和 input 校准读数，计算测序实验中 IP 的特异性。将靶核小体标准的 input 与 IP 读取计数绘制为散点图，以评估 ICeChIP 的线性。

4．注意事项

（1）在添加裂解缓冲液之前，细胞必须处于单细胞悬液中，可通过上下吹打细胞至少两次获得均匀的溶液。

（2）确保在去除剩余的上清液之前完全去除上清液顶部的细胞碎片。如果未能完全清除细胞碎片，则会干扰染色质浓度的测量。

（3）超声设置因超声仪而异。如果使用 Branson 2800 Ultrasonic Cleaner 以外的超声仪，则时间和设置可能会有所不同，需要根据经验进行优化。当溶液不黏稠且可以移液时，超声处理完成。

（4）标准品必须在 MNase 消化之前添加。如果在之后添加标准 MNase 消化，任何留在标准品中的游离 DNA 将存在于 input 组中，但不存在于 IP 组中。因此，核小体标准品的富集将被缩减，基因组位点的 HMD 测量值将相应增加。25fmol/L 的每个核小体标准品足以满足 100μg 粗染色质的要求。

（5）MNase 终止缓冲液应在涡旋时添加，以防止局部高浓度 EDTA 和 EGTA 盐导致核小体分解。

（6）细胞核裂解应在涡旋时进行，以防止局部高浓度 NaCl 导致核小体分解。

（7）如果染色质浓度<40μg/mL，则添加 1 体积的 ChIP 缓冲液 1 以稳定核小体。然而，天然核小体在低于 5ng/μL 时本质上是不稳定的，容易解体。如果是这种情况，HMD 值可能会缩小，因为 DNA 结合序列重组的半合成核小体比天然基因组核小体更稳定。如果染色质浓度<5ng/μL，建议使用按比例缩小的 HAP 色谱重复该过程，以便在更小的体积中洗脱。

（8）不要将抗体与样品过度孵育，长时间孵育往往会导致特异性降低。大多数抗体能够在几分钟内达到饱和，而珠子表面的非特异性沉淀会发生得更慢，随着时间的推移而积累。因此，应及时限制抗体结合。

（9）SeraPure 非常黏稠，因此应小心移液和混合，确保吸取准确的体积。

（10）NEBNext Ultra Ⅱ Ligation Master Mix 具有高黏度特性，因此应使用移液器仔细混合。如果对试剂进行预混合以添加到每个样品中，请勿将 NEBNext Adaptors 添加到预混液中。

（11）双末端测序至关重要。如果没有双末端测序，就无法知道插入片段的长度，这意味着无法过滤样本以排除非单核小体片段，不可避免地会扭曲数据并减少量化的准确性。

（12）若不熟悉 UNIX 命令环境和文件操作，建议实验人员熟悉基本的 UNIX 命令（例如，可参阅 http://mally.stanford.edu/～sr/computing/basic-unix.html）。

三、非编码 RNA 分析

非编码 RNA（non-coding RNA）是指不编码蛋白质的 RNA。非编码 RNA 从长度上可划分为 3 类：小于 50nt，包括 microRNA、siRNA、piRNA；50nt 到 500nt，包括 rRNA、tRNA、snRNA、snoRNA、SLRNA、SRPRNA 等；大于 500nt，包括类似于 mRNA 的非编码 RNA，不带 poly A 尾巴的长链非编码 RNA 等。非编码 RNA 主要通过调控 mRNA 翻译成蛋白质的过程参与调控生物体的生长、发育和细胞凋亡。

用于检测非编码 RNA 的技术主要有 Northern 印迹、荧光定量 PCR、表达文库克隆、芯片技术、表面增强拉曼光谱法和高通量测序法。目前比较常用的是芯片技术及高通量测序。

1. 原理

为了获得转录区域的高分辨率图谱，通过一种称为瞬时转录组测序（transient transcriptome sequencing, TT-seq）的方法进行生物素标记。通过将4-硫尿苷（4-thiouridine, 4SU）细胞代谢标记与高通量测序相结合，提供了一种简便方法来捕获新生和新合成的RNA转录物。我们主要介绍一种RNA断裂的化学方法，即TT_{chem}-seq，该法能够通过直接在培养基中添加4SU标记新生RNA。同时，TT_{chem}-seq与可逆的CDK9抑制剂5,6-二氯苯并咪唑1-*β*-D-呋喃核糖苷（DRB）结合瞬时抑制早期转录延伸，用于测量体内RNA聚合酶Ⅱ延伸率，称之为DRB/TT_{chem}-seq。片段化RNA中的4SU残基被生物素化并用链霉亲和素结合。DRB/TT_{chem}-seq通过DRB抑制早期RNAPⅡ延伸，DRB处理后RNAPⅡ释放呈时间依赖性，与TT_{chem}-seq结合进而标记新合成的RNA（图7.81）。该实验方法需要分子生物学和组织培养的基本知识，计算分析需要数据分析知识以及R和Bash编程语言。

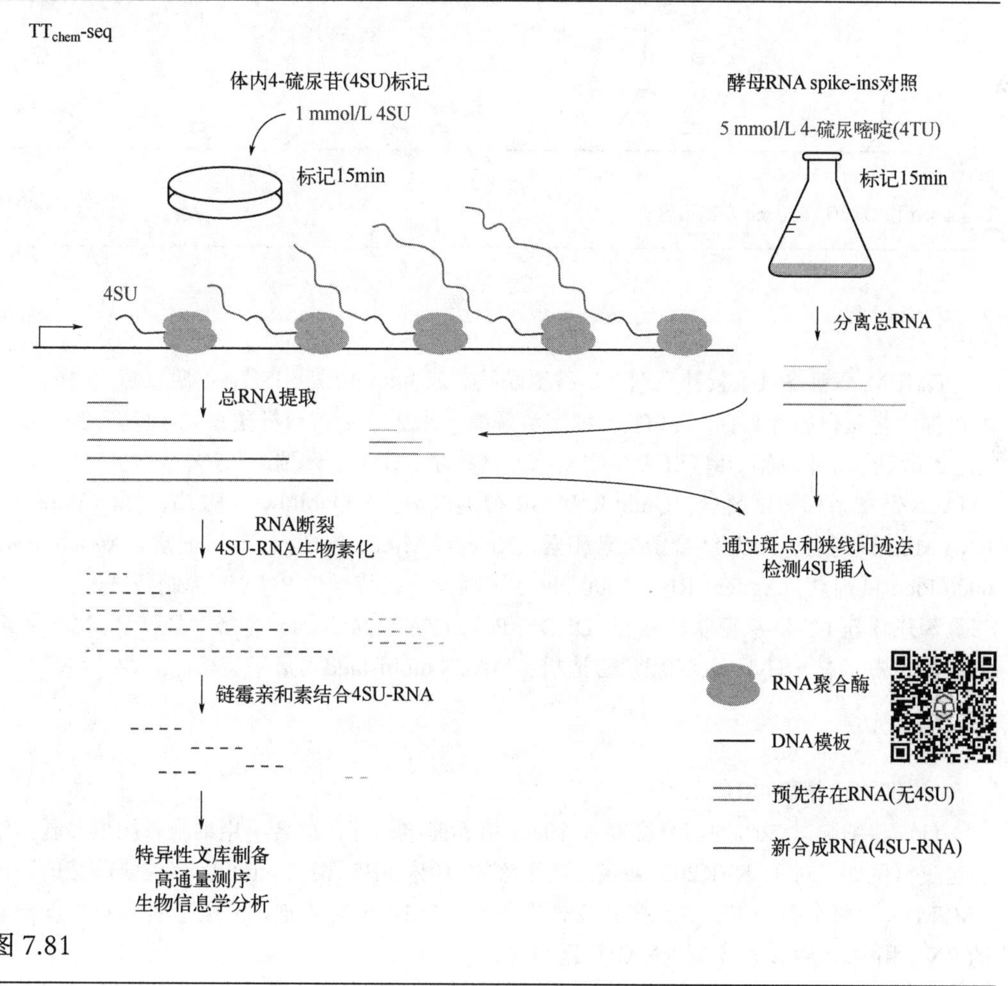

图7.81

DRB/TT_{chem}-seq

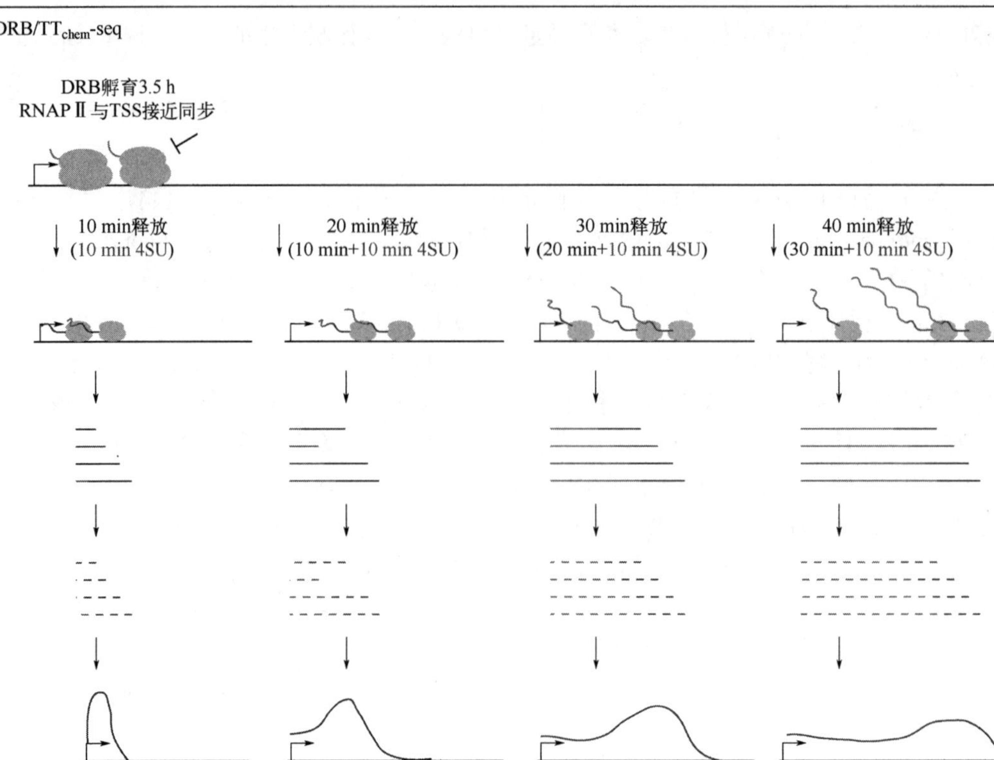

图 7.81

TT_{chem} seq 和 DRB/TT_{chem}-seq 方法示意图

2．主要材料

DMEM 高糖谷氨酰胺补充剂、L-谷氨酰胺（200mmol/L）、4SU、4-硫尿嘧啶（4TU）、酵母提取物蛋白胨葡萄糖（YPD）、细胞溶解酶（来源于藤黄节杆菌）、2-巯基乙醇、溴酚蓝、乙酸钠、亚甲基蓝、MTSEA 生物素-XX 连接子、DMF、苯酚/氯仿/异戊醇（25∶24∶1）、μMACS 链霉亲和素试剂盒、Qubit RNA BR 检测试剂盒、Qubit RNA HS 试剂盒、PureLink RNA Mini 试剂盒、HRP 结合链霉亲和素、RNeasy MinElute Cleanup 试剂盒、Agilent RNA 6000 Pico 试剂盒、Agilent RNA 6000 Nano 试剂盒、链特异性 RNA 文库制备试剂盒、5,6-二氯苯并咪唑 1-*β*-D-核糖呋喃糖苷（DRB）、RNaseZAP、MaXtract 高密度凝胶管、Micro Bio Spin P-30 凝胶柱、Hybond-N 膜、磁选机、MACS multistand、量子荧光计。

3．方法

1）细胞培养和 4SU 标记

（1）将细胞以 50%的融合度铺入 10cm 培养皿中，并在适合所用细胞系的培养基中培养过夜（例如，对于 HEK293 细胞，使用添加 10% FBS 和 2mmol/L L-谷氨酰胺的高糖 DMEM）。为每个时间点、实验样品或对照准备一个 10cm 培养皿。按照选项 A 分析新转录的 RNA 和/或选项 B 以绘制 RNAP Ⅱ 延伸率。

选项 A：用 4SU 处理细胞进行 TT_{chem}-seq（新生 RNA 转录谱）。

将 4SU 直接添加到组织培养基中，最终浓度为 1mmol/L。用 4SU 孵育细胞 15min。例如，将 20μL 的 0.5mol/L 4SU 直接添加到含有 10mL 培养基的 10cm 培养皿中，并混合培养基以使 4SU 均匀分布。

选项 B：用 DRB 和 4SU 处理细胞进行 DRB/TT_{chem}-seq（RNAPⅡ延伸率）。

① 在每个时间点用 100μmol/L DRB 处理 10cm 细胞培养皿 3.5h（通常设置四个时间点：10min、20min、30min 和 40min）。例如，将 10μL 100mmol/L DRB 储存液添加到含有 10mL 培养基的 10cm 培养皿中，轻轻摇动使 DRB 均匀分布在培养基中。

② 用预热至 37℃的 10mL PBS 通过三次洗涤解除 DRB 抑制。将预热的新鲜培养基添加到细胞中。

10min 释放。PBS 洗后将含有 1mmol/L 4SU 的新鲜培养基直接添加到细胞中。用 4SU 孵育 10min，以便标记新合成的 RNA。例如，PBS 洗涤后，将 10mL 培养基与 20μL 0.5mol/L 4SU 直接混合到 10cm 培养皿中。

20min 释放。添加新鲜培养基（不含 4SU）孵育细胞 10min，然后将 4SU 添加到培养基中至终浓度为 1mmol/L，以在最后 10min 内标记新合成的 RNA。例如，将 20μL 0.5mol/L 4SU 直接添加到含有 10mL 培养基的 10cm 培养皿中，并混合培养基以均匀分布 4SU。

30min 释放。添加新鲜培养基（不含 4SU）孵育细胞 20min，然后将 4SU 直接添加到培养基中至终浓度为 1mmol/L，并在最后 10min 内标记 RNA。

40min 释放。添加新鲜培养基（不含 4SU）孵育细胞 30min，然后如上所述添加 4SU 并标记 10min。

（2）吸出培养基并通过在每个 10cm 培养皿中加入 1mL TRIzol 来停止标记（如果使用更大的培养皿，则根据需要放大）。用细胞刮刀将细胞从板上刮下，然后将 TRIzol-细胞混合物收集到离心管中。

2）总 RNA 提取

（1）将 200μL 氯仿添加到 1mL TRIzol-细胞混合物中，并充分摇匀 30s。4℃、12000r/min 离心 15min。

（2）要制备 MaXtract 高密度凝胶管，首先将含有凝胶的管在室温下以 12000r/min 离心 20～30s，以收集管底部的凝胶。将上层水相转移到凝胶管中，将其放在凝胶顶部。然后向该水相中加入等体积的氯仿/异戊醇（24∶1）。4℃、12000r/min 离心 5min。离心后，凝胶树脂将分离为有机相（底部）和水相（顶部），使其更容易转移到水相中，而不会从有机相中受到任何污染。

（3）将步骤（2）的上层水相转移到新管中，向水相中加入 1.1 倍体积的异丙醇。在室温孵育 20min。4℃、12000r/min 离心 20min 以沉淀 RNA。

（4）用 750μL 85%（体积比）乙醇清洗 RNA 沉淀。4℃、7500r/min 离心 5min。

（5）移除乙醇，使 RNA 沉淀风干。将沉淀重新悬浮在 50～100μL 无 RNase 水中。使用 Qubit RNA BR 检测试剂盒测量 RNA 浓度，并根据说明书使用 Agilent RNA 6000 Nano 试剂盒在生物分析仪上检查 RNA 完整性。

3）酵母 4SU-RNA 掺入物的制备

（1）在 30℃摇动培养箱中，使用 YPD（添加 2%葡萄糖）过夜培养 5mL 酿酒酵母 BY4741

预培养物。

（2）在 50mL 培养基中将酿酒酵母培养物稀释至 OD_{600}=0.1，并在 30℃条件下培养直到培养物达到 OD_{600} 值为 0.8（对数期），通常需要 5～7h。

（3）通过将 4TU 添加到 5mmol/L 终浓度来标记 RNA。例如，添加 250μL 1mol/L 4TU 储存液到 50mL 液体培养基中。在 30℃条件下标记细胞 5min。4℃、500r/min 离心 5min。

（4）用 300μL 含裂解酶的酶解酵母 RNA 提取缓冲液重悬细胞沉淀，将悬浮液转移到离心管中，并在 30℃条件下孵育 30min。

（5）根据说明书使用 PureLink RNA Mini 试剂盒纯化 RNA。使用 300μL 无 RNase 水洗脱 RNA。

（6）使用 Qubit RNA BR 检测试剂盒测量 RNA 浓度，浓度应在 500～1000ng/μL 之间。

4）通过点印迹或槽印迹评估 4SU 掺入

（1）为每个样品准备一管 2～10μg 总 RNA，溶于总体积为 247μL 无 RNase 水中。

（2）将 3μL 的生物素缓冲液和 50μL 0.1mg/mL MTSEA 生物素-XX 连接子（溶解在 DMF 中）添加到 RNA 样品中，在室温避光孵育 30min。

（3）使用凝胶管从过量的游离生物素连接子中纯化生物素化 RNA。要制备 MaXtract 凝胶管，首先将含有凝胶树脂的管在室温下 12000r/min 离心 20～30s，以收集底部的树脂。将 250μL 的苯酚/氯仿/异戊醇（25∶24∶1）加入生物素化 RNA 中，并将混合物转移到凝胶管中。4℃、12000r/min 离心 5min。离心后，凝胶将有机相（底部）和水相（顶部）分离，使其更容易转移到水相中，而不会从有机相中受到任何污染。将含有 RNA 的上层水相转移到新管中。

（4）通过添加 1/10 体积（水相通常为 25μL）的 5mol/L NaCl 和 1.1 倍体积（水相通常为 275μL）的异丙醇，从收集的水相中沉淀 RNA。颠倒试管几次混合，室温孵育 10min。

（5）4℃、20000r/min 离心 20min 以沉淀 RNA，弃上清液。

（6）使用 500μL 85%乙醇清洗 RNA 沉淀，4℃、20000r/min 离心 5min。

（7）使用 10μL 无 RNase 水溶解 RNA 沉淀。

（8）将 Hybond-N 膜和 Whatman 纸浸泡在不含 RNase 的水中，然后将膜放在点或槽印迹装置中的 2～3 张 Whatman 纸上。Whatman 纸的数量可以根据点或槽印迹装置进行调整，以实现膜和点/槽印迹装置之间的紧密密封。将设备连接到真空泵并打开。

（9）将步骤（7）中含有 2～10μg 生物素化 RNA 的 10μL 样品滴到膜上。

（10）关闭真空泵并拆卸点/槽印迹装置，切割膜的角以指示左/右和上/下方向。

（11）在紫外交联仪（Stratalinker）或类似装置中以 0.2J/cm^2（254nm）的速度对膜进行紫外交联。

（12）室温下使用点/槽印迹封闭缓冲液孵育 20min 来封闭膜。

（13）室温下用点/槽印迹封闭缓冲液 1∶50000 稀释 1mg/mL HRP-链霉亲和素，反应 15min。

（14）在点/槽印迹封闭缓冲液中洗涤膜两次，每次 10min，然后在点/槽印迹洗涤缓冲液Ⅰ中洗涤两次，每次 10min，在点/槽印迹洗涤缓冲液Ⅱ中洗涤两次，每次 10min。

（15）通过检测 ECL 试剂、使用胶片或成像设备来观察生物素结合的 HRP 结合链霉亲和素的信号（如果信号太强而无法获得适当的曝光，可能需要在水中 1∶5 稀释 ECL 试剂）。

（16）室温下使用点/槽印迹染色溶液孵育 10min 染膜以评估 RNA 上样量。在水中多次洗涤去污，可以使用常规扫描仪或成像设备获得染色膜的图片。

5）RNA 片段化

（1）每个样品使用 100μL 无 RNase 水混合 100μg 4SU 标记的哺乳动物细胞 RNA 和 1μg 酿酒酵母 4TU 标记的 RNA。添加 20μL 1mol/L NaOH 使 RNA 片段化，冰上孵育混合物 20min。

（2）通过添加 80μL 1mol/L Tris（pH 6.8）终止 RNA 片段化，并立即在 Micro Bio-Spin P-30 凝胶柱上进行清洗反应。

（3）准备预装的 Micro Bio-Gel 离心柱（含有在 Tris 缓冲液中水合的 Bio-Gel，pH 7.4）。剧烈颠倒 Micro Bio-Spin P-30 凝胶柱数次以重新悬浮沉淀的凝胶并去除气泡。折断吸头并将色谱柱放入 2mL 管中（随色谱柱提供）。取下顶盖，如果柱子中的液体填充缓冲液没有开始流动，请将盖子推回柱子上，然后再次将其取下以开始流动。让多余的填充缓冲液通过重力排到凝胶顶部（约 2min）。弃去排出的缓冲液，然后将柱子放回 2mL 管中。在室温下以 1000r/min 离心 2min 以除去剩余的缓冲液。

（4）将色谱柱放入干净的 1.5mL 管中。小心地将步骤（2）中的 200μL 样品直接加入色谱柱中心，并在室温下 1000r/min 离心 4min。收集含有 RNA 的流出液。

（5）重复步骤（3）和（4），对每个样品使用新的 Micro Bio-Spin P-30 凝胶柱，并取出所有洗脱填料。将第二轮柱清洗的流出物收集到新的 1.5mL 管中，片段化的 RNA 在该 Tris 缓冲液中。

6）4SU-RNA 生物素化

（1）将 3μL 的生物素缓冲液和 50μL 0.1mg/mL MTSEA 生物素-XX 连接子（溶解在 DMF 中）添加到 200μL 片段化 RNA 中并充分混合，在室温避光条件下孵育 30min。

（2）使用凝胶管纯化过量带有游离生物素连接子的生物素化 RNA。要制备 MaXtract 凝胶管，首先将含有凝胶树脂的离心管在室温下 12000r/min 离心 20～30s，以收集底部的凝胶。将 250μL 的苯酚∶氯仿∶异戊醇（25∶24∶1）添加到生物素化 RNA 中，并将混合物转移到凝胶管中。4℃、12000r/min 离心 5min。将含有 RNA 的上层水相转移到新管中。

（3）加入 1/10 体积（水相）5mol/L NaCl 和 1.1 倍体积的异丙醇。颠倒试管几次混合，在室温下孵育 10min；4℃、20000r/min 离心 20min 以沉淀 RNA，弃上清液。

（4）在 500μL 85%（体积比）乙醇中清洗 RNA 沉淀，向沉淀中加入乙醇，4℃、20000r/min 离心 5min，然后弃去乙醇。

（5）使用 50μL 无 RNase 水溶解重组 RNA。

7）链霉亲和素下拉 4SU-RNA

（1）将生物素化 RNA 在 65℃条件下变性 10min，然后在冰上快速冷却 5min。

（2）将 200μL μMACS 链霉亲和素树脂（来自 μMACS 链霉亲和素试剂盒）添加到生物素化 RNA 中并在室温下旋转孵育 15min。

（3）将 μColumn 置于放置在 MACS 支架上的 μMACS 磁选机的磁场中。通过用 100μL

核酸平衡缓冲液（作为 μMACS 链霉亲和素试剂盒的一部分提供）冲洗来准备色谱柱。

(4) 将 μMACS 链霉亲和素微珠和 RNA 样品应用到柱基质的顶部：磁珠将保留在柱中的固体基质中，而不含 4SU 的 RNA 将流过柱。或者将流出物收集为“非 4SU 标记的、预先存在的 RNA”。

(5) 用 500μL 预热（55℃）pull-down 洗涤缓冲液清洗色谱柱两次。

(6) 通过添加 100μL 洗脱缓冲液来洗脱 4SU-RNA，并收集洗脱液。5min 后用 100μL 洗脱缓冲液重复洗脱，并汇集两个洗脱液。

(7) 使用 RNeasy MinElute Cleanup 试剂盒清洗和浓缩 4SU-RNA 洗脱液（以及收集的非 4SU 标记的预先存在的 RNA）。为了有效地从 MinElute 离心柱中捕获<200nt 的片段，与 Qiagen 说明书步骤相比，应增加添加到 RNA 和 RLT 缓冲液中的乙醇量。对于 200μL 样品，加入 700μL RLT 缓冲液和 1050μL 100%乙醇，充分混匀并应用于 MinElute 离心柱，分三轮向柱中加入 700μL 混合样品，室温 11000r/min 离心 30s，弃掉流出液并添加下一个 700μL，然后重复离心并添加剩余体积。其余步骤按照 Qiagen 说明书推荐的步骤操作。使用 15μL 无 RNase 水洗脱 RNA。

(8) 根据 Agilent RNA 6000 Pico 试剂盒说明书在生物分析仪上检查纯化 4SU-RNA 的大小。纯化后 4SU-RNA 的大小分布应与片段化 RNA 的大小相匹配。使用 Qubit RNA HS Assay 试剂盒测定 RNA 浓度以确定文库制备前的浓度。

8) 用于高通量测序的链特异性文库制备

(1) 使用纯化的 4SU-RNA 制备文库以进行高通量测序。对于具有 Illumina 兼容的索引引物的链特异性文库，可以使用任何标准文库制备步骤。例如，可以将 KAPA Stranded RNA-Seq Library Preparation 试剂盒 (KAPA Biosystems) 或 KAPA RNA HyperPrep 试剂盒 (Roche)与 KAPA Dual-Indexed Adapter 试剂盒 (Roche) 一起使用。由于最初的 RNA 已片段化，在文库制备过程中不需要进一步的 RNA 片段化。为避免纯化的 4SU-RNA 进一步 RNA 片段化，请遵循降解 RNA 步骤，在 65℃使用 KAPA Stranded RNA-Seq Library Preparation 试剂盒 (KAPA Biosystems)的 2×片段、引物和洗脱缓冲液（试剂盒随附）孵育 30s，或在 65℃与 KAPA RNA HyperPrep 试剂盒(Roche)的 2×片段、引物和洗脱缓冲液孵育 1min，然后进行第一链合成。

(2) 按照说明书步骤进行剩余的文库制备。作为可选步骤，当我们使用新的细胞系或新的 4SU 标记时间或 RNA 片段化条件进行实验时，可进行测试 PCR 以避免测序文库的过度扩增。按照说明书步骤设置最终 PCR 程序，在六个循环后暂停 PCR 反应，并取出 10%～20%的体积放在冰上，继续 PCR 反应并继续每第二个循环取出一个等分试样。添加 DNA 上样染料并在 6% TBE 凝胶上运行。用 SYBR Gold 染色并使用 UV 进行观察。选择所需的最终 PCR 循环数作为“饱和前的两个循环”。通常以 6～9 个循环来扩增文库。

(3) 进行标准文库质控以确定 DNA 浓度并确认最终文库的大小（这将取决于 RNA 片段的大小和文库制备试剂盒提供的接头的大小）。使用 KAPA 文库制备试剂盒获得了峰值大小在 280～300nt 之间的 DNA 文库。

9) 高通量测序

以单端或双端模式对样本进行测序，在 HiSeq 2500、HiSeq 4000 或任何其他兼容平台上获得每个样本约5000～7000万次读数（reads）。

10）生物信息学分析

(1) 使用FastQC或类似软件评估文库质量。应该使用标准QC过滤，可以参考FastQC资源（https://www.bioinformatics.babraham.ac.uk/projects/fastqc/），了解如何评估文库质量的详细信息。

(2) 校准。为目的基因（例如，人GRCh38）准备STAR基因组索引，使用现有的基因注释信息。大多数模式生物的基因组序列和基因注释文件从Ensembl网站获得。将读数与每个指标对齐，使用带有-quantMode GeneCounts选项的STAR，考虑数据是单端数据还是双端数据。使用SAMtools或Picard对生成的基因组比对BAM文件中的重复读数进行排序、表征和标记。

(3) 比例因子。通过计算假设酵母掺入物在每个样本中均等存在的“比例因子”，使用来自酵母掺入物的读取计数对每个单独的测序样本进行标准化。使用酵母尖峰对齐计算每个样本的比例因子，以便标准化文库大小的差异。为此，生成酵母基因水平计数矩阵并将其传递给Bioconductor DESeq2包中的estimateSizeFactors函数。基因计数信息可以从STAR输出文件（*.ReadsPerGene.out.选项卡）中获取，每个样本与掺入物对齐，或者可以使用htseq-count或Bioconductor的GenomicAlignments::summarizeOverlaps函数等软件直接从BAM文件生成计数矩阵。在计数信息不适用的情况下，BAM文件中唯一映射读数（reads）的总数可用于计算比例因子。

(4) *BigWig*文件。首先使用SAMtools将目的BAM文件拆分为读数（reads）映射到正向链和读数（reads）映射到反向链，从而创建缩放的、特定于链的*BigWig*文件。使用带有-scaleFactor参数的deepTools的bamCoverage函数将每个链特定的BAM文件转换为缩放的*BigWig*文件。要为TT_{chem}-seq创建metagene配置文件，请使用选项A；要计算RNAPⅡ延伸率，请使用选项B。

选项A：TT_{chem}-seq元基因谱。

基因体和TSS元配置文件。使用-SS选项ngs.plot创建基因体的有义和反义元配置文件和TSS区域。如果数据是配对的，首先将输入BAM文件限制为仅使用SAMtools获得的mate 1读数。

选项B：计算RNAPⅡ延伸率（仅限DRB/ TT_{chem}-seq）。

① 扩展的TSS元配置文件。使用R中的Bioconductor的GRanges包和GTF基因注释文件，创建一组基因组区间，代表标准染色体宽度为60～300kb的非重叠蛋白质编码基因的TSS区域（−2kb：+120kb）。使用Ensembl基因视图而不是转录本特异性注释，其中基因的边界是通过折叠转录本的间隔来定义的。Ensembl基因视图是Ensembl在其免费提供的GTF文件中使用的“基因”的定义，可以在https://www.ensembl.org/info/data/ftp/index.html获取深度配置文件，将读取覆盖率扩展到每百万读取计数（RPM）。计算每个碱基对上RPM的调整平均值（0.01）。

② 波峰calling，元基因。使用smooth.spline函数（spar=0.9）将平滑样条拟合到每个扩展的TSS元配置文件。计算一个波峰作为每个样本的样条曲线上的最大值。通过仅考虑样条曲线中前一个时间点峰值之前的点，确保波峰随时间推进。

③ 波峰calling，单基因。这个过程类似于元基因波峰calling，但对单个基因的读

取深度覆盖率较低。对于每个基因，计算一个平滑样条并将一个波峰称为样条达到最大值的位置。随后过滤掉低表达的基因（例如，整个碱基对的总覆盖率−2kb：+120kb 区域<100）、任何有漏掉的数值以及没有随时间推进的波峰。此外，在第一个（例如 10min）样本中过滤掉波峰<2kb 的基因，这一步是减少 TSS 区域信噪的可选步骤，是否需要取决于分析的时间点。如果预期转录已经到达基因的末端，有时有必要在生成过滤时忽略最终时间点。峰值 calling 函数包含在 R 脚本 DRB-TTseq.R 以及相应的 DRB-TTseq.Rmd Rmarkdown 文档和相关的 HTML 文件（DRB-TTseq.html）中，可在 GitHub 页面上找到（https://github.com/crickbabs/DRB_TT-seq/releases/tag/v1.2 和 https://github.com/crickbabs/DRB_TT-seq）。

④ 延伸率。将线性模型拟合到作为时间函数的计算波峰位置，以确定每分钟每千个碱基的延伸率。如果时间= 0，样本不可用，则通过假设相对于 TSS 波峰位置为 0bp，选择在计算中包括一个。计算延伸率的函数可在 GitHub 页面上找到。

4．注意事项

（1）在每个样本和对照组之间保持 4SU 标记时间完全相同。如果同时处理多个样品，则每隔 1min 向每个培养皿中添加 4SU，以便在样品之间留出足够的时间，并可以在每个样品和对照添加 4SU 后完全相同的时间停止标记。

（2）确保每个样品和对照的 4SU 准确地保持在 10min。如果并行处理多个样本，则错开 4SU 的添加，以便在添加 4SU 后的 10min 内有足够的时间收获每个样本。

（3）TRIzol 和氯仿是有毒的，应在通风橱中进行操作。

（4）虽然可以使用市售试剂盒（如 RNeasy 试剂盒）提取总 RNA，建议使用 TRIzol/氯仿提取，然后使用异丙醇沉淀来纯化总 RNA，因为这不会限制纯化 RNA 的总量。相比之下，大多数柱试剂盒的结合能力有限（最大量为 100μg）。

（5）为提高 RNA 回收率，建议使用凝胶管进行相分离。凝胶管预装了凝胶，可在离心后分离为有机相和水相，从而轻松去除顶部水相，且不会受到底部有机相任何污染。

（6）使用 Qubit 荧光计测量 RNA 浓度，因为 NanoDrop 分光光度计上的浓度测量不准确，并且测得的 RNA 浓度偏高。准确测量 RNA 浓度很重要，因为酵母掺入物是根据此添加的。

（7）RNA 应该使用苯酚/氯仿/异戊醇而不是市售的 RNA 纯化试剂盒来纯化，因为这些试剂盒中包含的缓冲液通常含有还原剂，可以切割二硫键并从 RNA 中去除生物素。

（8）确保使用多余的水洗掉染色溶液以去除背景染色，同时留意膜，因为洗涤剂过多或洗涤时间过长也会去除 RNA 染色。

（9）在冰上的孵育时间对于 RNA 片段的大小分布至关重要。如果需要更短的片段，可以将孵育时间增加到 30～40min。

（10）使用 Micro Bio-Spin P-30 凝胶柱代替乙醇沉淀，以确保 RNA 溶液的 pH 值迅速恢复到 7.5，以阻止进一步的 RNA 片段化。

（11）通常，从约 100～300ng 的 4SU-RNA 开始制备文库，由>50ng 含 4SU 的 RNA 制备的文库在单个基因水平的覆盖率方面效果最佳。

（张玺、王小引）

第五节 DNA 与蛋白质相互作用分析

常用的研究 DNA-蛋白质相互作用的实验方法主要包括：凝胶迁移实验（electrophoretic mobility shift assay，EMSA）、DNase Ⅰ 足迹实验、酵母单杂交（yeast one-hybrid，Y1H）系统、染色质免疫沉淀（chromatin immunoprecipitation，ChIP）、噬菌体展示技术等。凝胶迁移实验可用于验证体外转录因子与其相关的 DNA 结合序列相互作用，也可用于研究蛋白质-DNA、蛋白质-RNA 相互作用，但不能发现新的 DNA-蛋白质的相互作用。DNase Ⅰ 足迹实验不仅可以确定转录因子是否与 DNA 直接结合，而且能鉴定其结合的 DNA 序列。酵母单杂交系统用于检测转录因子和 DNA 间的相互作用，以转录因子为中心时，可鉴定出与转录因子结合的 DNA 区域；以 DNA 为中心时，可鉴定出与 DNA 相结合的转录因子，便于筛选和发现新的 DNA-蛋白质相互作用。ChIP 是体内确定与特异性蛋白结合的基因组区域的方法。噬菌体展示技术可用于筛选与靶基因启动子结合的蛋白质。

一、凝胶迁移实验

（一）原理

凝胶迁移或电泳迁移率实验是一种研究 DNA 结合蛋白及其相关的 DNA 结合序列之间的相互作用的技术，可用于定性和定量分析（如图 7.82）。这一技术最初用于研究 DNA 结合蛋白，目前也用于研究 RNA 结合蛋白和特定的 RNA 序列的相互作用。通常将纯化的蛋白质和细胞粗提液与 ^{32}P 同位素（或者生物素、荧光）标记的 DNA 或 RNA 探针一同孵育，在非变性的聚丙烯酰胺凝胶上电泳，分离复合物和非结合的探针。DNA-复合物或 RNA-复合物比非结合的探针移动慢。依据研究的结合蛋白的不同，同位素标记的探针可以是双链或者单链。当检测如转录调控因子类的 DNA 结合蛋白时，可用纯化蛋白、部分纯化蛋白或细胞核抽提液。在检测 RNA 结合蛋白时，依据目的 RNA 结合蛋白的位置，可用纯化或部分纯化的蛋白，也可用细胞核或胞质抽提液。竞争实验中采用含蛋白结合序列的 DNA 或 RNA 片段、寡核苷酸片段（特异）和其他非相关的片段（非特异），以确定 DNA 或 RNA 结合蛋白的特异性。在竞争的特异性和非特异性片段的存在下，依据复合物的特点和强度以确定特异性结合。

（二）主要材料

EMSA 试剂盒、探针、TEMED、过硫酸铵、丙烯酰胺（电泳级）、*N*,*N*′-亚甲基双丙烯酰胺，其他试剂应为“分子生物学级”或更高级别。

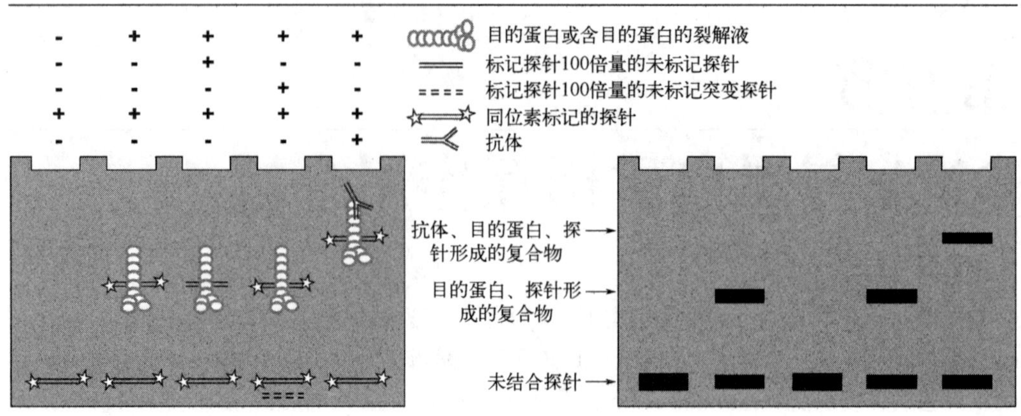

图 7.82
EMSA 原理示意图

(三) 方法

1．生物素探针标记

取出待标记的单链 EMSA 探针，用水稀释至 1μmol/L，并置于冰浴上备用。如果待标记的 EMSA 探针为双链，95℃加热 2min，然后立即放到冰水浴中，使双链的 EMSA 探针转变为单链的探针，然后用水稀释至总的单链 DNA 浓度为 1μmol/L，即每条单链的浓度为 0.5μmol/L，相当于最初双链的 EMSA 探针浓度为 0.5μmol/L。

1）DNA 探针的标记

（1）按照下述反应体系依次加入各种试剂（对于双链 EMSA 探针的标记反应，建议一次做两管，即总体积共 100μL，以获得足够的生物素标记的 EMSA 探针用于后续检测）：

不含核酸酶的水：29μL

TdT 缓冲液（5×）：10μL

待标记探针（1μmol/L）：5μL

Biotin-11-dUTP（5μmol/L）：5μL

TdT（10U/μL）：1μL

总体积 50μL

（2）用枪轻轻吹打混匀，切勿涡旋。37℃孵育 30min。

（3）加入 2.5μL 探针标记终止液，轻轻混匀终止反应。

2）TdT 的去除

（1）探针标记反应终止后，加入 52.5μL 氯仿-异戊醇（24∶1），涡旋使有机相和水相充分混合以抽提 TdT，静置后有机相和水相会很快分层。

（2）12000～14000*g* 4℃离心 1～2min。吸取上清液备用。上清液即为被生物素标记的单链 DNA 探针。

3）纯化探针

通常为实验简便起见，可以不必纯化标记好的探针。有些时候，纯化后的探针会改善后续实验结果。如需纯化，可以按照如下步骤操作。

（1）对于100μL标记好的探针，加入1/4体积即25μL 5mol/L醋酸铵，再加入2倍体积即200μL的无水乙醇，混匀；−80℃沉淀1h，或−20℃沉淀过夜。

（2）4℃，12000～16000*g*离心30min。小心弃去上清液，切不可触及沉淀。

（3）4℃，12000～16000*g*离心1min。小心吸去残余液体。微晾干沉淀，但不宜过分干燥；加入50μL TE，完全溶解沉淀。标记好的探针可在−20℃保存。

4）标记效率的检测

（1）取5μL Biotin-Control Oligo（0.4μmol/L），加入195μL TE，混匀，稀释成10nmol/L Biotin-Control Oligo（作为标准品）。取出适量10nmol/L Biotin-Control Oligo，依次稀释成5nmol/L、2.5nmol/L、1nmol/L、0.5nmol/L和0.25nmol/L。

（2）取3μL已纯化的生物素标记的DNA探针（100nmol/L），加入27μL TE，混匀，稀释成10nmol/L生物素标记的探针（作为待测样品）。取出适量的10nmol/L生物素标记的探针，依次稀释成5nmol/L、2.5nmol/L、1nmol/L、0.5nmol/L和0.25nmol/L。

（3）参考下面的表格（表7.13），取一张适当大小的带正电荷尼龙膜，在膜上做好相应标记。对于经过梯度稀释的标准品和待测样品，分别取2μL滴加到膜上。在膜上滴加标准品或待测样品时，请注意使液滴充分被膜吸收，在膜上形成一个湿的圆形小斑点。说明：如果条件允许，可以使用专门用于点杂交或狭缝杂交的设备进行探针标记效率的检测，探针的用量参考下表，浓度可以再稀释50倍，而所用体积可相应放大50倍至100μL。

表7.13 标记效率检测探针的用量

探针浓度/nmol/L	10	5	2.5	1	0.5	0.25
Biotin-Control Oligo/μL	2	2	2	2	2	2
生物素标记的探针/μL	2	2	2	2	2	2
探针量/fmol	20	10	5	2	1	0.5

（4）滴加完所有的标准品和样品后，将膜室温晾干。

（5）用紫外交联仪选择254nm紫外波长，120mJ/cm^2，交联30～45s。如果没有紫外交联仪可以使用普通的手提式紫外灯（例如碧云天的手提紫外检测仪EUV002），距离膜5～10cm左右照射1～5min。也可以使用超净工作台内的紫外灯，距离膜5～10cm左右照射1～10min。最佳的交联时间可以使用标准品自行摸索。

（6）随后可以立即采用各种生物素检测试剂盒，检测样品的生物素标记效率；也可以室温存放数天进行后续检测。

（7）如果最后采用的是ECL类试剂或其他类似试剂进行检测，则可以对比样品和标准品的灰度，从而计算出探针的标记效率。例如2fmol量的待测样品探针的灰度和1fmol标准品的灰度相同，则说明探针的标记效率大致为50%，待测样品中总探针的浓度约为1μmol/L，而实际被生物素标记的探针约为0.5μmol/L。探针的标记效率也可以通过建立标准曲线进行比较精确的计算。用于后续检测时通常要求标记效率不低于30%。有文献报道标记效率和3'末端的碱基无关，但和整个待标记探针的序列有关。由于在TdT的催化下可以在待标记探针的3'端加上多个Biotin标记的dUTP，因此有时会出现标记效率大于100%的情况。

5）生物素标记EMSA探针的制备

（1）对于标记好的单链DNA探针，把正义链和反义链等体积混合（不可根据标记效率调整摩尔比）。对于最初使用变性的双链EMSA探针进行标记的情况，直接进入下一步。

（2）加入退火缓冲液（10×），使退火缓冲液的最终浓度为1×，混匀。例如：待退火探针的体积为100μL，则加入11μL退火缓冲液（10×）。

（3）如表7.14所示设置PCR仪进行退火反应。

表7.14　EMSA实验退火反应条件

步骤	温度	时间	说明
1	95℃	2min	让oligo充分变性
2	每8s下降0.1℃，降至25℃①	约90min	退火
3	4℃	长时间保持	暂时存放

①如果所用的PCR仪不具备下降0.1℃的功能，也可以设置为每90s下降1℃。

（4）退火反应结束后，−20℃保存标记好的EMSA探针。此时的EMSA探针已经可以直接用于后续的EMSA检测，也可以对探针进行适当纯化后再进行EMSA检测。

2．同位素探针的标记

（1）如下设置探针标记的反应体系：

待标记探针（1.75pmol/μL）：2μL

T4多核苷酸激酶缓冲液（10×）：1μL

不含核酸酶的水：5μL

[γ-^{32}P]ATP（3 000Ci[❶]/mmol at 10mCi/mL）：1μL

T4多核苷酸激酶（5～10U/μL）：1μL

总体积：10μL

按照上述反应体系依次加入各种试剂，加入同位素后，涡旋混匀，再加入T4多聚核苷酸激酶，混匀；使用水浴或PCR仪，37℃反应10min。

（2）加入1μL探针标记终止液，混匀，终止探针标记反应。

（3）再加入89μL TE，混匀。此时可以取少量探针用于检测标记的效率。通常标记的效率在30%以上，即总放射性的30%以上标记到了探针上。为实验简便起见，通常不必测定探针的标记效率。

（4）标记好的探针最好立即使用，一般不宜超过3d。也可保存在−20℃。

（5）同位素探针纯化参考生物素探针纯化步骤。探针的标记比较烦琐，也可以找专业的公司定制带标记的探针，目前也有许多商品化的生物素标记探针，实验前可以购买。

3．EMSA胶的配制

（1）准备好倒胶的模具。可以使用常规的灌制蛋白电泳胶的模具，或其他适当的模具。

❶ 1Ci=37GBq。

为得到更好的结果，可以选择可灌制较大 EMSA 胶的模具。

(2) 按照如下配方配制 20mL 4%的聚丙烯酰胺凝胶（注意：使用 29∶1 丙烯酰胺/*N*,*N'*-亚甲基双丙烯酰胺对结果影响不大）：

TBE 缓冲液（10×）：1mL

双蒸水：16.2mL

39∶1 丙烯酰胺/*N*,*N'*-亚甲基双丙烯酰胺（400g/L）：2mL

80%甘油：625μL

10%过硫酸铵：150μL

TEMED：10μL

(3) 按照上述次序加入各个溶液，加入 TEMED 前先混匀，加入 TEMED 后立即混匀，并马上加入到制胶的模具中。避免产生气泡，并加上梳齿。如果发现非常容易形成气泡，可以把一块制胶的玻璃板进行硅烷化处理。

4．EMSA 结合反应

(1) 如下设置 EMSA 结合反应。

阴性对照反应：

不含核酸酶的水：7μL

EMSA/Gel-Shift 结合缓冲液（5×）：2μL

细胞核蛋白或纯化的转录因子：0μL

标记好的探针：1μL

总体积：10μL

样品反应：

不含核酸酶的水：5μL

EMSA/Gel-Shift 结合缓冲液（5×）：2μL

细胞核蛋白或纯化的转录因子：2μL

标记好的探针：1μL

总体积：10μL

探针冷竞争反应：

不含核酸酶的水：4μL

EMSA/Gel-Shift 结合缓冲液（5×）：2μL

细胞核蛋白或纯化的转录因子：2μL

未标记的探针：1μL

标记好的探针：1μL

总体积：10μL

突变探针的冷竞争反应：

不含核酸酶的水：4μL

EMSA/Gel-Shift 结合缓冲液（5×）：2μL

细胞核蛋白或纯化的转录因子：2μL

未标记的突变探针：1μL

标记好的探针：1μL

总体积：10μL

Super-shift 反应：

不含核酸酶的水：4μL

EMSA/Gel-Shift 结合缓冲液（5×）：2μL

细胞核蛋白或纯化的转录因子：2μL

目的蛋白质特异抗体：1μL

标记好的探针：1μL

总体积：10μL

(2) 按照上述顺序依次加入各种试剂并混匀，然后加入标记好的探针，并且室温（20～25℃）放置 10min，从而消除可能发生的探针和蛋白质的非特异性结合，或者让冷探针优先反应。然后加入标记好的探针，混匀，室温（20～25℃）放置 20min。

(3) 加入 1μL EMSA/Gel-Shift 上样缓冲液（无色，10×），混匀后立即上样。

注意：有些时候溴酚蓝会影响蛋白质和 DNA 的结合，建议尽量使用无色的 EMSA/Gel-Shift 上样缓冲液。如果在上样时使用无色上样缓冲液感觉到无法上样，可以在无色上样缓冲液里面添加极少量的蓝色上样缓冲液，至能观察到蓝颜色即可。

5．电泳分析

(1) 用 0.5×TBE 作为电泳缓冲液。按照 10V/cm 的电压预电泳 10min。预电泳的时候如果有空余的上样孔，可以加入少量稀释好的 1×EMSA 上样缓冲液（蓝色），以观察电泳是否正常进行。

(2) 把混合有上样缓冲液的样品加入到上样孔内。在多余的某个上样孔内加入 10μL 稀释好的 1×的 EMSA/Gel-Shift 上样缓冲液（蓝色），用于观察电泳进行的情况。

(3) 按照 10V/cm 的电压电泳。确保胶的温度不超过 30℃，如果温度升高，需要适当降低电压。电泳至 EMSA/Gel-Shift 上样缓冲液中的蓝色染料溴酚蓝至胶的下缘 1/4 处，停止电泳。

6．转膜

(1) 在预冷的 0.5×TBE 中浸泡凝胶、尼龙膜、滤纸和纤维垫。

(2) 按如下顺序组装“三明治”：纤维垫、滤纸、凝胶、膜、滤纸、纤维垫。注意电极，确保凝胶位于阴极，膜位于阳极。

(3) 在预冷的 0.5×TBE 中进行转膜。转膜装置应置于冰上或者低温环境中，对于大小约为 10cm×8cm×0.1cm 的 EMSA 胶，恒压 60V 转膜 1h（注意根据实际情况调整电压及时间）。如果胶较厚，则需适当延长转膜时间。转膜时需保持转膜液的温度较低，通常可以把电转槽置于 4℃冰箱或置于冰浴或冰水浴中进行电转，这样可以确保低温。

(4) 转膜完毕后，小心取出尼龙膜，样品面向上，放置在一张干燥的滤纸上，轻轻吸掉下表面多余的液体。立即进入下一步的交联步骤，不可使膜变干。

7．交联

用紫外交联仪选择 254nm 紫外波长，120mJ/cm^2，交联 45～60s。如果没有紫外交联仪也可以使用超净工作台内的紫外灯，距离膜 5～10cm 左右照射 3～15min（可先尝试 10cm 照射 10min）。最佳的交联时间可以使用标准品自行摸索。

交联完毕后，可以直接进入下一步检测；也可以用保鲜膜包裹后在室温干燥处存放 3～5d，然后再进入下一步检测。在进行下一步前不要将膜弄湿。如果检测结果发现交联效果不佳，甚至连游离探针的条带都非常微弱，可以考虑在膜干燥后再交联一次，以进一步改善交联效果。

8．检测

（1）37～50℃水浴溶解封闭液和洗涤液。

注意：封闭液和洗涤液必须完全溶解后方可使用，封闭液和洗涤液可以在室温至 50℃ 之间使用，但必须确保这两种溶液中均无沉淀产生，在冬天需特别注意。

（2）取合适的容器加入 15mL 封闭液，再放入交联过的含有样品的尼龙膜。在侧摆摇床或水平摇床上缓慢摇动 15min。

（3）取 7.5μL Streptavidin-HRP Conjugate 加入到 15mL 封闭液中（1∶2000 稀释），混匀备用。

（4）去除用于尼龙膜封闭的封闭液，加入上一步中配制的 15mL 含有 Streptavidin-HRP Conjugate 的封闭液。在侧摆摇床或水平摇床上缓慢摇动 15min。

（5）取 25mL 洗涤液（5×），加入 100mL 双蒸水或 Milli-Q 级纯水，混匀配制成 125mL 洗涤液。

（6）将尼龙膜转移至另一装有 15～20mL 洗涤液的容器内，漂洗 1min。

（7）去除洗涤液，加入 15～20mL 洗涤液，在侧摆摇床或水平摇床上缓慢洗涤 5min。

（8）重复洗涤三次（共洗涤四次），每次洗涤时间约 5min。

（9）将尼龙膜转移至另一装有 20～25mL 检测平衡液的容器内，在侧摆摇床或水平摇床上缓慢摇动 5min。

（10）取 5mL A 液和 5mL B 液混匀，配制成工作液，工作液必须现配现用（从本步骤开始操作方法和注意事项与 Western 实验的荧光检测相同）。

（11）取出尼龙膜，用吸水纸吸去多余液体。立即将膜的样品面向上，放置到处于水平桌面的洁净容器内或保鲜膜上。

（12）在尼龙膜的表面小心加上步骤（10）配制好的工作液共 10mL，使工作液完全覆盖尼龙膜。室温放置 2～3min。

（13）取出尼龙膜，用吸水纸吸去过多液体。将尼龙膜放在两片保鲜膜或其他适当的透光薄膜中间，并固定于压片暗盒（也称片夹）内。

（14）用 X 光片压片 1～5min。可以先压片 1min，立即显影定影，然后根据结果再调整压片时间；也可以直接分别压片 30s、1min、3min、5min 或更长时间，然后一起显影定影观察结果。

对于同位素标记探针不进行转膜、交联、检测步骤，进行以下操作。

剪一片大小和 EMSA 胶大小相近或略大的比较厚实的滤纸。小心取下夹有 EMSA 胶的胶板，用吸水纸或普通草纸大致擦干胶板边缘的电泳液。小心打开两块胶板中的上面一块（注：通常选择先移走硅烷化的那块玻璃板），把滤纸从 EMSA 胶的一侧逐渐覆盖住整个

EMSA 胶，轻轻把滤纸和胶压紧。滤纸被胶微微浸湿后（大约不足 1min），轻轻揭起滤纸，这时 EMSA 胶会同滤纸一起被揭起来。把滤纸侧向下，放平，在 EMSA 胶的上面覆盖一层保鲜膜，确保保鲜膜和胶之间没有气泡。干胶仪器上干燥 EMSA 胶。然后用 X 光片压片检测，或用其他合适的设备检测。

（四）注意事项

（1）DNA-复合物或 RNA-复合物比非结合的探针移动得慢。

（2）同位素标记的探针依研究的结合蛋白的不同，可以是双链或者单链。

（3）当检测如转录调控因子类的 DNA 结合蛋白时，可用纯化蛋白、部分纯化蛋白或细胞核抽提液。

（4）在检测 RNA 结合蛋白时，依据目的 RNA 结合蛋白的位置，可用纯化或部分纯化的蛋白质，也可用核或胞质细胞抽提液。

（5）竞争实验中采用含蛋白结合序列的 DNA 或 RNA 片段和寡核苷酸片段（特异）和其他非相关的片段（非特异），来确定 DNA 或 RNA 结合蛋白的特异性。在竞争的特异和非特异片段的存在下，依据复合物的特点和强度来确定特异结合。

二、DNase Ⅰ足迹实验

（一）原理

DNase Ⅰ足迹是一种鉴别 RNA 聚合酶等蛋白质在 DNA 上结合位点的方法，利用该方法不仅能找到与特异性 DNA 结合的目的蛋白质，而且能得知目的蛋白质结合在哪些碱基部位。将待测双链 DNA 中的一条链进行标记，然后加入合适浓度的 DNase Ⅰ，使 DNA 链断裂，DNA 变性、电泳分离后显影，可形成相差一个核苷酸的 DNA 条带梯度。但是当蛋白质结合在 DNA 片段上，能保护结合部位不被 DNase Ⅰ破坏，而不会产生出相应的切割分子，结果在凝胶电泳放射性自显影图片上便出现了一个空白区，俗称为“足迹”，进而可以确定它的序列。如果同时进行 DNA 测序可判断出结合序列的精确序列。由于空间位阻，DNase Ⅰ不能直接与 DNA 结合蛋白直接结合。因此，覆盖区给出了结合位点的广泛指示，通常比该位点本身大 8～10 个碱基对（bp）（图 7.83）。

（二）主要材料

β-巯基乙醇（14mol/L）、牛血清白蛋白（BSA，无核酸酶，50μg/μL）、$CaCl_2$（1mol/L）、氯仿、DNase Ⅰ（无 RNase，FPLC-纯度；5000～10000units/mL）、DNA 结合蛋白（纯化，重组；250ng/mL 至 1mg/mL）（也可以用细胞或组织提取物替代）、DNA 模板（^{32}P-末端标记；50fmol/μL；10000～100000cpm/μL）（通常，必须制备一个包含蛋白质结合位点的唯一末端标记的 DNA 片段）、poly（dI-dC）（1μg/μL）、蛋白酶 K（10mg/mL）、缓冲液 D（1×）、甲酰胺染料混合物、聚丙烯酰胺/尿素混合物、蛋白稀释缓冲液、DNase Ⅰ足迹终止液。电泳仪、放射自显影或感光成像设备、−80℃冰箱（可用干冰或干冰/乙醇替代）、盖格计数器、

凝胶干燥器（真空）、微型离心机、离心管（1.5mL 非硅化离心管和 0.5mL 硅化离心管）、巴斯德吸管（窄孔）、计时器、水浴（30℃和 55℃）。

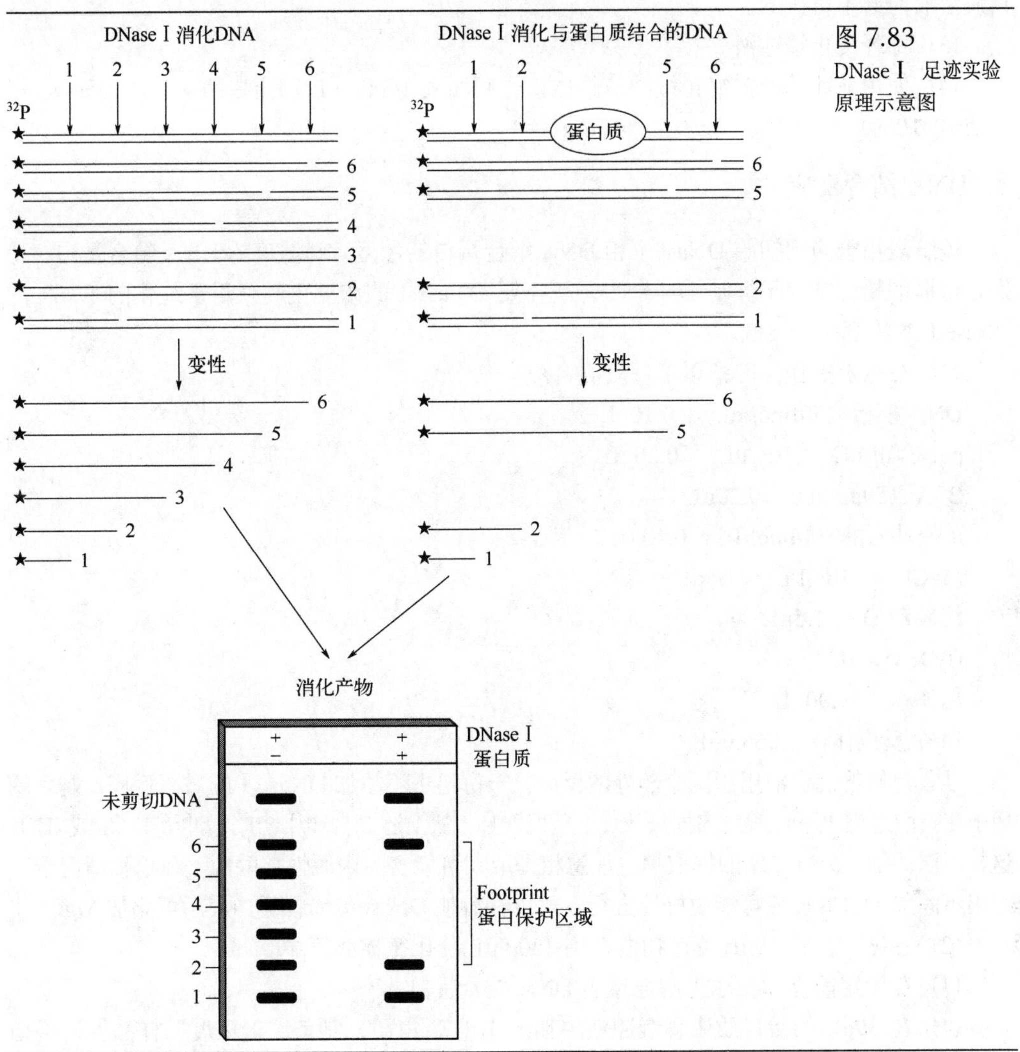

图 7.83
DNase I 足迹实验原理示意图

（三）方法

1．制备丙烯酰胺/尿素凝胶

在开始实验前大约 2h，倒入 8%～12%的聚丙烯酰胺/尿素混合物（取决于片段大小）。凝胶聚合需要 1h，上样前预电泳 30min 至 1h。

2．为 DNase Ⅰ足迹实验准备缓冲液

根据经验确定所需缓冲液的量。

（1）解冻蛋白质稀释缓冲液。

（2）加入 20μL 1mol/L $CaCl_2$ 至 500μL 蛋白质稀释缓冲液，制备新鲜的 DNase Ⅰ稀释缓冲液。在冰上或 4℃保存，$CaCl_2$ 可增强 DNase Ⅰ的活性，这是在用粗提取物或未纯化的蛋白质溶液时必不可少的。

（3）稀释终止缓冲液。

（4）使用前计算所需终止缓冲液的体积，并加入 10mg/mL 的蛋白酶 K（蛋白酶 K∶终止液=1∶1000）。

3．DNA 结合反应

该阶段用于滴定初始 DNase Ⅰ和 DNA 结合蛋白的浓度。高浓度的 DNA 结合蛋白，特别是粗提取物，倾向于抑制 DNase Ⅰ，所需要 DNase Ⅰ的浓度更高。用于纯化的 DNA 的 DNase Ⅰ的浓度相对要低。

（1）在冰上操作，准备以下反应混合液

DNA 模板（50fmol/μL）：0.10μL

poly（dI-dC）（1μg/μL）：0.20μL

BSA（50μg/μL）：0.20μL

β-巯基乙醇（14mol/L）：0.10μL

$MgCl_2$（0.1mol/L）：1.5μL

缓冲液 D：11.5μL

H_2O：5.4μL

总体积：19.00μL

14 个反应体积：266.0μL

准备足够的混合液用于两个额外的反应，一份用于不添加 DNase Ⅰ的对照反应，剩余的用于在吸取过程中不可避免的损失。对于粗提取物，从上述混合物中省略缓冲液 D 和/或 H_2O，这样可以添加 12～17μL 的提取物。注意粗提取物可能含有内源性核酸酶。在这种情况下，如果不添加 $MgCl_2$ 反应可能更好地进行，可以在添加 DNase Ⅰ稀释缓冲液后再添加 $MgCl_2$。

（2）在冰上，将 19μL 反应物混合到 130.5μL 硅化微离心管中。

（3）在滴定前立即在冰上解冻重组 DNA 结合蛋白。

（4）在 39μL 的蛋白质稀释缓冲液中加入 1μL 蛋白质，制备“低浓度”样品。用手指轻轻地敲击离心管。不建议使用枪头进行剧烈混合，因为有些蛋白质对这种混合产生的泡沫很敏感。

（5）在反应管中加入 DNA 结合蛋白：

管 1～4：1μL 未稀释的 DNA 结合蛋白；

管 5～8：1μL“低浓度”DNA 结合蛋白；

管 9～12：1μL 蛋白稀释缓冲液；

第 13 管（“无 DNase”对照）：1μL 未稀释的 DNA 结合蛋白。

对于粗提物，DNase Ⅰ必须用低浓度和高浓度的提取物滴定。请注意，粗提取物具有高度的抑制性，必须添加大量的 DNase Ⅰ。此外，对于粗提物（或者如果蛋白质浓度特别低）可以添加最多 17μL 的提取物。

（6）离心管在 30℃水浴中孵育 20min（对于粗提取物，在室温或冰上孵育）。通常用足够的时间来结合 DNA 结合蛋白达到平衡，尽管一些蛋白质（例如 TATA 结合蛋白［TBP］）结合得更慢。

4．DNase I 足迹

在足迹中，平均每个 DNA 分子分裂一次才能观察一个消化阶梯。对于给定数量的 DNA 结合蛋白，DNase I 的浓度需要可产生一个均匀分布的裂解阶梯，大约 50%的 DNA 仍然未分裂。尽量减少单个 DNA 分子内的多个裂解，这可能会影响数据结果。

(1) 使用 DNase I 稀释缓冲液将 DNase I 连续稀释至 1/9、1/27、1/81 和 1/243。所需的浓度将高度依赖于 DNase I 的来源和混合物中的二价阳离子浓度以及所使用的 DNA 结合蛋白。请注意，大于此处的片段时需要减少 DNase I 的量。

(2) 在 20min 的 DNA 结合孵育后，依次进行 1min DNase I 消化（表 7.15）。

表 7.15　DNase I 消化步骤

时间（min：s）	管号	DNase I（稀释）	终止缓冲液
0：00	1	1μL（1/9）	–
0：15	2	1μL（1/27）	–
0：30	3	1μL（1/81）	–
0：45	4	1μL（1/243）	–
1：00	1	–	100μL
1：15	2	–	100μL
1：30	3	–	100μL
1：45	4	–	100μL

在加入 DNase I 后立即轻敲离心管，轻轻混合。对于粗提物的结合反应，DNase I 消化时在冰上进行效果可能更好。

(3) 尽快对管 5～8 和 9～12 重复方法 4 步骤（2）。

(4) 通过在管 13 中加入 1μL DNase I 稀释缓冲液（不含 DNase）进行模拟反应，然后 1min 后加入 100μL 终止缓冲液。这种模拟反应产生的未切割探针可以与上面产生的酶切条带进行比较。

(5) 在 55℃下孵育所有反应管 15min，使蛋白酶 K 消化发生（这对于粗提蛋白尤为重要）。

(6) 在孵育样品时，将聚合凝胶组装到凝胶装置中，在 1000V 下预电泳 30min。

(7) 用等量的苯酚（120μL）萃取每个反应混合物。

(8) 离心 2min。

(9) 将恒定体积的上相液（例如 100μL）转移到非硅化的 1.5mL 离心管中。

(10) 使用相同体积（100μL）的苯酚：氯仿重复方法 4 步骤（7）～（9）。

(11) 在 1.5mL 管中加入 2×体积的预冷 95%乙醇沉淀 DNA，混匀。由于终止缓冲液中含有高浓度盐不需要添加 3mol/L 醋酸钠。

(12) 将离心管在干冰、干冰/乙醇或−80℃冰箱中孵育 10min。

(13) 将离心管用 14000*g* 的微型离心机离心 10min。

(14) 用巴斯德吸管从沉淀中除去乙醇，沉淀是松散的，因此要小心去除。用盖格计数器定期监测管子，以确保沉淀没有被巴斯德吸管吸出。

(15) 100μL 80%乙醇清洗沉淀，离心 2min，用尖巴斯德吸管吸出酒精，沉淀完全风干。

5．凝胶电泳和放射自显影

(1) 将沉淀重新悬浮在甲酰胺染料混合物中。

(2) 95℃孵育 2min。

(3) 将样品加载到聚丙烯酰胺/尿素凝胶上，进行凝胶电泳。

(4) 真空干燥凝胶。

(5) 进行放射自显影或荧光成像仪分析。

6．数据分析

通过比较消化条带与只包含探针但无 DNase Ⅰ（即第 13 管）的模拟反应来评估裂解量（使用粗蛋白提取物时，该模拟反应也显示内源性核酶的存在）。

DNase Ⅰ滴定的目的是优化裂解，以便获得一个均匀分布的裂解条带，并且至少 50%的探针仍然未切割。理想情况下，随着 DNase Ⅰ浓度的增加，完整探针数量会减少，裂解产物数量会增加。随着探针开始消失，DNase Ⅰ开始将探针分成更小的碎片，裂解产物的分布应该从低迁移率带变化到高迁移率带。理想情况下，应注意未稀释和 40 倍稀释 DNA 结合蛋白产生约 50%裂解的 DNase Ⅰ的量，并用于计算剂量-响应曲线的数量。如不理想请参见注意事项 1 和 2。

7．产生一个剂量-响应曲线

虽然没有必要对每个蛋白质浓度调整 DNase Ⅰ，但应根据未稀释样品和稀释样品之间抑制的差异，对蛋白质可能被抑制的浓度进行调整。假设抑制相对于 DNase Ⅰ浓度呈线性，并相应地推断 DNase Ⅰ的用量。

(1) 将预制丙烯酰胺凝胶混合物倒入凝胶板，并为上述 DNase Ⅰ足迹制备缓冲液。

(2) 使用蛋白稀释缓冲液将 DNA 结合蛋白进行稀释：按照 1（即未稀释）、1/3、1/9、1/27、1/81、1/243、1/729 和 1/2187 的比例进行，对于粗提取物，应滴定 1～17μL。

(3) 在冰上准备一批足以进行 10 次反应的反应混合物［最终体积为 190μL；参见方法 3 步骤（1）］。

(4) 在冰上，将约 19μL 的反应混合物加入 9 个 0.5mL 的离心管中。

(5) 在每个管中添加 1μL 蛋白质稀释液。准备一个无蛋白质的离心管（9 管）进行对照。

(6) 离心管在 30℃水浴中孵育 20min（对于粗提取物，在室温下或在冰上孵育）。

(7) 在每个反应中添加最优量的 DNase Ⅰ，并按照方法 4 步骤（2）至方法 5 步骤（5）进行消化和反应。

8．剂量-响应数据分析

图像分析：理想情况下，随着 DNA 结合蛋白浓度的增加，足迹的外观应该会逐渐扩大。通过与“无蛋白”通道中切割条带进行比较，利用激光密度测量或磷酸成像软件计算足迹条带的分数占用率或百分率。足迹以下和以上的一个不受影响的条带可以用来标准化DNase Ⅰ裂解效率。大多数蛋白质会逐渐结合DNA位点，并遵循正常的微氏动力学进行一阶反应。然而，许多蛋白质作为二聚体和高寡聚体结合，如果二聚常数接近位点的K_d，蛋白质结合可以遵循二阶或更高的动力学。如果这项技术要定量地用于建模DNA结合动力学，请参见Koblan等1992年发表的论文以了解更多的技术注意事项。

（四）注意事项

1．问题（方法6.数据分析）：没有切割

解决方法如下。

（1）如果没有观察到切割，应增加DNase Ⅰ、$MgCl_2$或$CaCl_2$的浓度，或尝试不同批次的DNase Ⅰ。

（2）尝试降低提取物浓度或通过柱色谱法进一步分馏。

（3）购买DNase Ⅰ粉末，并以较高的浓度溶解。

2．问题（方法6.数据分析和方法8.剂量-响应数据分析）：凝胶为涂片

解决方案如下。

（1）该凝胶可能没有被预处理，以去除丙烯酰胺中残留的过硫酸铵。在这种情况下，偶尔出现这些条带在盐的前面被压缩的情况。下次，将凝胶预电泳。

（2）在苯酚提取步骤和随后与乙醇共沉淀期间可能未完全去除蛋白质，这使得由此产生的沉淀难以再次悬浮。在这种情况下，可以观察到黑色拖尾条带。尝试更用力地重新悬浮样品，或者在乙醇预沉淀前额外用苯酚提取样品一次。另一种选择是用2mol/L的乙酸铵沉淀样品，该方法倾向于溶解蛋白质、小的寡核苷酸和核苷酸在溶液中，而将较大的DNA片段沉淀。

（3）沉淀中盐过多。在这种情况下，通常会观察到反向燕尾效应，其中条带随着接近凝胶的下部而变窄。只要用80%的乙醇清洗沉淀后干燥，并重新悬浮在甲酰胺染料缓冲液中。

3．问题（方法8.剂量-响应数据分析）：足迹没有或微弱

解决方案：这可能是由蛋白质浓度低、片段中没有位点或结合抑制剂污染蛋白质造成的。提高蛋白质浓度、降低DNA浓度或调整结合参数以优化盐浓度、pH等。

DNase Ⅰ足迹实验于1978年由Galas和Schmitz建立，该方法基于Maxam-Gilbert测序技术。晶体结构和广泛的生化研究表明DNase Ⅰ在小槽中结合，接触糖/磷酸主干的两链，并使DNA向主要槽弯曲。虽然它以一种相对非特异性的方式结合和裂解小沟槽，但其活性依赖于结合位点所采用的某些基于序列的结构特征。位点的局部结构畸形，如螺旋桨扭曲或局部小槽宽度的差异，可显著影响DNase Ⅰ的结合和/或裂解特性。因此，切割不均匀，存在一定间隙。在某些情况下，蛋白质在这些间隙中结合，而这些位点上的足迹并不像结合位点位于裂解更均匀和更有效的区域上那样美观。在Ca^{2+}和Mg^{2+}存在的情况下，DNase Ⅰ

裂解单链（Mn^{2+}可导致双链裂解），产生 5′-磷酸盐和 3′-OH 产物。由于 DNase Ⅰ的形状不对称，因此足迹通常是交错的。

4．其他说明

（1）较小的反应体系将有利于较低浓度的 DNA 结合蛋白。

（2）较低的盐浓度将有利于较弱的结合蛋白。

（3）根据反应，最终体积可以为 10～100μL。稀有的材料用较小的反应体积。

（4）不同的载体 DNAs 可以有不同的效果：例如，poly（dI-dC）可以竞争 TBP 结合到 TATA 盒探针，通常可以用 poly（dG-dC）替代 poly（dI-dC）。

（5）相关参数的一些范围：

10～50mmol/L HEPES-KOH 或 Tris-HCl（pH 7.0～8.0）。DNase Ⅰ兼容范围广泛的缓冲区。

0～10mmol/L $MgCl_2$。这种二价阳离子中和了磷酸盐，一些 DNA 结合蛋白作为辅因子与 $MgCl_2$ 结合。

50～100mmol/L KCl、NaCl、醋酸钾、硫酸铵。虽然大多数 DNA 结合蛋白对异常高浓度的盐很敏感，但盐的优化值可能因蛋白质的不同而变化很大。

0%～20%（体积比）甘油。甘油是一种稳定试剂，可以降低反应中的水浓度，并模拟体内环境。它也是一种自由基的清除剂。

10～100μg/mL BSA。BSA 是另一种蛋白质稳定剂，可以作为非特异性载体，防止稀释蛋白质样品虚假附着到表面（如 Eppendorf 管壁）。

0.01%～0.1% NP-40 或 Triton X-100。这些非离子洗涤剂可以防止非特异性蛋白质与表面结合，也可以作为抗聚集剂。

0.1～1mmol/L DTT 或 10～50mmol/L β-巯基乙醇。这些还原剂对许多蛋白质是必要的。

0～1μg 载体 DNA、小牛胸腺 DNA 或合成共聚合物（dI-dC）。这些试剂可以防止污染物在结合反应过程中的非特异性结合，并尽量减少印迹蛋白质的非特异性结合。

（6）聚乙烯醇（PVA）、聚乙二醇（PEG）和二甲基亚砜（DMSO）。PVA 和 PEG 试剂的浓度可能有很大的差异。PVA 和 PEG 是体积排除剂，可以增加溶液中蛋白质的浓度，降低水的含量。DMSO 是一种变性剂，在低浓度下具有一些特殊的稳定特性，可能是通过降低蛋白质的非特异性结合或有利于构象灵活性起作用的。

（7）DNA 片段大小。对于片段大小有几个重要的考虑因素。当使用建立 DNA 结合或亲和力机制的高纯化蛋白质时，应使用小 DNA 片段（长度 50～100bp），例如克隆到多克隆载体 pGEM 或 pUC 等的位点。聚丙烯酰胺/尿素测序凝胶对小片段具有更好的条带分辨率，并允许在 EMSA 和足迹研究中对相同的片段进行比较。当试图在启动子上定位蛋白结合位点时，必须使用更大的片段。在粗提取物中，有大量的非特异性 DNA 端结合蛋白，如 Ku 自身抗原，感兴趣的位点最好位于末端 50bp 左右，因此足迹可以区分非特异性的端结合物。请注意，大于此处使用的片段，需要加入少量的 DNase。

（8）粗提取物。在足迹研究中使用粗提取物为实验设计增加了额外的复杂性。必须使用更高浓度的 DNase Ⅰ来克服丰富的抑制剂。有些提取物富含非特异性的 DNA 结合蛋白。因此，必须使用低浓度的提取物（<10μg）和高浓度的非特异性载体 DNA（1μg 或更多）

来最小化抑制。这必须与需要高浓度提取物以检测特定结合的可能需要相平衡。由于存在内源性核酸酶，有时最好在低温（4℃）下进行初始结合和DNase Ⅰ反应。然而，具有较低浓度的DNase Ⅰ的分解是必要的，浓度须根据经验确定。或者，可以在预孵化中省略$MgCl_2$以抑制结合反应期间抑制核酸酶活性，然后与DNase Ⅰ一起添加。

（9）时间进程。偶尔也有必要测量蛋白质结合的动力学。理想情况下，要使将蛋白质添加到结合混合物中的时间和将混合物放置在适当的孵育温度下的时间分开。简单地将蛋白质添加到冰上的混合物中，并假设混合物在30℃孵育之前不会与DNA结合是不正确的。如上所述，许多结合性研究实际上都是在冰上进行的。因此，理想情况下，将反应混合物带到孵化温度，然后添加DNA结合蛋白。

事实上，一些反应达到平衡的速率非常快（如GAL4-VP16的结合在2min内完成），而其他反应则很慢（TBP的结合可能需要一个小时或更长时间）。在前一种情况下，通过增加DNase Ⅰ的浓度和降低裂解时间，谨慎地加快DNase Ⅰ裂解反应的速度到大约15s。相反，对于慢反应，通过降低DNase Ⅰ的浓度，可以降低DNase Ⅰ的裂解率。Brenowitz等总结了在生物物理建模中执行真正的定量足迹所需的条件。

（10）使用未标记的DNA。可以在环状DNA模板上进行DNase Ⅰ足迹，并通过连接介导的聚合酶链反应（LM-PCR）或间接末端标记检测裂解点。

三、酵母单杂交系统

蛋白质和DNA之间的相互作用几乎涉及所有细胞功能，并且在转录调控中至关重要。有两种互补的方法用于检测转录因子（transcription factor，TF）和DNA之间的相互作用，即“以TF为中心”（蛋白质到DNA），识别出与感兴趣TF结合的DNA基序，或“以基因为中心”（DNA到蛋白质），鉴定出与感兴趣的DNA序列结合的TF。

（一）以基因为中心的酵母单杂交实验

1．原理

将已知的特定顺式作用元件构建到最基本启动子上游，启动子下游连接报告基因。进行cDNA融合表达文库时，编码目的转录因子的cDNA融合表达载体被转化进入酵母细胞后，其编码产物（转录因子）与顺式作用元件结合，就可以激活启动子，促进报告基因表达。根据报告基因的表达，筛选出与已知顺式元件结合的转录因子。

以基因为中心的酵母单杂交是一种用于鉴定与目标DNA序列相互作用的蛋白质的筛选方法，可大规模识别蛋白质-DNA相互作用。一个DNA片段被克隆到报告基因的上游，并将该报告基因载体整合到酵母菌株的基因组中。接下来，将表达转录因子的质粒作为与酵母转录因子（Gal4）的强转录激活域（AD）融合的杂交蛋白（因此测定名称）引入酵母菌株。当转录因子与靶标DNA片段相互作用时，无论TF在体内是激活剂还是阻遏剂，AD部分都会激活酵母中的报告基因表达。对每个菌落中的质粒进行测序揭示可以结合DNA片段的TF的身份（图7.84）。

图 7.84
以基因为中心的酵母单杂交原理示意图

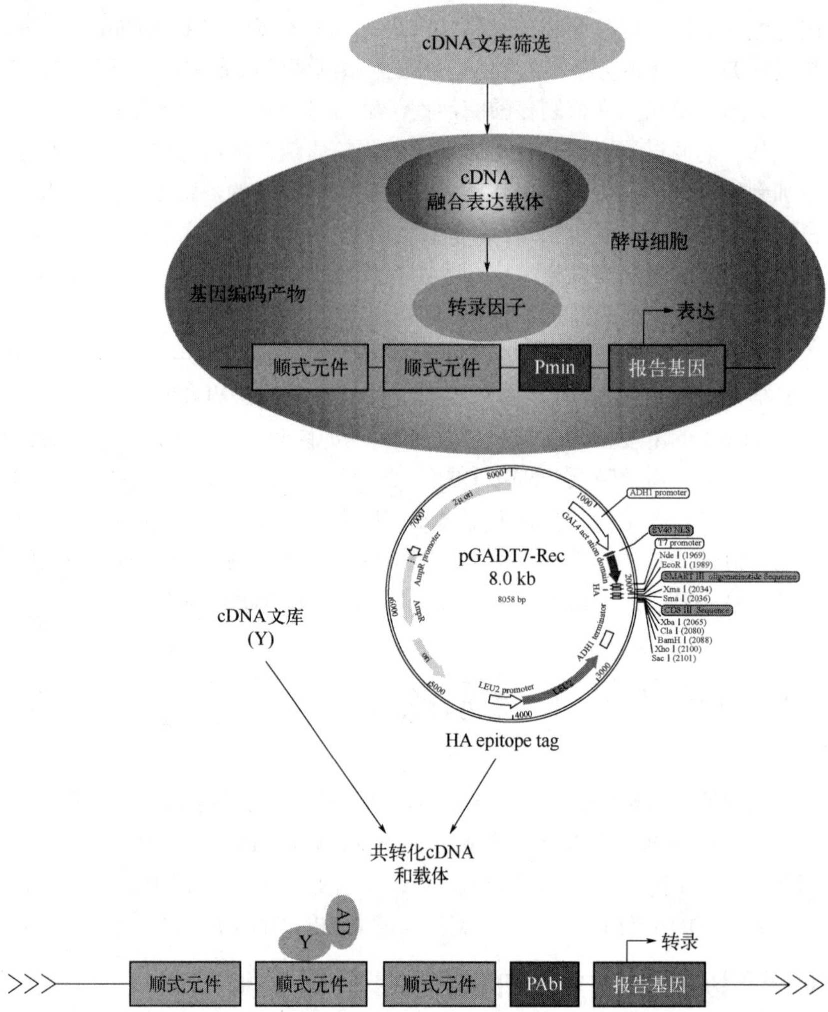

2．主要材料和仪器

SMART MMLV RT（200U/μL）、5×First-Strand 缓冲液、DTT（100mmol/L）、CDSⅢ引物（12μmol/L）、CDSⅢ/6 引物（10μmol/L）、5' PCR 引物（10μmol/L）、3' PCR 引物（10μmol/L）、RNase H（2units/μL）、melting solution、dNTP 混合物（每个 dNTP 10mmol/L）、PGADT7-Rec AD 克隆载体（小线性化；500ng/μL）、pAbAi 载体（500ng/μL）、p53-AbAi 对照载体（500ng/μL）、p53 对照插入物（25ng/μL）、pGADT7 AD 载体（100ng/μL）、yeastmaker carrier DNA、变性（10mg/mL）、pGBT9（0.1μg/μL；对照质粒）、50%聚乙二醇、1mol/L LiAc（10×）、10×TE 缓冲液、YPD Plus 液体培养基、SMARTⅢ寡核苷酸（12μmol/L）、对照 poly A' RNA（小鼠肝脏；1μg/μL）、酿酒酵母 Y1HGold（表 7.16）、YPDA 肉汤（0.5L）、YPDA 琼脂（0.5L）、SD/-Ura 琼脂（0.5L）、NaCl 溶液（0.9%）、醋酸钠（3mol/L）、去离子水、PCR 的热稳定 DNA 聚合酶、限制酶 *Bst*BⅠ或 *Bbs*Ⅰ、配对插入检查 PCR 混合液 1、配对插入检查 PCR

混合液 2、酵母质粒分离试剂盒、酵母培养基组 1、金担子素 A、YPDA 酵母培养基、SD 培养基、SD/-Ura DO 补充培养基、SD/-Ura/AbA 培养基、CHROMA SPIN^{TM}+TE-400 色谱柱、热循环仪。

表 7.16 Y1HGold 酵母菌株

(*MATa*, *ura3-52*, *his3-Δ200*, *ade2-101*, *trp1-901*, *tyr1-501*, *leu2-3*, *112*, *gal4Δ*, *gal80Δ*, *met-*, *MEL1*)

菌株	*SD/-Leu*	*SD/-Ura*	*SD/AbA200*
Y1HGold	–	–	–
Y1HGold[p53-AbAi]	–	+	–
Y1HGold[pGADT7-Rec-p53]	+	–	–
Y1HGold[pGADT7-Rec-p53/p53-AbAi]	+	+	+

3. 方法

1) pBait-AbAi 载体的构建

酵母报道子 (pBait-AbAi) 包含目的顺式作用元件的一个或多个拷贝，且插入到 pAbAi 载体 *AbA*^{r} 报告基因的上游。研究表明，最有效的结构包含至少三个目的 DNA 的串联拷贝。在某些情况下，一个作用元件也足够。串联拷贝可能通过不同的方法产生，但研究发现寡核苷酸合成是最方便和可靠的，特别是<20bp 的调控元件。

(1) 设计并合成包含目标序列的两个反平行寡核苷酸，且两端加上与 pAbAi 载体酶切产物一致的黏性末端。建议合成一个包含目的序列的突变序列作为对照，以排除假阳性。

(2) 按以下步骤将两个寡核苷酸退火以形成双链产物 (使用热循环仪):

① 将单链寡核苷酸在 TE 缓冲液中重悬至最终浓度为 100μmol/L。

② 以 1∶1 的比例混合正向链和反向链。最终会产生浓度为 50μmol/L 的双链寡核苷酸 (假设 100%理论退火)。

③ 将混合物 95℃加热 30s 以解开所有二级结构。

④ 72℃加热 2min。

⑤ 37℃加热 2min。

⑥ 25℃加热 2min。

⑦ 储存在冰上。

退火后，ds 寡核苷酸即可连接到 pAbAi 载体中。退火的寡核苷酸也可以在−20℃下储存，备用。

(3) 使用限制性内切酶酶切 pAbAi 1μL 以产生与目标序列寡核苷酸相容的黏性末端。用凝胶回收纯化或柱纯化的方式纯化酶切产物。

(4) 将寡核苷酸连接到 pAbAi 载体上，将退火后的寡核苷酸稀释 100 倍至终浓度为 0.5μmol/L。为了确保良好的连接效率，必须稀释寡核苷酸，使其仅适度过量。使用过量的寡核苷酸会抑制连接。

(5) 在反应管中加入以下试剂:

pAbAi 载体 (50ng/μL): 1.0μL

退火寡核苷酸 (0.5μmol/L): 1.0μL

10×T4 DNA 连接酶缓冲液：1.5μL

BSA（10mg/mL）：0.5μL

不含核酸酶的水：10.5μL

T4 DNA 连接酶（400U/μL）：0.5μL

总体积：15μL

如果有必要，可用 1μL 不含核酸酶的水代替寡核苷酸作为阴性对照。

（6）将反应混合物在室温下孵育 3h，转化大肠杆菌，采用常规方法检测阳性克隆。可用酶切或测序方法进行检测。

2）生成 Bait-Reporter 酵母菌株

（1）用 *Bst*B Ⅰ或 *Bbs* Ⅰ酶切 2μL pBait-AbAi、pMutant-AbAi 和 p53-AbAi 质粒，使其在 *URA3* 基因处断开，使用离心柱方法纯化酶切产物。

（2）按配对酵母转化系统（matchmaker yeast transformation system）2 的步骤，用 1μL 酶切后的质粒转化 Y1HGold 酵母。

（3）将每个转化体系稀释至 1/10、1/100、1/1000，分别取每个稀释物均匀涂于 SD/-Ura 琼脂平板上。3d 后挑取 5 个单克隆，用配对插入检查 PCR 混合物 1（cat. No. 630496）进行 PCR 检测阳性克隆，用 Y1HGold 的单克隆作阴性对照。

（4）在 PCR 管中加 25μL PCR 级别 H_2O。

（5）用干净的枪头轻轻接触酵母单克隆，以获得非常少量的酵母细胞。将枪头伸进 PCR 级别 H_2O 中搅拌，使酵母细胞散开。切忌挑取整个酵母单克隆，因为细胞过多会阻止 PCR 反应的进行。如果加入细胞后水变浑浊，证明加入了过多的酵母细胞。

（6）向每个管中加入 25μL 配对插入检查 PCR 混合物混匀，离心。每个 PCR 管中现已含有如下反应物：

配对插入检查 PCR 混合物：25μL

H_2O/酵母：25μL

总体积：50μL

（7）按下述程序进行 PCR 反应

95℃	1min	
98℃	10s	30 个循环
55℃	30s	
68℃	2min	

（8）取 5μLPCR 产物，用 1%的琼脂糖凝胶电泳分析，引物与 *AbA*^{r} 基因以及 *URA3* 下游的 Y1HGold 基因组结合，扩增片段长约 1.4kb（图 7.85）。

图 7.85
PCR 检测 pBait-AbAi
的插入情况

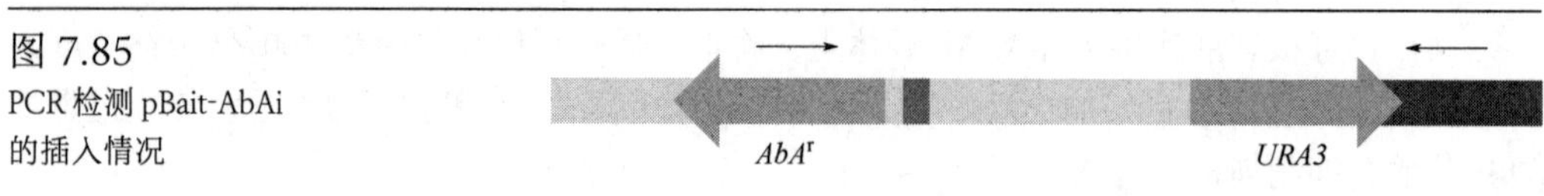

正确的 PCR 检测结果应是：阳性对照 1.4kb，阴性对照无条带，诱饵菌株 1.35kb+插入大小。

(9) 分别挑取 PCR 检测呈阳性的诱饵克隆和 p53-AbAi 对照克隆，在 SD/-Ura 平板上划线培养。30℃孵育 3d 后，将平板置于 4℃保存，即为新构建的 Y1HGold［Bait/AbAi］菌株和[p53/AbAi]对照菌株。

(10) 经过长期放置后，挑取单克隆在 YPDA 液体培养基中过夜培养，离心收集菌体，用 1mL 预冷培养基（100mL 灭菌的 YPDA 与 50mL 灭菌的 75%甘油混合）重悬菌体，速冻后在−70℃保存。

3）检测诱饵菌株 *AbA*ʳ 基因的表达

在不存在捕获物的情况下，由于克隆到 pAbAi 载体中的诱饵序列不同，诱饵菌株报告基因的本底表达水平也不相同。例如：p53-AbAi 对照的最低金担子素 A 抑制浓度为 100ng/mL。

注意：酵母单杂交实验成功的前提是没有内源性转录因子能够与目的序列结合或者结合能力弱。因此在进行文库筛选之前，检测所构建的诱饵菌株 *AbA*ʳ 基因的表达情况十分重要。在进行文库筛选时需要确定抑制诱饵菌株报告基因本底表达所需的 AbA 浓度。

(1) 挑取诱饵克隆和对照克隆，用 0.9%NaCl 重悬细胞，调节 A_{600} 到大约 0.002（大约 2000 个/100μL）。

(2) 在下述培养基上分别涂布 100μL 重悬后的菌液，菌落在 30℃下生长 2～3d。

SD/-Ura

SD/-Ura with AbA（100ng/mL）

SD/-Ura with AbA（150ng/mL）

SD/-Ura with AbA（200ng/mL）

预期结果如表 7.17 所示。

表 7.17 *AbA*ʳ 基因预期本底表达结果

[AbA]/（ng/mL）	Y1HGold[p53-AbAi]克隆数	Y1HGold[pBait-AbAi]克隆数
0	约 2000	约 2000
100	0	依赖诱饵
150	0	依赖诱饵
200	0	依赖诱饵

(3) 在进行文库筛选时，使用 AbA 的浓度应为最低抑制浓度，或使用比最低抑制浓度稍高的 AbA 浓度（高约 50～100ng/mL），以彻底抑制诱饵菌株的生长。

注意：如果 200ng/mL AbA 不能抑制本底表达，可以尝试提高 AbA 浓度至 500～1000ng/mL。但是，在不存在捕获物的情况下，如果 AbA 浓度为 1000ng/mL 仍无法抑制 *AbA*ʳ 基因的表达，那么很可能存在能够识别并与目的序列结合的内源调控因子，因而该目的序列无法用来进行酵母单杂交筛选。

4）文库 cDNA 的合成

提取总 RNA，进行反转录合成 cDNA，合成的 cDNA 末端具有与 PGADT7-Rec 相同的酶切位点。

(1) 利用 SMART 技术合成 cDNA 第一链。

准备高质量的 poly A 和/或总 RNA，用人体胎盘 poly A+RNA 作为阳性对照。RNA 的质量决定文库的质量，RNA 应为所要研究的特定时期和特定组织的 RNA。

在微量离心管中加入如下试剂:

RNA 模板（0.025～1.0μg poly A 和/或 0.10～2.0μg 总 RNA）：1～2μL

CDSⅢ（oligo-dT）或 CDSⅢ/6（random）引物：1μL

去离子水：1～2μL

总体积：4μL

在另外一支管中加入对照 cDNA 反应物，即 RNA 模板使用 1μL（1μg）control poly A+RNA；72℃孵育 2min；冰上放置 2min 轻轻混匀。

在上述离心管加入如下试剂:

5×第一部分缓冲液：2.0μL

DTT（100mmol/L）：1.0μL

dNTP 混合物（10mmol/L）：1.0μL

SMART M-MLV RT：1.0μL

总体积：5.0μL

轻轻混匀后离心。该步骤中的试剂可提前加好置于冰上。此步是 cDNA 合成的起始关键步骤，变性后的 RNA/引物混合物冰上放置的时间不应超过 2min。

如果用的是 CDSⅢ/6 随机引物，25～30℃孵育 10min。如果用的是 CDSⅢ引物，省略此步，直接进行下一步的反应。

42℃孵育 10min，加入 1μL SMARTⅢoligo 充分混合，42℃ 1h，75℃孵育 10min 终止第一链的合成，降至室温，加入 1μL RNase H（2units）37℃孵育 20min，产物保存在-20℃，可保存 3 个月。

（2）长距离 PCR（LD-PCR）合成。

根据合成 cDNA 第一链时使用的 RNA 量，表 7.18 给出了进行 LD-PCR 时最佳的热循环数。使用的热循环数越少，非特异性 PCR 产物越少。

表 7.18 RNA 量与最佳热循环数

总 RNA/μg	poly A+RNA/μg	循环数
1.0～2.0	0.5～1.0	15～20
0.5～1.0	0.25～0.5	20～22
0.25～0.5	0.125～0.25	22～24
0.05～0.25	0.025～0.125	24～26

加入如下试剂（每个样品做 2 个 100μL 体系，对照做 1 个 100μL 体系）:

第一部分 cDNA：2μL

去离子水：70μL

10×多功能（advantage 2）PCR 缓冲液：10μL

50×dNTP 混合物：2μL

5'RACE 引物：2μL

3'RACE 引物：2μL

溶解液：10μL

50×多功能混合型聚合酶（advantage 2 polymerase mix）：2μL

总体积：100μL

按照以下程序进行 PCR 反应：

95℃　　30s

95℃　　10s } X 个循环

68℃　　6min }

68℃　　5min

取 7μL PCR 产物用 1.2%的琼脂糖凝胶检测，1kb DNA ladder 做标志物。

（3）使用 CHROMA SPIN+TE-400 柱纯化 cDNA。

① 为纯化的 cDNA 样品准备 CHROMA SPIN+TE-400 柱。

② 将纯化柱翻转几次，使 gel matrix 充分悬浮。

③ 移去柱的顶盖和底盖，将柱放入 2mL 收集管中。

④ 将柱放入离心机，700*g* 离心 5min 以消除平衡缓冲液，弃掉收集管中的液体。

⑤ 将柱放入新的收集管中，把 cDNA 加到胶体基质（gel matrix）的中央，切勿使样品沿柱的内壁流下（加到边上易使样品沿柱内壁流下，易混有小片段 cDNA）。

⑥ 700*g* 离心 5min，将纯化的 cDNA 收集到管中。

⑦ 将两个纯化的 cDNA 样品合并到一管，测量体积。

⑧ 加入 1/10 体积 3mol/L 醋酸钠（pH5.3），混匀。

⑨ 加入 2.5 倍体积无水乙醇。−20℃放置 1h。

⑩ 14000r/min 室温离心 20min，小心弃去上清液，切勿碰到沉淀。

⑪ 14000r/min 瞬时离心，去除残留上清液。

⑫ 沉淀于空气中干燥 10min（一般干燥至无乙醇味，不可过度干燥，否则很难溶解）。

⑬ 用 20μL 灭菌去离子水溶解沉淀，此 cDNA 可用来进行同源重组构建文库。纯化后的 cDNA 用 1%的琼脂糖电泳检测。

5）cDNA 融合表达文库的构建及筛选

（1）在 SD/-Leu/AbA 培养基上检测 Y1HGold[Bait/AbAi]菌株。AbA 的浓度根据构建诱饵载体时转入酵母抑制本底表达时的浓度而定。

（2）按 SMART 技术合成的 ds cDNA 浓度为 2～5μg/20μL。

（3）用酵母转化系统（yeast transformation system）的方法转化酵母，在转化体系中加入如下样品：

① cDNA 文库转化 Y1HGold[Bait/AbAi]菌株

20μL SMART-amplified ds cDNA（2～5μg）

6μL pGADT7-Rec（*Sma* Ⅰ-linearized）（3μg）

② Y1HGold[53/AbAi]的转化

5μL p53 片段（125μg）

2μL pGADT7-Rec（*Sma* Ⅰ-linearized）（1μg）

将转化体系分别稀释至 1/10、1/100、1/1000、1/10000 后，各取 100μL 涂在 100mm 平板上。cDNA 文库转化菌株涂 SD/-Leu 和 SD/-Leu/AbA 平板，对照 p53 转化菌株涂 SD/-Leu 和 SD/-Leu/AbA^{200} 平板。

（4）将剩余的所有文库转化混合物（约 15mL）取 150μL 涂在 150mm SD/-Leu/AbA 平

板上。

（5）倒置培养 3～5d。

（6）3～5d 后，统计 SD/-Leu 100mm 板上的克隆数目，计算筛选的克隆数。所筛选的克隆数至少应该达到 1×10^6，否则会降低筛选到目的产物的可能性。

筛选的克隆数=在 SD/-Leu 板上每毫升形成的菌落总数×稀释倍数×重悬体积（15mL）

例如：重悬体积=15mL，涂板体积=100μL，稀释 100 倍在 SD/-Leu 板上形成 250 个克隆，则筛选的克隆数=250 个/0.1mL×100×15mL=3.75×10^6。

（7）预期结果

阳性对照实验：SD/-Leu 和 SD/-Leu/AbA^{200} 培养基上的克隆数相近。文库筛选实验：SD/-Leu 平板上的克隆数应大于 1×10^6，且 SD/-Leu/AbA 平板上的克隆数远远少于 1×10^6，阳性克隆数目取决于诱饵序列。

6）阳性克隆的鉴定及 cDNA 质粒的分离

（1）阳性克隆重新划线培养，进行表型确认。

阳性克隆在 SD/-Leu/AbA 培养基上重新划线，产生新的单克隆；2～4d 后，选择能够正常生长的克隆进行后续分析。

（2）酵母克隆 PCR 消除重复克隆。

用配对插入检查 PCR 混合物 2（Cat.No.630497）进行 PCR，对插入到 pGADT7 载体中的 cDNA 片段进行扩增。PCR 管中加入以下试剂进行反应：

配对插入检查 PCR 混合物：25μL

H_2O/酵母：25μL

总体积：50μL

按下述程序进行 PCR 反应：

94℃ 1min

98℃ 10s ⎫
68℃ 3min ⎭ *X* 个循环

PCR 产物在 1%的琼脂糖凝胶上进行电泳分析。产物不是单一的条带很正常，这表明在同一酵母细胞不止存在一种捕获载体（为了确认大小相近的条带是否是同一种插入片段，用 *Alu* Ⅰ或 *Hae* Ⅲ或者其他常用的限制性内切酶消化 PCR 产物，产物用 2%的琼脂糖凝胶进行电泳分析）。如果大量的克隆含有同一插入片段，则另取 50 个克隆进行 PCR 分析。为了快速验证克隆，PCR 产物可经过纯化后用 T7 引物测序。

（3）阳性 cDNA 质粒的分离获取。

酵母中文库质粒的分开。与转化的大肠杆菌不同，转化的酵母细胞可以含多种相关质粒，这就意味着阳性克隆里不只含有能激活 AbA^r 报告基因的质粒，还可能含有一种或多种不表达相互作用蛋白的 cDNA 质粒。如果不提前将非互作质粒分离出去而直接通过转化大肠杆菌获取质粒，那么很有可能获取到非相互作用的质粒。为了增加获取阳性克隆捕获质粒的概率，可以将阳性克隆在 SD/-Leu/AbA 培养基上重复涂布 2～3 次，每次都挑取单一的克隆进行下一步涂布。

从酵母中获取阳性 cDNA 质粒。为了鉴定阳性互作相关的基因，用简易酵母质粒分离试剂盒（Cat.No.630467）从酵母中获取阳性质粒。

转化 *E.coli* 并分离阳性 cDNA 质粒。用常用的克隆菌株对阳性 cDNA 质粒进行克隆，用含 100g/mL 氨苄西林的 LB 进行筛选。

（4）鉴别阳性和假阳性互作。

酵母单杂交筛选可能会检测到假阳性，用以下标准可以区分阳性和假阳性。阳性：正确的诱饵序列和捕获物都是激活 AbA^r 报告基因所必需的。假阳性：在诱饵序列突变的情况下，诱饵仍可以激活 AbA^r 报告基因。用下述程序在选择培养基上对阳性和假阳性相互作用进行确认：用酵母生成转化系统（yeastmaker transformation system）的试剂和小规模（small-scale）转化程序将 100ng 获取的捕获质粒转化到 Y1HGold[Bait/AbAi] 和 Y1HGold[Mutant/AbAi]菌株中（阳性对照和阴性对照实验应该一起进行），在 SD/-Leu 和 SD/-Leu/AbA 培养基上涂 100μL 转化混合物 1/10 和 1/100 的稀释物，30℃培养 3～5d 后，预期结果如表 7.19 所示。

表 7.19　阳性和假阳性相互作用验证结果

A 阳性

样品	选择培养基	2mm 清晰的克隆
酵母菌	SD/-Leu	有
Y1HGold[Bait/AbAi]+靶	SD/-Leu/AbA	有
酵母菌	SD/-Leu	有
Y1HGold[Mutant/AbAi]+靶	SD/-Leu/AbA	无（或者很小）

B 假阳性

样品	选择培养基	2mm 清晰的克降
酵母菌	SD/-Leu	有
Y1HGold[Bait/AbAi]+靶	SD/-Leu/AbA	有
酵母菌	SD/-Leu	有
Y1HGold[Mutant/AbAi]+靶	SD/-Leu/AbA	有

（5）阳性克隆的测序分析。

一旦相互作用被验证为阳性，就可以测序鉴定捕获载体的插入 cDNA 片段，验证与 GAL4 AD 序列融合的开放阅读框序列，并与 GenBank、EMBL 或其他数据库中的序列进行比较。

4．注意事项

（1）进行一轮酵母单杂交筛选后，得到的阳性克隆可能非常少或者非常多，在这种情况下，建议做如下处理。

① 阳性克隆太少。检查所筛选的克隆数是否大于 1×10^6，通过阳性对照和阴性对照检查培养基是否正常，重新检测诱饵的最低 AbA 抑制浓度，试着增加目的序列的拷贝数，通常目的序列的拷贝数为 3 时，实验效果最好。

② 阳性克隆太多。检查是否使用了最佳 AbA 抑制浓度，如果使用了 100ng/mL AbA，使用 200ng/mL 的 AbA 浓度重新筛选；通过阳性对照和阴性对照检查培养基营养缺陷是否正常；可能文库中存在大量能与诱饵蛋白结合的 cDNA，可通过酵母 PCR 将其克隆分类，每一类中的代表可用来进行阳性互作分析。

（2）对阳性克隆进行测序之前需进行以下实验。

用新鲜的选择性培养基对阳性克隆重新划线培养，进行表型确认；酵母克隆PCR，对重复的克隆进行分类；阳性cDNA质粒的分离；阳性和假阳性互作的辨别。

（二）以转录因子为中心的酵母单杂交实验

1．原理

转录因子在各种生物过程中起着至关重要的作用，通过与顺式作用区域结合来抑制或激活转录，以调控其靶基因的表达，许多转录因子可以抑制和激活转录。因此，确定某个转录因子识别的顺式作用元件对于理解转录因子的功能和揭示它们所涉及的调节网络很重要。以转录因子为中心的酵母单杂交（Y1H）实验具有简单高效的优点，可以检测体内蛋白质-DNA的相互作用。Y1H的这些优势使其成为应用最广泛的以基因为中心的技术之一，并且在揭示与特定顺式作用元件相互作用的转录因子方面具有巨大潜力。然而，虽然这种方法可以确定与特定的DNA基序结合的转录因子，但它不能确定与特定的转录因子结合的DNA基序的类型。因此，开发以转录因子为中心的TF Y1H可能能够揭示特定转录因子所识别的顺式作用元件，并将在DNA与蛋白质之间相互作用的研究中得到广泛应用。

利用该方法确定了6个与bZIP蛋白相互作用的基序，在这些基序中，确定了5个已知与bZIP蛋白相互作用的基序。该系统是一种简单、可靠、有效的用来识别与转录因子结合的DNA序列的方法，可广泛应用于研究转录因子的功能并揭示新的DNA基序。此外，bZIPs识别的基序将有助于我们理解bZIPs的功能。

2．主要材料和仪器

质粒和菌株、YPDA培养基、YPD Plus液体培养基（Clontech-Takara）、SD基本培养基、DO/-Leu/-Trp培养基（10×）、DO/-His/-Leu/-Trp培养基（10×）、SD/DO培养基、冷冻培养基、LB培养基、1mol/L 3-氨基-1,2,4-三唑（3-amino-1,2,4-triazole，3-AT）、50mg/mL卡那霉素、50mg/mL氨苄西林、100mm LB-卡那霉素琼脂平板、100mm LB-氨苄西林琼脂平板、*Sma* I限制酶、琼脂糖、100% DMSO、T4连接酶、In-Fusion™酶（Clontech-Takara）、PEG3350、鲑鱼精DNA（herring testes carrier DNA）、DH5α大肠杆菌感受态细胞、1.1×TE/LiAc、PEG/LiAc。100mm和150mm板、PCR仪。

质粒和菌株如下：

猎物库：pHIS2，包含随机DNA序列作为猎物库（也称“猎物质粒”）；

诱饵：一种来自靶转录因子的GAL4AD融合蛋白，含有靶转录因子；

酵母菌株Y187：Ura^-、Leu^-或Trp^-或其他需要尿嘧啶（Ura）、亮氨酸（Leu）或色氨酸（Trp）生长的菌株；也就是说，它们对一种（或多个）特定的氨基酸是营养缺陷的。

3．方法

1）随机短DNA序列插入库的构建

（1）为了在pHIS2中插入随机DNA片段，合成了三个单链DNA序列，命名为Y1、Y2和Y3（参见4.注意事项（1）和图7.86）。

Y1：5′-CTCACTATAGGGCGAATTCCANNNNNNCGGGGAGCTCACGCGTTCGCGA-3′

Y3：3′-CTCGAGTGCGCAAGCGC-5′

Y2：5′-CTCACTATAGGGCGAATTCCYNNNNNNCGGGGAGCTCACGCGTTCGCGA-3′

Y3：3′-CTCGAGTGCGCAAGCGC-5′

图 7.86 构建随机 DNA 序列的示意图（引用并改编自：Ji，等 2018）

下划线的“Ns”是随机 DNA 序列，用于确定某个 TF 识别的顺式作用元件。带下划线的 DNA 序列的侧翼序列与 pHIS2 中 *Sma* Ⅰ位点的两个侧翼序列相同。

(2) PCR 以 Y1 和 Y2 为模板，Y3 为引物［见 4.注意事项 (2) 和 (3)］。制备两个 10μL 反应混合物，包含 2μL Y1 或 Y2（浓度 10μmol/L）、3μL Y3（浓度 10μmol/L）、0.5μL dNTP Mix（浓度 10mmol/L）、1μL 10×*Taq* 缓冲液、0.5U *Taq* DNA 聚合酶［见 4.注意事项 (4)］。

(3) 使用以下条件［见 4.注意事项 (5)］进行一个循环 PCR 反应（两种混合物：Y1+Y3 和 Y2+Y3）：94℃ 90s，55℃ 15min，50℃ 30min。

(4) 用 *Sma* Ⅰ消化 pHIS2 载体，通过琼脂糖凝胶电泳（0.8%琼脂糖）纯化。

(5) 为了在线性化 pHIS2 载体的末端添加单个“T”碱基，以 10μL 的总体积制备以下混合物：1μg pHIS2（*Sma* Ⅰ线性化）、0.5μL dTTP（原液浓度 10mmol/L）、1μL 10×Ex*Taq* 缓冲液，0.5U Ex*Taq*。将试管在 74℃下静置 30min（在 PCR 循环仪或水浴中），并在琼脂糖凝胶电泳后纯化质粒，以获得 pHIS2 的 T 载体［见 4.注意事项 (6)］。

(6) 将第 (3) 步 PCR 反应产物克隆到第 (5) 步得到的 pHIS2 T 载体中。T-A 连接系统包括 0.2μg pHIS2 T 载体，0.5μL PCR 产物（Y1+Y3 和 Y2+Y3）、1μL 10×连接缓冲液、3U T4 连接酶和终浓度为 100g/L 的 PEG6000。连接条件为 12℃ 16～20h，然后向管中加入 10U *Sma* Ⅰ，并在 25℃下孵育 4h［见 4.注意事项 (7)］。

(7) 混合两种连接（Y1+Y3 和 Y2+Y3），然后使用热休克将混合物转化到 DH5α 大肠杆菌感受态细胞［见 4.注意事项 (8)］。在 42℃下孵育 90s 后，向转化混合物中加入 1mL 不含抗生素的 LB 液体培养基，在 37℃下以 200～250r/min 振荡孵育 1h。为了评估转化效率，在 100mm LB/kan 板上加入 10μL、50μL 和 100μL 的转化混合物，并在 37℃下孵育过夜。

(8) 将 4mL 含有 50mg/L 卡那霉素的 LB 液体培养基添加到步骤 (7) 中剩余的转化混合物中。在 37℃下孵育 14h 并以 200～250r/min 振荡后，收集培养基用于质粒分离。分离的质粒形成随机 DNA 插入文库，用于筛选确定 TF 识别的 DNA 基序。随机 DNA 插入文库可在 4℃下保存长达 2 个月。或者，将 DMSO 添加至最终浓度为 7%并置于−70℃。避免反复冻融［见 4.注意事项 (9)］。

2）重组效应质粒 pGADT7-Rec2-TF 的构建

待研究的转录因子应与 PGADT7-Rec2 中的 GAL4 激活域相融合。以下描述了一种简单而高效的将基因克隆到 pGADT7-Rec2 中的方法。

(1) 用 *Sma* Ⅰ消化 pGADT7-Rec2 载体，并用琼脂糖凝胶电泳（0.8%琼脂糖）进行纯化。

(2) 使用 PCR 扩增 TF，引物应与 TF 具有 24bp 同源性，利用 TF 的 SMARTⅢ序列和 CDSⅢ序列，设计如下。

正向引物（SMARTⅢ序列，111=TF 的第一个密码子）：

5′-AAGCAGTGGTATCAACGCAGAGTGGCCATTATGGCCC 111 222 333 444 555 666 777 888-3′；

反向引物（CDSⅢ序列，LLL=TF 最后一个密码子的反向互补）：

5′-TCTAGAGGCCGAGGCGGCCGACATG LLL NNN NNN NNN NNN NNN NNN NNN-3′;

（3）将 TF 和线性 pGADT7-Rec2 混合在一起并使用 In-Fusion 酶“融合”。准备总体积为 10μL 的 In-Fusion 克隆反应：50～100ng pGADT7-Rec2（*Sma* Ⅰ线性化）、50～100ng 克隆 PCR 插入片段、1μL In Fusion Enzyme、1μL 5×In-Fusion 反应缓冲液[见 4.注意事项（10）]。

（4）轻轻混合反应液并在 37℃下孵育 15min，接着在 50℃下孵育 15～20min，然后置于冰上。

（5）使用热休克法将 In-Fusion 反应混合物转化到 DH5α 大肠杆菌感受态细胞［见 4.注意事项（8）］，在 100mm LB/amp 板上加入 100μL 的转化混合物，并在 37℃下孵育过夜。

（6）从每个实验板中挑选单克隆菌落。使用标准方法（例如，小量制备）分离质粒；通过 PCR 筛选分析 DNA，确定插入物的存在。在这里，我们使用 bZIP 基因 AtbZIP53（AT3G62420）作为研究示例来说明以 TF 为中心的 Y1H 的过程。

3）筛选随机 DNA 插入库

（1）感受态酵母细胞的制备

① 用来自冷冻酵母原液的 Y187 酵母细胞在 YPDA 琼脂平板上划线。在 30℃下倒置培养板，直到菌落出现（2～3d）［见 4.注意事项（11）］。

② 将一个菌落（直径 2～3mm）接种到含 3mL YPDA 培养基的 15mL 无菌培养管中。

③ 在 30℃下以 250r/min 振荡孵育 8～12h。

④ 将 5μL 培养物转移到含 50mL YPDA 的 250mL 锥形瓶中。

⑤ 孵育振荡直到 OD_{600} 达到 0.15～0.3（16～20h）。

⑥ 在室温下以 700*g* 离心细胞 5min。弃去上清液并将沉淀重新悬浮在 100mL 的新鲜 YPDA 中。

⑦ 在 30℃下孵育，直到 OD_{600} 达到 0.4～0.5（3～5h）。

⑧ 将培养物分到两个 50mL 无菌 Falcon 锥形管。在室温下以 700*g* 离心细胞 5min。弃去上清液并将每管中沉淀重新悬浮在 30mL 无菌去离子水中。

⑨ 在室温下以 700*g* 离心细胞 5min。弃去上清液并将每管中沉淀重新悬浮在 1.5mL 的 1.1×TE/LiAc 中。

⑩ 将细胞悬液分别转移到两个 1.5mL 微量离心管中，高速离心 15s。

⑪ 弃去上清液，用 600μL 的 1.1×TE/LiAc 重悬沉淀。准备好细胞用质粒 DNA 转化［见 4.注意事项（12）］。

（2）感受态酵母细胞的转化

① 在 15mL 无菌管中混合以下物质：2μg pGADT7-AtbZIP53、1.5μg 随机 DNA 插入文库、10μL 鲑鱼精 DNA（herring testes carrier DNA）（母液浓度 10mg/mL）［见 4.注意事项（13）］。

② 加入 600μL 感受态 Y187 酵母细胞，轻轻混匀。

③ 加入 2.5mL PEG/LiAc，轻轻混匀。

④ 30℃孵育 45min［见 4.注意事项（14）］。

⑤ 加入 160μL DMSO，混匀。

⑥ 将试管置于 42℃水浴中［见 4.注意事项（15）］。

⑦ 将沉淀的酵母细胞在室温下以 700*g* 离心 5min。

⑧ 去除上清液，重悬于 3mL YPD Plus 液体培养基中［见 4.注意事项（16）］。

⑨ 30℃孵育，250r/min，90min。

⑩ 离心沉淀酵母细胞，以 700g 离心 5min。

⑪ 弃上清液，重悬于 15mL 9g/L NaCl 溶液中。

⑫ 将混合物涂抹在 SD/DO/-His/-Leu/-Trp+30mmol/L[3-AT]板（150μL 细胞/150mm 板）上以选择相互作用的一种混合。在 30℃下倒置培养板 3～5d，直到出现菌落。

⑬ 挑选 SD/DO/-His/-Leu/-Trp+30mmol/L[3-AT]板上的克隆进行进一步分析。在高严格选择培养基（提供 50～80mmol/L 3-AT）上复制平板阳性克隆，以获得真正与 AtbZIP53 结合的 DNA 序列。

⑭ 将 10mL SD/DO/-His/-Leu/-Trp 液体培养基与一个大（2～3mm）菌落接种到 50mL 无菌培养管中的高严格选择培养基上；在 30℃下孵育过夜（16～20h），以 250r/min 的速度摇动。

⑮ 检查培养物的 OD_{600}，点样前应为 0.6～0.8。通过将所有培养物稀释到获得的最低密度，使它们达到相同的 OD_{600} 值。

⑯ 制备上一步培养物的连续稀释液（1/1、1/10、1/100、1/1000），并分别将 2μL 稀释液点到 SD/DO/-His/-Leu/-Trp+50mmol/L[3-AT]板上用于进一步确认和检查相互作用的强度。同时，将细胞点到 SD/DO/-Leu/-Trp 板上，以便能够比较细胞密度。在 30℃下倒置培养板 2～3d，直到出现菌落。

4）阳性克隆插入序列分析

（1）在无菌 50mL 培养管中，将 SD/DO/-His/-Leu/-Trp+50mmol/L[3-AT]板上的阳性克隆接种到 10mL SD/DO/-His/-Leu/-Trp 培养基中。

（2）30℃ 250r/min 振荡孵育 1～2d。

（3）使用标准方法提取 pHIS2 质粒。

（4）将提取的 pHIS2 质粒转化到感受态大肠杆菌细胞（如 Jm109、DH5α）中，在 50mg/L 卡那霉素的 LB 培养基上进行筛选。

（5）挑取至少 10 个阳性单克隆，在无菌 50mL 培养管中用 10mL 含 50mg/L 卡那霉素的 LB 液体培养基培养。

（6）37℃ 200～250r/min 振荡孵育过夜后进行质粒提取。

（7）从大肠杆菌中提取出 pHIS2 质粒，测序得到插入序列。序列引物来自 pHIS2 质粒，其设计如下：

pHIS2 正义链：5′-TGTGCTGCAAGGCGATTAAG-3′；pHIS2 反义链：5′-CTTCGAAGAAATCACATTAC-3′。

（8）筛选插入序列（插入序列左右两侧分别为 CCC 和 GGG，来自 *Sma* Ⅰ消化的“CCCGGG”序列），使用顺式作用元件预测程序预测插入序列，如 PLACE（http://www.dna.affrc.go.jp/PLACE/）和 PlantCARE（http://bioinformatics.psb.ugent.be/webtools/plantcare/html/）来确定是否包含已知基序。

5）被研究 TF 识别的预测基序的确定

（1）当插入序列预测为已知顺式作用元件时，将研究元件的三个串联拷贝插入 pHIS2 载体的多个序列克隆位点，构建 pHIS2 报告基因，并进行 Y1H 研究该基序是否可以结合 TF。

（2）如果预测的已知顺式作用元件没有被 TF 结合或没有预测到已知的顺式作用元件，

则意味着该插入序列含有新的顺式作用元件。通过插入序列边界的连续缺失识别新的顺式作用元件的核心序列，并将每个缺失与研究的 TF 相互作用。

（3）以下为新型顺式作用元件核心序列鉴定实例。我们使用插入序列“CAGTGCGC”作为研究实例，根据 TF-Centered Y1H 鉴定其与 AtbZIP53 结合。在每一侧包括插入序列的侧翼序列的三个碱基，即“CCCCAGTGCGCGGG”（侧翼序列有下划线），因为插入的两个侧翼序列也可能是新 DNA 基序的一部分。

（4）连续删除该序列，并将每个删除的三个串联拷贝克隆到 pHIS2 中，并进行 Y1H 分析它们与 AtbZIP53 的结合。新基序的连续删除序列如图 7.87 所示。新基序的核心序列为“GTGCG”，设计为 BRS1（BRS1：bZIP 识别序列 1）。

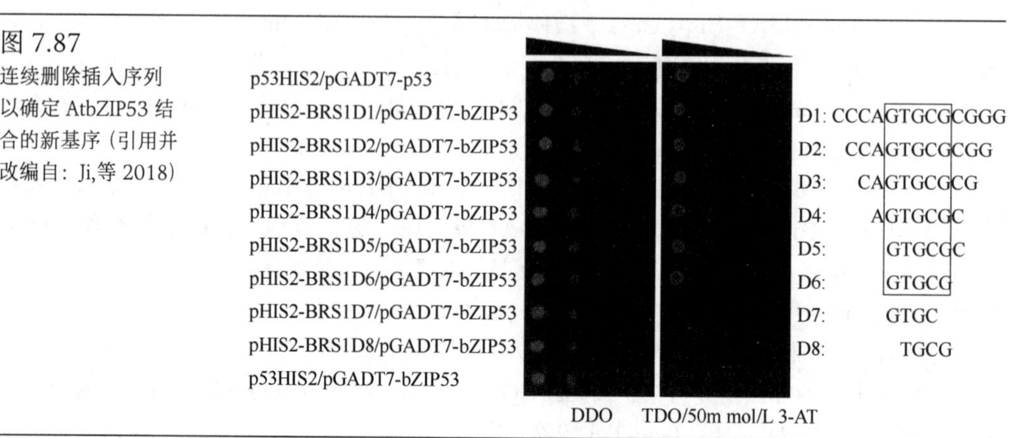

图 7.87
连续删除插入序列以确定 AtbZIP53 结合的新基序（引用并改编自：Ji,等 2018）

4．注意事项

（1）N=A、C、G 或 T，Y=C 或 T。

（2）质粒 pHIS2 中的这个随机 DNA 插入猎物文库可以识别由特定的 TF 识别的不超过 7 或 8 个碱基对的“HNNNNNNC”的任何 DNA 序列。

（3）如果需要，可以增加或减少 Y1 或 Y2 中的 N 数量。

（4）这里使用的 *Taq* 必须是能够产生单碱基（A）3'突出端的 *Taq* DNA 聚合酶。

（5）只进行一个循环，因为超过一个循环会导致非特异性 PCR 产物产生。

（6）这里使用的 *Taq* 必须是能够产生单碱基（A）3'突出端的 *Taq* DNA 聚合酶。如果使用水浴或热循环仪进行此孵育，请用一滴矿物油覆盖反应混合物，以防止因蒸发而导致体积损失。

（7）添加 *Sma* Ⅰ使空 pHIS2 线性化，从而阻断 pHIS2 的自连接。

（8）Y1+Y3 与 Y2+Y3 的比例为 1∶1。

（9）随机 DNA 插入文库在−70℃下可保存至少 1 年。

（10）载体与插入物的比例为 1∶3。

（11）培养板可以在 4℃和柔和的灯光下储存长达 1 个月。

（12）为获得最佳结果，应立即使用感受态细胞进行转化，尽管它们可以在冰上储存数小时而不会显著降低效率。

（13）使载体 DNA 变性，加热至 98℃ 5min，然后在冰浴中迅速冷却。在使用前再重复一次。

（14）每 15min 通过轻敲或轻轻涡旋混合细胞。

（14）每 10min 轻轻涡旋混合细胞。

（15）YPD Plus 液体培养基是专门为促进转化而配制的，可将效率提高 50%～100%。该步骤不使用标准 YPD 培养基。

四、染色质免疫沉淀

（一）原理

染色质免疫沉淀技术是通过与染色质片段共沉淀和 PCR 技术研究体内与特异蛋白质结合的 DNA 片段的方法。ChIP 技术最大的优点就是在活体细胞状态下研究了蛋白质和目的基因结合状况，减少了体外实验的误差。在活细胞状态下，通过甲醛固定 DNA-蛋白质复合物后，然后通过一定的方法（例如：超声波）随机剪切染色质，用特定蛋白质的抗体沉淀目的染色质，再通过一定方法把目的染色质上的蛋白质去除掉，最后用 PCR 等方法检测鉴定共沉淀的 DNA 片段的特性（图 7.88）。

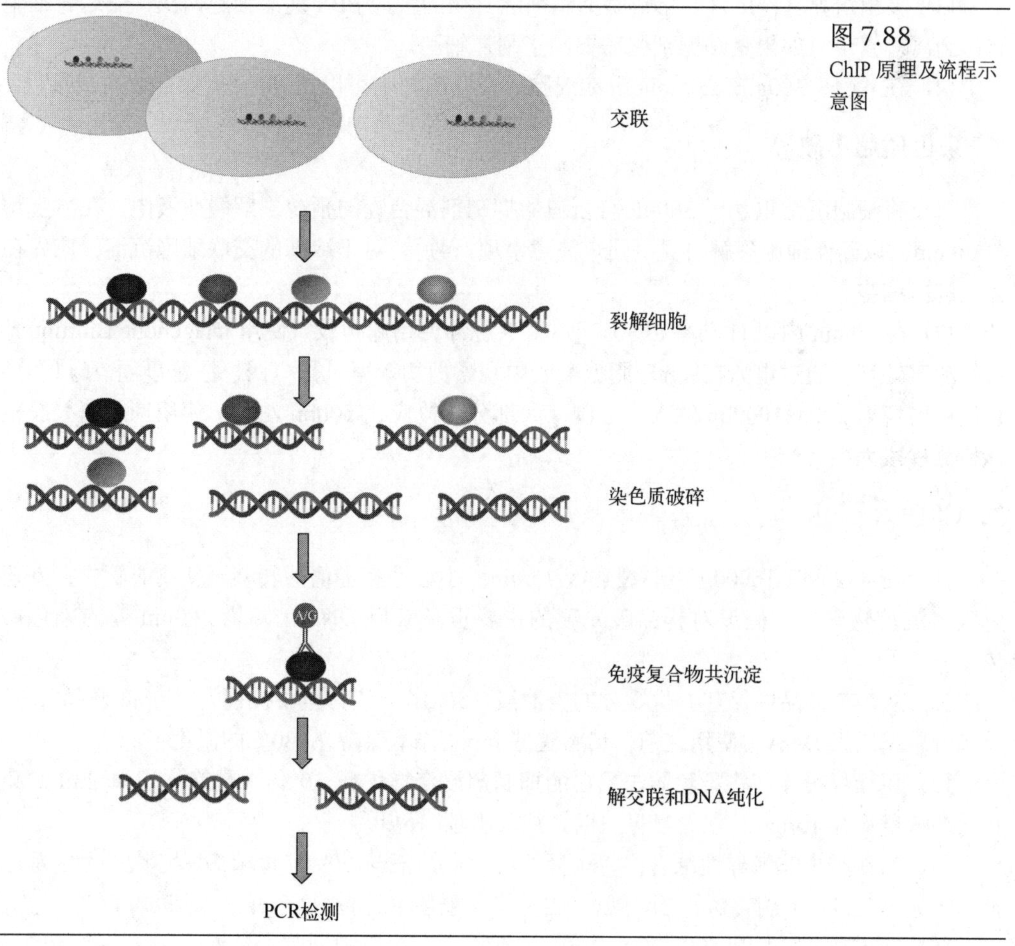

图 7.88
ChIP 原理及流程示意图

（二）主要材料

裂解缓冲液、稀释缓冲液、蛋白酶抑制剂混合物、鲑鱼精 DNA/蛋白 A/G 琼脂糖 50%浆液、低离子强度洗涤缓冲液、高离子强度洗涤缓冲液、LiCl 洗涤缓冲液、TE 缓冲液、洗脱缓冲液、蛋白酶 K、DNA 沉淀溶液、TBE 5×、运行缓冲液（TBE 0.5×）、10g/L 琼脂糖凝胶、锁相凝胶管（5 Prime）、超声破碎仪。

（三）方法

1．交联

（1）将 36.5%的甲醛溶液直接添加到培养液或细胞悬浮培养基中，使其终浓度为 1%，并在室温下孵育 15min。为了获得最佳的 ChIP 结果，每种条件下应使用约 1×10^7～5×10^7 个细胞［见（四）注意事项（2）］。

（2）通过添加 0.125mol/L 的甘氨酸终止交联反应，并在室温下孵育 5min。甘氨酸使甲醛失效，从而终止了交联反应［见（四）注意事项（3）］。

（3）吸出培养基，用含有蛋白酶抑制剂混合物的预冷 PBS 洗涤细胞两次，然后将细胞转移到离心管中（如果是贴壁细胞需要刮子刮掉细胞）。

（4）在 4℃下 300*g* 离心 5min 沉淀细胞。交联的细胞可以在−80℃下保存数周或数月。

2．染色质超声破碎

（1）将细胞沉淀重悬于 300μL 含蛋白酶抑制剂混合物的预冷裂解缓冲液中。在冰上孵育 30min，以确保细胞裂解［见（四）注意事项（4）］。对于冷冻的交联细胞沉淀，应先在冰上解冻细胞。

（2）在 20min 内以 H 功率和 30s 开/30s 关脉冲使用超声仪（使用 Diagenode Bioruptor）进行超声处理。通过电泳在 1%琼脂糖凝胶中观察剪切效率［见（四）注意事项（5）］。染色质应剪切至 200～1000bp 的大小范围，大部分片段应在 500bp 左右，使用琼脂糖凝胶电泳检测片段大小。

3．ChIP

（1）在 4℃下以 16000*g* 离心裂解液 15min。小心地将上清液转移至新离心管中，并避免吸入沉淀物碎片。假设对样品吸光度的主要贡献来自 DNA，测量 260nm 处的染色质浓度。

（2）从每个样品中保存一份等分的上清液（50μL）。该材料将被视为“input 样品”，并且包含总基因组 DNA。使用之前，请将这些 input 样本保持在−80℃的温度下。

（3）用稀释缓冲液将染色质与蛋白酶抑制剂混合物稀释 10 倍，最终体积为 2mL。染色质的浓度应在 15ng/μL 左右［见（四）注意事项（6）］。

（4）为了减少非特异性结合，将稀释的染色质溶液与 50%鲑鱼精 DNA/蛋白 A/G 琼脂糖 50%浆液在 4℃下旋转孵育 1h［见（四）注意事项（7）］。每个样品添加 80μL。

（5）通过在 4℃下以 500g 离心 4min 沉淀珠子。小心地回收上清液，并转移到新的离心管中，避免吸到珠子。

（6）将特异性抗体添加到上清液中，并在 4℃下温和旋转过夜孵育［见（四）注意事项（8）］。始终包括不带抗体或带有 IgG 的管作为阴性对照。

（7）第二天，添加 60μL 50%鲑鱼精 DNA/蛋白 A/G 琼脂糖 50%浆液，并在 4℃旋转孵育 1h。

（8）在 4℃下以 500*g* 离心 4min 以获得琼脂糖珠抗体-染色质复合物。弃去上清液（未结合的非特异性 DNA）。

（9）在 4℃的旋转平台上，每次用 1mL 以下缓冲液洗涤琼脂糖珠，每次 5min，然后在 4℃以 500*g* 离心 4min。用低离子强度洗涤缓冲液洗涤 1 次，用高盐洗涤缓冲液洗涤一遍，用 LiCl 洗涤缓冲液洗涤一遍，用 TE 缓冲液洗涤两次。

（10）加入 250μL 洗脱缓冲液，从琼脂糖珠上洗脱免疫复合物，在室温轻轻旋转孵育 15min［见（四）注意事项（9）］。样品以 500*g* 离心 4min，然后将上清液转移到新的 1.5mL 试管中。

（11）重复洗脱，添加 250μL 洗脱缓冲液，并在室温轻轻旋转孵育 15min。将样品以 500*g* 离心 4min。

（12）合并两次洗脱液。同时，将 450μL 洗脱缓冲液添加到 50μL“input 样品”［来自步骤（2）］中，以作为总基因组 DNA 的对照。

4. 解交联和 DNA 回收

（1）在每个试管中加入 20μL 5mol/L NaCl，并通过在 65℃下加热至少 4h 或过夜进行反向交联。

（2）在每个试管中添加以下溶液：10μL 0.5mol/L EDTA，20μL 1mol/L Tris-HCl（pH 6.5）、2μL 蛋白酶 K（10mg/mL），并在 45℃孵育 1h。

（3）回收 DNA，向每个试管中加入 500μL 苯酚/氯仿/异戊醇，并振荡 15s。

（4）在 4℃下以 13000*g* 离心样品 15min，并回收上层相（约 500μL）。

（5）再次重复苯酚/氯仿/异丁醇萃取，在 4℃下以 13000*g* 离心 15min，然后将上层相转移至 2mL 微管中。

（6）在每个试管中添加以下溶液：2.5 倍体积的无水乙醇、1/10 体积的 3mol/L 乙酸钠（pH 5.2）、1μL 糖原（20mg/mL），并在−20℃下孵育 4h 或过夜。沉淀 DNA［见（四）注意事项（11）］。

（7）在 4℃下将样品以 13000*g* 离心 30min。弃去上清液，用 750μL 75%乙醇（体积比）洗涤沉淀，并在 4℃下以 13000*g* 再次离心 15min。弃去上清液，并在室温干燥。

（8）将 DNA 溶于 50μL TE（对于 input 样品为 200μL）中，并储存在−80℃备用。

（9）使用基因特异性引物进行 PCR［见（四）注意事项（12）］。

（四）注意事项

（1）在使用缓冲液时将蛋白酶抑制剂混合物添加到不同的缓冲液中。

（2）交联时间和甲醛最终浓度至关重要，因为它们会影响染色质剪切、交联逆转和 DNA 沉淀。为了进行交联优化，可以进行两个最终甲醛浓度（1%和 2%）和三个时间段（10min、

15min 和 20min）。

（3）甘氨酸（1mol/L 溶液）在使用前应保持在−20℃的温度，原因是在室温下会被污染。

（4）SDS 溶液在 4℃沉淀。因此，当检测到沉淀物时，所有含 SDS 的缓冲液都需要在使用前进行预热。

（5）为防止过热，请确保在超声处理过程中容器始终在冰上。染色质的剪切是成功实施 ChIP 的关键步骤。最好在反向交联后检测剪切效率，因为与 DNA 结合的蛋白质可能会影响琼脂糖凝胶中 DNA 的迁移。

（6）对于每种抗体，应根据经验确定用于 ChIP 的最佳染色质含量。对于组蛋白修饰分析，总量为 30μg 可获得良好的结果。

（7）在使用鲑鱼精 DNA/蛋白 A/G 琼脂糖 50% 浆液前建议摇动试管以获得均质的珠状悬浮液。确保使用的珠子被鲑鱼精 DNA 包裹，以避免 DNA 与琼脂糖珠的非特异性结合。

（8）每个 ChIP 的抗体量应根据经验确定。通过免疫沉淀和蛋白质印迹检查抗体的质量和效率。

（9）每次应重新准备洗脱缓冲液。

（10）为了在 DNA 纯化过程中获得更好的结果，使用锁相凝胶微管（Ref # 2302800. 5 PRIME），该管在有机相和水相之间设置了屏障。

（11）在 DNA 沉淀步骤中，在低于−20℃的温度下孵育可促进 DNA 沉淀，但也会引起盐污染。

（12）应设计最佳的 PCR 引物，以产生 75～125bp 的扩增子，并且 T_m 约为 60℃，GC 含量约为 50%。

五、噬菌体展示技术（DNA 与蛋白质相互作用）

（一）原理

噬菌体展示是将编码多肽的外源性 DNA 片段与噬菌体表面蛋白的编码基因融合后，以融合蛋白的形式呈现在噬菌体表面；被展示的多肽或蛋白质可保持相对的空间结构和生物活性，导入了多种外源基因的一群噬菌体，构成展示各种外源肽的噬菌体展示库；之后通过亲和富集法获得表达特异肽或蛋白质的噬菌体。噬菌体展示技术原理见图 7.89。

在研究 DNA 与蛋白质相互作用时，首先构建适当的 DNA 结合蛋白的噬菌体展示库。然后将结合到适当基质上的 DNA 寡核苷酸与噬菌体一起孵育。使用几轮洗涤去除未结合的噬菌体。然后结合的噬菌体通过细菌宿主被洗脱和扩增。接着使这些亲和纯化和扩增的噬菌体进行另一轮亲和纯化，然后再次扩增。经过几轮亲和纯化，然后是扩增，对表达与 DNA 具有最大亲和力结合蛋白的噬菌体克隆进行富集。

选择并富集克隆后，将使用噬菌体 ELISA 作为最终确认来分析它们的结合特性。首先用链霉亲和素包被孔板，然后用生物素化的 DNA 寡核苷酸包被。然后加入富集和扩增的噬菌体文库。洗掉未结合的噬菌体并加入与酶偶联的抗噬菌体抗体。洗掉未结合的抗体后，加入载有底物的显色溶液，并在指定时间后停止反应。使用酶标仪测量 450nm 处的吸光度。吸光度越高表明 DNA 与噬菌体克隆上展示的蛋白质的相互作用越强。

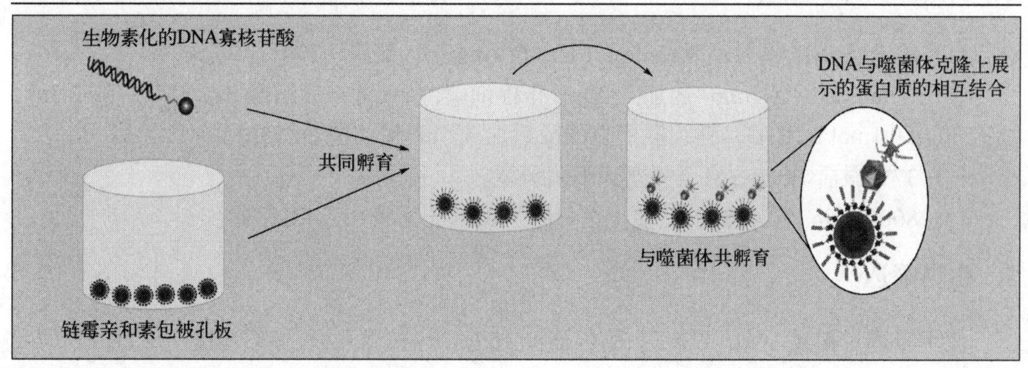

图 7.89
噬菌体展示技术（DNA 与蛋白质相互作用）原理图

（二）主要材料和仪器

T7select 人肝细胞 cDNA 文库，受体菌 BLT5615，中间载体 pGEM-Teasy 及报告质粒 pCAT3-Basic，CAT-ELISA 检测试剂盒，质粒 DNA 转染试剂盒，*Taq* 酶，琼脂糖，dNTP，T4 连接酶，RNA 酶，玻璃奶 DNA 回收试剂盒，*Kpn* Ⅰ、*Xho* Ⅰ、*Eco*R Ⅰ、*Bam*H Ⅰ 等限制性内切酶，大肠杆菌 DH5α、PCR 仪，平板。

（三）方法

1．目的基因（本实验以 PS1TP1 为例）启动子 DNA 片段的 PCR 扩增

根据 PS1TP1 启动子的基因序列，设计合成引物，在上下游引物的 5′端分别加上 *Kpn* Ⅰ、*Xho* Ⅰ 酶切位点，其中上游引物 5′端用生物素标记：5′-GGTACCTTGATGTACTTTTCATGTCAGCACC-3′，下游引物：5′-CTCGAGTTTGCTTCCTTCTATGTTGTTTCC-3′。在 0.5mL EP 管中依次加入 17μL 双蒸水，2.5μL 的 10×缓冲液（含 20mmol/L $MgCl_2$），2μL 2mmol/L dNTP，1μL 12.5μmol/L P1 和 P2，1μL Hep G2 细胞基因组 DNA，0.5μL *Taq* 酶（5U/L）。放入 PE9600 PCR 仪中扩增，进行 PCR 反应，扩增条件：94℃预变性 5min，94℃变性 1min，63℃退火 1min，72℃延伸 1min，循环 35 次后，72℃保温 10min。PCR 产物经 10g/L 琼脂糖凝胶电泳，切胶，玻璃奶法回收纯化。

2．pCAT3-PS1TP1p 重组质粒的构建

将扩增 DNA 片段纯化回收后进行定向克隆，得到重组质粒 pCAT3-PS1TP1p，经双酶切鉴定。

3．pCAT3-PS1TP1p 启动子活性检测

将 0.8μg pCAT3-PS1TP1p 重组质粒转染 Hep G2 细胞，同时转染 1.0μg pCAT3-Basic（阴

性对照）及 pCAT3 启动子（阳性对照）。转染 48h 后收获细胞并制备细胞裂解液（严格按照试剂盒操作手册操作），采用 ELISA 检测细胞吸光度。

4．噬菌体文库扩增

（1）将 BLT5615 新鲜克隆在 3mL LB（含 Amp）内振摇，37℃过夜。

（2）在 3mL LB（含 Amp）内加入 30μL 振摇细菌，将细菌浓度摇至 A_{600} 值 0.5（约 2.5h），加入 30μL 0.1mol/L IPTG，继续振摇 30min 后加入 5μL 受体菌 BLT5615。

（3）37℃振摇 1h 左右直至观察到细菌裂解。

（4）8000r/min 离心 10min，将上清液移至另一无菌管中，4℃保存。

5．生物筛选

使用链霉亲和素 10μL（1g/L）和包被液 100μL 包被微孔板，4℃过夜；1×TBS 洗涤 2 次（1mL/次），加入 80μL PS1TP1 启动子 DNA 回收片段，4℃过夜；1×TBST（0.2% Tween-20）洗涤 3 次（1mL/次），加入文库扩增裂解液 110μL，4℃过夜；1×TBST（0.2% Tween-20）洗板 5 次（1mL/次），加入 100μL T7 洗脱缓冲液，室温孵育 20min，取 10μL 洗脱噬菌体加入 3mL BLT5615 细菌培养液（A_{600}=0.5），37℃振摇培养，直到观察到细菌裂解。收集裂解液 4℃保存备下一轮筛选用。每轮筛选后，均做噬斑分析。按上述步骤再筛选 3 遍。

6．噬斑的 PCR 扩增

第 4 轮筛选后，随机挑取 30 个阳性噬斑，将噬菌体裂解，将噬斑裂解液 PCR 扩增，用 T7 select 引物进行扩增。上游引物：5′-GGAGCTGTCGTATTCCAGTC-3′，下游引物：5′-AACCCCTCAAGACCCGTTTA-3′。扩增条件：94℃变性 60s，50℃退火 55s，72℃延伸 60s，循环 35 次后，72℃保温 10min。10g/L 琼脂糖凝胶电泳鉴定扩增结果，玻璃奶法回收 DNA 片段。

7．序列比对和同源性分析

将纯化的噬斑 PCR 产物与 pGEM-Teasy 载体混合，在 16℃条件下用 T4 DNA 连接酶连接过夜，随后转化用氯化钙法制备的大肠杆菌 DH5α 感受态细胞，在铺有 IPTG/X-gal 的氨苄西林平板上进行蓝白斑菌落筛选，挑取白色菌落用 T7、SP6 引物鉴定，序列测定由上海博亚生物公司完成。同源性搜索由 BLASTn 软件完成（网址为 https://blast.ncbi.nlm. nih.gov/Blast.cgi）。

（米春柳）

参考文献

纪冬，成军，韩萍，等，2012. 噬菌体展示技术在 HBV 前-S1 蛋白反式激活基因 1 启动子 DNA 的结合蛋白筛选中的应用. 中华实验和临床感染病杂志(电子版)，6(04): 263-267.

刘琦，2016. 生物信息学研究的思考. 中国计算机学会通讯，12: 1-2.

刘鸿仪，杨敏，陈依帆，等，2020. Mtb_G5K 同源建模及其与[3, 2-c]喹啉对接研究.化学研究与应用，32:1200-1206.

王天云，贾岩龙，王小引，2020. 哺乳动物细胞重组蛋白工程. 北京：化学工业出版社，1-357.

Afantitis A, Melagraki G, Sarimveis H, 2010. Development and evaluation of a QSPR model for the prediction of diamagnetic susceptibility. Molecular Informatics, 27:432-436.

Almagro Armenteros J J, Tsirigos K D, Sønderby C K, et al, 2019. SignalP 5.0 improves signal peptide predictions using deep neural networks. Nat Biotechnol, 37:420-423.

Anders S, Pyl P T, Huber W, 2015. HTSeq—a Python framework to work with high-throughput sequencing data. Bioinformatics, 31(2):166-169.

Andrés M, García-Gomis D, Ponte I, et al, 2020. Histone H1 Post-Translational Modifications: Update and Future Perspectives. Int J Mol Sci, 21(16):5941.

Arita M, Karsch-Mizrachi I, Cochrane G, 2021. The international nucleotide sequence database collaboration. Nucleic Acids Res, 49:121-124.

Bajic V B, Tan S L, Suzuki Y, et al, 2004. Promoter prediction analysis on the whole human genome. Nat Biotechnol, 22:1467-1473.

Barish G D, Tangirala R K，2013. Chromatin immunoprecipitation. Methods Mol Biol, 1027: 327-342.

Benson D A, Cavanaugh M, Clark K, et al, 2018. GenBank. Nucleic Acids Res, 46:41-47.

Bird A, 2007. Perceptions of epigenetics. Nature, 447(7143):396-398.

Brenowitz M, Senear D F, Shea M A, et al，1986. Quantitative DNase footprint titration: a method for studying protein-DNA interactions. Methods Enzymol, 130: 132-181.

Bunce J D, Patterson D E, Frank I E, 2010. Crossvalidation, bootstrapping, and partial least squares compared with multiple regression in conventional QSAR studies. Qsar & Comb Sci, 7:18-25.

Bürgin T, Coronel J, Hagens G, et al, 2020. Orbitally Shaken Single-Use Bioreactor for Animal Cell Cultivation: Fed-Batch and Perfusion Mode. Methods Mol Biol, 2095:105-123.

Burge C, Karlin S,1997. Prediction of complete gene structures in human genomic DNA. J Mol Biol, 268:78-94.

Carey M F, Peterson C L, Smale S T，2012. Experimental strategies for the identification of DNA-binding proteins. Cold Spring Harb Protoc, 2012(1): 18-33.

Carey M F, Peterson C L, Smale S T，2013. DNase Ⅰ footprinting. Cold Spring Harb Protoc, 2013(5): 469-478.

Carey M F, Peterson C L, Smale S T. 2013. Preparation of (32)P-end-labeled DNA fragments for performing DNA-binding experiments. Cold Spring Harb Protoc, 2013(5): 464-468.

Chang M M, Gaidukov L, Jung G, Tseng W A, et al, 2019. Small-molecule control of antibody *N*-glycosylation in engineered mammalian cells. Nat Chem Biol, 15(7):730-736.

Chen C, Huang H, Wu C H, 2017. Protein Bioinformatics Databases and Resources. Methods Mol Biol,1558:3-39.

Chen C, Natale D A, Finn R D, et al, 2011. Representative proteomes: a stable, scalable and unbiased proteome set for sequence analysis and functional annotation. PLoS One, 27: e18910.

Chen Y R, Yu S, Zhong S, 2018. Profiling DNA Methylation Using Bisulfite Sequencing (BS-Seq). Methods Mol Biol, 1675:31-43.

Clark M, Iii R, Opdenbosch N V, 2010. Validation of the general purpose tripos 5.2 force field. Journal of Computational Chemistry, 10:982-1012.

Cochrane G, Karsch-Mizrachi I, Takagi T, 2016. International Nucleotide Sequence Database Collaboration. Nucleic Acids Res, 44:48-50.

Coleman O, Suda S, Meiller J, et al, 2019. Increased growth rate and productivity following stable depletion of miR-7 in a mAb producing CHO cell line causes an increase in proteins associated with the Akt pathway and ribosome biogenesis. J Proteomics, 195: 23-32.

Cong L, Ran F A, Cox D, et al, 2013. Multiplex genome engineering using CRISPR/Cas systems. Science, 339:819-823

Cora' D, Re A, Caselle M, et al, 2017. MicroRNA-mediated regulatory circuits: Outlook and perspectives. Phys. Biol, 14, 045001.

Cramer R D, Patterson D E, Bunce J D, 1988. Comparative molecular field analysis (CoMFA). 1. Effect of shape on binding of steroids to carrier proteins. J Am Chem Soc, 110:5959-5967.

Dobin A, Davis C A, Schlesinger F, et al, 2013. STAR: ultrafast universal RNA-seq aligner. Bioinformatics, 29(1):15-21.

Dumont J, Euwart D, Mei B, et al, 2016. Human cell lines for biopharmaceutical manufacturing: History, status, and future perspectives. Crit. Rev. Biotechnol, 36, 1110-1122.

Eads C A, Danenberg K D, Kawakami K, et al, 2000. MethyLight: a high-throughput assay to measure DNA methylation. Nucleic Acids Res, 28(8):E32.

El Gebali S, Mistry J, Bateman A, et al, 2019. The Pfam protein families database in 2019. Nucleic Acids Res, 47:427-432.

Feng L, Lou J, 2019. DNA methylation analysis. Methods Mol Biol, 1894:181-227.

Fujihara Y, Ikawa M, 2014. CRISPR/Cas9-based genome editing in mice by single plasmid injection. Methods Enzymol, 546:319-336.

Gaidukov L, Wroblewska L, Teague B, et al, 2018. A multi-landing pad DNA integration platform for mammalian cell engineering. Nucleic Acids Res, 46:4072-4086.

Galvão A, Kelsey G, 2021. Profiling DNA Methylation Genome-Wide in Single Cells. Methods Mol Biol, 2214:221-240.

Gasteiger J, Marsili M, 1980. Iterative partial equalization of orbital electronegativity—a rapid access to atomic charges. Tetrahedron, 36:3219-3228.

Graham D B, Root D E, 2015. Resources for the design of CRISPR gene editing experiments. Genome Biol, 16:260.

Gralla J D. 1985. Rapid "footprinting" on supercoiled DNA. Proc Natl Acad Sci U S A, 82(10): 3078-3081.

Grange T, Bertrand E, Espinas M L, et al, 1997. In vivo footprinting of the interaction of proteins with DNA and RNA. Methods, 11(2): 151-163.

Grav L M, la Cour Karottki K J, Lee J S, et al,2017. Application of CRISPR/Cas9 genome editing to improve recombinant protein production in CHO Cells. Methods Mol Biol, 1603:101-118.

Gregersen L H, Mitter R, Ugalde A P, et al, 2019. SCAF4 and SCAF8, mRNA Anti-Terminator Proteins. Cell, 177(7):1797-1813.e18.

Gregersen L H, Mitter R, Svejstrup J Q, 2020. Using TTchem-seq for profiling nascent transcription and measuring transcript elongation. Nat Protoc, 15(2):604-627.

Grote A, Hiller K, Scheer M, et al, 2005. JCat: a novel tool to adapt codon usage of a target gene to its potential expression host. Nucleic Acids Res,33:526-531.

Grzybowski A T, Chen Z, Ruthenburg A J, 2015. Calibrating ChIP-Seq with Nucleosomal Internal Standards to Measure Histone Modification Density Genome Wide. Mol Cell, 58(5):886-899.

Grzybowski A T, Shah R N, Richter W F, et al, 2019. Native internally calibrated chromatin immunoprecipitation for quantitative studies of histone post-translational modifications. Nat Protoc, 14(12):3275-3302.

Haeussler M, Schönig K, Eckert H et al, 2016. Evaluation of off-target and on-target scoring algorithms and integration into the guide RNA selection tool CRISPOR. Genome Biol, 17:148.

He W, SunY, Zhang S, et al, 2020. Profiling the DNA methylation patterns of imprinted genes in abnormal semen samples by next-generation bisulfite sequencing. J Assist Reprod Genet, 37(9):2211-2221.

Hellman L M, Fried M G, 2007. Electrophoretic mobility shift assay (EMSA) for detecting protein-nucleic acid interactions. Nat Protoc, 2(8): 1849-1861.

Hessler G, Baringhaus K H, 2018. Artificial intelligence in drug design. Molecules, 23(10):2520.

Hockemeyer D, Soldner F, Beard C, et al, 2009. Efficient targeting of expressed and silent genes in human ESCs and iPSCs using zinc-finger nuclease. Nat Biotechnol, 27:851-857.

Hunt S E, McLaren W, Gil L, et al, 2018. Ensembl variation resources. Database (Oxford), 1: bay119.

Ji X, Wang L, Zang D, et al, 2018. Transcription factor-centered yeast one-hybrid assay. Methods Mol Biol, 1794: 183-194.

Jumper J, Evans R, Pritzel A, et al, 2021. Highly accurate protein structure prediction with AlphaFold. Nature, 596(7873):583-589.

Kalvari I, Argasinska J, Quinones-Olvera N, et al, 2018. Rfam 13.0: shifting to a genome-centric resource for non-coding RNA families. Nucleic Acids Res, 46:335-342.

Kim J Y, Kim Y G, Lee G M, 2012. CHO cells in biotechnology for production of recombinant proteins: current state and further potential. Appl Microbiol Biotechnol, 93:917-930.

Kim T H, Dekker J, 2018. ChIP. Cold Spring Harb Protoc, 2018(4): 356-362.

Kinjo A R, Suzuki H, Yamashita R, et al, 2012. Protein Data Bank Japan (PDBj): maintaining a structural data archive and resource description framework format. Nucleic Acids Res, 40:453-460.

Koblan K S, Bain D L, Beckett D, et al, 1992. Analysis of site-specific interaction parameters in protein-DNA complexes. Methods Enzymol, 210: 405-425.

Kunert R, Reinhart D, 2016. Advances in recombinant antibody manufacturing. Appl. Microbiol, Biotechnol. 100: 3451-3461.

Lawrence M, Huber W, Pagès H, et al, 2013. Software for computing and annotating genomic ranges. PLoS Comput Biol, 9(8):e1003118.

Lee J S, Grav L M, Pedersen L E, et al, 2016. Accelerated homologydirected targeted integration of transgenes in Chinese hamster ovary cells via CRISPR/Cas9 and fluorescent enrichment. Biotechnol Bioeng, 113:2518-2523.

Lee J S, Kallehauge T B, Pedersen L E, et al, 2015. Site-specific integration in CHO cells mediated by CRISPR/Cas9 and homology-directed DNA repair pathway. Sci Rep, 5:8572.

Leinonen R, Sugawara H, Shumway M, 2011. International Nucleotide Sequence Database Collaboration. The sequence read archive. Nucleic Acids Res, 39:19-21.

Li S, Tollefsbol T O, 2021. DNA methylation methods: Global DNA methylation and methylomic analyses. Methods, 187:28-43.

Lizardi P M, Yan Q, Wajapeyee N, 2017. DNA bisulfite sequencing for single nucleotide-resolution DNA methylation detection. Cold Spring Harb Protoc, 2017(11):pdb.prot094839.

Lupas A N, Pereira J, Alva V, et al, 2021. The breakthrough in protein structure prediction. Biochem J, 478:1885-1890.

Lizardi P M, Yan Q, Wajapeyee N, 2017. Methylation-Specific Polymerase Chain Reaction (PCR) for Gene-Specific DNA Methylation Detection. Cold Spring Harb Protoc, 2017(12):pdb.prot094847.

Lombardo A, Cesana D, Genovese P, et al, 2011. Sitespecific integration and tailoring of cassette design for sustainable gene transfer. Nat Methods, 8:861-869.

Lund A M, Kildegaard H F, Petersen M B, et al, 2014. A versatile system for USER cloning-based assembly of expression vectors for mammalian cell engineering. PLoS One 9: e96693.

Mali P, Yang L, Esvelt K M, et al, 2013. RNA-guided human genome engineering via Cas9. Science, 339:823-826

Miller J C, Tan S, Qiao G, et al, 2011. A TALE nuclease architecture for efficient genome editing. Nat Biotechnol, 29:143-148.

Miyazaki S, Sugawara H, Ikeo K, et al, 2004. DDBJ in the stream of various biological data. Nucleic Acids Res, 32:31-34.

Mockler T C, Chan S, Sundaresan A, et al, 2005. Applications of DNA tiling arrays for whole-genome analysis. Genomics, 85(1):1-15.

Orlando S J, Santiago Y, DeKelver R C, et al, 2010. Zinc-finger nuclease-driven targeted integration into mammalian genomes using donors with limited chromosomal homology. Nucleic Acids Res, 38:e152.

Popp M W, Maquat L E, 2016. Leveraging Rules of Nonsense-Mediated mRNA Decay for Genome Engineering and Personalized Medicine. Cell, 165:1319-1322.

Qian P P, Wang S, Feng K R, et al, 2018, Molecular modeling studies of 1,2,4-triazine derivatives as novel h-DAAO inhibitors by 3D-QSAR, docking and dynamics simulations. RSC Adv, 8:14311-14327.

Raab N, Mathias S, Alt K, et al, 2019. CRISPR/Cas9-Mediated Knockout of MicroRNA-744 Improves Antibody Titer of CHO Production Cell Lines. Biotechnol J, 14(5) e1800477.

Ramirez F, Dündar F, Diehl S, et al, 2014. deepTools: a flexible platform for exploring deep-sequencing data. Nucleic

Acids Res, 42:W187-191.

Reece-Hoyes J S, Walhout A J. 2012. Gene-centered yeast one-hybrid assays. Methods Mol Biol, 812: 189-208.

Reichert J M, 2017. Antibodies to watch in 2017. MAbs, 9: 167-181.

Reinders J, Wulff B B, Mirouze M, et al, 2009. Compromised stability of DNA methylation and transposon immobilization in mosaic Arabidopsis epigenomes. Genes Dev, 23(8): 939-950.

Rodriguez-Ubreva J, Ballestar E. 2014. Chromatin immunoprecipitation. Methods Mol Biol, 1094: 309-318.

Ronda C, Pedersen L E, Hansen H G, et al, 2014. Accelerating genome editing in CHO cells using CRISPR Cas9 and CRISPy, a web-based target finding tool. Biotechnol Bioeng, 111:1604-1616.

Salzberg S L, Delcher A L, Kasif S, et al, 1998. Microbial gene identification using interpolated Markov models. Nucleic Acids Res. 26: 544-548.

Sander J D, Joung J K, 2014. CRISPR-Cas systems for genome editing, regulation and targeting. Nat Biotechnol, 32:347-355.

Sayers E W, Beck J, Bolton E E, et al, 2021. Database resources of the National Center for Biotechnology Information. Nucleic Acids Res, 49:10-17.

Shi J, Wang E, Milazzo J P, et al, 2015. Discovery of cancer drug targets by CRISPR-Cas9 screening of protein domains. Nat Biotechnol, 33:661-667.

Sigrist C J, de Castro E, Cerutti L, et al, 2013. New and continuing developments at PROSITE. Nucleic Acids Res, 41:344-347.

Stepanenko A A, Dmitrenko V V, 2015. HEK293 in cell biology and cancer research: Phenotype, karyotype, tumorigenicity, and stress-induced genome-phenotype evolution. Gene, 569, 182-190.

Tebaldi G, Williams L B, Verna A E, et al, 2017. Assessment and optimization of Theileria parva sporozoite full-length p67 antigen expression in mammalian cells. PLoS Negl Trop Dis, 11: e0005803.

Tropsha A, 2010. Best practices for QSAR model development, validation, and exploitation. Mol Inform, 29:476-488.

UniProt Consortium, 2009. The Universal Protein Resource (UniProt) 2009. Nucleic Acids Res, 37:169-174.

Vaiana C A, Kurcon T, Mahal L K, 2016. MicroRNA-424 predicts a role for β-1,4 branched glycosylation in cell cycle progression. J Biol Chem, 15;291(3):1529-1537.

Verma J, Khedkar V M, Coutinho E C, 2010. 3D-QSAR in drug design-a review. Curr Top Med Chem, 10:95-115.

Weiner G J, 2015. Building better monoclonal antibody-based therapeutics. Nat Rev Cance, 15: 361-370.

Weis B L, Guth N, Fischer S, et al, 2018. Stable miRNA overexpression in human CAP cells: Engineering alternative production systems for advanced manufacturing of biologics using miR-136 and miR-3074. Biotechnol Bioeng, 115(8):2027-2038.

Wells E, Robinson A S, 2017. Cellular engineering for therapeutic protein production: Product quality, host modification, and process improvement. Biotechnol. J, 12, 1600105.

Xu, Y, Gao, Y, Yang, M, et al, 2021. Design and identification of two novel resveratrol derivatives as potential LSD1 inhibitors. Future medicinal chemistry, 13:1415-1433.

Yamano-Adachi N, Ogata N, Tanaka S, et al, 2020. Characterization of Chinese hamster ovary cells with disparate chromosome numbers: Reduction of the amount of mRNA relative to total protein. J Biosci Bioeng, 129(1):121-128.

Yin B, Wang Q, Chung C Y, et al, 2018. Butyrated ManNAc analog improves protein expression in Chinese hamster ovary cells. Biotechnol Bioeng, 115:1531.

Yuan J S, Reed A, Chen F, et al, 2006. Statistical analysis of real-time PCR data. BMC Bioinformatics, 7:85.

Zhang Y, Sun Z, Jia J, et al, 2021. Overview of Histone Modification. Adv Exp Med Biol, 1283:1-16.

Zhu L J, 2015. Overview of guide RNA design tools for CRISPR-Cas9 genome editing technology. Front Biol, 10:289-296.

Zhu Y Q, Lei M, Lu A J, et al, 2009. 3D-QSAR studies of boron-containing dipeptides as proteasome inhibitors with CoMFA and CoMSIA methods. Eur J Med Chem, 44:1486-1499.

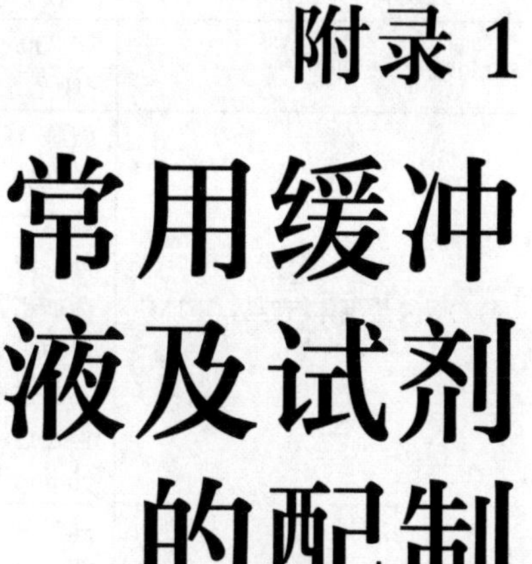

附录1

常用缓冲液及试剂的配制

缓冲液及试剂名称	配制方法
3mol/L 乙酸钠	在 800mL 蒸馏水中加入 246.09g 的无水乙酸钠，搅拌至溶解。用冰醋酸调节 pH 至 5.2，加水定容至 1000mL。高压灭菌
硫乙醇酸盐流体培养基（FTM）	酪胨（胰酶水解）15.0g，酵母浸出粉 5.0g，葡萄糖 5.0g，NaCl 2.5g，L-胱氨酸 0.5g，新配制的 0.1%刃天青溶液 1.0mL，硫乙醇酸钠 0.5g，琼脂 0.75g，硫乙醇酸钠（或硫乙醇酸）（0.3mL），纯水 1000mL。除葡萄糖和刃天青溶液外，取上述成分混合，微温溶解，调节 pH 为弱碱性，煮沸，滤清，加入葡萄糖和刃天青溶液，摇匀，调节 pH 值使灭菌后为 7.1±0.2。分装至适宜的容器中，其装量与容器高度的比例应符合培养结束后培养基氧化层（粉红色）不超过培养基深度的 1/2。灭菌。在供试品接种前，培养基氧化层的高度不得超过培养基深度的 1/5，否则，须经 100℃水浴加热至粉红色消失（不超过 20min），迅速冷却，只限加热一次，防止被污染
胰酪大豆胨液体培养基（SCDM）	胰酪胨 17.0g，NaCl 5.0g，大豆木瓜蛋白酶消化物 3.0g，K_2HPO_4 2.5g，葡萄糖（一水合/无水）2.5g（2.3g），纯化水 1000mL。除葡萄糖外，取上述成分，混合，微温溶解，滤过，调节 pH 值使灭菌后在 25℃的 pH 值为 7.3±0.2，加入葡萄糖，分装，灭菌
洗液 Ⅰ	250mL（2×SSC，0.1% SDS）：20×SSC 25mL，10%SDS 2.5mL，加 ddH_2O 至 250mL
洗液 Ⅱ	100mL（0.1×SSC，0.1% SDS）：20×SSC 0.5mL，10%SDS 1mL，ddH_2O 至 100mL
洗涤液	250mL（马来酸缓冲液∶吐温-20=1000∶3）：马来酸缓冲液 250mL，Tween-20 750μL
马来酸缓冲液（1×）1L	马来酸 11.607g，NaOH 7.88g，NaCl 8.77g，定容至 1L，调至 pH7.5，高压灭菌
阻断液（10×）	阻断液 50g，马来酸缓冲液定容至 500mL，70℃水浴溶化混匀，然后 121℃高压灭菌（高压时盖子要松）
20×SSC 1L	在 800mL 水中溶解，NaCl 175.3g，柠檬酸钠 88.2g；10mol/L NaOH 调节 pH 值至 7.0，加水定容至 1L，分装后高压灭菌
10% SDS 1L	在 900mL 水中溶解 100g 电泳级 SDS，加热至 68℃溶解，加入数滴浓 HCl 调节 pH 值至 7.2，加水定容至 1L，分装备用。注意：SDS 的微细晶粒易扩散，因此称量时要戴面罩，称量完毕后要清除残留在称量工作区和天平的 SDS，10% SDS 溶液无须灭菌，过滤
检测缓冲液（5×）1L	0.5mol/L Tris-HCl 60.57g，0.5mol/L NaCl 29.25g，调 pH 值至 9.5
PBS 缓冲液	NaCl 8g，KCl 0.2g，Na_2HPO_4，1.44g KH_2PO_4 0.24g，浓 HCl 调 pH 至 7.4
0.25mol/L HCl（脱嘌呤液）	2.5mol/L HCl 25mL，加 ddH_2O 至 250mL
2.5mol/L HCl	浓 HCl 21.55mL，加 ddH_2O 至 100mL
中和缓冲液	1.5mol/L NaCl 87.66g，1mol/L Tris-HCl 121.14g，Tris-HCl 调 pH7.4，加水至 1L
细胞裂解液	10mmol/L Tris HCl，pH8.0，0.1mol/L EDTA，10mmol/L NaCl，1% SDS
DEAE 阴离子交换色谱上样缓冲液 A（10×）	100mmol/L Tris-HCl（pH 8.0），2mol/L NaCl，10mmol/L EDTA，储存于 4℃
PB 缓冲液（0.2mol/L, pH7.5）	取 19mL 0.2mol/L 的 NaH_2PO_4 和 81mL 0.2mol/L 的 $Na_2HPO_4 \cdot 12H_2O$ 充分混合，室温存储
TBS 缓冲液（0.05mol/L）	称取 Tris 12.1g，NaCl 17.5g，加蒸馏水 2000mL，搅拌溶解
包被抗体缓冲液	0.15mol/L Na_2CO_3、0.35mol/L $NaHCO_3$，pH9.6：3.18g Na_2CO_3，5.86g 碳酸氢钠 $NaHCO_3$，用蒸馏水填充至 200mL，用盐酸将 pH 值调至 9.6
封闭缓冲液	PBS，1% BSA：500mL PBS，5g BSA
洗涤缓冲液	PBS，0.05% Tween-20：400mL PBS，2mL Tween-20，用蒸馏水填充至 4L

续表

缓冲液及试剂名称	配制方法
稀释缓冲液	PBS，0.05%吐温-20，0.1% BSA：500mL PBS，0.25mL 吐温-20，0.5g BSA；PBS，0.1% BSA：500mL PBS，0.5g BSA
BIAdesorb 溶液 1	5g/L 十二烷基硫酸钠。称取 0.5g 十二烷基硫酸钠加水溶解并定容至 100mL。如果单纯搅拌不好溶解的话可以用超声波振荡帮助溶解
BIAdesorb 溶液 2	50mmol/L 甘氨酸-NaOH，pH 9.4：量取 50mL 0.2mol/L 甘氨酸+16.8mL 0.2mol/L NaOH 加水稀释至 200mL
HBS 运行缓冲液	10mmol/L HEPES、150mmol/L NaCl、3mmol/L EDTA 和 0.005%（体积分数）表面活性剂 P20（用于 Biacore 3000）或 0.05%（体积分数）表面活性剂 P20（用于 Biacore 4000）
TNES	100mL TE 加入 0.4g NaOH 和 0.5g SDS，充分溶解，现用现配
10×MOPS 电泳缓冲液	0.4mol/L MOPS，pH7.0 0.1mol/L 乙酸钠，0.01mol/L EDTA
3.6mol/L 亚硫酸氢钠	称取 1.88g 亚硫酸氢钠，使用双蒸水稀释，并使用 3mol/L NaOH 溶液调节 pH 值至 5.0，最终体积为 5mL
PMSF 储存液	乙醇中含 200mmol/L PMSF，−20℃可保存多年。室温使用前通过涡旋混合
DTT 储存液	1mol/L DTT 水溶液，−20℃可长期保存
1×TBE	89mmol/L Tris-HCl、89mmol/L 硼酸和 2mmol/L EDTA。使用 HCl 和 NaOH 溶液调节 pH 值至 8.3
TE 缓冲液	10mmol/L Tris-HCl 和 1mmol/L EDTA，使用 HCl 和 NaOH 溶液调节 pH 值至 8.0，过滤除菌
缓冲液 N	15mmol/L Tris-HCl、15mmol/L NaCl、60mmol/L KCl、8.5%蔗糖、5mmol/L $MgCl_2$ 和 1mmol/L $CaCl_2$。使用 HCl 和 NaOH 溶液调节 pH 值至 7.5，过滤灭菌，−20℃储存数年或 4℃储存 6 个月。使用时，加入 1mmol/L DTT，200μmol/L PMSF、1×蛋白酶抑制剂混合物和 50μg/mL BSA
2×裂解缓冲液	15mmol/L Tris、15mmol/L NaCl、60mmol/L KCl、8.5%蔗糖、5mmol/L $MgCl_2$ 和 1mmol/L $CaCl_2$。使用 HCl 和 NaOH 溶液调节 pH 值至 7.5，过滤除菌，−20℃储存数年或 4℃储存 6 个月
蔗糖垫	15mmol/L Tris-HCl、15mmol/L NaCl、60mmol/L KCl、30%蔗糖、5mmol/L $MgCl_2$ 和 1mmol/L $CaCl_2$。使用 HCl 和 NaOH 溶液调节 pH 值至 7.5，过滤、灭菌，−20℃储存数年或 4℃储存 6 个月
10×MNase 终止缓冲液	100mmol/L EDTA 和 100mmol/L EGTA，过滤除菌
HAP 缓冲液 1	5mmol/L NaH_2PO_4、600mmol/L NaCl 和 1mmol/L EDTA。使用 HCl 和 NaOH 溶液调节 pH 值至 7.2，过滤除菌后室温储存。使用时，加入 200μmol/L PMSF
HAP 缓冲液 2	5mmol/L NaH_2PO_4、100mmol/L NaCl 和 1mmol/L EDTA。使用 HCl 和 NaOH 溶液调节 pH 值至 7.2，过滤除菌。使用时，加入 200μmol/L PMSF
HAP 洗脱缓冲液	500mmol/L NaH_2PO_4、100mmol/L NaCl 和 1mmol/L EDTA。使用 HCl 和 NaOH 溶液调节 pH 值至 7.2，过滤除菌。使用时，加入 200μmol/L PMSF
ChIP 缓冲液 1	25mmol/L Tris-HCl、5mmol/L $MgCl_2$、100mmol/L KCl、10%甘油和 0.1% NP-40 替代品。使用 HCl 和 NaOH 溶液调节 pH 值至 7.5，过滤除菌。使用时，加入 200μmol/L PMSF 和 50μg/mL BSA
ChIP 缓冲液 2	5mmol/L Tris-HCl、5mmol/L $MgCl_2$、300mmol/L KCl、10%甘油和 0.1% NP-40 替代品。使用 HCl 和 NaOH 溶液调节 pH 值至 7.5，过滤除菌。使用时，加入 200μmol/L PMSF
ChIP 缓冲液 3	10mmol/L Tris-HCl、250mmol/L LiCl、1mmol/L EDTA、0.5%脱氧胆酸钠和 0.5% NP-40 替代品。使用 HCl 和 NaOH 溶液调节 pH 值至 7.5，过滤除菌。使用时，加入 200μmol/L PMSF

续表

缓冲液及试剂名称	配制方法
ChIP 洗脱缓冲液	50mmol/L Tris-HCl、1mmol/L EDTA、1% SDS。使用 HCl 和 NaOH 溶液调节 pH 值至 7.5，过滤除菌
SeraPure	0.1% Sera-Mag 磁珠组成的磁性支架，18% PEG-8000、1mol/L NaCl、10mmol/L Tris-HCl、1mmol/L EDTA 和 0.05%吐温-20
4SU 储存液（0.5mol/L）	称取 1g 4SU 溶解于 7.68mL 无菌 DMSO 中，或者称取 250mg 4SU 溶解于 1.92mL 无菌 DMSO 中
4TU 储存液（1mol/L）	称取 1g 4TU 溶解于 7.80mL 无菌水中
DRB 储存液（100mmol/L）	称取 10mg DRB 溶解于 313.3μL 无菌 DMSO 中，仅适用于 DRB/TT_{chem} seq
EDTA 储存液(0.5mol/L, pH8.0)	称取 186.12g EDTA 溶解于 700mL 无核糖核酸酶水中，使用 NaOH 溶液调节 pH 值至 8.0（当 pH 值调节至 8.0 时，EDTA 溶解），然后加入无核糖核酸酶的水使终体积为 1L
Tris-HCl 储存液（1mol/L，pH6.8）	称取 157.6g Tris 溶解于 700mL 无核糖核酸酶的水，使用 NaOH 溶液调节 pH 值至 6.8，然后加入无核糖核酸酶的水使终体积为 1L
Tris-HCl 储存液（1mol/L，pH7.4）	称取 157.6g Tris 溶解于 700mL 无核糖核酸酶的水中，使用 NaOH 调节 pH 值至 7.4，然后添加无核糖核酸酶的水使终体积为 1L
NaCl 储存液（5mol/L）	称取 292g NaCl 溶解于 1L 的无核糖核酸酶水中
酶解酵母 RNA 提取缓冲液	0.8mol/L 山梨醇、0.1mol/L EDTA、0.1% *β*-巯基乙醇和裂解酶至 200U/mL。称取 14.57g 山梨醇和 2.92g EDTA 溶解于无 RNase 水至终体积为 99.9mL，加入 100μL *β*-巯基乙醇，制备 100mL 酶解酵母 RNA 提取缓冲液，室温储存 12 个月。使用前加入裂解酶，1mL 酶解酵母 RNA 提取缓冲液，加入 200U 的裂解酶
生物素缓冲液	833mmol/L Tris-HCl, pH7.4 和 83.3mmol/L EDTA。制备 10mL 生物素缓冲液，加入 8.33mL 1mol/L Tris-HCl，pH7.4 和 1.67mL 0.5mol/L EDTA
dot/slot 印迹封闭缓冲液	1×PBS 中加 10% SDS 和 1mmol/L EDTA。称取 50g SDS，然后加入 1mL 0.5mol/L EDTA 和 1×PBS 至终体积为 500mL
dot/slot 印迹洗涤缓冲液Ⅰ	1×PBS 中加 1% SDS。称取 5g SDS，加入 PBS 至终体积为 500mL
dot/slot 印迹洗涤缓冲液Ⅱ	1×PBS 中加 0.1% SDS。称取 0.5g SDS，加入 PBS 至终体积为 500mL
dot/slot 印迹染色缓冲液	0.5mol/L 乙酸钠和 0.5%亚甲基蓝。称取 20.51g 乙酸钠和 250mg 亚甲基蓝，溶解于无核糖核酸酶水至终体积为 500mL
pull-down 洗涤缓冲液	100mmol/L Tris-HCl，pH7.4，10mmol/L EDTA，1mmol/L NaCl 和 0.1%吐温-20。将 10mL pH7.4 的 1mol/L Tris-HCl、2mL 0.5mol/L EDTA、20mL 5mol/L NaCl 和 100μL 吐温-20 混合，然后加入无核糖核酸酶的水至终体积为 100mL
pull-down 洗脱缓冲液	100mmol/L DTT。称取 154mg DTT，溶解于 10mL 无核糖核酸酶的水中
50mg/mL 卡那霉素	在去离子水中制备，过滤除菌，并分装。在-20℃下储存时长可达 1 个月。含有卡那霉素的培养板可在 4℃下保存长达 1 个月
50mg/mL 氨苄西林	在去离子水中制备，过滤除菌，并分装。在-20℃下储存可长达 1 个月。含有氨苄青霉素的培养板在 4℃下储存可长达 1 个月
CHIP 实验	
裂解缓冲液	1% SDS、10mmol/L EDTA 和 50mmol/L Tris-HCl pH 8.1
稀释缓冲液	0.01% SDS、1.1% Triton-X-100、1.2mmol/L EDTA，16.7mmol/L Tris-HCl pH 8
低离子强度洗涤缓冲液	0.1% SDS、1% Triton-X-100、2mmol/L EDTA、20mmol/L Tris-HCl pH 8.1 和 150mmol/L NaCl
高离子强度洗涤缓冲液	0.1% SDS、1% Triton-X-100、2mmol/L EDTA、20mmol/L Tris-HCl pH8.1 和 500mmol/L NaCl
LiCl 洗涤缓冲液	0.25mol/L LiCl、1% NP40、1%脱氧胆酸盐、1mmol/L EDTA 和 10mmol/L Tris-HCl pH8.1

续表

缓冲液及试剂名称	配制方法
洗脱缓冲液	1% SDS 和 100mmol/L $NaHCO_3$
DNA 沉淀溶液	无水乙醇、3mol/L 乙酸钠、糖原（20mg/mL）
TBE 5×	54g Tris、27.5g 硼酸和 20mL 0.5mol/L EDTA（pH8.0）。调整溶液的最终体积为 1L
1g/L 琼脂糖凝胶	1g 琼脂糖/100mL 0.5×TBE，包含 10μL Sybr Safe DNA 凝胶染色（Invitrogen）或溴化乙锭
DNase I 足迹实验	
缓冲液 D（1×）	20mmol/L HEPES-KOH（pH7.9）、20%甘油（体积分数）、0.2mmol/L EDTA、0.1mol/L KCl、乙醇（80%和 95%）
甲酰胺染料混合物	98%去离子甲酰胺、10mmol/L EDTA（pH8.0）、0.025%溴酚蓝和 0.025%二甲苯氰 FF
蛋白稀释缓冲液	缓冲液 D（1×）500μL、50μg/μL BSA 1μL 和 14mol/L β-巯基乙醇 1μL。在此，BSA 用作蛋白质稳定剂，β-巯基乙醇（或 0.1～1mmol/L DTT）用作还原剂。还原剂对于在 DNA 结合域内具有半胱氨酸的蛋白质（即锌指结构或 bZIP 蛋白质的结构）特别重要。抗聚集剂，例如 0.01%～0.1%NP-40 或 Triton X-100 也被证明是有用的。准备少量缓冲液，分装保存在冰箱中。不建议将该溶液在冰箱中保存时间过长
DNase Ⅰ 足迹终止液	400mmol/L 乙酸钠、0.2% SDS、10mmol/L EDTA 和 50μg/mL 载体 tRNA。终止缓冲液终止 DNase Ⅰ 反应，并准备进行酚提取和乙醇沉淀。加入 EDTA 以螯合 DNase Ⅰ 活性所必需的二价阳离子，SDS 使蛋白质变性并使蛋白质从 DNA 中剥离，乙酸钠和载体 tRNA 促进 DNA 在乙醇中沉淀。可以配制成母液并将其在室温下保存数月
以 TF 为中心的 Y1H 实验	
YPDA 培养基	包含 10g/L 酵母提取物，20g/L 胰蛋白胨，20g/L 葡萄糖，0.03g/L 腺嘌呤，20g/L 琼脂（仅固体培养基添加），去离子水溶解。121℃高压灭菌 15min
SD 基本培养基	包含 6.7g/L 酵母氮碱（不含氨基酸）、20g/L 葡萄糖和 20g/L 琼脂（仅固体培养基添加），去离子水溶解。在 121℃下高压灭菌 15min
DO/-Leu/-Trp 培养基（10×）	包含 200mg/L L-腺嘌呤半硫酸盐、200mg/L L-精氨酸盐酸盐、200mg/L L-组氨酸盐酸盐一水合物、300mg/L L-异亮氨酸、300mg/L L-赖氨酸盐酸盐、200mg/L L-甲硫氨酸、500mg/L L-苯丙氨酸、2g/L L-苏氨酸、300mg/L L-酪氨酸、200mg/L L-尿嘧啶和 1.5g/L L-缬氨酸，去离子水溶解。在 121℃下高压灭菌 15min
DO/-His/-Leu/-Trp 培养基(10×)	制备同 DO/-Leu/-Trp 培养基，但不添加 L-组氨酸盐酸盐-水合物
SD/DO 培养基	将 900mL SD 培养基与 100mL 合适的 DO 培养基混合。准备好培养皿，在 SD 培养基冷却之前倒入培养皿
冷冻培养基	含有 25%（体积分数）甘油的 YPDA 培养基
LB 培养基	含 5g/L 酵母提取物、10g/L 蛋白胨、10g/L NaCl 和 10～20g 琼脂。在 121℃下高压灭菌 20min
1mol/L 3-AT	在去离子水中制备并过滤灭菌。储存在 4℃
3-AT 培养板	培养基高压灭菌，冷却至 55℃时，加入 3-AT，培养板在 4℃下可保存长达 2 个月
1.1×TE/LiAc	现用现配，将 1.1mL 的 10×TE 缓冲液与 1.1mL 的 1mol/L LiAc（10×）混合。用无菌去离子水定容到 10mL
PEG/LiAc	现用现配，将 8mL 50% PEG3350、1mL 10×TE 缓冲液和 1mL 1mol/L LiAc（10×）混合

附录 2

中英文词汇表

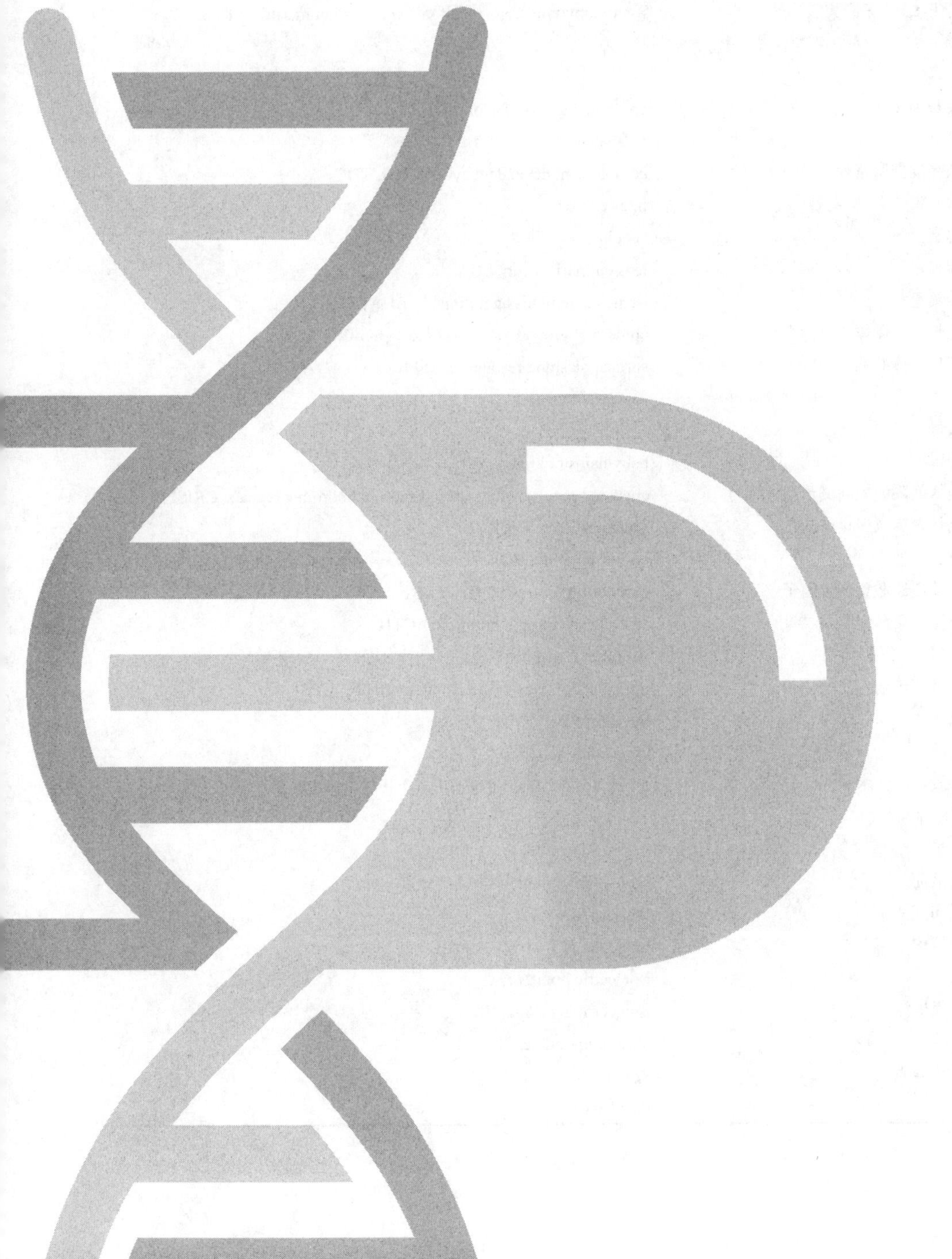

中文词汇	英文词汇
A	
氨基酸分析	amino acid analysis, AAA
3-氨基-1,2,4-三唑	3-amino-1,2,4-triazole，3-AT
氨甲蝶呤	methotrexate，MTX
α-1,6-岩藻糖基转移酶	α-1,6-fucosyltranferase, FUT8
α-氰基-4-羟基肉桂酸	α-cyano-4-hydroxycinnamic acid, CHCA
2-氨基苯甲酰胺	2-aminobenzamide, 2-AB
8-氨基芘-1,3,6-三磺酸三钠盐	8-aminopyrene-1,3,6-trisulfonic acid trisodium salt，APTS
B	
表皮生长因子	epidermal growth factor, EGF
补料分批	fed-batch
补体依赖的细胞毒性	complement dependent cytotoxicity, CDC
白细胞介素-6	interleukin 6，IL-6
博来霉素	zeocin
扁豆凝集素	lens culinaris lectin, LCA
蓖麻凝集素	ricinus communis agglutinin Ⅰ, RCA120
表皮生长因子受体	epidermal growth factor receptor，EGFR
表面等离子体共振	surface plasmon resonance，SPR
C	
仓鼠幼肾	baby hamster kidney, BHK
成簇规律间隔的短回文重复序列	clustered regularly interspaced short palindromic repeats, CRISPR
成像毛细管等电聚焦电泳	imaging CIEF, iCIEF
促红细胞生成素	erythropoietin, EPO
促肾上腺皮质激素释放因子	corticotropinreleasing factor,CRF
促肾上腺皮质激素	adrenocorticotropic hormone,ACTH
从头计算法	Ab Initio Approach
超高效液相色谱	ultra performance liquid chromatography, UPLC
潮霉素	hygromycin
次黄嘌呤	hypoxanthine，H
差异凝胶电泳技术	difference gel electrophoresis, DIGE
D	
蛋白质沉淀	protein precipitation
蛋白质印迹法	Western blot，WB
单克隆抗体	monoclonal antibody，mAB
等电点	isoelectric point, pI
等电聚焦电泳	isoelectric focusing, IEF
碘化丙啶	propidium iodide, PI
蛋白质数据库	Protein Data Bank
东海岸热	East Coast fever

续表

中文词汇	英文词汇
定量构效关系	quantitative structure-activity relationship，QSAR
DNA 甲基化转移酶	DNA methyltransferases, DNMTs
短串联重复序列	short tandem repeat，STR
读数	reads
DNA 甲基化转移酶	DNA methyltransferases, DNMTs
DNA 甲基化免疫共沉淀	methylated DNA immunoprecipitation, MeDIP
电喷雾电离质谱	electrospray ionization mass spectrometry, ESI-MS
多反应监测	multiple reaction monitoring, MRM
3-[3-(胆酰胺丙基)二甲氨基]丙磺酸内盐	3-[(3-cholamidopropyl)dimethylammonio] propanesulfonate, CHAPS
碘乙酰胺	iodoacetamide, IAA
刀豆凝集素	convalinaagglutinin, ConA
多孔石墨化碳微柱	porous graphitized carbon, PGC
E	
2-氨基苯甲酰胺	aminobenzamide, 2-AB
二喹啉甲酸	bicinchoninic acid，BCA
二甲基亚砜	dimethyl sulfoxide, DMSO
二硫苏糖醇	dithiothreitol, DTT
二氢叶酸还原酶	dihydrofolate reductase, DHFR
1-（3-二甲氨基丙基）-3-乙基碳二亚胺盐酸盐	1-(3-dimethylaminoproply)-3-ethylcarbodiimide, EDC
二甲基甲酰胺	dimethylformamid，DMF
2,5-二羟基苯甲酸	2,5-dihydroxybenzoic acid, DHB
2,2-二甲基-2-硅戊烷-5-磺酸钠	2,2-dimethyl-2-silapentane-5-sulfonate sodium salt, DSS
F	
反相色谱	reversed phase chromatography, RPC
翻译后修饰	post-translational modification, PTM
反相高效液相色谱	reversed-phase high performance liquid chromatography, RP-HPLC
飞行时间质量分析器	time-of-flight mass analyzer,TOF
G	
高效空气过滤器	high efficiency particulate air filter, HEPA
高效液相色谱法	high performance liquid chromatography, HPLC
谷氨酰胺合成酶	glutamine synthase，GS
光密度	optical density, OD
固相萃取	solid phase extraction, SPE
H	
核苷酸磷酸脱氢酶	nucleotide phosphate dehydrogenase，NP
核磁共振	nuclear magnetic resonance, NMR

续表

中文词汇	英文词汇
J	
聚合酶链反应	polymerase chain reaction, PCR
基质辅助激光解吸电离飞行时间质谱	matrix-assisted laser desorption ionization time-of-flight mass spectrometry, MALDI-TOF-MS
焦碳酸二乙酯	diethyl pyrocarbonate, DEPC
交替切向流过滤	Alternative tangential filtration, ATF
疾病预防控制中心	Centers for Disease Control and Prevention
甲硫氨酸亚氨基代砜	methionine imidosulfone，MSX
甲臜	formazan
聚偏二氟乙烯	polyvinylidene fluoride，PVDF
聚丙烯酰胺凝胶电泳	polyacrylamide gel electrophoresis，PAGE
聚乙烯吡咯烷酮	polyvinyl pyrrolidone, PVP
基质辅助激光解吸附电离质谱技术	matrix-assisted laser desorption/ionization mass spectrometry , MALDI-MS
甲酸	formic acid, FA
基因库	GenBank
脊椎动物	Vertebrate
基因编码序列	coding sequence，CDS
基因组浏览器	Genome Browser
记忆增强神经网络	memory-augmented neural networks
甲基化特异性聚合酶链反应	methylation-specific polymerase chain reaction, MS-PCR
聚乙烯亚胺	polyethylenimine, PEI
甲基化敏感扩增多态性	methylation sensitive amplification polymorphism, MSAP
甲基化特异性聚合酶链反应	methylation-specific polymerase chain reaction, MS-PCR
甲基纤维素	methyl cellulose, MC
菌落形成单位	colony forming units, CFU
聚四氟乙烯	poly tetra fluoroethylene，PTFE
K	
抗体偶联药物	antibody-drug conjugate，ADC
抗体依赖性细胞毒性	antibody-dependent cellular cytotoxicity，ADCC
开放阅读框	open reading frame, ORF
考马斯亮蓝	coomassie brilliant blue，CBB
L	
离子交换色谱	ion-exchange chromatography, IEC
类转录激活因子效应物核酸酶	transcription activator-like effector nucleases, TALENs
磷脂酰丝氨酸	phosphatidylserine, PS
离子检测器	ion detector
离子源	ion source
丽春红 S 染色液	ponceau S
磷酸缓冲盐溶液	phosphate buffered saline, PBS

续表

中文词汇	英文词汇
留一法	leave-one-out
绿色荧光蛋白	green fluorescent protein，GFP
流式细胞仪	flow cytometer
流式荧光激活细胞分选技术	fluorescence activated cell sorting，FACS
冷冻电镜	cryo-electron microscopy, cryo-EM
磷酸缓冲液	phosphate buffer, PB
M	
慢病毒	lentivirus
毛细管凝胶电泳-激光诱导荧光法	multiplexed capillary gel electrophoresis with laser-induced fluorescence, xCGE-LIF
毛细管等电聚焦	capillary iso-electric focusing, CIEF
毛细管电泳技术	capillary electrophoresis, CE
毛细管电泳质谱	capillary electrophoresis-mass spectrometry, CE-MS
毛细管区带电泳	capillary zone electrophoresis, CZE
美国国家卫生研究院	National Institutes of Health, NIH
免疫球蛋白 G	immunoglobulin G, IgG
酶联免疫吸附测定	enzyme linked immunosorbent assay，ELISA
目的基因	gene of interest, GOI
液相色谱-质谱联用仪	liquid chromatograph mass spectrometer, LC-MS
麦胚凝集素	wheat germ agglutinin, WGA
N	
凝胶过滤色谱	gel filtration, GF
牛血清白蛋白	bovine albumin,BSA
拟南芥	*Arabidopsis*
凝胶迁移实验	electrophoretic mobility shift assay，EMSA
内标准校正 ChIP 实验	internal standard calibrated ChIP, ICeChIP
N-连接的糖基化	*N*-linked glycosylation
O	
O-连接的糖基化	*O*-linked glycosylation
P	
片段生长法	fragment growth
片段演化	fragment evolution
片段加工	fragment elaboration
嘌呤霉素	puromycin
葡萄糖-6-磷酸脱氢酶	glucose-6-phosphate dehydrogenase，G6PD
碰撞诱导解离	collision-induced dissociation, CID
Q	
前间区序列邻近基序	protospacer adjacent motif, PAM

续表

中文词汇	英文词汇
亲和色谱	affinity chromatography, AC
切向流过滤	tangential flow filtration, TFF
亲水相互作用液相色谱-超高效液相色谱	ultra-performance liquid chromatography based on hydrophilic interactions, HILIC-UPLC
全柱成像毛细管等电聚焦电泳	capillary iso-electric focusing electrophoresis-whole column imaging detection, cIFE-WCIDR
启动子	promoter
强化学习	reinforcement learning
羟丙基甲基纤维素	hydroxypropyl methyl cellulose，HPMC
4-羟乙基哌嗪乙磺酸	2-[4-(2-hydroxyethyl)piperazin-1-yl]ethanesulfonic acid, HEPES
强阳离子交换	strong cation exchange, SCX
亲水作用色谱	hydrophilic-interaction chromatography, HILIC
N-羟基琥珀酰亚胺	*N*-hydroxy succinimide，NHS
R	
人类胚肾细胞 293	human embryonic kidney 293, HEK293
人工智能	artificial intelligence
人类染色体	Homo sapiens chromosome
染色质免疫沉淀	chromatin immunoprecipitation，ChIP
乳酸脱氢酶	lactate dehydrogenase，LD
S	
疏水作用色谱	hydrophobic interaction chromatography, HIC
十二烷基硫酸钠	sodium dodecyl sulfate ,SDS
实验设计	design-of-experiment, DoE
宿主细胞蛋白	host cell proteins, HCPs
双链断裂	double-strand breaks, DSBs
三氟乙酸	trifluoroacetic acid，TFA
羧肽酶	carboxypeptidase, CP
三羟甲基氨基甲烷	tris
生物信息学	bioinformatics
数据库	database
N,*N*,*N'*,*N'*-四甲基乙二胺	*N*,*N*,*N'*,*N'*-tetramethylethylenediamine，TEMED
双端测序分析甲基化	methylation mapping analysis by paired-end sequencing, methyl-MAPS
十二烷基硫酸钠-聚丙烯酰胺凝胶电泳	sodium dodecyl sulfate-polyacrylamide gel electrophoresis, SDS-PAGE
杀稻瘟菌素	blasticidin
胎牛血清	fetal bovine serum, FBS
同源性定向修复	homology directed repair, HDR
脱氧核糖核酸	deoxyribonucleic acid
泰累尔梨浆虫	*Theileria parva sporozoite*
实时荧光定量聚合酶链式反应	real-time quantitative polymerase chain reaction，qRT-PCR
4-硫尿苷	4-thiouridine, 4SU

续表

中文词汇	英文词汇
4-硫尿嘧啶	4-thiouracil, 4TU
瞬时转录组测序	transient transcriptome sequencing, TT-seq
三亚乙基四胺	triethylenetetramine，TETA
宿主细胞蛋白	host cell proteins，HCPs
三氯乙酸	trichloroacetic acid, TCA
三乙胺	triethylamine, TEA
三甲基硅基丙酸钠	sodium-3-(trimethylsilyl)propionate, TSP
T	
肽 *N*-糖苷酶 F	PNGase F
W	
外周血单个核细胞	peripheral blood mononuclear cell,PBMC
微小 RNA	microRNA, miRNA
5-杂氮-2'-脱氧胞苷	5-aza-2'-deoxycytidine, 5-aza-2dC
X	
腺病毒	adenovirus，Ad
纤维肉瘤细胞系 HT-1080	fibrosarcoma HT-1080
锌指核酸酶	zinc finger nucleases
酰基氨基酸释放酶	acylamino-acid-releasing enzyme，AARE
信号肽	signal peptides，SPs
新霉素	neomycin
新霉素抗性基因	neomycin resistance gene，neo^{r}
胸腺嘧啶	thymine，T
新一代测序	next-generation sequencing，NGS
限制性内切酶	restriction endonuclease，RE
血管内皮生长因子	vascular endothelial growth factor，VEGF
Y	
引导 RNA	guide RNA, gRNA
异硫氰酸荧光素	fluorescein isothiocyanate isomer, FITC
引物	primer
隐马尔可夫模型	hidden Markov model
玉米	*Maize*
液相色谱-串联质谱法	liquid chromatography-tandem mass spectrometry, LC-MS/MS
荧光显微镜	fluorescence microscope
荧光原位杂交	fluorescent in situ hybridization，FISH
地高辛	digoxigenin，DIG
荧光激活细胞分选仪	fluorescence activated cell sorting, FACS
乙二胺四乙酸	ethylene diamine tetraacetic acid, EDTA
乙二醇双(2-氨基乙基醚)四乙酸	ethylenebis(oxyethylenenitrilo)tetraacetic acid, EGTA

续表

中文词汇	英文词汇
遗传霉素	geneticin
乙腈	acetonitrile，ACN
源后衰变	post source delay, PSD
Z	
柱体积	column volume, CV
质量设计	quality-by-design, QbD
中国仓鼠卵巢	Chinese hamster ovary, CHO
质谱分析	mass spectrometry，MS
质量分析器	mass analyzer
质荷比	mass-to-charge ratio，M/Z
质量控制	quality control, QC
自然杀伤细胞	natural killer cell, NK
转录起始点	transcriptional start site，TSS
转录因子	transcription factors，TF
重亚硫酸盐甲基化分析	bisulfite methylation profiling, BiMP
组蛋白乙酰转移酶	histone acetyltransferases, Hats
增强的化学发光	enhanced chemiluminescence, ECL
紫外线	ultraviolet，UV
褶皱链霉菌	*Streptomyces plicatus*
自由感应衰减	free induction decay, FID
藻红蛋白	*p*-phycoerythrin,PE